"旅游网"首页制作

穿插动画片头效果

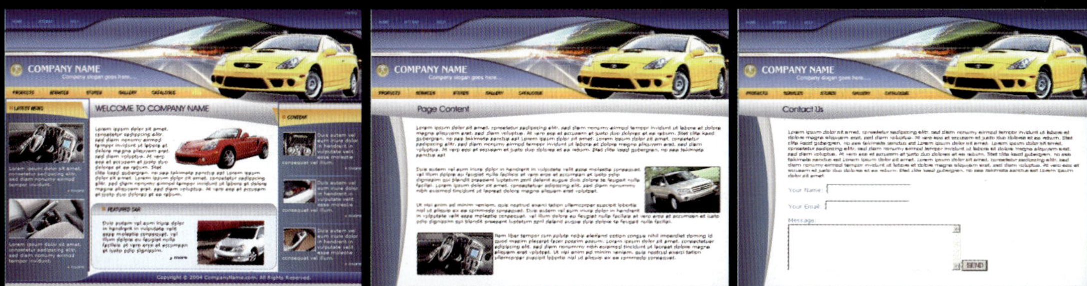

使用 DIV 标签制作网页

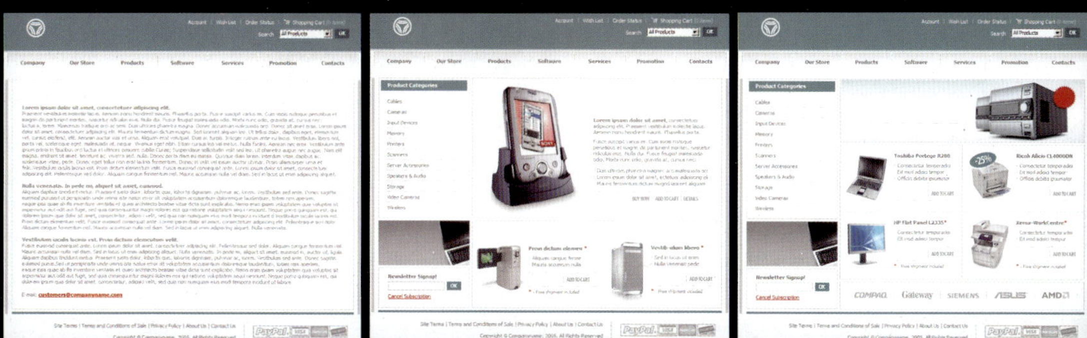

穿插动画内容效果

the best on-line home repairs
loading

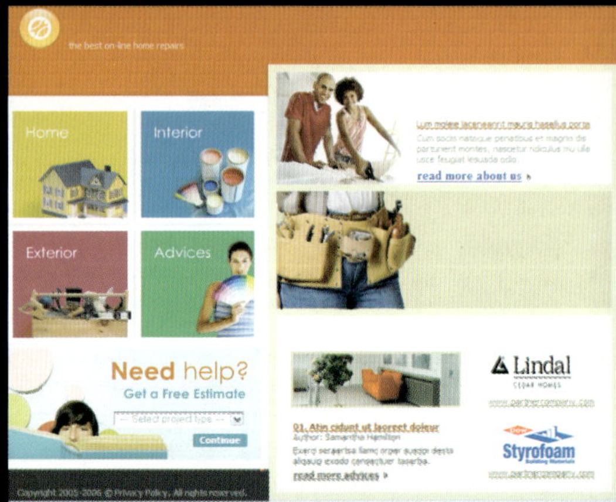

the best on-line home repairs
Home
Interior
Exterior
Advices
Need help?
Get a Free Estimate
Continue
Lindal
Styrofoam

the best on-line home repairs
Home
Interior
Exterior
Advices
Need help?
Get a Free Estimate
Continue

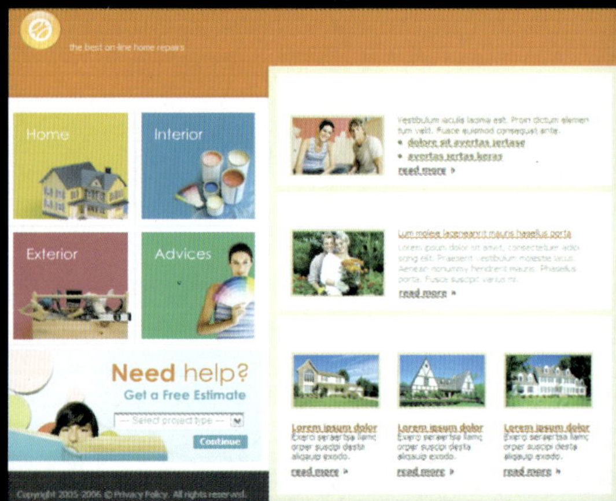

the best on-line home repairs
Home
Interior
Exterior
Advices
Need help?
Get a Free Estimate
Continue

the best on-line home repairs
Home
Interior
Exterior
Advices
Need help?
Get a Free Estimate
Continue

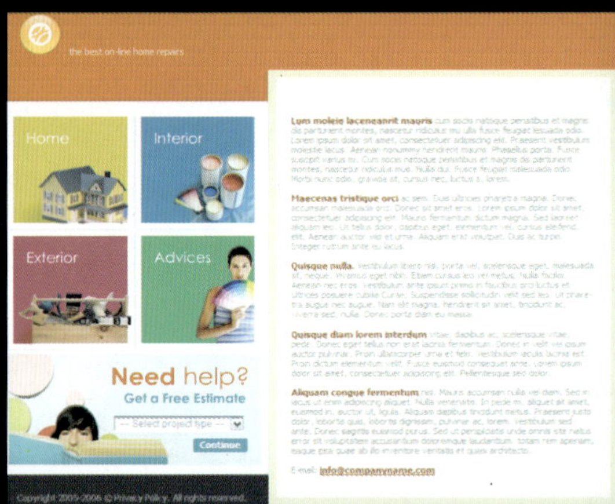

the best on-line home repairs
Home
Interior
Exterior
Advices
Need help?
Get a Free Estimate
Continue

商业网站制作

音乐视听网站首页

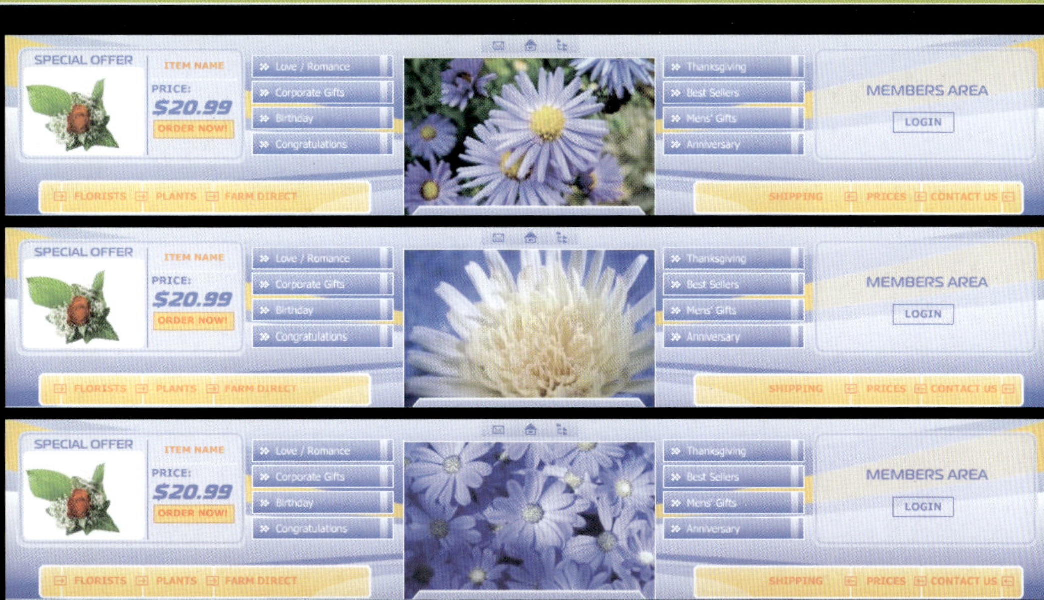

部分实例欣赏效果图

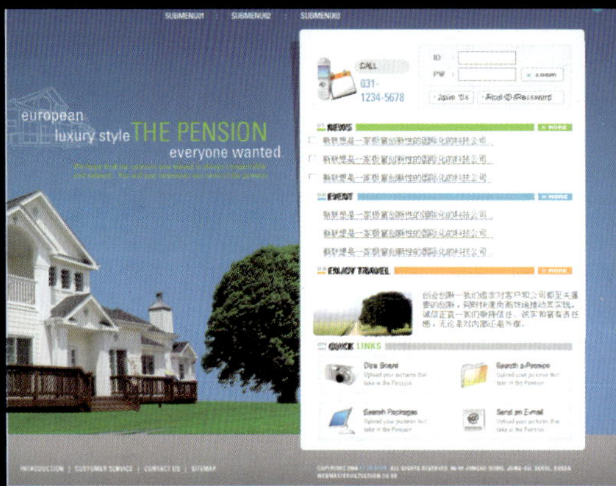

european
luxury style THE PENSION
everyone wanted
NEWS
EVENT
ENJOY TRAVEL
QUICK LINKS

W.E.
WEB EDU
首页
公司动态
产品介绍
最新资讯
联系我们
web edu

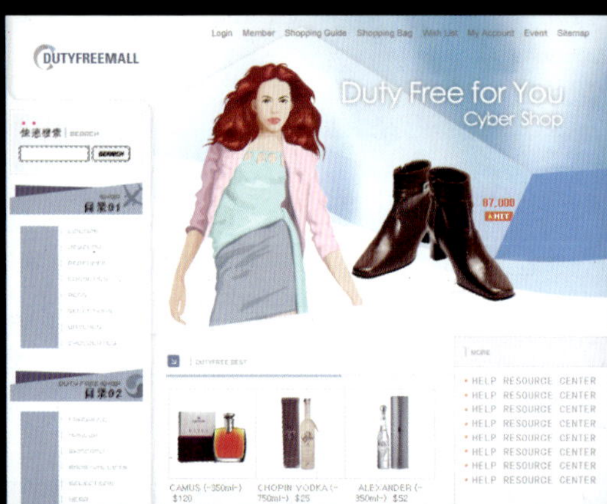

DUTYFREEMALL
Login
Member
Shopping Guide
Shopping Bag
Wish List
My Account
Event
Sitemap
Duty Free for You
Cyber Shop
HELP RESOURCE CENTER

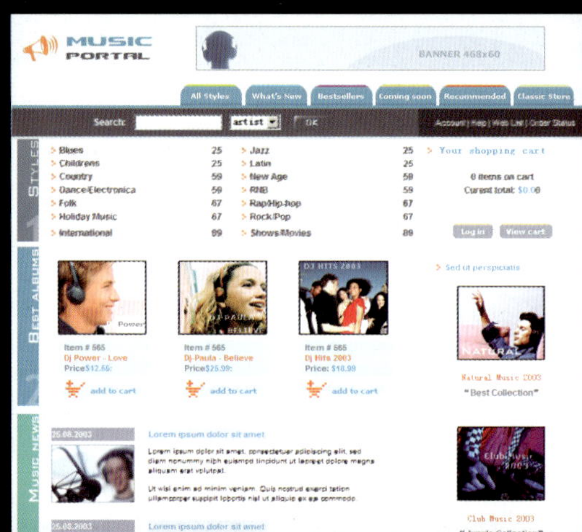

MUSIC
PORTAL
BANNER 468x60
Blues
Childrens
Country
Dance/Electronica
Folk
Holiday Music
International
Jazz
Latin
New Age
R&B
Rap/Hip-hop
Rock/Pop
Shows/Movies
STYLES
BEST ALBUMS
MUSIC NEWS
Lorem ipsum dolor sit amet

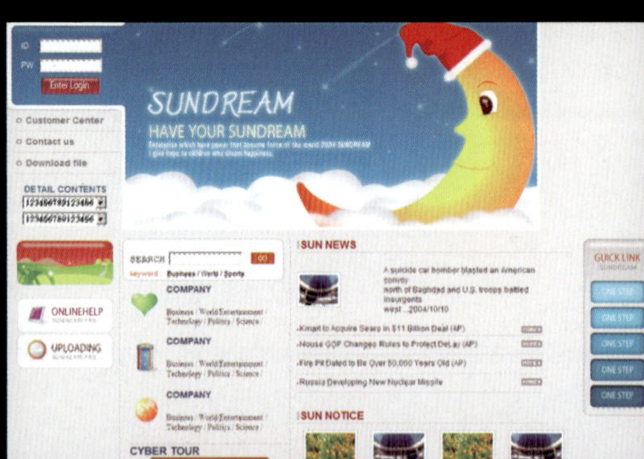

SUNDREAM
HAVE YOUR SUNDREAM
Customer Center
Contact us
Download file
DETAIL CONTENTS
ONLINEHELP
UPLOADING
SUN NEWS
SUN NOTICE
CYBER TOUR
COMPANY
QUICK LINK

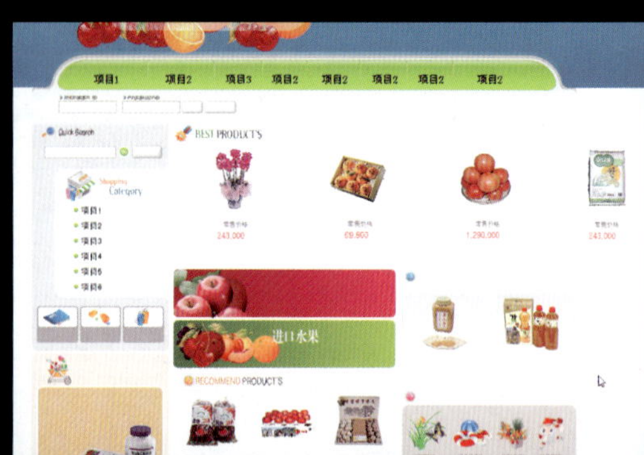

项目1
项目2
BEST PRODUCTS
进口水果
RECOMMEND PRODUCTS

Dreamweaver CS3 从入门到精通

新知互动 编著

中国铁道出版社
CHINA RAILWAY PUBLISHING HOUSE

内 容 简 介

Adobe Dreamweaver CS3 软件是一款优秀的所见即所得网页编辑软件，功能强大，可以支持数据库技术并能够快捷地创建应用程序。本书采用“基础知识”+“应用实例”+“网站建设综合案例”形式，详尽地介绍了Dreamweaver CS3 中文版的基本功能、实际操作方法和技巧。全书共分14章，介绍了该软件的基本功能、添加文本、图像、超链接和表格、应用AP Div、CSS样式、框架集、多媒体、行为、模板和库、表单与Spry。最后提供了8个综合网站设计实例，整合本书所讲解的内容，以帮助读者开拓实践，提高应用能力。

本书内容丰富，结构清晰，具有很强的实用性和可操作性，适合广大网页设计爱好者使用，同时也适合作为大中专院校相关专业以及各类社会培训学校的教材用书。

图书在版编目（CIP）数据

Dreamweaver CS3从入门到精通/新知互动编著.—北京：中国铁道出版社，2009.3
(从入门到精通)
ISBN 978-7-113-09440-9

Ⅰ.D… Ⅱ.新… Ⅲ.主页制作—图形软件，Dreamweaver CS3 Ⅳ.TP393.092

中国版本图书馆CIP数据核字（2009）第041692号

书　　名：Dreamweaver CS3 从入门到精通
作　　者：新知互动　编著

策划编辑：严晓舟　张雁芳　　　编辑部电话：(010)63583215
责任编辑：张雁芳　　　封面设计：新知互动
编辑助理：张　丹　　　责任印制：李　佳

出版发行：中国铁道出版社（北京市宣武区右安门西街8号）　邮政编码：100054
印　　刷：北京捷迅佳彩印刷有限公司
开　　本：787mm×1092mm　1/16　　印张：24　　插页：2　　字数：565千
版　　次：2009年6月第1版　　2009年6月第1次印刷
印　　数：5 000册
书　　号：ISBN 978-7-113-09440-9/TP·3069
定　　价：59.80元（附赠光盘）

前言→

随着Internet技术及其应用的不断发展，网络对于人们的生活、学习和工作影响越来越大。网页制作已从专业的网页编辑领域拓展到了各行各业网页的制作应用。熟练地使用网页编辑软件已经成为对专业编辑制作人员及网页编辑爱好者的基本要求。Dreamweaver CS3的发布更坚定了Dreamweaver在网页设计与制作领域中的地位。Dreamweaver可用于网页的整体布局和设计，以及对网站进行创建和管理，利用它可以轻而易举地制作出充满动感的网页。

全书分为14章，从Dreamweaver CS3软件的基础开始，以实例操作的形式深入浅出地讲解网站建设的各种知识和操作技巧，并结合具体实例介绍商业网站的制作方法。

第1章介绍了Dreamweaver CS3的基本功能和特点。第2章介绍了Dreamweaver CS3软件的基础知识，以及HTML基础。第3章介绍了该软件的主要功能，包括设置文档的属性、文本的编排以及常见页面元素的使用。第4章介绍了添加图像的操作，包括图像的属性设置、鼠标经过动作、透明化、对齐方式设置等。第5章全面介绍了超链接的使用。第6章介绍了表格的使用和美化。第7章介绍了AP Div的应用，包括灵活应用AP元素的高级属性，以及调整AP元素与表格的关系。第8章介绍了CSS层叠样式表，介绍如何运用CSS样式对网页的版面进行控制和美化。第9、10章分别介绍了框架和多媒体的应用。第11章深入介绍了行为的应用，包括JavaScript函数的调用、浏览器环境的设置、图像和文本的应用等。第12章介绍了模板和库的应用，帮助读者高效地使用同类元素。第13章介绍了表单与Spry的应用，了解Dreamweaver的交互功能。第14章介绍了8个综合应用实例，整合本书所讲解的内容，帮助读者开拓实践，提高应用能力。

本书结构清晰、知识全面。采用“基础”+“实例”+“网站建设综合案例”的描述方式，通过丰富的实例讲解，避免单一的教程式论述。在讲解和分析实例的同时，引入Dreamweaver网页制作方法以及网页制作的技巧规范，其中每个功能都给出了详细的操作步骤，使读者可以轻松上手，并能举一反三。

由于时间仓促，书中难免有疏漏和不妥之处，恳请广大读者批评指正。

编　者

2009年3月

Chapter 01 Dreamweaver CS3 的概述

Chapter 02 Dreamweaver CS3 基础

Chapter 03 Dreamweaver CS3 的主要功能

Chapter 04 添加图像

Chapter 05 使用超链接

Chapter 06 使用表格

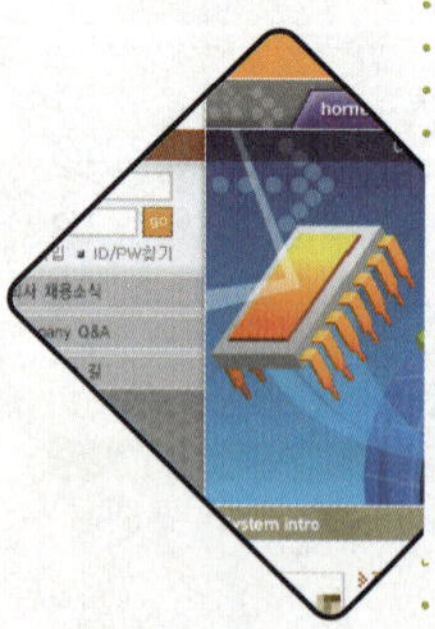

Chapter 07 AP Div的应用

Chapter 08 CSS层叠样式表

Chapter 09 框架集的应用

Chapter 10 多媒体的应用

Chapter 11 行为的应用

Chapter 12 模板和库

Chapter 13 表单与 Spry 的应用

Chapter 14 网站实例制作

Chapter 01

Dreamweaver CS3 的概述

Chapter 01 Dreamweaver CS3 的概述

Dreamweaver 是 Adobe 公司推出的网页制作软件，主要应用于对网站和 Web 应用程序进行设计、编码和开发。随着互联网的发展，产生了许多制作网页的工具，如 FrontPage、HotDog、HomeSite 等。在众多的网页制作工具中，Dreamweaver 以其强大的功能受到越来越多用户的欢迎。本章通过介绍 Dreamweaver 的特点及操作界面入手，让初学者对 Dreamweaver 有一个基本了解。

1-1 Dreamweaver CS3 简介

Dreamweaver 是 Adobe 公司出品的一种专业的 HTML 编辑器，是国内外普遍使用的一种专业网页设计软件，自动生成 HTML 代码。Dreamweaver CS3 还提供了功能全面的编码环境，其中包括代码编辑工具，以及有关 HTML、层叠样式表（CSS）、JavaScript、ColdFusion 置标语言等参考资料。

建立一个优秀的站点，需要多个软件相互配合，Adobe 公司收购 Macromedia 公司之后进行改革推出了融合 Adobe 公司其他几款优秀软件的新一代 CS3 系列产品 Adobe Creatove Suite 3 Master Collection。图 1-1 所示为 Adobe Creative Suite 3 Master Collection 及 Dreamweaver CS3 软件外包装。

图 1-1　Studio CS3 及 Dreamweaver CS3 软件外包装

提示 · 技巧

Dreamweaver、Fireworks 和 Flash 这三个网页制作工具，分别涉及 Web 制作、Web 图形图像处理和矢量动画这三个主要的网络创作领域；所以要学好网页设计，还需要掌握多个软件的操作，这样才能制作出美观而专业的网站。

1-2 Dreamweaver CS3 的特点

Dreamweaver 之所以受到广大网页制作者的欢迎，得益于其使用方便、快捷。下面介绍 Dreamweaver 的一些最具代表性的特征。

1-2-1 所见即所得

以前需要掌握 HTML 及 JavaScript 编程语言才能制作出专业的网站，现在利用 Dreamweaver 中的可视化编辑功能，可以快速地创建页面而无须编写任何代码，并且可以在操作过程中同步预览，使整个网页设计过程非常直观。这种“所见即所得”的网页编辑器的优点在于直观性、使用方便且容易操作，如图 1-2 和图 1-3 所示。在“所见即所得”的网页编辑器中进行网页编辑制作，与在浏览器中进行操作不会有太大区别。

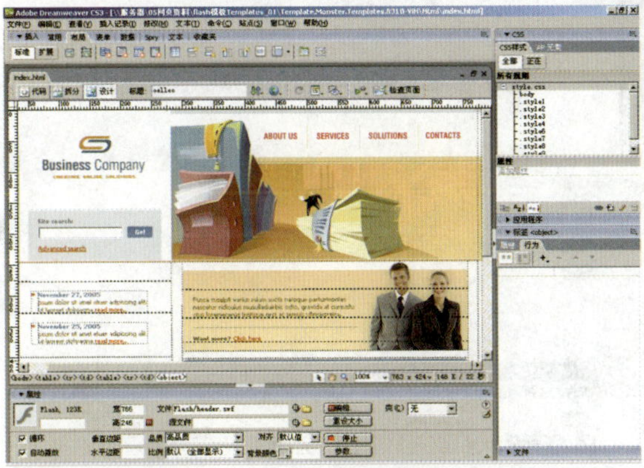

图 1-2 在 Dreamweaver 中打开网页文档

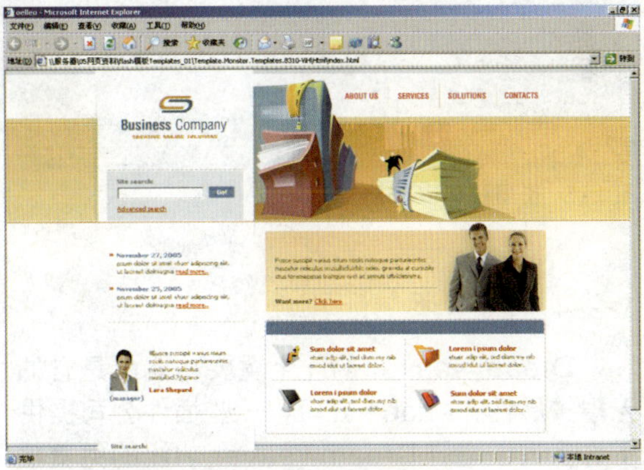

图 1-3 在浏览器中显示网页文档

1-2-2 内建的图形编辑引擎

图像的“属性”面板引入 Fireworks 的基本图形编辑技术，提供了对图像进行修剪、改变大小尺寸、旋转角度、调节明暗度和重新取样等功能。在 Dreamweaver CS3 以前版本的软件中，用户必须打开 Photoshop、Fireworks 等图像编辑软件才能对图像进行这些操作。现在，所有这些操作不需要离开 Dreamweaver 的工作环境就可以直接轻松完成，如图 1-4 和图 1-5 所示。

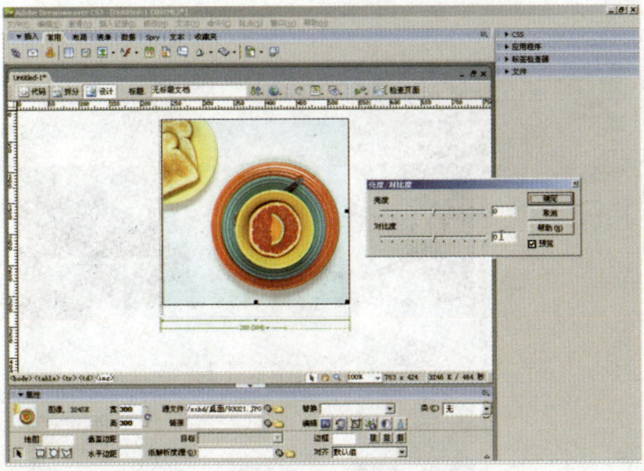

图 1-4 使用基本图形编辑技术（前）

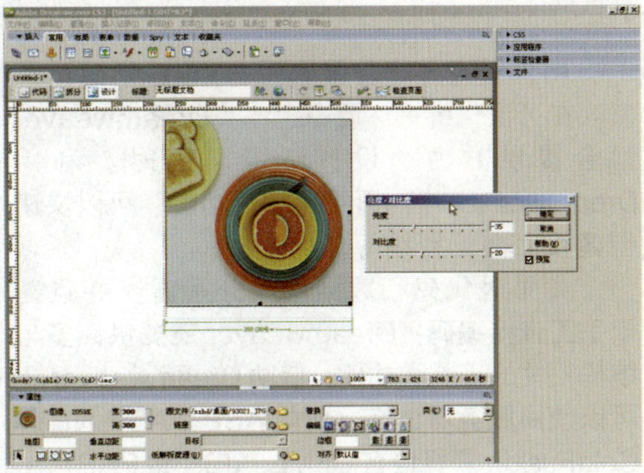

图 1-5 使用基本图形编辑技术（后）

1-2-3 强大的CSS支持

CSS（层叠样式表）是专业网页设计者必须掌握的技术，它可以方便地控制文本、图像、表格、层的样式。利用CSS样式表可以构筑复杂的、规范标准的站点。Dreamweaver CS3提供了更为丰富的使用工具，用于快速选择和设置样式属性，增加了包括CSS布局可视化、改进的CSS呈现等功能，如图1-6和图1-7所示。

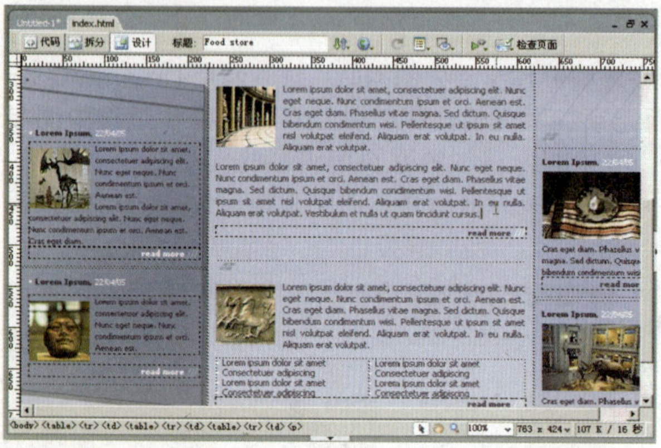

图1-6 使用样式表文档

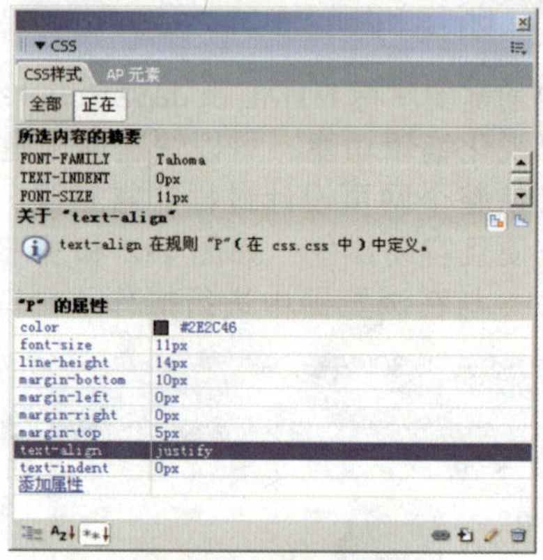

图1-7 样式表“属性”面板

1-2-4 随意添加所需功能

Dreamweaver的一个重要功能就是它的无限扩展性。Adobe公司与一些插件公司提供了许多用于增强Dreamweaver功能的免费插件，用户可以下载所需的插件应用到网页中。初学者也可以使用这些插件生成具有专业水准的页面。图1-8所示为扩展管理器。

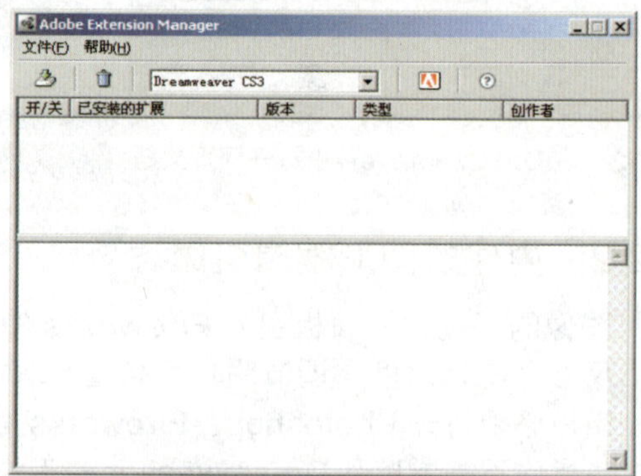

图1-8 扩展管理器

1-2-5 可选择的操作环境

用户无论喜欢直接编写HTML代码还是喜欢在可视化编辑环境中工作，Dreamweaver都会提供方便的设计环境。同时，利用Dreamweaver中的可视化编辑功能，可以快速创建页面而无须编写任何代码。

如果对代码和数据库十分了解，并且善于手工直接编码，Dreamweaver还提供许多与编码相关的工具和功能，借助Dreamweaver还可以使用服务器语言（例如ASP、ASP.NET、ColdFusion置标语言CFML、JSP和PHP）生成支持动态数据库的Web应用程序。图1-9所示编码器布局。

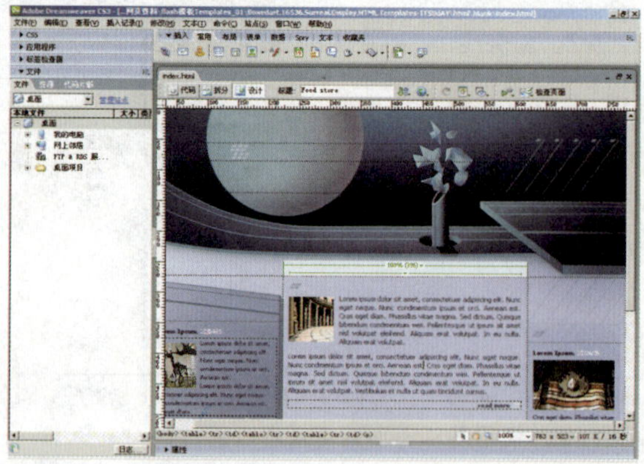

图1-9 编码器布局

1-2-6 Studio 产品的集成度增强

Dreamweaver 的新版本加强了和 Adobe 其他几款产品的协同工作能力（见图 1-10）。例如可以通过 Dreamweaver 直接设置 Flash 组件的参数。通过内置的 Flash 构件，Dreamweaver CS3 增加了页面的交互性，导入一个 Flash 组件就像定制标签一样轻松。

图 1-10　加强和其他产品的协同工作能力

1-3 Dreamweaver CS3 新增功能

Adobe 于 2007 年 7 月发布了 Dreamweaver CS3 中文版本，下面具体介绍 Dreamweaver CS3 的新增功能。

1-3-1 集成的工作流

在 Dreamweaver CS3 中不但可以完成设计、开发和维护工作，同时还可以利用其他工具（包括 Professional、Fireworks CS3、Photoshop、Contribute CS3 及用于创建移动设备内容的全新 Adobe Device Central CS3）的智能图标 Ps 。因此在 Dreamweaver CS3 中，可以方便地切换到 Photoshop 中进行复制和粘贴等操作。图 1-11 所示为 Photoshop 的智能图标。

图 1-11　Photoshop 的智能图标

1-3-2 完整的 CSS 支持

Dreamweaver CS3 提供了全面的预置 CSS 布局模板，包括单列、双列或三列的布局设计，如图 1-12 所示。代码的行内扩展帮助可以对布局进行说明，从而帮助用户扩展 CSS 知识。选择一个预置的 CSS 布局以后，还可以对其进行定制以满足设计的需要。在每个模板中有大量的用于解释布局的注释，有利于设计人员根据这些注释快速学会使用模板。

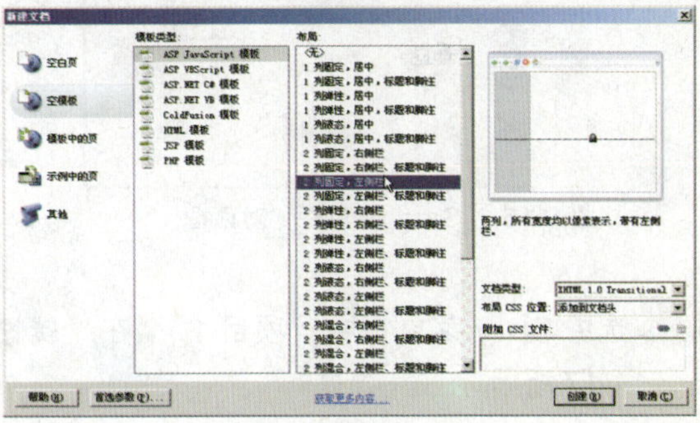

图 1-12　新建文档页面

Dreamweaver CS3 的 CSS 管理功能使用户可以方便地使用 CSS 样式。在文档之间移动 CSS 样式表，从文档头移动到外部 CSS 样式表文件，从一个外部样式表文件移动到另一个文件中等，都可通过拖放操作轻松实现。

1-3-3 轻松制作 Spry

在 Dreamweaver CS3 中，添加了一系列预制的组件，帮助用户更加轻松快捷地构建 Ajax 框架，Spry 同时适用于设计师和开发人员。这意味着任何人都可以创建更为丰富的 Web 用户体验，而无须进行复杂的编程，图 1-13 所示为“Spry”插入栏。

这些组件包括 Spry XML 数据集、Spry 区域、Spry 表和 Spry 菜单栏等。不擅长编程的用户可以通过修正它们来制作页面。

下面通过“Spry”插入栏的使用制作出图 1-14 所示的菜单栏效果。

图 1-13 “Spry”插入栏

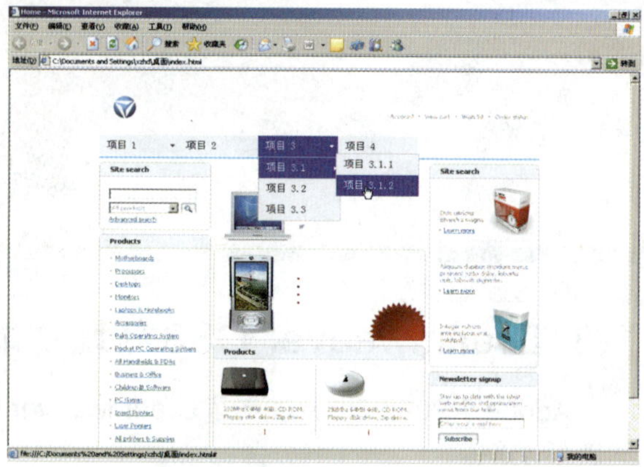

图 1-14 菜单栏效果

01 将光标置于页面中，在菜单栏中执行“插入记录”|Spry|“Spry 菜单栏”命令，弹出“Spry 菜单栏”对话框，在对话框中选中“水平”单选按钮，如图 1-15 所示。

02 单击“确定”按钮，插入 Spry 菜单栏，如图 1-16 所示。

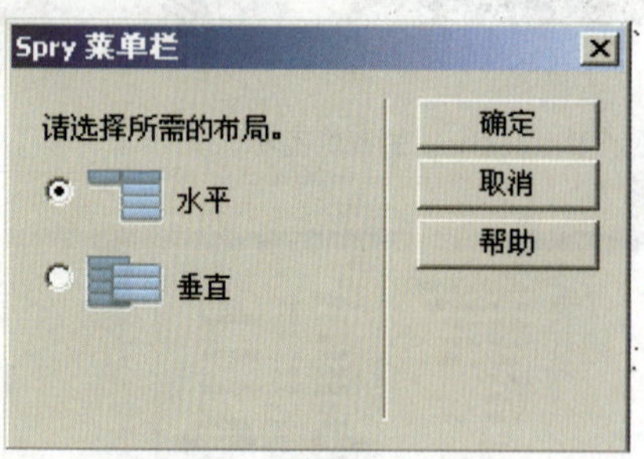

图 1-15 “Spry 菜单栏”对话框

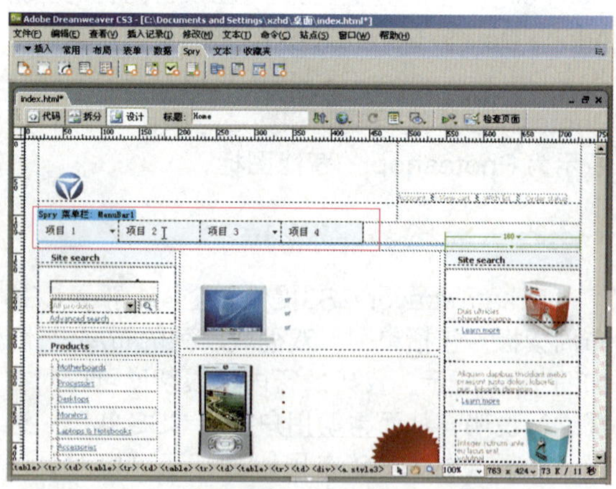

图 1-16 插入 Spry 菜单栏

03 选中 Spry 菜单栏中“项目 1”，在“属性”面板中“文本”文本框中输入“首页”，如图 1-17 所示。

04 同步骤 03 操作，选中其他项目，在“文本”文本框中输入需要更改的文本项目名称。最后保存文档，按【F12】键在浏览器中预览效果，如图 1-18 所示。

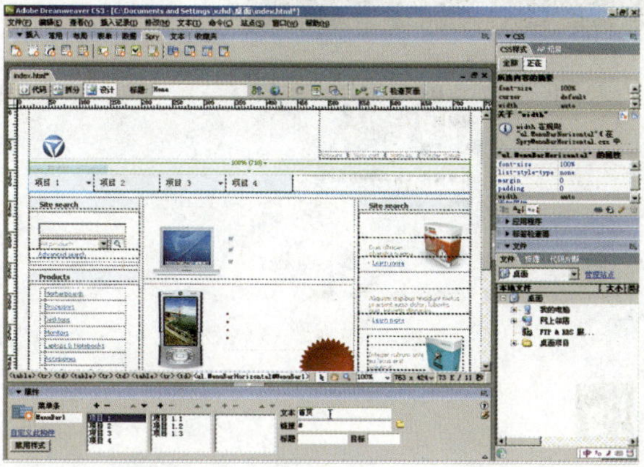

图 1-17　设置属性

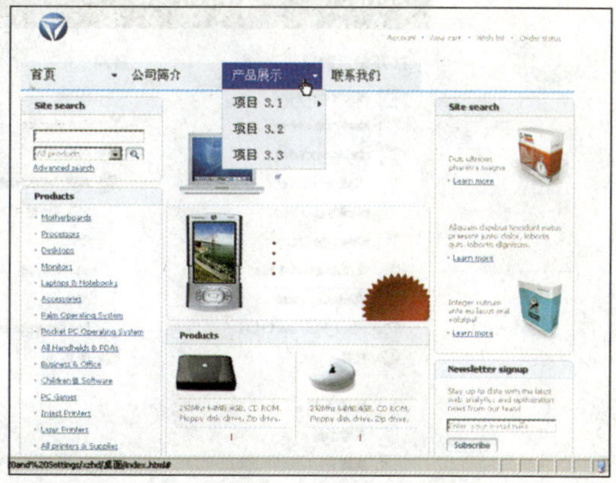

图 1-18　效果预览

1-4 系统需求

Dreamweaver CS3 有 Windows 和 Macintosh 两种版本。其中 Windows 的 Dreamweaver CS3 能运行在 Windows 98、Windows NT 4.0 及以上版本的操作系统中。

以下硬件和软件环境是在 Windows 环境下运行 Dreamweaver 所必需的。

处理器：Intel Pentium II 处理器或等效处理器，300 MHz 以上。

操作系统：Windows 98、Windows 2000、Windows NT（具有 Service Pack 3 或更高版本）、Windows Me 或 Windows XP。

浏览器：Netscape Navigator 4.0 版及更高版本，或 Internet Explorer。

内存：96MB 以上的可用内存（建议采用 128MB 内存）。

硬盘：275MB 以上的可用磁盘空间。

显示：分辨率为 800 × 600 像素的 256 色显示器及以上。

光驱：8 倍速以上光驱。

本章主要介绍 Dreamweaver 的操作界面和主要工具，其中一些工具的具体使用方法将会在后面的章节中结合实例详细说明。

1-5 Dreamweaver CS3 的操作界面

当启动 Dreamweaver CS3 时，界面中出现一个欢迎窗口，如图 1-19 所示。其中分为 3 栏，左边“打开最近项目”栏为近期打开的 HTML 文档记录，单击标题下方的文件可以快速打开 HTML 文档；中间“新建”栏表示新建立的文件类型；右边“从模板创建”栏为预先设计好的一些模板。

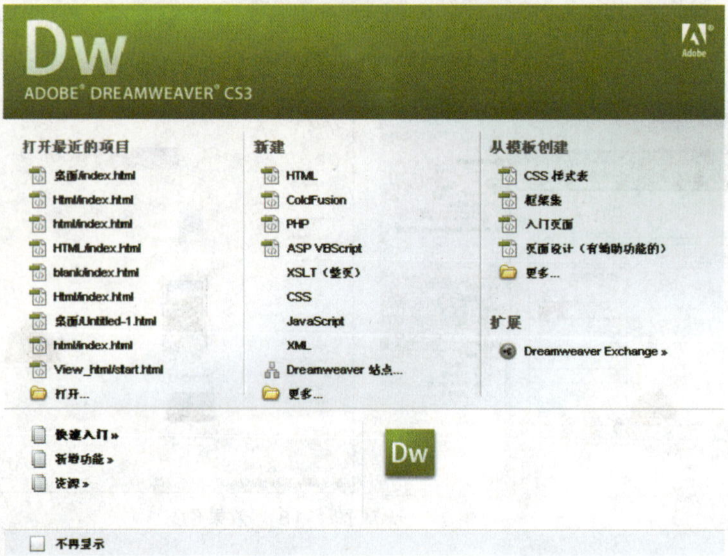

图1-19　欢迎页面

1-5-1　认识窗体结构

在“新建”栏中选择建立一个新的HTML文档，即会出现Dreamweaver CS3的程序窗口。一般来说，默认打开的Dreamweaver CS3应用程序编辑窗口包括以下几个部分，如图1-20所示。

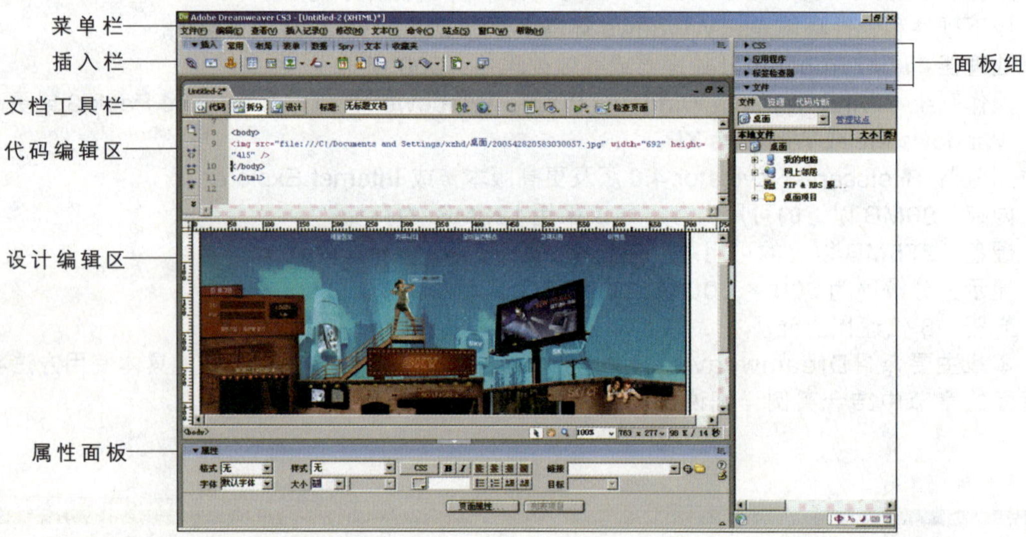

图1-20　窗体结构

1-5-2　“插入”面板

插入栏位于菜单栏下方，也可以执行“窗口”|“插入”命令显示打开插入栏，它包含用于创建和插入对象（如表格、数据、层和图像）按钮。单击左边向下箭头会弹出下拉框，其中包含“常用”、“布局”、“表单”、“数据”、“Spry、文本”和“收藏夹”等。

“常用”插入栏

“常用”插入栏是使用频率最多的插入栏，包含用于创建和插入常用对象（如表格、层和图像）按钮，如图1-21所示。

图 1-21 “常用”插入栏

A：超级链接，插入超链接。

B：电子邮箱链接，插入电子邮件链接，单击指定要链接的文本及邮件地址，就可自动发送邮件。

C：命名锚记，设置链接到文档中指定的位置。

D：表格，添加表格，可设置表格的行数和列数等参数。

E：Div 标签，用于插入 Div 标签，为布局创建一个内容块。

F：图像，在文档窗口中插入图像、导航栏等。单击其右侧的下三角图标，弹出如图 1-22 所示的下拉列表，其中包括以下选项。

图 1-22 “插入图像”下拉列表

图像：在文档窗口中插入图像。

图像占位符：在设计页面布局时，预留放置图像的位置。

鼠标经过图像：在同一位置放置两幅图像，应用于鼠标事件。

Fireworks HTML：在文档窗口中插入 Fireworks 制作的 HTML 文档。

导航条：在文档窗口中插入导航条，可设置导航条的链接、状态等属性。

绘制矩形热点：为图像添加矩形图像映射区域。

绘制椭圆热点：为图像添加椭圆形图像映射区域。

绘制多边形热点：为图像添加多边形图像映射区域。

G：多媒体，在文档窗口中插入 Flash 影片、按钮、文本、Applet 等。单击其右侧的下三角图标，弹出图 1-23 所示的下拉列表，其中有以下选项。

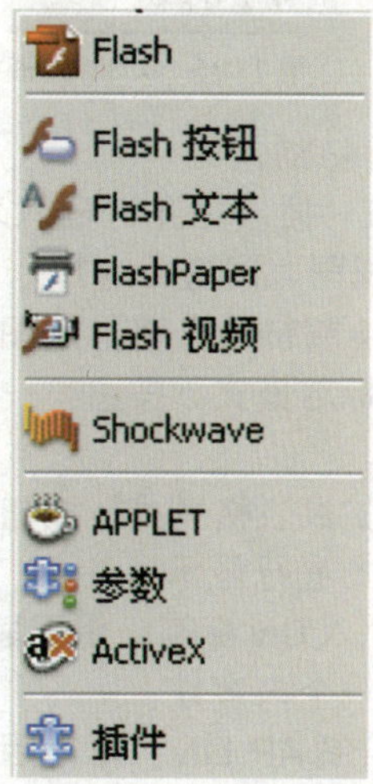

图 1-23 “插入多媒体”下拉列表

Flash：在文档窗口中插入 Flash 影片。

Flash 按钮：插入 Flash 按钮。

Flash 文本：插入 Flash 文本。

Flash Paper：插入 Flash Paper。

Flash 视频：插入 Flash 视频.

Shockwave：插入由 Direct 软件生成的 Shockwave 影片。

APPLET：插入 Java Applet 小程序。

参数：修改 Java Applet 参数。

ActiveX：插入 ActiveX 控件。

插件：插入需要插件的对象。

H：日期，插入所选的日期格式。

I：服务器端包括，对 Web 服务器的指令，指示 Web 服务器在将页面提供给浏览器前，在 Web 页面中包含的指定文件。

J：注释，插入说明代码的注释。

K：文件头，单击其右侧的下三角图标，弹出下拉列表，其中包括 META、关键字、说明、刷新、基础、链接。如图 1-24 所示。

图 1-24 “文件头”下拉列表

L：脚本，包含几个与脚本相关的按钮。

M：模板，由多个编辑菜单组成，在模板中指定可编辑区域。单击其右侧的下三角图标，弹出图 1-25 所示的下拉列表，其中有以下选项。

创建模板：在文档窗口中制作模板。

创建嵌套模板：在模板中制作嵌套模板。

可编辑区域：在模板中插入可编辑区域。

可选区域：在可编辑区域指定选项。

重复区域：反复插入可编辑区域。

可编辑的可选区域：根据真/假值插入可编辑的选项区域，有多种选项可供选择。

重复表格：在表格内插入重复的可编辑区域

N：标签选择器，单击后弹出“标签选择器”对话框，如图1-26所示。

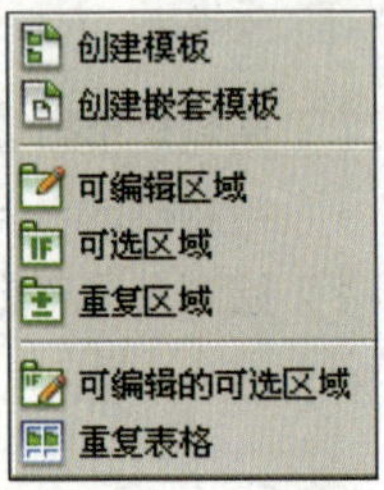

图1-25 “创建模板”下拉列表

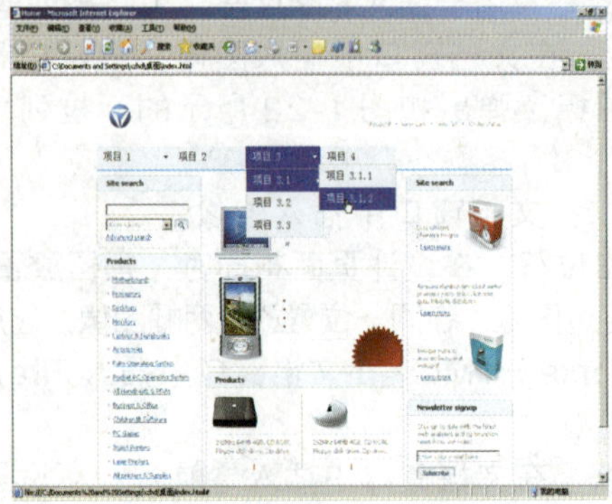

图1-26 “标签选择器”对话框

“布局”插入栏

“布局”插入栏允许插入表格和层，并且可以在标准（默认）视图、扩展视图和布局视图三种表格视图之间进行选择。当选定布局视图时，可以使用Dreamweaver布局工具绘制布局单元格和绘制布局表格，如图1-27所示。

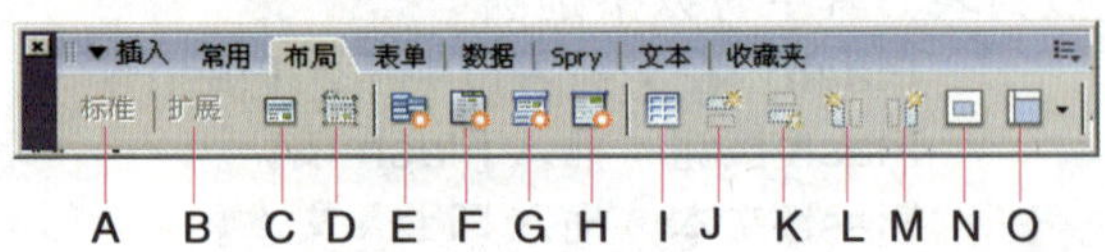

图1-27 “布局”插入栏

A：“标准模式”按钮，一般状态下显示的视图状态。

B：“扩展表格模式”按钮，用于使用扩展的表格样式进行显示。

C：插入Div标签，用于插入Div标签，为布局创建一个内容块。

D：绘制AP Div，单击后，在文档窗口中拖动，会生成大小合适的层。

E：Spry菜单栏，单击此按钮可以创建横向或纵向网页的下拉菜单或弹出式菜单。

F：Spry选项卡式面板，单击此按钮可以在网页中实现选项卡功能。

G：Spry折叠式，单击此按钮可以在网页中添加折叠式菜单。

H：Spry可折叠面板，单击此按钮可以在网页中添加折叠式面板。

I：表格：在当前光标所在的位置插入表格。

J：在上面插入行，在当前行的上面插入一个新行。

K：在下面插入行，在当前行的下面插入一个新行。

L：在左边插入列，在当前行的左边插入一个新行。

M：在右边插入列，在当前行的右边插入一个新行。

N：IFRAME，单击此按钮，在文档中创建浮动框架。

O：框架，在光标所在位置添加框架，单击右侧的下三角图标弹出下拉列表，共有13种预设框架，如图1-28所示。

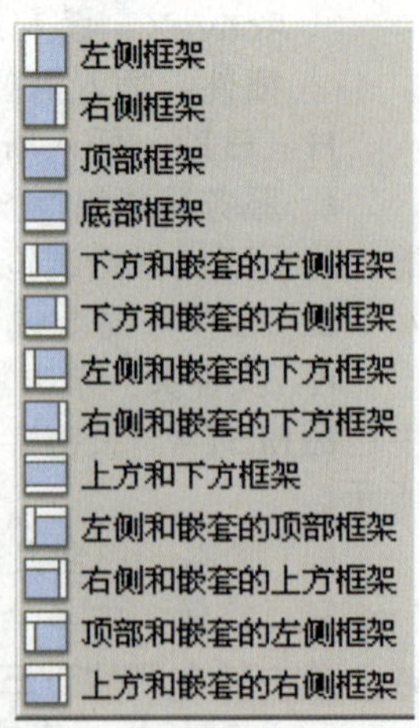

图1-28 “框架”下拉列表

“表单”插入栏

“表单”插入栏可以与 Web 站点的访问者进行交互或从他们那里收集信息。“表单”插入栏包含用于创建表单和插入表单元素的按钮，如图 1-29 所示。

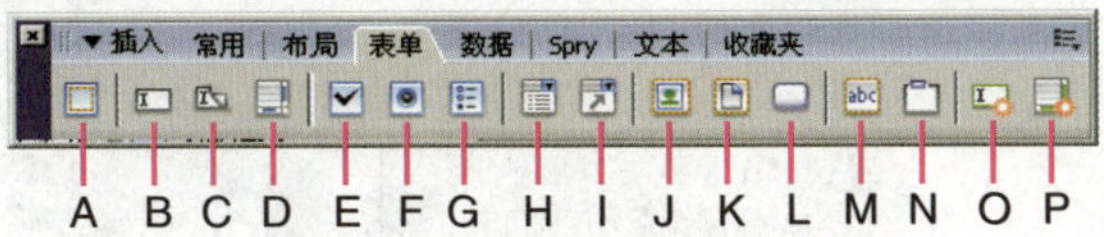

图 1-29 “表单”插入栏

A：插入表单，在当前光标位置插入表单。

B：插入文本框字段，插入可输入文本的文本框。

C：插入隐藏区域，插入隐藏字段，使用户看不到后台的传输值。

D：插入文本区域，插入能够输入多行文字的文本区域。

E：插入复选框，插入能够同时选择多个选项的复选框。

F：插入单选按钮，插入只能选择一个选项的单选按钮。

G：插入单选按钮组，同时插入多个“单选”按钮，可使用“单选”按钮组。

H：插入列表 / 菜单，插入列表框，可以选择列表框中某个选项。

I：插入跳转菜单，选择其中某个选项可以切换到相应的 URL。

J：插入图像域，插入图像形式的按钮。

K：插入文件域，插入将数据从网页传输到服务器的文件字段。

L：插入按钮，插入可传输内容的按钮。

M：插入标签，利用<lable></lable>标记为表单指定名称。

N：插入字段集，利用<fieldset><legend>标签将边框应用于字段集。

O：Spry 验证文本域，单击此按钮可以验证文本域。

P：Spry 验证文本区域，单击此按钮可以验证文本区域。

“数据”插入栏

“数据”插入栏允许插入动态元素、向页面添加服务器行为，如记录集、重复区域以及记录插入和更新表单，如图 1-30 所示。

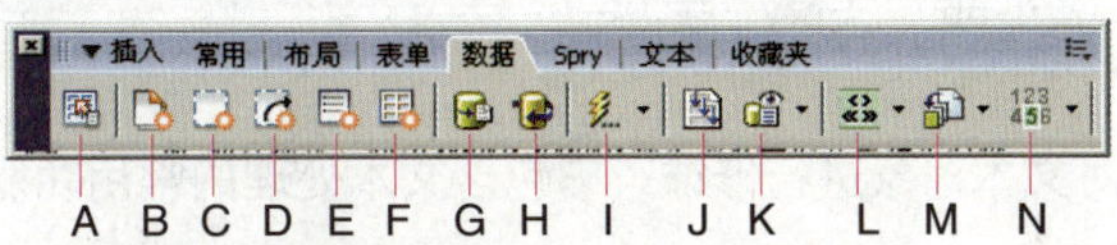

图 1-30 “数据”插入栏

A：导入表格式数据，单击此按钮可以导入表格式数据。

B：Spry XML 数据集，单击此按钮可以插入 XML 数据集。

C：Spry 区域，单击此按钮可以插入 Spry 区域。

D：Spry 重复项，单击此按钮可以插入 Spry 重复项。

E：Spry 重复列表，单击此按钮可以插入 Spry 重复列表。

F：Spry 表，单击此按钮可以插入 Spry 表。

G：记录集，利用查询语句，从数据库中提取记录集。

H：预存过程，该按钮用来创建存储过程。

I：动态数据，通过将 HTML 属性绑定到数据可以动态地更改页面的外观，单击右侧的下三角图标弹出下拉列表框，如图 1-31 所示。

J：重复区域，在记录集中接收指定为动态要素的值，并可反复输出。

K：显示区域，单击此按钮，可以使用一系列其他用于显示控制的按钮。单击右侧的下三角图标，弹出图 1-32 所示下拉列表。

L：记录集分页，插入一个可以在记录集内向前、向后、第一页和总页数等信息，单击右侧的下三角图标，弹出图1-33所示下拉列表。

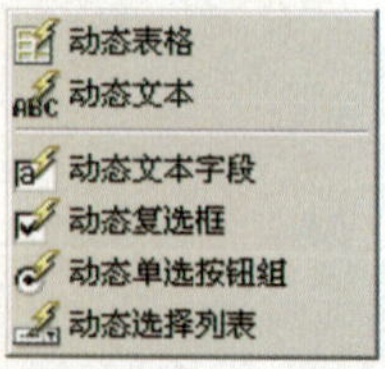

图1-31 “动态数据”下拉列表

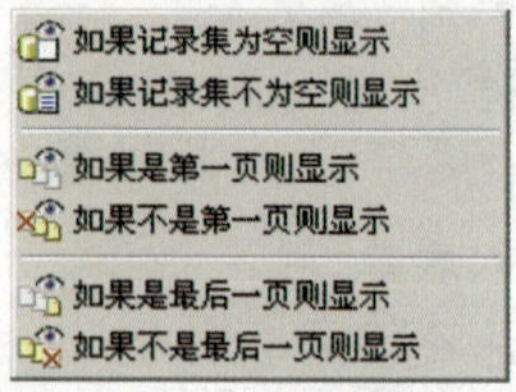

图1-32 “显示区域”下拉列表

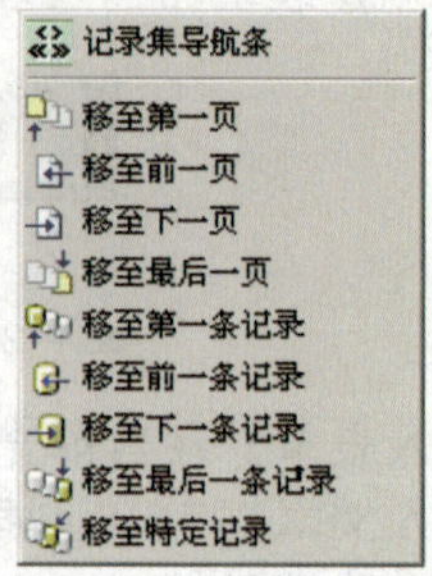

图1-33 “记录集分页”下拉列表

M：转到详细页面，转到详细页面或转到相关页面，单击右侧的下三角图标，弹出如图1-34所示下拉列表。

N：显示记录计数，插入记录集中第一页、最后一页和总页数等信息，单击右侧的下三角图标，弹出图1-35所示下拉列表。

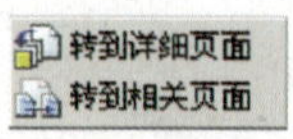

图1-34 “转到详细页面”

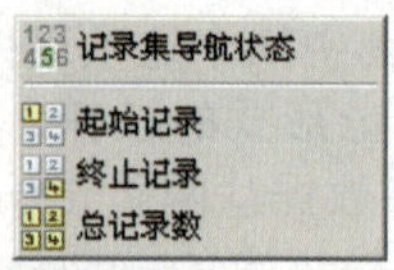

图1-35 “显示记录计数”下拉列表

“Spry”插入栏

在Dreamweaver CS3中，Adobe添加了一系列预制的组件，帮助用户可以更加轻松快捷地构建Ajax页面。“Spry”插入栏如图1-36所示。

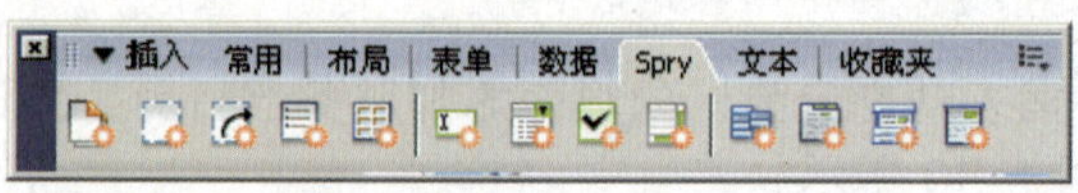

图1-36 “Spry”插入栏

“文本”插入栏

“文本”插入栏用于对文本对象进行修饰，它包含文本处理的常用功能选项，如图1-37所示。

图1-37 “文本”插入栏

A：粗体，使用<strong></strong>标签，使文字变粗

B：斜体，使用<em></em>标签，使文字倾斜

C：加强，使用<strong></strong>标签，强调文字。

D：强调，使用<em></em>标签，让文字倾斜成逻辑样式。

E：段落，使用<p></p>标签，另起一行。

F：块引用，表示利用<blockquote></blockquote>标签引用的块。

G：已编排格式，使用<pre></pre>标签，使其保持输入形态。

H：标题，使用<h1></h1>标签。

I：项目列表，使用<ul></ul>标签。

J：编号列表，使用<0l></0l>标签。

K：列表项，使用<li></li>标签。

L：定义列表，使用<dl></dl>标签，创建包含定义术语和定义说明的列表。

M：定义术语，使用<dt></dt>标签，定义文章中的术语。

N：定义说明，使用<dd></dd>标签，对定义的术语进行说明。

O：缩写，使用<abbr></abbr>标签标注缩略语。原单词则使用 title 选项进行标记。

P：首字母缩写词，使用<acronym></acronym>标签，标注为只取各单词的首字母的缩写词，使用 title 选项。

Q：字符，插入版权、日元、欧元等特殊字符，以及换行符等其他字符，下拉列表中有以下选项，如图 1-38 所示。

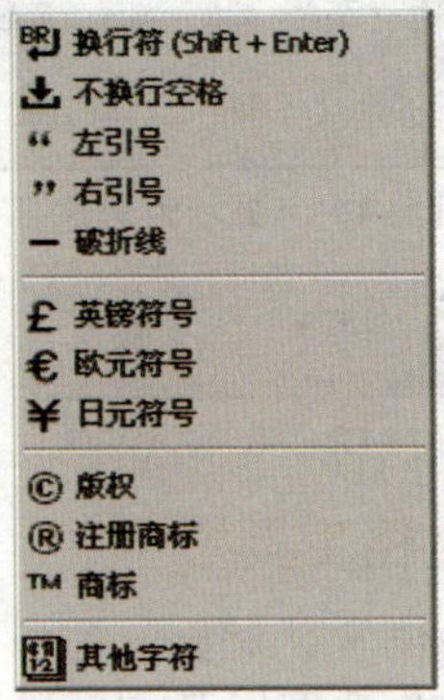

图 1-38 “换行符”下拉列表

不换行空格：输入“ ”，插入空格。

左引号：在 HTML 代码中输入“&#8220”。

右引号：在 HTML 代码中输入“&#8221”。

破折线：在 HTML 代码中输入“&#8212”。

英镑符号：在 HTML 代码中输入“&pound”。

欧元符号：在 HTML 代码中输入“&#8364”。

日元符号：在 HTML 代码中输入“&#yen”。

版权：在 HTML 代码中输入“&copy”。

注册商标：在 HTML 代码中输入“&reg”。

商标：在 HTML 代码中输入“&#8482”。

其他字符：单击该命令，将弹出特殊字符对话框。

“收藏夹”插入栏

“收藏夹”插入栏使用户可以进行分组和自定义操作常用的插入栏按钮。可以在“收藏夹”类别中添加、管理和删除按钮。

在插入栏中选择任意一个图标按钮右击（不要单击类别名称），然后选择“自定义收藏夹”选项，此时会出现“自定义收藏夹对象”对话框，如图 1-39 所示。在左边的“可用对象”列表框中选择一个对象，单击»按钮，即可将选中的对象添加到“收藏夹对象”列表框中。单击“添加分隔符”按钮可以将图标分组显示，右上角的三个图标分别用于删除和移动“收藏夹”列表框中的对象。

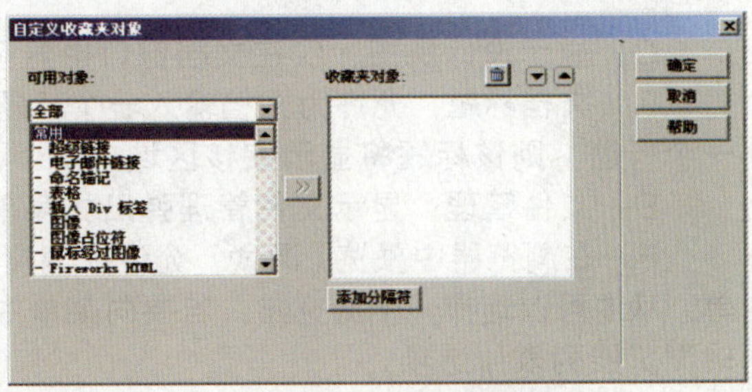

图 1-39 “自定义收藏夹对象”对话框

按需要添加和删除可用对象，完成操作后单击“确定”按钮。“收藏夹”类别会反映出刚在“收藏夹对象”中添加的内容，如图 1-40 所示。

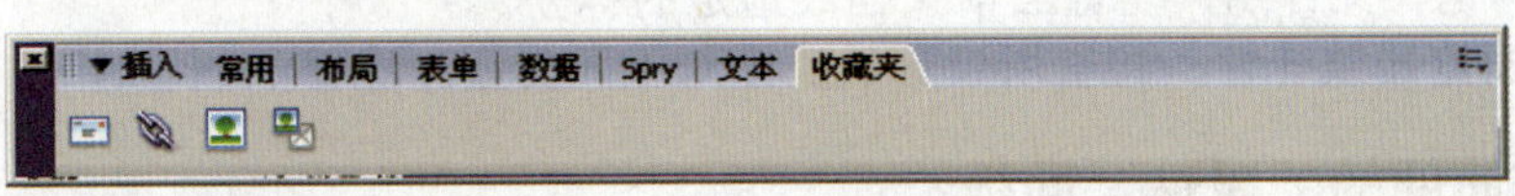

图 1-40 “收藏夹”插入栏

1-5-3 设置工具栏的显示形式

单击“常用”按钮在弹出的下拉菜单最下方有一个“显示为制表符”选项，单击该选项可以转换到用户熟悉的Dreamweaver 环境的标签模式，如图1-41所示。通过单击各个子面板的标签实现在各个子面板之间的切换。在标签模式下单击该模式左边按钮，弹出下拉列表框并选择“显示为菜单”选项，可以返回到默认的显示模式，如图1-42所示。

图1-41　显示为制表符

图1-42　显示为菜单

1-5-4 使用文档工具栏

文档工具栏位于“对象”面板下方，可以快速切换代码视图和设计视图，同时显示代码和设计视图的拆分视图以及实时数据视图按钮。工具栏中还包含一些与查看文档、在本地和远程站点间传输文档以及调试JavaScript代码有关的普通命令和选项，如图1-43所示。

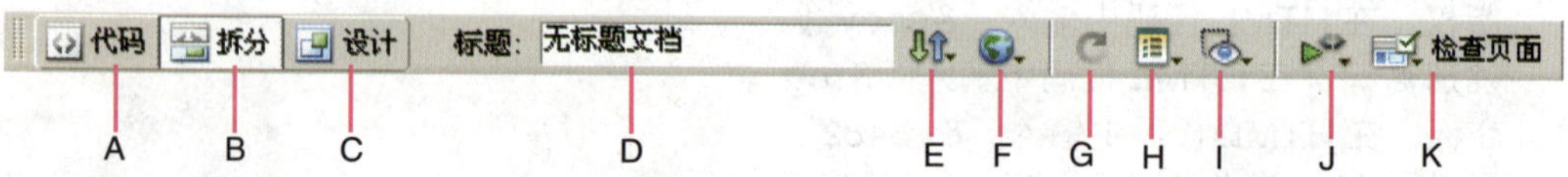

图1-43　文档工具栏

A：显示代码视图，仅在文档窗口中以HTML代码形式显示。

B：显示代码视图和设计视图，在文档窗口的一部分中显示代码视图，而在另一部分中显示设计视图。当选择了这种组合视图时，视图选项菜单中在顶部查看“设计视图”选项变为可用。

C：显示设计视图，仅在文档窗口中显示设计视图。

D：文档标题，允许为文档输入一个标题，将显示在浏览器的标题条中。如果文档已经有一个标题，则该标题将显示在该区域中。

E：文件管理，显示文件管理弹出式菜单。

F：在浏览器中预览/调试，允许在浏览器中预览或调试文档。单击该按钮则弹出下拉菜单，从中可以选择一个浏览器。若要向菜单中添加浏览器或者更改列出的浏览器，可选择“编辑浏览器列表”选项。

G：刷新设计视图，当在代码视图中进行更改后刷新文档的设计视图。

H：视图选项，允许为代码视图和设计视图设置选项，其中包括对哪个视图显示在上面进行选择。

I：可视化助理，允许用户使用不同的可视化助理来设计页面。

J：验证标记，允许用户验证当前文档或选定的标签。

K：检查浏览器兼容性，检查所设计的页面对不同类型浏览器的兼容性。

1-5-5 操作简便的“属性”面板

Dreamweaver CS3提供的“属性”面板是定义对象的重要工具。“属性”面板的内容会根据选择对象的不同而变化。例如，单击空白Web页的任何地方，“属性”面板都会显示诸如格式、字体、字号之类的文本属性；如果单击一个图像，“属性”面板中则显示缩略图、图像的

高度和宽度、图像源、链接、替换文本等图像相关属性。还可以显示并修改当前选定的页面对象（如图像或文本）甚至是整个网页的属性。执行“窗口”|“属性”命令或者直接按【Ctrl+F3】组合键，就可以显示或隐藏“属性”面板，如图1-44所示。

图1-44　“属性”面板

Dreamweaver在“属性”面板中设计了一个可以切换查看常用属性和所有属性的折叠/展开按钮，单击“折叠”按钮后，会隐藏一些属性，通常只显示常用属性，如果想要了解被选定对象某一特定属性的详细信息，可单击使用“属性”面板右上角的帮助按钮，打开Dreamweaver CS3的帮助文档。图1-45所示的是使用“属性”面板显示的常用属性状态。

图1-45　“常用”属性状态

在文档窗口中选择不同的内容时，“属性”面板将显示相应内容对象的属性。以下是选择不同类型对象时出现的“属性”面板，如图1-46和图1-47所示。

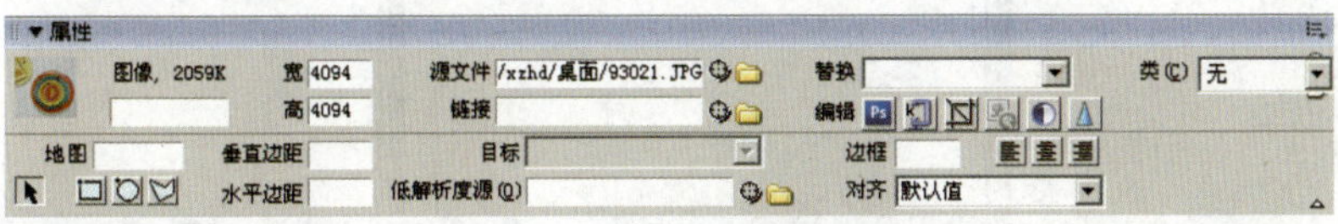

图1-46　“图像”属性

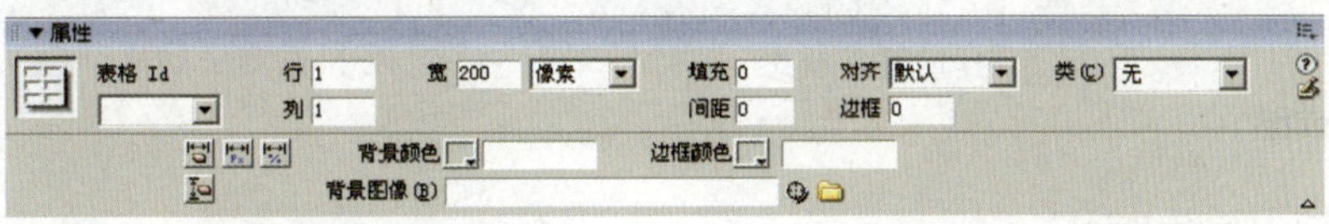

图1-47　“表格”属性

在使用“属性”面板中，改变被选对象的属性，会在文档窗口中显示出来。还可以通过修改代码来改变对象的属性，在“帮助”按钮下方有一个“快速标签编辑器”按钮，单击该按钮可添加、编辑HTML，如图1-48所示。

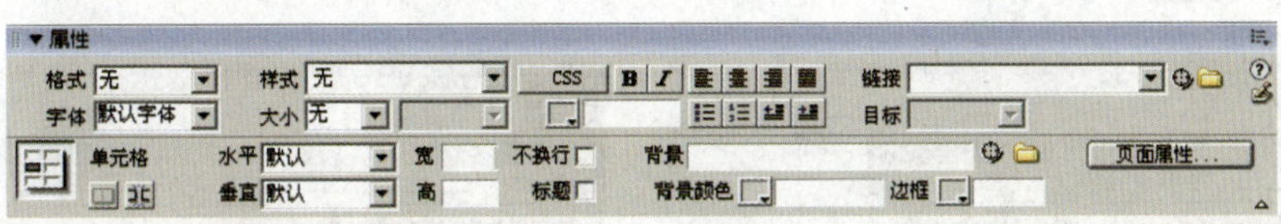

图1-48　快速标签器

1-6　“浮动”面板的操作

在Dreamweaver CS3中，对面板的操作非常灵活故称其为“浮动”面板。可以任意设置操作界面，并利用“浮动”面板来控制对页面的编写；在页面中选择元素，在“浮动”面板中进行相应的设置，可以直接在文档窗口中看到结果。下面学习如何对面板进行操作。

1-6-1　面板的展开和折起

在 Dreamweaver CS3 中，面板的使用非常方便，面板通常会被组织到面板组中，在面板组中选定一个面板显示为选项栏。面板组可以有多个选项栏，每个面板组都可以进行展开或折叠操作，并且可以和其他面板组停靠在一起。

如果需要打开某一组面板，单击该面板组的标题栏，即可将所需的面板展开，此时标题栏上的图标▶将变为▼。再次单击面板的标题栏，即可重新折起这个面板组。一般情况下，面板组中会包括一些选项栏，单击选项栏上的标签可以在面板组的各选项栏之间相互切换，如图 1-49 所示。

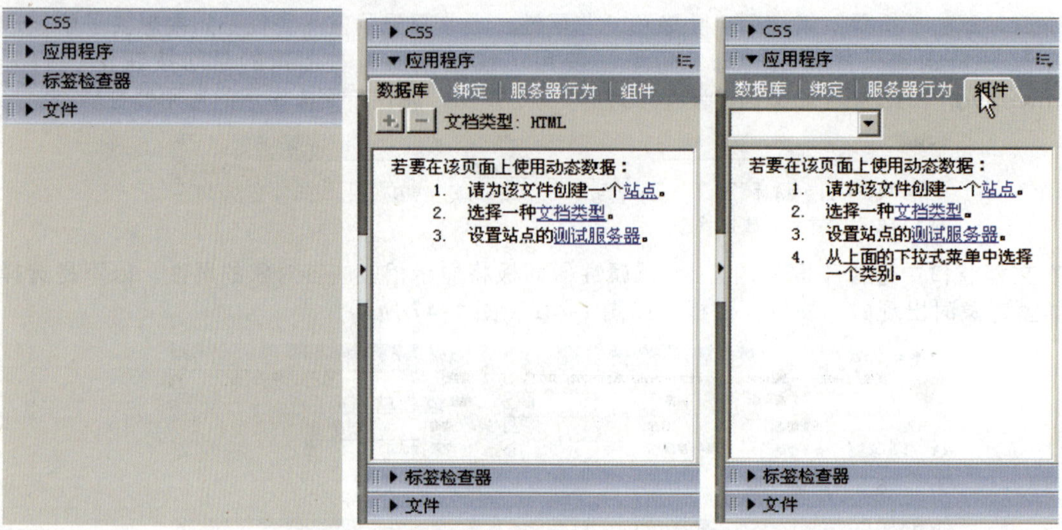

（a）收缩状态　（b）展开状态　（c）选项卡切换

图 1-49　各状态面板

1-6-2　显示和隐藏面板

虽然各种窗口、"选项"面板和"属性"面板使用起来非常方便，但有时会占用屏幕的显示空间。在面板的左边和上边分别有一个显示和隐藏面板的快捷按钮，用户在对文档进行编辑时可通过单击快捷按钮，方便实现所有面板在显示和隐藏之间切换，这样就会有更多空间进行设计操作，如图 1-50 和图 1-51 所示。

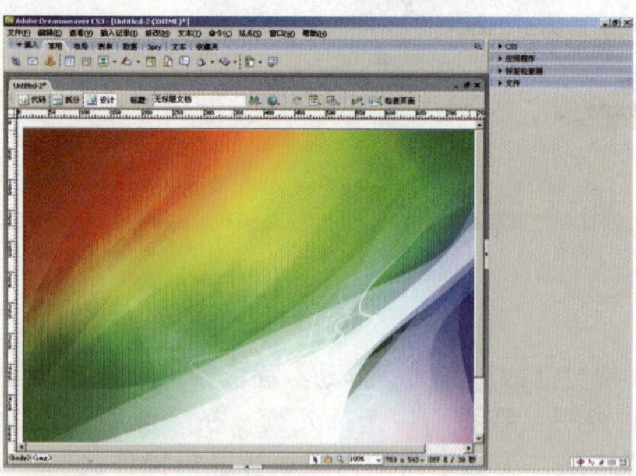

图 1-50　"显示"面板状态

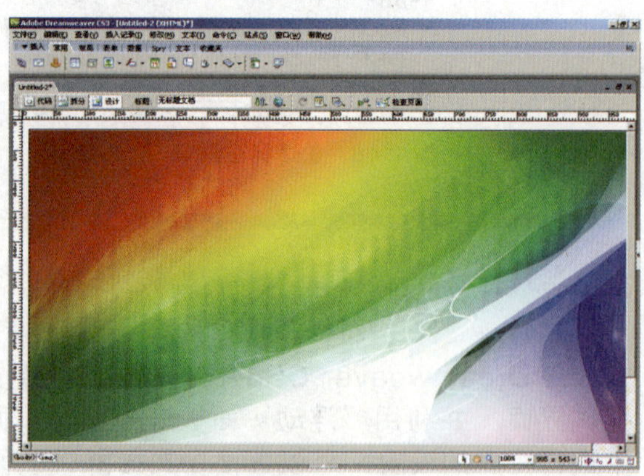

图 1-51　"隐藏"面板状态

提示 · 技巧

如果希望临时隐藏所有“浮动”面板，可以按【F4】键，得到最大的操作区域。再次按【F4】键，又可恢复重新显示。

1-6-3 使用“首选参数”显示或隐藏面板

在 Dreamweaver CS3 中可以指定在文档窗口中出现的面板。执行“编辑”|“首选参数”命令，此时会弹出“首选参数”对话框，在“分类”列表框中选择“常规”选项，所有的面板都默认出现在文档窗口中，如图 1-52 所示。

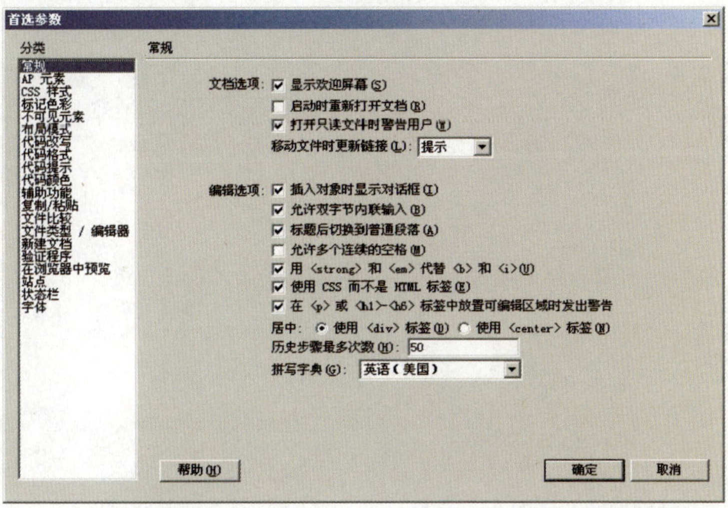

图 1-52 “首选参数”对话框

Dreamweaver CS3 不仅保持了开发过程轻松、页面效果完美的制作风格，并且工作界面简洁自然，可组合相关面板、图标等，同时 Dreamweaver CS3 整合了 Dreamweaver UltraDrv 与 HomeSite 的所有重要特色功能，集可视化编辑、手工编辑、程序开发于一身，使用户使用起来更为顺手，开发更为简便。

提示 · 技巧

Dreamweaver CS3 默认显示的面板中并没有包含所有的面板，例如代码查看、历史动作和结果等几个面板组。如果“浮动”面板没有显示在程序窗口中，则可以通过打开“窗口”菜单，选择相应的命令来显示所设置的面板。

读书笔记 NOTE BOOK

Chapter 02

Dreamweaver CS3 基础

Chapter 02 Dreamweaver CS3 基础

快速学习网站制作的方法是动手操作。只有通过实践，才能发现问题，进而去解决问题。如果只是简单地学习软件的独立功能而缺乏整体的网站设计概念，那么将只能学到一些浅显的东西。

本章讲述 Dreamweaver CS3 的一些基本而重要的功能，网页设计人员只有熟练地掌握这些功能，才能进一步为学习高级网页设计技巧打好基础。

2-1 创建站点

网页中除了文字和代码外，还包含诸如图像、Flash 动画等文件，使用浏览器大多是浏览站点中的网页文件及文件之间的相互链接，所以在制作页面之前，首先要在 Dreamweaver 中创建站点。一开始只须制作本地站点，这个位于本地硬盘中的文件夹被当成一个远程站点的镜像，完成本地站点的制作后，即可将本地站点上传至远端服务器，作为远程站点（remote site）。

在 Dreamweaver 中建立一个本地站点，首先确定本地站点目录所在的位置。可以在硬盘上创建一个空白文件夹作为站点，作为本地站点的根目录，也可以根据目录结构在空白文件夹中创建子文件夹。

>> 01 执行“站点”|“管理站点”命令，出现“管理站点”对话框，如图 2-1 所示。如果之前定义过站点，则会列出以前所有定义的站点。单击“新建”按钮，选择站点选项。

>> 02 弹出“未命名站点 2 的站点定义为”对话框。在对话框“基本”选项卡的文本框中输入新建站点的名称，如图 2-2 所示。

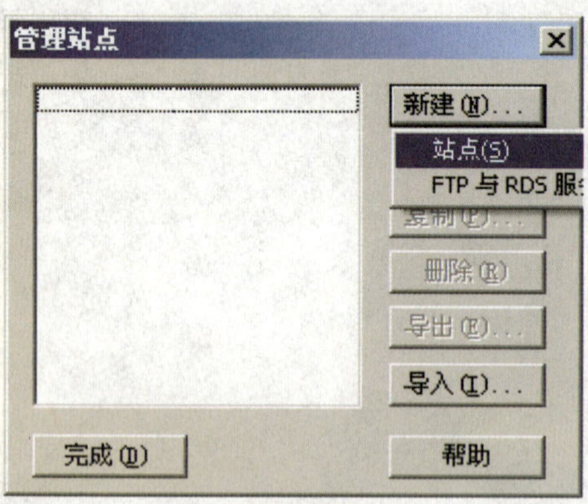

图 2-1 “管理站点”对话框

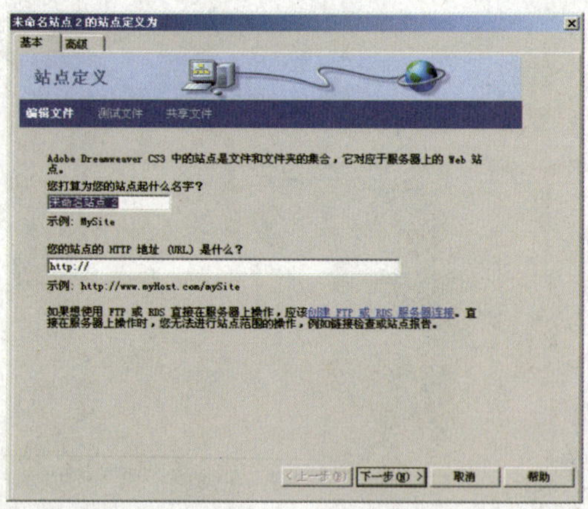

图 2-2 “未命名站点 2 的站点定义为”对话框

提示 · 技巧

Dreamweaver 的站点定义为对话框包括“基本”和“高级”选项卡。“基本”选项卡相当于一个建立站点的向导，用户根据提示进行设置即可完成站点的建立；“高级”选项卡则通过“分类”列表框设置站点的各个属性。建议初学者首先使用“基本”选项卡。

03 询问是否使用服务器技术。如果提示设置站点来创建 Web 应用程序，则需要选择“是，我想使用服务器技术”单选按钮。本书前面的范例没有使用 ColdFusion、ASP 等语言，所以选择“否，我不想使用服务器技术”单选按钮，表示目前该站点是一个静态站点，没有动态页，如图 2-3 所示。

04 询问如何使用文件。包括“编辑我的计算机上的本地副本，完成后再上传到服务器（推荐）”和“使用本地网络直接在服务器上进行编辑”两个单选按钮。由于本地没有建立安装环境，所以推荐使用第一个选项，如图 2-4 所示。

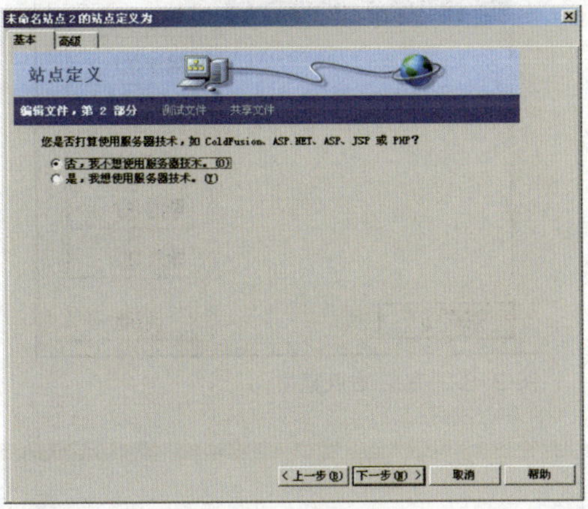

图 2-3　询问是否使用服务器技术

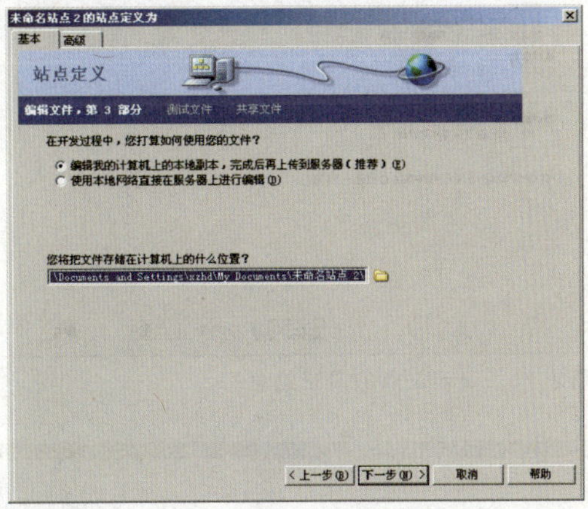

图 2-4　询问如何使用文件

05 询问文件存储的位置。在下方的文本框中，Dreamweaver 将存储本地的站点文件。单击该文本框后边的文件夹图标，在出现的对话框中选择原先设置好的目录，如图 2-5 所示。

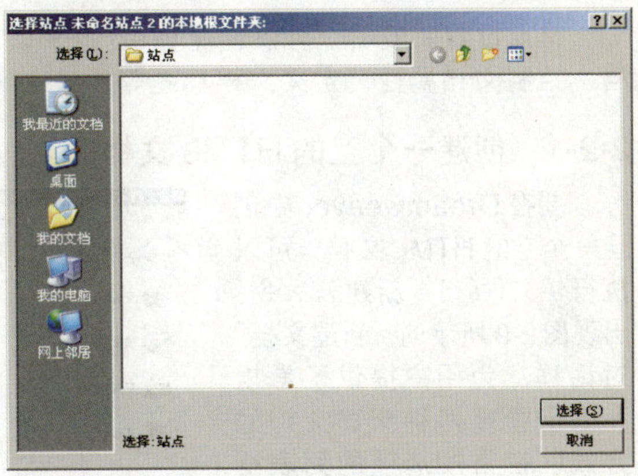

图 2-5　选择根文件夹保存位置

06 单击“保存”按钮，回到向导界面。此时下方的文本框中会显示站点目录，确认没有问题后，单击“下一步”按钮。询问如何连接到远程服务器，在其下拉列表中包括无、FTP、本地 / 网络、WebDAV、RDS、Sourcesafe 数据库等选项。目前只在本地运行站点，暂时不将其上传至服务器，因此选择“无”选项，如图 2-6 所示。

07 显示站点的设置信息，检查后没有问题后可单击“完成”按钮完成对新站点的设置，如图2-7所示。在“管理站点”对话框中会显示刚刚设置的站点名称，如图2-8所示。

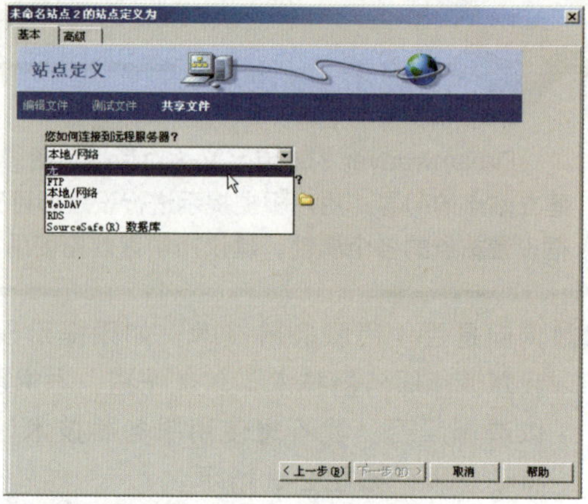

图2-6　选择如何连接到远程服务器

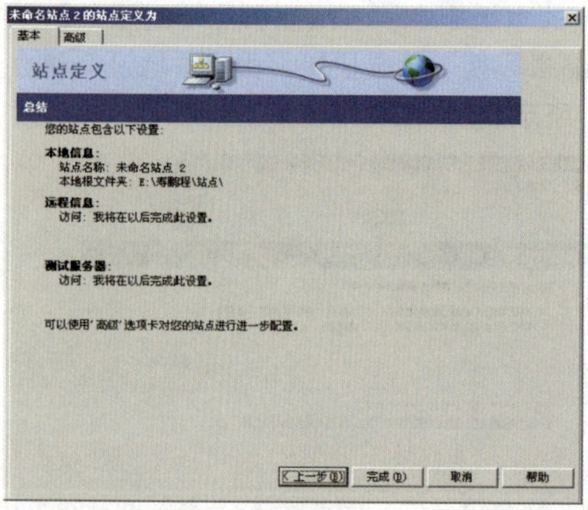

图2-7　显示站点的设置信息

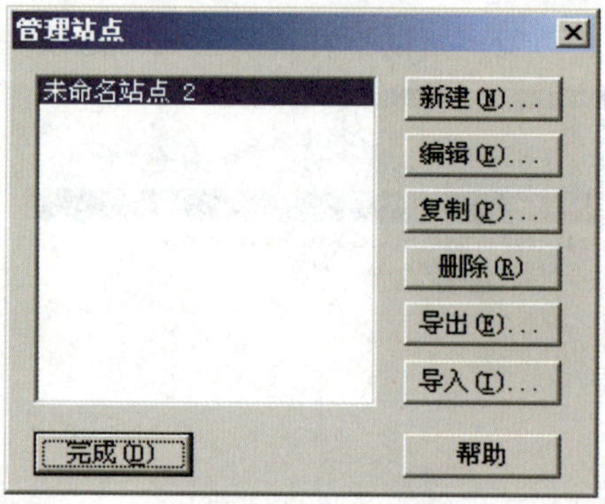

图2-8　完成站点建立

2-2　文档的操作与管理

站点设置完成后，可以创建Web页来填充站点。页面文档的基本操作包括打开和编辑文档、控制文档属性、定义文档标题等。

2-2-1　创建一个空的HTML文档

要在Dreamweaver中创建一个空的HTML文档，可以执行“文件”|“新建”命令，出现图2-9所示的“新建文档”对话框。为用户提供了常规和基于模板两种新建文档的方式。在常规选项的列表框中，可以选择要创建的文档类型，选择后在右边的列表中会出现相应的选项。

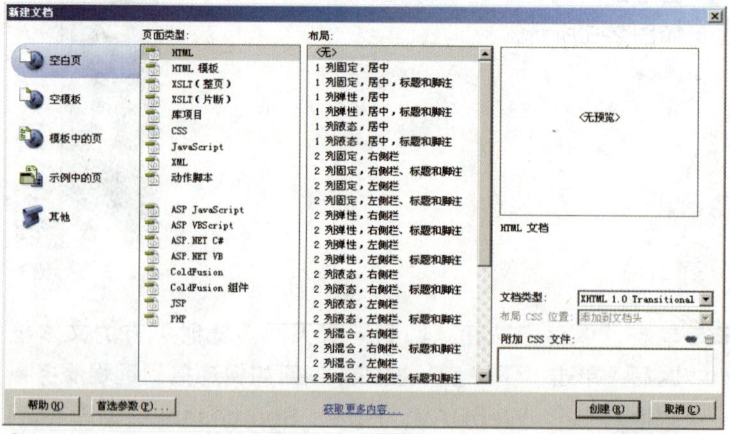

图2-9　“新建文档”对话框

2-2-2 存储文档

使用计算机时，需要养成随时保存文档的习惯，这样就不会因为死机、断电等原因造成数据丢失。通过下面的例子中可以制做一个简单的主页并将其保存。

>>01 确认本例中的图像文件在站点中，并在新建窗口中执行“文件”|“保存”命令或者使用【Ctrl+S】组合键。如果是第一次执行保存操作，则会打开“另存为”对话框，选择保存位置并输入新的文件名index，单击“保存”按钮，如图2-10所示。

提示 · 技巧

一般情况下，网站的首页默认为index.htm或default.htm，因此将第一个文件重命名为index.htm，并将它作为首页。这里的文件名后缀是Dreamweaver默认的文件类型。同时，使用Dreamweaver是针对站点进行操作，所以要将文件保存在站点中。

>>02 在保存的文档中执行“修改”|“页面属性”命令或使用【Ctrl+J】组合键，打开“页面属性”对话框，设置网页的参数，如图2-11所示。

图2-10 “另存为”对话框

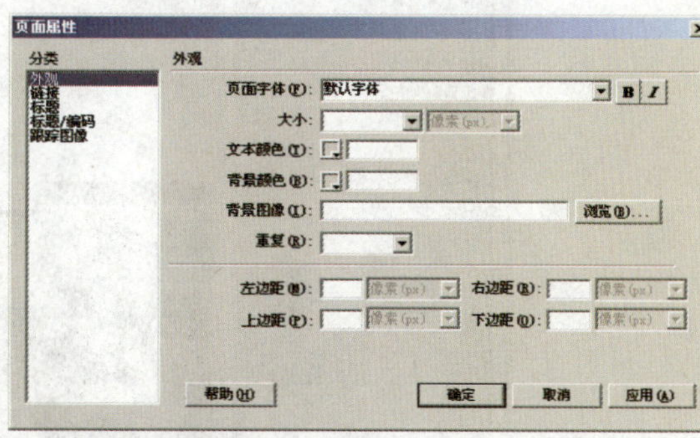

图2-11 “页面属性”对话框

>>03 在弹出的“页面属性”对话框的“分类“列表框中选择“外观”选项，在“外观”区域将“背景颜色”设为“#731010”，并将左边距和上边距分别设为“0像素（px）”和“20像素（px）”，单击“确定”按钮，如图2-12所示。

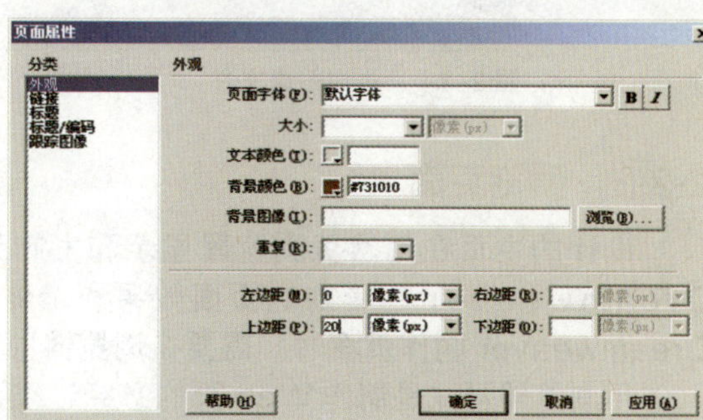

图2-12 设置“页面属性”参数

>>04 此时页面会填充红色。接下来为文档添加页面元素，在“常用”插入栏中选择“图像”图标，打开“选择图像源文件对话框，如图2-13所示。

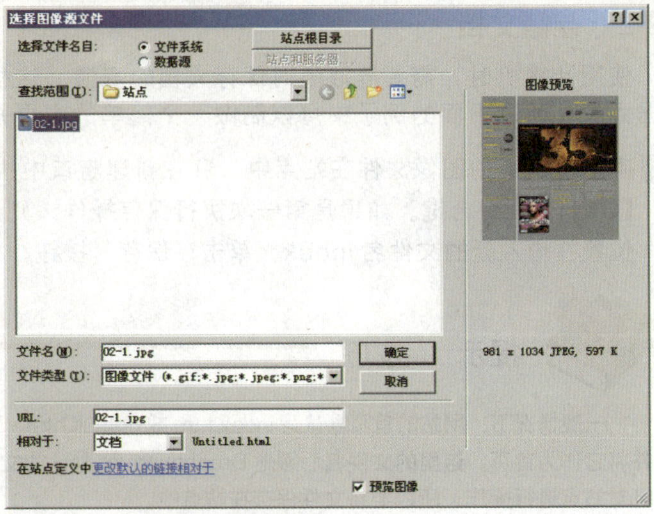

图2-13 “选择图像源文件”对话框

>>05 在“选择图像源文件”对话框中选择光盘素材中的“02\02-1.jpg”文件，单击“确定”按钮，将图像添加到文档中，如图2-14所示。

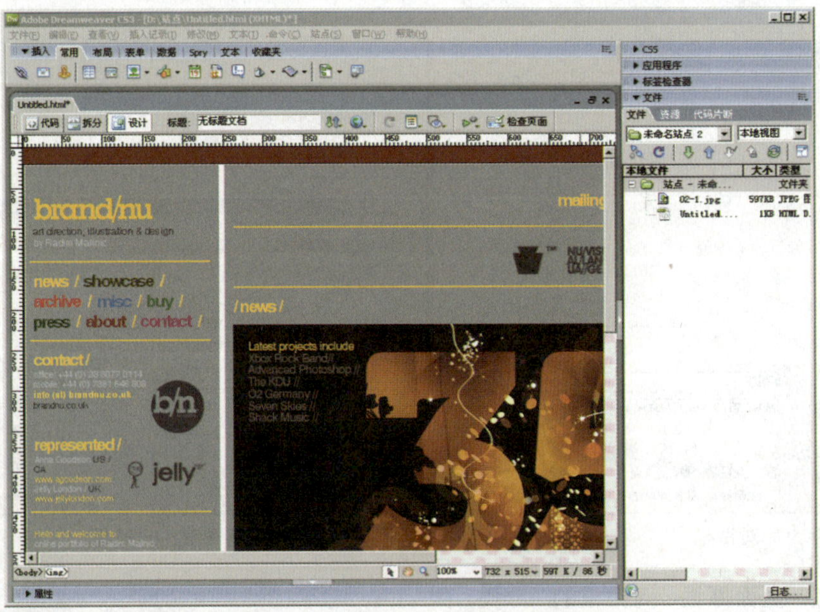

图2-14 添加图像文件

2-2-3 预览页面

设计的主页在用网页浏览器显示和发布到Web之前，还不能称为网页。许多情况下在Dreamweaver中看到的页面效果和最终在浏览器上看到的结果是不同的。所以在使用Dreamweaver制作页面时，需要在浏览器中查看页面最终输出的结果。

用浏览器测试是制作Web页的必经过程，有时候需要使用不同版本的浏览器来测试页面，通过在特定的浏览器环境中预览Web页，可以及时发现问题。

单击文档工具栏中“预览”按钮，在下拉菜单中执行“预览在LEXPLRE”命令，则可在IE浏览器中预览页面，如图2-15所示。

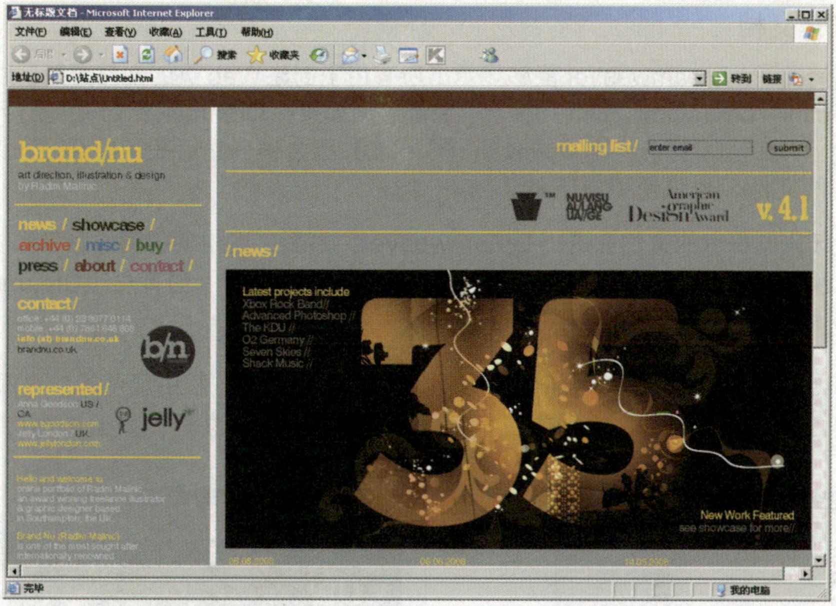

图 2-15　IE 浏览器预览页面

2-2-4　编辑浏览器列表

需要注意的是，不同的浏览器在显示 HTML 时都存在着细微的不同，如果用户使用不同的浏览器浏览制作的网页文件，这时就需要在不同的浏览器中对页面进行预览。

执行“文件”|“在浏览器中预览”|“编辑浏览器列表”命令或者执行“编辑”|“首选参数”命令，在弹出的“首选参数”对话框的”分类“列表框中选择“在浏览器中预览”选项，这时可以在“浏览器列表框”区域中添加所需的浏览器选项，如图 2-16 所示。

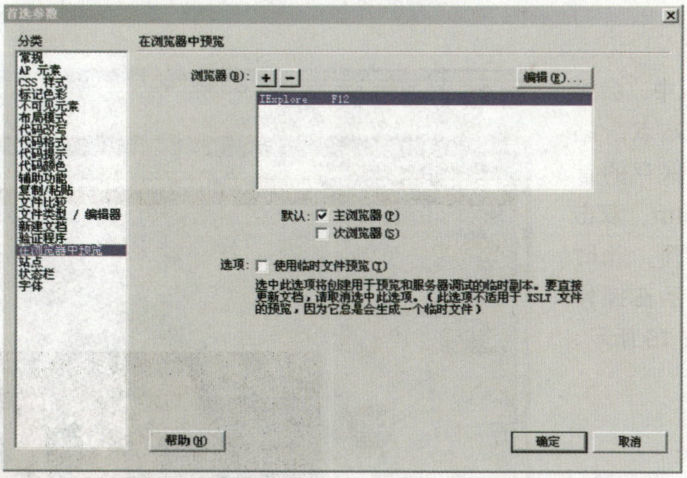

图 2-16　“首选参数”对话框

在列表框中添加了一个或多个浏览器选项后，就可以使用这些浏览器预览当前的页面。执行“文件”|“在浏览器中预览”命令，在下拉菜单中选择一个设置好的浏览器。在预览过程中，Dreamweaver 会将页面保存到一个临时文件中，然后启动浏览器并载入页面。如果对创建的 Web 页做了更改，可在浏览器中单击“刷新/重新载入”按钮载入变更后的页面，同时当退出 Dreamweaver 时，临时的预览文件会被删除。

2-2-5 打开文档

在默认情况下，Dreamweaver 能够显示出所有用于创建 Web 页的文件类型，如 htm、html、asp、cfm、cfml、txt、shtml、stm、lasso、xml 等。如果在 Dreamweaver 中打开刚创建的 Web 页，可执行“文件”|“打开”命令或使用【Ctrl+O】组合键，然后在“打开”对话框中浏览并选择要打开的文件。也可使用以下的方法。

»01 首先关闭刚刚保存的文件并退出 Dreamweaver。然后，选中要编辑的 HTML 文档图标，右击弹出快捷菜单，并执行“Adobe Dreamweaver CS3”命令，即可启动 Dreamweaver CS3，同时载入要编辑的 HTML 文档，如图 2-17 所示。

»02 启动 Dreamweaver CS3，会出现一个欢迎页面，在左边一栏中显示操作页面的历史记录，其中最后一次保存的文件在最前面显示，单击后即可打开文档，如图 2-18 所示。

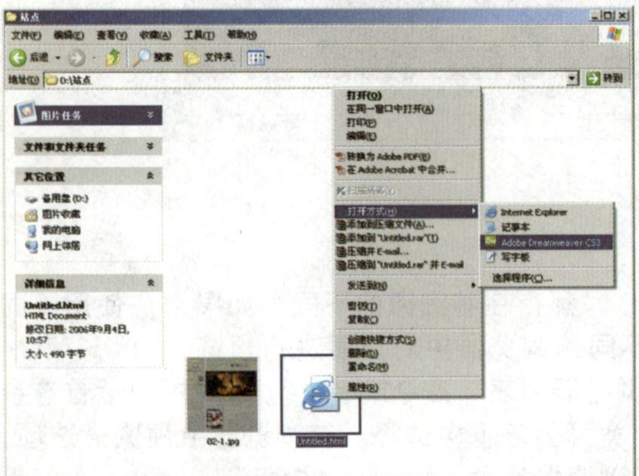

图 2-17 打开 HTML 文档

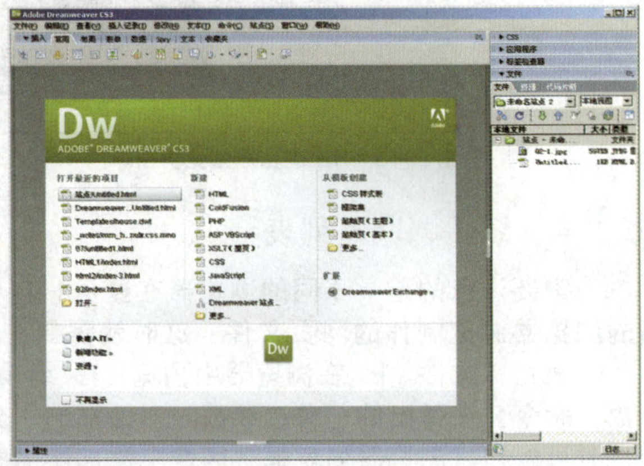

图 2-18 在欢迎页面中打开文档

»03 在“文件”面板中，会显示当前操作的站点。站点中包含之前保存的首页文件 index.htm，双击该文件即可打开。此时文件会再次显示在操作窗口中，如图 2-19 所示。

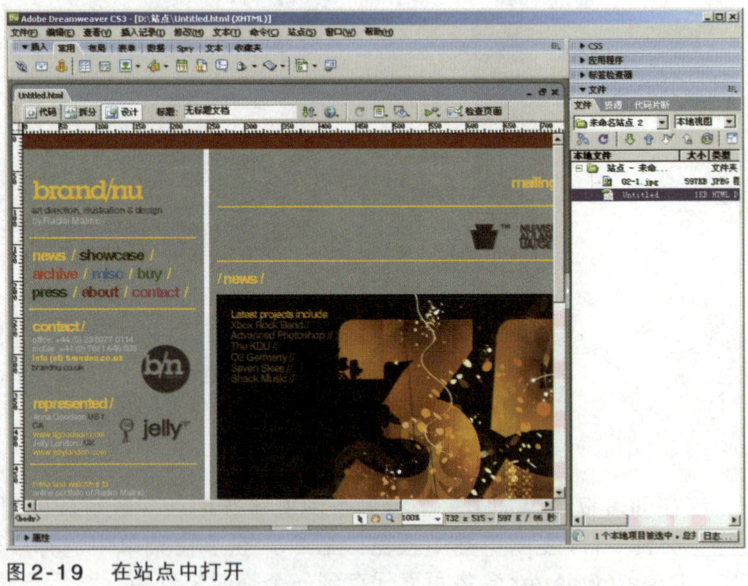

图 2-19 在站点中打开

2-2-6 关闭文档

当希望关闭一个页面时，执行“文件”|“关闭”命令或使用【Ctrl+W】组合键。如果对页面做了修改，Dreamweaver 会在关闭该页面时提示是否保存所做的修改。

2-3 HTML 基础

Dreamweaver 采用可视化的方法创建和编辑 HTML 文档，这在大多数形状下已经足够了，然而要成为一名网页设计高手，就要了解 HTML 的基本结构。在本节中将详细讲解 HTML 的基础知识和网页相关知识，其中包括对网页代码的分析以及如何修改网页代码等内容。这些内容的学习和掌握是一名网页设计高手成长的必经之路。

2-3-1 什么是 HTML

HTML（Hypertext Markup Language）中文通常称做超文本置标语言。HTML 用于创建超文本文档从一个平台移植到另一平台的一种简单置标语言，通常用来创建 Web 页面。原始的 HTML 文档是一连串的文本文件，所以最早的网页制作是使用一般的文本软件（像记事本、写字板等）编写的。现在有许多网页制作排版软件可供选择，这些软件可提供直观的可视化图形界面，并且可以轻松地制作美观的网页。例如 Dreamweaver 就是一个非常优秀的网页排版软件。

在 Dreamweaver 中可以编辑网页文件，但是完成制作网页后查看网页的内容，必须使用网页浏览器才能看到实际效果。浏览器的主要作用是解释超文本文件中的语言，将单调乏味的代码显示为丰富多彩的内容。通常使用的浏览器有 Internet Explorer（见图 2-20）以及 Netscape Communicator。

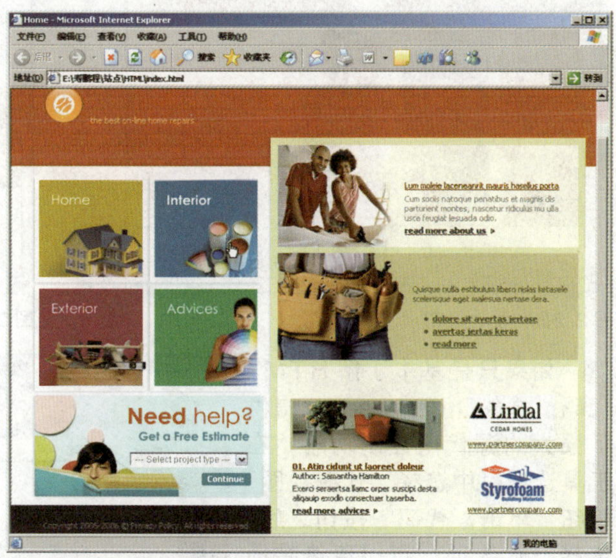

图 2-20　IE 浏览器浏览网页

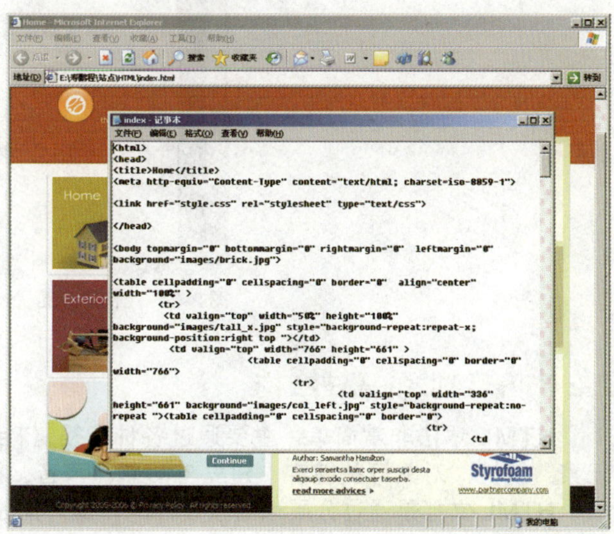

图 2-21　查看命令

提示 · 技巧

若要想查看网页中的HTML源代码，可以在打开网页后右击，通过执行“查看源文件”命令来查看，如图 2-21 所示。

2-3-2 灵活应用代码视图和设计视图

在 Dreamweaver 中，可以在设计视图、代码视图或组合视图中设计网页。在组合视图中，可以边写代码边预览视图，也可以边可视化操作边看代码，因为组合视图是把代码视图和设计视图上下组合在一起，利用代码视图和设计视图这两大功能，在源代码级别上，实现对可视化操作和 HTML 源代码的双重管理。

启动 Dreamweaver 后，系统默认显示的是设计视图，若想同时显示代码视图和设计视图，可在工具选项栏中单击“拆分”按钮，如图 2-22 所示。

此时代码视图和设计视图是上下组合在一起的，也可以对任何一个窗口进行操作，修改后的结果会显示在另一个窗口中，如图 2-23 所示。如果在代码视图中进行修改后，则需要在“属性”面板中单击“刷新”按钮，才能在设计视图中看到修改后的结果。

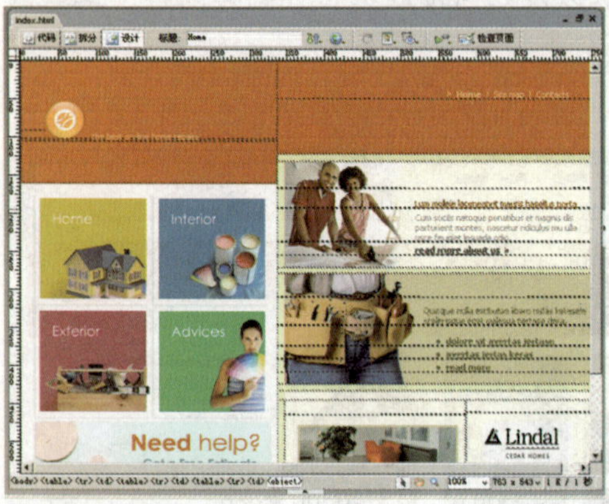

图 2-22　设计视图

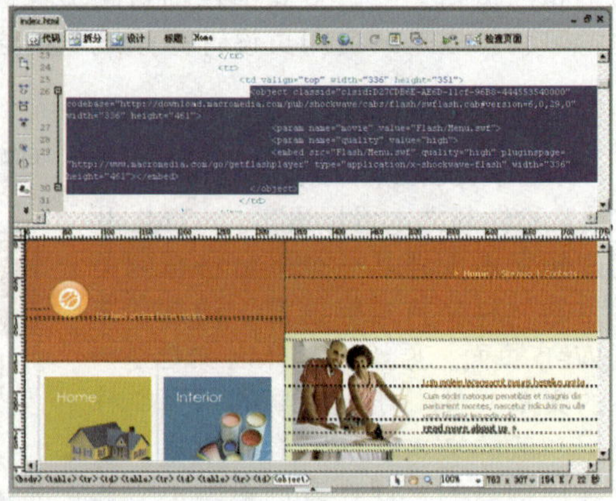

图 2-23　拆分视图

如果只是基本了解 HTML 代码，那么 Dreamweaver 提供了强大的源代码控制功能。在工具选项栏中选择“代码视图”按钮，单击“代码”按钮之后，选择行数选项，可以更清楚地查看代码，如图 2-24 所示。

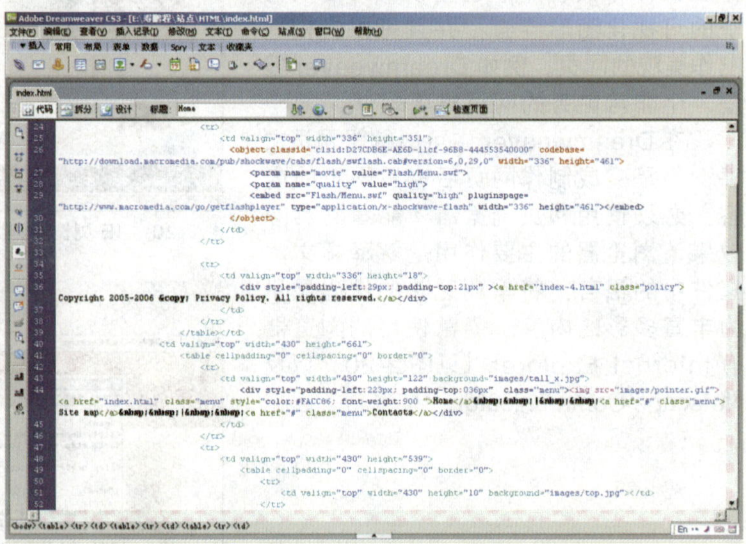

图 2-24　代码视图

2-3-3 HTML 的语法结构

HTML 语法非常简单，主要通过各种标签（Tag）来标识和排列各对象，通过各种标签、元素、属性、对象等关键字，建立与图形、声音、视频等多媒体信息以及其他超文本的链接。

HTML 文档是通过分层来组织设计的。最外层是<HTML>标签，在<HTML>标签内一般有两层：head 层和 body 层，而且在这些标签内可以嵌套其他标签。一般情况下，head 区域存储网页的信息，比如网页标题存放在<head>标签里的<title>标签中；网页关键字存放在<meta>标签中；body 区域是网页内容的显示部分，主要由表格<Table>标签、段落<P>标签、图像<img>标签等组成。

HTML 常用的标签由“<”、“>”符号以及其中所包含的标签元素组成。一般来说，HTML 的语法有三种表达方式。

<标签>对象</ 标签>

该语法使用封闭的类型标签形式。大多数标签是封闭的，也就是说，它们成对出现，在对象内容的前面是一个标签，而在对象内容的后面是另一个标签。第二个标签元素前带有反斜线，表明结束标签对对象的控制。例如，如果希望在浏览器中显示一段加粗的文本，可以使用<strong>和</strong>标签，如图 2-25 所示。

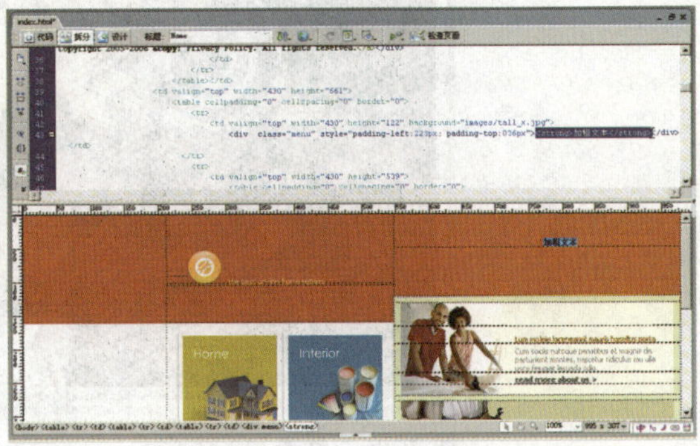

图 2-25　<strong>和</strong>标签

用浏览器显示时，标签<strong>和</strong>不会被显示，浏览器在文档中发现这对标签，就将其中包容的文字（这里是“加粗的文本”）以粗体形式显示。

<标签 属性 1= 参数 1 属性 2= 参数 2...>对象</ 标签>

该语法使用封闭类型标签的扩展形式。利用属性可以进一步设置对象某方面的内容，其参数则是设置的结果。例如，在下面语句中，设置了<a>标签的 href 属性。

```
<a href="index-3.html" class="orange">Community</a>
```

<a>和</a>是锚标签，用于在文档中创建超链接，href 是该标签的属性之一，用于设置超链接所指向的地址，在“=”后面的就是 href 属性参数，在这里是链接地址。“Community”等文字是被<a>和</a>标签包含的对象，如图 2-26 所示。

一个标签的属性可能不止一个，可以在描述完一个属性后，输入一个空格，此时会显示该标签的属性列表，并选择其中的属性，如图 2-27 所示。

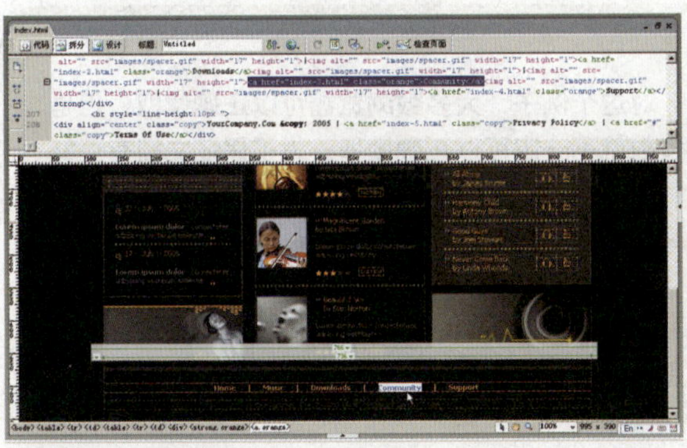

图 2-26　链接参数

图 2-27　代码提示

<标签>

该语法使用非封闭类型标签的形式。在 HTML 中，非封闭类型很少出现，最常用的是回行标签
。例如，如果使一行文字回行（但是仍然同上面的文字属于一个段落），则可以在文字要换行的地方添加标签
，如图 2-28 所示。

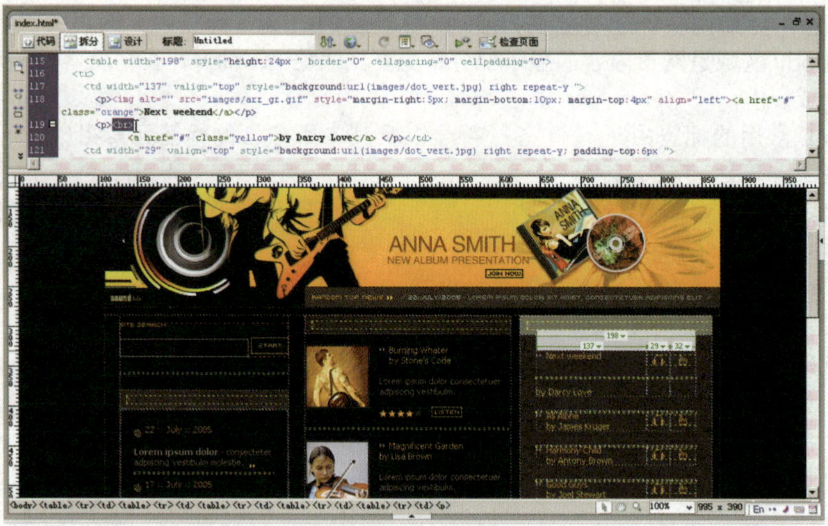

图2-28　标签

2-3-4 标签嵌套

几乎所有的HTML代码都是前面三种形式的组合。标签之间可以相互嵌套，形成更为复杂的语法。例如，如果希望将一行文本同时设置粗体和斜体格式，则可以采用下面的语句。

<b><i>这是一段既是粗体又是斜体的文本</i></b>。

在嵌套标签时需要注意标签的嵌套顺序，如果标签的嵌套顺序发生混乱，就可能会出现不可预料的结果。例如，对于上面的例子，也可以这样写：

<i><b>这是一段既是粗体又是斜体的文本</b></i>。

注意，尽量不要写成如下的形式。

<b><i>这是一段既是粗体又是斜体的文本</b></i>。

提示 · 技巧

在上面的语句中，标签嵌套发生了错误。不过，对这个例子，大多数浏览器可以正确读取；但是对于其他的一些标签，如果嵌套发生错误，那么大多数就不一定可以正确读取。为了保证文档有更好的兼容性，尽量不要发生标签嵌套顺序的错误。

2-3-5 滚动字幕效果

滚动字幕的应用十分广泛，常见的有滚动新闻、滚动字幕等。下面详细介绍一下滚动字幕的制作方法。

滚动字幕使用<Marquee>…<／Marqueee>标签生成，可以通过修改代码中各个元素的属性值，来改变滚动字幕的滚动方向、速度以及字体颜色等。

>>01 站点中新建一个HTML文档，在新建文档中，置入一张背景图片，在背景图片的上方输入文本“滚动字幕”并加入一些符号，如图2-29所示。

>>02 然后需要对文字添加滚动字幕效果，将鼠标放置在文字的最前方，在代码视图中输入一个左尖括号（<）用来插入一个标签，同时会出现一个项目（标签名称或属性名称）列表。

使用滚动条或【↑】键和【↓】键来滚动浏览该列表。在列表中选择"marquee"选项，并双击该项，如图 2-30 所示。

图 2-29　导入背景图

图 2-30　选择 marquee 选项

>> 03 将插入点放在标签名称后面的位置并按空格键，会显示出该标签的属性，选择一个属性"direction"选项，用于控制运动方向，如图 2-31 所示。

>> 04 双击该项，此时又会出现一个列表，分别是文字运动的四个方向，选择"left"选项，表示文字由右向左运动，如图 2-32 所示。

图 2-31　选择"direction"选项

图 2-32　选择"left"选项

>> 05 输入一个右尖括号（>）以插入一个结束符号，系统会自动添加结束标签</Marqueee>，接着将</Marqueee>标签放置到文字的结束位置，这样才能将滚动效果应用到文字中，如图 2-33 所示。

图 2-33　添加</Marqueee>标签

>>06 添加<marquee>标签后，要想看到最终效果按【F12】键，可以打开浏览器预览滚动文字效果，如图2-34所示。

>>07 此时文字的滚动区域较大，可以设置文字滚动的显示范围。在代码视图中将鼠标放置到<marquee direction="up"标签与>之间的位置并按空格键，会继续出现该标签的属性，选择属性"height"选项，用于控制显示的高度范围。

图2-34　预览效果

提示 · 技巧

在Dreamweaver中添加代码标签时，许多类型的代码都具有代码提示。当输入一段代码开始部分的一个特定字符时，会出现一个相应的项目列表。使用代码提示功能，无须将标签全部输入完，就可以快速插入和编辑代码，并且不易出现差错。

2-3-6　标识选择器

顾名思义，标识选择器的功能不仅仅只是在文档中指定位置，使用标识选择器可以快速选择处于当前光标周围的任何元素。一旦选定某个元素，就可以快速修改或删除该元素。

标识选择器位于文档窗口底部状态栏的左侧，显示当前选定内容标签的层次结构。通过显示当前光标周围的元素，标识选择器不断地追踪其处于HTML文档的位置。在创建复杂的操作，如使用嵌套表格特性的Web页时，这一功能显得尤其重要。

>>01 执行"文件"|"新建"命令时，在操作窗口中会出现一个空白页面，此时在标识选择器中只能看到<body>标签，如图2-35所示。

>>02 当输入一行文本并按【Enter】键后，段落<p>标签的位置就会出现如图2-36所示。文档中光标的位置决定了相应的标签在标签选择器中出现的位置。

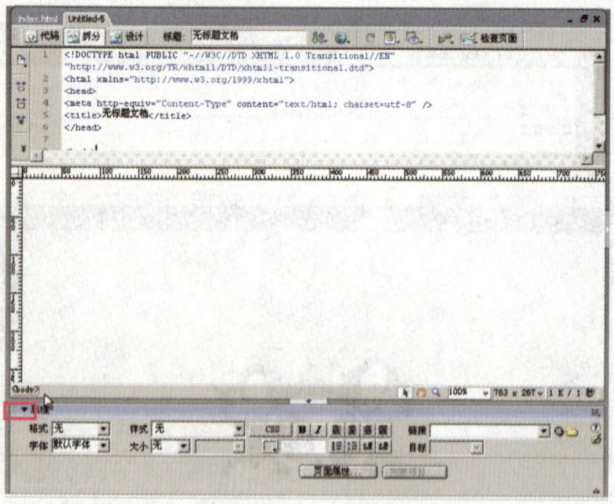

图2-35　<body>标签

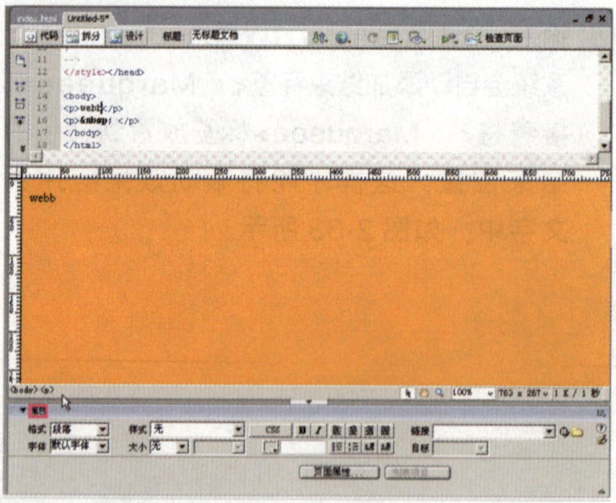

图2-36　<p>标签

>>03 当处理一个制作好的 HTML 文档时，如果在窗口中选择表格，标识选择器上就会显示<table>标签。如果将鼠标放到单元格内，标识选择器上就会增加显示<td>标签。如果单击标签选择器上的<table>标签，表格即会被选中，如图 2-37 所示。

>>04 打开代码视图，HTML 标签中所有位于<table>和</table>标签中的内容都会被选中，如图 2-38 所示。

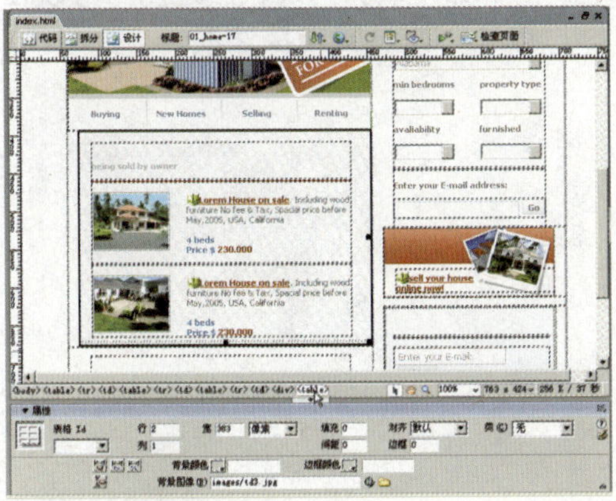

图 2-37 <table>标签

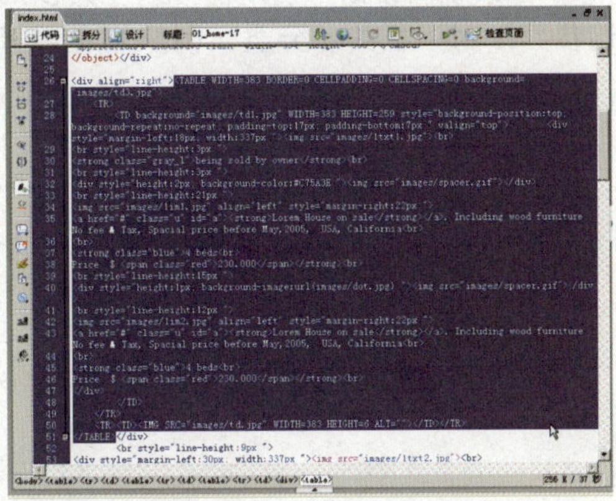

图 2-38 选中<table>标签中的内容

>>05 如果希望快速清除 HTML 页面中表格内容，可在标识选择器中选择<table>标签并按【Delete】键。此时所有在表格内插入的图形、文本及其他元素都将被清除。

Dreamweaver CS3 是用于可视化设计与管理网页、网站的专业级 HTML 编辑器，并提供实用的工具来提高网页设计的效率，使用户在网页设计中更加得心应手。在制作网页之前需要创建站点，并对网站进行规划。

对网站进行规划，就是指事前的准备和计划工作。一个网站如果没有完美的企划，会出现结构混乱、形象不明确、浏览不畅等问题，所以完美的策划和准备是制作网站的重要先决条件。有经验的网站设计者都知道企划阶段往往是一个网站成功与否的关键，也就是说，准备工作做得越完美，网站就越容易成功实现。

2-3-7 “窗口大小”弹出菜单

“窗口大小”弹出菜单用于设置文档窗口和显示器屏幕之间的对应关系。在“窗口大小”弹出菜单中仅仅是改变了文档窗口的大小，输出的最终效果不一定就是此大小。该功能是通过设置 Dreamweaver 文档窗口的大小，来提醒用户不要将网页内容设计超出该设置范围。单击该菜单，会出现一个下拉菜单，该菜单项左面显示的是文档窗口的大小，右面显示的是显示器窗口的大小，根据显示器屏幕大小选择相应的菜单项，则发现文档窗口大小相应发生变化。

如果希望定制自己需要文档窗口的大小，可以从下拉菜单中选中“编辑大小”选项，此时会出现“首选参数”对话框，如图2-39所示。在“窗口大小”列表框中可输入需要的尺寸。

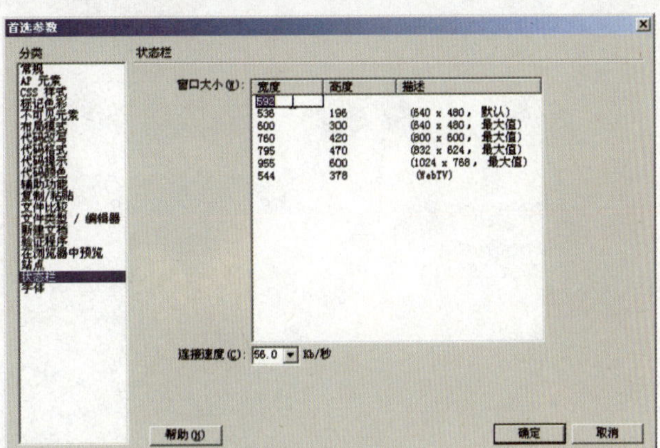

图 2-39 “首选参数”对话框

2-3-8 下载指示器

从本地计算机中打开一个 HTML 页面，与在 Internet 上打开相同的 HTML 页面所需的下载时间会因上网条件的不同而有很大的不同。Dreamweaver 根据页面的全部内容来计算大小。通过 Dreameaver 的下载指示器，可以事先了解页面下载所需的大致时间。

下载指示器位于“窗口大小”弹出式菜单的右边，由斜线符号隔开两个数值表示。在默认状态下，系统假设用户使用连接速度为 56kbit/s 的调制解调器下载该网页，不过用户可以在“首选参数”对话框的“分类”列表框中选择“状态栏”选项，并设置连接速度。

Chapter 03

Dreamweaver CS3 的主要功能

Chapter 03 Dreamweaver CS3 的主要功能

使用 Dreamweaver 创建网页，用户不必编写 HTML 代码就可以创建专业的页面，只须通过 Dreamweaver 的图形化界面，单击相应的按钮和命令，系统就会自动添加相应的 HTML 代码。

我们可以在 Web 站点中添加各种内容，从文字图像一直到多媒体文件和脚本文件等，也可以在文档中添加头部元素，用于设置页面的一些信息。

3-1 设置文档属性

当第一次启动 Dreamweaver 时，默认的 Web 页中只有一个白色背景。通过 Dreamweaver 的“页面属性”对话框，可以改变包括页面标题、背景图像和颜色、文本和链接颜色以及边距等 HTML 文档的基本属性。

3-1-1 为文档指定标题

HTML 页面的标题，可以帮助访问者在浏览时跟踪所查看的内容，并在访问者的历史记录和书签列表中标识页面。

01 启动 Dreamweaver，新建一个 HTML 文档，该文档没有指定标题，当按【F12】键预览页面时，浏览器左上角的标题显示的是“无标题文档”，如图 3-1 所示。

02 要修改文档标题，在工具栏“标题”文本框中可以设置网页的标题，输入“stort”后，按【Enter】键确认，如图 3-2 所示。

图 3-1　浏览器中的标题

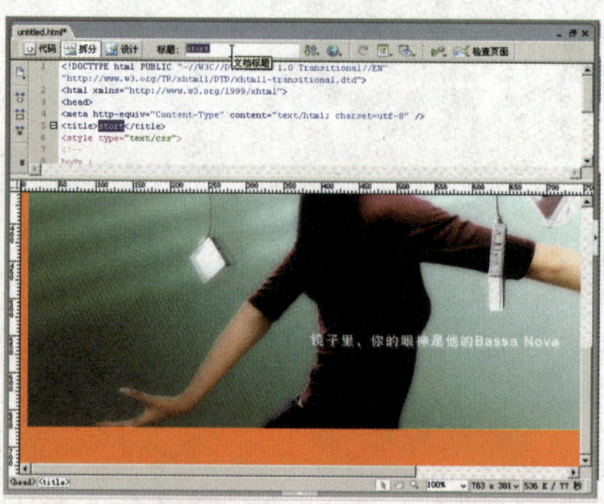

图 3-2　输入标题

03 当再次按【F12】键预览页面时，浏览器左上角的标题显示为“stort”，如图 3-3 所示。

04 设置标题还有一种常用的方法，执行“修改”|“页面属性”命令，或者按【Ctrl+J】组合键打开“页面属性”对话框。在对话框左边“分类”列表框中选择“标题/编码”选项，在右边标题文本框中输入标题即可，如图 3-4 所示。此时预览页面时，网页标题会发生改变。

图 3-3　预览标题效果

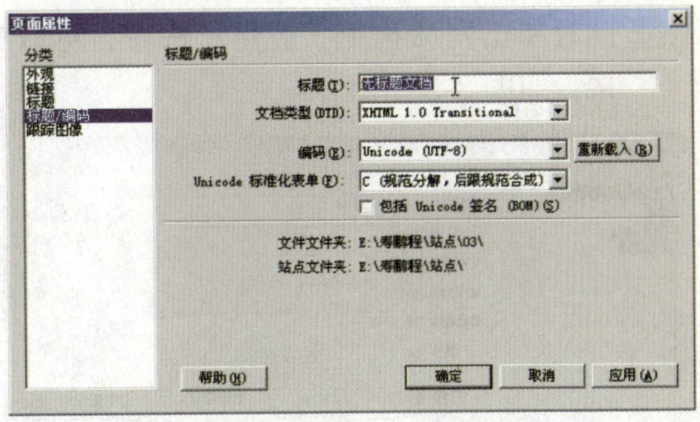

图 3-4　“页面属性”对话框

同时，它还被搜索引擎作为一个重要的搜索线索。

编码：指定在 Web 页中所显示的字符集。从下拉列表中选择相应的编码。对于英语和西欧语言，选择西欧语系；对于汉语，则选择简体中文。

3-1-2　使用背景图像和设置文档边距

在“页面属性”对话框的左边“分类”列表框中选择不同的选项，右边的参数属性会发生相应变化。若选择“外观”选项，可以指定多种基本页面布局选项。

01 打开“页面属性”对话框，单击“背景图像”文本框右边的“浏览”按钮，如图 3-5 所示。此时会弹出“选择图像源文件”对话框，选择站点中的图像文件，然后单击“确定”按钮，如图 3-6 所示。

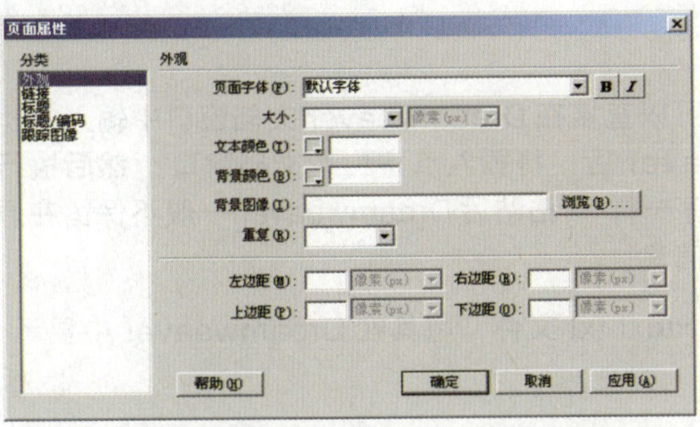

图 3-5　“页面属性”对话框

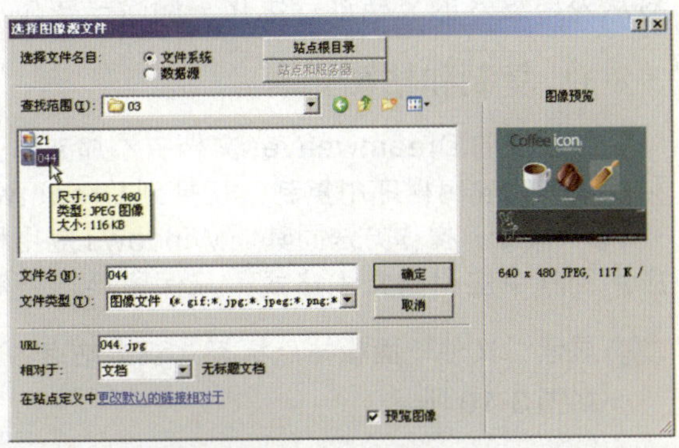

图 3-6　“选择图像源文件”对话框

02 此时，图片的路径关系会显示在“背景图像”文本框中。作为背景图像的图像格式一般包括 JPG、GIF 和 PNG 三种格式，如果使用其他格式，在浏览器中将不会显示其他格式的图像。单击“确定”按钮，背景图像将应用在文档中，如果背景图像很小，页面背景会横向和纵向充满整个文档，如图 3-7 所示。

图 3-7　应用背景图像效果

>>03 在默认情况下，文档的四周会留有一些边距，打开“页面属性”对话框，将左边界和上边界均设为“0”，如图3-8所示。

>>04 此时单击对话框中“应用”按钮，可以在不关闭对话框的情况下，看到设置边界后的效果，如图3-9所示。

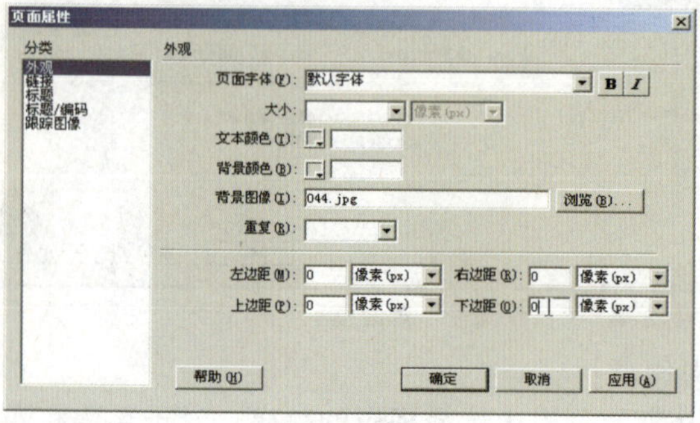

图3-8　设置左边界上边界

图3-9　应用后效果

3-2　添加文本并划分段落

文本是网页中最常见的元素之一。在网页上输入、编辑、格式化文本是网页设计和制作最重要的工作之一。具有良好文本规范的网站可以使浏览者浏览时赏心悦目，引起浏览者的兴趣。Dreamweaver 提供的文本编辑工具能够使用户尽可能快速方便地完成这些任务。

Dreamweaver CS3 提供了多种向文档中添加文本段落和设置文本格式的方法，甚至可以对从外部置入的文档进行优化，删除一些垃圾代码。

3-2-1　复制和粘贴文本

如果要向 Dreamweaver 文档中添加文本，可以直接在 Dreamweaver 文档窗口中输入，也可以从其他应用程序中复制，切换到 Dreamweaver 后，将插入点定位在文档窗口，然后执行“粘贴”命令，操作方法同其他 Windows 应用程序一样，粘贴后 Dreamweaver 一般不保留在原应用程序中应用的文本格式，只保留换行符等信息。

>>01 显示“文件”面板站点标签，双击站点中的 xinxi.txt 文件，将其在 Dreamweaver 中显示，如图3-10所示。

>>02 选中文件中第一段文字，按【Ctrl+C】组合键复制，在操作文档中的图片旁单击，添加插入点，按【Ctrl+V】组合键，将文字粘贴到单元格中，如图3-11所示。

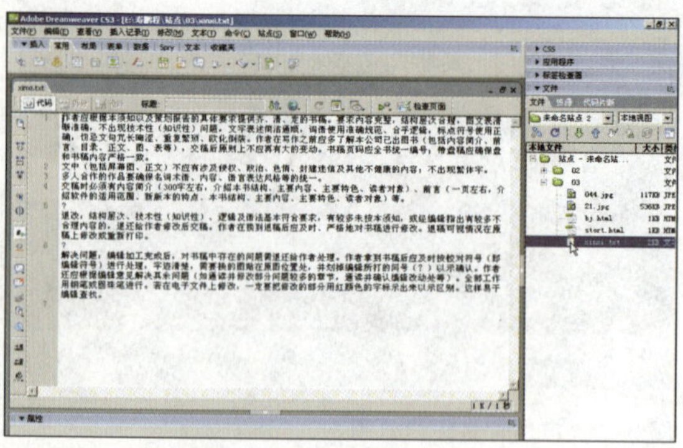

图3-10　打开.txt 文件

图3-11　粘贴文本

除了复制文本文件中的文字外，还可以执行“文件”|“导入”|“Word/Excel 文档”命令将 Word 或 Excel 文档中的内容添加到制作的网页中。Dreamweaver 会将内容转换为 HTML 格式并复制到 Web 页中，浏览并选择要添加的文件，然后就可以在 Dreamweaver 中编辑内容。

虽然很多人习惯用 Word 制作文件生成 HTML 文档，但是由 Word 生成的 HTML 文档中会有一些无用的垃圾代码，这些代码会使 HTML 文档增大。在 Dreamweaver 中，可以打开或者导入在 Word 中保存为 HTML 文档，然后使用“清理 Word 的 HTML”命令删除 Word 生成的垃圾代码。

>>03 打开由 Word 生成的 HTML 文档，执行“命令”|“清理 Word 的 HTML”命令，在弹出“清理 Word 生成的 HTML”对话框中选择相应的选项，如图 3-12 和图 3-13 所示。

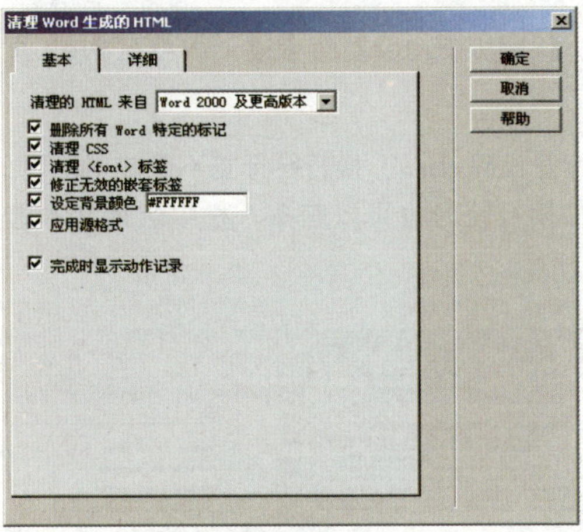

图 3-12 “基本”选项卡

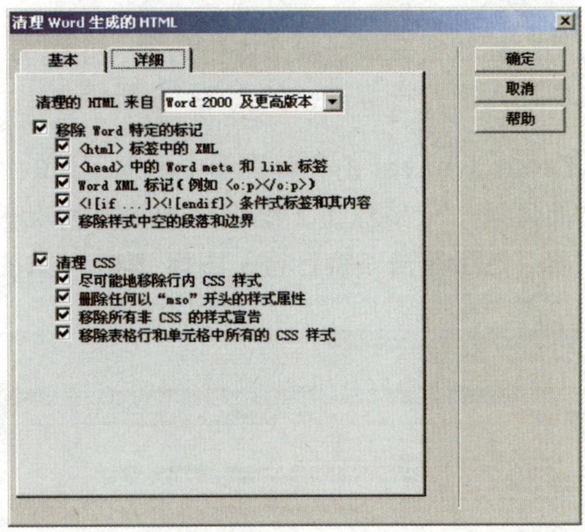

图 3-13 “详细”选项卡

清理的 HTML 来自：选择用于创建该文档的 Word 版本，一般 Dreamweaver 会自动判断 Word 的版本，不过也可以在这里手动指定 Word 的版本。

删除所有 Word 特定的标记：所有 Word 特定的标记可以在详细标记中选定。

清理 CSS：删除所有 Word 设置的 CSS 代码，这些标签可以在详细标签中选定。

清理<font>标签：删除 HTML 标签，将默认的正文文本转换成二号字的 HTML 文本。修复无效的嵌套标签，删除由 Word 在段落和标题标签外部插入的<font>标签。

设置背景颜色：给页面加上背景颜色，允许输入十六进制值设置文档的背景颜色。如果不设置背景颜色，Word 生成 HTML 文档的背景颜色将是灰色的。Dreamweaver 默认的设置为白色。

应用源格式：根据 Dreamweaver 当前使用源文件格式的脚本规范导入代码的格式。

完成时显示动作记录：记录清理完成时会显示一个警告对话框，其中包含有关文档改动的详细信息。

3-2-2 分段与换行

在文档窗口中输入文本时按【Enter】键，Dreamweaver 中的文本就会转行，并创建一个新段落。对每个新段落，Dreamweaver 都会在代码视图中插入下面的段落标签代码：<p> </p>。段落标签成对出现，段落标签可以看做是一个文本容器。

>>01 将鼠标放置第一段文本之前，按【Enter】键，创建一个新段落。接着将鼠标放置在第一段文本中的第一个句号后，再按【Enter】键，打开代码视图，查看页面前后的变化如图 3-14 和图 3-15 所示。

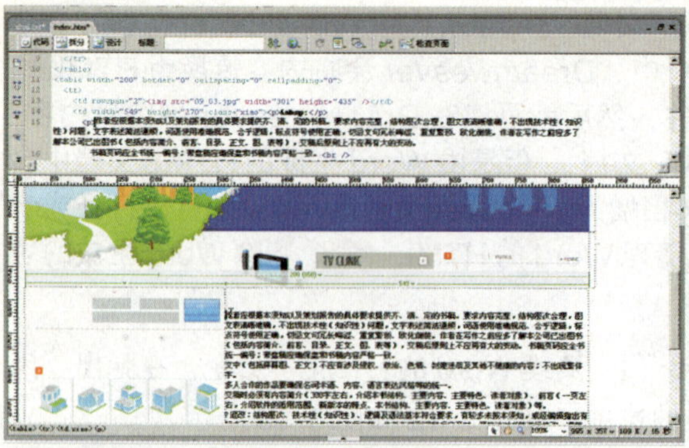

图 3-14　按【Enter】键前状态

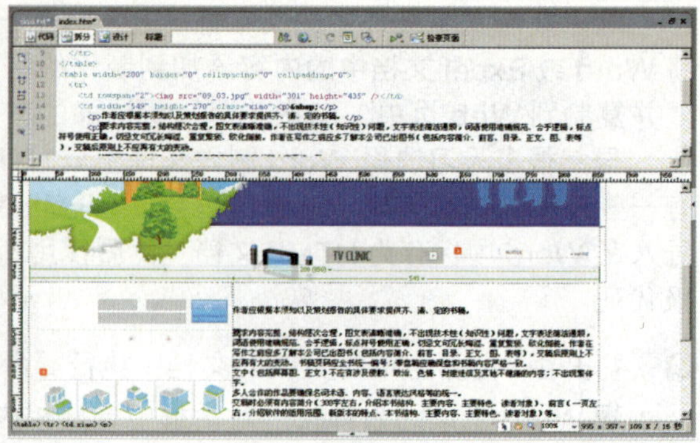

图 3-15　按【Enter】键后状态

>>02 将鼠标放置在第一段文本中的第一个逗号后，按【Shift+Enter】组合键，即可在 Web 页中插入换行符标签，如图 3-16 所示。

>>03 Dreamweaver 的代码视图中插入下面的换行符标签代码
，换行符标签不是成对出现，而只是一个单标签。继续添加换行符标签，添加换行符时也可以在插入栏中选择文本选项，然后单击“换行符”图标，如图 3-17 所示。

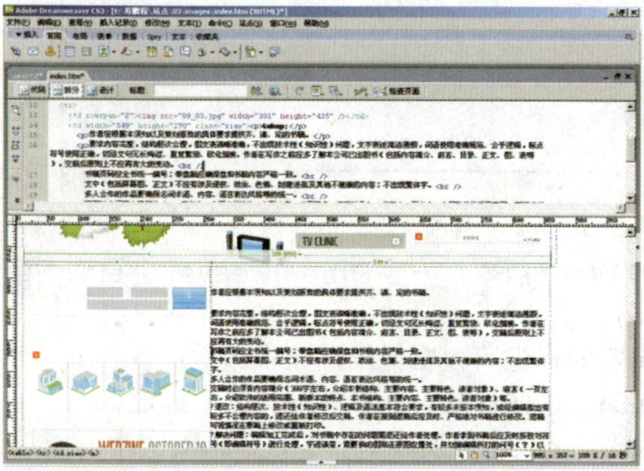

图 3-16　插入换行符标签

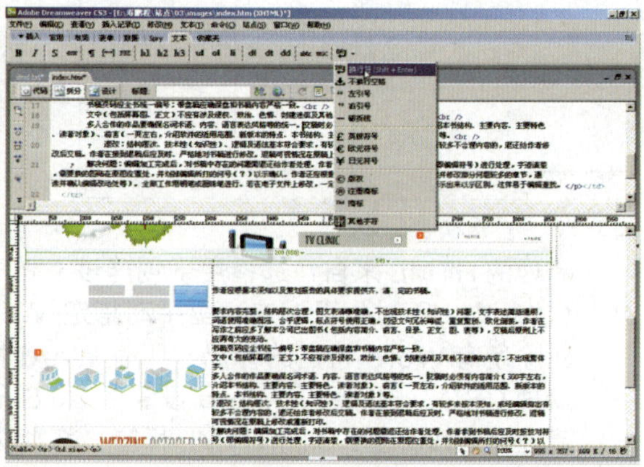

图 3-17　换行符下拉列表

提示 · 技巧

理解段落标签与分隔符标签的区别很重要，添加段落标签，浏览器会在段落之间自动插入一个空格行。若插入一个换行符，可以将文字转行，但不会创建段落。

3-2-3　插入空格

一般来说，在一篇文章中，中文字符首行要空两格，如果文本需要使用空格的话，可以按空格键，默认情况下在 Dreamweaver 文档中只允许字符之间包含一个空格；若要在文档中添加多个空格，必须插入连续的空格。

>>01 将鼠标指针放到文档中文字的前面，在插入工具栏中左边下拉菜单中选择“字符”选项，然后单击“不换行的空格”图标或执行“插入记录”IHTML“特殊字符”|“不换行空格”命令，如图 3-18 所示。此时会出现一个警示对话框，确定是否使用了正确的编码，单击“确定”按钮即可插入连续空格。

02 执行“编辑”|“首选参数”命令，在弹出的“首选参数”对话框中选择“允许多个连续的空格”复选框，然后单击“确定”按钮，如图3-19所示。此时，即可通过按空格键为文字添加空格。

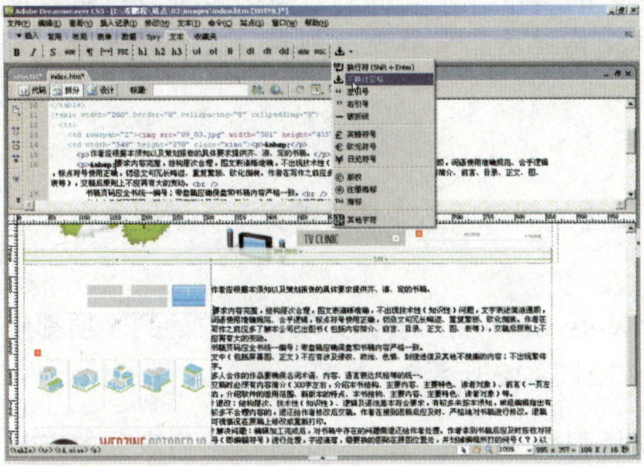

图3-18　执行菜单命令

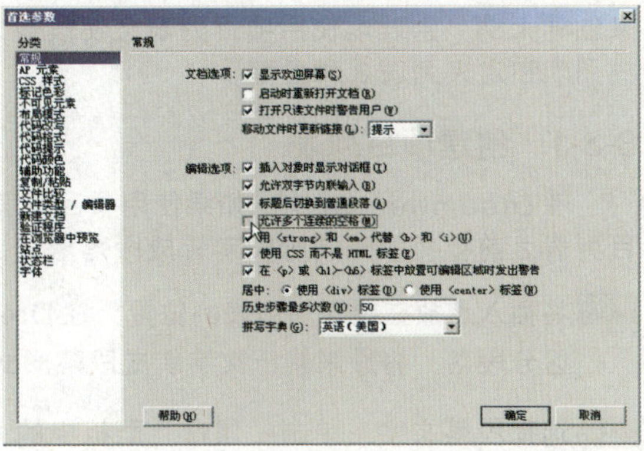

图3-19　允许多个连续空格

提示 · 技巧

还可以使用一种常用的方法，将输入法设为中文的输入状态——在输入法状态栏中将默认的半角状态改为全角状态，再次插入空格会直接添加一个全角空格。

3-2-4　文本缩进方式

使用“缩进”命令，可以缩进整个段落，在代码视图中被缩进段落的文本会使用<blockquote>标签。

01 显示文档后，使用鼠标选中将要缩进的段落，如图3-20所示，单击“属性”面板中的“文本缩进”按钮。段落可以被多次缩进，每单击一次“文本缩进”按钮，就会增加一对<blockquote>标签。

02 完成后，文字会依据表格或页面的边缘同时向内缩进一段距离，如图3-21所示。如果发现缩进距离过多，可以单击“属性”面板上的“文本凸出”按钮。如果文本已经位于表格或页面边缘，将无法显示凸出的效果。

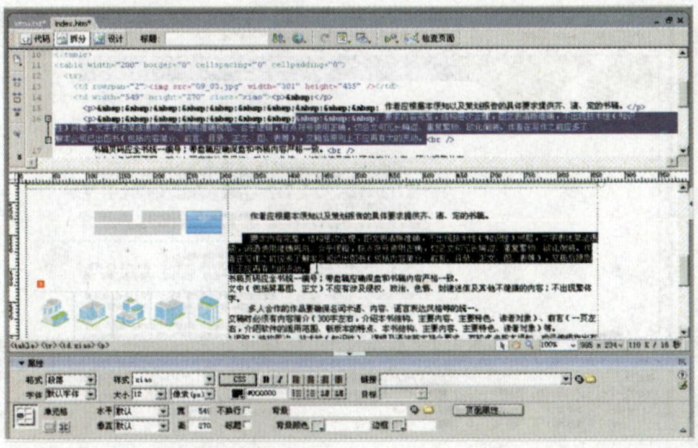

图3-20　使用“文本缩进”

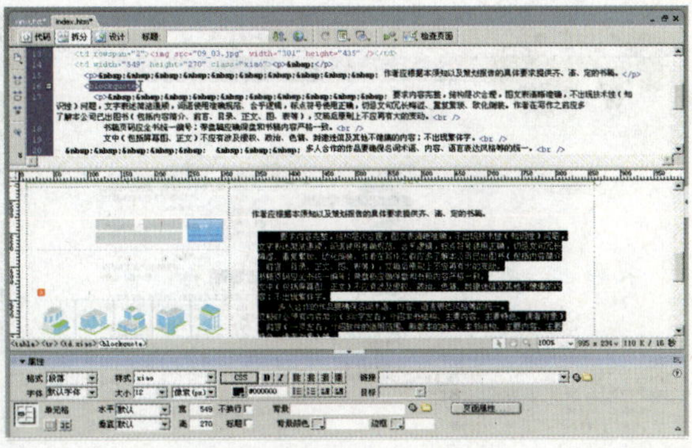

图3-21　使用“文本凸出”

3-3 创建项目列表和编号列表

列表可以详细地列出主题的要点或者分类对象的属性。不同的列表类型也可以被组合用来创建大纲，合理地使用项目列表会使段落文本结构显示非常清晰。列表分为无序列表、有序列表和定义列表 3 种类型。

3-3-1 创建项目列表

在 Dreamweaver 中，如果使用项目列表，相应的列表项必须是段落文本，所以在创建项目列表之前要将原来转行文字转成段落形式。

01 将插入点放在要添加列表的位置，在 Dreamweaver 中使用项目列表，相应的列表项都应区分段落，将原来转行文字转成段落形式，如图 3-22 所示。

02 选择段落文字，单击“属性”面板中的“项目列表”按钮 ，此时指定列表项的前导字符则出现在文档窗口中，如图 3-23 所示。

图 3-22 转成段落

图 3-23 使用项目列表

03 此时列表是无序列表，列表的项目符号为圆点，选中列表文本，在列表范围内右击，并在下拉菜单中执行“列表”|“属性”命令，如图 3-24 所示。

04 出现“列表属性”对话框，用户可以设置列表属性。在“样式”下拉菜单中可以将列表的项目符号由圆点变成方框，也可以将无序列表改为有序列表，将列表类型改为“编号列表”，接着在“样式”下拉菜单中选择一种样式，单击“确定”按钮，圆点即变为数字，如图 3-25 所示。

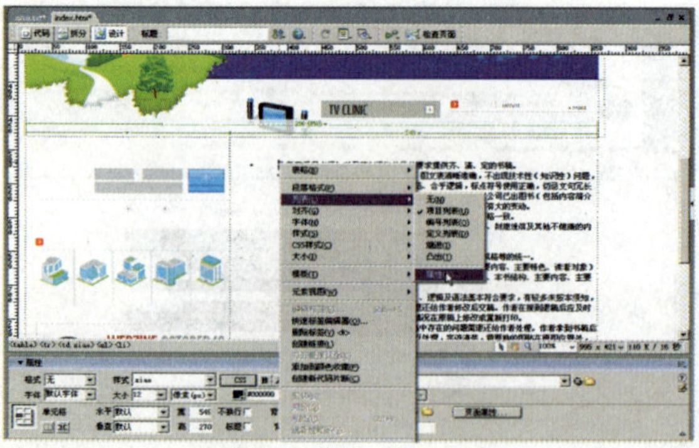

图 3-24 执行“属性”命令

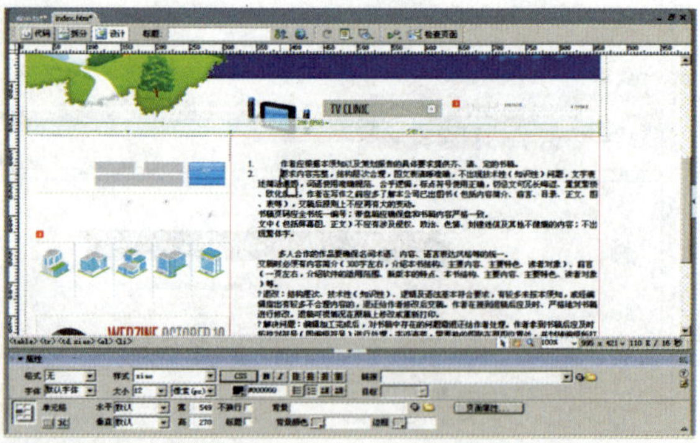

图 3-25 应用样式

3-3-2 创建嵌套列表

用户可以用任何方式创建嵌套列表，嵌套列表包含其他列表。Dreamweaver 为制作嵌套列表提供了一个简单的路径。在“属性”面板中再次单击“缩进”按钮，会自动创建一个嵌套列表。

>>01 使用“列表属性”对话框可以设置整个列表或个别列表项的外观，也可以设置编号样式、重置计数以及设置某些列表项或整个列表项目符号的样式选项，如图 3-26 所示。

开始计数：设置第一个编号列表项的值。

列表项目：设置要用来定义列表项的选项，其中新建样式可以指定所选列表项的样式。“新建样式”下拉菜单中的样式与“列表类型”下拉菜单中显示的列表类型相关联。重设计数可以设置从开始为列表项编号的特定数字。

图 3-26 “列表属性”对话框

>>02 选择部分已应用项目列表的文字，如图 3-27 所示。单击“属性”面板中的按钮，此时选中文本将向后缩进一段距离，如图 3-28 所示。

如果将嵌套列表转换为上级列表，在选择嵌套列表文字后，单击“属性”面板上的“文本凸出”按钮，再次单击“属性”面板上的“文本凸出”按钮，嵌套列表将转换为普通文本。

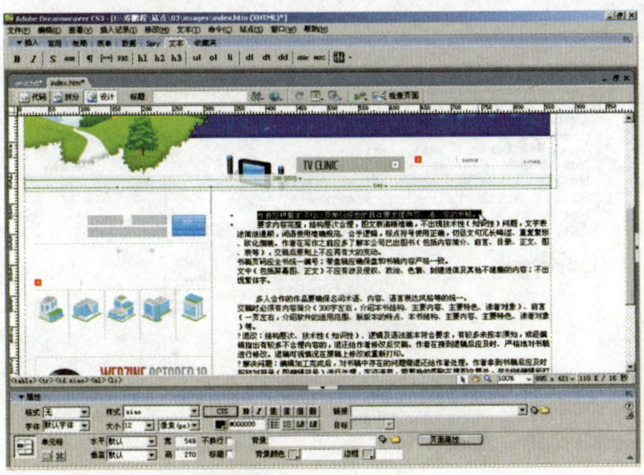

图 3-27 使用项目列表

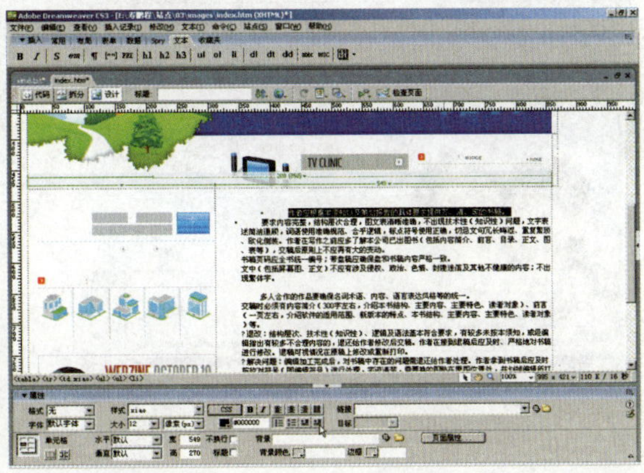

图 3-28 缩进文本

3-4 设置文本属性

设计者在调整文本时，不需要手动设置字体<font>、标题等标签，而只要选择相应的文本，然后使用 Dreamweaver 提供的按钮工具，即可方便地完成文本的属性设置。大多文本格式选项都是通过文本的“属性”面板来完成设置的。

3-4-1 设置段落格式

选择“属性”面板中“格式”下拉列表中的一个选项，可以设置选择文本应用标准段落和标题标签。选择“无”选项表示不应用段落格式，选择其他段落格式（例如“标题 1”、“标题 2”、“已编排格式”等）则在代码视图中会添加与所选样式关联的 HTML 标签（例如“标题 1”用< h1>标签表示、预先格式化的文本用 pre 表示等）。

选择“标题 1”至“标题 6”选项会为所选文本加上标题标签。“标题 1”为字号最大的标题，“标题 6”为字号最小的标题。添加标题标签，可使标题标签以后的文本字号与标题所用字号相同。预先格式化显示的字体通常是固定或不成比例的字体，绝大多数系统中为 Courier10 字体，如图 3-29 所示。

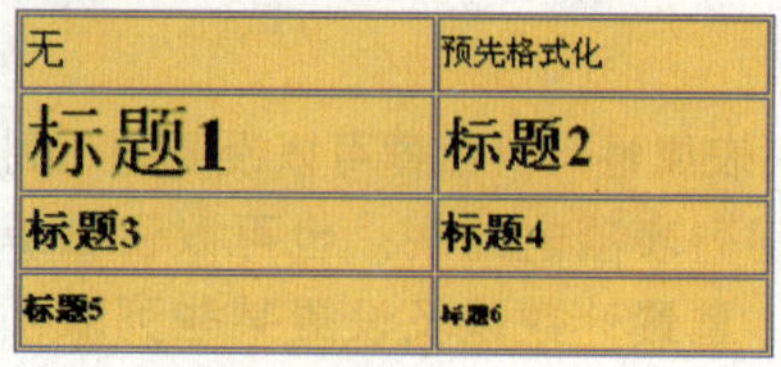

图 3-29　段落格式

3-4-2　设置和更改字体样式

在“属性”面板中可以指定文本属性；在操作窗口中可以实时看到修改后的结果；通过修改设置可以创建十分美观的页面。

>>01 在文档中选中文本，从“属性”面板的“字体”下拉列表中选择一种字体组合。选中的文字将显示字体组合中设置的字体，如图 3-30 所示。字体组合决定了浏览器在网页中显示文本的样式，选择“默认”选项将删除先前应用的字体样式。

>>02 若字体列表中没有所需的字体样式，可以选择“属性”面板中“字体”下拉列表的“编辑字体列表”选项，此时会弹出“编辑字体列表”对话框，字体列表由当前的字体列表、用户系统上的可用字体和被选择的字体组成，如图 3-31 所示。

图 3-30　显示组合字体

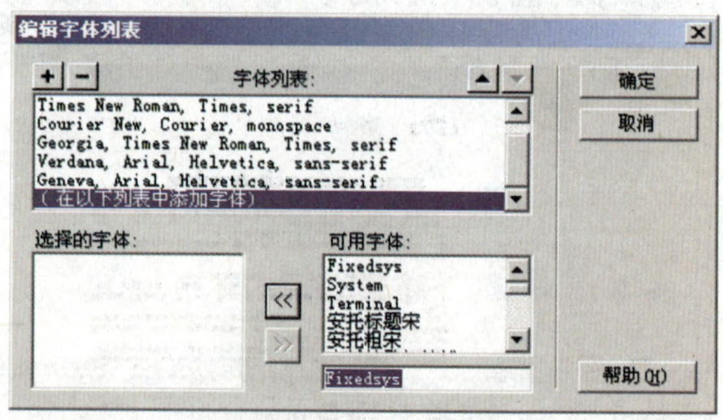

图 3-31　编辑字体列表

>>03 若要创建一个新的字体序列，并将其添加到“字体列表”列表框中，应从“可用字体”列表框中选择一种字体，然后单击 « 按钮可将该字体移动到“选择的字体”列表框中，如图 3-32 所示。

>>04 重复添加步骤，可以创建字体组合。当用户完成添加字体操作后，单击“确定”按钮，在“属性”面板的“字体”下拉列表中将创建一个新的字体序列，如图 3-33 所示。

提示 · 技巧

浏览器中显示的字体使用的是用户系统上安装字体组合中的第一种字体，如果未安装字体组合中的任何一种字体，则按用户浏览器中首选参数指定的方式显示文本。若在文档中创建了 CSS，就可以在“样式”下拉列表中选择一种样式。如何创建 CSS 样式，会在 Chapter 08 CSS 层叠样式表中详细说明。

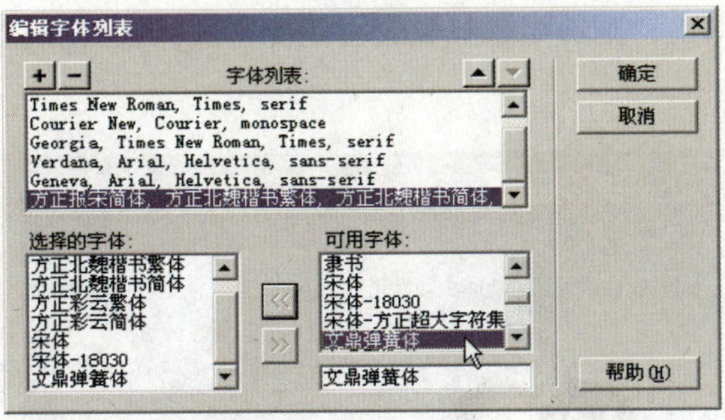

图 3-32　添加组合

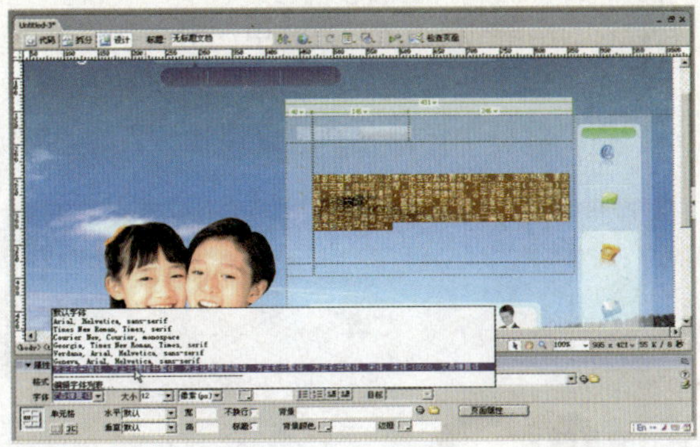

图 3-33　应用新组合

3-4-3　设置字体的大小和颜色

若要更改字体大小，可从“属性”面板中的“大小”下拉列表中设置大小。HTML 字体大小是相对的而不是特定的点数（pt），用户可以在浏览器中设置默认字体的点数。确保字体大小一致的方法可以使用 CSS 样式并且以像素（px）为单位设置字体大小。

>>01 选中单元格内所有的文字，在“属性”面板中单击“大小”按钮，在下拉列表中选择“12”，并将单位设为像素，如图 3-34 所示。

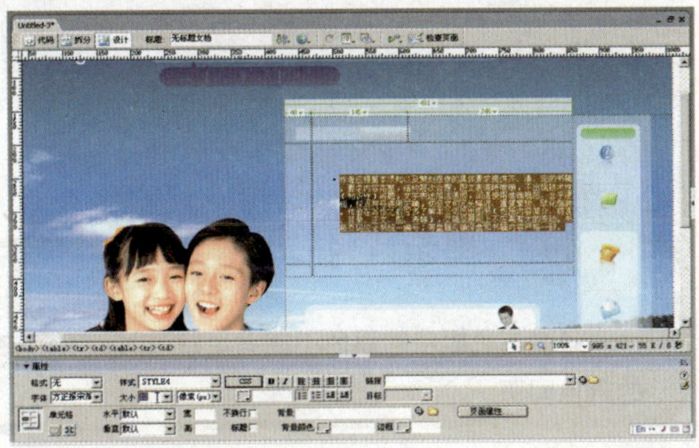

图 3-34　设置字体大小

>>02 系统通常使用默认的设置，文本颜色的默认设置为黑色，打开“页面属性”对话框，设置文本颜色为“#990000”，如图 3-35（a）所示。如果使用 RGB 值，这里 R 的值为 FF、G 的值为 66、B 的值也为 00，单击“确定”按钮，所有的没有指定样式的文字都会变成指定后的文本颜色，如图 3-35（b）所示。

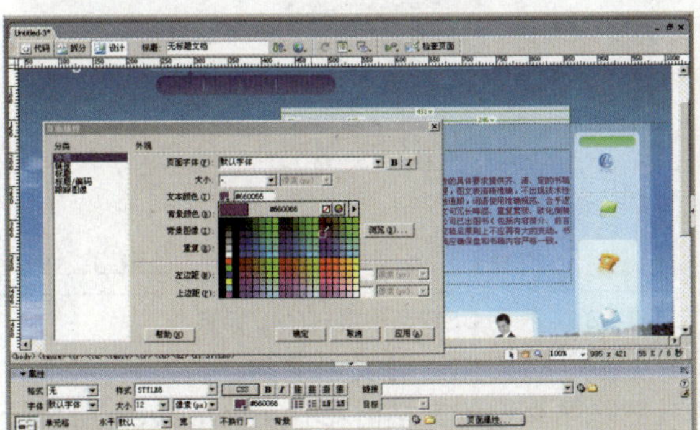

（a）设置颜色

（b）应用后效果

图 3-35　设置颜色及其效果

>>03 下面为标题设置颜色，选中文本中第一行文字，单击“属性”面板中的颜色选择器，打开调色板，从调色板中选择图 3-35 所示颜色。若要设置文字标题样式为粗体或斜体，可选中标题文字后，单击“属性”面板中的“粗体”按钮 B 或“斜体”按钮 I，或者执行“文本”|“样式”命令在打开的子菜单中选择一种字体样式，如图 3-36 所示。

04 在 Dreamweaver CS3 中，对文字设置的一些参数会自动生成 CSS 文件。选中其他标题，在“属性”面板的“样式”选项中选择该样式，则选中的标题会应用此样式。这样，就不用对每个标题分别设置属性，图 3-37 所示。

图 3-36　设置字体粗体

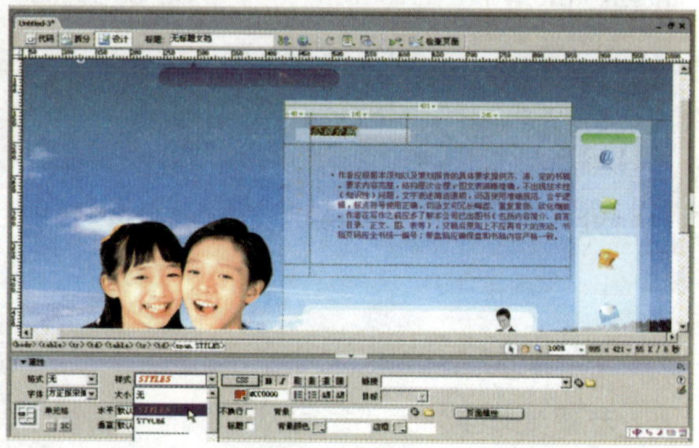

图 3-37　自动生成 CSS 文件

提示 · 技巧

如果调色板中的颜色不能满足需求时，单击按钮，弹出“颜色”对话框，在对话框中选择需要的颜色即可。

首选参数

如果不使用 CSS 样式，只用<font>标签来控制文字属性，可以执行“编辑”|“首选参数”命令，打开“首选参数”对话框，取消选择“使用 CSS 而不是 HTML 标签”复选框，如图 3-38 所示。

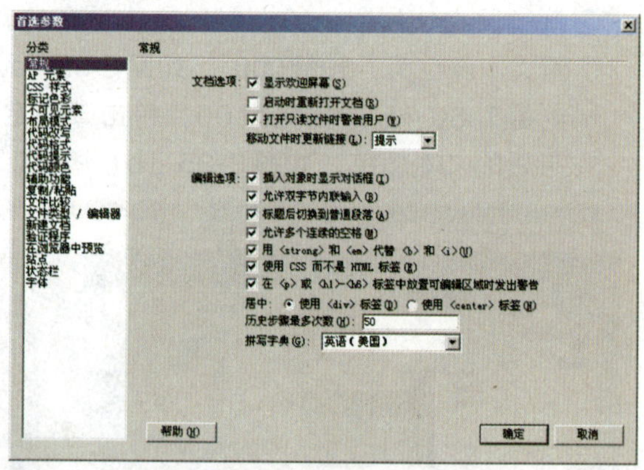

图 3-38　使用 CSS 而不用 HTML 标签

显示欢迎屏幕：用于在启动 Dreamweaver 或没有打开任何文档时显示 Dreamweaver 起始页。

启动时重新打开文档：打开在关闭 Dreamweaver 操作时处于打开状态的任何文档。如果未选择此选项，Dreamweaver 会在启动时显示起始页或空白屏幕。

打开只读文件时警告用户：在打开只读文件（锁定的文件）时发出警告。

移动文件时更新链接：确定当移动、重命名或删除站点中的文档时 Dreamweaver 所执行的操作。

插入对象时显示对话框：确定当使用插入栏或“插入”菜单插入图像、表格、Shockwave 影片和其他某些对象时，Dreamweaver 是否有提示输入附加的信息。

允许双字节内联输入：能够直接将双字节文本输入到“文档”窗口中。

标题后切换到普通段落：指定在“设计”视图中的一个标题段落的结尾按【Enter】键时，将创建一个用 <p>标签进行标记的新段落。

允许多个连续的空格：指定在“设计”视图中输入两个或更多空格时将创建不间断的空格，这些空格在浏览器中显示为多个空格。

用 <strong> 和 <em> 代替 <b> 和 <i>：要执行的操作通常会用到 <b> 标签和<i> 标签，Dreamweaver 中分别使用 <strong> 标签和 <em>标签取代它们。

使用 CSS 而不是 HTML 标签：指定 Dreamweaver 使用 CSS 样式而不是 HTML 标签。

历史步骤最多次数：确定“历史记录”面板中保留和显示的步骤数。

拼写字典：列出可用的拼写字典。

3-4-4 文本对齐

用户在使用 Dreamweaver 时可以很容易地对齐文本，就如同在文字处理软件中一样方便。选择要对齐的文本或者将指针插到文本开头，在“属性”面板中单击 图标（左对齐、右对齐、居中对齐或两端对齐），HTML 支持文本左右页边距的对齐设置，或者文本处于浏览器窗口中央的设置，如图 3-39 和图 3-40 所示。

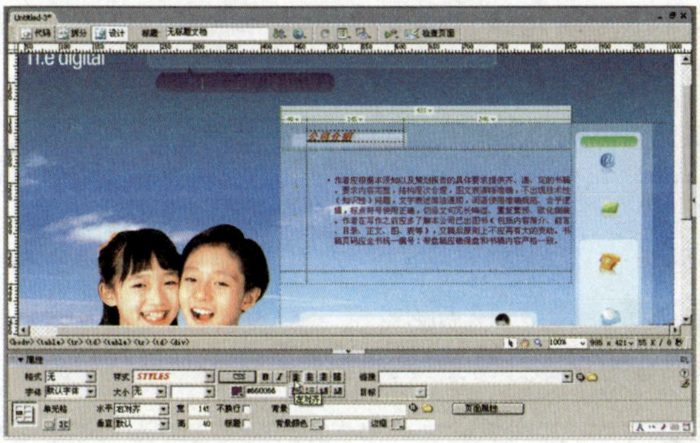

图 3-39 左对齐状态

图 3-40 居中对齐状态

3-5 插入页面元素

创建 HTML 文档后，可以在文档窗口中添加页面元素，除了可以添加文本和插入图像外，也可以插入日期和一些特殊字符等。

3-5-1 插入日期

Dreamweaver 提供了一个使用方便的日期对象，该对象可以用任何格式插入当前日期（包含或不包含时间）。执行“插入记录”|“日期”命令或者在工具选项栏中的“常用”插入栏中，单击“日期”图标 。弹出“插入日期”对话框中，如图 3-41 所示。选择“星期格式”、“日期格式”和“时间格式”选项，单击“确定”按钮即可插入所选定的日期格式，如图 3-42 所示。

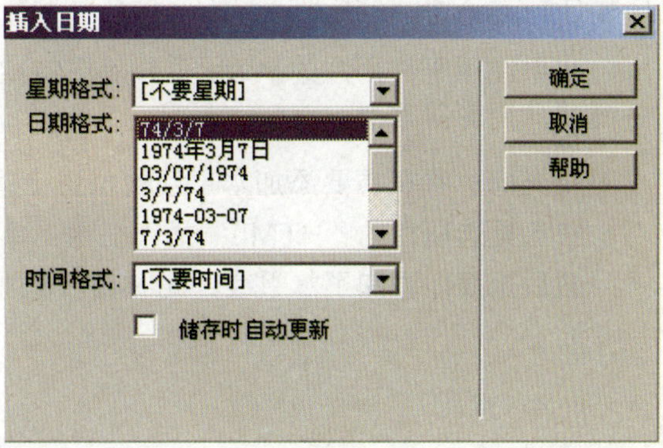

图 3-41 “插入日期”对话框

在“插入日期”对话框下方有一个“储存

时自动更新”复选框，选中后则每次保存文档时都更新插入的日期。如果希望日期在插入后变成纯文本并且不自动更新，可取消选择该选项。

图 3-42　插入日期后效果

3-5-2　插入 HTML 注释

注释是在 HTML 代码中插入的描述性文本，用来解释该代码或提供其他信息。注释文本只出现在代码视图中，并且不会在浏览器的 Web 页中显示。

>>01 执行“插入记录”|“注释”命令或者在工具选项栏的“常用”插入栏中，单击“注释”图标，则出现“注释”对话框，如图 3-43 所示。

>>02 在“注释”对话框中输入注释的内容，然后单击“确定”按钮。在代码视图中会添加注释 <!-- --> 标签，在设计视图中会显示注释标签，图 3-44 所示。

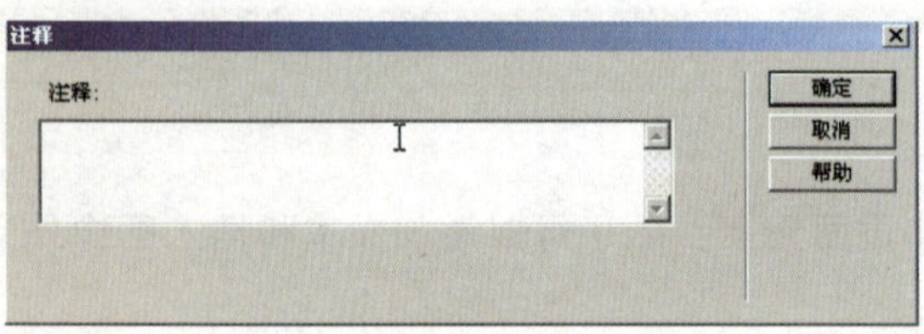

图 3-43　“注释”对话框

图 3-44　插入注释后效果

3-5-3　插入水平线

水平线用于将用户的 Web 页分隔成特定的部分。用户可以控制水平线的宽度、高度、对齐方式、阴影等属性。

>>01 将光标放置在想要添加水平线的位置上，执行“插入记录”|HTML|“水平线”命令或者在工具选项栏的“HTML”插入栏中，单击“插入水平线”图标，如图 3-45 所示。完成后页面即添加了水平线，此时在代码视图中会添加注释 <hr> 标签，如图 3-46 所示。

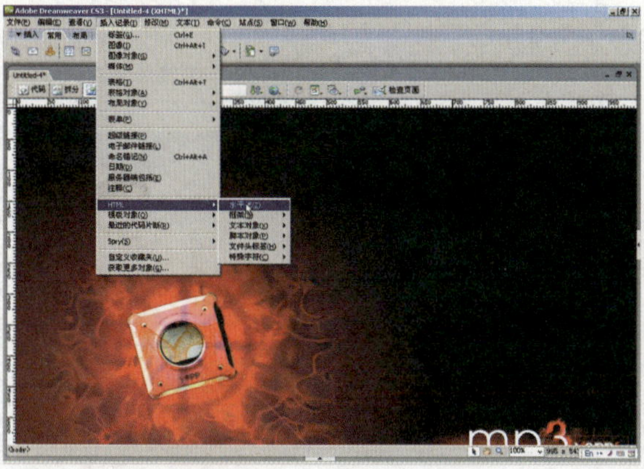
图 3-45　执行菜单命令

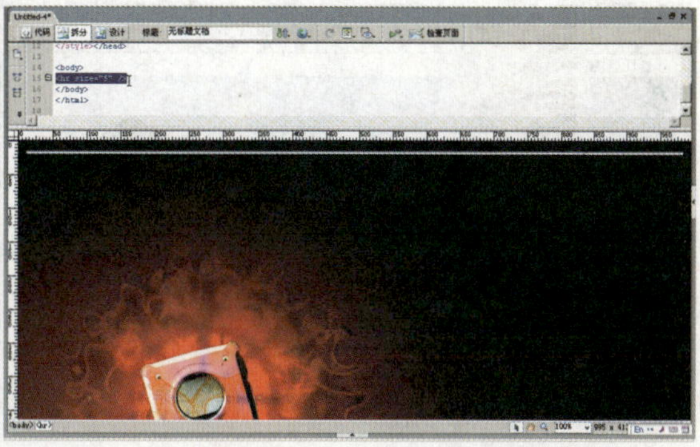
图 3-46　插入水平线

>>02 创建水平线后，还可以根据需要对水平线的属性进行修改。选择水平线后在“属性”面板中将显示水平线的属性，如图 3-47 所示。

>>03 水平线属性设置后，在<hr> 标签中会自动添加修改后的属性参数。此时预览页面时，水平线为灰色显示，如果设计者需要根据页面风格来改变水平线的颜色，可以在代码视图的 <hr> 标签中添加属性 color="#FFFF00"，再次预览时页面将显示为彩色，如图 3-48 所示。

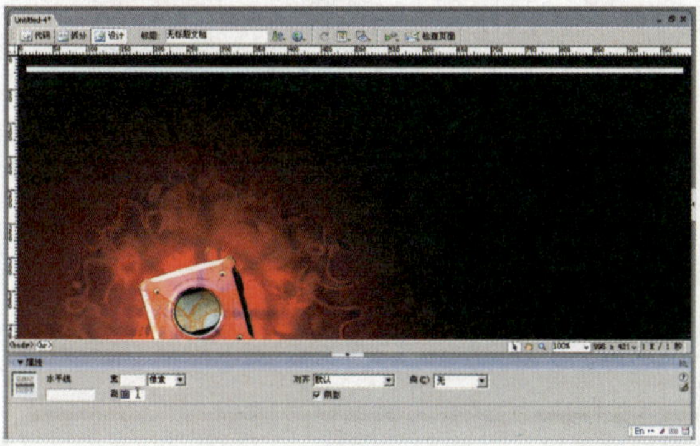
图 3-47　打开“属性”面板

图 3-48　更改颜色

宽：以像素为单位或以页面尺寸百分比的形式指定水平线的宽度。

高：以像素为单位指定水平线的高度。

对齐指定水平线的对齐方式（“默认”、“左对齐”、“居中对齐”或“右对齐”）。只有当水平线的宽度小于浏览器窗口的宽度时，才使用该设置。

阴影指定绘制水平线时是否显示阴影，取消选择此选项将使用单色绘制水平线。

3-5-4　特殊字符

>>01 在“插入”工具栏中左边的下拉列表中选择“文本”选项，然后在“字符”子菜单中选择字符名称或执行“插入记录”|HTML|“特殊字符”命令中的子菜单命令，即可将特殊字符插入到文档中，如图3-49 和图 3-50 所示。

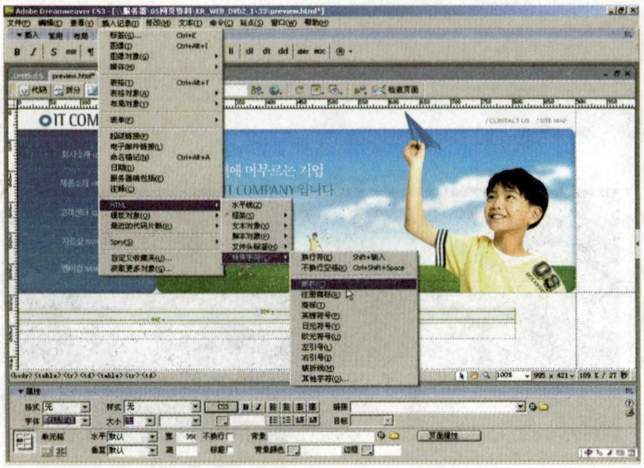

图 3-49　执行菜单命令

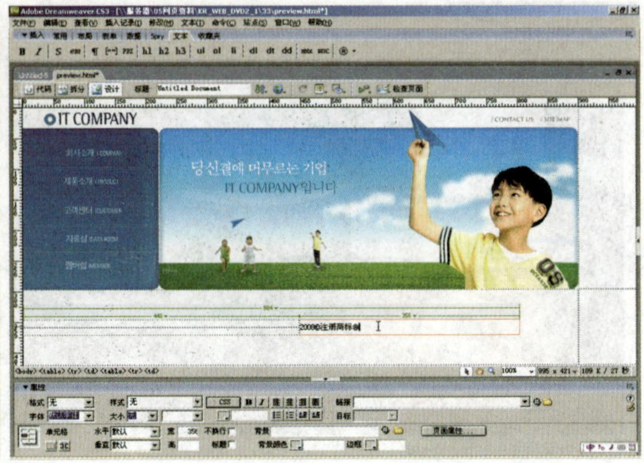

图 3-50　插入特殊字符

>> 02 如果子菜单中没有所需的字符显示，则单击下拉菜单并执行“其他字符”命令，从“插入其他字符”对话框中选择一个字符，单击“确定”按钮。在代码视图中会添加一段代码，如在代码视窗中用“&copy”；表示，如图 3-51 和图 3-52 所示。

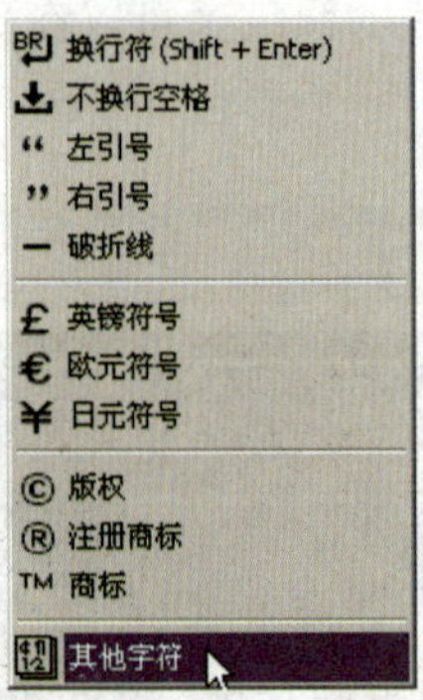

图 3-51　其他字符命令

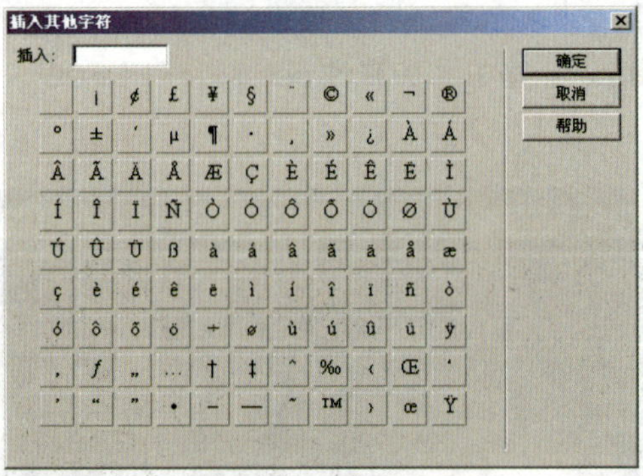

图 3-52　“插入其他字符”对话框

提示 · 技巧

特殊字符大多属于西欧字符编码，若在中文环境下浏览这些特殊字符，可能会看到乱码。所以，如果要使用中文的编码方式，这些特殊字符应尽量少使用。

3-6　插入网页头部内容

HTML 页被分为两个主要的分段：<head>与<body>和<body>与</body>之间是网页的正文部分，所有的文本、图形、嵌入的动画、Java 小程序和其他页面元素都位于起始<body>标签和结束</body>标签之间。

>> 01 有关整个文档的信息都包含在<head>分段中，称为网页的头部内容。如标题、描述、HTML 语言解码方式、JavaScript 以及搜索引擎的关键字等信息。执行“查看”|“文件头内容”命令，可以查看文档文件头部分的元素，如图 3-53 所示。

>>02 对于文件头内容的每一个元素，设计视图中文档窗口的底部会有一个标签。选择一个标签按钮，可以在“属性”面板中更改相应的参数，也可以添加新元素到文档的文件头部分，在出现的对话框中输入需要的信息，确定操作后，即可在文档的头部添加数据，如图 3-54 所示。

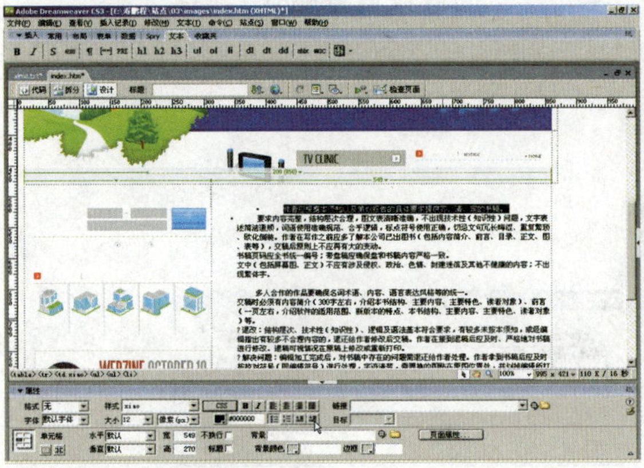

图 3-53　执行菜单命令

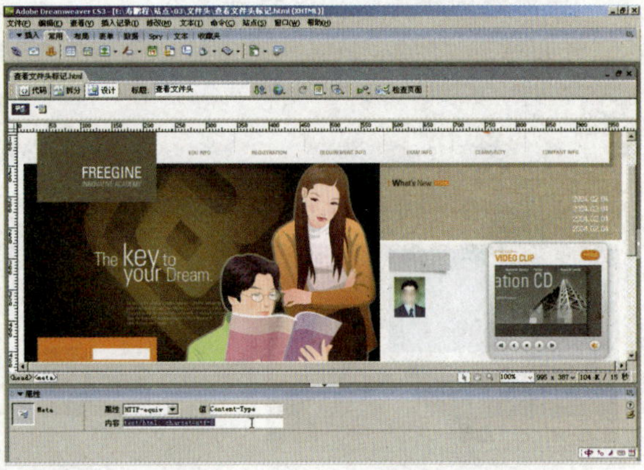

图 3-54　文件头内容

3-6-1　插入 META

META 标签是 HTML 头部的主要组成部分，用于表示一个文档的页面信息（如字符编码、作者、版权信息或关键字），这些标签也可以用来向服务器提供信息。

若要插入 meta 标签，执行“插入记录”|HTML|“文件头标签”命令或单击“HTML”插入栏的“文件头”按钮，在下拉列表中选择“META”选项 META，出现“META”对话框，可输入需要的信息，如图 3-55 所示。

图 3-55　“META”对话框

属性：指定 meta 标签是否包含有关页面的描述性信息（名称）或 HTTP 标题信息（http-equiv）。

值：指定在该标签中提供的信息类型。

内容：是实际的信息。

例如，若要将 HTML 文档的解码方式设置为中文简体，可以在“属性”下拉列表中选择“http-equiv”选项，在“值”文本框中输入“Content-Type”，在“内容”列表框中输入“text/html; charset=gb2312”即可。这实际上是输入了代码：<meta http-equiv="Content-Type" content="text/html; charset=gb2312">。

3-6-2　插入关键字

许多搜索引擎程序（自动浏览 Web 页，为搜索引擎收集信息以编入索引的程序）可以读取关键字 meta 标签的内容，并使用该信息在其数据库中将页面编入索引。关键字信息仍然属于<meta>标签的范畴，但是由于其经常被使用，所以 Dreamweaver 也定义了插入关键字命令，允许直接设置插入关键字属性。

>>01 若要插入关键字，可执行“插入记录”|HTML|“文件头标签”命令或单击“HTML”插入栏的“文件头”按钮，在下拉列表中选择关键字 选项，如图3-56所示。

>>02 此时会出现“关键字”对话框，输入需要的信息，如图3-57所示。在“关键字”列表框中输入关键字，如果需要输入多个关键字，字与字之间应以逗号隔开。

图3-56 “关键字”命令

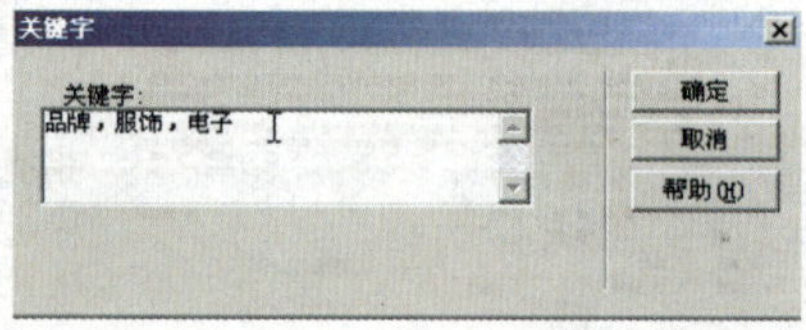

图3-57 “关键字”对话框

>>03 单击“确定”按钮，在代码视图中添加语句<meta name="keywords" content="品牌，服饰，电子">，如图3-58所示。

>>04 除了使用关键字图标之外，也可以添加meta标签，在弹出的META对话框中进行设置，如图3-59所示。

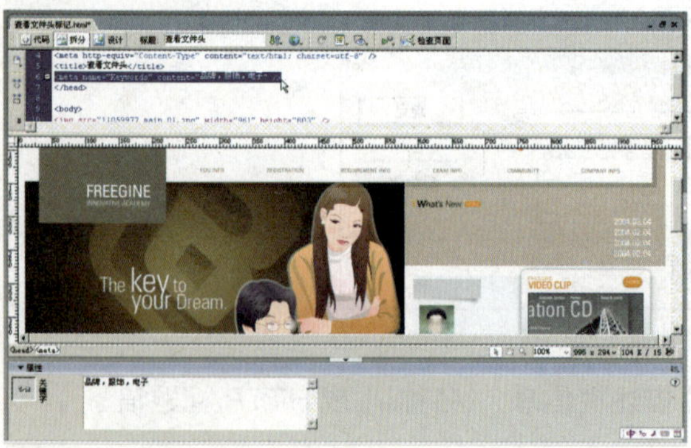

图3-58 代码视图

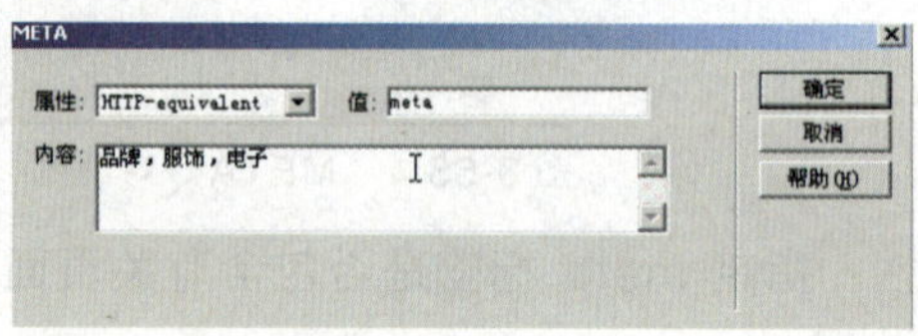

图3-59 META对话框

3-6-3 插入描述

描述信息属于<meta>的范畴，Dreamweaver单独提供了插入描述信息的方法，通常关键字输入的内容是一系列词或词组，它们之间用逗号分开。不过在描述对象时，也可以使用句子。描述的内容应该是对关键字的补充和扩展。

若要插入描述信息，执行“插入记录”|HTML|“文件头标签”命令或单击“HTML”插入栏的“文件头”按钮，在下拉列表中选择 选项，会出现“说明”对话框，如图3-60所示。在“说明”列表框中输入描述性的文本。

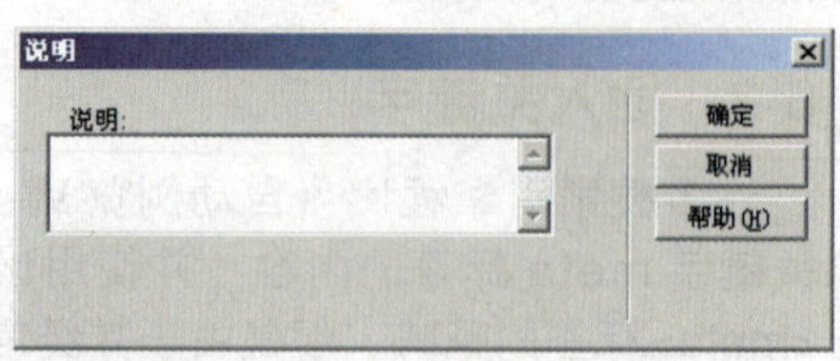

图3-60 “说明”对话框

3-6-4 定义自动刷新

可以为网页设置自动刷新功能，使其在浏览器中显示时，可以隔一段指定的时间后跳转到某个页面或是重新刷新原页面。该功能通常用在显示说明 URL 已改变的文本消息后，用于网页从一个 URL 跳转到另一个 URL。

01 若要插入刷新标签，执行“插入记录”|HTML|“文件头标签”命令或单击“HTML”插入栏的“文件头”按钮，在下拉列表中选择刷新 选项，如图 3-61 所示。

02 此时会出现“刷新”对话框，在“延时”文本框中输入 5，若要使浏览器在完成载入后立即刷新页面，可在该文本框中输入 0。若要打开另一个 URL 而不是刷新当前页面，也可单击“浏览”按钮，然后在弹出对话框中选择要载入的光盘中“03\文件头\刷新.htm”文件，如图 3-62 所示。

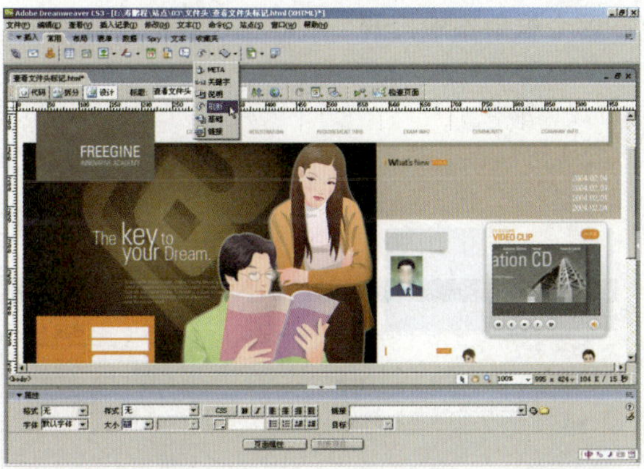

图 3-61　执行菜单命令

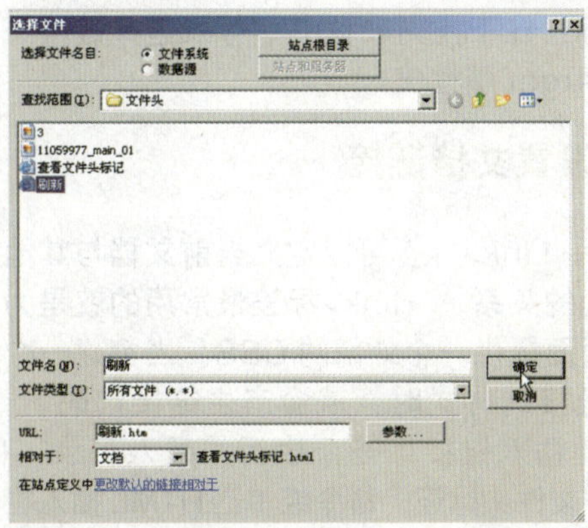

图 3-62　选择刷新文件

03 显示代码视图，在代码视图中的<head>与</head>标签之间添加语句：<meta http-equiv="Refresh" content="5;URL= 刷新.htm" />，如图 3-63 所示。

04 按【F12】键，在浏览器中会显示页面；过 5s 后，浏览器会自动刷新并转换到新的页面，如图 3-64 所示。

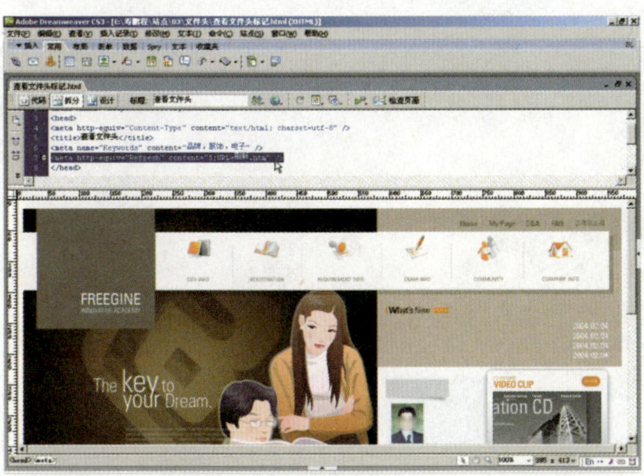

图 3-63　代码视图

图 3-64　测试效果

3-6-5 设置基础元素

通过基础元素<base>对象，可以对 HTML 基础的链接功能进行初始化控制。通过该对象插入的代码可以设置页面中所有文档相对路径对应的基本URL。例如，文档中使用地址：image/space.gif，那么当基础地址设为www.dreamweaver.com时，使用的地址就等同于www.dreamweaver.com/image/space.gif。这样就可以改变整个文档中相对链接的出发位置。

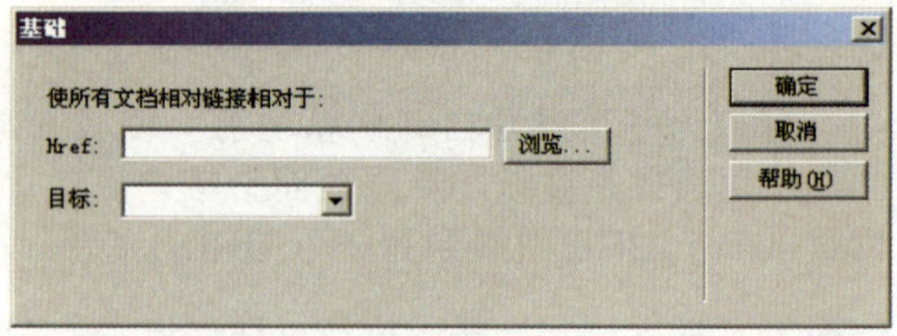

图3-65 “基础”对话框

若要插入基础元素标签，执行“插入记录”|HTML|“文件头标签”命令或单击“HTML”插入栏的“文件头”按钮，在下拉列表中选择基础选项，弹出“基础”对话框，在此输入需要的信息，如图3-65所示。

Href（超链接引用）：基本URL地址。单击“浏览”按钮浏览并选择一个文件，或在文本框中直接输入路径。

目标：在下拉列表框中，可以选择链接文档在哪个框架集中打开，实际上设置的是<base>标签的target属性值。

3-6-6 设置文档链接

使用<Link>标签可以定义当前文档与其他文件之间的关系。<link>标签最常用的就是为当前的页面提供一个外部的CSS。当创建一个新的被链接的样式时，就会产生链接代码。

图3-66 “链接”对话框

若要插入链接标签，执行“插入记录”|HTML|“文件头标签”命令或单击HTML插入栏的“文件头”按钮，在下拉列表中选择链接选项，弹出“链接”对话框，如图3-66所示。

Href：输入链接资源所在的URL地址，或单击“浏览”按钮选择一个文件。实际上设置的是<link>标签的href属性。

ID：为链接指定一个唯一的标签符。

标题：可在文本框中输入对该链接的描述。

Rel：一个描述当前页和被链接文档关系的关键字。其中值包括“样式表”、“开始”、“下一步”、“上一步”、“内容”、“索引”等。若要指定多个关系，应用空格将各个值隔开。

Rev：也是描述关系，指定当前文档与Href文本框中文档之间的相反关系（与Rel相对）。

Chapter 04

添加图像

4-1 图像格式

4-2 插入图像

4-3 设置图像属性

4-4 插入图像占位符

4-5 插入鼠标经过图像

4-6 制作透明 GIF 图像

4-7 设置图像对齐方式

4-8 插入导航条

Chapter 04 添加图像

图像和文字都是组成网页的基本元素，与文字相比，使用图像能够使HTML文档更直观、生动、更便于理解。同时使用HTML图像可以丰富网页内容，使网页页面更加美观，使文档更加具有吸引力。所以，无论是个人网站还是商业网站，都需要有优秀的图像效果作为基础，以达到可以更好地宣传本网站特色。相信通过本章的学习，用户可以制作出漂亮的网页。

作为一个网页设计者，还应注意网页上图像的大小和数量，过多地使用图像会增加网页的下载时间。因为对于一个网站而言浏览速度是至关重要的，若一个网站的浏览速度太慢会使浏览者失去耐心从面放弃浏览。

4-1 图像格式

每个平台、每个图像和图形软件程序都有各自所定义的图像文件格式。互联网快速发展的一个关键因素就是跨平台图像的使用。

GIF、JPEG和PNG图像格式是网络中主要使用的图像格式，这3种图像格式各有特点，用户需要了解每个格式的使用和局限，才能在Dreamweaver中成功地运用它们。

4-1-1 JPG/JPEG格式

JPEG（joint photographic experts group，联合图像专家组），用于处理具有连续色调的图像或图片，能够在保证一定分辨率的前提下，对图像实现高压缩，如图4-1所示。

由于JPEG使用了压缩技术，越压缩JPEG文件，图像质量下降得就越严重。用户可以使用有损耗的压缩方案，所以图像在压缩后会损失一些细节。

支持1 670万种颜色，可以很好地再现摄影图像，尤其是色彩丰富的大自然景象。

JPEG格式的图像要比GIF格式的图像相对小一些，所以下载的速度相对快一些。

使用JPEG格式后，图像鲜明的边缘周围会损失细节，不适用于包含鲜明对比图像或者文本的图像。

图4-1　JPEG图像

提示 · 技巧

根据自己的需要，在保存JPEG图像文件的时候，通过压缩JPEG文件在图像品质和文件大小之间达到良好的平衡。

4-1-2 GIF 格式

在网络上，常见的文件格式是GIF（graphical interchange format），它适合显示色调不连续或具有大面积单一颜色的图像。这些图像一般用做插图、按钮、图标、徽标或其他具有统一色彩和色调的图像，如图 4-2 所示。

图 4-2　GIF 图像

GIF 格式使用无损压缩方案，图像在压缩以后不会有细节的损失。

最多可以显示 256 种颜色。支持透明的背景，从而可以创建带有透明区域的图像。

交织文件格式，在浏览器完成下载全部图像之前，用户可以通过隔行扫描技术来显示图像。

几乎受到所有的图像浏览器的广泛和良好支持，大多数用户都可以看到网络上的 GIF 图像，而不必担心其兼容性问题。

可以将数张图片转化为动画并存储在一个文件中，即在网页中常见的 GIF 动画。

使用合适的图像处理工具，用户可将 GIF 图像中的颜色数目减至最少，从而可以压缩文件，缩短下载时间。在大多数情况下，建议使用 GIF 图像格式。

4-1-3 PNG 格式

PNG（portable network graphic）格式是专门为网络而准备的。随着 PNG 日益得到应用，极有可能在未来逐渐取代 GIF 的位置。目前在 Dreamweaver、 Internet Explore 4.0 和 Netscape Navigator 4.0 及其更高版本的软件中都支持 PNG 图像格式，如图 4-3 所示。此外，PNG 格式是 Fireworks 的默认格式。这是第一个将 PNG 作为默认格式的 Web 图像处理工具。

图 4-3　PNG 图像

PNG 格式的文件像 GIF 格式一样进行无损压缩，像 JPEG 一样拥有百万种颜色，还具有的隔行扫描的特性。

提供包括对索引色、灰度、真彩色图像以及 alpha 通道透明的支持。

提示 · 技巧

在网页中，能够让浏览器正常显示的图像格式一般有 JPG、GIF 和 PNG。除此之外的图像格式，尽管能够添加到文档中，但是网页浏览器最终却无法显示。若要添加其他格式的图像，可以使用 Photoshop 和 Fireworks 此类图像软件将其转换为以上 3 种格式后再应用到网页中。

4-2 插入图像

在设计网页时，如果是纯文本的页面，会使人觉得十分乏味。此时，适当地添加图像并与文字匹配，网页会变得更加生动。

本节将介绍关于在 Dreamweaver 中插入图像和修改其属性的所有基础知识。在将图像插入 Dreamweaver 文档时，Dreamweaver 会自动在 HTML 源代码中生成对该图像文件的引用。

>>01 在站点中新建一个文件 tuxian.html，将鼠标放置到空白表格中，在“常用”插入栏中，单击图像图标或执行“插入记录”|“图像”命令。

>>02 在出现的“选择图像源文件”对话框中如图 4-4 所示，选择要插入的图像。也可以直接输入要插入图像的文件名及路径，然后单击“确定”按钮，结果如图 4-5 所示。

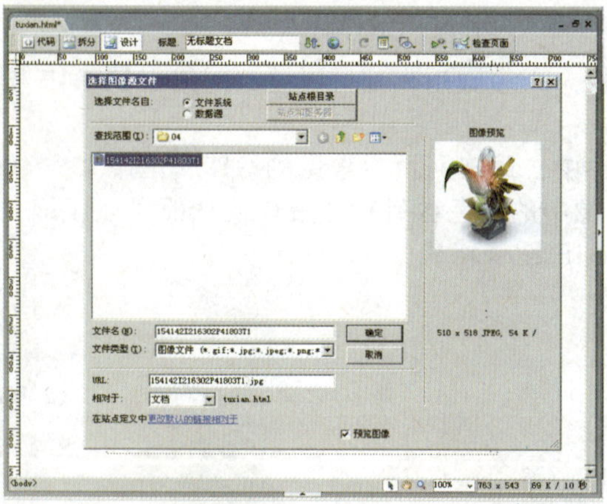

图 4-4 插入图像

图 4-5 插入图像后效果

>>03 将图像插入到 Dreamweaver 文档时，Dreamweaver 会自动在 HTML 源代码中生成对该图像文件的引用。打开代码视图可以看到添加了<img>标签代码，如图 4-6 所示。

>>04 使用其他方法继续添加图像，在“文件”面板的站点标签中，从站点中选择“04”文件夹中的 tu2.gif 文件，将其拖动到空白表格中，完成后的结果如图 4-7 所示。

图 4-6 查看代码视图

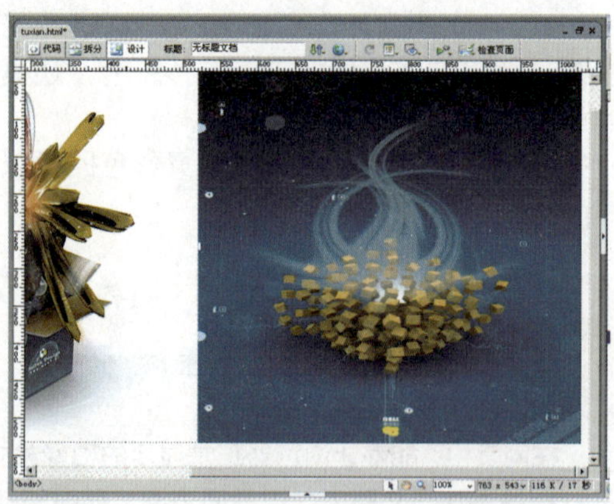

图 4-7 再次添加图像

>>05 如果需要调整图像在文档中的位置，只要单击插入的图片并将其拖动到指定位置即可，完成后按【F12】键预览最终结果，如图 4-8 所示。

图 4-8　预览效果

4-3　设置图像属性

图像“属性”面板用于显示图像的当前属性，可以通过改变“属性”面板中的设置更改图像属性。在设计视图中选择一幅图像，“属性”面板显示常用的图像属性。单击“属性”面板右下角的扩展箭头，可以查看所有图像属性，如图 4-9 所示。

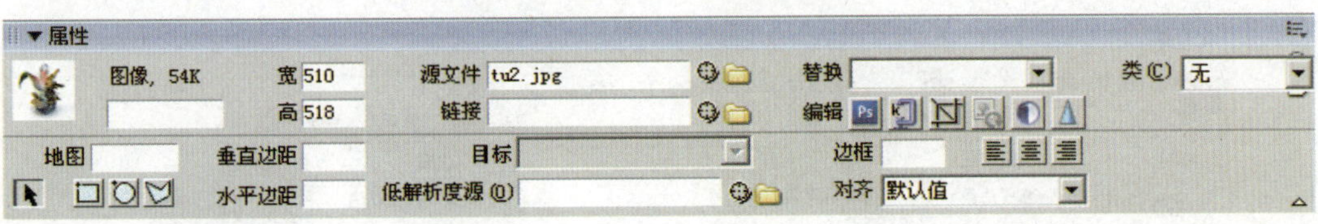

图 4-9　图像属性面板

文件名：当用户首次插入一个图像时，“属性”面板中在缩略图和旁边的文本框是空白的。用户应在这个文本框中为图像填入一个用于 JavaScript 和其他应用程序可以引用该图像的名称。

宽和高：以像素为单位指定图像的宽度和高度。当在网页中插入图像时，Dreamweaver 自动用图像的原始尺寸更新这些设置。

源文件：指定图像的源文件路径。单击文件夹图标，选择源文件，或在文本框中直接输入文件的路径。

链接：指定图像的超链接。将指向文件图标拖到站点面板中的某个文件中，单击文件夹图标浏览站点上的某个文档，或手动输入 URL。

替换：指定显示在图像位置上的可选文字。当浏览器无法显示图像时显示这些文字。

编辑：单击这些图标，可以对选中的图像进行编辑。

类：如果站点中定义了 CSS 样式，可以在其下拉列表中选择一种 CSS 样式并对图片进行定义。

地图名称和热点工具：允许标注和创建客户端图像地图。

垂直边距和水平边距：沿图像的边缘添加边距（以像素为单位）。垂直边距是沿图像的顶部和底部添加边距，水平边距是沿图像左侧和右侧添加边距。

目标：指定链接页面应该载入的目标框架或窗口，如果图像上没有链接则选项无效。

低解析度源：指定在载入主图像之前应该载入的图像。许多设计人员使用主图像的 2 位（黑和白）版本，它可以迅速载入并使访问者对看到的内容有所了解。

边框：图像边框的宽度以像素为单位，默认为无边框。

对齐：对齐同一行中的图像和文本。

4-3-1 调整图像大小

在 Dreamweaver 设计视图中，可以重新调整图像的大小，调整图像大小有助于看到不同尺寸的图像对布局的影响情况。如果要确定对图像的尺寸修改，还可以对图像进行重新取样，重新取样会改变图像文件尺寸的大小。在 Dreamweaver CS3 中，无须离开 Dreamweaver 操作环境就可以加大或减小已调整的 JPEG 和 GIF 图像文件像素的大小。

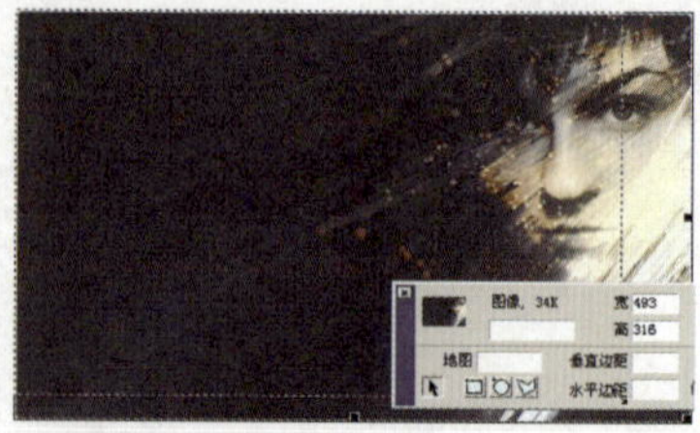

图 4-10　原始大小

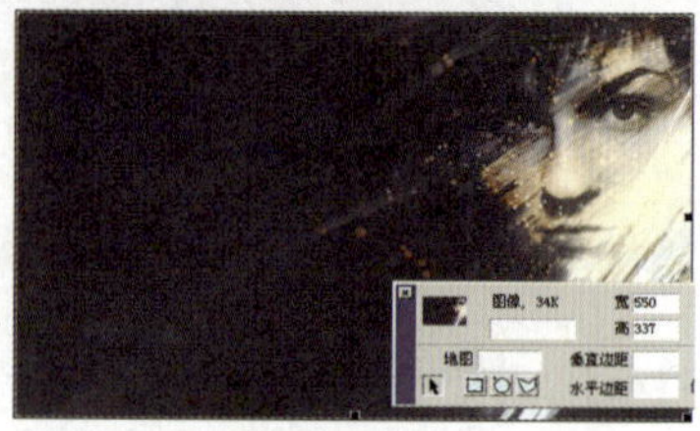

图 4-11　拖动手柄

01 选择文档中的图像文件，图像右边和下边会出现 3 个控制点。拖动右边的手柄，调整图像的宽度；拖动底边的手柄，调整图像的高度；拖动右下角的手柄，可同时调整图像的宽度和高度。如果按【Shift】键拖动右下角的手柄，可保持元素的宽高比例不变。如图 4-10 与图 4-11 所示为调整前后的对比图。

02 单击控制点并拖动，即可更改图像的尺寸，当调整元素大小后，在“属性”面板的宽和高文本框中将显示图像当前的宽度和高度，如图 4-12 所示。

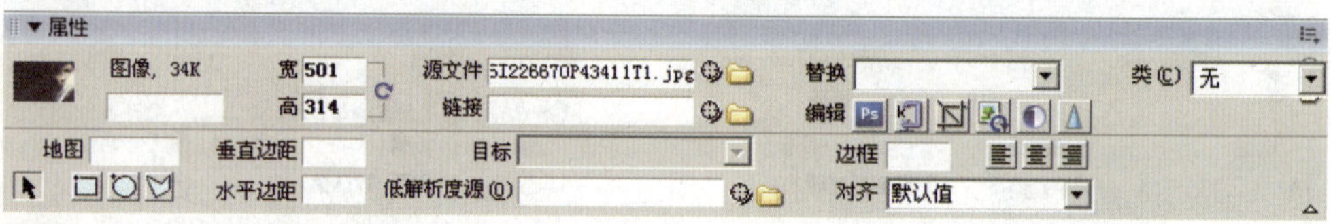

图 4-12　显示当前宽度和高度

提示 · 技巧

将图像调整到合适大小后释放鼠标键，“属性”面板中的宽和高文本框右边会出现重设大小按钮，如果在调整大小后不满意，可单击该按钮恢复图像原始大小。

03 单击在图像“属性”面板中的重新取样按钮，此时会弹出提示对话框，如图 4-13 所示。提示：此操作会永久改变图像，单击“确定”按钮，完成对图像进行重新取样。

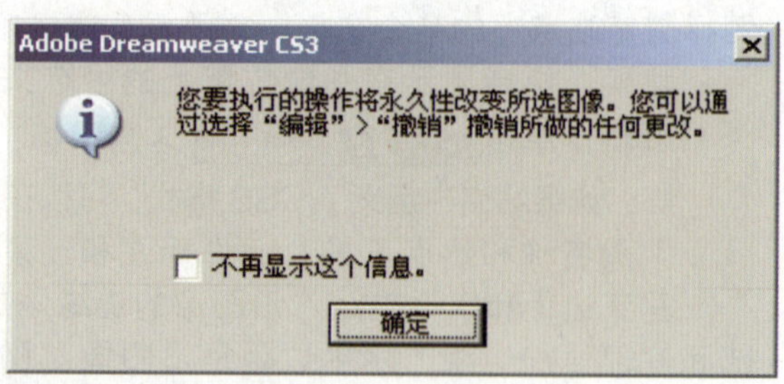

图 4-13　提示对话框

提示 · 技巧

使用 Dreamweaver 调整图像大小时，有些操作会更改磁盘上的源图像文件。因此，有时需要备份图像文件，在需要恢复到原始图像时使用。如果没有关闭文档，使用【Ctrl+Z】组合键，也可恢复到之前的状态。

4-3-2 指定图像边距

沿图像的边缘添加边距，一般都以像素为单位。垂直边距沿图像的顶部和底部添加边距，水平边距沿图像左侧和右侧添加边距。

在“属性”面板中将垂直边距和水平边距都设为“20”，图像的上下边距和左右边距都会各增加 20 像素，单元格的宽度和高度也会自动向外扩展，以适应图像边距的扩充，如图 4-14 和图 4-15 所示。

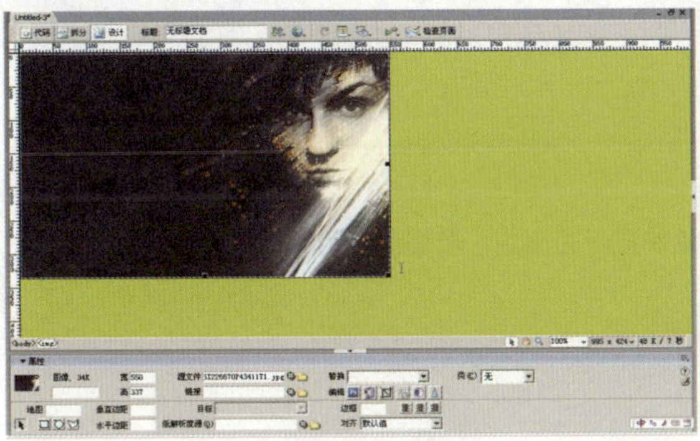

图 4-14　原始状态

图 4-15　设置间距后

4-3-3 为图像添加说明文字和边框

文字说明用于在浏览页面时对图片进行说明，将鼠标移到图片上时，会出现说明文字，使用边框可为图像添加描边效果。

>> 01 选择图像，在“属性”面板中“替换”文本框中输入文本“精美图片欣赏”，在代码视图中，可以看到添加了一段代码：alt=“精美图片欣赏”，如图 4-16 所示。

>> 02 完成后按【F12】键预览最终结果，在浏览器中将鼠标移至图片上时，会显示之前输入的说明文字，如图 4-17 所示。

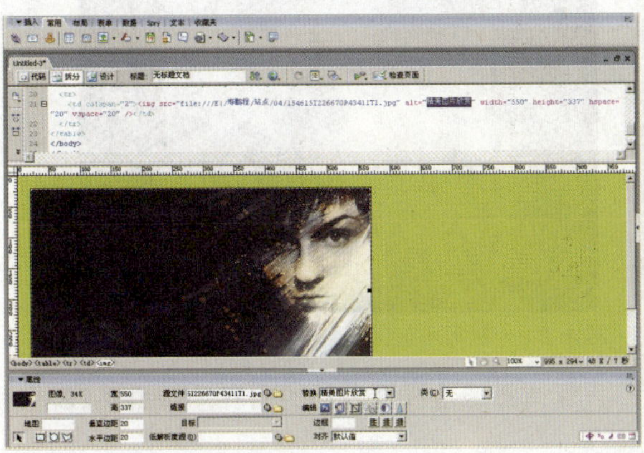

图 4-16　添加说明文字

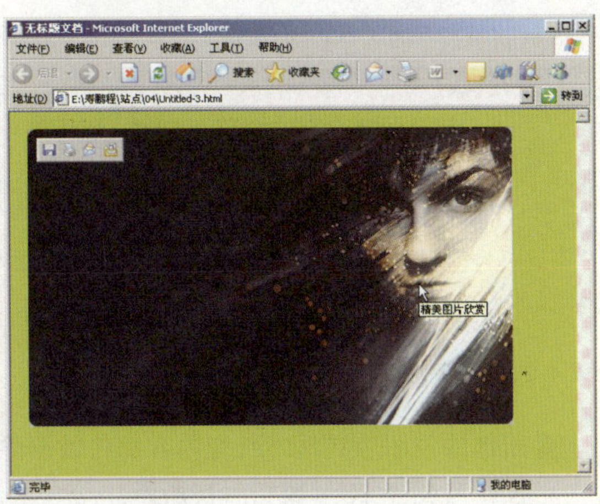

图 4-17　预览效果

>>03 在默认情况下，图像四周不显示边框。若要在Dreamweaver中指定边框，先选定图像，在“属性”面板中“边框”的文本框中输入数字5，如图4-18所示。完成后按【F12】键预览最终结果，如图4-19所示。

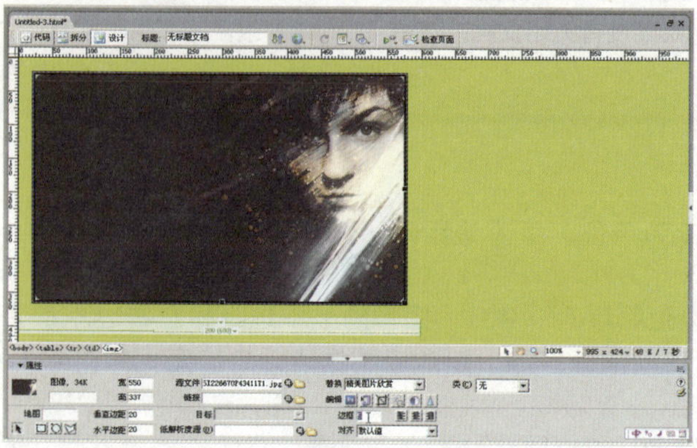

图4-18　输入边框为5

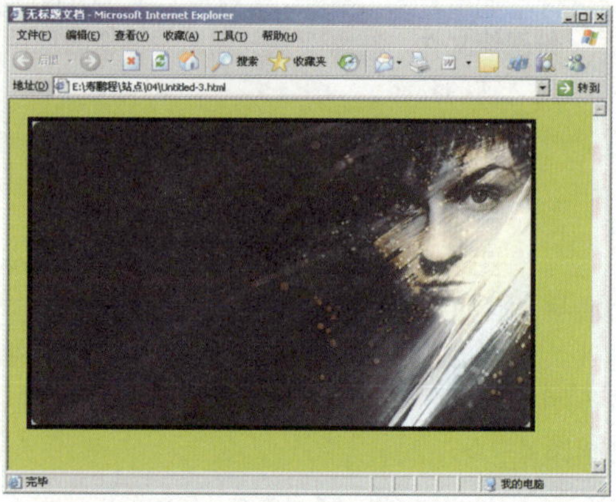

图4-19　预览效果

提示 · 技巧

边框值设得越大，则边线越粗。在预览时边框始终显示为黑色，若想显示为有颜色的边线，可以使用样式表进行设置。

4-3-4　裁剪图像

通过裁剪可减小图像显示区域，有时需要裁剪图像以强调图像的主题，并删除图像中强调部分周围不需要的部分。

>>01 打开包含要裁剪图像的页面，选择图像。单击图像“属性”面板中的裁减工具按钮或执行“修改”|“图像”|“裁剪”命令，将显示一个对话框通知用户正在裁剪的图像文件将在磁盘上更改。单击“确定”按钮，如图4-20所示。

>>02 此时图像周围会出现裁剪控制点。调整裁剪控制点至合适大小，然后在边界框内部双击或按【Enter】键确定裁剪所选区域，如图4-21所示。

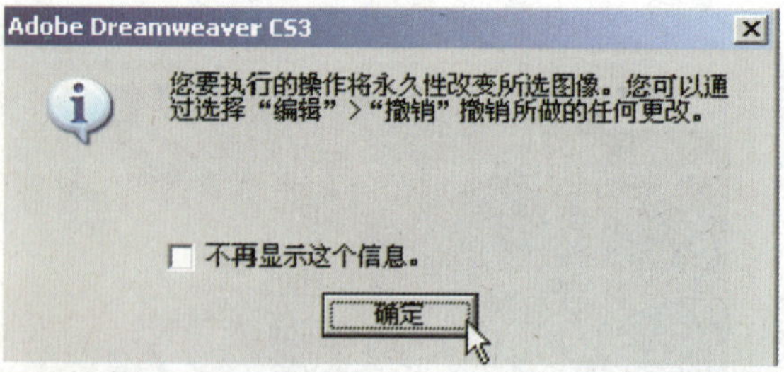

图4-20　提示对话框

图4-21　裁剪所选区域

>>03 所选的位图边界框外所有内容都将被删除，只保留图像边界框内部的内容，如图4-22（原图）与图4-23（裁切后）所示。

图 4-22　原图

图 4-23　裁切后

4-3-5　调整图像的亮度、对比度和锐化图像

>> 01 亮度 / 对比度用于修改图像中像素的亮度或对比度。这将影响图像的高亮显示、阴影和中间色调。单击图像“属性”面板中的“亮度/对比度”工具按钮或执行“修改”|“图像”|“亮度/对比度”命令，此时会弹出“亮度/对比度”对话框，拖动“亮度”和“对比度”滑块调整设置。输入值的范围从 -100～100，如图 4-24 和图 4-25 所示。

(a) 原图

(b) 调整亮度为负值

(c) 调整亮度为正值

图 4-24　调整亮度效果

(a) 调整对比度为负值

(b) 调整对比度为正值

图 4-25　调整对比度效果

>> 02 锐化将增加对象边缘像素的对比度，通常显示图像文件中的细节，经常需要锐化图像来提高边缘的对比度，使图像更清晰。单击图像“属性”面板中的“锐化工具”按钮或执行“修改”|“图像”|“锐化”命令，此时会弹出“锐化”对话框，可以通过拖动滑块或在文本框中输入一个 0 ～10 之间的值，来指定 Dreamweaver 应用于图像的锐化程度，如图 4-26 和图 4-27 所示。在调整图像的清晰度时，可以预览对该图像所做的更改。

“亮度 / 对比度”工具和“锐化”工具用于调整图像亮度、对比度和清晰度，选择对话框中的“预览”复选框可以预览调整的结果。

图 4-26　默认状态

图 4-27　设置为 10 效果

4-4　插入图像占位符

图像占位符是在准备好将最终图像添加到 Web 页之前使用的图像，可以插入一个图像占位符来代替一个空的图像。通过“属性”面板可以定义图像占位符的某些属性，包括设置占位符的大小和颜色，以及为占位符提供文本标签等。

>> 01 将插入点放置到要插入占位符图像的位置，在“插入对象”面板的“常用”插入栏中，单击“图像占位符图标”或将图像占位符图标直接拖入文档窗口中。也可以执行“插入记录”|“图像对象”|“图像占位符”命令插入图像占位符，此时会弹出“图像占位符”对话框，如图 4-28 所示。

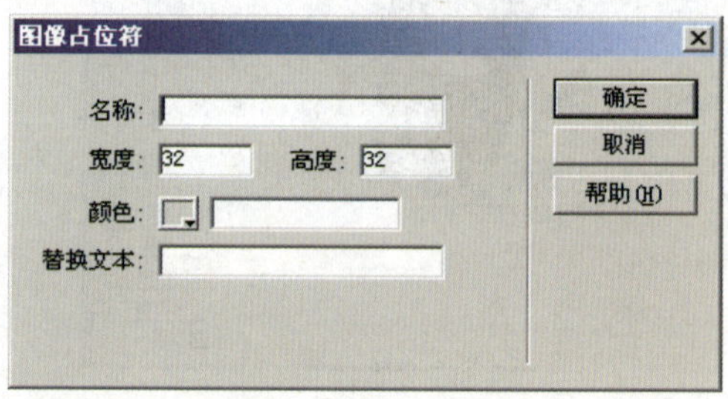

图 4-28　“图像占位符”对话框

>> 02 单击“确定”按钮，文档中会出现图像占位符，在 HTML 代码视图中将自动插入一个包含空属性的图像<src>标签，如图 4-29 所示。

名称：输入要作为图像占位符的标签文字显示的文本。作为可选域，如果不想显示标签文字，可将此域留空。

宽度和高度文本框：以像素为单位输入数字设置图像大小。

颜色：使用颜色选择器选择一种颜色作为图像的颜色。

替换文本：输入描述图像的文本。

>> 03 当在 Dreamweaver 文档窗口中查看图像占位符时，将显示图像占位符的颜色、大小属性和标签文字。当在浏览器窗口中查看时，将不显示标签文字和大小文本，但会显示替换文本，如图 4-30 所示。

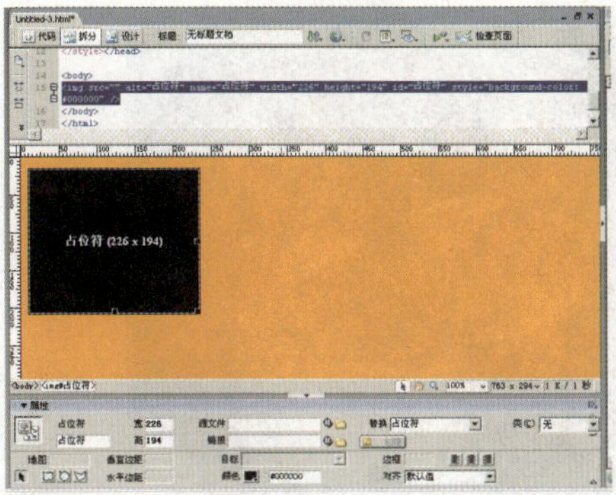

图 4-29 代码视图

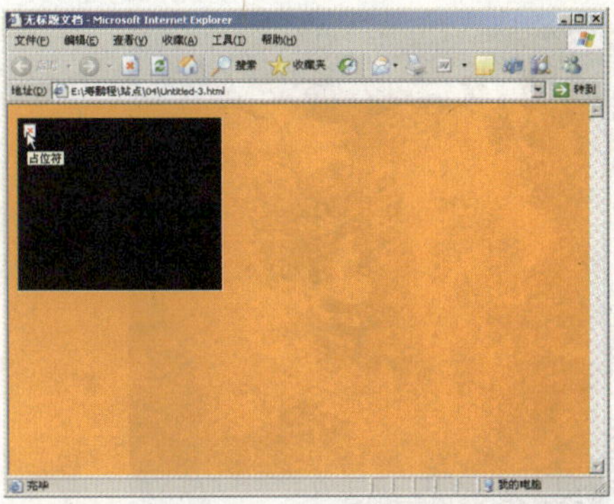

图 4-30 预览效果

4-5 插入鼠标经过图像

“鼠标经过图像”是网页特效中的一种。当鼠标指针经过一个图像时，图像的外观显示会变为另一种状态，这种变化可以是图像在颜色或形状上发生了改变，是一种互动效果（也称为 mouse over）。当鼠标指针从图像上移走后，图像又恢复为原状。通常情况下，要通过 HTML 和 JavaScript 的联合使用才能实现互动效果。不过使用 Dreamweaver 时，只要单击相应选项就能够自动创建互动效果。

鼠标经过图像实际上是由初始图像（页面首次装载时显示的图像）和替换图像（当鼠标指针经过时显示的图像）两幅图像组成。只要选定两个图像，就可以创建互动效果。

>>01 在文档窗口中，将插入点放置在要显示替换图像的位置。在工具栏的“常用”插入栏中，单击“图像”图标组中的“鼠标经过图像”图标或将鼠标经过图像图标并直接拖入文档窗口中，则会打开“插入鼠标经过图像”对话框，如图 4-31 所示。

>>02 插入鼠标还没经过时显示图像的路径和名称。单击“浏览”按钮，选择原始图像和鼠标经过图像，设置结束后单击“确定”按钮。

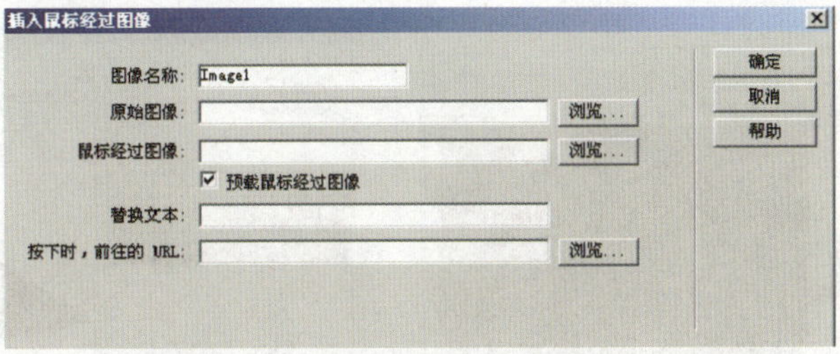

图 4-31 “插入鼠标经过图像”对话框

>>03 鼠标经过图像中的这两个图像应大小相等，如果不一样大，Dreamweaver 自动调整第二幅图像的大小，使之与第一幅图像匹配。

>>04 插入鼠标经过图像后，在文档窗口中不能看到鼠标经过图像的最终效果。若要看到鼠标经过图像的效果，按【F12】键在浏览器中预览该网页效果，然后将鼠标指针滑过该图像，如图 4-32 所示为鼠标经过图像之前与之后的对比效果。

（a） 鼠标经过图像

（b） 鼠标经过图像时

图4-32 鼠标经过图像对比效果

4-6 制作透明 GIF 图像

通过在 Dreamweaver 中使用 Fireworks，可以尽可能地完善图像，其中包括调整图像大小、更改文件类型或使颜色透明等操作。使用透明 GIF 图像可将图像的特定区域保存为透明状态，从而可以显示图像后面的颜色，Dreamweaver 提供使用 Fireworks 最优化进行编辑。

>>01 在 Dreamweaver 文档窗口中选择要制作成透明 GIF 的图像，并单击“属性”面板中“使用 Fireworks 最优化”按钮 ，如图 4-33 所示。

>>02 选择“使用此文件”，在“图像预览”对话框“透明效果”下拉列表框中选择“索引色透明”选项，图像的背景颜色将自动变成透明状态。还可以对选项、文件、动画 3 个标签中的内容做出相应的修改，如图 4-34 所示。

图4-33 导入图像

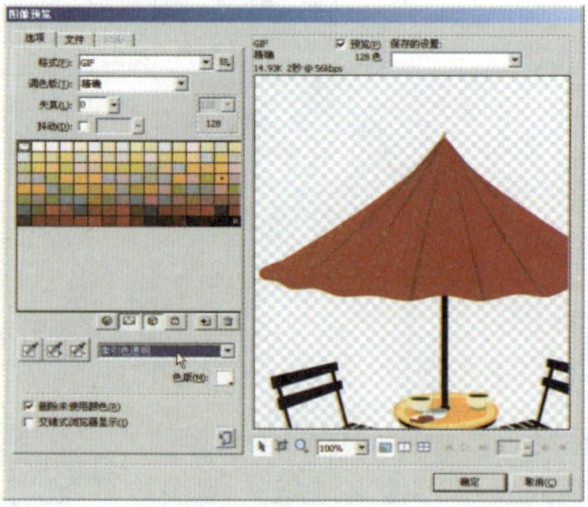

图4-34 图像预览窗口

>>03 完成后，单击“更新”按钮。此时将返回到 Dreamweaver 操作界面中，所选图像的白色背景经过透明处理，显示出背景颜色，如图 4-35 所示。

图 4-35　处理后图像

4-7　设置图像对齐方式

图像就像文本一样，可以向左、向右、居中对齐。实际上，与文本相比图像的对齐方式更具灵活性。除了水平的对齐选项外，用户还可以用 9 种不同的方式进行垂直对齐。甚至还可以将图片转变为浮动的图像类型，允许文本围绕在其四周。

水平对齐

当用户改变一行文本的水平对齐方式后，整个段落以及段落中的任何内置图像也会随着移动。在 Dreamweaver 中水平对齐图像同对齐文本的操作方法一样，使用“属性”面板中的对齐按钮 。同“对齐文本”相比，这些按钮包括左对齐、居中对齐和右对齐，但不包括文本中的“两端对齐”按钮 ，如图 4-36 和图 4-37 所示。

图 4-36　设置水平居中

图 4-37　设置右对齐

垂直对齐

如果在一个单元格中同时有文字和图像时，就需要适当地指定图像垂直方向的对齐方式，使图像与文字自然地匹配在一起，用户可以把文本放置在图像旁边，并在同一行对齐文本和图像。在图像“属性”面板“对齐”下拉列表中包含了多种指定如何排列文本和图像的选项。

>> 01 在站点中新建一个文件。将一些文字复制到剪贴板中，在文档中图片的右边单击，执行“编辑”|“粘贴”命令，将文字粘贴到图片的后面，效果如图 4-38 所示。

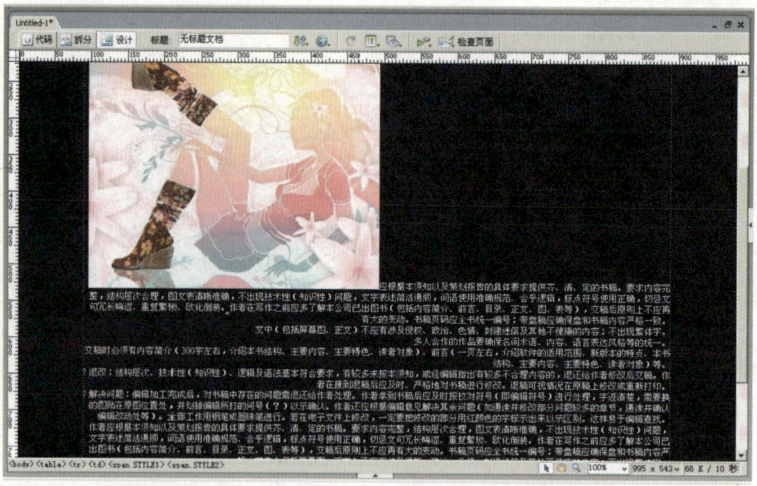

图 4-38　粘贴文本

>>02 选择图像后，在图像“属性”面板的“对齐”下拉列表中选择任一选项，在操作窗口中就可看到对齐的效果，如图 4-39 和图 4-40 所示。

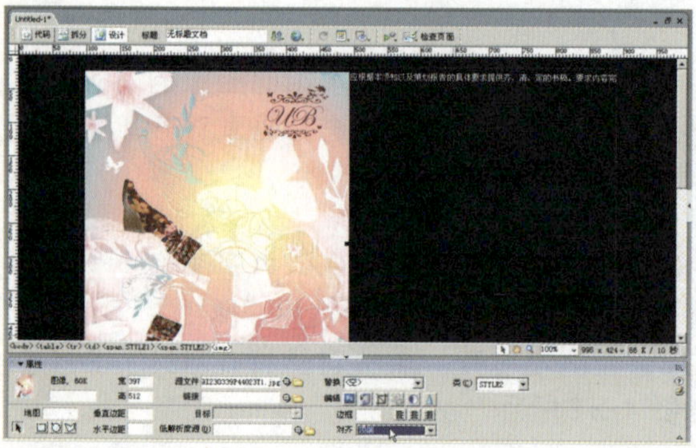

图 4-39　设置顶端对齐

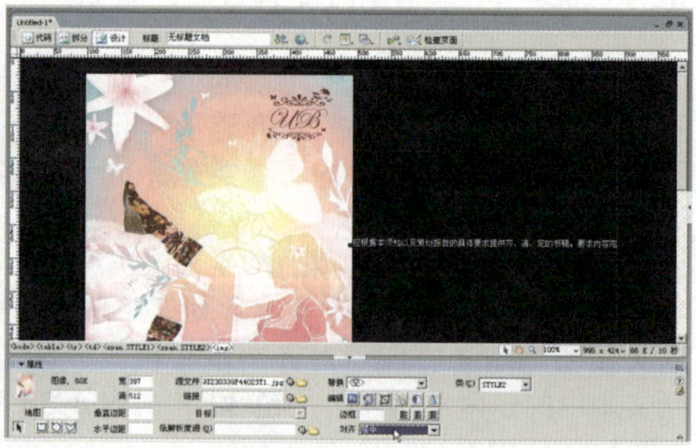

图 4-40　设置居中对齐

>>03 “左对齐”和“右对齐”两种对齐选项属于特殊的情形，也是经常使用的，但并不是全部浏览器都支持。应用左对齐和右对齐选项会将图片变成浮动的图像类型，文字将围绕图像周围排列，如图 4-41 和图 4-42 所示。

图 4-41　设置左对齐

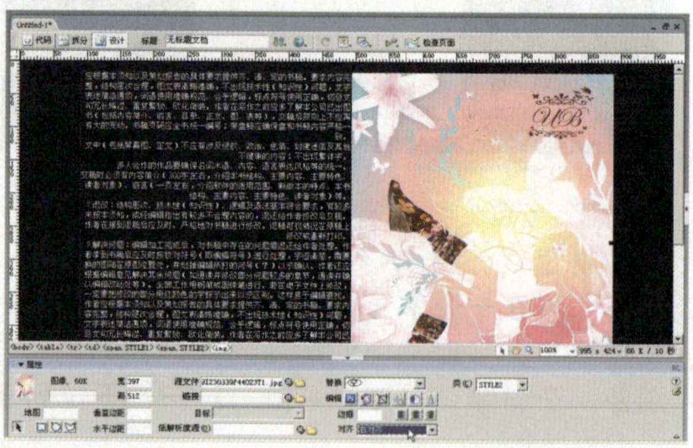

图 4-42　设置右对齐

图像垂直对齐方式

选中图像后，在图像“属性”面板的“对齐”下拉列表中选择任一选项，在操作窗口中就可以看到对齐的效果了，如图 4-43 所示。

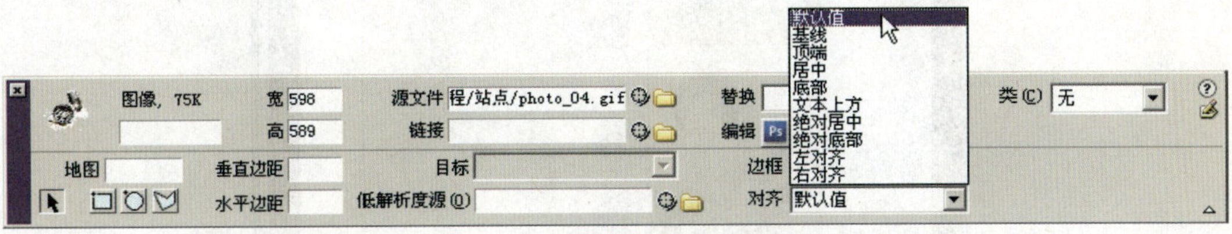

图 4-43 “图像对齐”属性面板

默认值：通常指定基线对齐，在<img>标签中不包含对齐属性。根据站点访问者浏览器的不同，默认值也会有所不同。

基线：将围绕文本的基线与选定图像的底部对齐。

顶端：将图像的顶端与当前行中最高项（图像或文本）的顶端对齐。

居中：将图像的中部与当前行的基线对齐。

底部：将围绕文本的底部与选定图像的底部对齐。

文本上方：将图像的顶端与文本行中最高字符的顶端对齐。

绝对居中：将图像的中部与当前行中文本的中部对齐。

绝对底部：将图像的底部与文本行（这包括字母底部，例如在字母 y、g、p 中）的底部对齐。

左对齐：将所选图像放置在左侧，文本在图像的右侧换行。如果左对齐文本在行中处于对象之前，那么通常强制左对齐对象换到一个新行。

右对齐：将所选图像放置在右侧，文本在对象的左侧换行。如果右对齐文本在行中处于对象之前，那么通常强制右对齐对象换到一个新行中。

4-8 插入导航条

导航条由具有相同外观的图像组成。利用导航条设计前后的一致性和导航条的重复性可以使推广网站工作更加容易。导航条与轮替图像的效果非常相似，操作也大致相同，只是导航条通常由多个相近的按钮组成。

导航条能够组合互动图像或更多的对象，一个导航条元素可由 4 种不同的图像组成，每种图像反映不同用户的动作，用户不一定使用所有 4 种状态（Nomal 状态、Over 状态、Up 状态和 Down 状态）。像轮替图像一样，通常只使用前两种状态，有时可以跳过 Over 状态，只使用 Up 和 Down 状态。

4-8-1 创建一系列的图像

在使用 Dreamweaver 创建导航条对象之前，需要为每一个按钮创建一组图像。这些图像根据按钮触发事件的不同状态显示，各个按钮设计被触发的状态以及在其外观上要有一致性。例如，使用滚动到按钮“About”时，按钮“About”会显示带阴影的文字图片，那么在鼠标指针放到其他按钮上时也应反映出类似的阴影文字效果，这些效果都需在 Photoshop 中进行调整。如图 4-44 所示。

图 4-44　在 Photoshop 中裁切图片

4-8-2　插入一个导航条

导航栏包括水平或者垂直结构的表格，添加并插入若干个鼠标经过时的图像。下面利用导航条制作一个平时为浅灰色，当鼠标移近时显示为深灰色字样的效果导航条菜单。

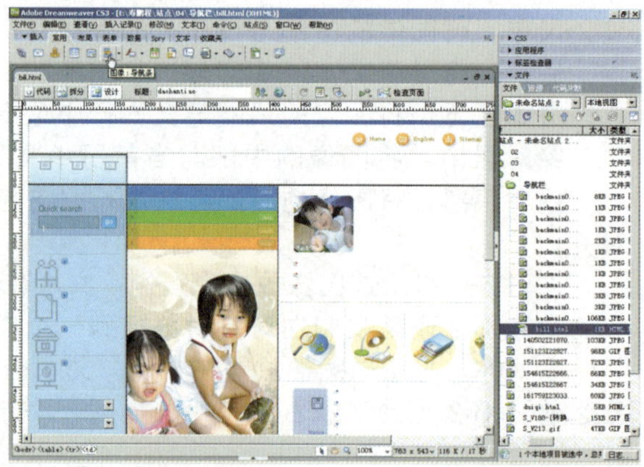

图 4-45　选择导航条按钮

>> 01 打开站点中素材文件“bill.htm”，该文档中应用背景图像，将插入点放置在要显示导航条的位置。在“常用”插入栏中，单击“导航条”图标或将导航条图标直接拖入文档窗口中，如图 4-45 所示。

>> 02 在Dreamweaver中打开图4-46所示的“插入导航条”对话框。单击“状态图像”文本框右边的“浏览”按钮，在弹出的对话框中选择图像“ever_01.png”，该图像是箭头，因此只有一种状态。

>> 03 导航条是由一系列图标组成，单击“加号”按钮向导航条添加另一个项目，在“项目名称”文本框中输入导航条元件的名称。依次设置状态图像、鼠标经过图像、按下图像和按下鼠标经过图像，通过单击“浏览”按钮选择相应图像，如图 4-47 所示。

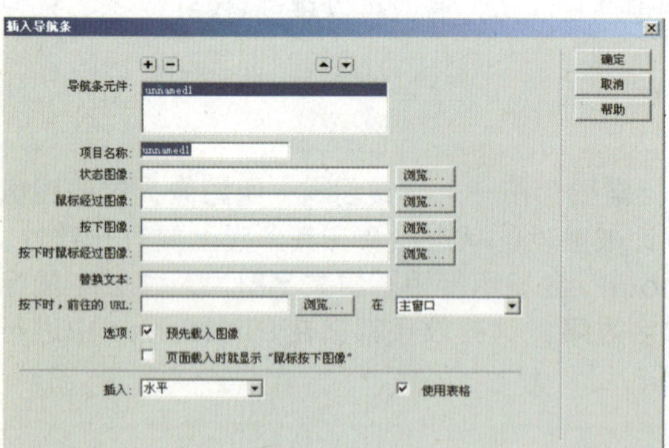

图 4-46　“插入导航条”对话框

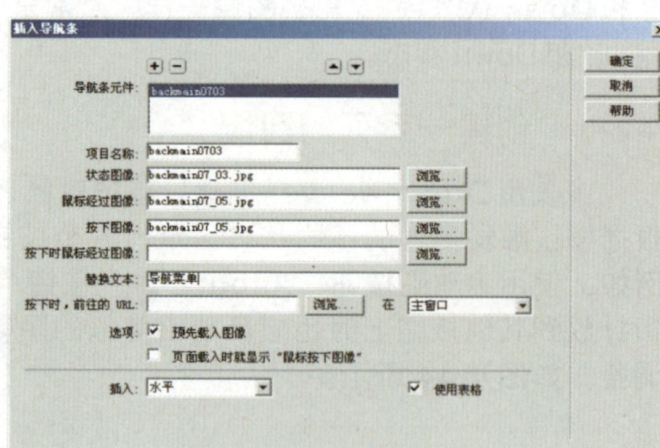

图 4-47　依次添加状态图像

04 重复前面的步骤定义该项目，添加下一个元件，再次单击“加号”按钮可以添加多个项目，单击“减号”按钮可以删除选中的项目。在URL中选择链接文档可以为元件添加链接，如图4-48所示。要重新排序导航条中的元件，在导航条元件列表框中选定一个元件，然后使用上或下按钮来重新调整该元件在元件列表中的位置。

05 设置结束后单击“确定”按钮，回到Dreamweaver视图中完成导航条制作，在代码视图中添加了用于鼠标事件的代码，如图4-49所示。

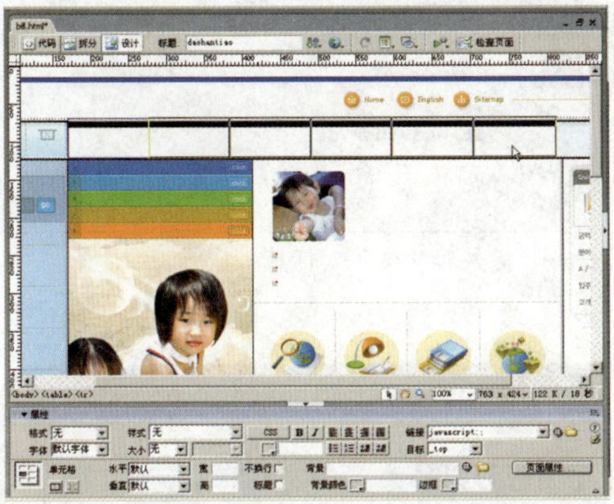

图4-48　添加导航栏目

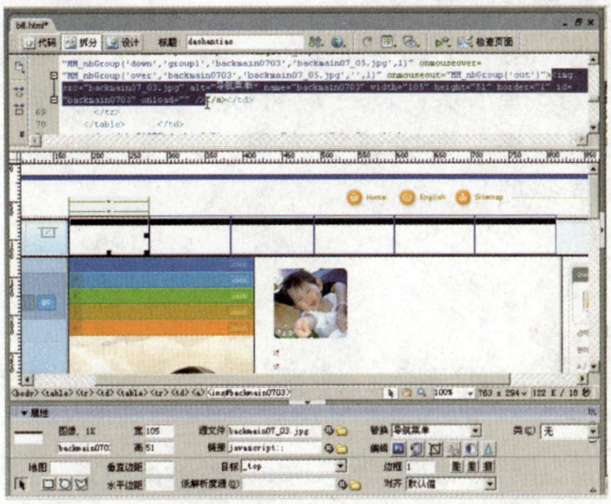

图4-49　添加鼠标事件

06 不过此时在Dreamweaver中看不到导航条的鼠标事件，为了在网页浏览器窗口中预览文档效果，按【F12】键，可在浏览器中查看最终效果，如图4-50所示。当鼠标移近时改变其颜色，单击则出现超链接文档。

将插入点放置在要显示导航条的位置。在“常用”插入栏中，单击”导航条“图标，会显示“插入导航条”对话框，如图4-51所示，其功能如下。

项目名称：输入导航条项目唯一的名称。每一个项目都对应一个按钮，该按钮具有一组状态图像，最多可达4个。项目名称在导航条元件列表中显示。

图4-50　预览效果

状态图像：单击“浏览”按钮可以选择在浏览器中默认显示的图像。此文本框为必须设置项，其他图像的状态选项为可选项。

鼠标经过图像：选择当一般图像显示时，如果鼠标指针滑过项目时所显示的图像。

按下图像：选择用户单击项目后显示的图像。

按下时鼠标经过图像：选择将鼠标指针滑过图像时所显示的图像。

替换文本：输入项目的描述性名称。在浏览器中，当鼠标滑过导航条项目时会显示该文本。

按下时，前往的URL：单击“浏览”按钮选择要打开的链接文件，从下拉列表中选择一个URL的目标。在右边有一个下拉列表框，选择”主窗口“选项表示在同一窗口中打开文件。如果导航条在框架集中，则选择要在其中打开文件的框架。

预先载入图像：为了体现一个按钮的多种状态效果，按钮选中后的反应状态必须迅速，那么反应状态的图像必须预装入。如果未选择此选项，在将鼠标指针滑过鼠标经过图像时可能会出现延迟。

页面载入时就显示“鼠标按下图像”：在显示页面时，以“按”状态显示所选项目，而不是以默认的“一般”状态显示。当这一选项被选定，在“导航条元件”列表框中被选中按钮旁边会显示一个星形符号。

插入：用于设置导航条的方向，在下拉列表中既可以选择水平方向，也可以选择垂直方向。

使用表格：选中该复选框，以表格的形式插入导航条项目。

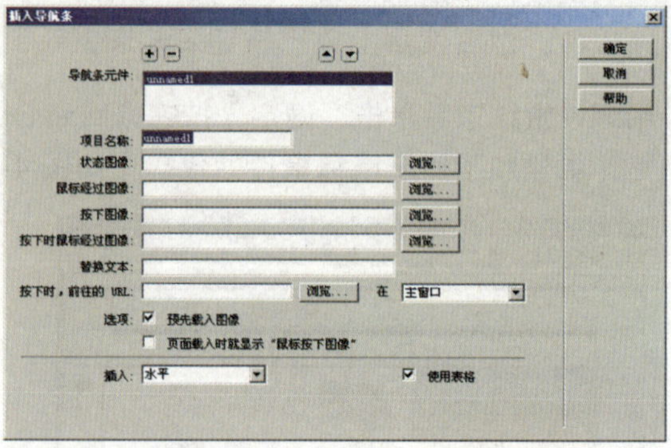

图 4-51 “插入导航条”对话框

提示 · 技巧

每个网页只能有一个Dreamweaver内置的导航条，如果再次单击插入导航条，Dreamweaver会出现提示对话框，提示是否想修改现有的序列，如图4-52所示。单击“确定”按钮打开“修改导航条”对话框，该对话框与“插入导航条”对话框中的设置完全一样，只是不包括改变导航条方向和表格设置的内容。

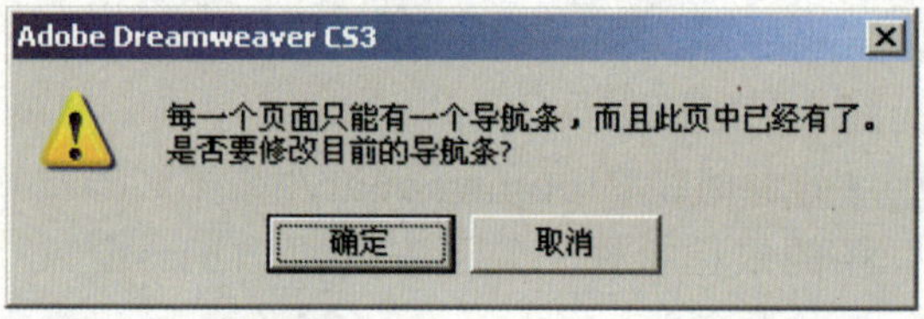

图 4-52 提示对话框

Chapter 05

使用超链接

Chapter 05 使用超链接

在设置站点和创建 HTML 页面之后，接下来就要创建页面之间的链接。对用户来说，如果没有链接，也就不可能访问更多的网页。因为用户在 Web 上是通过网页上的链接，来访问到自己感兴趣的相关信息。例如电影、游戏、新闻等。在 Dreamweaver CS3 中，可以创建文档、图像、多媒体等元素也可设置访问页面的链接。

网上的元素和内容是通过链接来访问的，因此需要全面地认识链接方面的知识。在本章中，可以了解到 Dreamweaver 如何帮助用户管理不同类型的链接，在文档中设置锚点以获取平稳、精确的导航帮助，为 URL 设置目标等。

5-1 链接的概念

链接（也称为超链接）是 WWW 的魅力之一。每个网页都有一个唯一的地址，称为统一资源定位符（URL）。它的功能是提供一种在 Internet 上查找信息的标准方法之一。从 Web 页到文字以及页面上的图形，每一个都可通过 URL 被引用。

多数情况下，用户会设置一个链接到用户页面上的“文字”、“图像”、”导航“按钮或是一个图像地图上的部分图形链接，如图 5-1 和图 5-2 所示。如果用户创建了链接，就必须在浏览器上预览其效果，因为在 Dreamweaver 的文档窗口中链接是不可单击预览的。

图 5-1　未单击前

图 5-2　单击链接后

5-2 在 Dreamweaver 中创建链接

在 Dreamweaver 中，若要指定链接，可先选中文字或图像，打开“属性”面板中的“链接”文本框，在其中输入要链接的文档名称或站点地址，也可以单击文本框右边的“文件夹”图标，在弹出的对话框中选择要链接的网页。

绝对路径

绝对路径就是被链接文档的完整URL，用于指定协议类型、域名或ID、路径、文件名等。绝对路径通常采取类似形式如http://www.acion.com，在外部创建链接（从一个网站的网页链接到另一个网站的网页），一般会用到绝对路径，如图5-3所示。

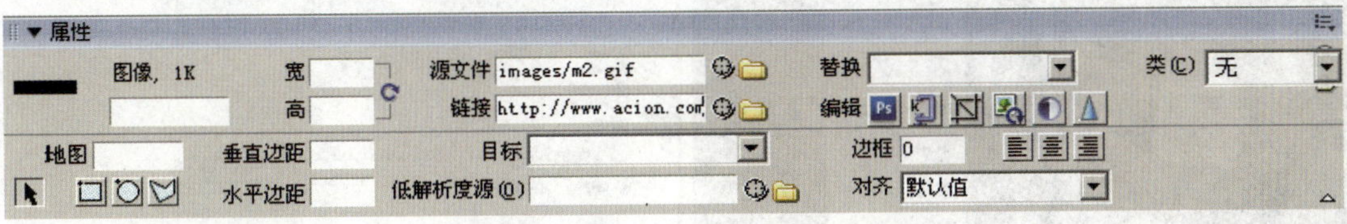

图5-3　绝对路径

链接到同一文件夹中

如果要把当前文档与在相同文件夹中的另一文档之间添加链接，只要提供被链接文档的文件名即可。例如，在“链接”文本框中输入一个地址，如图5-4所示。

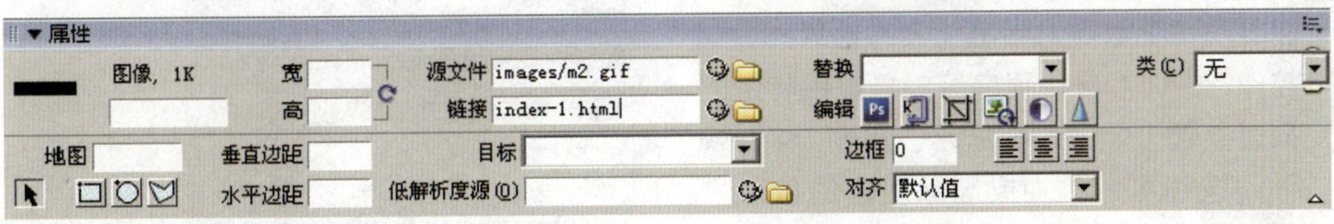

图5-4　链接同一文件夹

链接到其他文件夹中

若要把当前文档与一个位于当前文档所在文件夹的子文件夹中的文件进行链接，则需要提供子文件夹名、前斜线和文件名。例如，在“链接”文本的框中输入dreamweaver/main.html。

若要把当前文档与一个位于当前文档所在文件夹的父文件夹中的文件进行链接，则需要在文件名前加上../（..表示上一级文件夹）。例如，在“链接”文本框中输入../main.html，如图5-5所示。

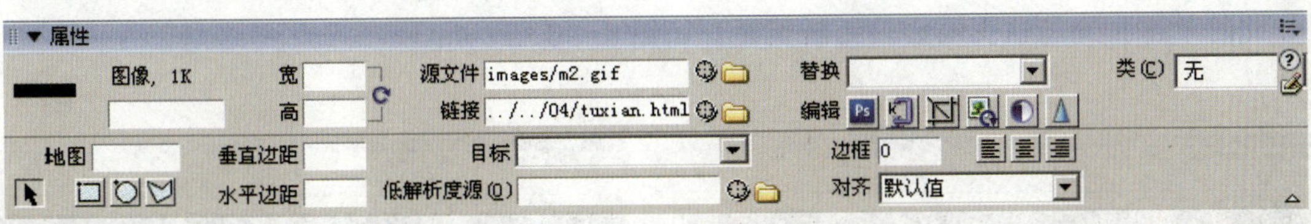

图5-5　链接到其他文件夹

5-2-1 使用菜单命令创建链接

使用菜单命令创建链接，可以把当前文档中的文本或图像链接到另一个文档中。如果用户创建了链接，就可以在浏览器上预览创建链接的效果。

>>01 在“站点”面板中打开“Without”文件夹中的index-1.html，选择文档中设计视图中的文本或图像，右击在弹出的菜单中执行“创建链接”命令，如图5-6所示。

>>02 此时会出现选择文件对话框，选择“文件系统”复选框，表示链接的文件来自于本地文件系统；若选择“数据源”复选框，则表示链接的文件来自于其他数据库。单击站点文件夹中的文件，则在“URL”文本框中自动显示该文件的链接地址，也可以手动输入链接

地址。在“相对于”下拉列表中，可以指定URL路径的类型。选择”文档“选项表示使用相对路径，选择“站点根目录”则表示使用根目录相对路径，如图5-7所示。

图5-6　为图片创建链接

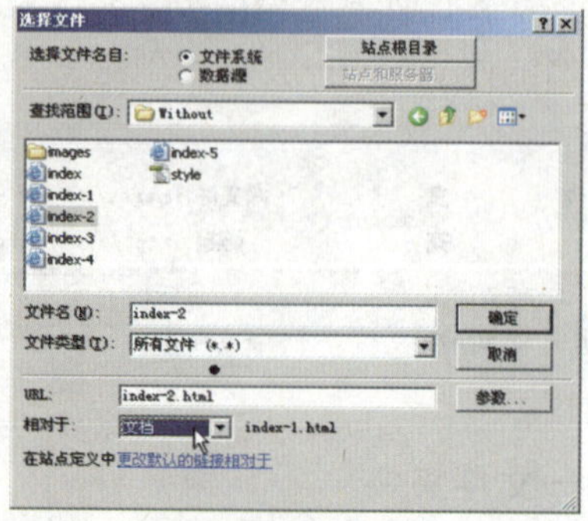

图5-7　选择链接文件

>> 03 单击”URL“文本框右边“参数”按钮，会出现“参数”对话框，用来给ActiveX控件、JAVA应用程序等对象提供特定的描述参数，如图5-8所示。单击“+”或“-”按钮可以添加或删除对象的特殊参数，单击▲或▼按钮可以排序对象的特殊参数，该项只对数据库中链接文档起作用。

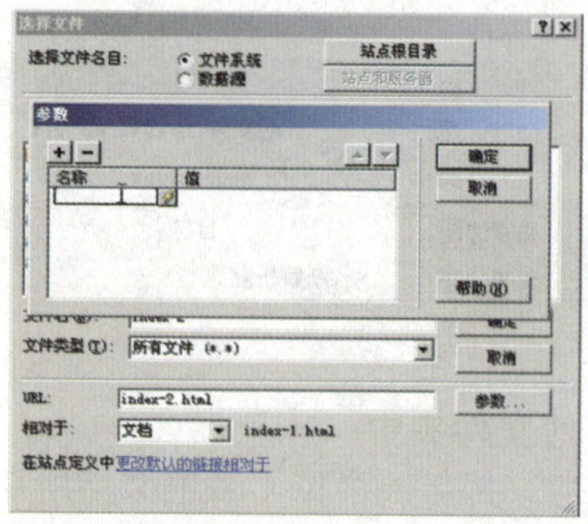

图5-8　设置参数

>> 04 设置好参数后单击“确定”按钮，就完成了链接的创建。按【F12】键，启动浏览器显示页面，当鼠标移动到添加链接的图片时，鼠标指针形状由箭头变成手状，如图5-9所示。此时单击，浏览器页面会转到新页面，如图5-10所示。

图5-9　鼠标指针状态

图5-10　转到新页面

提示 · 技巧

创建链接时，一般会选择一个 HTML 文件作为链接地址，不过也可以选择一张图片，甚至可以选择一个 ZIP、RM 或 EXE（可执行文件）格式的文件。在浏览器中单击链接图片或文字后，系统会要求下载这些文件。若 URL 指向的文件是 RM 或 ZIP 等文件，如果系统安装了打开这些类型软件的应用程序，则会直接启动应用程序（如 RealPlayer 或 Winzip）来直接打开文件，不会出现下载对话框。

5-2-2 使用“属性”面板链接到文档

使用“属性”面板可以把当前文档中的文本或图像链接到另外一个 HTML 文档中，这也是最常使用的方法。在“属性”面板中还可以设置链接文档的打开方式，下面学习使用“属性”面板为文字添加超链接。

图 5-11　选择“链接”

01 选择窗口中的文本，执行“窗口”|“属性”命令，打开“属性”面板，单击“链接”文本框右侧的文件夹图标，浏览并选择一个文件，如图 5-11 所示。

02 此时会出现“选择文件”对话框，选择链接的网页文件后单击“确定”按钮，在“属性”面板的”链接“文本框中会显示链接的网页文件，如图 5-12 所示。也可以直接在”链接“文本框中输入文档的路径和文件名。

03 设置链接后，链接下方的“目标”下拉列表框变为可用状态。从目标弹出菜单中，选择文档打开的位置。在默认情况下，被链接文档打开在当前窗口或框架中。要使被链接的文档显示在其他窗口或框架中，需要从“属性”面板的目标弹出菜单上选择一个选项，这里可选择”_blank“选项，如图 5-13 所示。

图 5-12　链接路径

图 5-13　选择目标

04 按【F12】键，会启动浏览器显示页面，将鼠标移动到添加链接的文字上，此时单击，系统会打开浏览器显示新的页面，并保留原来的页面，如图 5-14 所示。

图 5-14　测试效果

"目标"下拉列表框用于指定URL设置链接文档的打开方式，如果没有设置，单击链接后，会替换原先浏览器窗口的内容。如果页面中没有使用框架，则会显示以下选项：

_blank：将链接的文档载入一个新的、未命名的浏览器窗口。

_parent：将链接的文档载入该链接所在框架的父框架或父窗口。如果包含链接的框架不是嵌套框架，则所链接的文档载入浏览器窗口。

_self：将链接的文档载入链接所在的同一框架或窗口。此目标是默认的，所以通常不需要指定它。

_top：将链接的文档载入整个浏览器窗口，从而删除所有框架。

5-2-3 使用指向文件图标链接文档

在"属性"面板的"链接"文本框右边，有一个指向文件图标。指向文件图标可用于创建从图像、对象文本到其他文档文件的链接，这是Dreamweaver用于创建链接的特有功能。下面学习使用"属性"面板中的指向文件图标创建链接。

>>01 在文档窗口选择顶端导航条右边的"Contact us"按钮图片，执行"窗口"|"属性"命令，打开"属性"面板，如图5-15所示。

>>02 在"属性"面板中，拖动"链接"文本框右边的指向文件图标，将图标指向"文件"面板中一个站点的文档，在"属性"面板"链接"文本框中将显示该链接。释放鼠标键即可完成链接的操作，如图5-16所示。

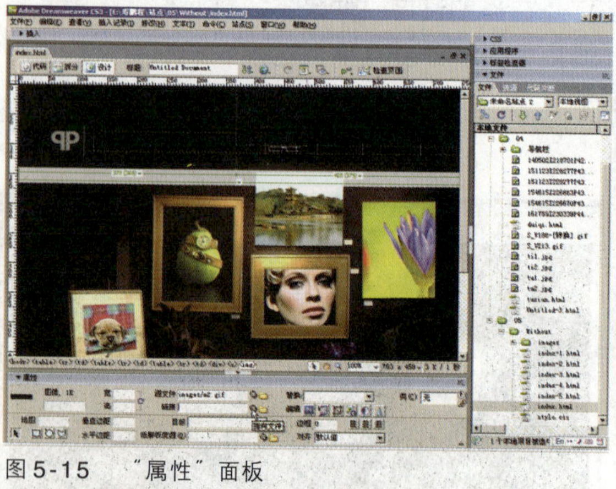

图 5-15　"属性"面板

图 5-16　指向文件

提示 · 技巧

使用指向文件图标也可以链接到当前Dreamweaver打开的任一文档，只有当文档窗口中的文档未被最大化时，才能链接到打开的文档。如果指向打开的文档，则在进行选择时，该文档移至屏幕的最前面。

5-3 创建 E-mail 链接

在网页上创建电子邮件链接，可以方便用户进行意见反馈。当浏览者单击“电子邮件”链接时，用于发送新邮件信息的窗口就会显示出来。此时添加一个主题，并输入一则消息，然后选择发送即可。

>>01 在“常用”插入栏中，单击“插入电子邮件链接”按钮或执行“插入记录”|“电子邮件链接”命令，如图 5-17 所示。

>>02 此时会出现“电子邮件链接”对话框，在“电子邮件链接”对话框的“文本”文本框中输入文档中显示的电子邮件链接文本，在“E-Mail”文本框中输入邮件应该发送的 E-mail 地址，如图 5-18 所示。

图 5-17　电子邮件链接

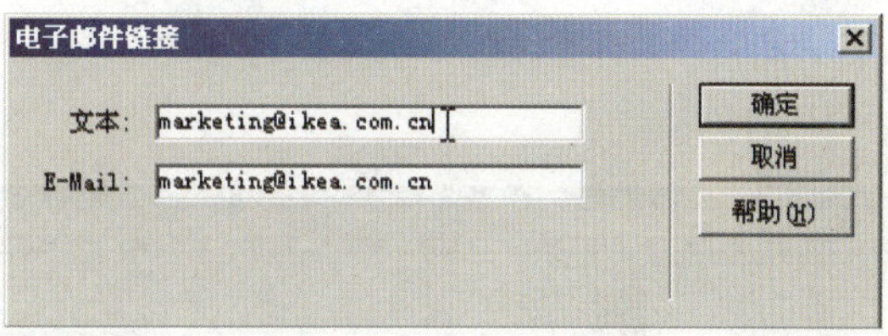

图 5-18　“电子邮件链接”对话框

>>03 单击“确定”按钮，单元格中会添加文本内容，文本显示有下画线，表示为文本添加了电子邮件链接，如图 5-19 所示。

>>04 在浏览器中预览该文件，单击“电子邮件链接”文本，即会弹出“发送新邮件”窗口的信息，如图 5-20 所示。在 E-Mail 文本框中显示了收件人的地址，抄送选项中可以输入其他人的 E-mail 地址，主题及下面文本框中可以输入 E-Mail 的具体内容，单击“发送”按钮即可完成邮件的发送。

图 5-19　出现下画线

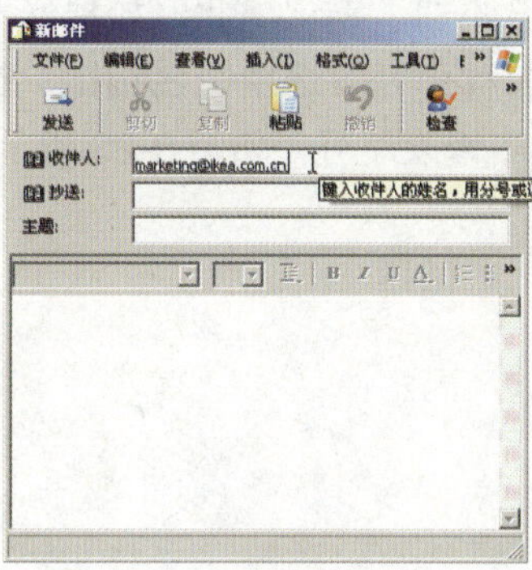

图 5-20　“发送新邮件”窗口

5-4 锚记链接

通常情况下，无论什么时候用户使用绝对或相对路径方法链接到一个 HTML 页时，浏览器都会在最前面显示这个页面，而访问者必须通过滚动条来查看当前屏幕下面的信息。在 Dreamweaver 中可以创建命名锚记，使链接指向当前文档或不同文档中的指定位置。锚点通常被用来链接跳转到特定的主题或文档的顶部，使访问者能够快速浏览到选定的位置，加快信息检索的速度。

5-4-1 创建锚点链接

创建命名锚记（简称锚点）就是在文档中设置链接位置的标记，并给该位置设置一个名称，以便链接时会转到指定位置。要创建锚点链接，首先需要设置一个命名锚点，然后再创建命名锚点的链接。

>>01 在“站点”面板中打开光盘中“05\blank\index.html”，把光标置于文档窗口想要设置锚点的地方。执行“插入记录”|“命名锚记”命令或在“常用”插入栏中，单击“命名锚点”标记 按钮，如图 5-21 所示。

>>02 弹出“命名锚记”对话框，在“锚记名称”文本框中输入锚点名称“togetherness01”，单击“确定”按钮，如图 5-22 所示。

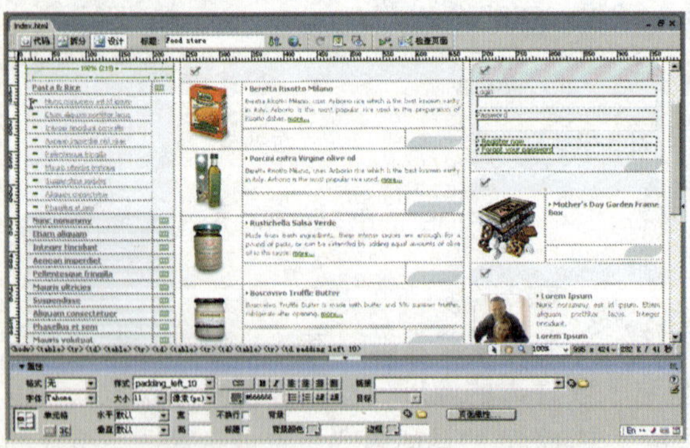

图 5-21 “命名锚记”按钮

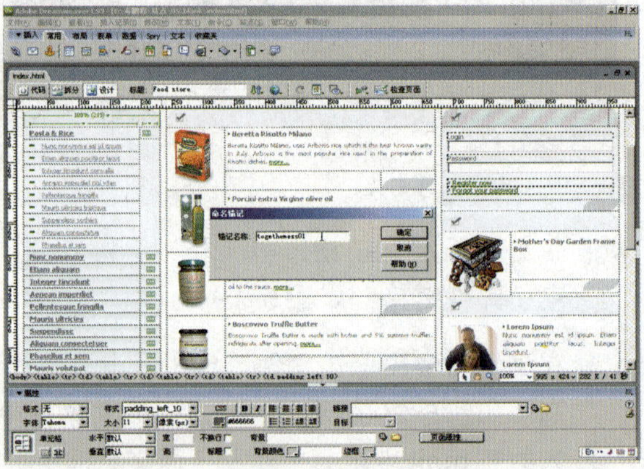

图 5-22 输入“命名锚记”名称

>>03 在单元格中显示插入光标的位置添加一个图标，表示已添加了锚记。此时如果修改锚记标签的名称，可以选中命名锚记，在“属性”面板中修改即可，如图 5-23 所示。

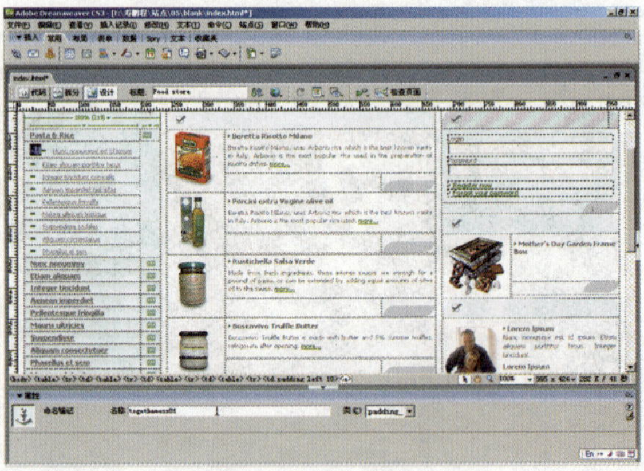

图 5-23 “命名锚记”属性面板

>>04 命名锚点是区分大小写的。如果看不到锚记标记，可执行“查看”|“可视化助理”|“不可见元素”命令，显示锚记。下面创建链接，在文档窗口中选择要建立链接的图像，如图 5-24 所示。

>>05 使用“属性”面板上的指向文件图标，拖动到文档窗口中建立的锚点标记 按钮上，或者在“属性”面板的”链接“文本框中，输入一个号码符号（#）和锚点名。例如：要链接到当前文档中称为“togetherness01”的锚点，则输入：“#togetherness01”，如图 5-25 所示。

图 5-24　建立链接

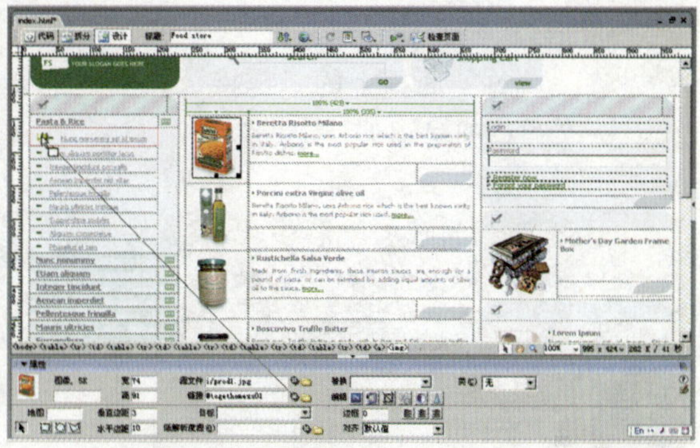

图 5-25　指定锚点标记

>>06 按【F12】键，在浏览器中预览该文件，当鼠标指针移至绿色小图片时，会出现手状，表示有链接，单击页面会跳转到指定的位置，如图 5-26 所示。

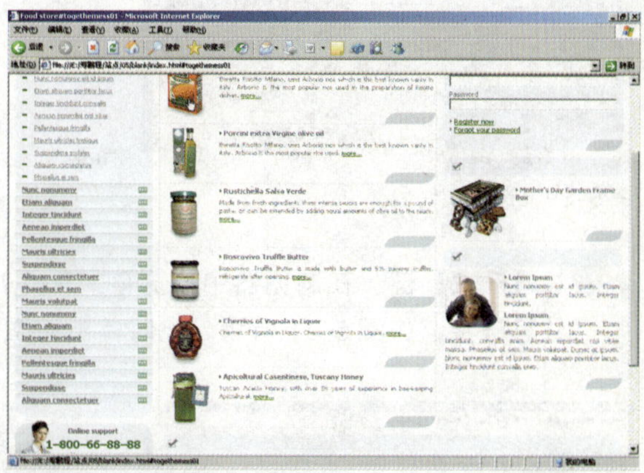

图 5-26　测试效果

5-4-2　创建到其他文档中特定位置的锚点

前面学习了在同一文档中实现跳转功能，下面学习从一个文档中单击链接文字或图片，在打开新页面时会显示指定位置，这也可以使用锚点功能来实现。

>>01 打开“站点”面板中素材“05\CHps\index.html”，把光标置于文档窗口要设置锚点的地方。执行“插入记录”|“命名锚记”命令或在“常用”插入栏中，单击命名“锚点标记”按钮 ，如图 5-27 所示。

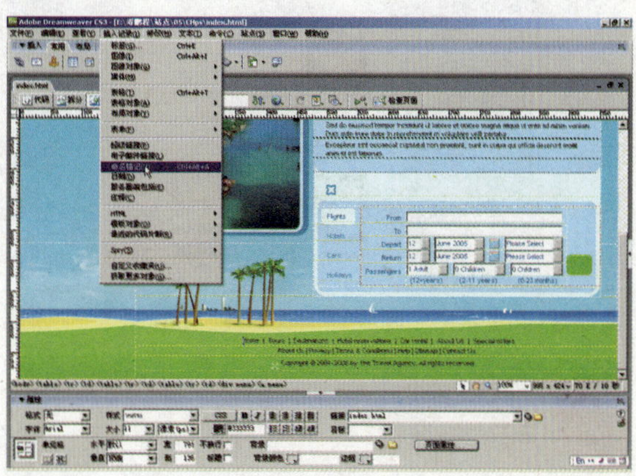

图 5-27　“命名锚记”命令

>>02 此时会出现“命名锚记”对话框。在“锚点名称”文本框中输入锚点名“swing”，单击“确定”按钮，如图5-28所示。

图5-28　输入名称

>>03 打开“站点”面板中素材文件index-1.html，在文档窗口中选择图像，在“属性”面板中单击链接文件夹图标，在弹出的对话框中，选择链接文件“index.html”，如图5-29所示。

>>04 在“属性”面板上的“链接”文本框中会显示链接地址，这时在链接地址后面单击，输入一个号码符号（#）和锚点名。例如：输入index.html#swing，如图5-30所示。

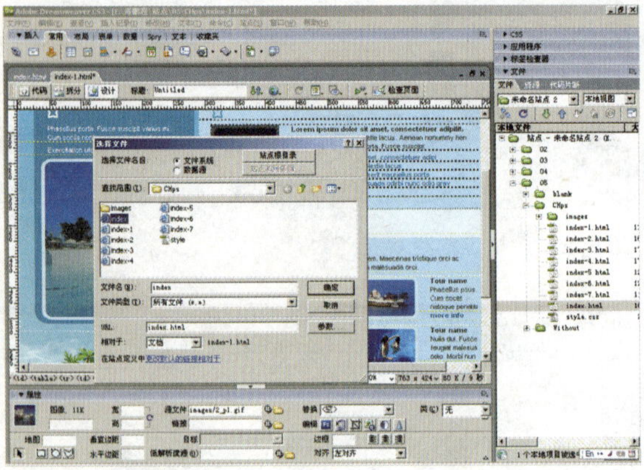

图5-29　选择文件

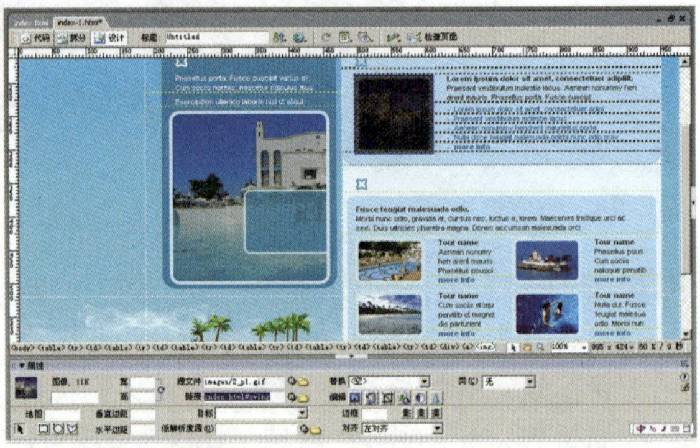

图5-30　链接路径

>>05 按【F12】键，在浏览器中预览该文件，当鼠标指针移至小图片时，会出现手状，表示图片有链接，如图5-31所示。此时单击该图片，页面会跳转到指定的位置，如图5-32所示。

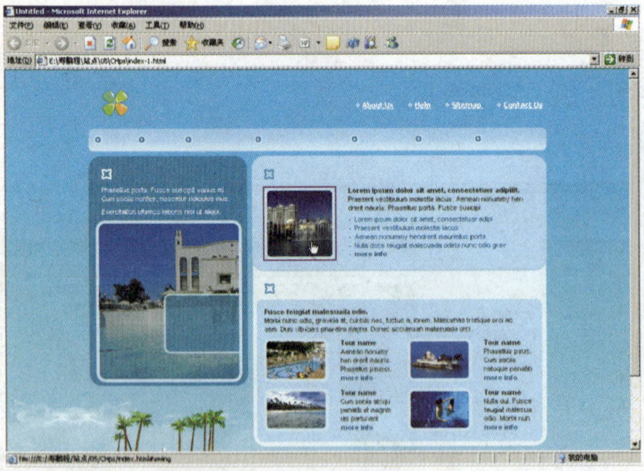

图5-31　链接图片显示

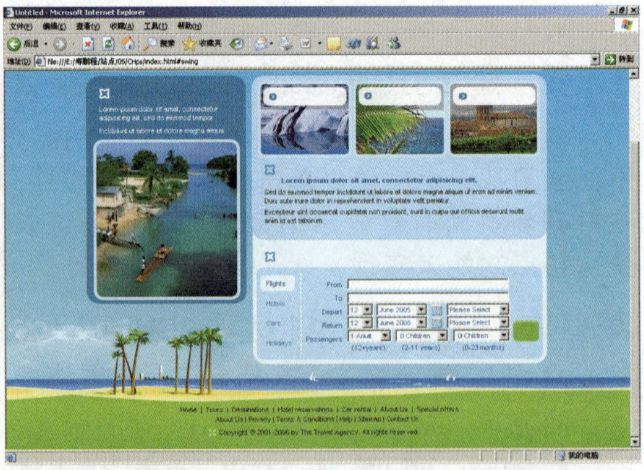

图5-32　测试效果

提示 · 技巧

关于链接还有一个常用的功能就是空链接，空链接是未指目标端点的链接。利用空链接可以向页面上的对象或文本附加行为。创建空链接后，可向空链接对象附加行为，以便当鼠标指针滑过该链接时，交换图像或显示层。

5-5 使用图像地图

利用文字和图像作为超链接的触发点，是网页上创建链接的主要方式。Dreamweaver CS3允许使用图像地图来创建超链接，图像地图已被分为多个热点的图像；当用户单击某个热点时，会执行相应命令，就像平时使用的地图一样，可以把它划分为若干个区域，每个区域对应于不同的URL。使用“属性”面板中的绘图工具绘制图像地图，既直观又容易使用，绘制后在代码视图中会自动生成HTML代码。

5-5-1 创建图像地图

使用Dreamweaver CS3，可以以图像形式方便地创建客户端图像地图，创建图像地图所使用的工具和任何绘图程序中的工具类似。用户在选择图像之后，可以单击一个工具来描绘矩形、椭圆形或多边形形状。下面学习利用图像热点功能，在图像中特定区域创建链接的方法。

01 打开“站点”面板，新建一个ditu.HTML文档。在文件中导入一张图片。在文档窗口中选择文件中央的图像，如图5-33所示。

02 在“地图”文本框中可以输入一个专有的图像“地图”名称。Dreamweaver会在“地图”文本框内显示占位名称。如果在同一文档中使用多个影像地图，则必须给每个地图设置一个唯一的名称，如图5-34所示。

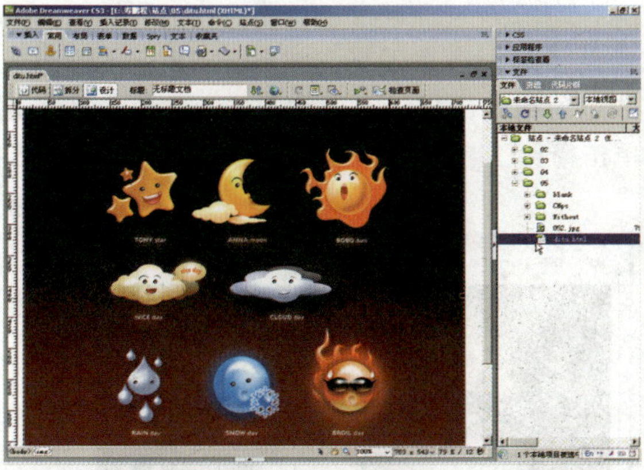

图5-33 导入图片

图5-34 打开属性面板

03 当鼠标指针转变为十字形状时，在当前选定的图像中拖动，框选设置链接的部分。此时，用透明的蓝色显示指定图像热点区域，如图5-35所示。

04 绘制完热点，Dreamweaver会在屏幕上显示热点的“属性”面板，“链接”文本框中会自动添加一个空链接，为了建立链接，单击链接栏右侧的文件夹图标后，在弹出的“选择文件”对话框中选定站点中的网页文档，如图 5-36 所示。

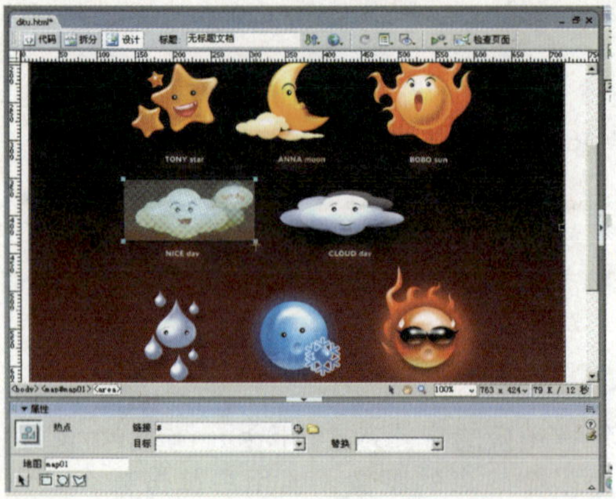

图 5-35 绘制矩形热点

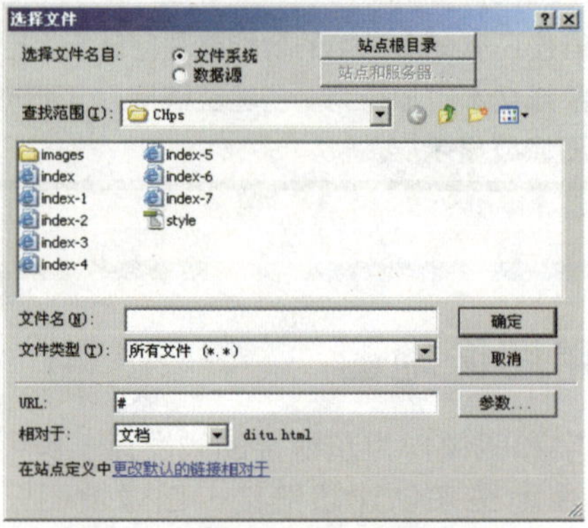

图 5-36 “选择文件”对话框

>>05 在“属性”面板的“链接”文本框中会出现所选的网页文档名称 ps-kids.html，在“替换”文本框中输入说明文字“云朵”，如果需要，在“目标”下拉列表中选择弹出方式“链接”，如图 5-37 所示。

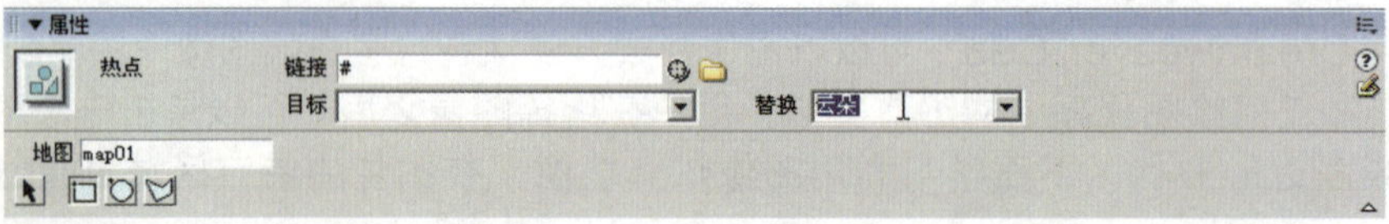

图 5-37 输入“替换”名称

提示 · 技巧

若要修改图像热点内设置的链接，可在单击图像热点区域之后，在图像热点“属性”面板中修改“链接”文本框中指定的网页文档或站点的地址。要想撤销图像热点的设置，则在单击准备解除链接的图像热点区域之后，按【Delete】键删除。

>>06 确定图像被选中状态，选择“属性”面板中的多边形热点工具，如图 5-38 所示。当鼠标指针形态转变为十字形状时，沿着桌子的边角拖动鼠标，在选定图像上的每个拐点处单击一次，定义一个不规则形状的热区。单击箭头工具，结束多边形热区定义，如图 5-39 所示。

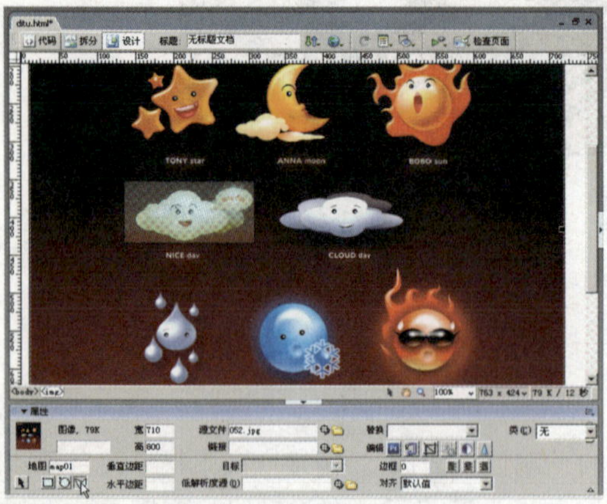

图 5-38 选择多边形热点工具

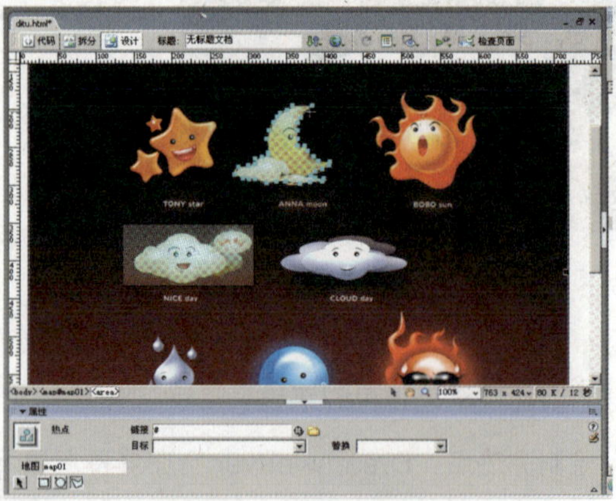

图 5-39 结束绘制多边形热点区域

07 如果在文档中有多幅图像都需制作站点地图，首先选择第二张图片，在“地图”文本框中可以输入一个专有的图像地图名称，如图 5-40 所示。

08 选择“属性”面板中椭圆形热点工具，当鼠标指针转变为十字形状时，在当前选定的图像中拖动，框选设置链接的部分。此时，用透明的蓝色椭圆显示指定图像热点区域，如图 5-41 所示。

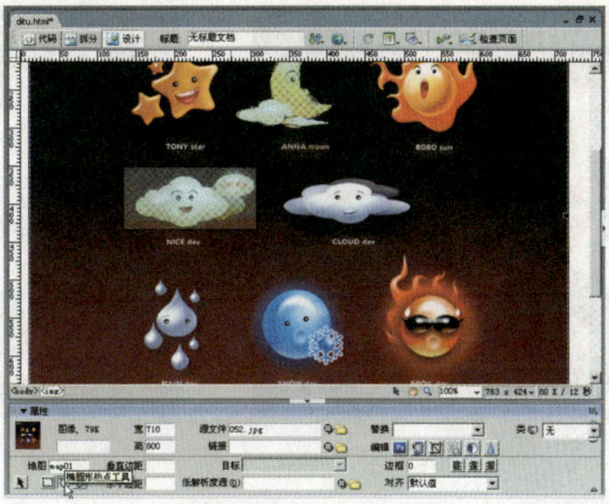

图 5-40　选择椭圆热点工具

09 为了在浏览器中确认操作结果，按【F12】键。当把鼠标放置在图像上指定图像热点的区域时，鼠标指针变成手状，并出现说明文字。单击会链接到相应网页文档，如图 5-42 所示。

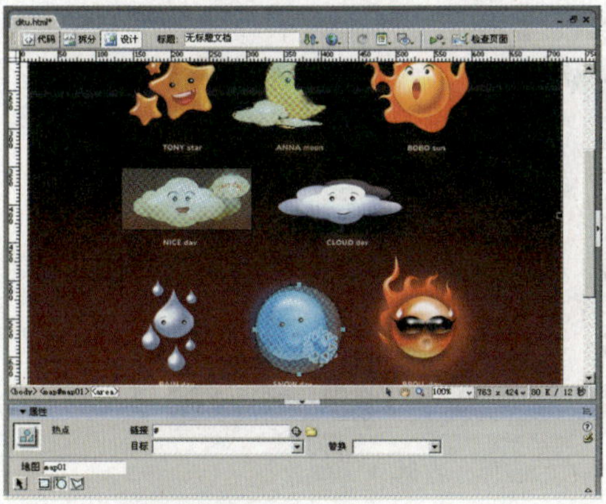

图 5-41　绘制椭圆热点区域

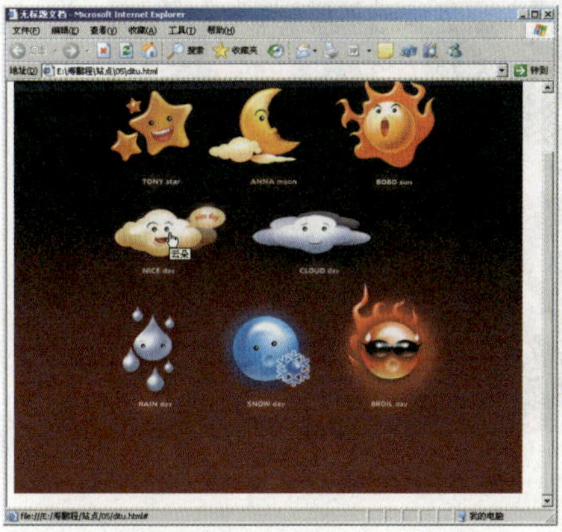

图 5-42　测试效果

5-5-2　修改图像地图

图像地图创建完成后，仍然可以进行编辑修改。可以移动热点，调整热点大小，或者在层之间向上或向下移动热点，还可以将含有热点的图像从一个文档复制到其他文档，或者复制某个图像中的一个或多个热点，然后将其粘贴到其他图像上。

01 在“属性”面板中使用图像地图选择工具选择原先定义的区域，将图像地图拖动至一个新的位置。如果要精确到以像素为单位的移动，选择区域后，使用方向指示键指向任何方向移动即可，如图 5-43 和图 5-44 所示。

02 选择图像地图后，每个图像地图上都有几个控点，可以用来改变热点的大小及形状。矩形和圆形图形有四个控点，拖动任意一个控点可以改变图形大小及形状。拖动箭头时按【Shift】键，将保持纵横比。多边形热点的边角上有多个控点，按住某个控点将其拖至新的位置，多边形的形状就随之发生变化，如图 5-45 所示。

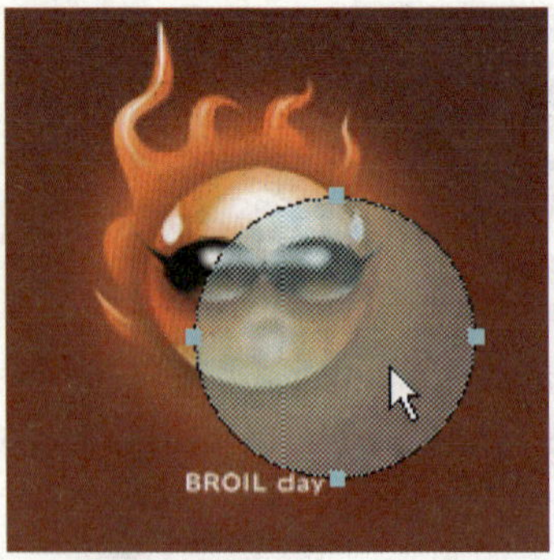

图 5-43　原始位置

图 5-44　移动热点区域

图 5-45　改变热点大小

>>03 如果一个图像中有多个图像地图，它们之间可以进行对齐操作，或改变大小以适应其他热点的尺寸。首先选中要对齐的热区，如图 5-46 所示。执行"修改"|"右对齐"命令，如图 5-47 所示。

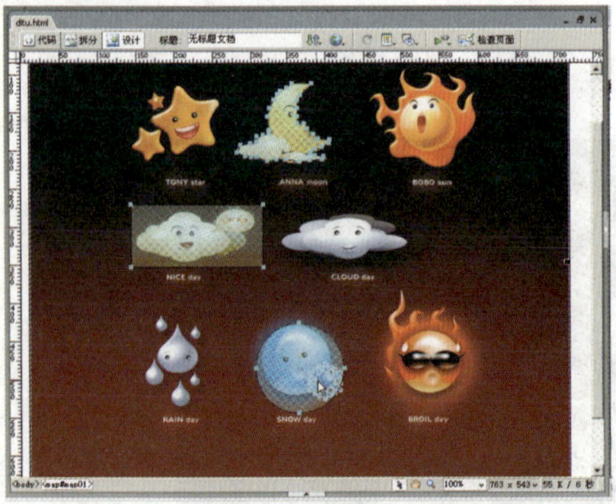

图 5-46　选中所有热点区域

图 5-47　选择"右对齐"命令

>>04 在下拉菜单中选择左对齐、右对齐、对齐上缘、对齐下缘、设成宽度相同和设成高度相同中的一个选项，如图 5-48 和图 5-49 所示。

Dreamweaver 也允许用户删除任何现存区域，只须选中图像地图，然后按【Delete】键即可删除图像地图。

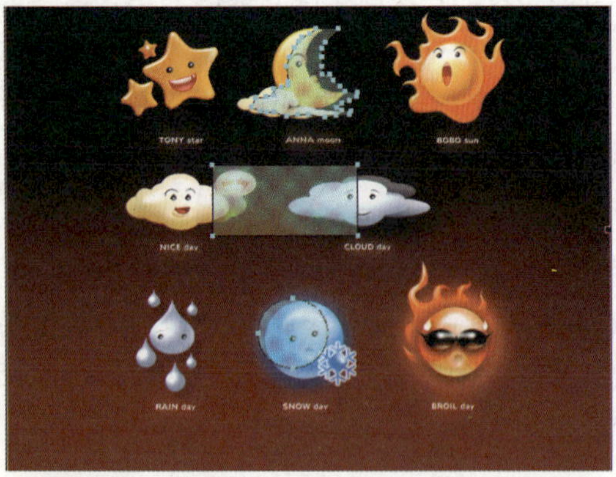

图 5-48　"右对齐"效果

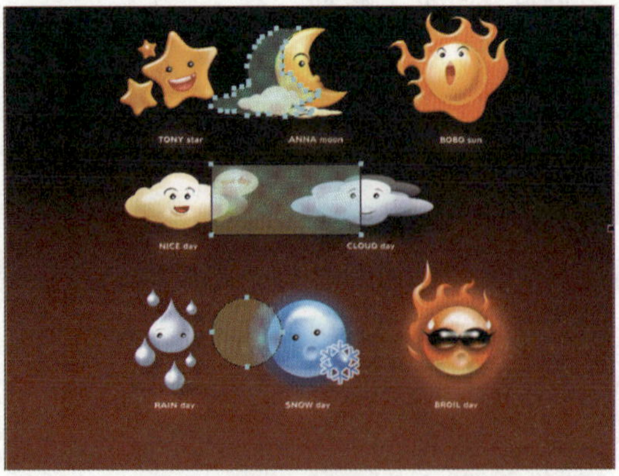

图 5-49　"左对齐"效果

Chapter 06

使用表格

Chapter 06 使用表格

页面布局是进行网页设计最基本、最重要的工作之一。用于网页布局设计的常用工具是表格。合理布局表格，会使网页更具有自身的特点，也可便于管理和修改。

Dreamweaver 提供了三种视图方式来查看和操作表格：标准视图、布局视图和扩展视图。在标准视图中，表格显示为行和列的网格；布局视图允许用户在将表格用做基础结构的同时也可在网页上绘制、移动以及调整布局表格和布局单元格的大小；在扩展视图中可以了解表格的结构关系。

6-1 表格的用途

表格做为整个网页设计的精华，它具有输入数据和进行列表分类的功能，许多大型网站大多使用表格来协助网页的排版，表格为 Web 页带来了结构的概念。Web 页设计者把表格当做控制 Web 页面布局中最有力的工具之一，图 6-1 和图 6-2 所示为在 Dreamweaver 中使用视图中的表格扩展模式显示页面内容，并使用浏览器浏览最终的页面。

图 6-1　扩展表格

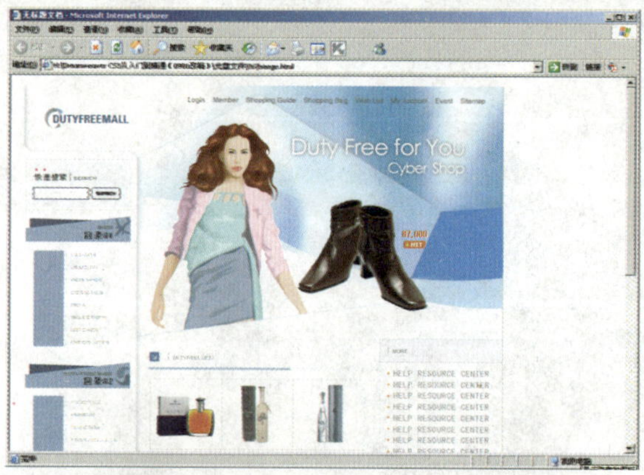

图 6-2　预览效果

表格除了用来构造网页的整体框架外，也是处理数据时最常用的一种形式，图 6-3 所示是一个使用表格的制作页面。

图 6-3　使用表格制作的页面

6-2 插入表格

表格由三个主要元素构成：行、列以及单元格，每行又可以由一个或多个单元格组成。行是左右走向，而列则是上下走向，单元格是行和列的交界部分。

01 在需要添加表格的地方单击，在工具选项栏中单击“插入表格”按钮，或按【Ctrl+Alt+T】组合键，此时会出现“表格”对话框，如图6-4所示。

02 在“表格”对话框中，将“行数”设为“7”，将“列数设”为“3”，“表格宽度”设为“500”，将“单位”设为“像素”，输入相关数据信息如图6-5所示。

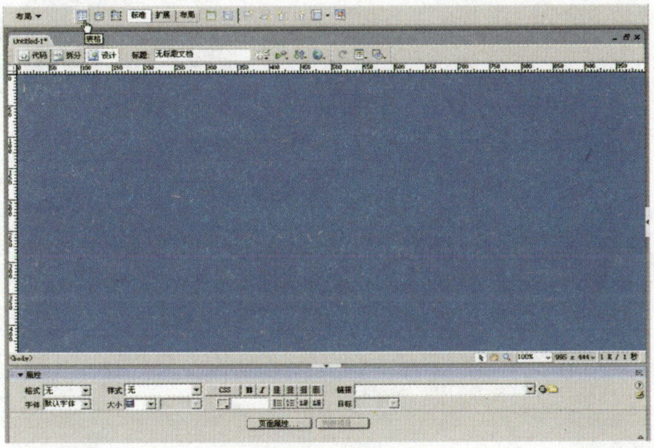

图6-4　单击“表格”按钮

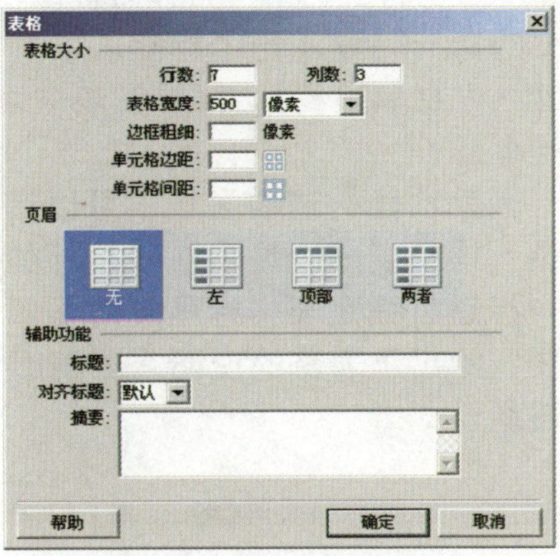

图6-5　“表格”对话框

03 单击“确定”按钮，完成表格的创建。添加表格后仍然可以调整表格的大小，选中表格，在表格右边和下边会出现三个控制点，拖动控制点可改变表格大小，如图6-6所示。

04 将表格调整到合适的大小后，释放鼠标，若要缩小表格可向内拖动，在“属性”面板中会显示改变后表格的大小，如图6-7所示。

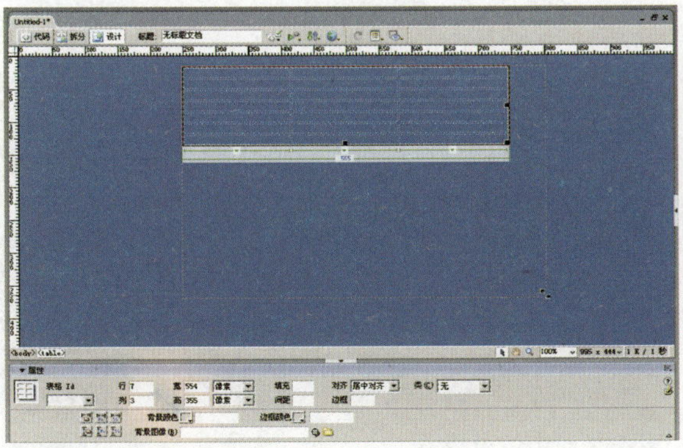

图6-6　拖动控制点

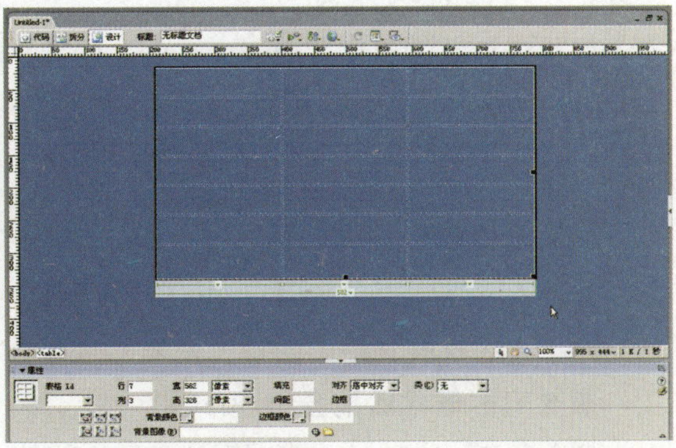

图6-7　改变后的表格

05 在工具选项栏中单击“插入表格”按钮或按【Ctrl+Alt+T】组合键，此时会出现表格对话框，如图6-8所示。

行数：在该文本框中指定表格的行数。

列数：在该文本框中指定表格的列数。

表格宽度：在该文本框中以像素为单位或以浏览器窗口的百分比为单位指定表格宽度。

边框粗细：在该文本框中指定表格的边框宽度。不希望显示边框时，输入0。

单元格边距：确定单元格内容和单元格边界之间的像素数。

单元格间距：确定相邻表格单元格之间的像素数。

在“页眉”选项区域中有四个选项，可以选择一种作为标题属性，使用标题可以方便站点访问者了解表格主题和信息。

无：对表不启用列或行标题。

左：可以将表的第一列作为标题列，以便为表中的每一行输入一个标题。

顶部：可以将表的第一行作为标题行，以便为表中的每一列输入一个标题。

两者（左栏和顶栏）：能够在表中输入列标题和行标题。

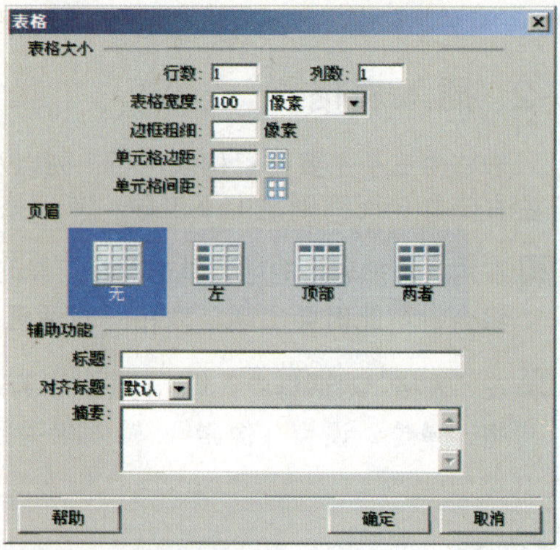

图 6-8 “表格”对话框

在“辅助功能”选项区域中可以指定以下选项：

标题：提供了一个显示在表格外的表格标题。

对齐标题：指定表格标题相对于表格的显示位置。

摘要：给出了表格的说明。屏幕阅读器可以读取摘要文本，但是该文本不会显示在用户的浏览器中。

6-3 格式化表格

在文档窗口中格式化表格时，可以通过设置表格及表格单元格的属性也可将预先设置的表格样式应用于表格来更改表格的外观，还可将定义的属性应用于整个表格，以及选定的行、列或者某个单元格中。

6-3-1 选择表格元素

首先需要选择表格，然后才是编辑修改。在 Dreamweaver 中用户可以一次选定全部表格、一行、一列或几个连续的单元格，也可以选定表格中不连续的单元格，然后通过“属性”面板来修改它们的属性。

>>01 将鼠标移到表格边框上，当鼠标指针形状发生改变时单击，即可选定整个表格，被选定的表格四周会出现一圈黑线，如图 6-9 所示。

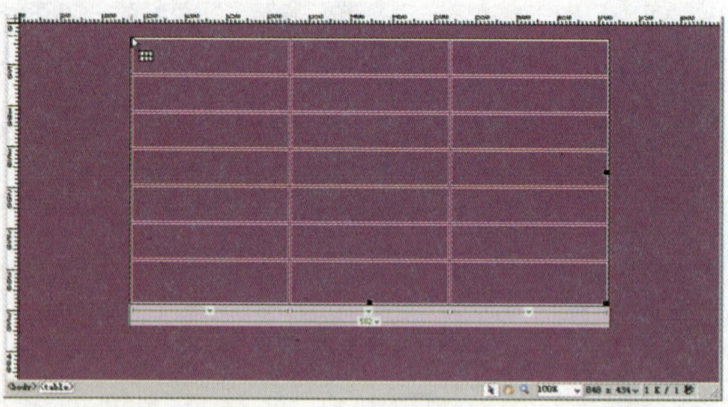

图 6-9 选中表格

>>02 选择一行或者列，与处理整个表格相类似，用户有若干种选择列或行的方法。不过行或者列的选择基本上是使用鼠标来进行处理的。直接将鼠标指针定位于列上，或定位于要选择行的左边。然后向表格方向移动指针，当指针变成了一个单独的箭头时，单击，选定行或列中的所有单元格都被一个黑边框包围，效果如图 6-10 所示。

>>03 无论是使用菜单还是使用鼠标，可以按下列方法之一选择整个表格，如图6-11所示。

（1）单击表格左上角、右边框、底边框。

（2）单击表格，然后执行“修改”|“表格”|“选择表格”命令。

（3）当光标定位于表格中时，执行“编辑”|“选择全部”命令或者按【Ctrl+A】组合键。

（4）在标识选择器中选择〈table〉标签。

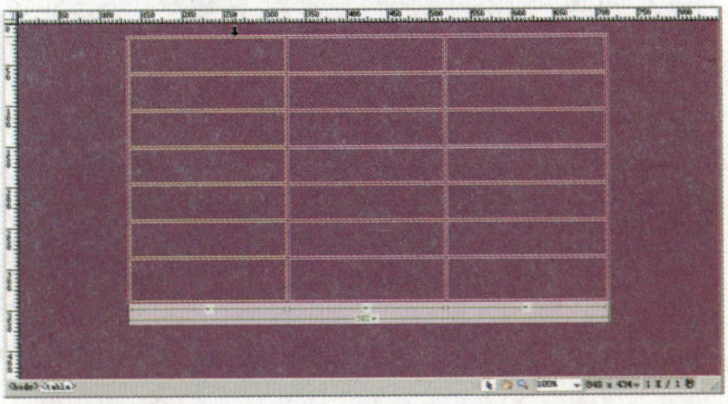

图6-10　选择行或列

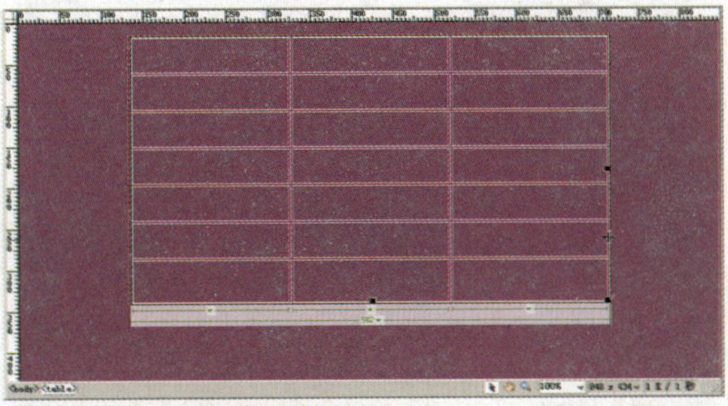

图6-11　选择整个表格

>>04 拖动单个箭头指针跨过几个列或者行可选择多行或多列。要选择许多互不相邻的行或者列，可在按【Ctrl】键的同时单击行或列，效果如图6-12所示。

>>05 有时用户需要选择单元格，对表格中一小部分单元格的背景颜色进行改变或者合并选中的单元格。在单元格上单击并拖动鼠标通过相邻的任一单元格之间的边框时，最先选择的单元格会被选中并高亮显示，如图6-13所示。

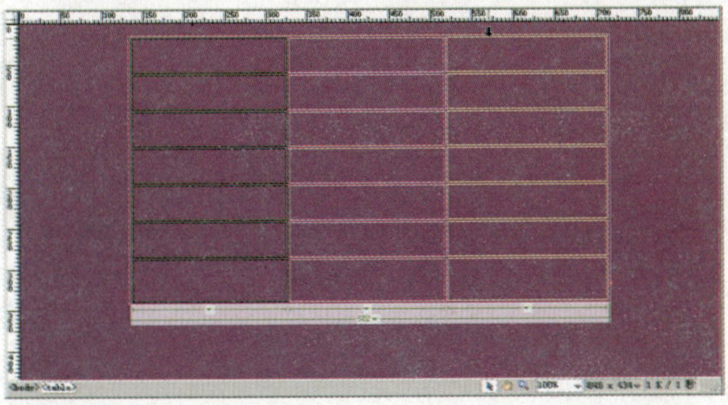

图6-12　同时选择列

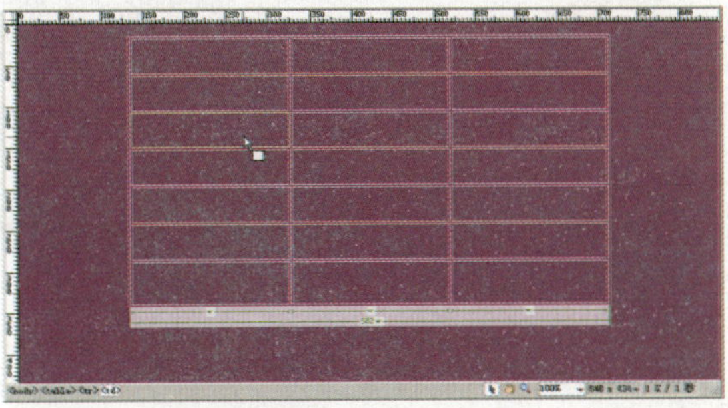

图6-13　选择单元格

>>06 继续拖动鼠标到另一个单元格的边缘，第二个单元格就会被选中，如此这样即可连续选择单元格。如果在相邻的单元格中单击一次，按【Shift】键，然后在最后一个单元格上单击一次，这样会将所有经过的相邻单元格都选中，如图6-14所示。

>>07 通过按【Ctrl】键并在单元格中单击，也可以增加一个单元格，通过此方法单击其他单元格，可以选择多个不相邻的单元格。再次单击可取消选中的单元格，如图6-15所示。

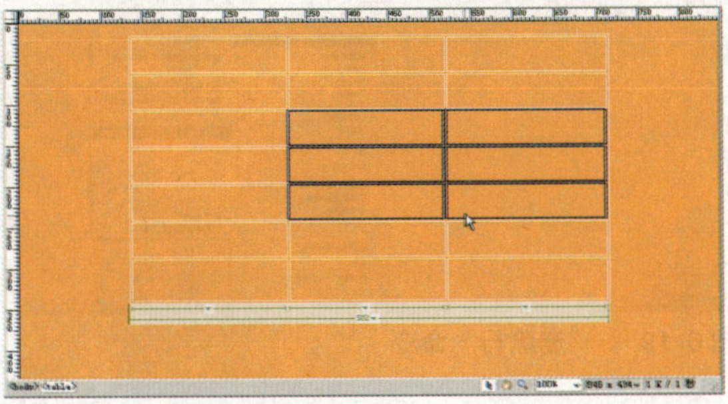

图6-14　拖动选择单元格

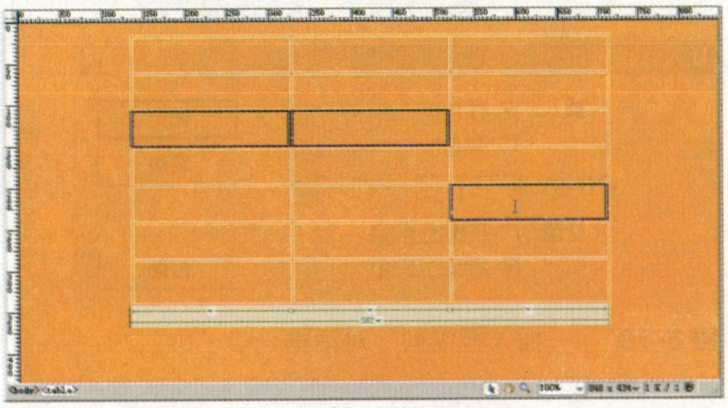

图6-15　使用【Ctrl】键选择单元格

6-3-2 插入、删除行和列

创建表格后，如果需要添加内容而添加行或列，可以使用不同方法在表格中的添加行或列。

>>01 将鼠标放置到表格的任意单元格中，输入一个字符作为标记，执行“修改”|“表格”|“在上面插入行”命令，可在当前行的上方插入一个新行，如图6-16所示。

>>02 但是如果想一次添加多行或多列，可将鼠标插入到单元格后，右击并在表格的下拉列表中执行“插入行或列”命令，如图6-17所示。

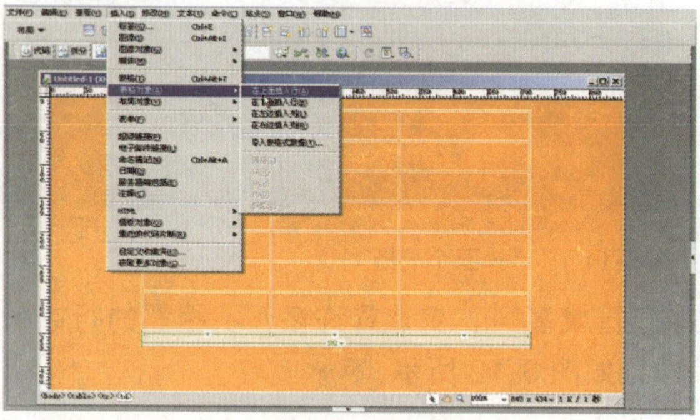

图6-16 “在上面插入行”命令

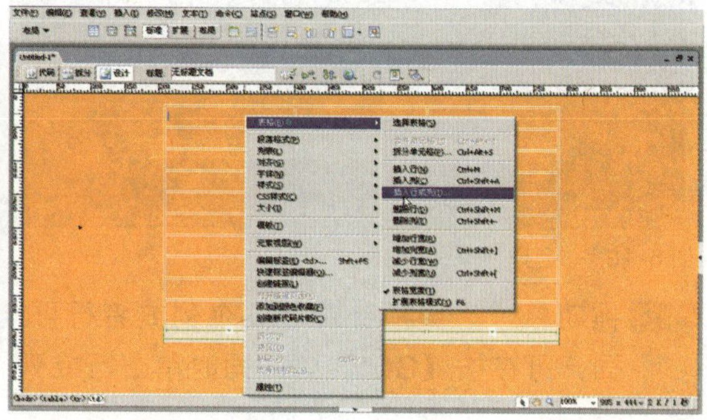

图6-17 “插入行或列”命令

提示 · 技巧

如果将光标定位在最后一行的最后一个单元格中，然后按【Tab】键，此时在当前行下方添加一个新行。

>>03 在弹出的“插入行或列”对话框中，选择“插入”中“行”单选按钮，并将“行数”设为“2”，并将位置选为“所选之下”单选按钮，如图6-18所示。

>>04 若要删除一列或行时，用户可以选择一列或行，执行“修改”|“表格”|“删除行/列”命令，就可以清除当前列或者行，如图6-19所示。

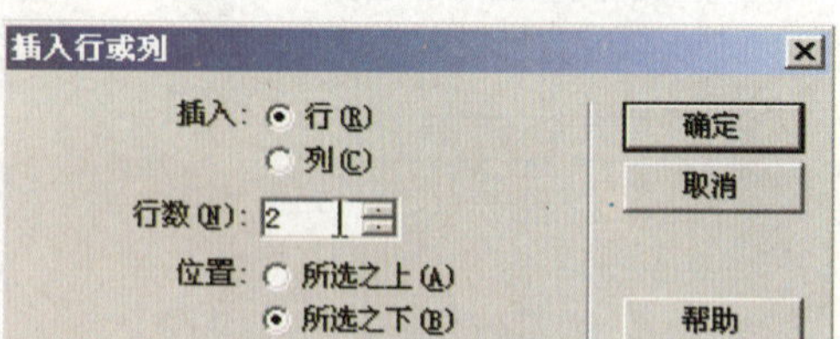

图6-18 “插入行或列”对话框

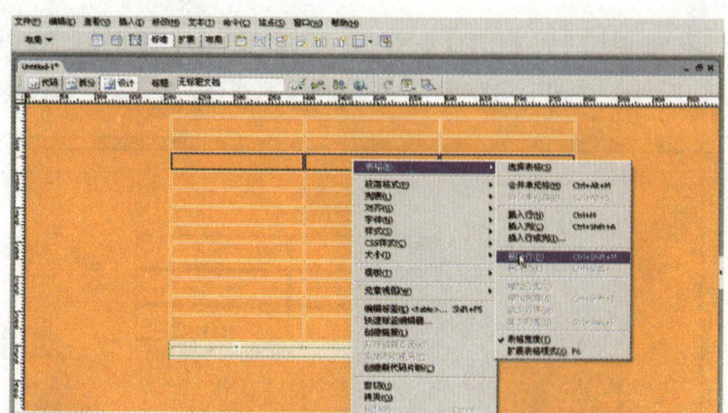

图6-19 “删除行”命令

提示 · 技巧

通过在“属性”面板中减少“行”或“列”的文本框中数目，删除列或行。列会从表格右侧被删除，而行会从底部被删除。

用同样的方法也可添加行或列。以这种方式添加的所有行都会出现在表格最后一行的下面或最后一列的右边。

6-3-3 合并和分离单元格

在默认方式下，一个单元格包括一列或一行。增加一个单元格的取值范围能使用户将一个标题下任何类型的题目进行组合。用户可以将一个单元格与另一个单元格合并到一个更大的单元格中。同样地，一个单元格也能被分离为多个行或者列。

>>01 要合并两个或两个以上的单元格，首先选择要合并的单元格，然后将鼠标放置到一个单元格按住鼠标键不放并向右拖动，选中其他单元格后，在“属性”面板中单击“合并单元格”按钮 或按【M】键，如图6-20和图6-21所示。

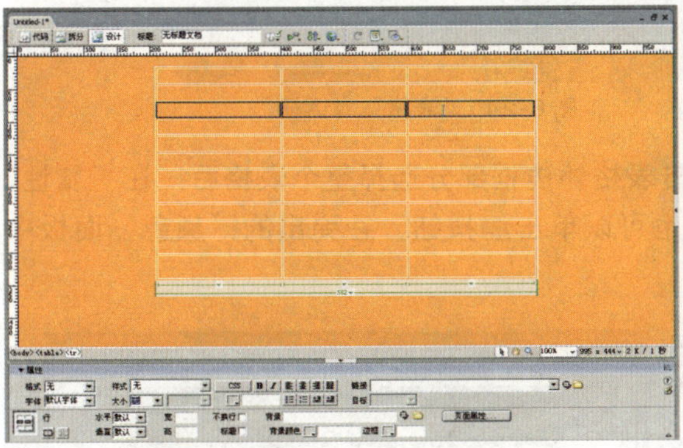

图6-20　选择多个单元格

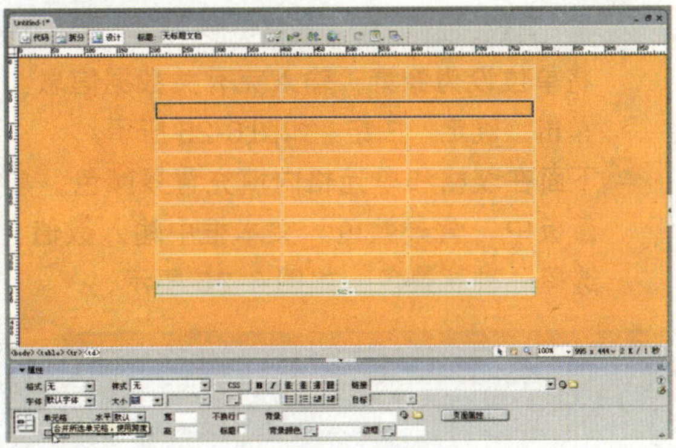

图6-21　单击“合并单元格”按钮

>>02 要拆分一个单元格，首先将光标定位在要拆分的单元格中。在“属性”面板中单击“拆分单元格”按钮，此时会出现“拆分单元格”对话框，如图6-22所示。

>>03 选择行或者列选项来决定是水平还是竖直拆分单元格中。在其文本框中输入行或列数目，也可使用向上或向下箭头改变数值。完成后单击“确定”按钮，如图6-23所示。

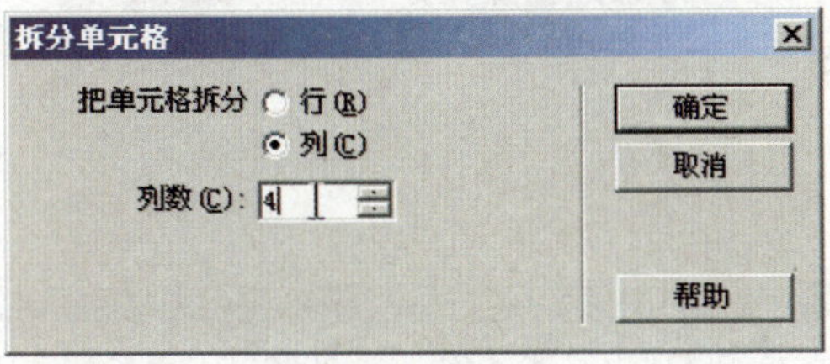

图6-22　“拆分单元格”对话框

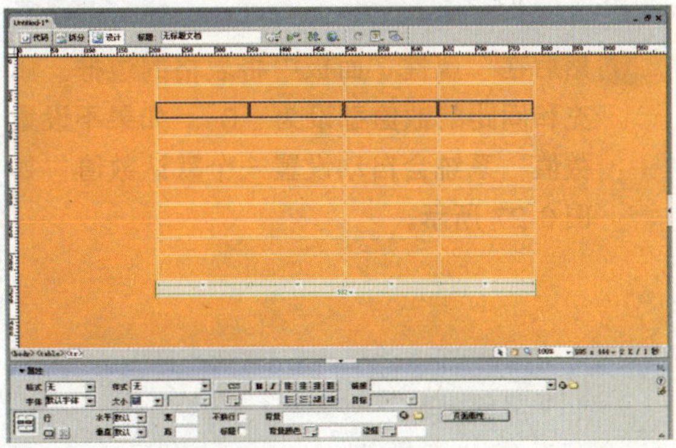

图6-23　拆分后效果

6-4 编辑表格和单元格

利用表格和单元格的“属性”面板可以自由调整表格和单元格的背景色、背景图像、外边框厚度、单元格间距等属性。

6-4-1 在表格和单元格中填充背景颜色

下面学习在整个表格或选择的单元格内填充背景色和背景图像。当表格和单元格中同时应用背景色时，单元格背景色的级别相对高一些，单元格的颜色将覆盖表格的颜色；当表格和单元格内同时填充背景图像和背景颜色时，只显示背景图像。

>>01 执行“文件”|“新建”命令，新建一个HTML文档。在需要添加表格处单击，在“常用”插入栏中单击“表格”按钮 或按【Ctrl+Alt+T】组合键，此时会出现“表格”对话框，如图6-24所示。

图6-24 “表格”对话框

>>02 在“表格”对话框中，将“行数”设为“2”，将“列数”设为“1”，“表格宽度”设为“741”，将单位设为像素，输入完有关数据信息，单击“确定”按钮，如图6-25所示。

>>03 下面在表格和单元格内填充背景颜色。单击表格外边框部分选择整个表格后，在“属性”面板中“背景颜色”文本框中输入数值，也可以单击 按钮，在弹出的“颜色”面板中选择一种背景色，如图6-26所示。

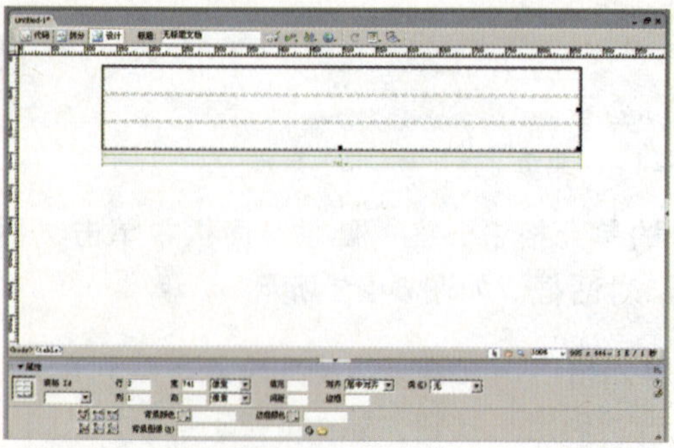

图6-25 设置表格

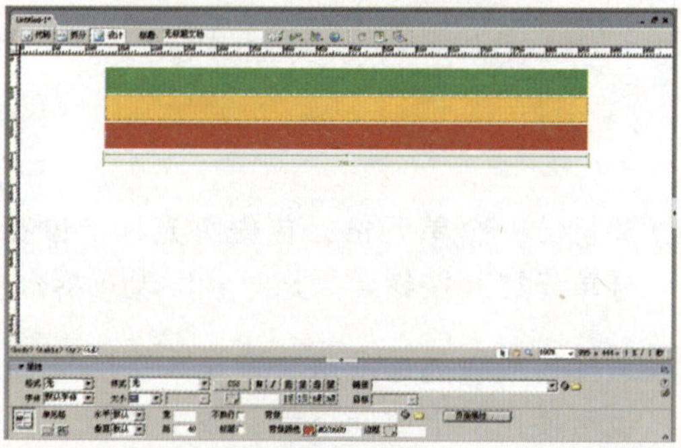

图6-26 设置单元格背景色

>>04 然后在“属性”面板中将表格的边框、填充和间距的数值都设为“0”。如果不设置数值，系统会自动设置一个默认数值，如图6-27所示。

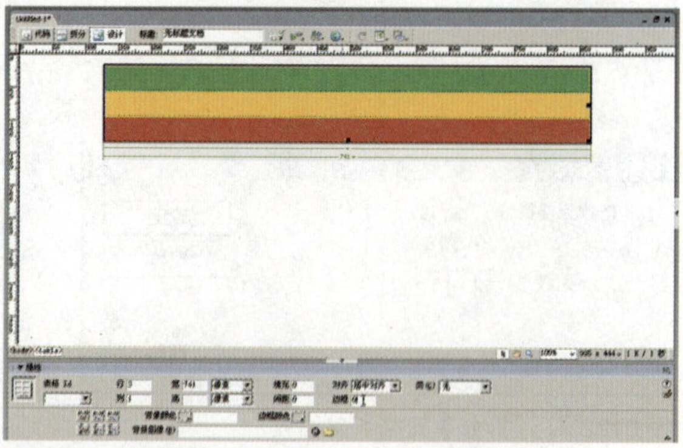

图6-27 设置间距值为“0”

在表格“属性”面板中可以设置表格的背景色、边框、填充和间距等相关属性，如6-28所示。

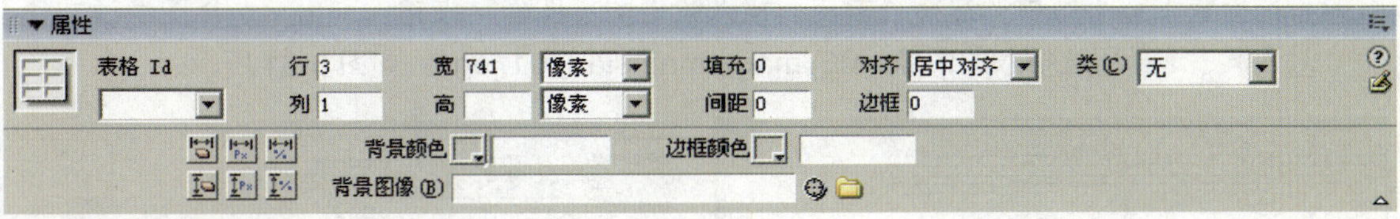

图6-28　表格属性面板

表格 Id：在下方的文本框中输入表格的名称。

行：表格中行的数目。

列：表格中列的数目。

宽：以像素为单位或按占浏览器窗口宽度的百分比计算的表格的宽度。

高：以像素为单位或按占浏览器窗口高度的百分比计算的表格的高度。

填充：单元格内容和单元格边界之间的像素数。

间距：相邻表格单元格之间的像素数。

对齐：确定表格相对于同一段落中其他元素的显示位置。在下拉列表框中有默认、左对齐、居中对齐、右对齐四个选项，其中默认指示浏览器将使用左对齐方式。

边框：指定表格边框的宽度（以像素为单位）。

清除列宽按钮 和清除行高按钮 ：从表格中删除所有显式指定的行高或列宽值。

将表格宽度转换成像素按钮 和将表格高度转换成像素按钮 ：将表格中每列的宽度或高度设置为以像素为单位的当前宽度（或将整个表格的宽度设置为以像素为单位的当前宽度）。

将表格宽度转换成百分比按钮 和将表格高度转换成百分比按钮 ：将表格中每个列的宽度或高度设置为按占文档窗口宽度百分比表示的当前宽度。用户可以在所有的表格计量中实现从百分数到像素的转换，也可以单击左下部分按钮清除所有的数值。

背景颜色：设置表格的背景颜色。

边框颜色：设置表格边框的颜色。

背景图像：设置表格的背景图像。

6-4-2　在表格和单元格中添加图像

下面学习在表格或单元格内添加图像和背景图像。插入图像使用“常用”插入栏中“图像”按钮来完成，添加背景图像则使用“属性”面板来完成。

>>01 新建一个文档，单击“表格”按钮，弹出“表格”对话框，在对话框中设置其参数，其参数设置如图6-29所示。

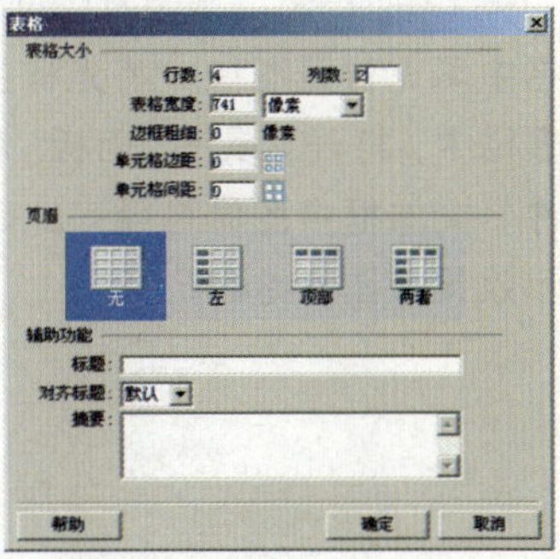

图6-29　“表格”对话框

02 同时选中第 1 行中的两列表格，打开“属性”面板，在“属性”面板中单击“合并”按钮，将第 1 行中的两列合并，如图 6-30 所示。

03 将光标置于第 1 行中，选择“常用”插入栏中的“图像”按钮，弹出“选择图像源文件”对话框，选择所选插入的图像“06\image\mainsian_01.jpg”，如图 6-31 所示。

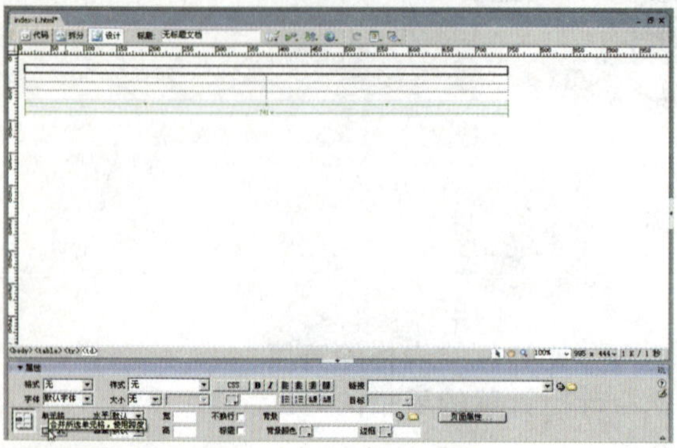

图 6-30　插入表格

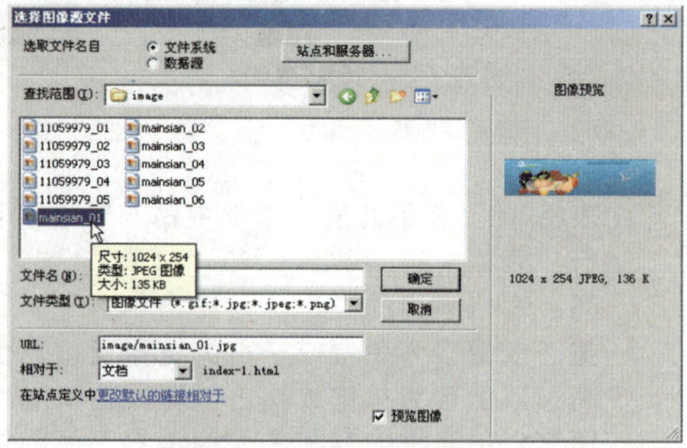

图 6-31　选择图像源文件对话框

04 单击“确定”按钮，图像被插入到第 1 行中，选中表格第 2 行中的两列表格，单击“属性”面板中“合并单元格”按钮。合并第 2 行，如图 6-32 所示。

05 同步骤 04 操作，将光标置于第 2 行的单元格中，单击“插入图像”按钮插入图像，如图 6-33 所示。

图 6-32　插入图像

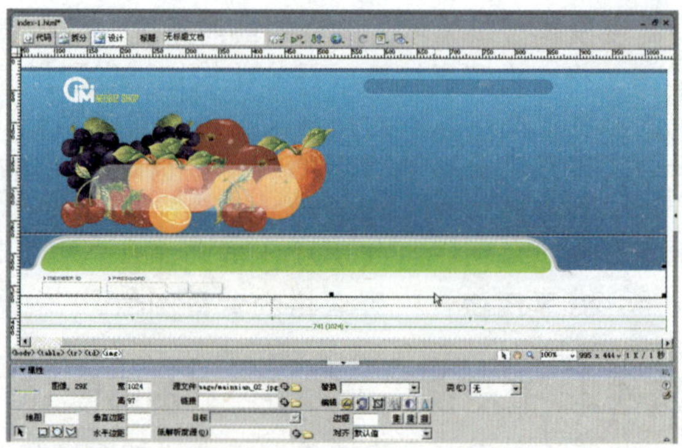

图 6-33　将图像路径剪切

06 使用同样的方法插入其他图像，为在单元格中填充背景图像，将光标置于第 2 行中表格中，打开“属性”面板，剪切在“源文件”文本框中图像路径，此时文档中的显示效果如图 6-34 所示。

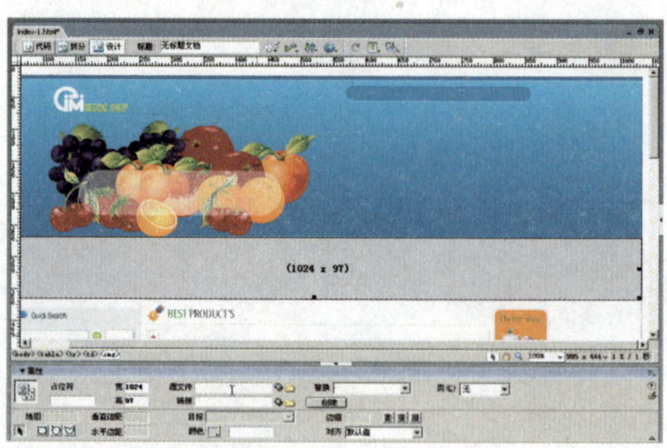

图 6-34　文档效果

>>07 选中第2行的单元格，单击“属性”面板中的“背景”文本框，按【Ctrl+V】组合键，将刚才的图像路径粘贴到此处。此时单元格效果如图6-35所示。

>>08 单击“确定”按钮，背景图像应用到指定单元格内，但单元格高度默认只有10，所以在此只显示部分背景图像，将鼠标放置在第2行单元格中，并在“属性”面板中设置单元格的高度，这个高度为背景图像的高度。调整单元格的行高后背景图像完全显示到单元格内，如图6-36所示。

图6-35　将路径粘贴到背景图像中

图6-36　设置单元格参数

>>09 此时，即可在表格第2行中输入文本或插入图片。操作完成后，按【F12】键，在浏览器中预览效果如图6-37所示。

图6-37　预览效果

在“常用”插入栏中单击“表格”按钮后，选中单元格，在“属性”面板中可以设置单元格属性，如图6-38所示。在“属性”面板上半区域的选项主要是用于设置文本。

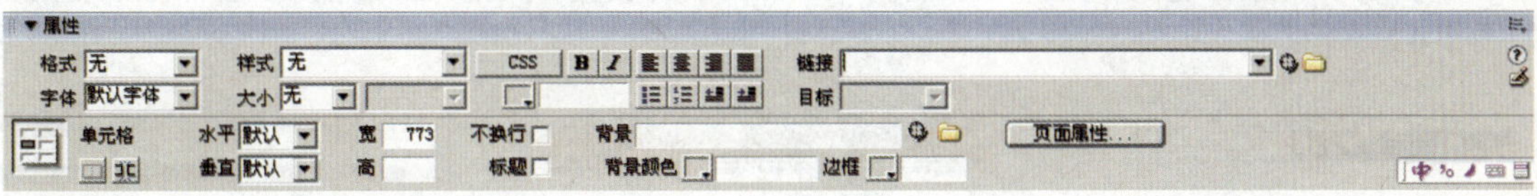

图6-38　“单元格”属性面板

水平：指定单元格、行或列内容的水平对齐方式。可以将内容对齐到单元格的左侧、右侧或使其居中对齐，也可以指示浏览器使用其默认的对齐方式。通常，单元格的默认对齐方式是左对齐。

垂直：指定单元格、行或列内容的垂直对齐方式。可以将内容对齐到单元格的顶端、中间、底部或基线，也可以指示浏览器使用其默认的对齐方式（通常是居中对齐）。

宽和高：以像素为单位或按（占整个表格宽度或高度百分比计算的）所选单元格的宽度和高度。若要指定百分比，可在值后面使用百分比符号（%）。当改变一个单元格的高度时，整个行都会被改变。如将行拖动到一个新高度，行中所有单元格的数值就会写入到“高度”文本框中。若要让浏览器根据单元格的内容以及其他列或行的宽度和高度确定适当的宽度和高度，可将此文体框留空（默认设置）。

不换行：可以防止换行，从而使给定的单元格中所有文本都在一行显示。如果设置“不换行”，则当输入数据或将数据粘贴到单元格时单元格会自动加宽来放置所有数据。

标题 ：将所选的单元格格式设置为表格标题单元格。表格标题单元格通常以文字加粗出现，并且在单元格中居中显示。

背景：（上面的文本域）是单元格、列或行背景图像的文件名。单击文件夹图标浏览某个图像，或使用“指向文件”图标选择某个图像文件。

背景颜色：使用“颜色选择器”选择单元格、列或行的背景颜色。

边框：单元格的边框颜色。

“合并单元格 ”按钮将所选的单元格、行或列合并为一个单元格。只有当单元格形成矩形或直线方块时才可以合并这些单元格。

“拆分单元格 ”按钮：可将一个单元格分开，创建两个或多个单元格。

6-5 为表格添加边线

在Dreamweaver中插入表格，如果将表格的填充、间距和边框设为“0”，表格会显示一条细的虚线段表示边框。选中表格后可以通过“属性”面板中的“边框”文本框设置表格边框，如图6-39所示，边框的宽度以像素表示。

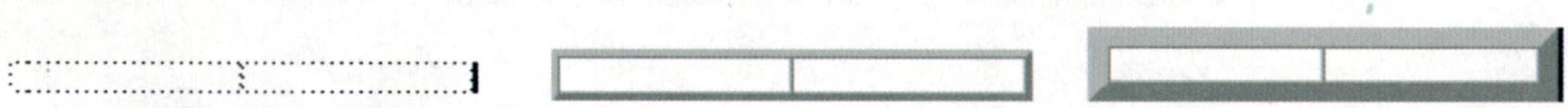

图6-39　设置表格边框的宽度

在Dreamweaver中，用户可以指定边框和背景的颜色，可以通过“属性”面板中的背景颜色和边框颜色进行设置，如图6-40所示。

图6-40　设置表格边框和背景色

使用同样的方法也可以对行、列以及单个单元格的背景颜色进行设置，如果表格和单元格同时都设置了背景颜色等属性，那么行、列以及单元格的属性设置要优先于整个表格的属性，如图6-41所示。

图6-41　设置单元格边框和背景颜色

6-5-1 为表格添加 1 像素的边线

使用表格的“属性”面板可以设置边框为 1 但实际生成的是 2 像素的边，网页制作中经常需要用到边线为 1 像素的表格，下面学习设置单元格的高度和宽度来制作 1 像素边线的表格。

对“属性”面板中单元格的高度设置不能把表格的行高调得很小。其原因是插入表格时自动输入插入各单元格之间边距的标签< >。将单元格的行高修改为 1 像素后，利用代码视图删除边距插入标签< >即可制作 1 像素的细线。

01 在文档右边空白处单击，在“常用”插入栏中单击“表格”按钮或按【Ctrl+Alt+T】组合键，此时出现“表格”对话框，设置表格“行数”为“2”，“列数”为“5”，并将边框粗细、单元格边距和单元格间距都设为 0，单击“确定”按钮，效果如图 6-42 和图 6-43 所示。

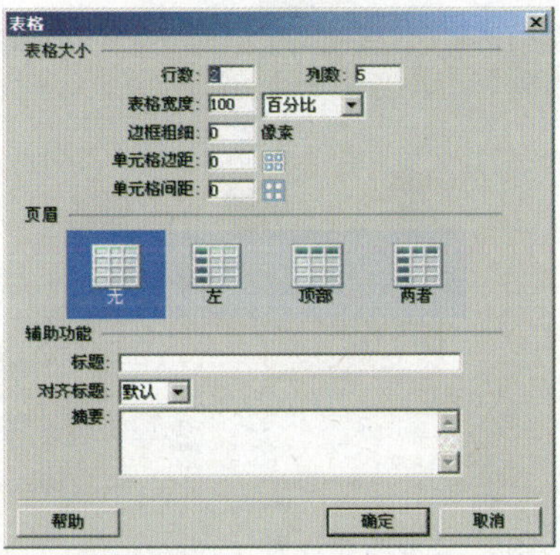

图 6-42 “表格”对话框

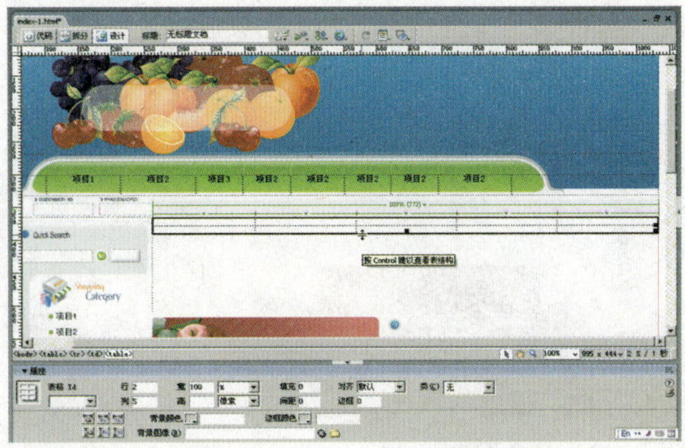

图 6-43 插入表格

02 将鼠标放置到一个单元格按住不放并向右拖动，选中第 1 行单元格后，在“属性”面板上选择“合并单元格”按钮或按【M】键，接着使用同样的方法将第 3 行单元格合并，如图 6-44 和图 6-45 所示。

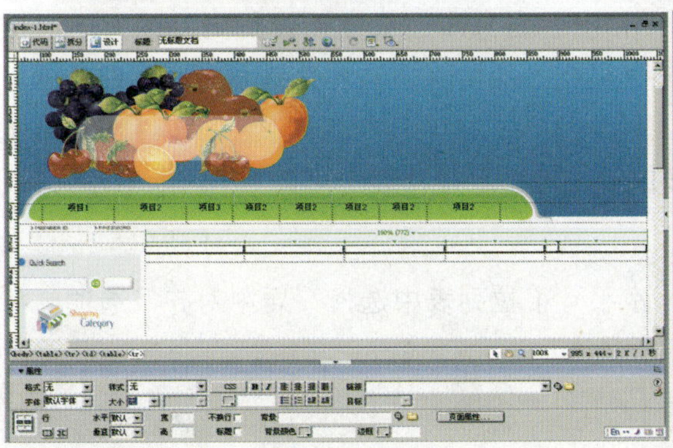

图 6-44 选择“合并单元格”按钮

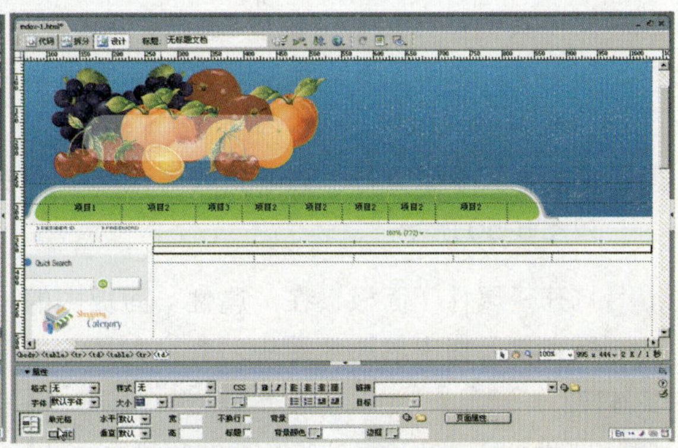

图 6-45 合并后效果

03 将光标放置于第 1 行单元格内，并在“属性”面板中将“高（H）”值设置为“1”，效果如图 6-46 所示。此时将行高值设置为 1，其形态不发生任何变化。这是因为置入了边距插入标签< >，而不能减小行高。

04 设计视图和代码视图同时显现，在第 1 行单元格单击，会发现代码视图会自动跳转到相应的位置。框选显示光标所在单元格内边距的 " " 部分，如图 6-47 所示。

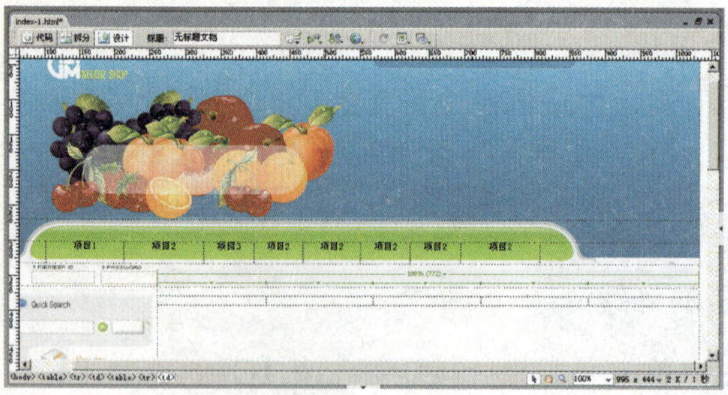

图 6-46　设置单元格参数

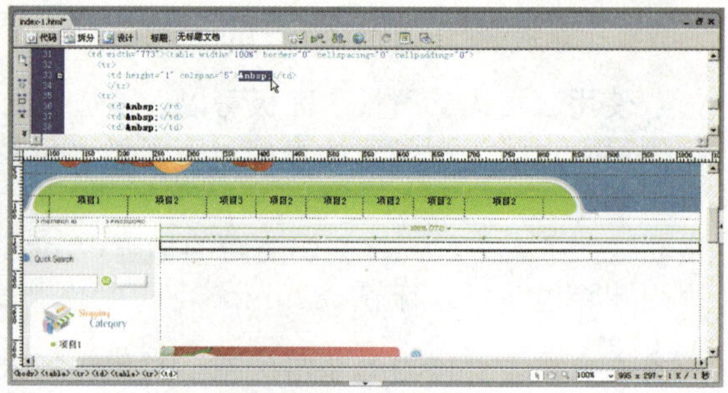

图 6-47　打开代码视图

>> 05 将光标放置于第 3 列，添加图像 CHunited01.jpg，将光标放置于第 7 列，添加图像 united02.jpg，如图 6-48 和图 6-49 所示。

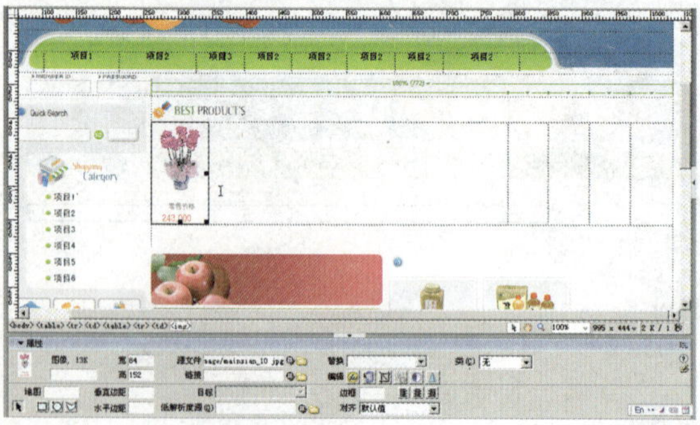

图 6-48　插入图像

图 6-49　添加图像效果

表格就像一个容器，可以在其中添加网页元素，诸如文字、图像、动画等。在 Dreamweaver 表格内添加内容和在表格外添加内容稍有不同。填充的内容会对表格产生影响，同时也受到表格本身的约束。

当用户开始将文本或图像放入到一个表格的单元格中时，表格边框会自动扩展以容纳放置的对象，其他单元格会自动收缩。如果其他单元格已包含文本也会随新添加内容的大小而扩展，除非单元格的宽度被指定；否则，当前正被编辑的单元格会随之扩展或者收缩，而其他单元格也会相应地调整宽度。

>> 06 将光标置于第 2 行中第 1 列的单元格中，按鼠标左键不放拖动选中第 2 行中的所有单元格，如图 6-50 所示。

>> 07 打开“属性”面板，在“属性”面板中的“水平”下拉列表中选择“居中对齐”选项，将所有单元格中的图像居中对齐，如图 6-51 所示。

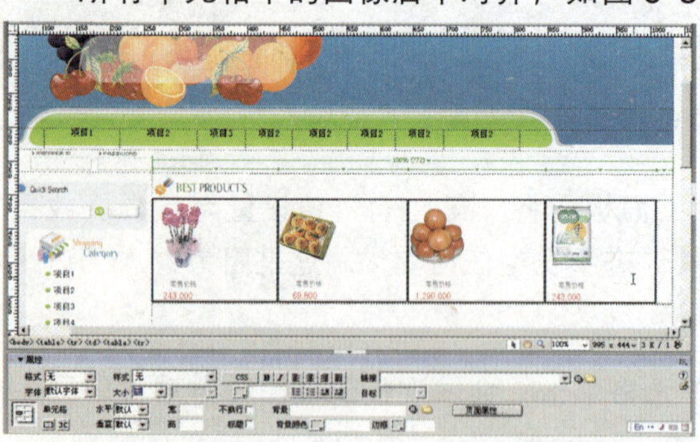

图 6-50　选中表格

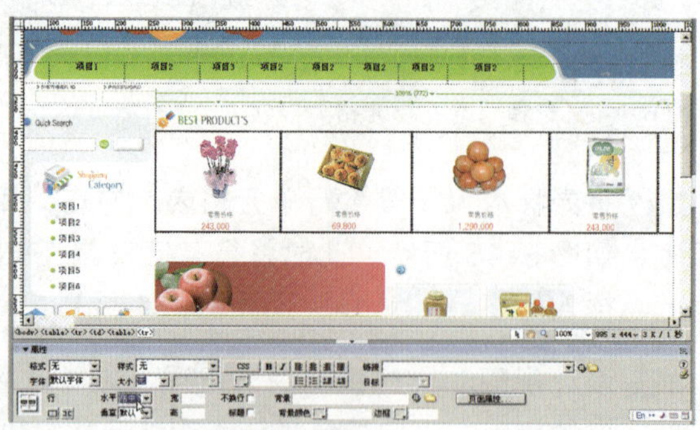

图 6-51　设置图像居中对齐

08 下面设置边框和边框颜色，选中表格并在属性面板中的“边框”文本框中输入值为“1”，在“边框颜色”文本框中输入颜色值为“#990000”，如图6-52所示。

09 此时为表格设置边框颜色的操作完成。按【F12】键，在IE浏览器中预览效果如图6-53所示。

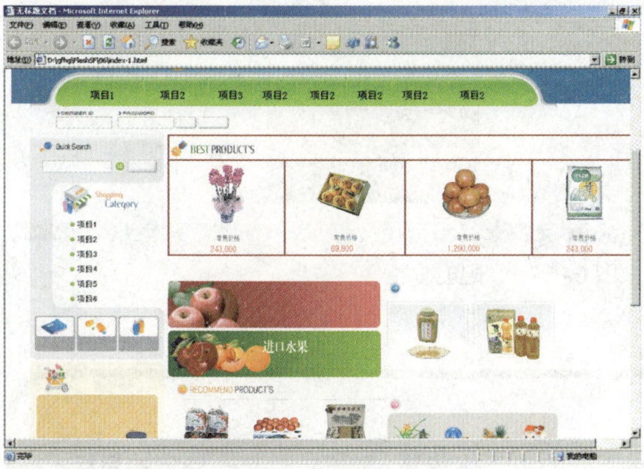

图6-52 设置边框和边框颜色

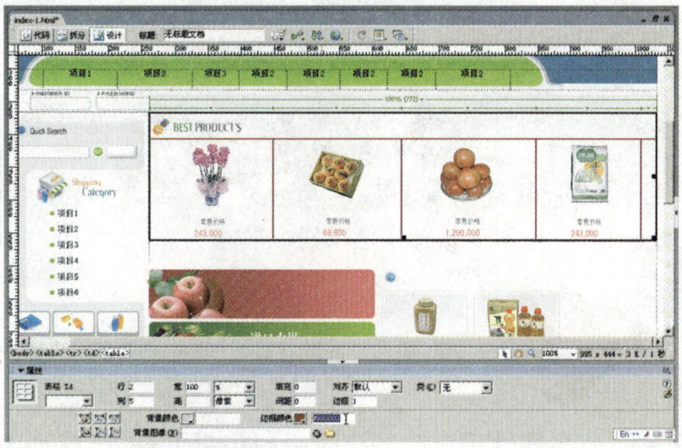

图6-53 预览效果

6-5-2 利用表格的间距属性为表格添加1像素的边线

制作表格边线有一种常用的方法是利用表格的间距，下面学习利用表格的间距属性制作1像素的表格细边框线。

01 继续使用这个例子，将先前制作的表格删除。单击文档右边空白处，在“常用”插入栏中单击“表格”按钮，在“表格”对话框中设置表格“行数”为“1”，“列数”为“4”，并将“边框粗细”和“单元格边距”都设为“0”，“单元格间距”设为“1”，单击“确定”按钮，效果如图6-54所示。

02 使用鼠标选中表格，在“属性”面板中设置表格“背景颜色”为白色，这个颜色就是边线将要显示的颜色，如图6-55所示。

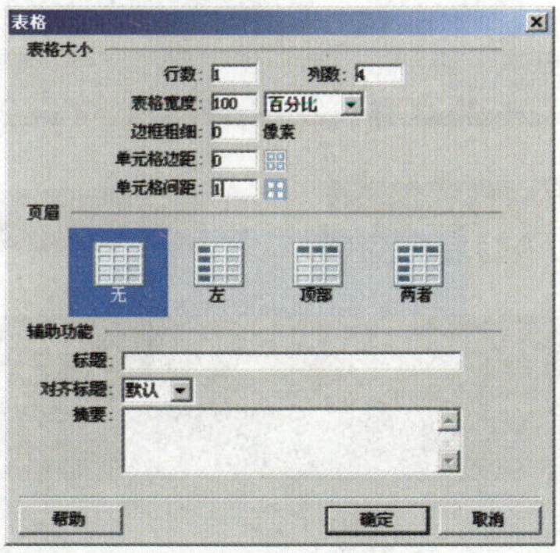

图 6-54 “表格”对话框

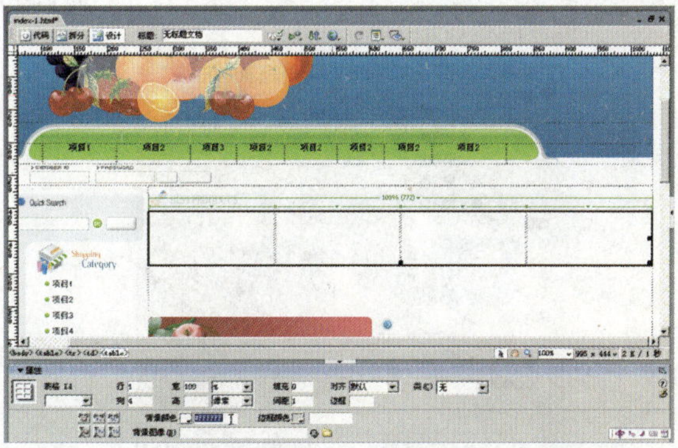

图 6-55 插入表格

03 分别为四个单元格设置不同属性，效果如图6-56所示，制作步骤参照6-5-1节。利用单元格间距制作边框线时，整个表格的背景色显示为边框颜色，而且构成表格的单元格内填充背景色才能够正常显示其效果。

04 为了在网页浏览器中预览其效果，按【F12】键可以看到表格边框上应用1像素细线的效果，如图6-57所示。与制作边线不同的是，最终表格的左边和右边也使用了边线。

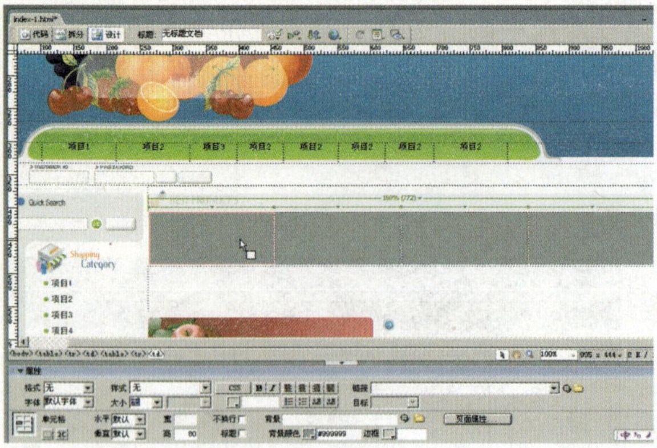

图 6-56　设置表格背景色

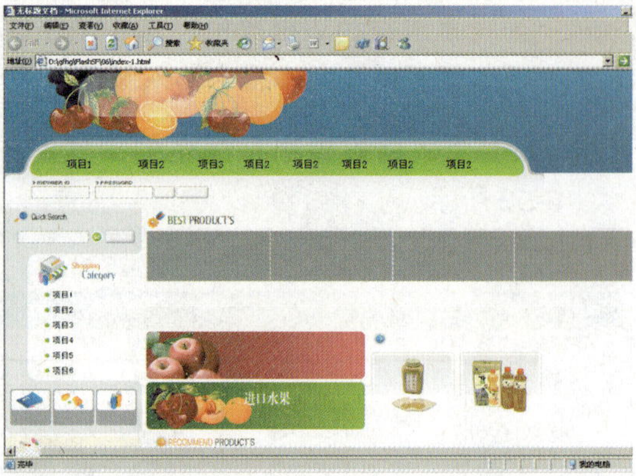

图 6-57　预览效果

提示 · 技巧

当属性重叠或冲突时，比如在同样的行或列中存在不同的单元格背景，则要针对某一特定的目标，设置优先级从低到高为：表格、行、列和单元格。

6-6 嵌套表格

嵌套表格是指在另一个表格的单元格中添加表格。可以像其他表格一样对嵌套表格进行格式设置，嵌套表格最大程度地为用户提供了对网页页面布局进行控制的能力。

>>01 插入嵌套表格的方法和插入表格的方法相同，单击表格中的一个单元格。在“常用”插入栏中单击“表格”按钮，在“表格”对话框中，为嵌套表格指定所需的属性，设置表格“行数”为“2”，“列数”为“1”，然后单击“确定”按钮，如图 6-58 和图 6-59 所示。

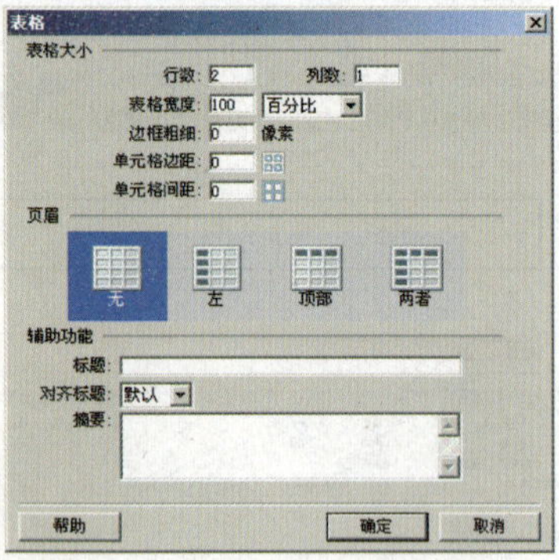

图 6-58　“表格”对话框

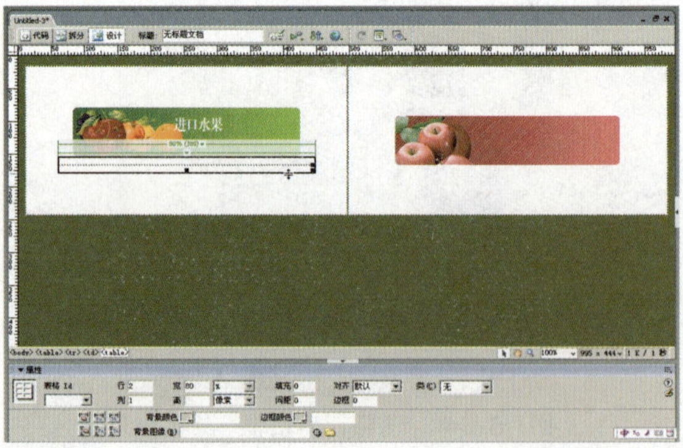

图 6-59　插入表格

>>02 为左边单元格也插入相同参数的表格，为嵌套表格添加内容，在第一个表格的第 1 行第 1 列中单击，即可输入文本或插入图片，如图 6-60 所示。

>>03 使用同样的方法制作右边的单元格，最后还须插入新表格，如图 6-61 所示。

图 6-60　输入内容

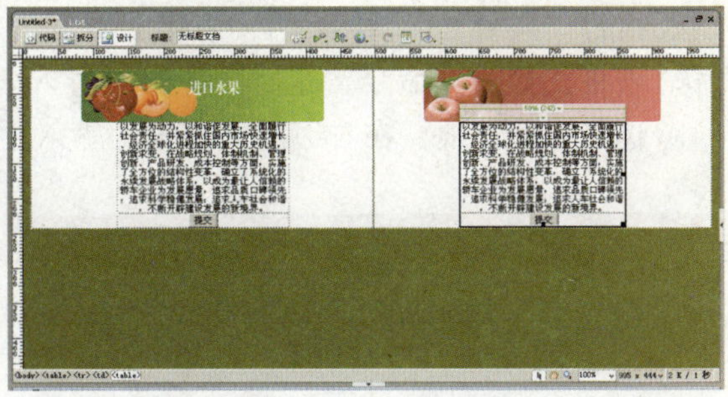

图 6-61　同上操作

使用嵌套表格时要考虑的一些原则

（1）开始嵌套表格时要作好规划，从外向内开始创建，首先创建最大表格，随后在其中创建较小的表格。

（2）尽量不要分离单元格。嵌套一个有两个单元格的表格要比在整个表格中添加一个附加列并重新调整列和行取值范围要容易得多。

（3）通常最好是将外层的表格锁定一个特定的绝对像素，然后将内部的表格设置为 100% 宽度。这样可节省计算表格宽度的时间，并且在这种方式下内部的表格会配合得更好。

6-7　排序及整理表格

我们可以将在 Excel、记事本或 Access 等软件中创建并保存的表格数据导入到 Dreamweaver 中，并设置为 Dreamweaver 能识别的表格格式。还可以排序表格和使用预设样式对表格进行格式设置。

6-7-1　导入表格式数据

“导入表格数据”命令的特点是能够读入任何带定界符号的文本文件，并能插入一系列行和列信息。用户可以对导入后的表格进行格式设置，包括调整单元格宽度、单元格数据更改，单元格间距以及边框设计，这样就不用在 Dreamweaver 中重新绘制表格，从而减少工作量。下面学习如何将一个文本文件转成 Dreamweaver 能识别的表格格式。

>>01 确保将要导入的数据已经得到保存，或者要导出数据已经具备了导出的格式，即设置了定界符的文本文件。 打开要导入到 Dreamweaver 中的文本文件（企业规模.txt），内容是统计的一些数字，中间用定界符（可按【Tab】键）分割，如图 6-62 所示。

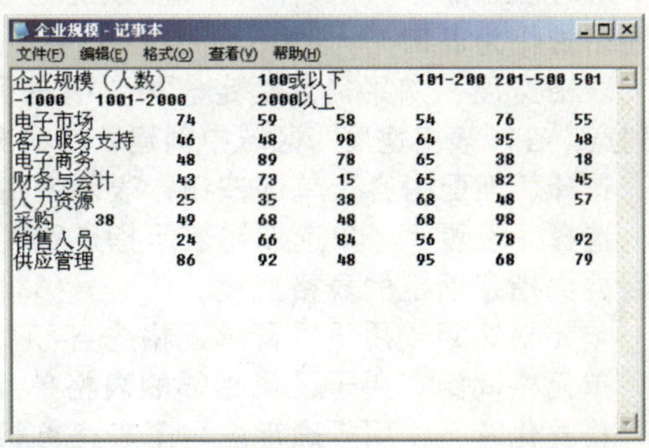

图 6-62　制作.txt 文件

>>02 打开站点中素材文件 daoru.htm，在人物右边的单元格中单击，并在这个单元格中插入表格式数据，如图 6-63 所示。

03 执行“文件”|“导入”|“表格式数据”命令或执行“插入记录”|“表格对象”|“导入表格式数据”命令。此时会弹出“导入表格式数据”对话框，在“定界符”下拉菜单中选择其他选项，在右边的文本框中输入中文输入法状下的逗号“，”，如图6-64所示。

图6-63 打开素材文件

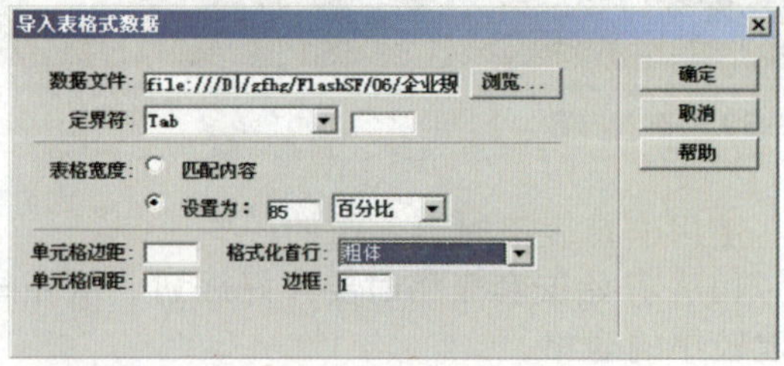

图6-64 “导入表格式数据”对话框

04 单击确定按钮，即可完成导入表格式数据，按【F12】键，在IE浏览器中预览效果，如图6-65所示。

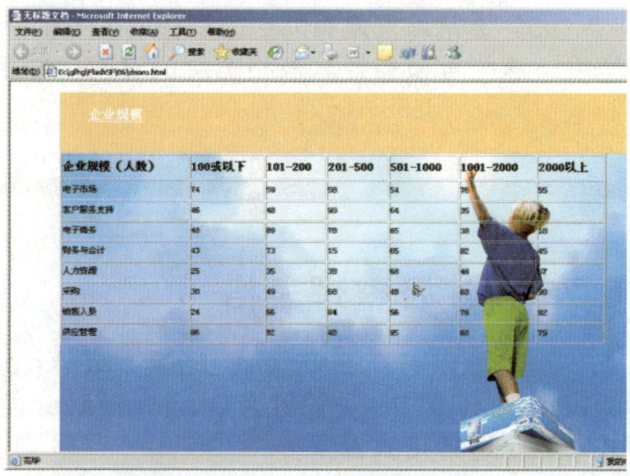

图6-65 预览效果

05 执行“文件”|“导入”|“表格式数据”命令或执行“插入记录”|“表格对象”|“导入表格式数据”命令。此时会弹出“导入表格式数据”对话框，如图6-66所示。

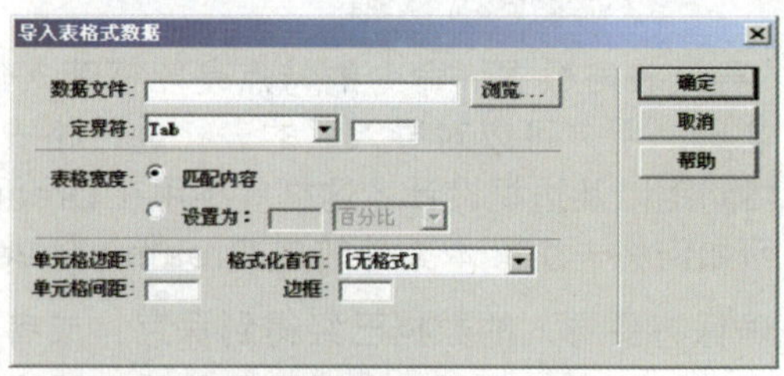

图6-66 “导入表格式数据”对话框

数据文件：单击“数据文件”右边“浏览”按钮，在弹出的对话框中选择要导入的文本文件。

定界符：在下拉列表中可以选择导入文件中所使用的分隔符。如果选择“其他”选项，则在右边出现一个文本框。在其中输入文件中使用的分隔符（中文状态下的逗号）。如果不能确保指定保存数据文件时使用的分隔符，则无法正确地导入文件，数据也无法被正确地格式化为表格。

表格宽度：如果需要指定表格具有的固定列宽，在“表格宽度”区域中创建表格的宽度。选择“匹配内容”单选按钮，表示使每个列具有足够宽度以适应该列中最长的文本字符串。选择“设置为”单选按钮表示指定宽度选项将以“像素”为单位或按占浏览器窗口宽度的百分比指定固定的表格宽度。

单元格边距：用于设置单元格内容和单元格边界之间的像素数。

单元格间距：用于设置相邻的表格单元格之间的像素数。

格式化首行：用于确定应用于表格首行的格式设置。从四个格式设置选项中进行选择包括：无格式、粗体、斜体或加粗斜体。当导入文件包含一个标题行时，此选项非常有用。

边框：在文本框中根据需要设置边框线的粗细，如果不想显示边框，可以将这个值设为0。

6-7-2 排序表格

在利用表格输入文本并制作文档的过程中，有时需要应用升序或降序的功能排列单元格内的文本。将光标放置于表格内，执行“排序表格”命令，并在弹出的对话框中设置就可以自动按升序或降序整理单元格内的文本。

>>01 可以根据单个列的内容对表格中的行进行排序。选择该表格或单击任意单元格。执行“命令”|“排序表格”命令，如图6-67所示。

>>02 这时会出现“排序表格”对话框，如图6-68所示设置各属性。在“顺序”下拉列表可以设置排序的顺序选项。确定是按字母还是按数字顺序排列，在右边的下拉列表框中设置以升序（A～Z，小数字到大数字）还是降序对列进行排序。在“再按“和“顺序”下拉列表中，可以确定在不同列上的第2种排序方法的排序顺序。在下方的“顺序”下拉列表中指定第2种排序方法的排序顺序。

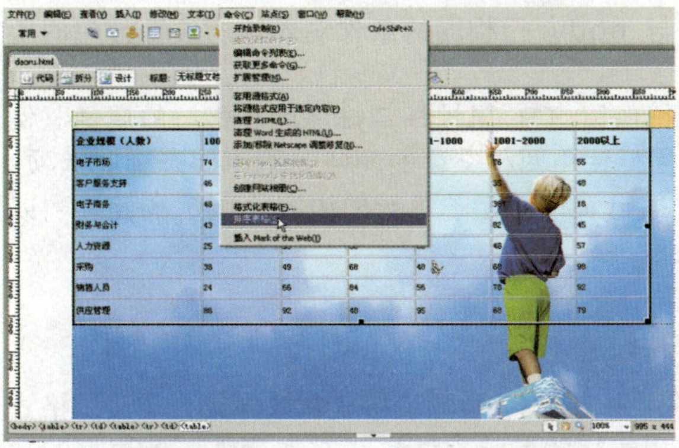

图6-67 “排序表格”命令

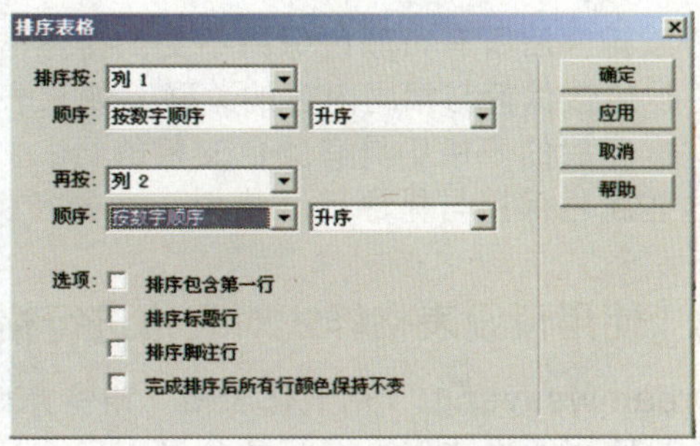

图6-68 “排序表格”对话框

>>03 设置属性以后，单击”确定”按钮，可以看到表格内的第2列文本按照数字顺序排列，如果遇到数字相同的情况，再按照第3列的数字大小进行排列，图6-69所示为原始表格，图6-70所示为排序后的表格。

图6-69 原始表格

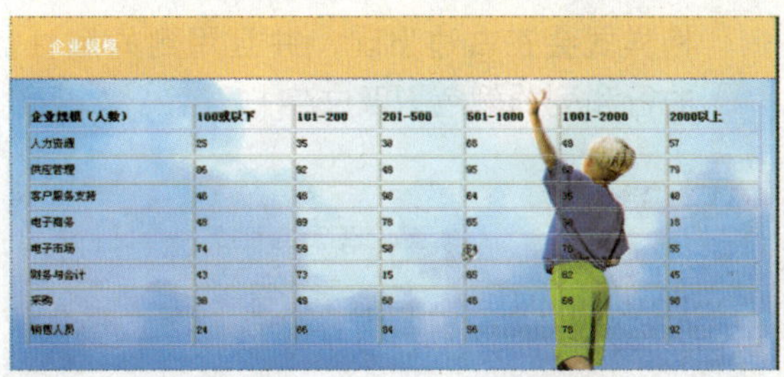

图6-70 排序后表格

提示 · 技巧

当列的内容是数字时，选择“按数字顺序”选项。当列的内容是字母时，选择“按字母顺序”选项，并且数字也可作为字母进行排序，如果按字母顺序对一组由一位或两位数组成的数字进行排序，则这些数字的排序结果显示的形式为1、10、2、20、3、30。

04 执行“命令”|“排序表格”命令，这时会出现“排序表格”对话框，如图6-71所示。具体功能如下：

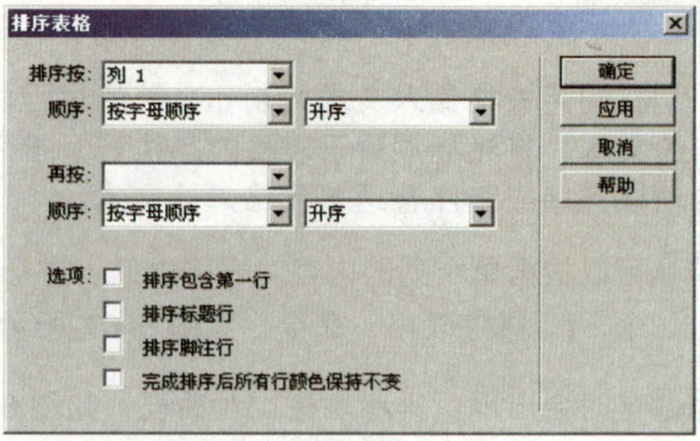
图6-71 “排序表格”对话框

排序按：选择要排序的行和列。

顺序：从“按字母顺序”和“按数字顺序”下拉列表中选择一种排列方法。右边文本框中会出现相应的选项。

再按：选择再次进行排序的行和列。

排序包含第一行：指定表格的第一行应该包括在排序中。如果第一行是不应移动的标题，则不选择此选项。

排序标题行：对标题行进行排序指定使用与 body 行相同的条件对表格标题部分中的所有行进行排序。

排序脚注行：对脚注行进行排序指定使用与 body 行相同的条件对表格脚注部分中的所有行进行排序。

完成排序后所有行颜色保持不变：排序的行保留 TR 属性指定排序后表格行的属性（例如颜色）应该保持与相同内容的关联。如果表格行使用两种交替的颜色，则不要选择此选项，以确保排序后的表格仍具有颜色交替的行。如果行属性特定于每行的内容，则选择此选项以确保这些属性保持与排序后表格中正确的行关联在一起。

6-7-3 使用预设表格样式对表格进行格式设置

Dreamweaver 的“格式化表格”命令允许用户选择17种预设格式化效果或自定义的格式化效果。使用“格式化表格”命令可以自动应用表格的单元格背景、文本属性、外边框的功能。应用到表格后，还可以选择选项进一步进行自定义设置。

01 将光标放置于在上一过程中排序过的表格内，执行“命令”|“格式化表格”命令。此时会弹出“格式化表格”对话框，如图6-72所示。

02 在“格式化表格”对话框左边的滚动列表框中选择任一选项。选择一个选项时，一个表格样式会在右边出现，并且用到的属性数值会在下面显示出来。按照个人喜好更改表格的行和列的颜色以及文字样式等，如图6-73所示。

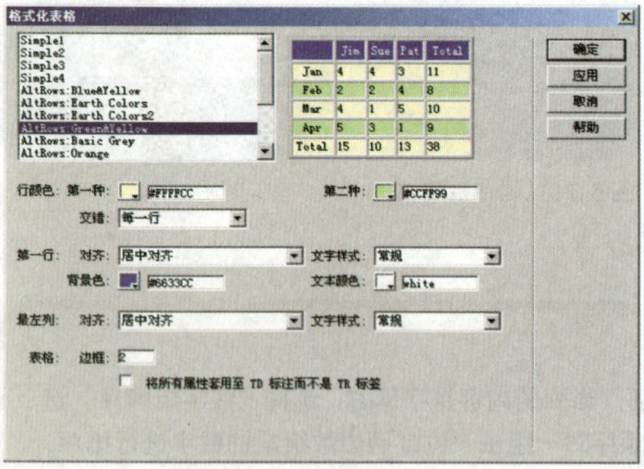
图6-72 “格式化表格”对话框

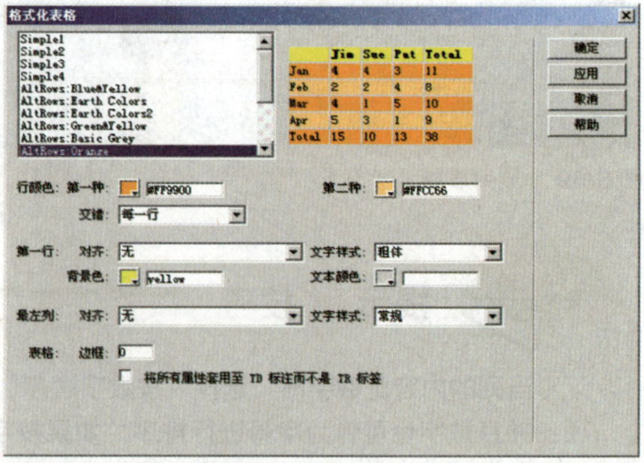
图6-73 设置“格式化表格”

>>03 单击“确定”按钮，选中第2行及以后的单元格，并在“属性”面板中将文本的对齐方式指定为居中对齐，如图6-74所示。完成后按【F12】键，在浏览器中预览页面，如图6-75所示。

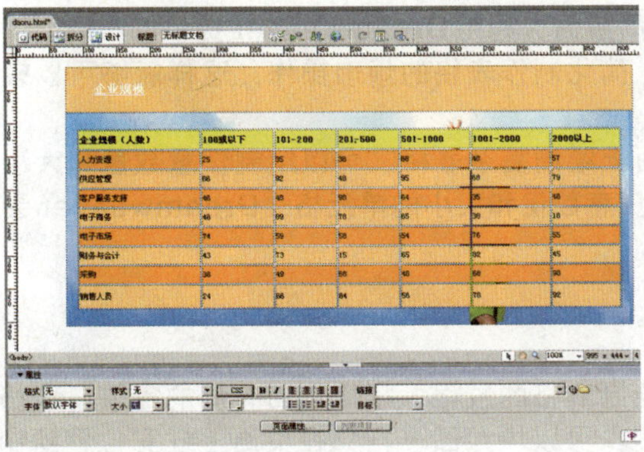

图6-74 应用设置后格式化

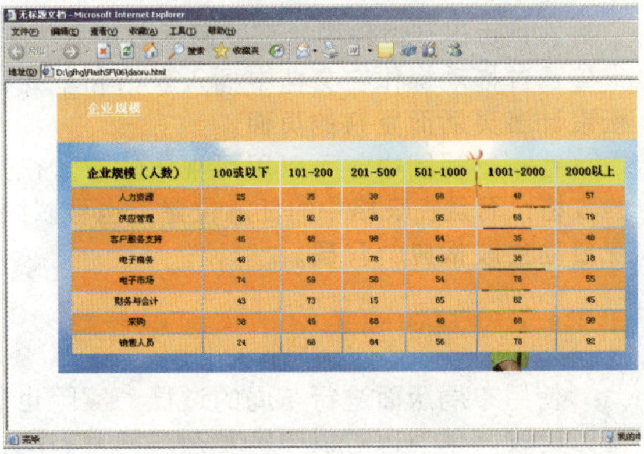

图6-75 预览效果

提示 · 技巧

设置的属性效果可以在预览框中看到。单击“应用”按钮，可以在不关闭对话框的情况下看到窗口页面的变化。

>>04 只有简单的表格才能使用预先设置的设计进行格式设置。这些设计不能对包含合并单元格、列组或其他特殊格式设置（这些特殊格式设置使表格无法形成简单的矩形单元格网格）的表格进行格式设置。执行“命令”|“格式化表格”命令，弹出“格式化表格”对话框，如图6-76所示。

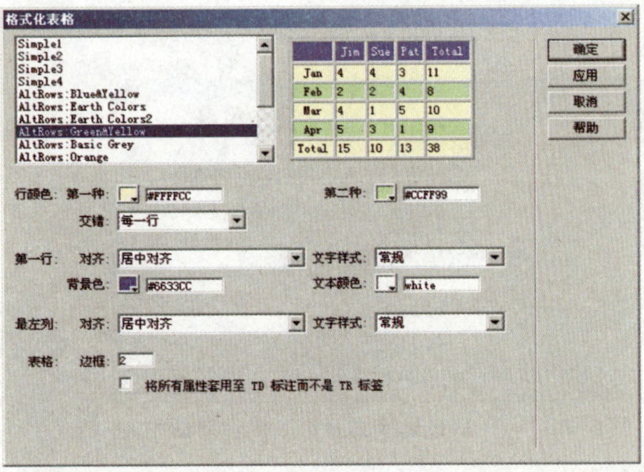

图6-76 “格式化表格”对话框

“行颜色”选项区域：指定应用于行的颜色，以及颜色交替的频率。“第一种”文本框中输入表格主体第一行的背景颜色，“第二种”文本框中输入表格主体第二行的背景颜色，“交错”下拉列表框中指定行颜色的模式。可以选择无交错，每一行、每两行、每三行以及每四行，行颜色不会作用于表格顶行。

“第一行”选项区域：指定表格第一行（可能包含列标题）的对齐方式、文本样式、背景颜色和文本颜色。

“最左列”选项区域：指定表格最左列（可能包含行标题）的对齐方式和文本样式。

边框：以像素决定表格边框的宽度。

将所有属性套用至<td>标签而不是<tr>标签：将设计应用于表格单元格<td>标签而不是表格行<tr>标签。

6-8 使用布局表格布局单元格

在网页设计过程中，可以通过多种方法来布局版面，利用Dreamweaver提供的布局视图直接通过拖动操作在文档中插入表格和单元格，简化制作表格的烦琐操作，这样能够可以轻松设计出灵活而复杂的页面。

在布局视图中，可以用可视化的方法在页面上绘制复杂表格。可以绘制任意数量和大小的表格，而且在表格中的任意位置上也可以绘制任意数量和大小的单元格。Dreamweaver会在自动生成相应的代码。

6-8-1 绘制布局表格和布局单元格

使用布局版面进行布局的过程，实际也是绘制表格的过程。根据页面布局的需要，表格可以比较简单，也可以非常复杂。利用布局视图，可以像绘图一样，在页面上任意位置绘制表格和单元格。

>> 01 执行"文件"|"新建"命令，打开新的操作窗口。在绘制布局表格或布局单元格之前，必须从标准模式切换到布局模式。执行"查看"|"表格模式"|"布局模式"命令或在"布局"插入栏中单击"布局模式"按钮，即可进入布局模式。如果弹出提示对话框，可单击"确定"按钮，如图6-77所示。

>> 02 在"布局"插入栏中，单击"绘制布局表格"按钮，将鼠标指针放置在页面上，拖动并绘制需要的大小区域，即可完成布局表格的创建，如图6-78所示。

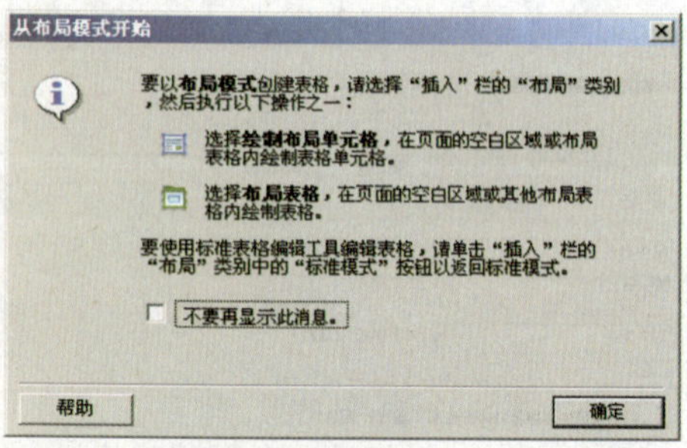

图6-77 "从布局模式开始"提示对话框

图6-78 绘制布局表格

>> 03 通过拖动鼠标绘制布局表格时会呈现草绿色，其中带有一个布局表格标签和一个列标题栏，在列标题栏上显示每列宽度。单击该标题栏，可以打开列标题菜单，如图6-79所示。

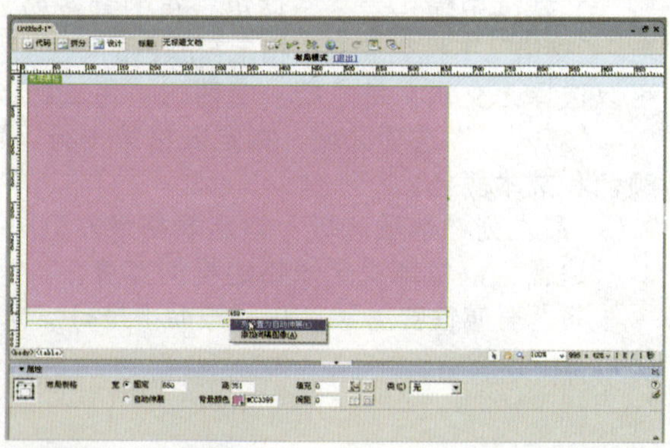

图6-79 列标题菜单

>>04 选择插入的布局表格，并在“属性”面板中将“宽度”值设置为“800”，将“Height”值设置为“351”，然后按【Enter】键，调整布局表格的宽和高，如图6-80所示。

图6-80　调整布局表格

布局表格的“属性”面板

>>05 选择插入的布局表格，在“属性”面板中可以设置布局表格属性，如图6-81所示。

宽/高：按像素单位指定布局表格的宽度值和高度值。

填充：指定布局单元格与单元格内容之间的边距。

清除布局表格内的行高。

按照显示在布局表格上方或下方的数字重新调整其大小。

类：在布局表格中应用样式。

自动伸展：选择该选项将按照网页文档的大小自动延伸布局表格的宽度。

背景颜色：指定布局表格的背景颜色。

间距：指定布局单元格之间的空间。

删除所有间隔图像。

删除插入到布局表格内的嵌套布局表格。

图6-81　布局表格“属性”面板

>>06 如果要绘制布局单元格，可以单击“布局”插入栏中的“绘制布局单元格”按钮，此时鼠标指针会变为十字形状。从布局表格内的左上角开始拖动，插入布局单元格，如图6-82所示。

>>07 选择插入的布局单元格，并在“属性”面板中设置布局单元格的宽度、高度、水平和垂直对齐方式、背景颜色等属性，将宽度值设置为“202”，将高度值设置为“160”，如图6-83所示。

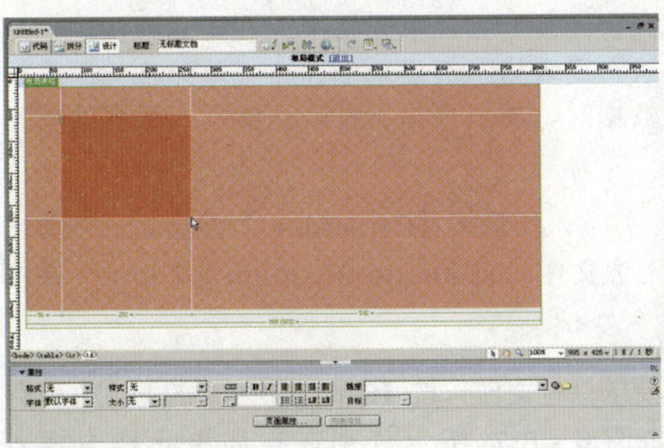

图6-82　绘制布局单元格

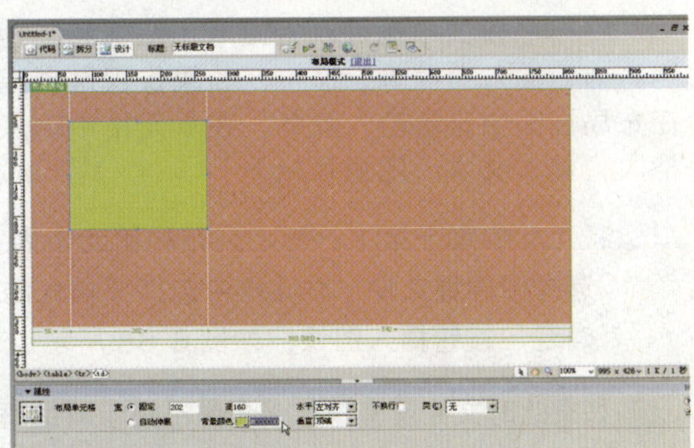

图6-83　设置其属性

08 继续绘制布局单元格，默认状态下，每一次绘制布局表格或单元格，都要在“插入”面板上重新单击一次相应的工具。若要绘制多个布局表格或单元格时不必重复选择绘制布局表格或单元格，在绘制时按【Ctrl】键拖动。继续按【Ctrl】键，可以连续绘制出多个布局表格，如图6-84所示。

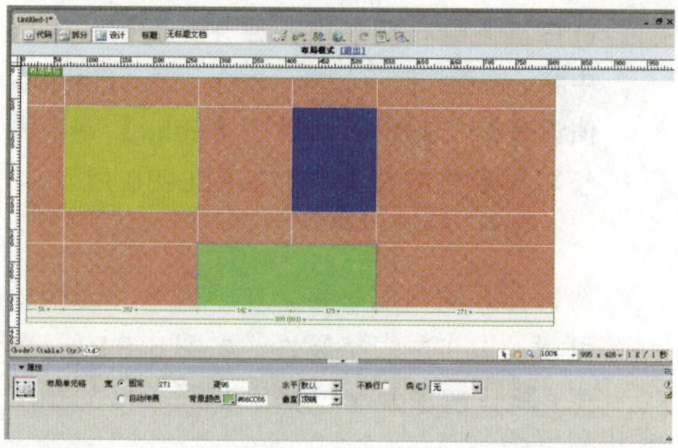

图6-84 绘制多个布局单元格

提示 · 技巧

在绘制布局表格或布局单元格时，会自动激活绘制区域的对齐特性。如果在靠近布局表格边缘的位置绘制单元格，则单元格的边缘会自动与包含它的布局表格的边缘对齐；如果在绘制表格或单元格时禁用对齐，则可以在绘制时按【Alt】键。

09 选择插入的布局单元格，并在“属性”面板中设置布局单元格属性，如图6-85所示。

宽：以像素单位指定布局单元格的宽度值。

高：以像素单位指定布局单元格的高度值。

水平：指定布局单元格的水平，垂直对齐方式。

不换行：选择该项，可将布局单元格的宽度调整为100%。

类：对布局表格应用样式。

自动伸展：选择该项，可按照网页文档的大小自动延伸布局单元格的宽度。

背景颜色：指定布局单元格的背景颜色。

图6-85 “布局单元格”属性面板

6-8-2 在布局单元格内插入内容

在布局模式中也可以将文本、图像和其他内容添加到布局单元格中。在布局视图中，只能将内容插入布局单元格中，如果仅仅是创建了布局表格，而尚未创建布局单元格，则无法在布局视图中直接输入数据。在单元格中输入数据时，将鼠标指针移动到要插入数据的单元格内，输入文本、图像等对象。

01 将光标放置于第1行第1列布局单元格内，并插入图像按【Ctrl+Alt+I】组合键，在弹出“选择图像源文件”对话框中选择要插入的图像文件“06\image\05_main_07.jpg”，单击“确定”按钮插入图像，如图6-86所示。

02 如果此时文件没有保存，会弹出提示对话框要求保存文件，按【Ctrl+S】组合键将文件保存到站点中，使用步骤01中的方法，如图6-87所示分别在布局单元格内插入“06\image\05_main _09.jpg和05_main_11.jgp”3张图像。

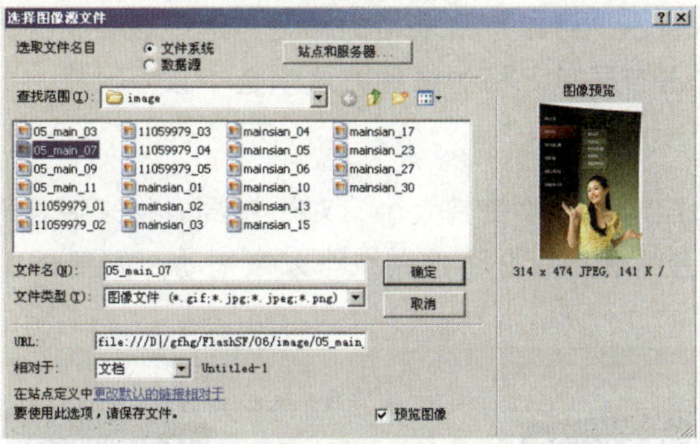

图 6-86 "选择图像源文件" 对话框

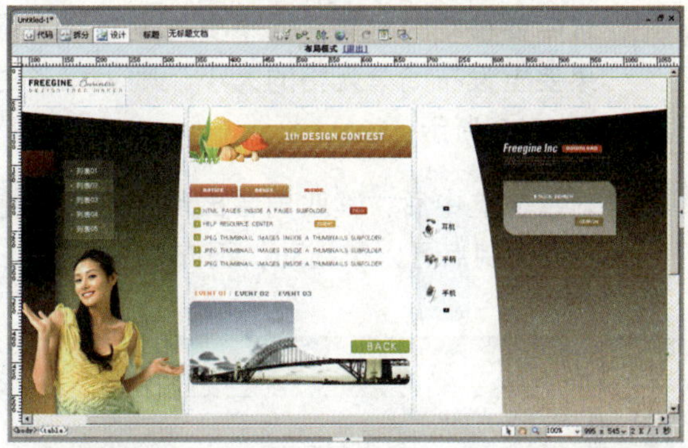

图 6-87 依次插入图像

6-8-3 移动布局表格和布局单元格

在布局视图中，可以随意移动布局表格或布局单元格的位置，也可以任意修改布局表格或布局单元格的大小，但对布局单元格和嵌套布局表格进行移动时不能使它们重叠。

>>01 选中对象进行移动。如果要移动的是嵌套布局表格，可以单击表格的标签，选中该表格；如果要移动的是布局单元格，则可以通过单击布局单元格边缘的方法来选中该单元格，如图 6-88 所示。

>>02 利用鼠标可将嵌套布局表格或布局单元格直接拖动到另一个位置。若按方向键移动，每次可移动 1 个像素，若按【Shift】键的同时按方向键移动，每次可移动 10 像素位置，如图 6-89 所示。

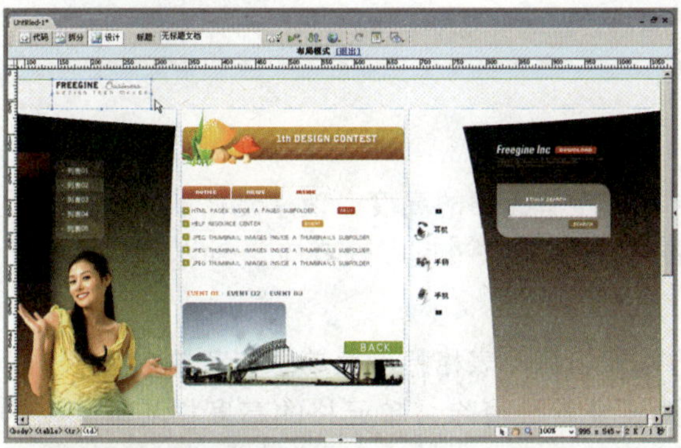

图 6-88 选中布局单元格

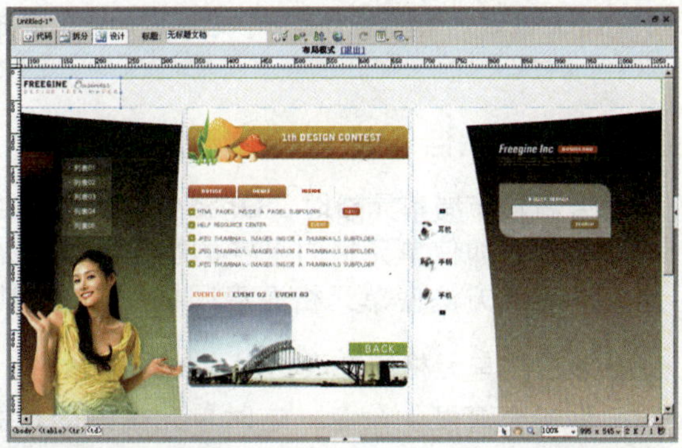

图 6-89 使用方向键移动

提示 · 技巧

最外面的布局表格不能被移动，只有嵌套的布局表格才能移动。同时只有在布局表格的灰色区域，才可以移动布局表格或布局单元格。如果相应的空间已经被其他的布局表格或布局单元格所占用，则无法移动。

6-8-4 重设布局表格和布局单元格的大小

可以对布局单元格和布局表格进行移动，也可以调整它们的大小，调整布局表格的大小后，该布局表格不能小于包含所有单元格的最小矩形的大小。调整布局表格的大小后不能使其与其他表格或单元格重叠。

01 选中要移动的对象。如果要重设布局表格的大小，可以单击表格的标签，选中该表格。如果要重设布局单元格的大小，则可以通过单击布局单元格边缘的方法来选中该单元格，如图 6-90 所示。

02 对象被选中后，其四周会出现控制点，拖动控制点可改变其大小。对于布局表格来说，有 3 个控制点可以被拖动，而布局单元格或嵌套的表格有 8 个控制点可以被拖动，如图 6-91 所示。

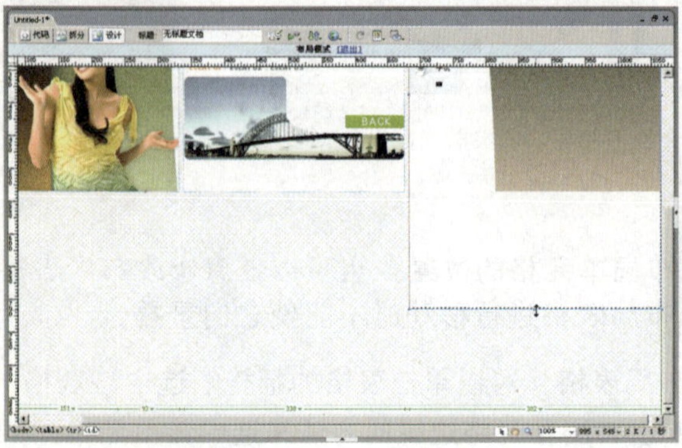

图 6-90　选中布局单元格

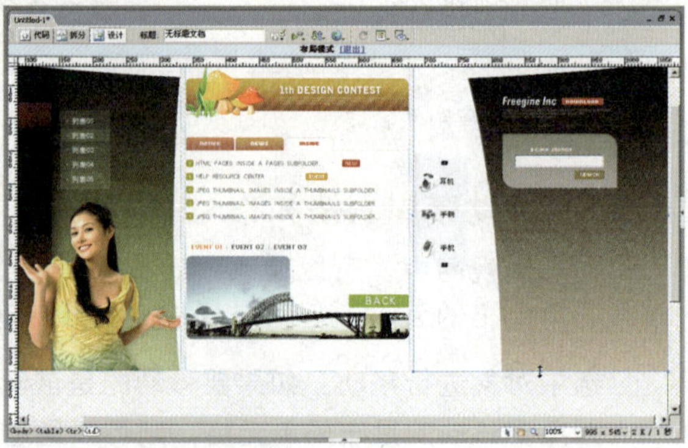

图 6-91　移动控制点

提示 · 技巧

在重设布局表格或布局单元格大小时，如果它们同附近的表格或单元格距离较近时（默认状态下小于 8 像素），则会自动靠齐。若要取消自动靠齐，可在设置时按【Alt】键。

6-8-5　清除自动设置的单元格高度

当创建布局单元格时，Dreamweaver 会自动指定单元格的高度，使单元格以用户设置的高度显示，即使单元格内是空的也是如此。在单元格中插入网页内容之后，可以通过清除单元格高度的方法使单元格高度同插入内容相匹配。

01 单击该单元格所在表格对应的列标题栏上的按钮，打开表格标题菜单。在菜单中选择“清除所有高度”命令。这时单元格的固定高度设置就被清除，单元格的高度将随单元格内容的变化而变化，如图 6-92 和图 6-93 所示。

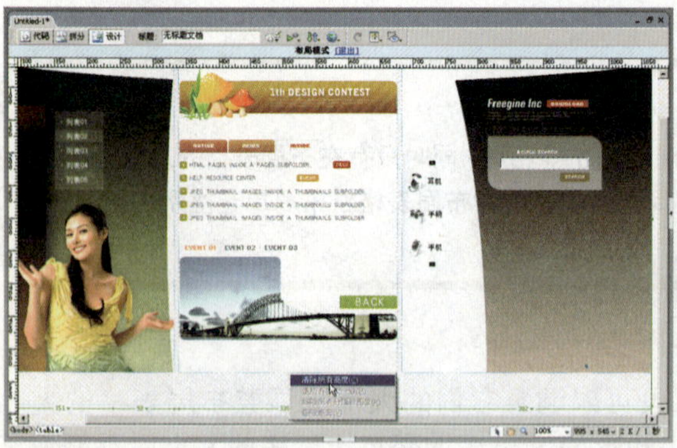

图 6-92　清除所有高度

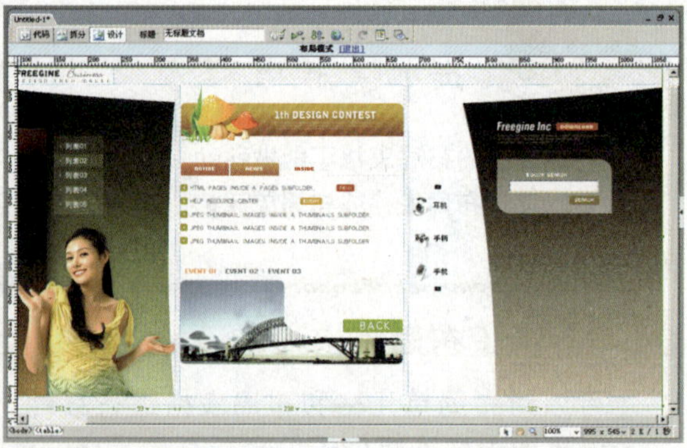

图 6-93　清除后效果

>>02 也可通过单击表格顶部的选项卡选择一个布局表格，然后单击“属性”面板中的“清除行高”按钮来清除自动设置的单元格高度，如图6-94所示。

图6-94　使用“清除行高”按钮

6-8-6　绘制同级和嵌套布局表格

如果页面的布置比较复杂，应该尽量避免在一个布局表格中处理所有的内容。事实上，使用多个布局表格或嵌套布局表格最终组合成更加复杂的结构，也许是更合理的方案。这样可以避免修改某个布局单元格时，影响到其他内容。

>>01 一个页面上不仅可以包含多个并列级别的布局表格，也可以在一个布局表格中嵌套新的布局表格。若要绘制嵌套布局表格，在“布局”插入栏中，单击“绘制布局表格”按钮。然后在现有布局表格中的下方，拖动即可创建嵌套布局表格，单击“绘制布局表格”按钮进行绘制，可以生成多个布局表格，如图6-95所示。需要注意的是，新的布局表格只能被绘制到现有布局表格的下方。

>>02 也可从“对象”面板上单击 “绘制布局表格”按钮，然后在现有布局表格之内的灰色区域进行绘制即可。注意，只能在布局表格之内的灰色区域中生成布局表格，如图6-96所示。

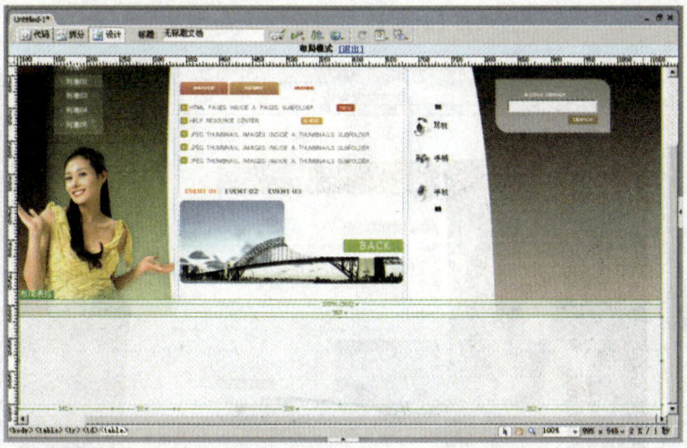

图6-95　同级布局表格

图6-96　嵌套布局表格

提示 · 技巧

对外部表格所进行的更改不会影响嵌套表格中的单元格；例如，当更改外部表格中行或列的大小时，内部表格中单元格的大小不发生变化。

如果在页面上绘制多个同级布局表格，新表格只能位于原先布局表格的下方，而如果绘制的是嵌套表格，被嵌套的多个布局表格可以并行排列。因此，合理利用嵌套表格可以制作出更为复杂的版面结构。

6-8-7 隐藏和显示布局表格标签

默认状态下，布局表格的上方有一个标签，上面显示有布局表格字样。另外，在该标签的下方，表格的顶端的是一排列标题，显示对应列的宽度值。标签和列标题栏会占用一定的页面空间，有时候会影响网页版面布局，所以通常将标签和列标题栏隐藏。

要隐藏布局表格的标签和列标题栏，执行"视图"|"可视化助理"|"隐藏所有"命令。如果要重新显示标签和列标题栏，再次选择该命令即可，如图6-97和图6-98所示。

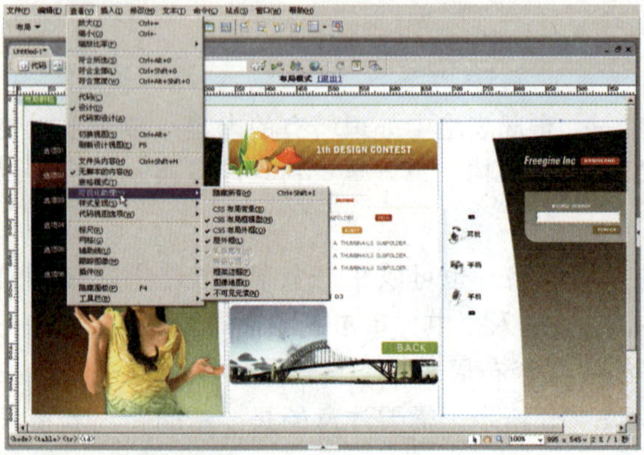

图6-97　执行"隐藏所有"命令

图6-98　隐藏所有后效果

将扩展模式切换为一般表格模式

>> 01 在文档工具栏中单击"标准"按钮或者在操作窗口上端单击"退出"按钮，就可以切换到一般表格模式，如图6-99和图6-100所示。

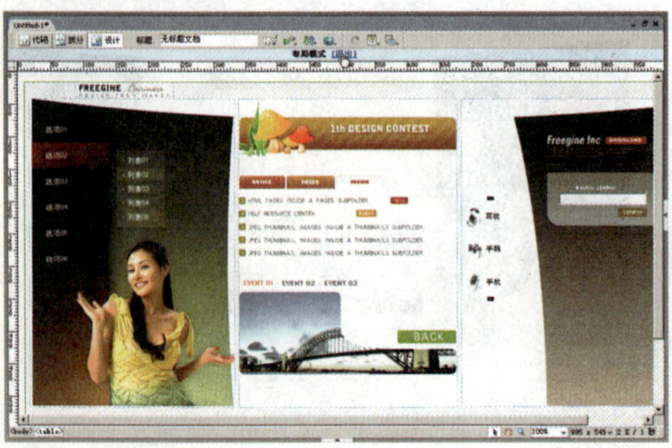

图6-99　布局模式

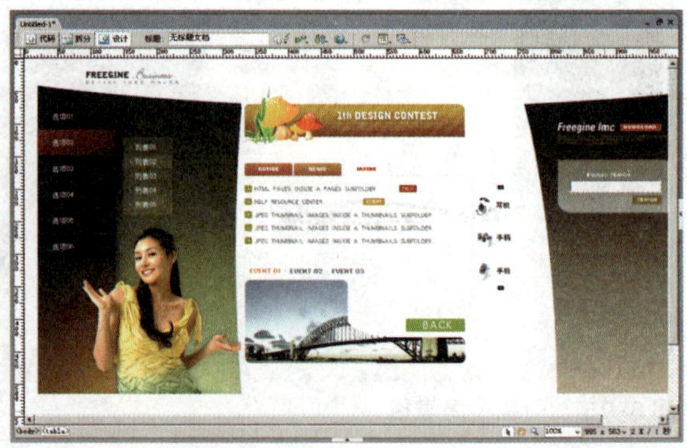

图6-100　一般表格模式

>> 02 在文档工具栏中单击"扩展"按钮，可以切换到扩展表格模式。切换到扩展表格模式以后，文档中的表格结构以粗而深的边框来显示，而且扩大显示其内容以便于编辑，如图6-101所示。

图6-101　单击"扩展"按钮

在"页面属性"对话框中，利用Dreamweaver中提供的跟踪图像功能，可以在网页文档中插入图像作为背景图像。让这幅图像作为网页设计时的背景图并显示在页面的背景上。背景图可以是规划网页布局的草图，这样便于在网页创作时对页面进行规划和定位。

6-9-1 在文档中设置跟踪图像

选择“跟踪图像”选项，在“跟踪图像”文本框中，可以指定一幅图像的URL，图像“透明度”用于确定跟踪图像的透明度，范围包括从完全透明到完全不透明。

>>01 执行“文件”|“新建”命令，打开新的操作窗口。执行“文件”|“保存”命令，将文档以genzhong.htm文件名保存，保存新建的网页文档之后。按【Ctrl+J】组合键，打开“页面属性”对话框。在对话框中将左边距和顶边距均设置为20像素，如图6-102所示。

>>02 在“分类”列表框中选择“跟踪图像”选项，然后单击“跟踪图像”文本框右边的“浏览”按钮，如图6-103所示。

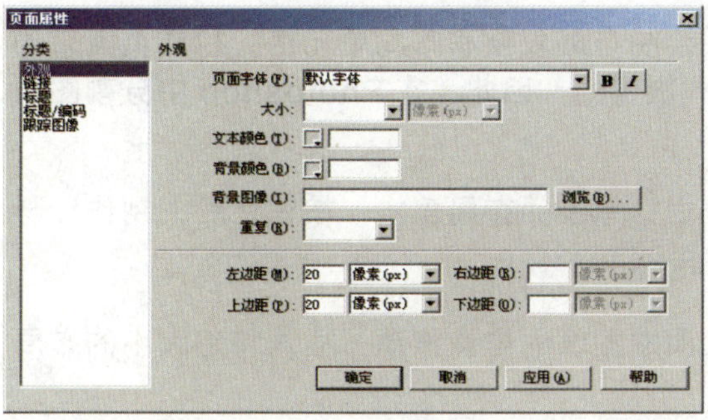

图6-102 “页面属性”对话框

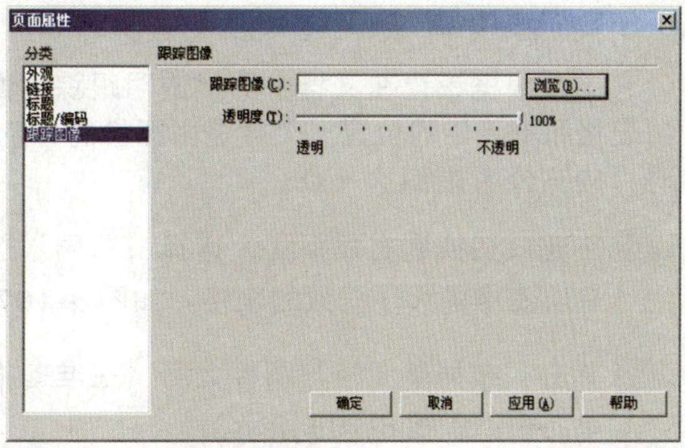

图6-103 设置跟踪图像

提示 · 技巧

设定跟踪图像之前，为了便于在左侧和上端设计布局，需要指定适当的边距。如果设定合适边距，那么在布局表格模式中绘制布局表格和布局单元格时会很方便。

>>03 弹出“选择图像源文件”对话框以后，选择作为跟踪图像的文件“06\image\05_sub01.jpg”，然后单击“确定”按钮，如图6-104所示。

>>04 返回“页面属性”对话框，将透明度滑块向左侧移到40%的位置。然后单击“确定”按钮，如图6-105所示。透明度滑块用来调整背景图的透明度，如果将其值设置为100%，将清晰显示背景图，不过在设计布局时会造成影响，所以最好将其值调整为半透明状态。

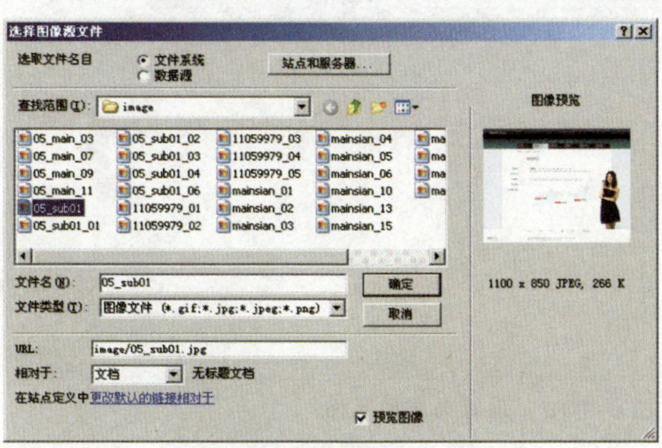

图6-104 “选择图像源文件”对话框

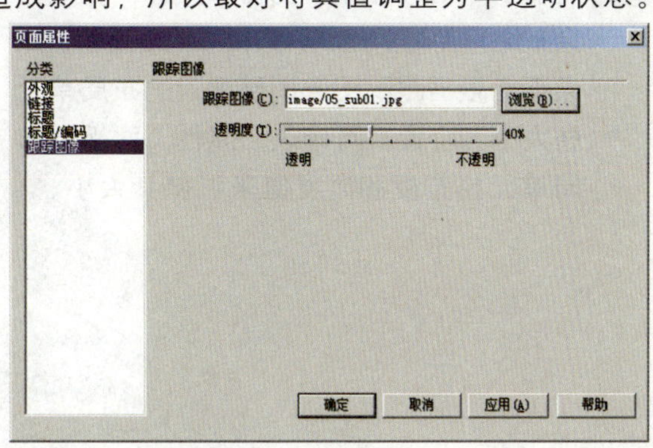

图6-105 设置透明度

05 操作窗口中以半透明状态显示背景图，如图6-106所示。作为布局参照物的跟踪图像在实际生成网页时，并在浏览器中显示。所以当按【F12】键在网页浏览器中预览效果时，该背景图不能显示出来。

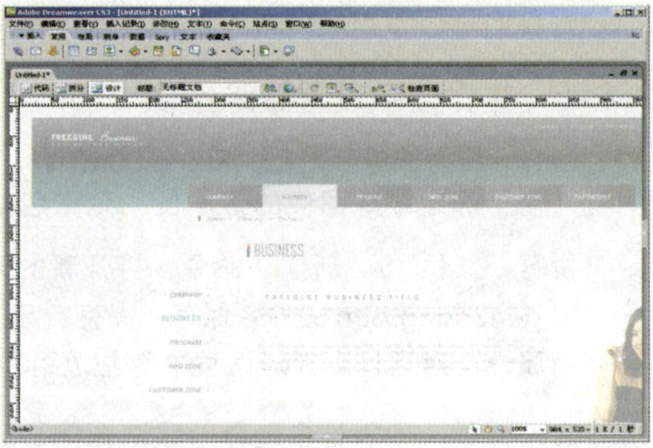

图6-106 完成后效果

6-9-2 使用跟踪图像绘制布局表格和布局单元格

下面根据设置在文档中的半透明跟踪图像，绘制布局表格和布局单元格。构成页面布局的表格和单元格的位置、个数是由图像的分割方式决定的。因此，在Photoshop中分割图像时，应充分考虑到这一点。

01 将窗口切换到布局模式。选择“布局”选项栏，单击“布局表格”按钮之后，制作出与底层图像的大小一致的表格，如图6-107所示。

02 单击“布局单元格”图标之后，在准备插入顶端图像的位置拖动，插入特定大小的布局单元格，如图6-108所示。

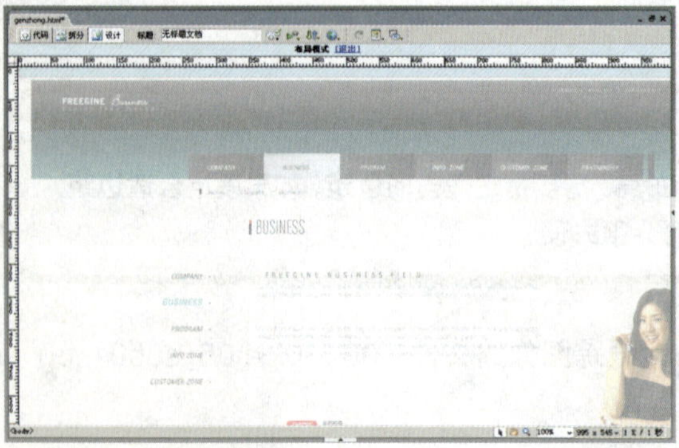

图6-107 绘制布局表格

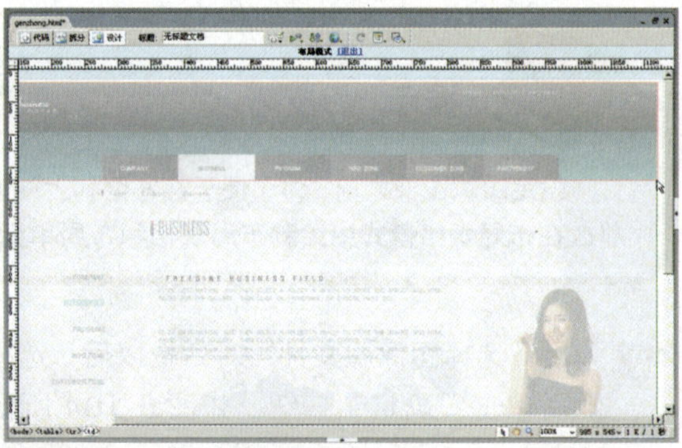

图6-108 绘制布局单元格

03 再一次单击“布局单元格”图标，完成其余布局单元格的绘制，如图6-109所示。如果不能根据跟踪图像调整插入的布局单元格大小和位置，可修改“属性”面板中布局单元格宽度和高度值来调整其大小。

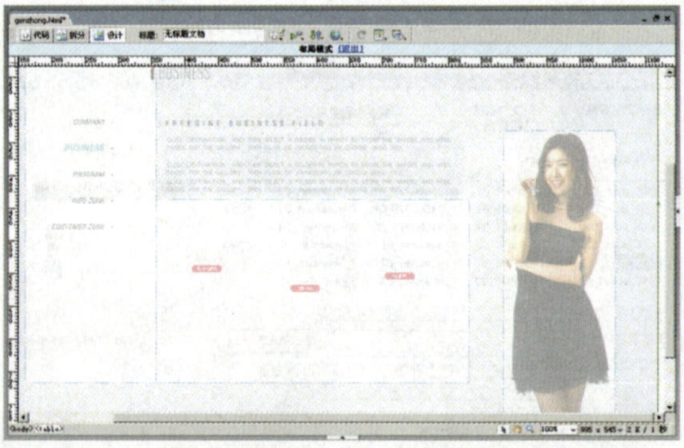

图6-109 设置布局单元格

提示 · 技巧

拖动鼠标插入的布局表格和布局单元格，不能随意按照跟踪图像调整其大小，此时可以选中插入的布局表格和布局单元格，在“属性”面板中设置宽和高的值来调整其大小。若要以较为精确的宽度和高度值移动布局单元格，按方向键以 1 像素为单位移动，从而调整其位置。

6-9-3 在完成的布局中填充内容

利用布局表格和布局单元格绘制布局页面之后，就可以指定布局单元格的背景色和水平、垂直对齐方式等属性，然后添加图像和文本等页面元素。

01 将光标放置于第 1 个布局单元格内，按【Ctrl+Alt+I】组合键，在弹出的“选择图像源文件”对话框中选择要插入的图像文件“06image\05_sub01_01.jpg”，然后单击“确定”按钮，如图 6-110 所示。

02 选定的图像被插入到指定的单元格中了，此时若表格大小位置不合适，可以修改并选中布局表格和布局单元格，在“属性”面板中设置相应数值即可，如图 6-111 所示。

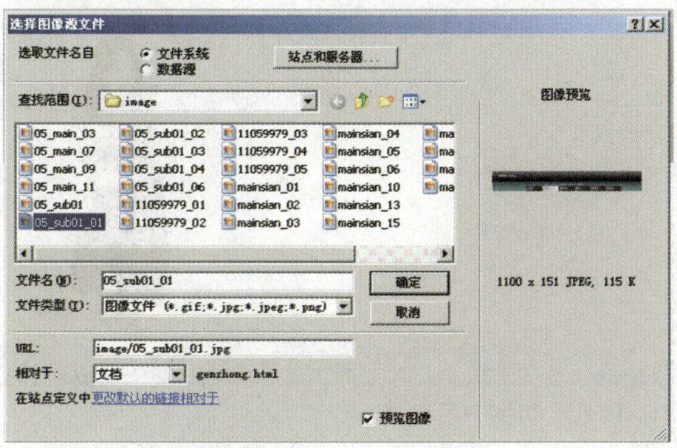

图 6-110 “选择图像源文件”对话框

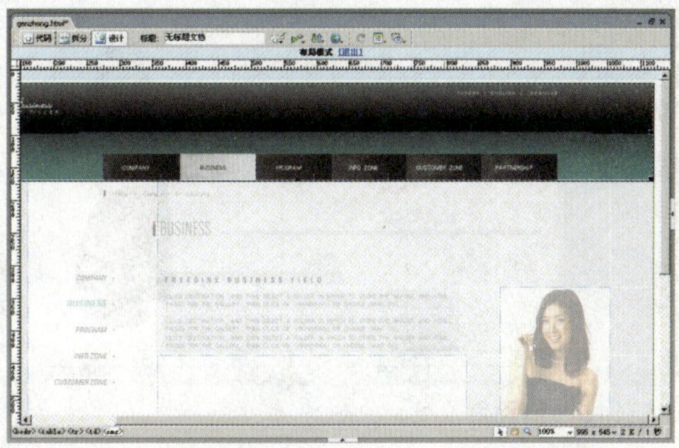

图 6-111 插入图像

03 将光标放置于其余布局单元格内，使用步骤 02 方法，插入相应的图像文件，最后单击“确定”按钮，插入图像的效果如图 6-112 所示。

图 6-112 插入其他图像

6-9-4 切换到一般表格模式

再次改变文档属性，并从布局表格模式切换到一般表格模式，然后通过设置表格和单元格属性操作整理文档。

01 保存新建的网页文档之后。按【Ctrl+J】组合键，再次打开“页面属性”对话框。在对话框中将左边距和顶边距均设置为 0，如图 6-113 所示。

>> 02 在“分类”列表框中选择“跟踪图像”选项，清除右边“跟踪图像”文本框中的所有内容，取消文档中的跟踪图像，然后单击“确定”按钮，如图6-114所示。

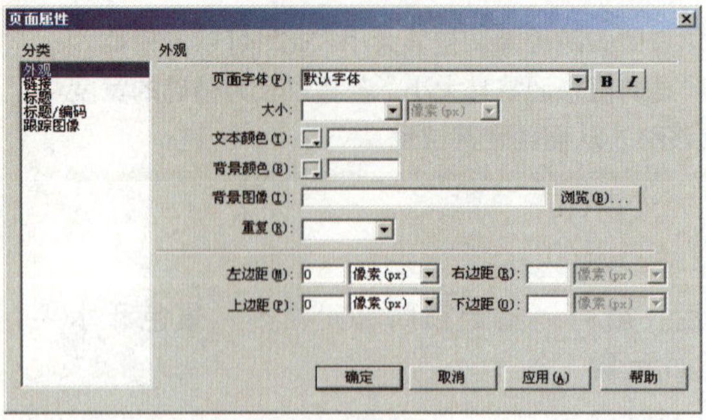

图6-113 “页面属性”对话框

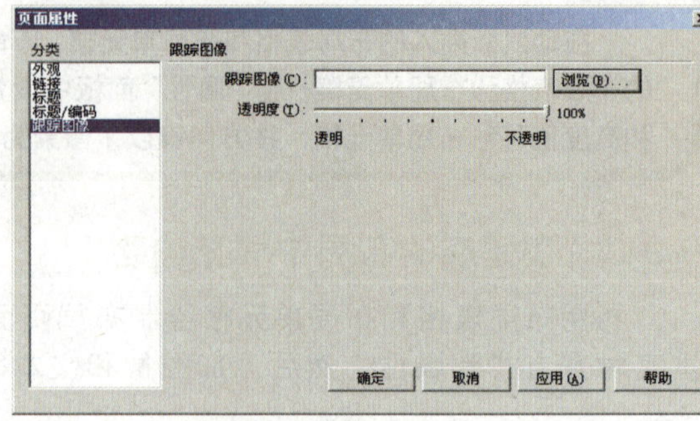

图6-114 清除跟踪图像

>> 03 此时没有跟踪图像的干扰，可以清楚地规划页面布局，如图6-115所示。单击“布局”插入栏中的“标准”按钮，切换到一般表格模式，如图6-116所示。

图6-115 清除后效果

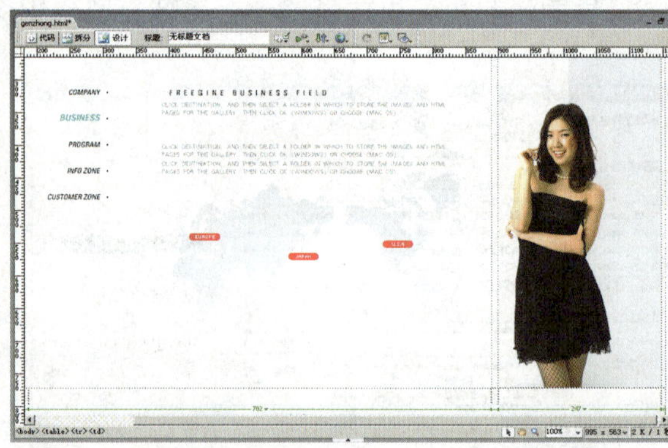

图6-116 切换一般模式

>> 04 在一般表格模式中，根据布局视图中绘制布局表格和布局单元格生成多个单元格，使用选择单元格方法，在网页浏览器中预览制作效果，按【F12】键，确认文档内的布局结构和内容是否正常显示，如图6-117所示。

图6-117 预览效果

07

AP Div 的应用

Chapter 07 AP Div 的应用

AP Div 是 Dreamweaver CS3 中的新功能，其含义就是 AP 元素。AP 元素是一种 HTML 页面元素，可以用来进行页面定位。在设计网页时，可以对页面元素进行定位，将 AP 元素定位在页面上的任意位置，甚至用户可以使用 AP 元素来进行页面布局。使页面布局整齐、美观，并且 AP 元素还拥有一个 Z 坐标属性，可以将某个 AP 元素堆叠到另一个 AP 元素的上面。

AP 元素可以包含文本、图像或其他任何可在 HTML 文档中放入的内容。配合“时间轴”面板、“行为”面板的使用，可轻松制作出许多动态效果。

7-1　网页 AP 元素的特征

表格的广泛应用改变了 HTML 对版面的控制能力，也增强了对齐和文本的能力。但是如果图像文件只能放在表格内，有时候就限制了 Web 设计者的创作思维。在新的 CSS 功能中包含了一个特性，允许对页面上的元素进行绝对定位。绝对定位使某个元素（图像或者文本块）可以定位到页面上的任何地方。利用 CSS 定位规范的 AP 元素，可以非常灵活地放置内容。

随意拖动，精确定位

Dreamweaver 可以精确地创建 AP 元素。在页面上拖动一个 AP 元素，通过鼠标来放置和调整尺寸，或者使用“属性”面板来完成。用户也可以组合这些方式，快速地目测并大体给出 AP 元素的版式，然后精确地进行对齐边缘设置。对于接近传统页面版式的 Web 设计，Dreamweaver 包括标尺和网格，用户可以使用这些工具进行对齐等操作。

AP 元素具有 X、Y 坐标属性，因此可以通过拖动、方向键、设置坐标值的方式将 AP 元素移到画面的任意位置。AP 元素还可以设置负值，不过这样 AP 元素将放置在页面以外，如图 7-1 和图 7-2 所示。

图 7-1　原始位置

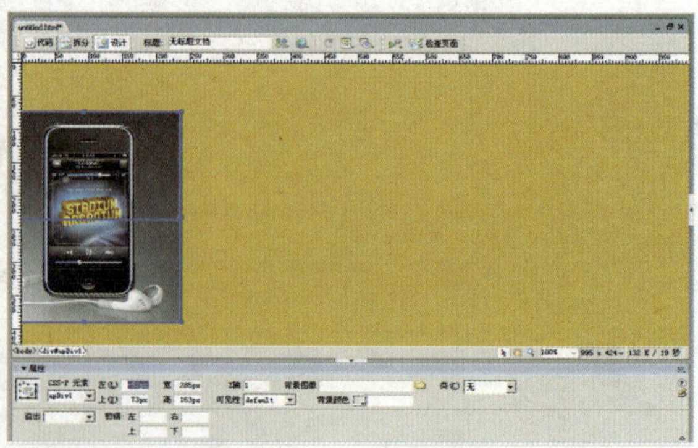

图 7-2　改变其坐标后

添加表格、图像、文字等多种对象

可以将 AP 元素理解为一个编辑窗口，像在普通文档中操作一样，在其中可以添加表格、图像、文字、Flash 等多种对象，然后对其进行编辑，如图 7-3 所示。

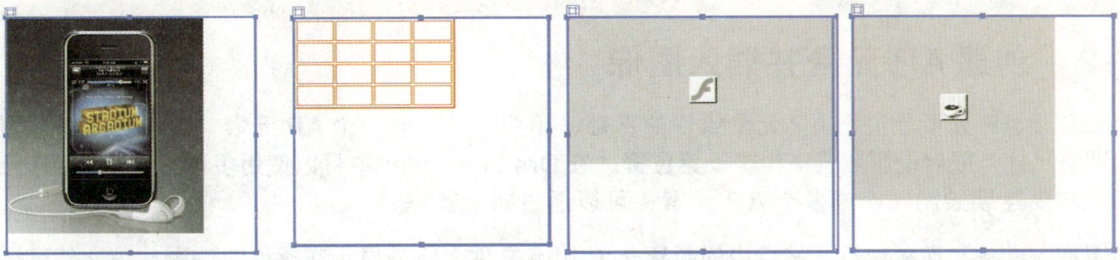

（a）插入图像　（b）插入表格　（c）插入Flash　（d）插入组件

图 7-3　插入各种元素

重叠放置多种元素

使用前面学到的方法，图像之间不能相互叠加放置，但是利用 AP 元素就可实现叠加效果，还可设置不同 AP 元素之间的堆叠顺序，如图 7-4 和图 7-5 所示。

图 7-4　重叠元素前

图 7-5　改变堆叠顺序

隐藏 AP 元素和显示 AP 元素

AP 元素最大的特征就是可以根据实际情况隐藏或显示 AP 元素，其隐藏或显示可以通过“AP 元素”面板来设置。按【F12】键，可以预览隐藏后的效果，如图 7-6 和图 7-7 所示。

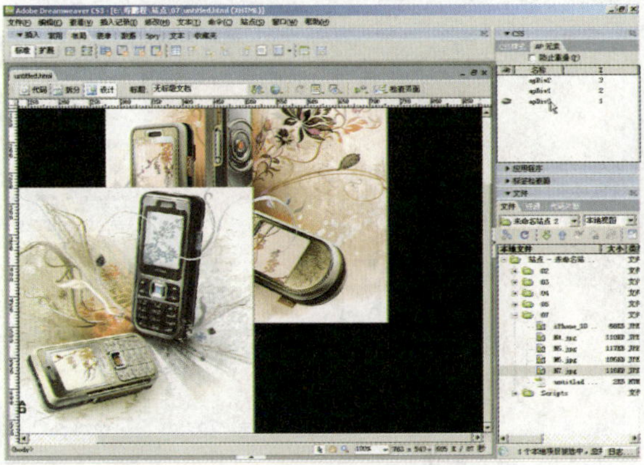

图 7-6　隐藏 AP 元素

图 7-7　预览效果

7-2　创建 AP 元素并插入图像

创建 AP 元素是进行 AP 元素操作的基础。用户可以拖动一个 AP 元素，通过目测来放置和调整尺寸，或者设置数值来精确设置位置。在 Dreamweaver 中可以使用多种方法创建 AP 元素，若要连续绘制一个或多个 AP 元素，可以通过以下操作。

>>01 在“文件”面板中打开站点中的新建一个.htm 文件，将其显示在操作窗口中，该文件已经填充了背景图像，把光标置于设计视窗中要插入 AP 元素的位置，然后执行“插入记录”|“AP 元素”命令或在“布局”插入栏中单击“绘制 AP 元素”按钮，如图 7-8 所示。

>>02 使用鼠标在设计视窗中拖动画出一个 AP 元素，在 AP 元素内单击，并添加插入点，这时就可添加图像，如图 7-9 所示。

图 7-8　新建文档

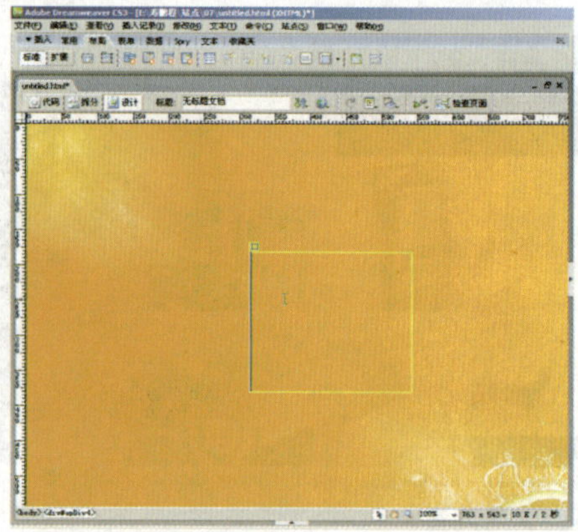
图 7-9　绘制 AP Div

>>03 执行“插入记录”|“图像”命令，在弹出的“选择图像源文件”对话框中选择插入的图像，如图 7-10 所示。然后单击“确定”按钮，AP 元素内就添加图片 07\No.jpg，如图 7-11 所示。

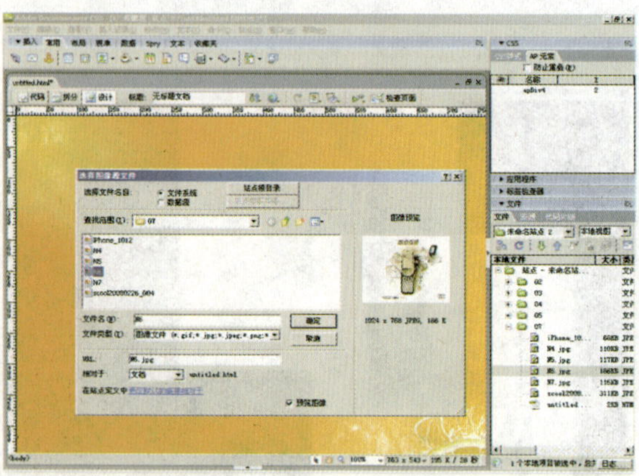
图 7-10　“选择图像源文件”对话框

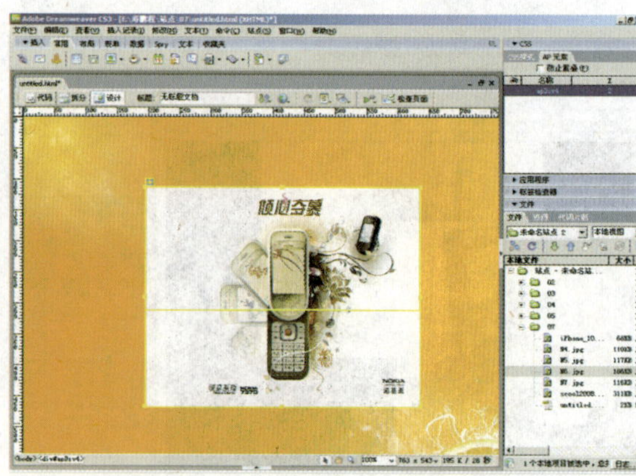
图 7-11　插入图像

提示 · 技巧

如果需要再添加层的话，需要再单击“绘制层” 按钮；如果想一次绘制多个层，按【Ctrl】键，并在设计视窗中画出一个新层。只要不释放【Ctrl】键，可以连续画出多个新层。

7-3 调整 AP 元素的属性

在 Dreamweaver 中创建 AP 元素后，还可以对 AP 元素进行编辑操作，AP 元素的操作主要包括 AP 元素的激活、选择、调整大小、移动、对齐等。

01 添加图像后，在文档空白处单击，取消图片的选择，再将鼠标移至 AP 元素的边框部位，边框显示为红色时单击，即可选择 AP 元素，如图 7-12 所示。

02 选中 AP 元素后，在 AP 元素四周会出现 AP 元素手柄和 8 个控制点，单击手柄部分，并将其拖动到指定位置，释放鼠标键，如图 7-13 所示。

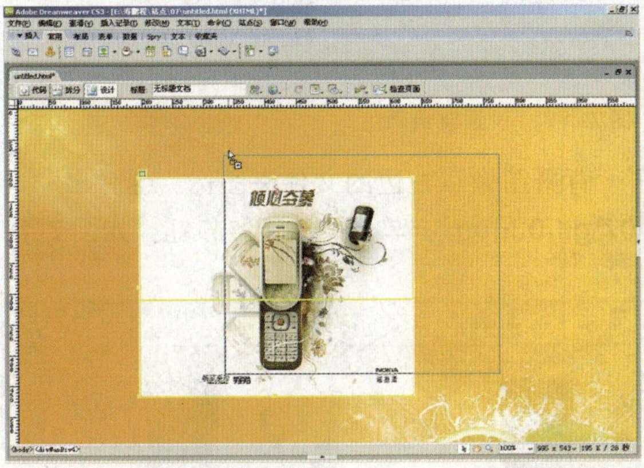

图 7-12　选择 AP 元素

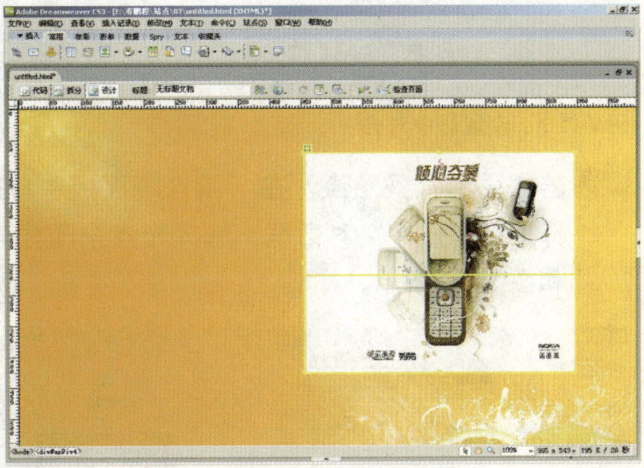

图 7-13　拖动 AP 元素

03 除了使用鼠标拖动外，按方向键也可移动 AP 元素，一次移动 1 像素，如果按【Shift】键，再按方向键，每次可移动 10 个像素。如果要将 AP 元素移到精确位置，可以在“属性”面板中左和上的文本框中输入新的数值，按【Enter】键，如图 7-14 所示。

04 下面通过拖动控制点来调整 AP 元素的大小。将鼠标放到控制点上，鼠标指针会变成缩放形状，拖动控制点可调整大小。这种方法比较随意，不过也可以在属性检查器中输入精确的宽度和高度值，如图 7-15 所示。

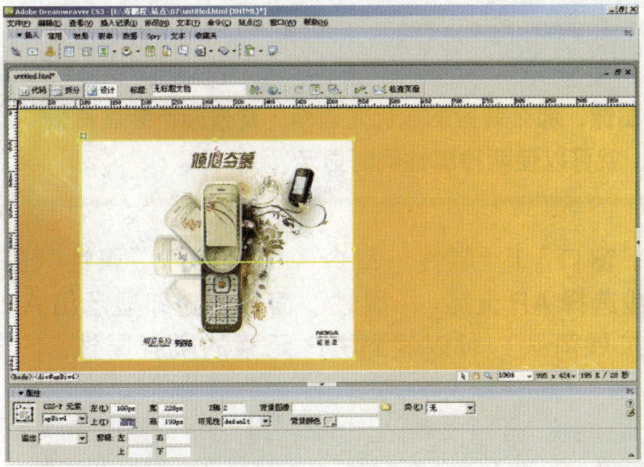

图 7-14　输入精确位置

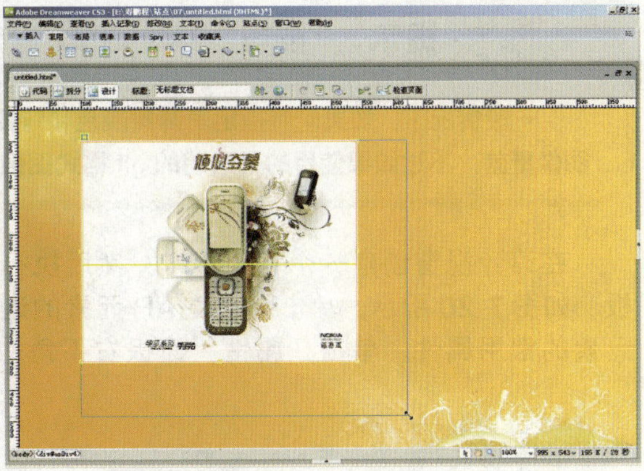

图 7-15　调整 AP 元素大小

05 还可以设置 AP 元素的对齐方式，在插入 AP 元素内，单击“属性”面板中“居中对齐”按钮，在 AP 元素内将图像居中对齐，如图 7-16 所示。

>>06 AP 元素也可设置背景颜色和背景图像，选中 AP 元素，在“属性”面板中设置背景颜色为“#99FF00”；也可以单击右边的拾色器，从弹出的色框中选取一种颜色，如图 7-17 所示。

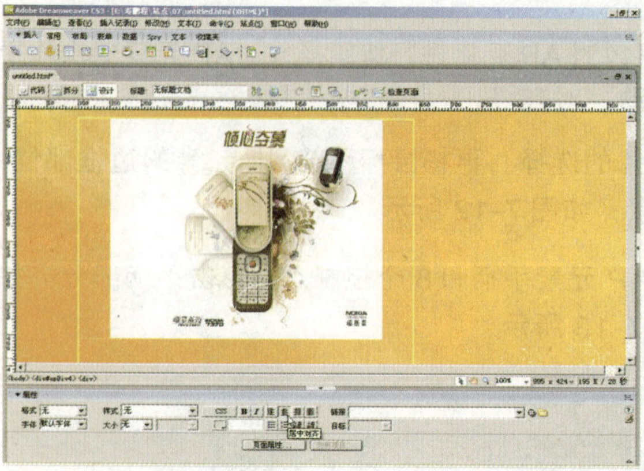

图 7-16　设置居中对齐

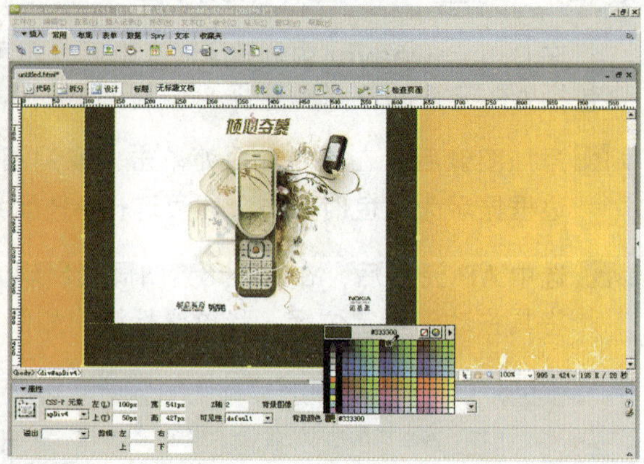

图 7-17　设置背景颜色

>>07 若要添加背景图像，在“属性”面板中单击“背景图像”右边的文件夹图标，会弹出”选择图像源文件”对话框，选择光盘中图片“07\gif.03.jpg”，单击“确定”按钮，如图 7-18 和图 7-19 所示。

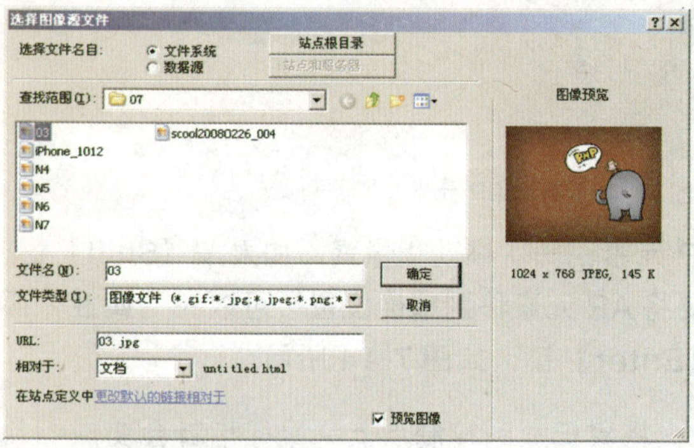

图 7-18　选择图像源文件

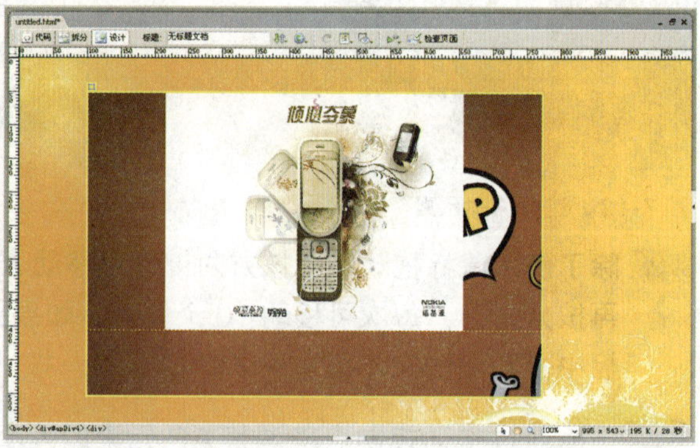

图 7-19　插入背景图像

提示 · 技巧

一般情况下，如果同时指定了背景颜色和背景图像，那么背景图像优先显示，背景颜色会被背景图像覆盖，不过如果使用的是透明的 gif 格式图像，就可以使两种属性同时显示。

在设计视窗创建一个 AP 元素，然后执行“窗口”|“属性”命令，即可打开“属性”面板，如图 7-20 所示。单击刚建立 AP 元素的边线选择 AP 元素，“属性”面板中随即显示出 AP 元素的常用属性。单击“属性”面板右下角的扩展箭头，可以看到 AP 元素的所有属性。

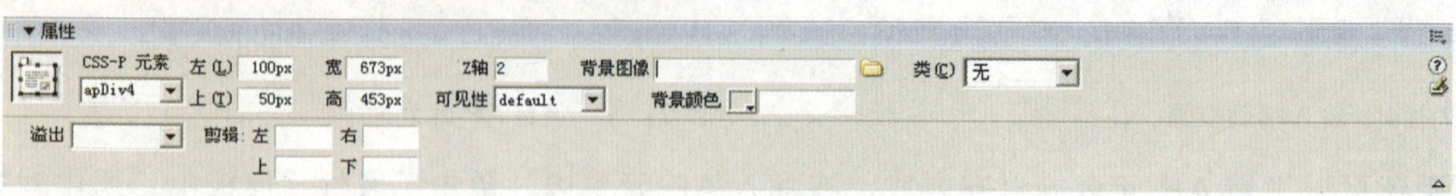

图 7-20　AP 元素“属性”面板

AP元素编号：用于指定一个名称（只能使用标准的字母和数字字符，而不使用空格、连字符、斜杠或句号等特殊字符），以便在“AP元素”面板和JavaScript代码中标识该AP元素。每个AP元素都必须有其唯一编号。

左和上：指定AP元素的左上角相对于页面左边和顶端的位置，默认单位为像素（px）。

宽和高：指定AP元素的宽度和高度，默认单位为像素（px）。

Z轴：确定AP元素的Z轴（即堆叠顺序）。编号较大的AP元素出现在编号较小的AP元素前面。输入的值可以为正，也可以为负。

可见性：指定该AP元素最初是否是可见的。其选项为default（默认）、inherit（继承）、visible（可见）和hidden（隐藏）。

背景图像：指定AP元素的背景图像。单击其文件夹图标，可选择浏览到一个图像文件。

背景颜色：指定AP元素的背景颜色。如果将此选项留为空白，表示指定透明的背景。

类：指定用来定义该AP元素的CSS标签。

溢出：控制当AP元素的内容超过AP元素指定大小时，如何在浏览器中显示AP元素。

剪辑：定义AP元素的可见区（类似于Word中通过设置页边距来定义版心）。在左、上、右、下的文本框中输入一个值来指定距AP元素边界的距离（以像素为单位）。

7-4 灵活应用AP元素的高级属性

一个文档中可以有多个AP元素同时存在，Dreamweaver提供了一些控制管理多个图AP元素的方法，同时AP元素还有一些属性在制作网页特效时经常会使用到。

7-4-1 设置AP元素的显示/隐藏属性

AP元素属性中一个重要的功能就是显示/隐藏AP元素，该功能可以制作出许多网页特效，AP元素的显示/隐藏属性可以在“AP元素”面板或“属性”面板中设置。

>>01 在“文件”面板中打开站点中“07\Chahua.jpg”文件，将其显示在操作窗口中，然后执行“插入记录”|“AP元素”命令或“布局”插入栏中单击“绘制AP元素”按钮，按【Ctrl】键连续画3个新AP元素，如图7-21所示。

>>02 在文档中绘制3个AP元素后，在AP元素中单击，添加插入点，分别在AP元素中添加”07\N4.jpg、N5.jpg和N6.jpg”3幅图片，如图7-22所示。

图7-21　绘制AP元素

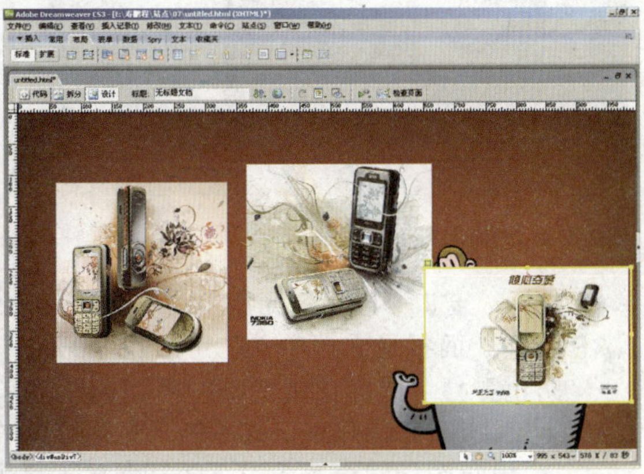

图7-22　插入图像

>>03 执行“窗口”|“AP 元素”命令或按【F2】键可打开“AP 元素”面板，如图 7-23 所示。通过“AP 元素”面板可以管理文档中的 AP 元素，防止重叠，更改 AP 元素的可见性，将 AP 元素嵌套或堆叠，以及选择一个或多个 AP 元素。

>>04 选择要改变可见性的 AP 元素所在的行，单击眼睛图标列，此时会出现闭上的眼睛图标，所选 AP 元素的属性将改变为不可见状态，如图 7-24 所示。

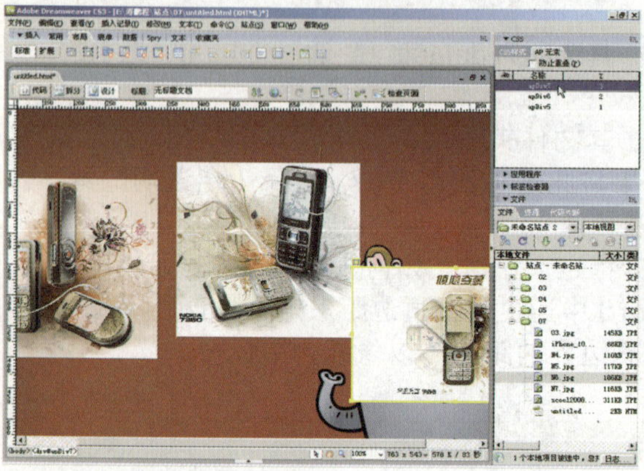

图 7-23　打开 AP 元素面板

图 7-24　隐藏 AP 元素

>>05 为了在浏览器中看到实际的结果，按【F12】键，此时浏览器将不会显示设置了隐藏属性的 AP 元素，如图 7-25 所示。

>>06 再次单击闭上眼睛的图标，又会出现睁开眼睛的图标，在页面中将重新显示已隐藏的 AP 元素，如图 7-26 所示。连续单击眼睛图标列，会在几种可见性选项中循环切换。若要同时更改所有 AP 元素的可见性，在“AP 元素”面板中，单击顶部的标题眼睛图标，可以将所有 AP 元素设置为可见或隐藏，不过不能同时设置为继承。

图 7-25　预览效果

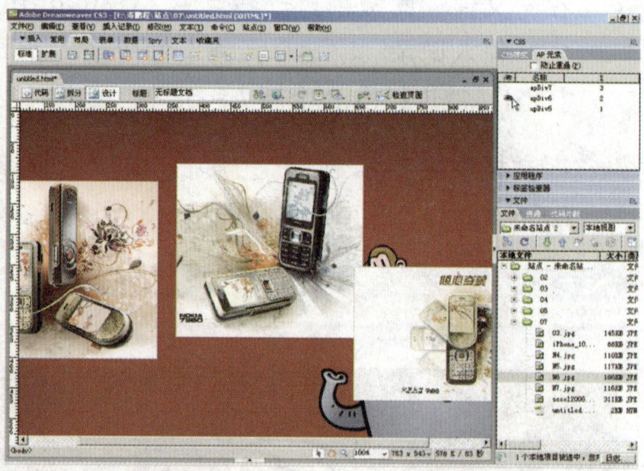

图 7-26　再次单击此图标

执行“窗口”|“AP 元素”命令或按【F2】键可打开“AP 元素”面板，如图 7-27 所示。“AP 元素”面板是文档中 AP 元素的可视图。

防止重叠：选择该复选框，可以防止 AP 元素相互重叠。

眼睛图标睁开表示该 AP 元素是可见的。

眼睛图标闭合表示该 AP 元素是不可见的。

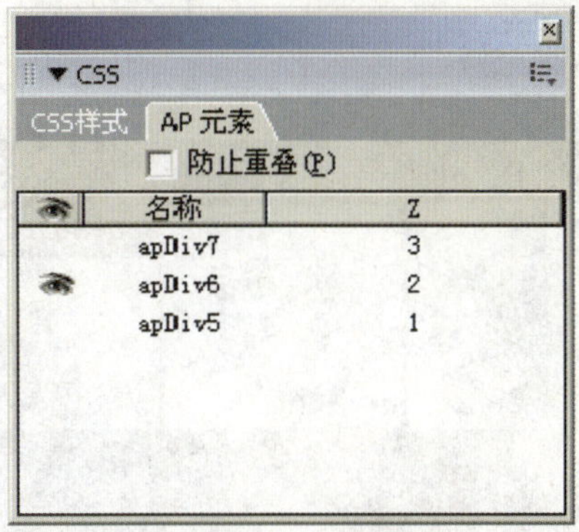

图7-27 “AP 元素”面板

如果没有眼睛图标，该AP元素通常会继承其父级的可见性。

AP元素标识：指定一个名称来标识“AP元素”面板中的AP元素。在其下面的文本域中输入AP元素名。

编号：指定AP元素的Z-编号（或堆叠顺序号）。Z-编号较大的AP元素出现在编号较小的AP元素上面。编号可正可负，也可以是0。

7-4-2 设置AP元素的对齐方式

当页面上有多个AP元素时，可以使用“AP元素对齐”命令对齐AP元素，而不需要在“属性”面板中为AP元素设置相同的数值来对齐AP元素。要对齐多个AP元素，可以按以下步骤操作：

>> 01 选择任意一个AP元素，按【Shift】键单击其他AP元素，可以选择要对齐的多个AP元素，最后选择的图片AP元素是用来作为对齐的标准图AP元素，如图7-28所示。

>> 02 选择所有的AP元素后，执行“修改”|“对齐”命令，然后在下拉菜单中选择一种对齐选项。这里执行“对齐下缘”命令，如图7-29所示。

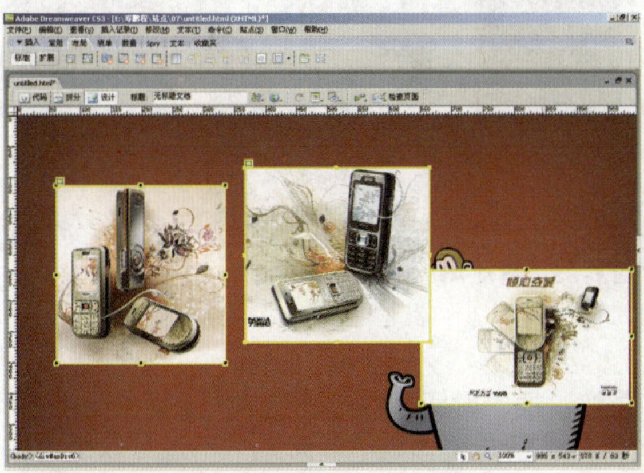

图7-28 选中所有AP元素

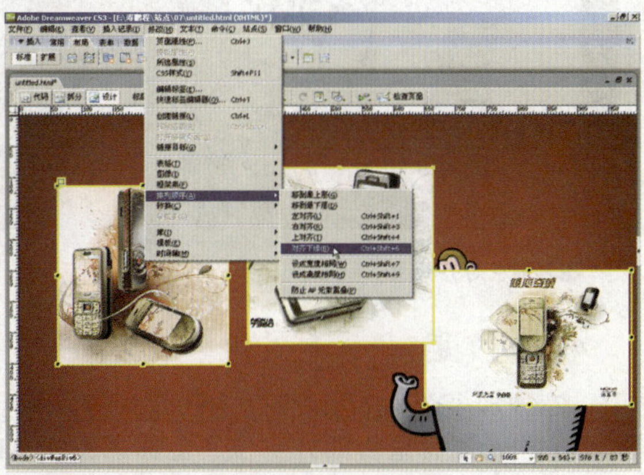

图7-29 执行“对齐”命令

提示 · 技巧

要对层进行移动、对齐、调整大小等操作时，首先需要选择层，当多个层被选择时，最后选择的层的手柄以黑色突出显示，其他层的手柄以白色突出显示。

>> 03 对齐下缘就是底边对齐，所有选定的AP元素都将移动，它们的底边将与最后选择的一个AP元素的底边对齐，如图7-30所示。

>> 04 再次执行“修改”|“对齐”命令，然后在下拉菜单中选择另一种对齐选项。这里选择“左对齐”选项，如图7-31所示。

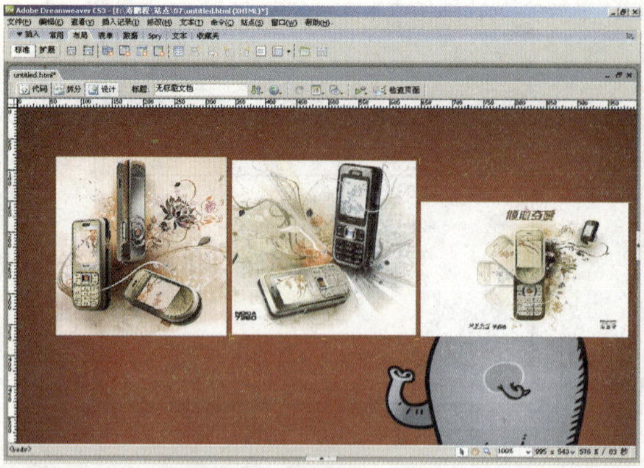

图 7-30　“对齐下缘”效果

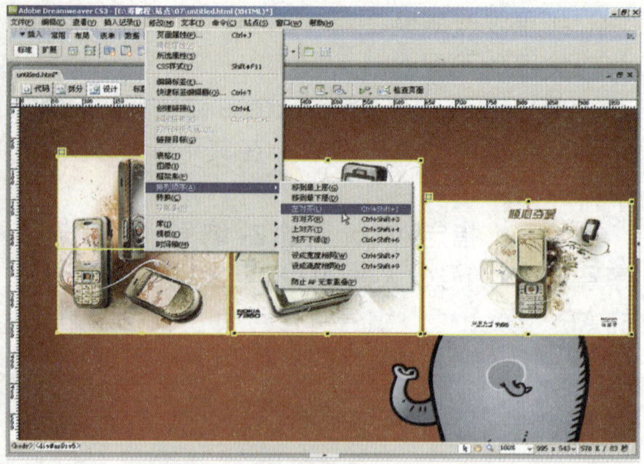

图 7-31　执行“左对齐”命令

>>05 现在查看“属性”面板，则所有 AP 元素的左边距和上边距都是相同的，如图 7-32 所示。将鼠标移至 AP 元素上，向左拖动，由于 AP 元素都是选中状态，所有 AP 元素都会改变位置，如图 7-33 所示。

图 7-32　左对齐效果

图 7-33　拖动 AP 元素

7-4-3　改变 AP 元素的堆叠顺序

在添加多个 AP 元素时，AP 元素可以相互叠加，插入时间相对较晚的 AP 元素位于上方，如果 AP 元素有重合部分，位于上面的图像 AP 元素将覆盖下面的 AP 元素，不过可以手动改变 AP 元素的堆叠顺序。

>>01 在“AP 元素”面板中选择位于最上方的 AP 元素，将其位置拖动到最上面 AP 元素的上方即可。为了在浏览器中看到实际的结果，按【F12】键，此时浏览器中显示在最上方的 AP 元素将其他 AP 元素覆盖了，如图 7-34 和图 7-35 所示。

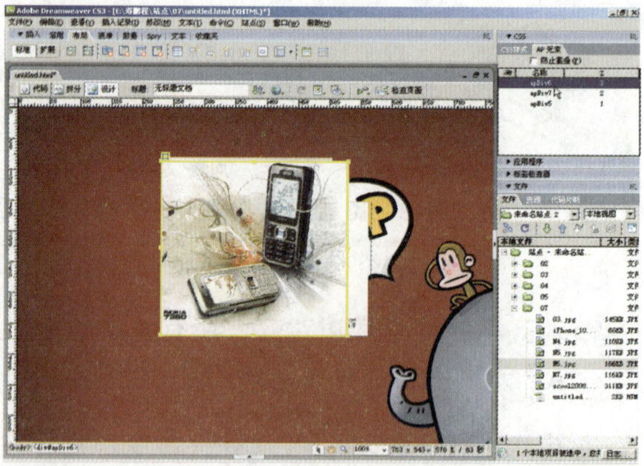

图 7-34　更改其位置

>>02 在“AP 元素”面板中选择并拖动 AP 元素到想要放置的位置，即可改变 AP 元素的堆叠顺序。在移动 AP 元素时，会显示一条线。当该线显示在想要的堆叠顺序时，释放鼠标键，即可将选中的 AP 元素置于该 AP 元素的上方。也可以在 Z 列中单击要改变的 AP 元素的数字，输入一个数值 0 来改变 AP 元素堆叠顺序。输入的数值比现有的数值大一些，会把 AP 元素在堆叠顺序中往上移；输入一个较小的数值，会把 AP 元素在堆叠顺序中往底移。

图 7-35　预览效果

7-4-4　为 AP 元素添加滚动条

当创建的 AP 元素中内容较多时，或 AP 元素的内容超过 AP 元素的指定大小时，可以为 AP 元素添加滚动条，以便在浏览器中显示 AP 元素。为 AP 元素添加滚动条，可以在“属性”面板中设置“溢出”选项。

在“属性”面板中的“溢出”下拉菜单中有 visible（可见）、hidden（隐藏）、scroll（滚动）和 auto（自动）四个选项。其中，visible 指在 AP 元素中显示额外的内容，AP 元素会通过延伸来容纳额外的内容；hidden 指不在浏览器中显示额外的内容；scroll 指浏览器应在 AP 元素上添加滚动条，而不管是否需要滚动条；auto 指浏览器中当 AP 元素的内容超出其边界时，才显示 AP 元素的滚动条，如图 7-36 所示。

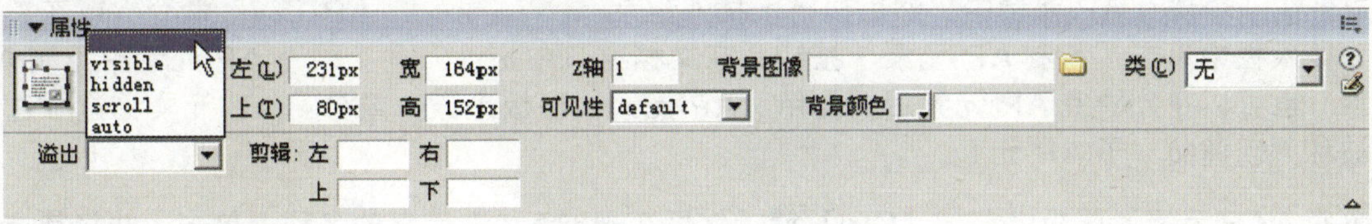

（a）“溢出”下拉列表

（b）默认状态

（c）visible 效果

（d）hidden 效果

（e）auto 效果

图 7-36　各种溢出状态

7-5　嵌套 AP 元素

嵌套 AP 元素就是把一个 AP 元素建立在另一个 AP 元素中。外 AP 元素称做“父 AP 元素”，内 AP 元素称做“子 AP 元素”。通过 AP 元素嵌套，可以把 AP 元素组合在一起。嵌套 AP 元素随其父 AP 元素一起移动，并且可以设置为继承其父级的可见性。

绘制嵌套 AP 元素的方法和绘制 AP 元素的方法大致相同，只是记录在文档窗口中将插入点放置在一个现有 AP 元素中，然后执行“插入记录”|“布局”|“AP Div”命令，或在“布局”插入栏中单击“绘制 AP 元素”按钮。在文档窗口中拖动，并在现有 AP 元素中绘制 AP 元素。也可以在创建完 AP 元素后，使用“AP 元素”面板来嵌入或分离 AP 元素，这个过程也被称为创建父－子 AP 元素。

>> 01 在“AP 元素”面板中，按【Ctrl】键，然后在被嵌套 AP 元素的名称上单击，并将其拖动到另一个 AP 元素的上面。当用户见到围绕在父 AP 元素名称周围的矩形框时，释放鼠标键，如图 7-37 所示。子 AP 元素被缩进到父 AP 元素的名称下面，而且父 AP 元素的名称前面将出现一个减号标志，如图 7-38 所示。

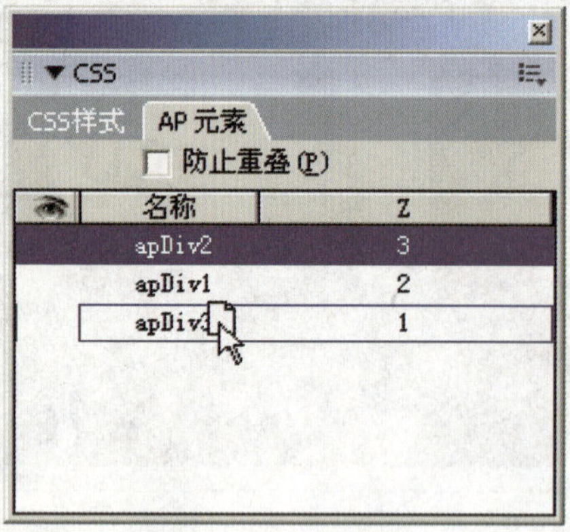

图 7-37　改变 AP 元素位置

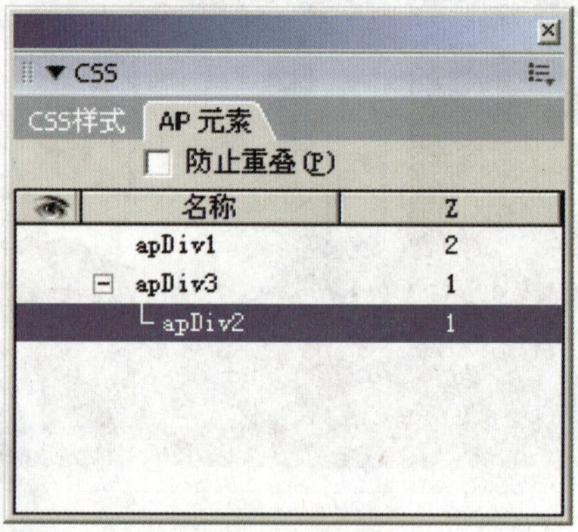

图 7-38　更换为子 AP 元素

>>02 要从视图中隐藏子 AP 元素，可以选择在父 AP 元素名称前面的减号标志。如果子 AP 元素被隐藏了，那么减号标志将变为一个加号标志。要显示子 AP 元素，选择加号标志即可，如图 7-39 所示。

>>03 要恢复被嵌套的 AP 元素，只要选择相应的子 AP 元素，并将其拖动到“AP 元素”面板的某个新位置上，如图 7-40 所示。用户还可以从“AP 元素”面板删除 AP 元素，只须选中想要删除的 AP 元素，然后按【Delete】键即可。

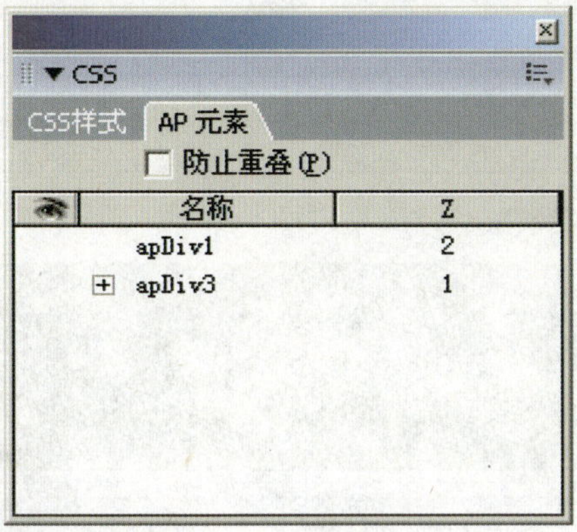

图 7-39　隐藏子 AP 元素

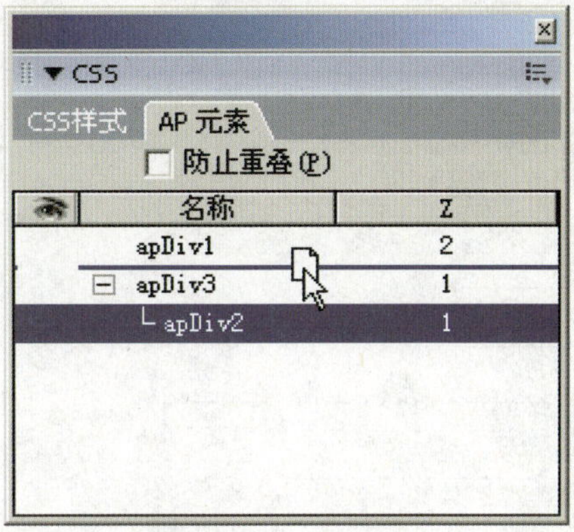

图 7-40　恢复嵌套的 AP 元素

7-6　AP 元素与表格的关系

使用 AP 元素能更方便、精确地定位页面元素，可以随意地在页面内插入内容。所以可以先用 AP 元素来快速创建复杂的页面布局，然后再把 AP 元素布局转换成表格布局，但不支持使用 AP 元素的浏览器浏览；需要时，也可以在 AP 元素和表格之间互相转换，以调整布局和优化页面设计。

7-6-1　利用 AP 元素设计布局

在文档中插入多个 AP 元素，并输入文本和图像，然后调整其位置。如果想将 AP 元素转换为表格结构，绘制 AP 元素时就不能重叠排列 AP 元素。在操作过程中一定要注意这一点。

>>01 在“文件”面板中打开站点中的文件夹 ceng 中的 index.htm，使其显示在操作窗口中。范例文件中已经设置有背景颜色为“#669900”，如图 7-41 所示。

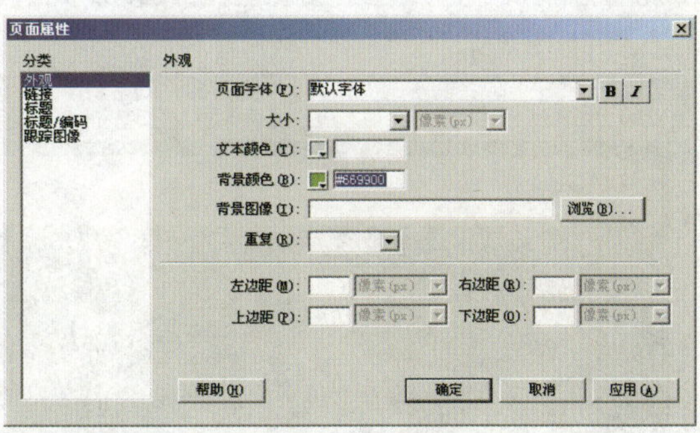

图 7-41　打开文件

>>02 在布局插入工具栏中单击“描绘 AP 元素”按钮 ，并在文档内创建 AP 元素。将光标放置于 AP 元素内，执行“插入”|“图像”命令，或者按【Ctrl+Alt+I】组合键。在弹出的“选择图像源文件”对话框中选择要插入的图像文件 main16_02.jpg，然后单击“确定”按钮，如图 7-42 所示。

>>03 选择插入的 Layer1，并在“属性”面板中将左、上、宽、高值分别设置为 33、57、145、162，指定其大小和位置。也可以手动拖动 AP 元素在页面中的设置位置，如图 7-43 所示。

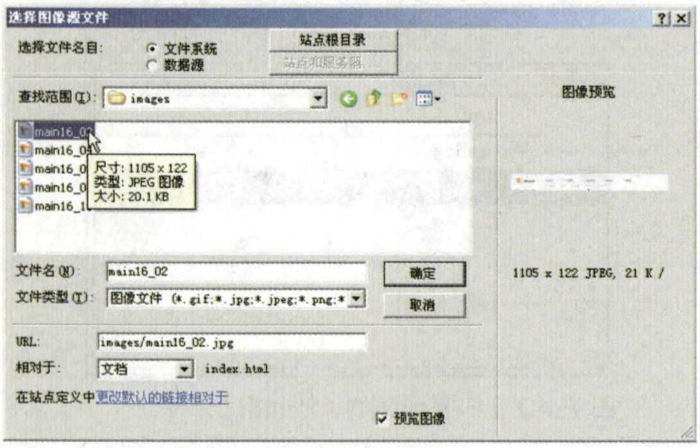

图 7-42　选择图像源文件

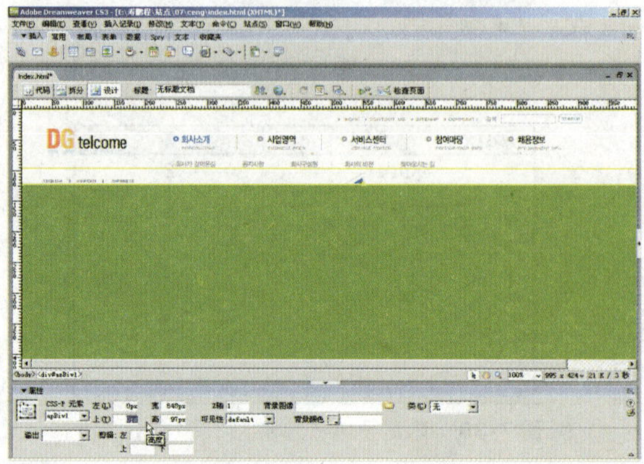

图 7-43　指定高度

>>04 在布局插入栏中单击“描绘 AP 元素”按钮 ，继续绘制其他的 AP 元素，选中“描绘 AP 元素”按钮后，按【Ctrl】键在设计窗口中绘制，可以连续绘制 AP 元素，在文档中创建其他 4 个 AP 元素，如图 7-44 所示。

>>05 将光标放置于 AP 元素内，执行“插入记录”|“图像”命令，或者按【Ctrl+Alt+I】组合键。在弹出的“选择图像源文件”对话框中分别选择要插入的图像文件 scary02.gif、scary03.gif、scary04.gif、scary05.gif，如图 7-45 所示。

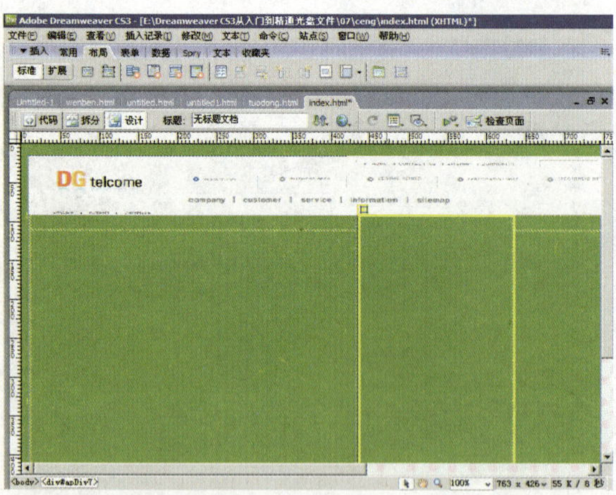

图 7-44　连续绘制多个 AP 元素

图 7-45　分别插入图

>>06 以第一个 AP 元素为基准，移动其他 AP 元素在页面中的位置，使它们对齐，可以通过修改“属性”面板中的左、上、宽、高的值来精确定位，如图 7-46 所示。

图 7-46　精确定位

提示 · 技巧

将层结构切换为表格结构时，指定层的水平、垂直位置的“左”和“上”值不能是负值，否则会弹出警示框。

7-6-2　将 AP Div 转换为表格

通过 AP 元素进行网页页面设计，可以给设计师更多的发挥空间，所以一些 Web 设计人员更喜欢通过 AP 元素来进行设计。Dreamweaver 可以使用 AP 元素来创建布局，然后将一个 AP 元素设计的 Web 页转换为表格，以便在老版本的浏览器中预览。一旦切换到表格结构，就可以利用前面学习的表格属性来编辑文档。

01 执行“修改”|“转换”|“将 AP Div 转换为表格”命令，打开“将 AP Div 转换为表格”对话框，选择所需的表格和布局工具选项，如图 7-47 所示。

02 单击“将 AP Div 转换为表格”对话框中的“确定”按钮，此时文档变成了透明表格中插入图像和文本的结构，如图 7-48 所示。

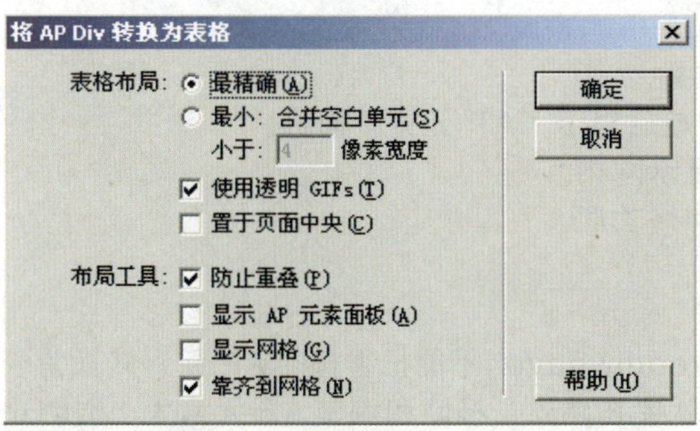

图 7-47　“将 AP Div 转换为表格”对话框

图 7-48　转换为表格后的效果

03 选中表格，在“属性”面板中设置对齐方式为“居中对齐”，如图 7-49 所示。按【F12】键，在网页浏览器中浏览最终效果，如图 7-50 所示。

图 7-49　设置居中对齐

图 7-50　预览效果

下面介绍“将 AP Div 转换为表格”对话框（如图 7-51 所示）中各参数选项的功能。

最精确：这个选项将创建复杂的表格，来保证用户页面上的元素出现在指定的正确位置上，这是默认的设置。

最小：折叠空单元格指定，如果 AP 元素定位在指定数目的像素内，则 AP 元素的边缘对齐。如果选择该单选按钮，结果表格中将包含较少的空行和空列，但可能不与布局精确匹配。

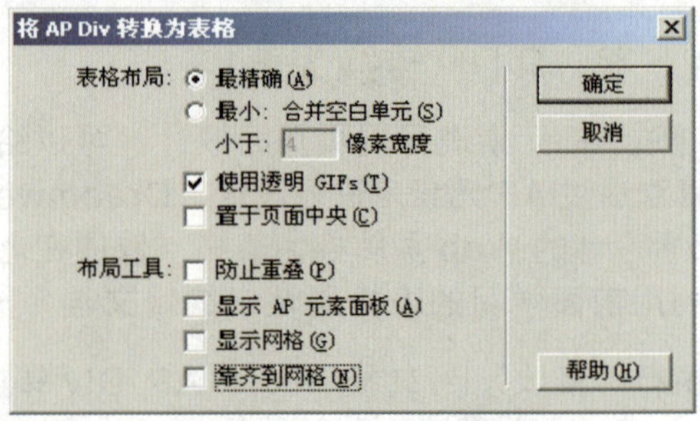

图 7-51　“将 AP Div 转换为表格”对

使用透明 GIFs：选择该复选框后，Dreamweaver 将使用一个透明的间隔图形来填充空的单元格，以确保表格通过各种不同的浏览器显示是一样的效果。若不选择该复选框，转换成的表格中不包含透明 GIF 图像，但在不同的浏览器中，显示外观可能稍有不同。

置于页面中央：选择该复选框，将在用户的表格周围放置<div align=center></div>标签，以便它在浏览器窗口的中央显示。取消选择这个选项，将省去这些标识，表格将从位于浏览器的左边缘开始显示。

防止重叠：选择该复选框可防止 AP 元素重叠。

显示 AP 元素面板：选择该复选框，转换完成后显示“AP 元素”面板。

显示网格：选择该复选框，在转换完成后显示网格。

靠齐到网格：选择该复选框，启用吸附到网格功能。

7-6-3　防止 AP 元素重叠

因为表格单元不能以重叠形式出现，所以 Dreamweaver 不能把重叠的 AP 元素转换为表格。如果需要将文档中的 AP 元素转换为表格，就要在建立、移动和调整 AP 元素大小时防止 AP 元素发生重叠；否则在有重叠 AP 元素的文档中执行“将 AP Div 转换为表格”命令时，会出现警示框，提示有重叠的 AP 元素在文档中，如图 7-52 所示。

若要防止 AP 元素重叠，在“AP 元素”面板中，选择“防止重叠”选项或执行“修改”|“排列”|“防止 AP 元素重叠”命令，如图 7-53 所示。在启用该选项后，则不能在现有 AP 元素前面创建叠加的 AP 元素，不能在现有 AP 元素上移动 AP 元素或调整 AP 元素大小，也不能将某个 AP 元素嵌套在现有 AP 元素中。

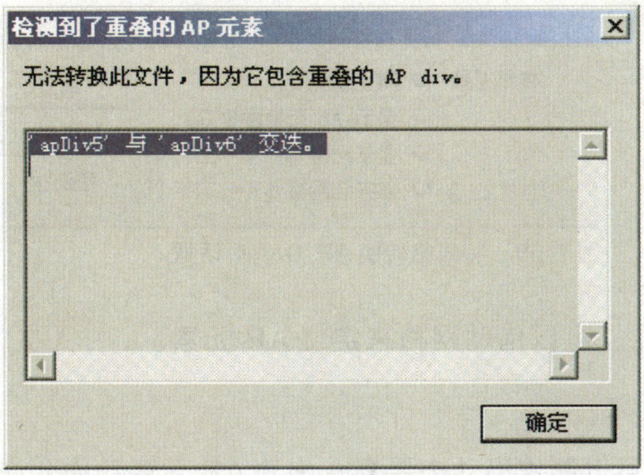

图 7-52　提示对话框

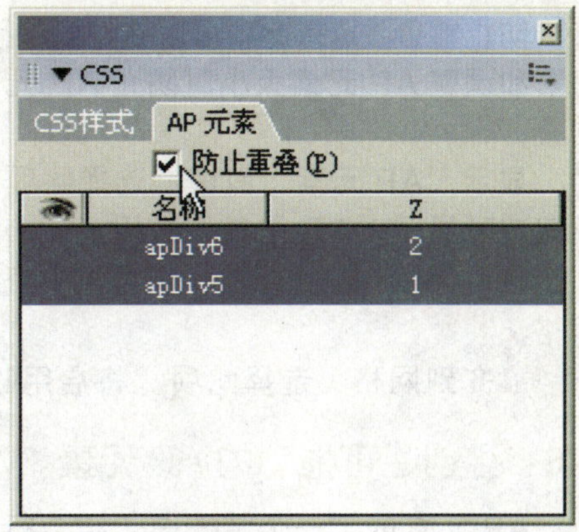

图 7-53　防止重叠

提示 · 技巧

当启用"防止重叠"选项后，Dreamweaver 不会自动修正页面上的现有重叠层。即使选择"防止重叠"选项，有些操作也会发生层重叠。例如，使用插入菜单插入层，在"属性检查器"中输入层边距，或者在代码视窗中编辑 HTML 源代码，都有可能导致层重叠或层嵌套。如果发生了层重叠，就要在文档窗口拖动重叠的层，使它们分离开来。

7-6-4　将表格转换为 AP 元素

当对页面布局不满意时，需要进行调整。如果是表格布局，调整起来比较麻烦。此时，可以先把表格布局转换为 AP 元素布局，然后通过移动 AP 元素来调整布局，这样既方便又快捷。

>> 01 打开要将表格布局转换为 AP 元素布局的页面，为了将表格重新转换为 AP 元素，执行"修改"|"转换"|"表格到 AP 元素"命令，在弹出的"将表格转换为 AP Div"对话框中，取消选择"显示网格"复选框，这样转换后将不显示网格，如图 7-54 所示。

>> 02 单击"确定"按钮。文档中的表格被转换为 AP 元素，但空的表格单元不转换。表格之外的内容也被置于 AP 元素中，如图 7-55 所示。

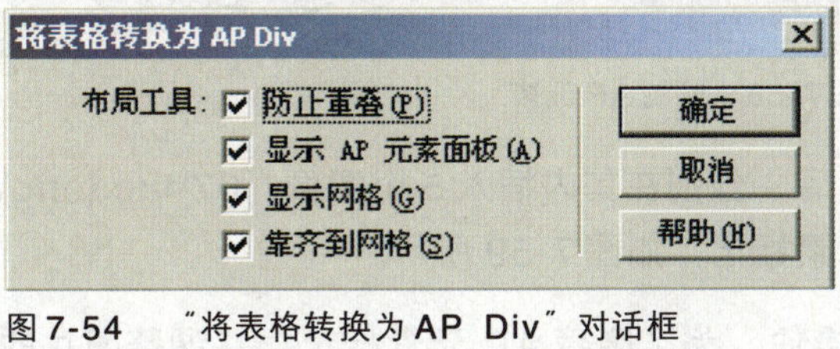

图 7-54　"将表格转换为 AP Div"对话框

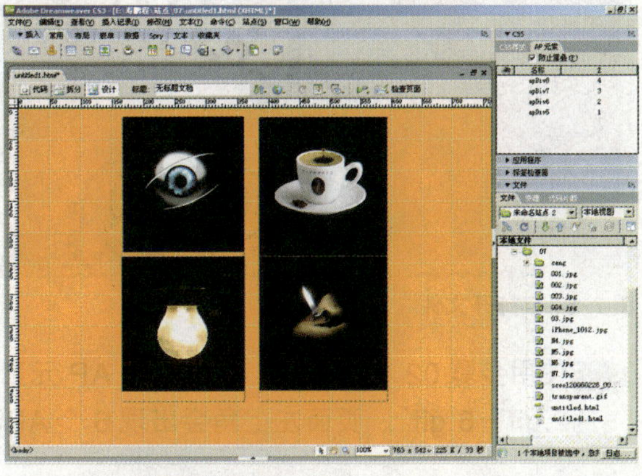

图 7-55　转换后的效果

执行"修改"|"转换"|"表格到 AP 元素"命令，弹出"将表格转换为 AP Div"对话框，如图 7-56 所示。

防止重叠：选择此项可以在建立、移动AP元素和调整AP元素大小时防止AP元素互相重叠。

显示“AP元素”面板：选择此项，在转换完成时显示“AP元素”面板。

显示网格：选择此项，在页面中将显示出网格。

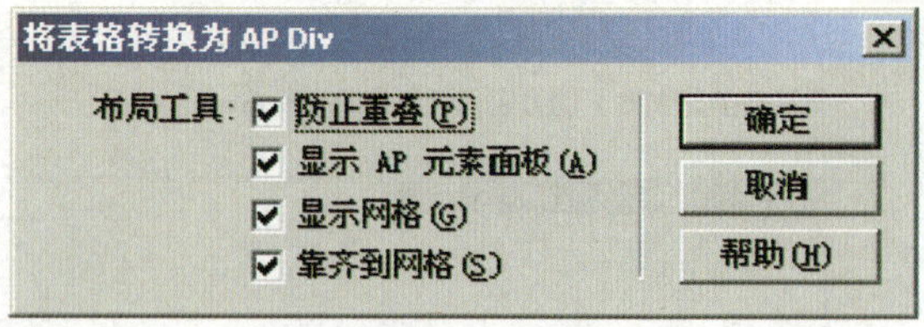

图7-56　将表格转换AP Div 对话框

靠齐到网格：选择此项，将启用吸附功能，可以借助网格来定位AP元素。

7-6-5　创建可拖动的AP元素，准备素材图像

AP元素的又一个特征是，结合行为功能可以制作出动态要素。拖动AP元素动作允许访问者在浏览器中对AP元素和AP元素中的内容进行移动。使用此动作可以创建拼板游戏、滑块控件和其他可移动的界面元素。

可以指定访问者向哪个方向拖动AP元素（水平、垂直或任意方向），在这里结合动态要素中的拖动AP元素行为制作拼图页面。

在AP元素里插入图片，并把AP元素移动到图片所处的位置上。应注意的是，在操作画面中显示的AP元素的位置并不是准确的，应该用预览功能在浏览器中确认AP元素的位置。

01 在站点文件夹中打开光盘中的“07\tuodong.htm”，将其显示在操作窗口中，如图7-57所示，该文档使用样式表设置了一个背景图像。

02 单击插入工具栏中的“插入AP元素”按钮 ，在文档适当的位置绘制出AP元素。将光标放置于AP元素内，并执行“插入记录”|“图像”命令，或者按【Ctrl+Shift+I】组合键，在弹出的“选择图像源文件”对话框中选择要插入的图像文件“07\tuodong\1.gif”，单击“确定”按钮，如图7-58所示。

图7-57　打开文件

图7-58　绘制AP元素

03 使用步骤02中的方法，创建5个AP元素以后，分别在其内插入5个图像“07\tuodong\2.gif～6.gif”。页面左上角会出现6个AP元素标记，如图7-59所示。

04 有时候AP元素标记会妨碍对AP元素进行操作，为了隐藏AP元素标记，并调整图片的位置，执行“查看”|“可视化助理”|“不可见元素”命令，如图7-60所示。

图 7-59　为每个 AP 元素插入图像

图 7-60　执行“不可见元素”命令

05 隐藏黄色标记之后，选择 AP 元素，依照背景图像，将它们拖动到合适的位置上，拖动时要打开“AP 元素”面板，确定“防止重叠”复选框为取消选择状态，如图 7-61 所示。

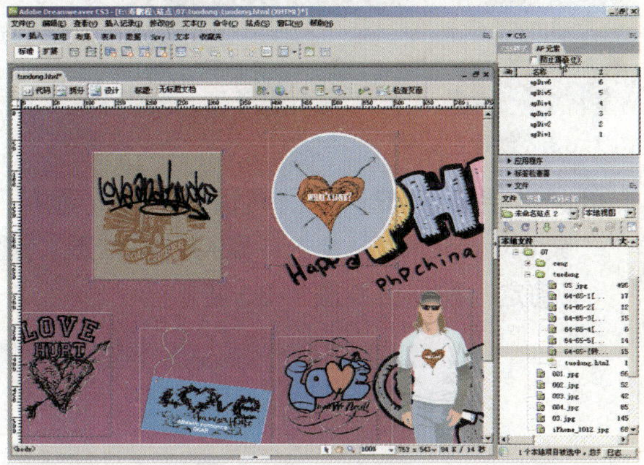

图 7-61　取消选择“防止重叠”

提示 · 技巧

在 Dreamweaver 的“首选参数”对话框中，也可设置层标记的显示/隐藏状态，打开“首选参数”对话框，在“分类”列表框中选择“不可见元素”，取消右边“Ap元素的锚点”复选框的选择，如图 7-62 所示。

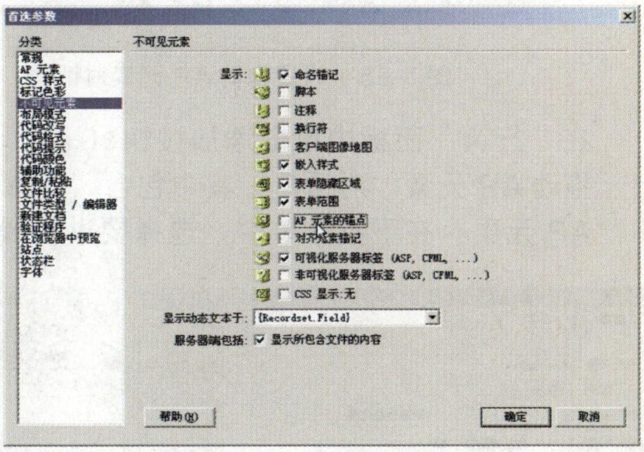

图 7-62　“首选参数”对话框

7-6-6　应用行为实现拖动效果

拖动 AP 元素行为是应用于 AP 元素上，实现拖动效果的功能，如果操作窗口中没有“行为”面板，就执行“窗口”|“行为”命令，或者按【Shift+F4】组合键，显示“行为”面板。

01 单击插入在 apDiv1 内的图像，然后在“属性”面板的“链接”文本框中输入空链接“#”，建立空链接，如图7-63所示。这样在浏览器中预览时，将鼠标移到AP元素上方，鼠标指针会变成手状。

02 单击AP元素边框，选中div apDiv1，在“行为”面板中单击添加按钮（+），并在弹出的菜单中选择“拖动AP元素”选项，如图7-64所示。

图7-63　创建空链接

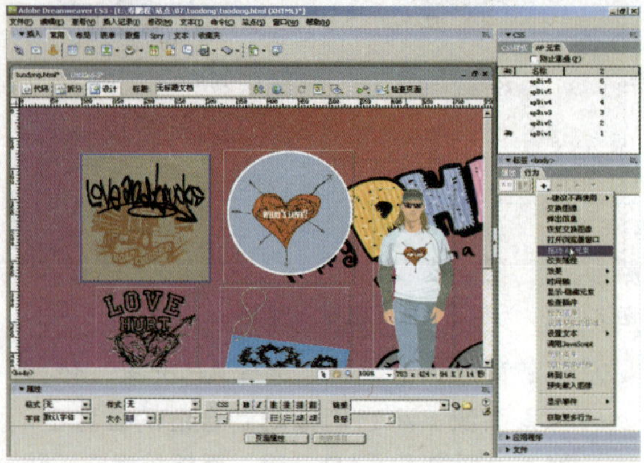

图7-64　选择“拖动AP元素”选项

03 弹出“拖动AP元素”对话框以后，确认“AP元素”下拉列表框中选择插入图像的AP元素div apDiv1，单击“取得目前位置”按钮，在“靠齐距离”文本框中显示“50”，单击“确定”按钮，如图7-65所示。

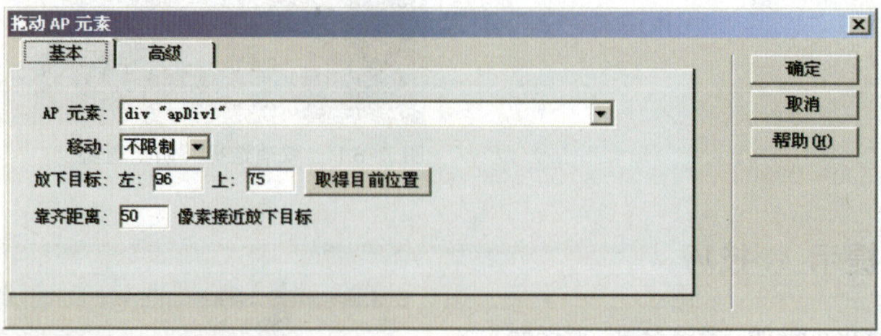

图7-65　设置拖动AP元素对话框

在“行为”面板中单击添加按钮（+），并在弹出的菜单中选择拖动AP元素选项，会弹出“拖动AP元素”对话框，其中包含“基本”、“高级”选项卡，如图7-66和图7-67所示。

AP元素：在下拉菜单中，选择要进行操作的AP元素。

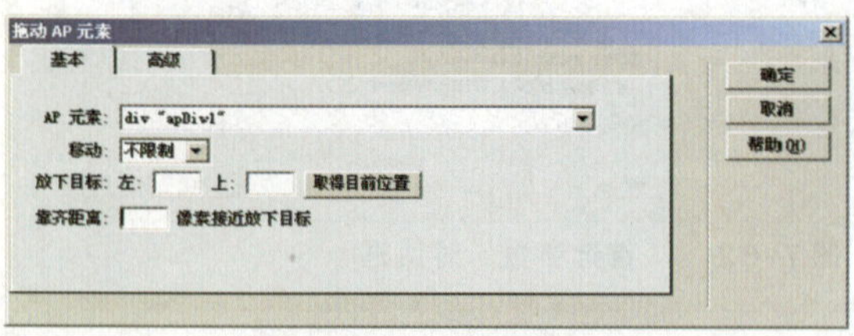

图7-66　“拖动AP元素”对话框“基本”选项卡

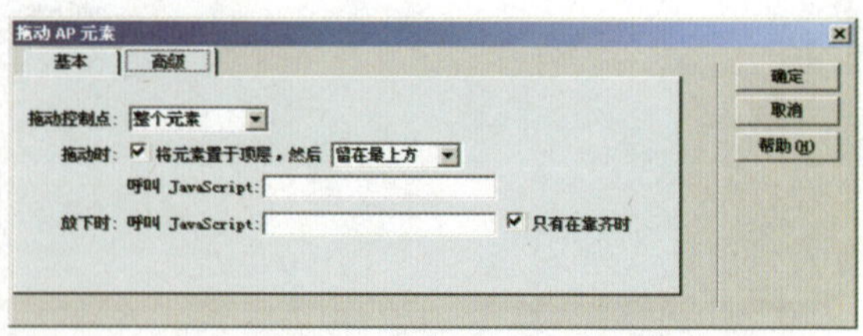

图7-67　“拖动AP元素”对话框“高级”选项卡

移动：在下拉菜单中选择AP元素被拖动时的移动方式。“不限制”表示可以实现AP元素在任意位置上的移动，适用于拼板游戏和其他拖放游戏。“限制”表示AP元素的移动位置受到限制，可以在后边的文本框中输入可移动区域上、下、左、右的数值，适用对于滑块控件和可移动的布景（例如文件抽屉、窗帘和小百叶窗）。

放下目标：用“左”和“上”来指定可拖动的水平、垂直坐标值，并应用靠齐功能。单击“取得目前位置”按钮，会获得当前AP元素所在的位置，并且这些值会出现在“左”和“上”文本框中。这些值是与浏览器窗口的左上角相对的。

靠齐距离：访问者设置目标的距离，才能将AP元素靠齐到目标。可以在文本框中输入一个以像素为单位的数值，较大的值可以使访问者较容易找到拖放目标。

若要定义AP元素的拖动控制点、在拖动AP元素时跟踪AP元素的移动，以及当放下AP元素时触发一个动作，单击“高级”标签。

拖动控制点：设置在拖动AP元素时，必须拖动AP元素的位置。整个元素：在整个AP元素上的任意位置单击来移动AP元素。AP元素内区域：在指定AP元素的区域中发生触发事件时，才可移动AP元素。可以在后边的文本框中设置区域范围。

拖动时：设置AP元素被拖动时的相关设置。留在最上方：AP元素在被拖动时移动到堆叠顺序的顶部。恢复Z轴：AP元素在被拖动时保留其原先的重叠顺序。呼叫JavaScript：输入JavaScript代码或函数名称，可以在拖动AP元素时重复执行该代码或函数。

放下时：设置AP元素被拖动到指定位置并释放后调用JavaScript。输入JavaScript代码或函数名称，可以在放下AP元素时执行该代码或函数。如果只有在AP元素到达拖放目标时才执行该JavaScript，则选择“只有在靠齐时”复选框。

>>04 完成后在“行为”面板中可以看到添加了拖动AP元素的动作，选择左边的下拉菜单，将事件更改为onMouseOver，如图7-68所示。

>>05 利用相同的方法，应用拖动AP元素行为，这时在“拖动AP元素”对话框中的Layer属性要选择为插入图像的“apDiv2元素”，并同样将事件更改为onMouseOver，如图7-69所示。

图7-68　更改事件“onMouseOver”

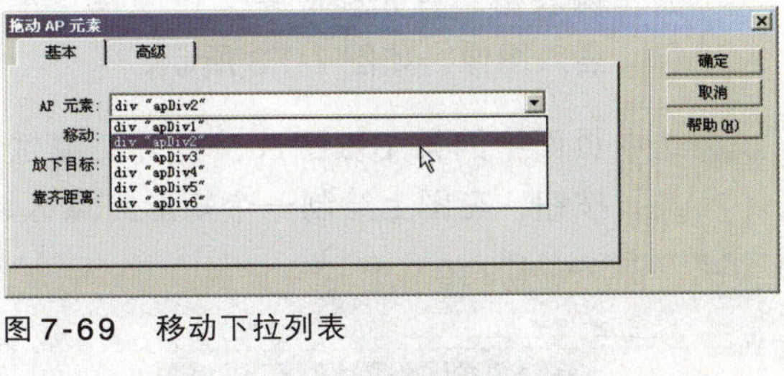

图7-69　移动下拉列表

>>06 对apDiv3～apDiv6的图像应用拖动AP元素行为，使AP元素能够移动。然后拖动AP元素，分别设置各AP元素在页面中的位置，目的是为了在浏览器中获得拼图的初始状态，如图7-70所示。

>>07 按【F12】键，在浏览器中浏览最终的效果。在单击小图片的状态下拖动到适当的位置，并释放鼠标键，就会自动吸附到之前设置的位置上，如图7-71所示。

图 7-70　设置其他 AP 元素的行为

图 7-71　拖动 AP 元素调整效果

只要将小图片拖动到准确位置的 50 像素范围以内，就会根据吸附功能自动调整到最佳位置，如图 7-72 所示。

"显示－隐藏 AP 元素"行为可以显示、隐藏、恢复一个或多个 AP 元素的默认可见性，此动作用于在用户与网页进行交互时显示信息。例如，当用户将鼠标指针滑过一个链接时，可以显示一个 AP 元素给出的有关链接解释等相关信息。

图 7-72　拖动 AP 元素效果

7-6-7　制作隐藏显示页面

下面利用缩略图片和大图片来制作图库页面。在左侧表格中适当地插入小图片，在右边制作相应数量的 AP 元素之后，把每个图片插入到相应的 AP 元素里将其重叠排列。

>> 01 在光盘中打开网页文档"07\xian shixian.htm"，将其显示在操作窗口中。首先用小图片填充左侧表格。将光标放在文档中指定单元格中，然后在"插入对象"面板中单击图像图标，插入图像，如图 7-73 所示。

>> 02 选中页面中的第 1 张图片，打开"属性"面板。在"属性"面板中，选择"矩形热点工具"按钮，在图上绘制一个矩形热点区域，如图 7-74 所示。

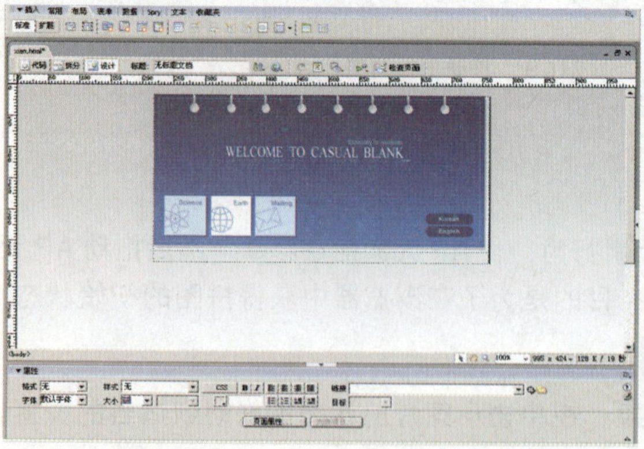

图 7-73　打开文件

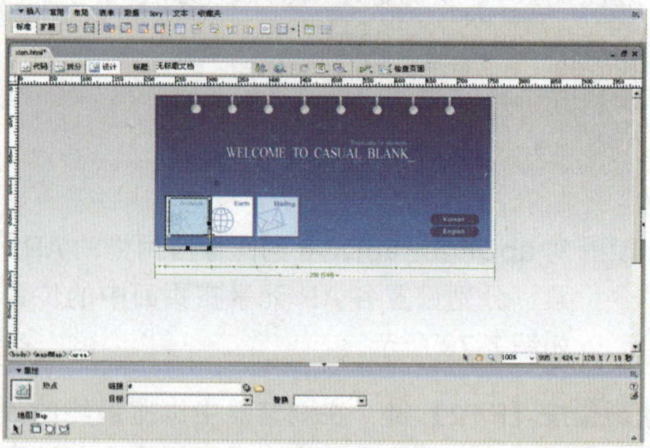

图 7-74　绘制矩形热点区域

» 03 同步骤 02 操作，依次为第 2 张和第 3 张图片添加矩形热点区域，如图 7-75 所示。

» 04 在“布局”插入栏中单击“绘制 AP Div”按钮，在右边制作适当大小的 AP 元素，如图 7-76 所示。

图 7-75　添加矩形热点

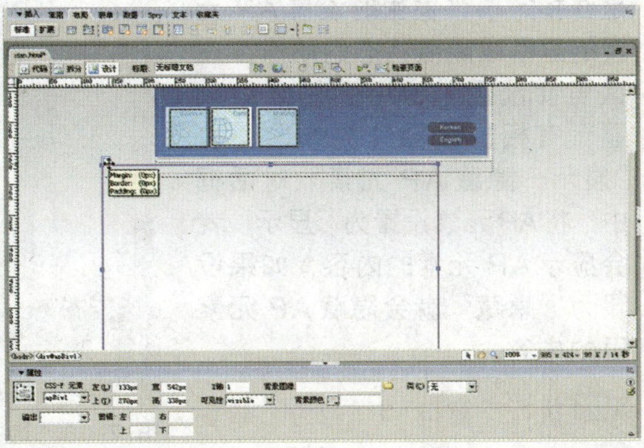

图 7-76　“绘制 AP Div”按钮

» 05 按【Ctrl+Alt+I】组合键，添加图像，出现“选择图像源文件”对话框之后，在实例文件夹中选择图片，然后单击“确定”按钮，如图 7-77 所示。

» 06 同步骤 05 操作，绘制 apDiv2 和 apDiv3，为了在刚制作的 AP 元素上重叠放置其他的 AP 元素，打开“AP 元素”面板之后，取消“防止重叠”复选框的选定状态。单击图 AP 元素 1 眼睛下方的空白区域，将图 AP 元素 1 隐藏，以方便后面图 AP 元素的制作，如图 7-78 所示。

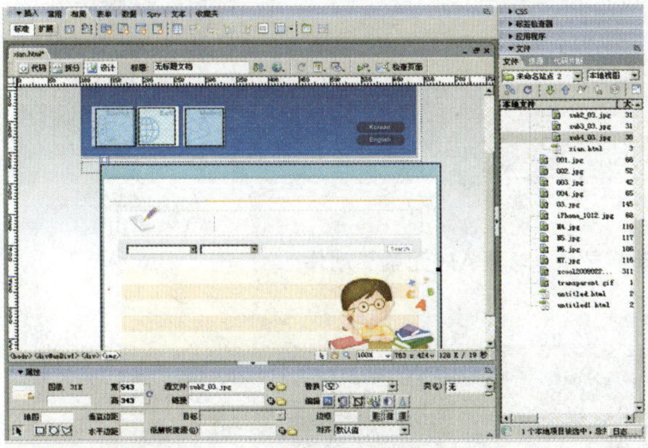

图 7-77　置入图像

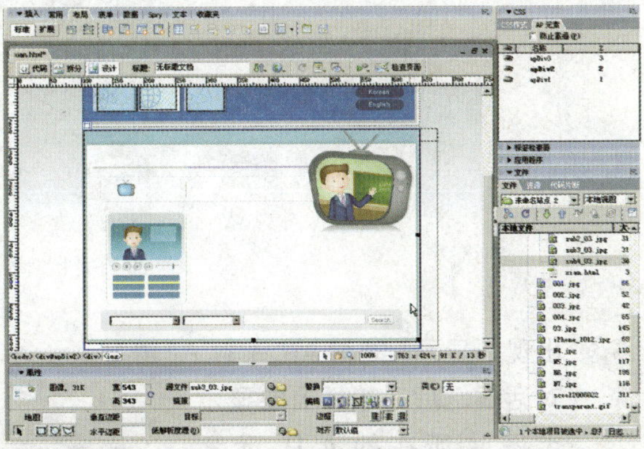

图 7-78　绘制 AP 元素并插入图像

» 07 在页面右边的空白区域制作另外一个 AP 元素，把光标放在AP元素内，按【Ctrl+Alt+I】组合键添加图像，如图 7-79 所示。

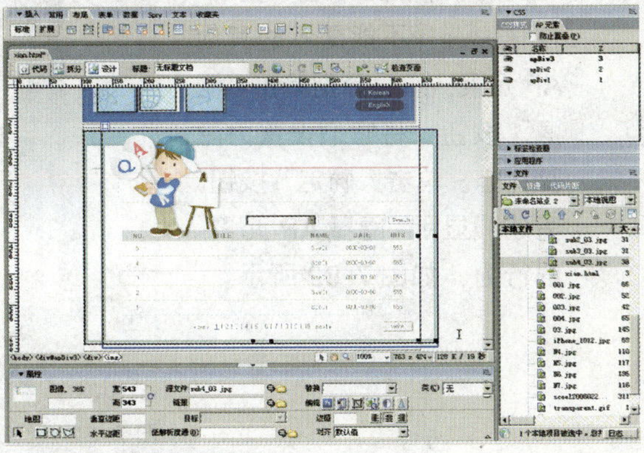

图 7-79　制作一个 AP 元素

7-6-8 使用"显示－隐藏AP元素"行为

"显示－隐藏AP元素"行为是在指定事件发生时设置AP元素的显示或隐藏状态的动作。在这里要设置单击小图片之后只显示有相应大图片的效果。在"显示－隐藏AP元素"对话框中，将AP元素设置为"显示"就会显示AP元素的内容，如果设置为"隐藏"就会隐藏AP元素里的内容。

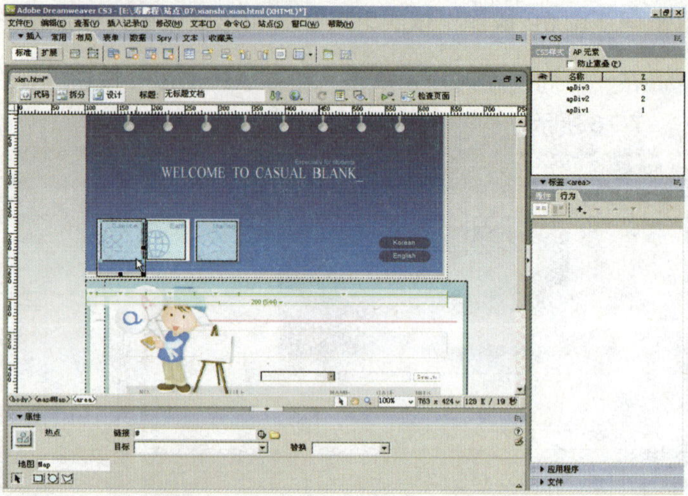

图7-80 选中第1个图片

>>01 执行"窗口"|"行为"命令或者按【Shift+F4】组合键，打开"行为"面板。选择表格中第1个小图片，然后单击添加按钮（+），再选择"显示-隐藏AP元素"动作，如图7-80和图7-81所示。

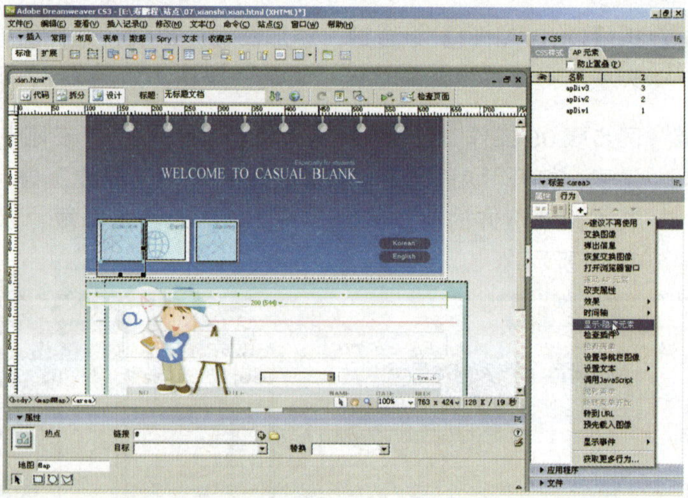

图7-81 选择"显示-隐藏AP元素"动作

>>02 出现"显示-隐藏AP元素"对话框之后，选择需要显示大图片所在的AP元素"apDiv1"，然后单击"显示"按钮，选择不能显示的其他AP元素，然后分别单击"隐藏"按钮，将它们设置为隐藏状态。单击"确定"按钮，完成"显示-隐藏AP元素"的行为，如图7-82所示。

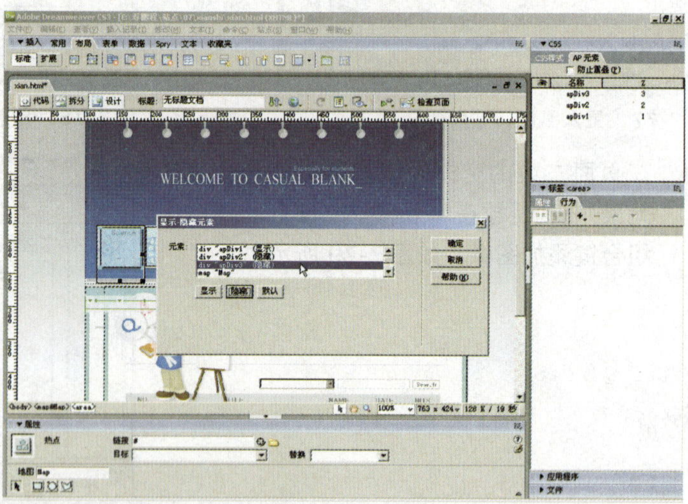

图7-82 分别执行显示和隐藏

>>03 在“行为”面板上添加了“显示-隐藏AP元素”动作之后，在事件下拉菜单中将鼠标事件设置为“onClick”，如图7-83 所示。

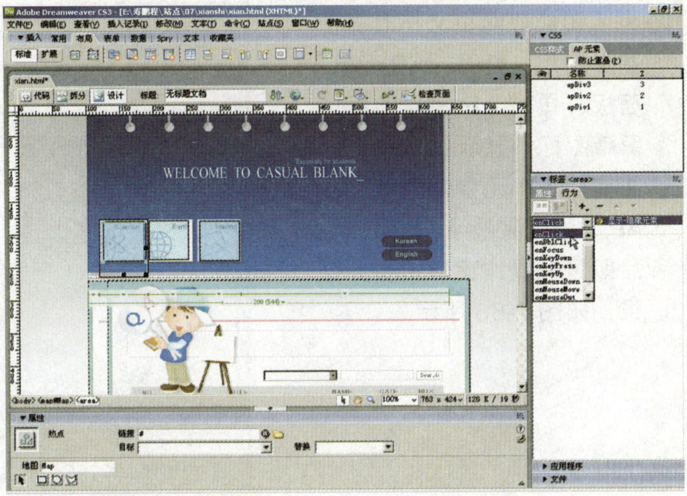

图7-83　执行onClick事件

>>04 选择表格中第2个小图片，然后单击行为添加按钮(+)，再选择“显示-隐藏AP元素”动作。把apDiv2元素设置为“显示”状态，把其他AP元素都设置为“隐藏”状态之后，单击“确定”按钮，如图7-84 所示。

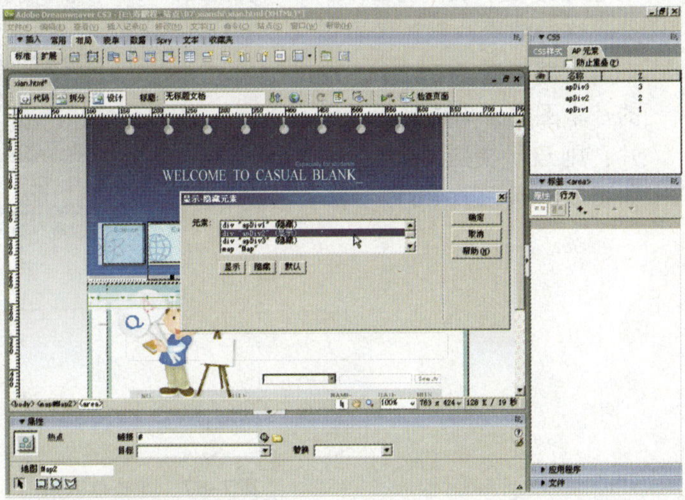

图7-84　设置第2个图片

>>05 以同样的方法选定第3个小图片之后，只把apDiv3元素设置为“显示”状态，将其他AP元素都设置为“隐藏”状态。依次完成其余几张图片的设置，如图7-85 所示。

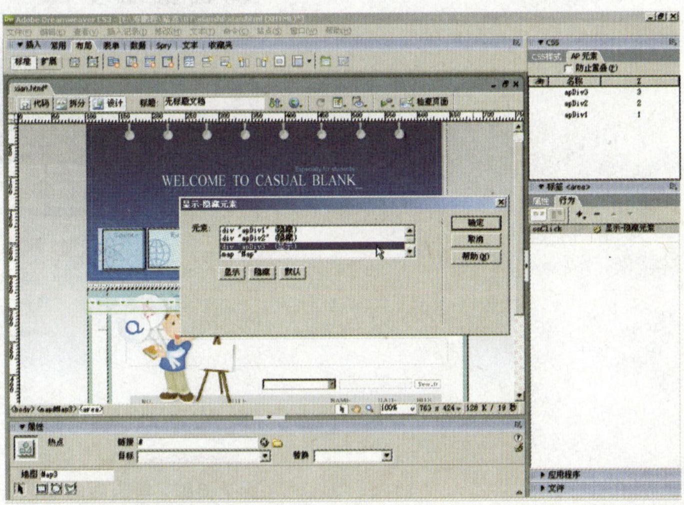

图7-85　设置其余图片

>> 06 为了在加载网页文档时显示基本图片，打开“AP 元素”面板，单击 AP 元素前面的眼睛图标，显示 Layer1，而将其他 AP 元素都隐藏，对 AP 元素设置显示/隐藏属性后即可在操作窗口中看到结果，如图 7-86 所示。

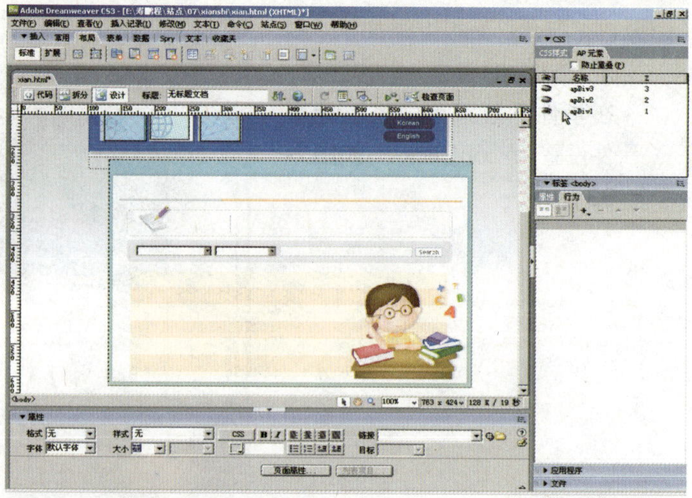

图 7-86　显示 Layer1

>> 07 按【F12】键，在浏览器中浏览最终的效果。默认情况下在浏览器中显示 apDiv1 中的基本图片，单击其他小图片，则显示相应的大图片，如图 7-87 和图 7-88 所示。

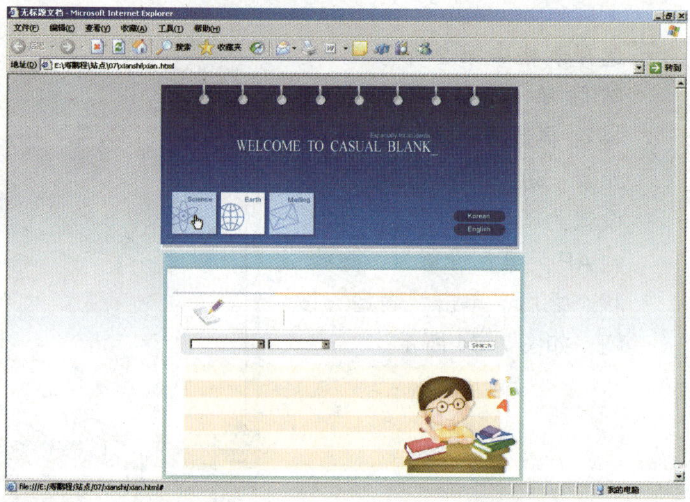

图 7-87　单击前效果

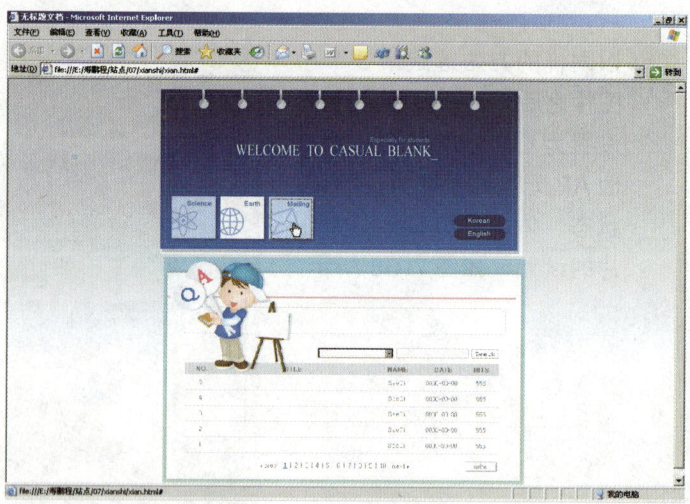

图 7-88　单击后的效果

Chapter 08

CSS 层叠样式表

Chapter 08 CSS 层叠样式表

层叠样式表（CSS）是为弥补 HTML 的缺点而开发的一系列格式设置规则，通过 CSS 可以非常方便地控制 Web 页内容的外观，对页面布局、字体、颜色、背景和其他图文效果实现更加精确地控制，实现一些原来 HTML 标签无法实现的效果。

CSS 样式表的优点还在于它提供便利的更新功能。更新 CSS 样式时，使用该样式的所有文档的格式都自动更新为新样式。

8-1 CSS 样式概述

在 Dreamweaver 中使用层叠样式表（CSS）可以对网页中文本格式进行精确地控制。与 HTML 标签样式不同，当对 CSS 样式定义进行修改后，则站点中所有应用该样式的文件都会自动更新。

CSS 样式一般由 HTML 标签来表示，通常这些代码可以放在 *.CSS 格式文档中，也可以放在 HTML 页面中，所以可以使用 Dreamweaver 或是记事本来打开后缀为 *.CSS 的文件。如果 CSS 样式定义在 HTML 中，一般 CSS 标签会嵌入在当前文档的<head>部分中并使用<style>和</style>标签来表示。

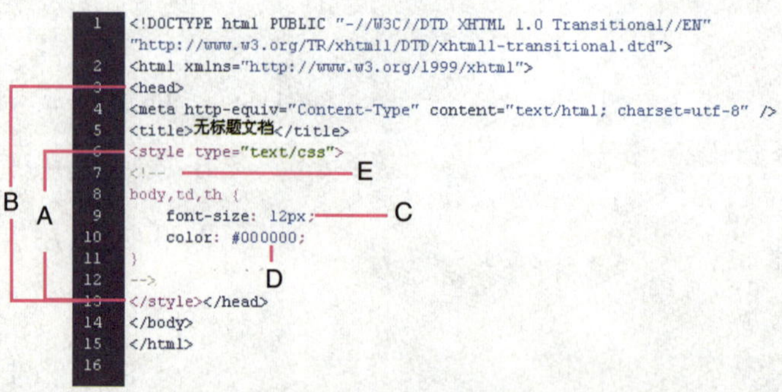

A- 定义样式表的部分用<style>和</style>标签来表示。

B- 样式表的内容应该位于<head>和</head>之间。

C- 在 Dreamweaver 中指定字体、字号、文字颜色来定义样式表时，在代码视图中出现相应的 HTML 代码，显示字体字号等属性，并且以冒号为间隔设置属性值。属性和属性由分号区分。

D- 应用样式表的文字包括在<span>和</span>标签之间。

E- 用<!- 和 ->注释标签来套用样式表，是因为样式表支持 Internet Explorer 和 Netscape4.0 以上版本浏览器，也为了在其他浏览器中忽略显示通过。

8-1-1 认识 CSS

样式表（stylesheets），也称做层叠样式表（cascading stylesheets，CSS），CSS 样式表

在网站中被广泛应用。

将格式和结构分离

样式表的主旨是将格式和结构分离。利用样式表，可以将站点上所有的网页都指向单一的一个CSS文件，只要修改CSS文件中某一段样式代码，那么整个站点的所有页面会随之发生改变。

层叠样式表通过将结构和格式部分分离的方法，能够更加灵活地控制页面的布局。使用CSS代码可以从另一种方式控制页面外观。

页面更加简洁、高效

样式表应用简单的文本即可表示，它不需要图像，也不需要执行程序、插件等，就像HTML指令那样迅速。有了CSS之后，以前必须通过HTML文档做的事情现在CSS就可实现。使用层叠样式表可以减少表格标签及HTML代码的空间，减少图像数量从而减小了文件容量。

没有使用样式表时，如果想更新整个站点中所有主体文本的字体，必须修改每张网页。即使站点用数据库提供服务，仍然需要更新所有的模板，并且更新所有模板中每一个<FONT FACE>。有了样式表，用户就能够更快速更容易地维护和更新大量的网页。

CSS兼容性

不同于其他网络技术，样式表的代码有很好的兼容性，也就是说，如果用户丢失了某个插件，代码不会发生中断，或者使用老版本的浏览器时代码不会出现乱码的情况，因为样式和结构是相分离的。只要是可以识别层叠样式表的浏览器就可以应用CSS。

8-1-2 “CSS样式”面板

“CSS样式”面板可以查看与当前文档相关联样式的定义以及样式的层次结构。可以使用“CSS样式”面板创建、编辑和删除CSS样式，并且可以将外部样式表附加到文档中。执行“窗口”|“CSS样式”命令或按【Shift+F11】组合键，可以打开“CSS样式”面板，如图8-1所示。

附加样式表：单击该按钮会打开“链接外部样式表”对话框，选择要链接或导入到当前文档中的外部样式表。

新建CSS样式：打开“新建CSS样式”对话框。使用“新建CSS样式”对话框可以选择要创建的样式类型。例如，要创建类样式、重定义HTML标签或是要定义CSS选择器。

编辑样式表：打开“CSS样式定义”对话框。编辑当前文档或外部样式表中的任何样式。

删除CSS样式：删除“CSS样式”面板中的所选样式，并从应用该样式的所有元素中删除格式。

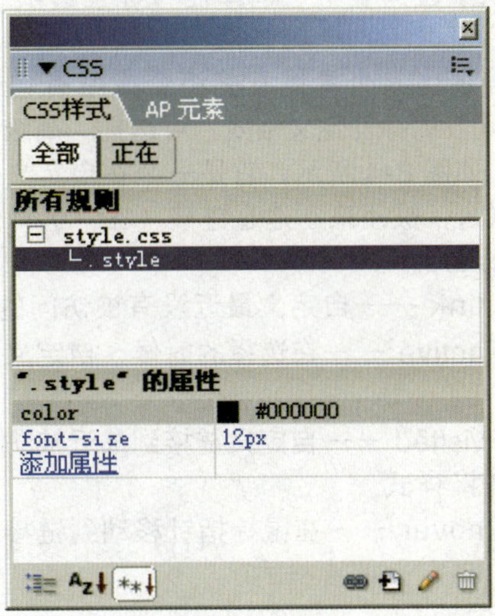

图8-1 “CSS样式”面板

8-1-3 CSS样式的种类

在Dreamweaver中提供的样式表种类根据运用的范围和对象会有所不同。运用样式表的范围是指局限在当前网页文件内部或是其他网页文件，也可以分为内部样式表和外部样式表。而且根据运用样式表的对象还分为类（用户自定义样式表）、标签（定义HTML标签样式表）、高级（有关链接的样式表）3种。下面学习每一种样式表的特点和用途。

将插入点放在文档中，在“CSS 样式”面板中，单击面板右下角区域中的“新建 CSS 规则”按钮。出现“新建 CSS 规则”对话框，如图 8-2 所示。用户可以指定将要定义样式的类型和其名称。在名称文本框中输入样式名称，这个名称被用在 class 属性中。在选择器类型中选择“类”、“标签”和“高级”单选按钮其中的一种。

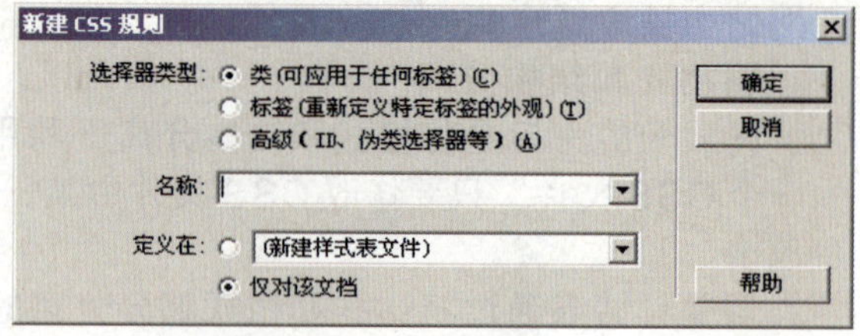

图 8-2 “新建 CSS 规则”对话框

类（可应用于任何标签）

生成一个自定义样式是在页面上定义样式最灵活的方法创建一个自定义样式的第一步是赋予名称。像素名称须使用句号（英文状态）起始，同时必须是没有标点符号或特殊字符的文字和数字。如果没有输入开头的句号，Dreamweaver 会自动输入。为类命名时不要使用<body>、<title>或者其他 HTML 标签，否则可能会与“标签”类型定义的 CSS 发生冲突。

下面是可以使用的典型的名称：master、bodytext。

标签（重新定义特定标签的外观）

“新建 CSS 规则”对话框中的第二个单选按钮“标签（重新定义特定标签的外观）”，如图 8-3 所示。这种类型的样式是一个有利于已有的 Web 页产生快速而具全局变化的极好的工具。重定义 HTML 标签样式使用户可以修改已有 HTML 标签的特性。当选择该选项时，可在“标签”文本框中输入一个 HTML 标签，或从其下拉菜单中选择一个标签。下拉列表中以字母排列的顺序显示了超过 40 种 HTML 标签，从下拉列表中可选择任一标签选项。

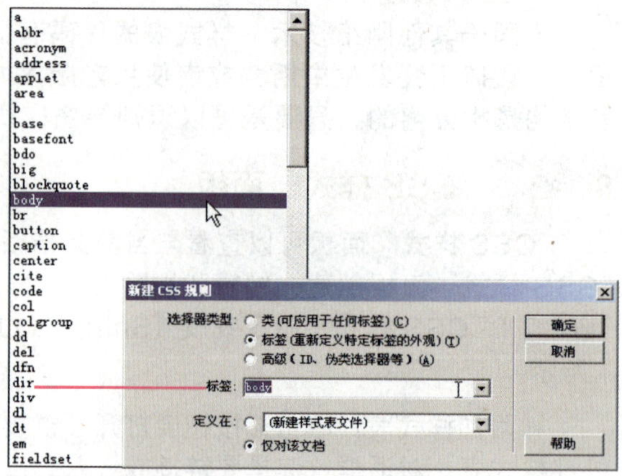

图 8-3 重定义 HTML 标签

高级（ID、伪类选择器等）

若要为某个具体标签组合或所有包含特定 ID 属性的标签定义格式，可选择“高级”复选框，如图 8-4 所示。它是一个在自定义标签和重新定义的 HTML 标签之间的混合物。与<a>标签联合，被用来创建超链接。在“选择器”下拉菜单中提供包括 a:active、a:hover、a:link 和 a:visited。

a:link ——自定义最近没有被访问的链接样式。

a:active ——在选择的时候，自定义链接样式。

a:visited ——自定义链接到最近被访问页面的链接样式。

a:hover ——在鼠标指针移动到链接上的同时，自定义链接样式。

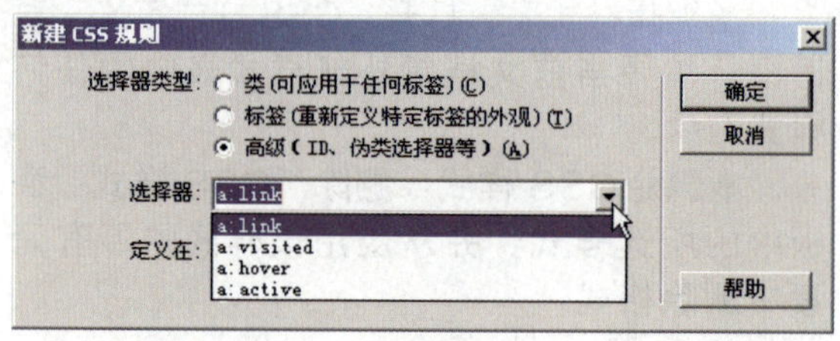

图 8-4 选择“高级”单选按钮

定义在

“定义在”区域右边有两个单选按钮，用于选择定义样式的位置。根据运用样式表的范围可以分为内部样式表和外部样式表。若要在当前文档中嵌入样式，可选择“仅对该文档”单选按钮。内部样式表只包含于当前操作中的网页文件中，并只运用于相应的网页文件。

若要创建外部样式表，选择“新建样式表文件”单选按钮。外部样式表以不同的文件类型保存到本地站点中，所以可以根据需要运用到其他网页文件中。构成站点的网页文件大体上是由相似的样式构成的，因此相同的部分一般都保存为外部样式表来应用。

8-2 创建样式表改变文字属性

在 Dreamweaver CS3 中，可以使用“样式”面板制作样式，文字是构成网页的基本元素，如何使文本能够显示美观，对于网页设计十分重要，下面学习样式表属性中创建有关文字的样式。

8-2-1 利用“属性”面板制作样式

若文档中未定义 CSS 样式，那么在文本“属性”面板中设置当前所选文本的样式和格式时，Dreamweaver 将跟踪每个文本元素指定的格式属性，并使用命名约定为每个元素指定一个标签：Style1、Style2、Style3…。此时在页内生成一个样式库，如果其他文本想使用同样的风格时，只要单击样式表的名称，之前设置的所有属性都会运用到新文本中。在“CSS 样式”面板中可以看到为文本设置的属性。

01 在“文件”面板中打开光盘中文件“08yanshi.htm”，将其显示在操作文档中，如图 8-5 所示。

02 选中文档中“公司简介”文字，在“属性”面板中设置大小为“14”，文字颜色为“#000000”，然后单击“加粗”按钮将文字加粗显示，此时系统会自动生成“STYLE1”样式并显示在“样式”面板中，如图 8-6 所示。

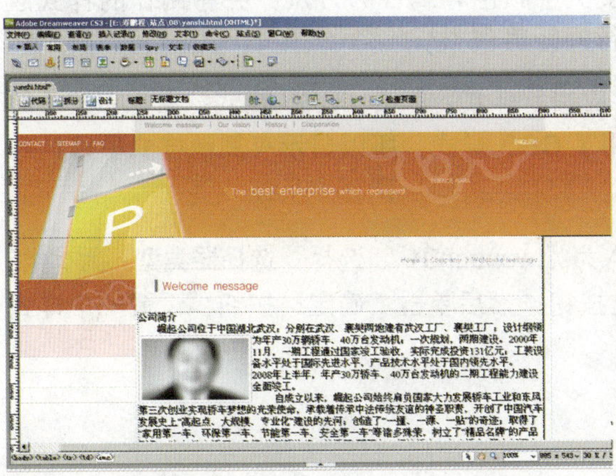
图 8-5 打开文档

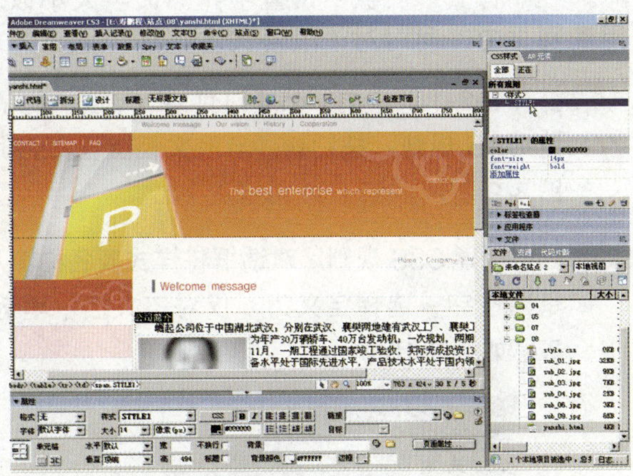
图 8-6 设置文字属性

03 按【F12】键，预览网页页面，此时会发现设置了属性的文字外观发生了改变，其余文字保持原样，如图 8-7 所示。

04 继续执行同样的操作，设置其余文字的样式，此时若想修改文字颜色，只须将鼠标放置在应用样式的文字中，在相关 CSS 面板中将颜色改为“#FFFFFF”，如图 8-8 所示。

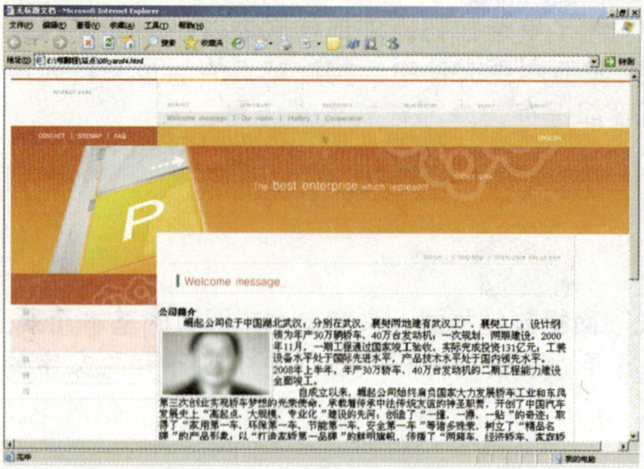

图 8-7　预览效果

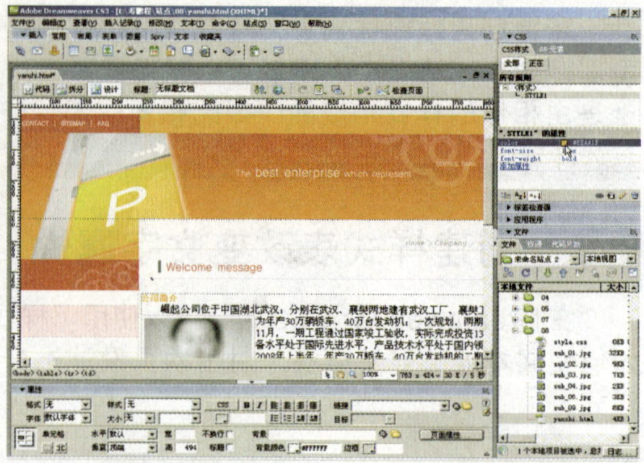

图 8-8　更改文字颜色

提示 · 技巧

设置的 CSS 样式会在“属性”面板样式下拉列表中出现。选择网页中的任何元素，在样式下拉列表选择一种样式，则定义的 CSS 样式即会套用上去。样式下拉列表同时显示网页中应用样式的名称和样式属性的预览。预览中会显示字体、字体大小、字体粗细、文本颜色和背景颜色等的属性。在文档中将插入点放在段落中，设定将样式应用于整个段落。如果在单个段落中选择一个文本范围，则 CSS 样式只影响所选范围。

8-2-2　利用“CSS 样式”面板制作样式

在“样式”面板中设置字体、文字大小以及文字颜色等属性的方法，并将制作的样式应用到网页中，同时对于段落文本，还可以设置行间距等属性。

01 打开 8-2-1 节中的 yanshi.HTML 文档，为了应用新样式，单击“CSS 样式”面板中的“新建 CSS 规则”按钮。当前文档上已经应用了 CSS 样式，所以显示有其他样式项目，如图 8-9 所示。

02 在“新建 CSS 规则”对话框将样式表名称输入为“.wenben01”。选择“选择器类型”为“类”单选按钮，选择定义为“仅对该文档”单选按钮，然后单击“确定”按钮，设置一个样式表，如图 8-10 所示。

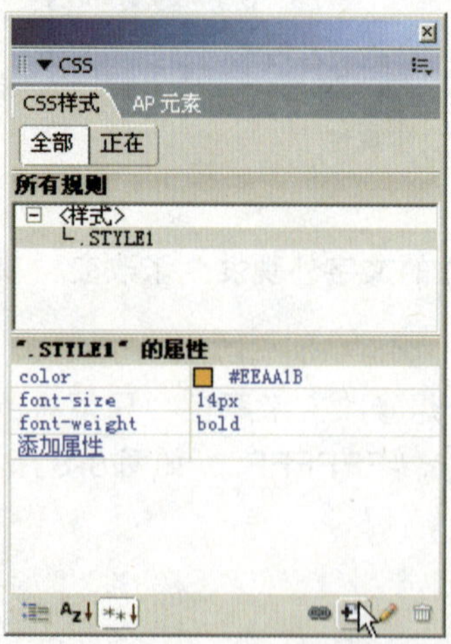

图 8-9　单击“新建 CSS 规则”按钮

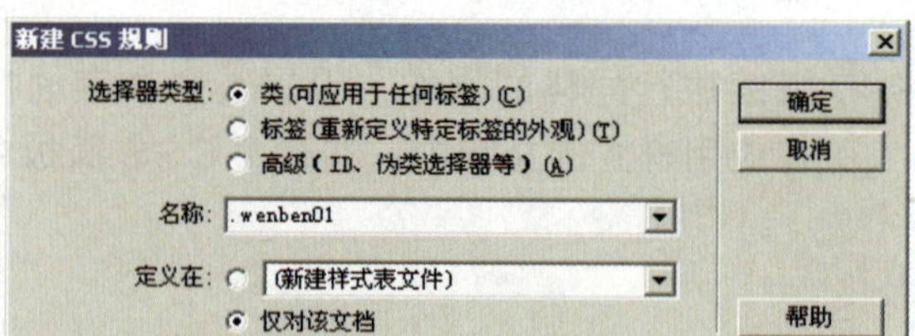

图 8-10　“新建 CSS 规则”对话框

提示 · 技巧

当前制作的样式类型是“类”，可应用于任何标签，是最常用的样式类型，它是用户自定义的Class样式表。Class 样式表名称定义为“.样式名称”。所以在新建 CSS 样式对话框的名称文本框中以“.样式名称”格式输入样式名称。

03 在“.wenben01 的 CSS 规则定义”对话框中“分类”列表框中选择“类型”选项设置应用于文本中的属性，将大小设为“12 像素”，“行高”设为“150%”，“颜色”设为“#000000”，然后单击“确定”按钮，选择“下画线”复选框，如图 8-11 所示。

04 打开“CSS 样式”面板，就可以看到其中增加了已建立的新建样式项目“wenben01”，如图 8-12 所示。

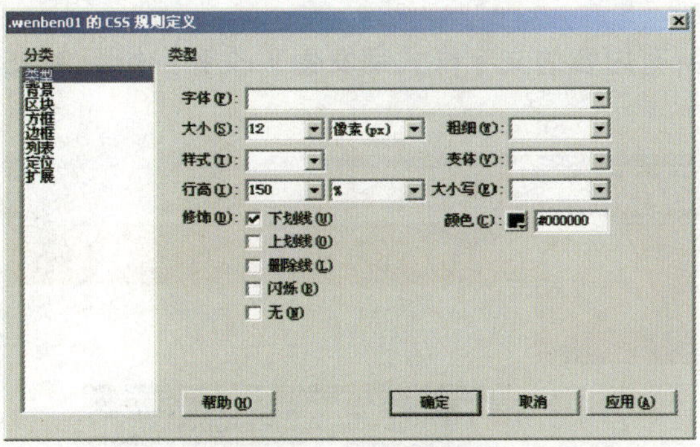

图 8-11　设置.wenben01 的 CSS 规则定义

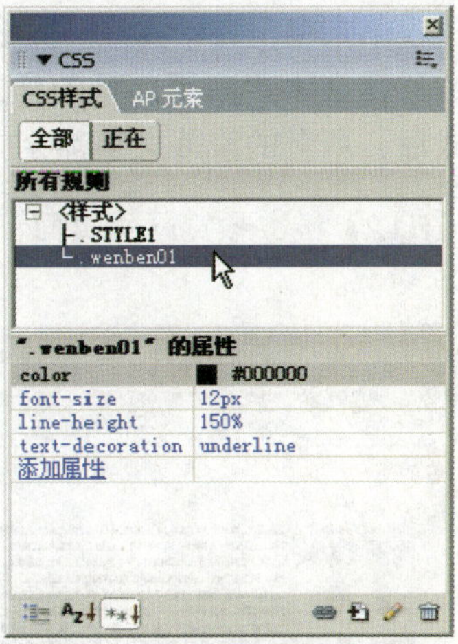

图 8-12　添加到 CSS 面板中

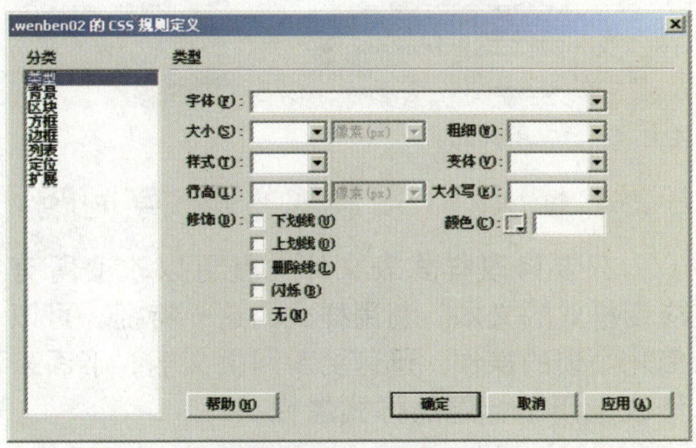

图 8-13　“CSS 规则定义”对话框

分类列表框中的“类型”用于在浏览器窗口中页面的字体设置外观和设计。类型类别是使用和支持的最广泛的类别之一，它可以安装在 Internet Explorer 3.0 及以上版本，以及 Navigator 4.0 和以上版本中显示，如图 8-13 所示。

字体：为样式设置字体家族或者称为字体族的字体集合。用户可以通过从下拉列表中选择编辑字体列表来编辑字体集合。

大小：定义选中的文本大小。可通过选择数字和度量单位选择特定的大小，也可以选择相对大小。如果用户输入某个值，那么可以在相邻的文本框中选择度量单位；如果指定相对的尺寸，可以选择大、小等选项。

样式：为字体指定一种正常、倾斜或者斜体的属性。默认设置是正常。

行高：设置文本所在行的高度。选择“正常”选项可以自动计算字体大小的行高，或输入一个确定的值并选择一种度量单位。

修饰：向文本中添加下画线、上画线、删除线，或使文本闪烁。正常文本的默认设置是无。链接的默认设置是下画线。

粗细：设置文本粗细。用户可以使用相应设置（正常、粗体、特粗和细体）或者输入一个数值。正常的设置大约是400，粗的设置是700 。

变体：设置文本的小型大写字母变量，或正常的选择。

大小写：将选定内容中每个单词的首字母大写或将文本设置为全部大写或小写。

颜色：设置文本颜色。输入颜色的名称或者从弹出的菜单中选择颜色样本，来改变对浏览器安全的颜色的设置。

8-2-3 应用“CSS样式”面板中的样式

样式制作完毕需要应用样式，将wenben01和biaoti两种样式应用于段落内容和标题上。只要框选相应的段落或者将光标放置于要应用样式的段落中，然后在“属性”面板的“样式”下拉列表框中选择需要应用的样式项目。

>>01 选择段落文字，在“属性”面板的“样式”下拉列表框中选择“wenben01”样式，则选中的段落文本会应用选择的样式。针对段落，只要在段落中任意位置添加插入点，应用样式后，所有的段落文字都会应用此样式，如图8-14所示。

>>02 按【F12】键，预览网页页面，此时会发现所有内容的文字样式都发生了改变，如图8-15所示。

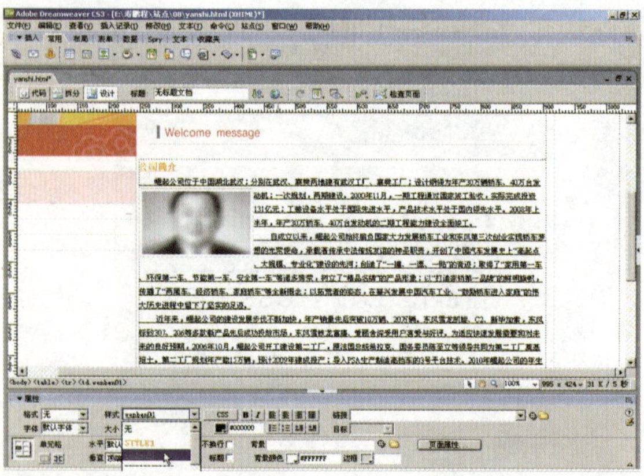

图8-14　应用样式

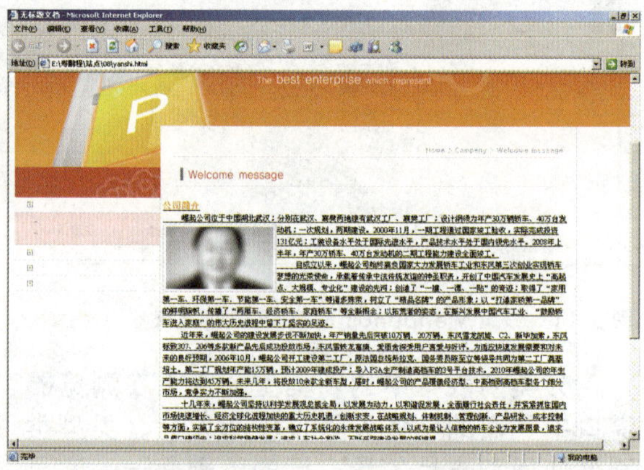

图8-15　预览页面

8-2-4 使用“CSS样式”修改字间距

只要修改样式表文件，就可以改变所有应用样式的文本。利用样式的这一特征，可以简化烦琐的操作，迅速更新网页文档。下面来修改应用于标题的样式属性。

>>01 为了修改应用于标题的.wenben01样式，在“CSS样式”面板中选择“.wenben01”项目，然后单击“编辑样式表”按钮。在“.wenben01的CSS规则定义”对话框中，选择“分类”列表框中的“区块”选项，右边会显示相应的参数，将“字母间距”设置为“4像素”，如图8-16所示。

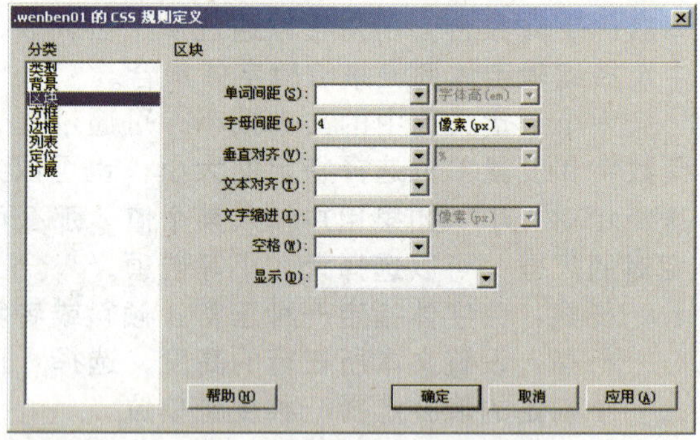

图8-16　“区块”选项

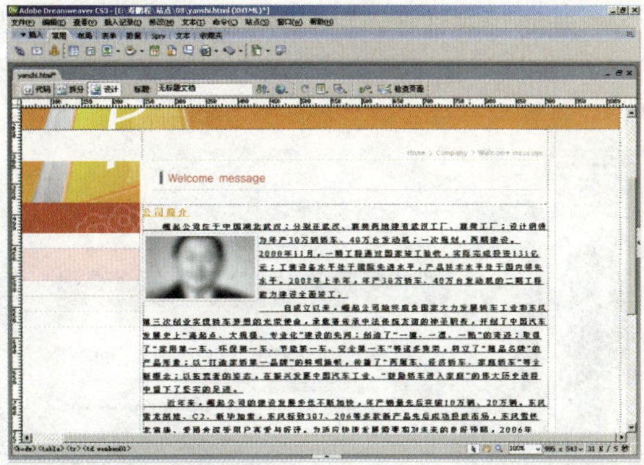

图 8-17　查看效果

02 单击"确定"按钮后，从文档窗口中可以看到，应用.wenben01 样式文字的字间距变大了，如图 8-17 所示。

> **提示 · 技巧**
>
> 在"CSS样式"面板中选择样式项目，并单击"删除 CSS 样式"按钮取消样式。如果删除样式前已经应用了该样式，删除以后将回到没有应用时的默认状态。

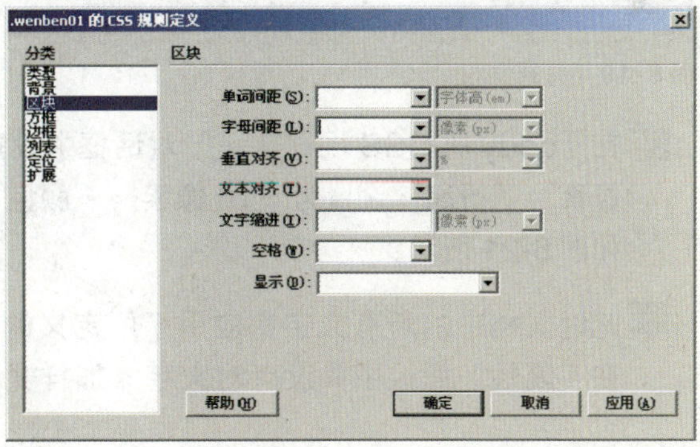

图 8-18　"区块"选项

在"wenben01 的 CSS 规则定义"对话框（简称"CSS 规则定义"对话框）中选择"区块"选项可以定义标签和属性的间距及对齐设置，如图 8-18 所示。

单词间距：设置单词的间距。使用正值和负值可以增加或减少间距。在其右边的下拉菜单中选择度量单位。

字母间距：定义组成词的字母间距。使用正值和负值可以增加和减少间距。

垂直对齐：指定应用其元素的垂直对齐方式。

文本对齐：设置元素中的文本对齐方式。从下拉菜单中可以选择左对齐、右对齐、居中和两端对齐。

文本缩进：指定第一行文本缩进的程度。可以使用负值创建凸出效果。

空格：确定如何处理元素中的空白。在其下拉菜单中有 3 个选项："正常"可以收缩空白；"保留"它的处理方式与文本被括在<pre>标签中一样（即保留所有空白，包括空格、制表符和回车）；"不换行"指定仅当有
标签时文本才换行。

显示：指定是否或如何显示元素。"无"表示关闭其被指定给的元素显示。

8-3　应用 HTML 标签样式

在前面学习的大部分样式表都是制作为".样式"形式的自定义样式表。选择要应用效果的对象，然后在"属性"面板的样式下拉菜单中进行选择并应用。在本节中将学习修改标签属性，重新定义特定标签的外观方法，在文档中插入 HTML 标签的同时，将自动应用指定的标签样式表。

01 在"文件"面板中打开光盘中 08\biaoji.html 文档，将其显示在操作文档中。使用文字工具拆分段落，对齐文本，如图 8-19 所示。

02 为了应用新样式，单击"CSS 样式"面板中的"新建 CSS 规则"按钮，弹出"新建 CSS

规则”对话框以后，将“选择器类型”区域中选择“标签”，在下方标签下拉菜单中选择“body”选项，将“定义在”区域中选择“仅对该文档”单选按钮，然后单击“确定”按钮，设置一个样式表，如图8-20所示。

图8-19　打开文档

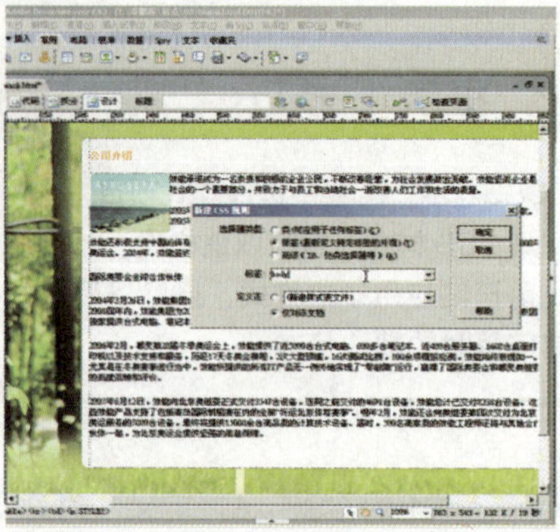

图8-20　单击“添加规则”按钮

03 在“body的CSS规则定义”对话框中设置应用于文本中的属性，将“大小”设置为“12像素”，“行高”设置为“16像素”，“颜色”设置为“#666666”，然后单击“确定”按钮，如图8-21所示。

04 此时文档中的所有文字都应用了所定义的样式，将光标放置于文档中单元格内的文字处，在“属性”面板中并没有对文字添加样式，如图8-22所示。

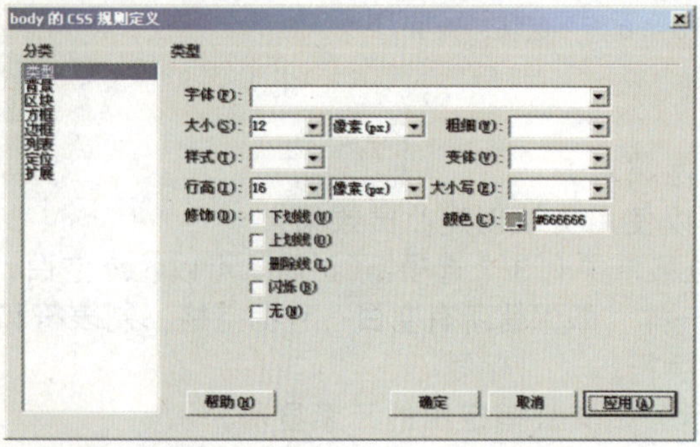

图8-21　设置参数

图8-22　添加样式

05 执行“插入记录”|HTML|“水平线”命令，如图8-23所示。

06 在插入的水平线处于被选定的状态下，在“属性”面板中将“宽”设置为90%，将“对齐方式”设置为左对齐，取消“选择阴影”选项，设置水平线的粗细和对齐属性，如图8-24所示。

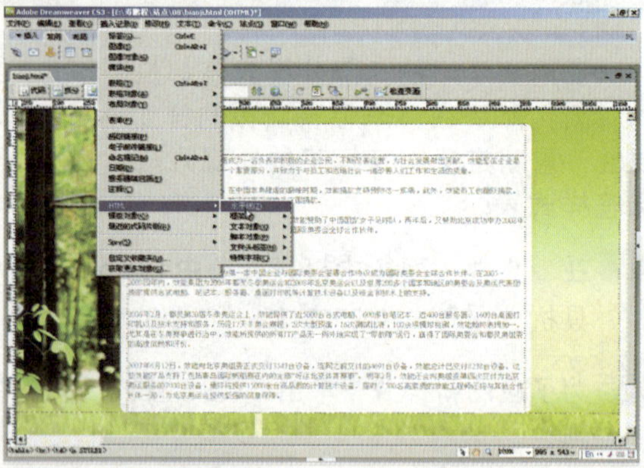

图8-23　执行菜单命令

07 为了对新建水平线<hr>标签应用新样式，单击“CSS样式”面板中的“新建CSS规则”按钮 。弹出“新建CSS规则”对话框以后，将“选择器类型”区域中选择“标签”单选按钮，在下方标签下拉菜单中选择“hr”选项，将“定义在”区域中选择“仅对该文档”单选按钮，然后单击“确定”按钮，如图8-25所示。

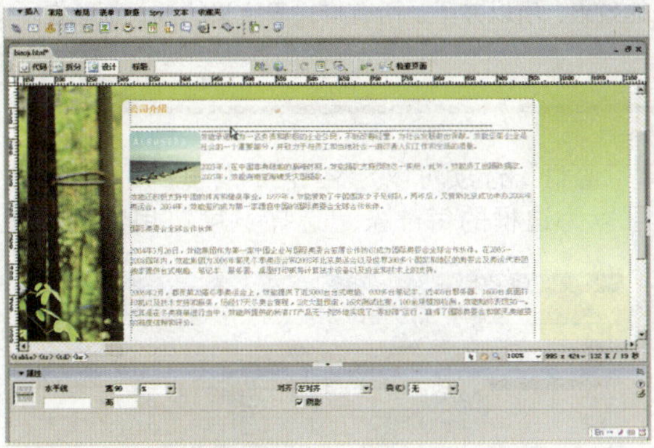

图8-24　修改其属性

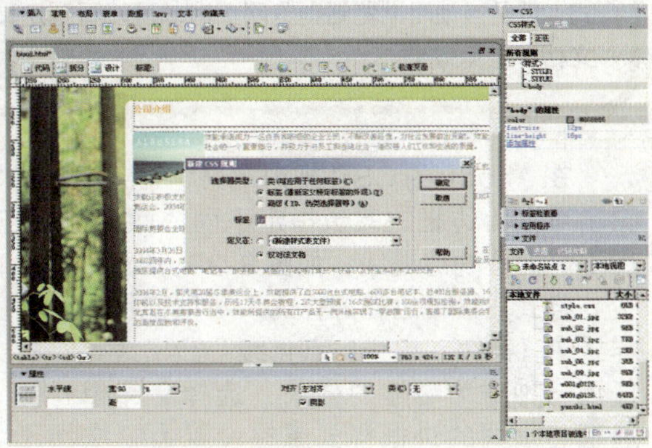

图8-25　添加<hr>标签样式

08 弹出“hr的CSS规则定义”对话框后，在对话框中“分类”列表框中选择“边框”选项，在右边“边框”区域中设置应用于水平线的属性，将“样式”选项区域中设为“虚线”选项，“宽度”设为“1像素”，“颜色”选项区域中设为“#006666”，如图8-26所示。

09 然后单击“确定”按钮，在“样式”选项区域中会添加hr样式名称，并且定义的样式会应用到页面中所有水平线中，如图8-27所示。

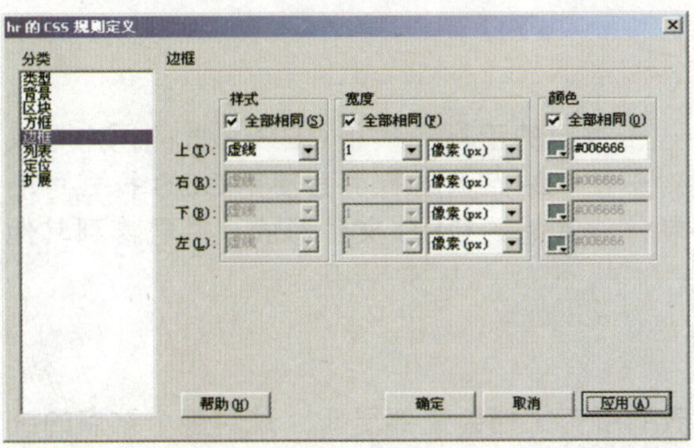

图8-26　设置边框

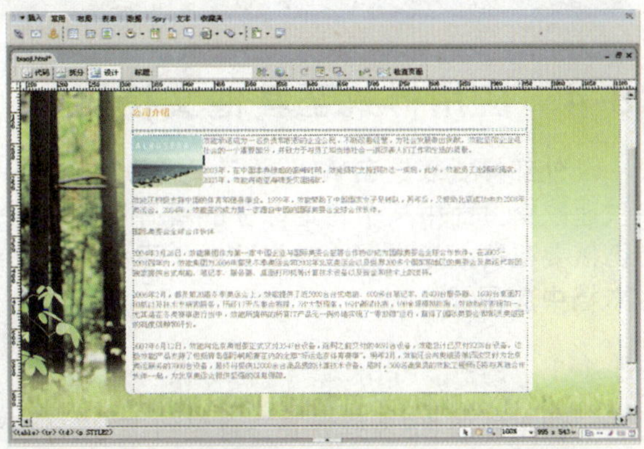

图8-27　添加后效果

10 按【F12】键，预览网页页面，此时水平线由原来的实线变成了点画线，并且水平线也改变了颜色，如图8-28所示。

图8-28　预览页面

提示 · 技巧

制作添加水平线上虚线形态的边框样式后，在Dreamweaver操作窗口中并没有显示出定义的样式，但是当使用浏览器浏览网页时却可以看到定义的效果，所以并不是所有样式表定义的样式都能在文档中显示效果。

在"body的CSS规则定义"对话框中选择"边框"选项可以定义CSS样式的边框设置。除了可以为边框的四边指定不同的颜色外，还可以为边框的每一条边选择宽度。用户可以使用不同类型的边框线，如图8-29所示。

样式：设置边框的样式。可以使用所列出样式中（实线、虚线、点化线、凸出线等）的任何一种作为边框的样式，选择全部相同复选框将相同的边框样式属性设置为它应用于元素的上、右、下和左侧样式。

宽度：设置元素边框的粗细。

颜色设置：边框的颜色。可以分别设置每个边的颜色。

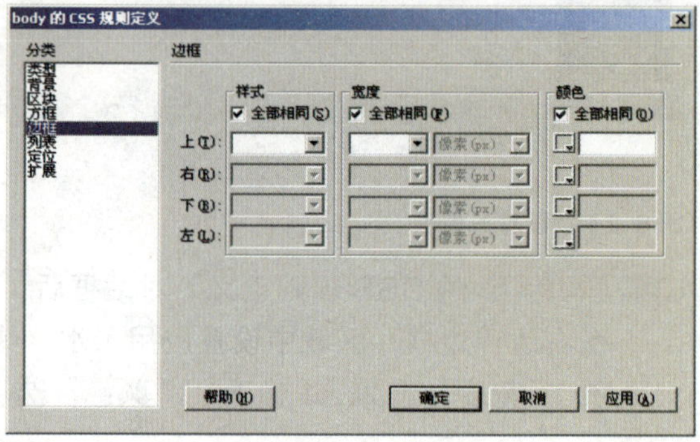

图8-29　选择边框

8-4　应用样式至其他文档

外部样式表是在Web设计的CSS工具箱中一个重要的工具。使用CSS样式的用户可以快速改变页面中某个特定标签的所有属性。但是对于整个站点上所有页面使用CSS样式可能仍然要花费大量时间。在本节中学习将样式文件制作成其他的CSS文件形式，并链接到其他文档中应用。

8-4-1　链接外部CSS样式表

使用外部CSS样式表，链接到该CSS样式表的所有文档会全部更新，这对整个站点的统一非常重要。可以附加或链接到外部样式表以应用其包含的样式。

>> 01 在"文件"面板中.htm文件，将其显示在操作文档中。打开"CSS样式"面板，在其中单击"附加样式表"按钮 ，如图8-30所示。

>> 02 此时会出现"链接外部样式表"对话框。在对话框中的"添加为"中选择"链接"单选按钮，如图8-31所示。

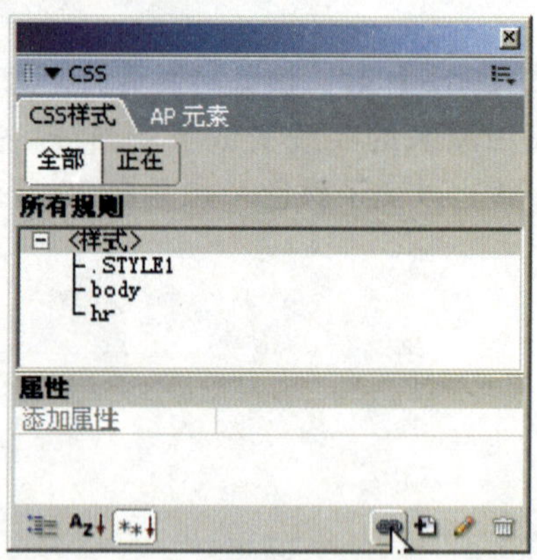

图8-30　"CSS样式"面板

03 在“添加为”中选择“链接”单选按钮，要将某个CSS样式添加到页面，用户必须“链接”或者“导入”文件。这两个单选按钮都可链接一个样式表文件，如图8-32所示。

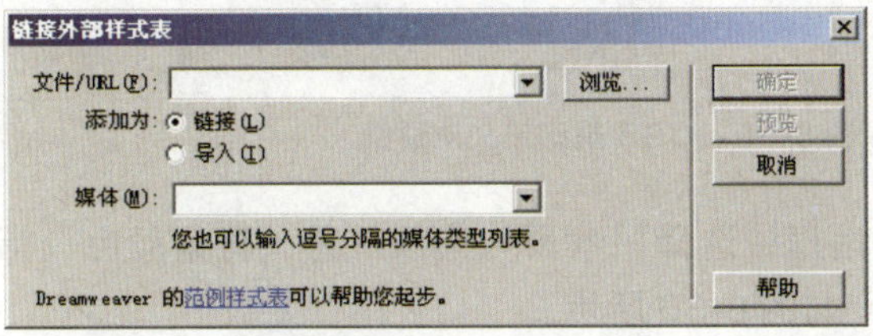

图8-31 “链接外部样式表”对话框

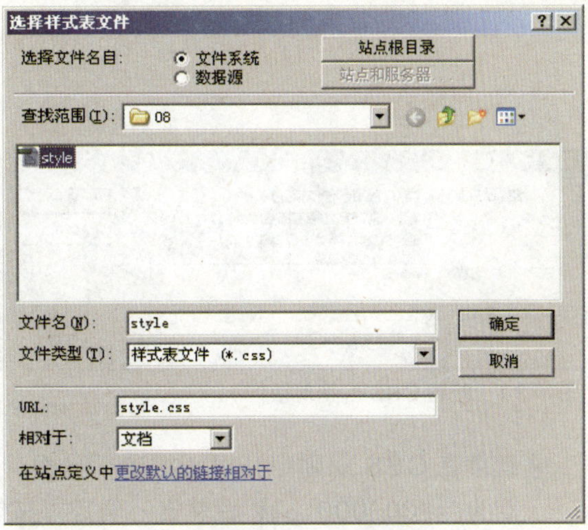

图8-32 “选择样式表文件”对话框

04 单击“浏览”按钮确认样式表是否将所需的样式应用于当前页面，单击“确定”按钮后，“CSS样式”面板中加入了“style.css”样式，单击（+）号可展开该文件，显示样式文件内的样式项目，如图8-33所示。

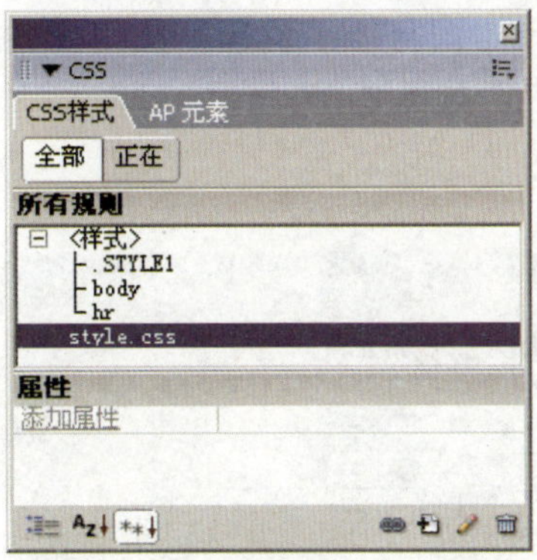

图8-33 展开样式项目

提示 · 技巧

若要创建当前文档和外部样式表之间的链接，在链接外部样式表中选择“链接”。该选项在HTML代码中创建一个<link href>标签，并引用已发布样式表所在的URL。如果要嵌套样式表，必须使用导入指令。

8-4-2 在链接外部CSS样式表中增加样式

当前使用的样式文件为链接样式文件，可以在多个文档中使用同一个链接样式表，若在其中一个文档中修改或增加了样式表文件，就会影响与其链接的文档，改变文档内样式。

01 为了应用新样式，单击“CSS样式”面板中的“新建CSS规则”按钮，弹出“新建CSS规则”对话框以后，在“选择器类型”中选择“类”单选按钮，将名称设为“.wenben”，在“定义在”下拉列表中选择链接样式表文件“style.css”，然后单击“确定”按钮，如图8-34所示。

02 在“.wenben的CSS规则定义”对话框中分类列表框中选择“类型”选项，设置应用于文本中的属性，在右侧将“大小”设为“12像素”，“粗细”设为“粗体”，“行高”设为“20像素”，“颜色”设为“#000000”，如图8-35所示。

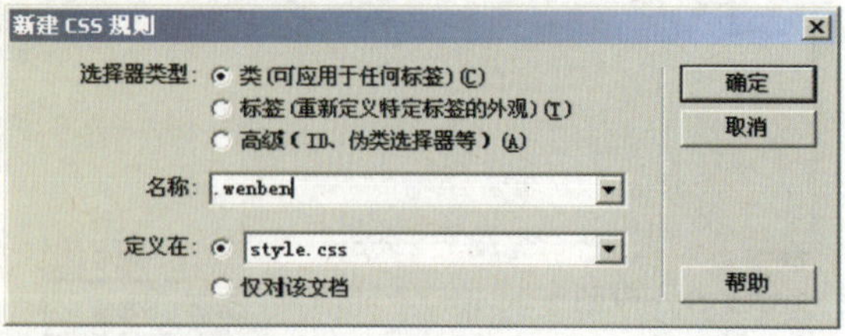

图 8-34　新建 CSS 规则对话框

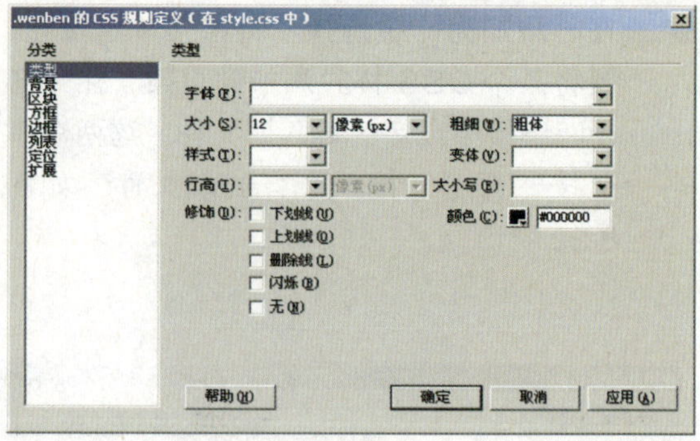

图 8-35　CSS 规则定义对话框

>>03 继续在 CSS 规则定义对话框中“分类”对话框中选择“背景”选项，将“背景颜色”指定为“#000000”，然后单击“确定”按钮，如图 8-36 所示。

>>04 选中文档中的表格，在“属性”面板的“样式”下拉列表框中选择“biaoti02”样式。在任何位置单击即可取消框选，应用样式后的表格填充了指定的背景颜色，而且文字颜色变成了白色，如图 8-37 所示。

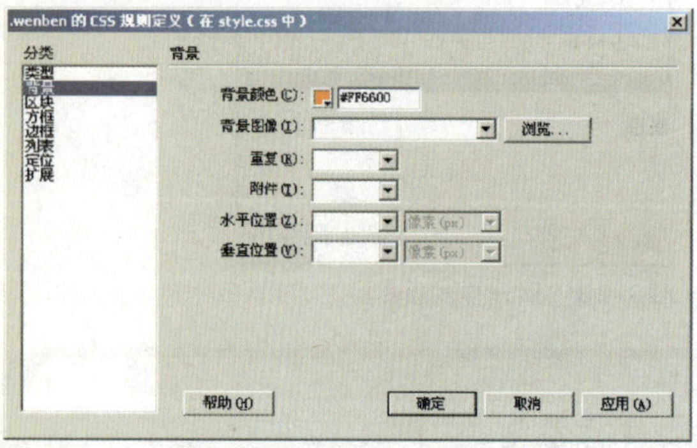

图 8-36　CSS 规则定义对话框

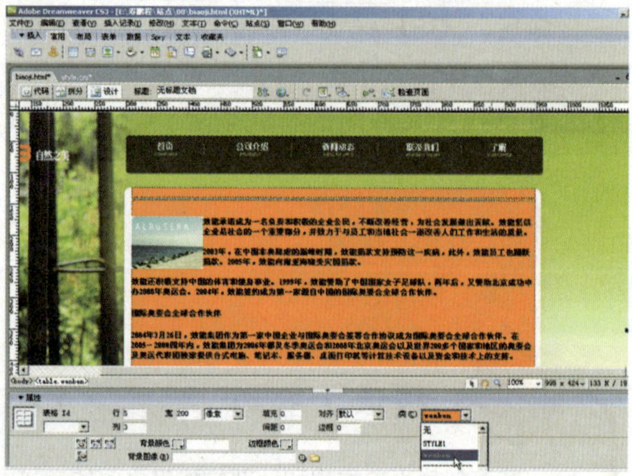

图 8-37　预览页面

8-5　为图像应用样式

文字和图像都是网页的重要组成部分，所以样式表除了可以控制文字外观外，对图像也有许多设置，下面学习使用样式表控制图像元素。

8-5-1　利用“属性”面板制作编号列表

利用数字和点制作项目列表，只要在“属性”面板中选择相应按钮即可，但是如果使用图像来编排列表项目，就需要使用 CSS 样式定义了。CSS 在项目符号上，为用户提供了更多的选择。在制作之前，首先需要将段落文字转换为列表。

>>01 在“文件”面板中打开站点文件夹中“biaoji.htm”，并显示在操作文档中。将后面三段文字设置成段落格式，因为只有段落才能制作项目列表，框选段落内容，如图 8-38 所示。

>>02 为了制作出无序项目列表，在“属性”面板中单击“编号列表”按钮。在行前插入数字项目符号的同时，段落文字向右缩进，如图 8-39 所示。

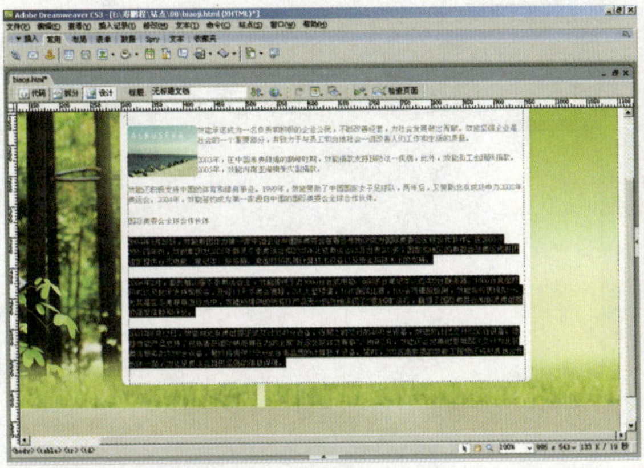
图 8-38　选中文本段落

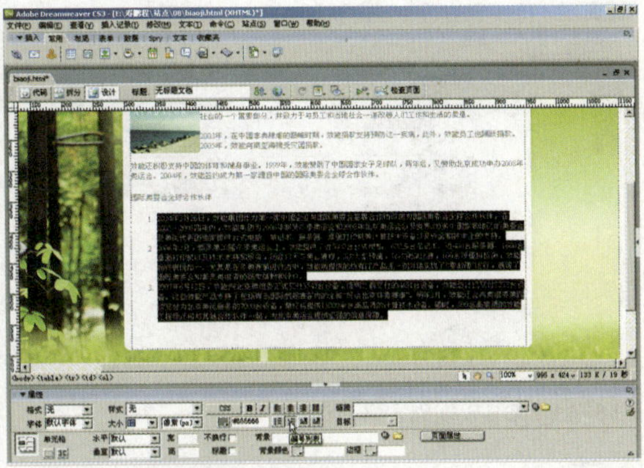
图 8-39　制作编号列表

提示 · 技巧

制作列表项，文字会自动向内缩进，同时在形成项目列表的各段前插入数字或项目符号。如果使用样式，这些属性将消失。

8-5-2　利用选择的图像制作样式列表

在“CSS 规则定义”对话框中选择“列表”选项可以为列表标签指定列表设置（如项目符号大小和类型）等。使用 CSS 可以基于某个图像来显示特定的项目符号，也可指定所使用的有序列表的类型，包括数字、罗马数字，或者 A、B、C 顺序等。

同时利用“CSS 规则定义”对话框中选项，还可以对制作的项目列表设置行间距，字体、颜色、大小等样式属性。

>>01 为了制作出应用于列表项的样式，在“CSS 样式”面板中单击“新建 CSS 规则”按钮。弹出“新建 CSS 规则”对话框，在“选择器类型”选项区域中选择“类”单选按钮，在下方名称文本框中输入“.list01”，将“定义在”设置为“style.css”，然后单击“确定”按钮，如图 8-40 所示。

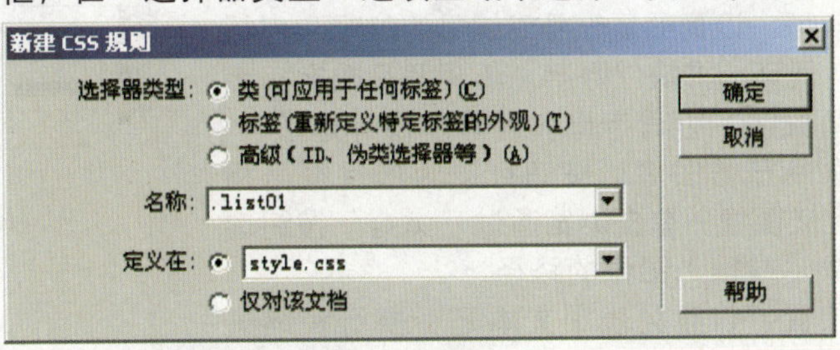

图 8-40　“新建 CSS 规则”对话框

>>02 在弹出“.list01 的 CSS 规则定义”对话框中“分类”列表框中选择“类型”选项设置应用于文本中的属性，将“大小”设为“12 像素”，“行高”设为“20 像素”，“颜色”设为“# 66666”，如图 8-41 所示。

>>03 在对话框中“分类”列表框中选择“列表”选项，在右侧“项目符号图像”后单击“浏

览”按钮，在弹出的“选择图像源文件”对话框中选择要取代项目符号的图像文件“w001g0126b2_03.jpg”，单击“确定”按钮，如图8-42所示。

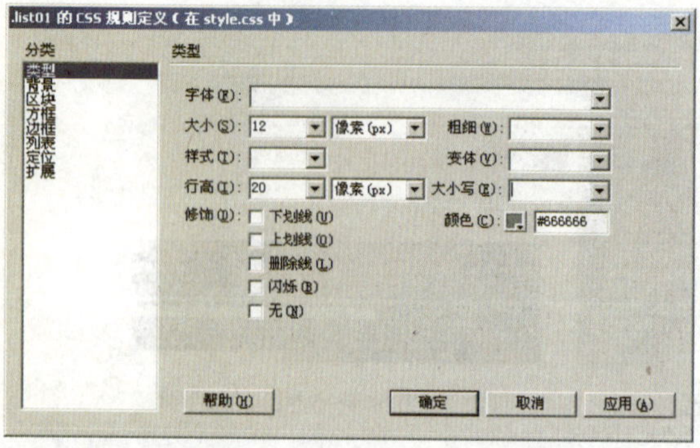

图8-41　CSS规则定义对话框

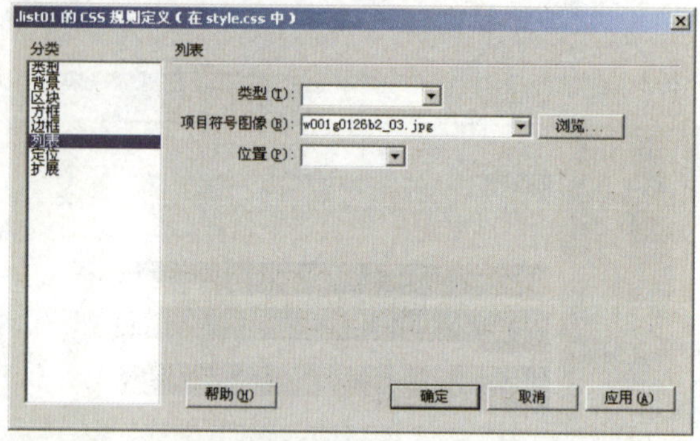

图8-42　选择项目符号图像

04 使用鼠标框选列表项，在“属性”面板中的“样式”下拉列表中选择新建的样式“list01”样式，如图8-43所示。单击其他位置取消框选，会发现所选图像取代了项目符号，如图8-44所示。

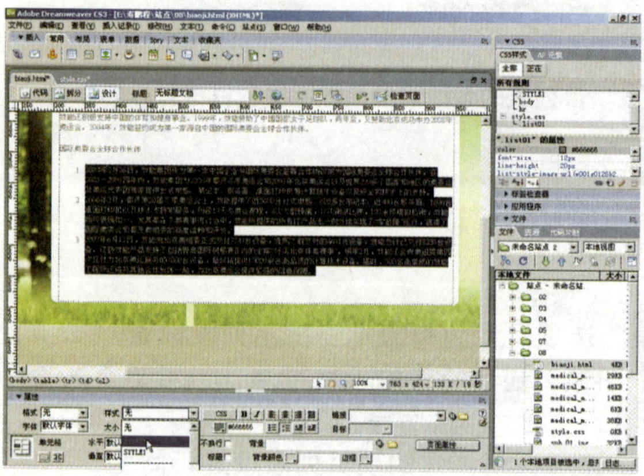

图8-43　选择样式

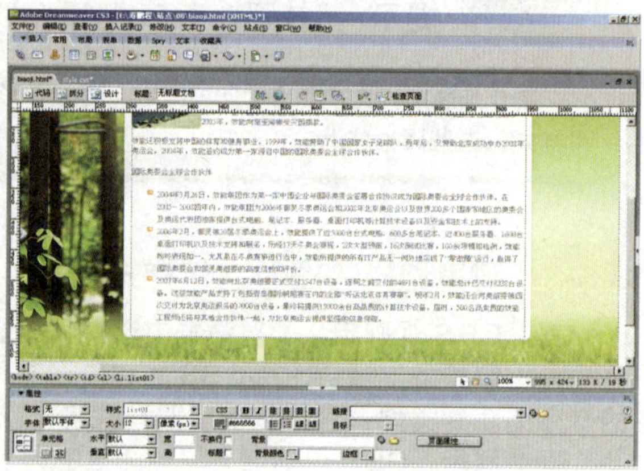

图8-44　完成后效果

在对话框中分类列表框中选择“列表”选项，可以选择图像取代项目符号，如图8-45所示。

类型：设置项目符号或编号的外观。包括圆点、圆环、方块、数字、小写罗马数字、大写罗马数字、小写字母和大写字母等选项。

项目符号图像：按钮可以为项目符号指定自定义图像。单击浏览通过“浏览”按钮选择图像，或输入图像的路径。

位置：设置列表项文本是否换行和缩进（外部）以及文本是否换行到左边距（内部）。

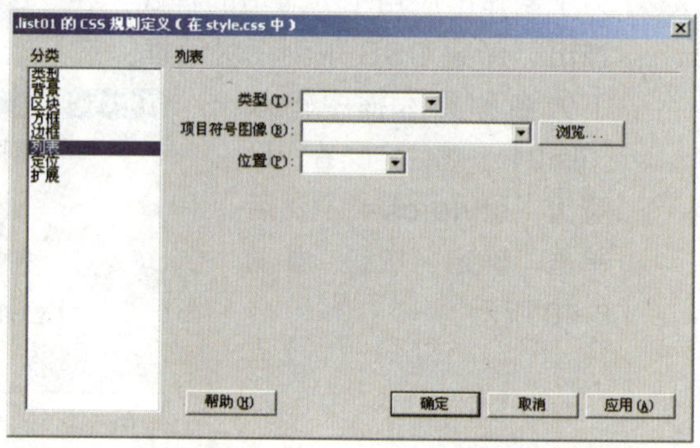

图8-45　列表样式

8-5-3　利用样式表固定背景图像的位置

在Dreamweaver CS3中只要指定背景图像、文档边距、文本属性，就会加载到“CSS样式”面板的body样式表中。还可以在CSS规则定义对话框中选择“背景”选项，更改定义CSS样式的背景设置。

CSS背景可以为某一个单独的段落，或者其他的CSS选择器指定背景。可以设置背景为水平拉伸、垂直拉伸，或者根本不拉伸。用户甚至可以相对于选中的元素来定位图像。

01 在“文件”面板中打开“站点”文件夹中的beijing.htm，将其显示在操作文档中，文档中表格结构内插入了图像，如图8-46所示。

02 执行“修改”|“页面属性”命令，在“页面属性”对话框的“外观”选项中，单击背景图像右边“浏览”按钮，指定背景图像，如图8-47所示。

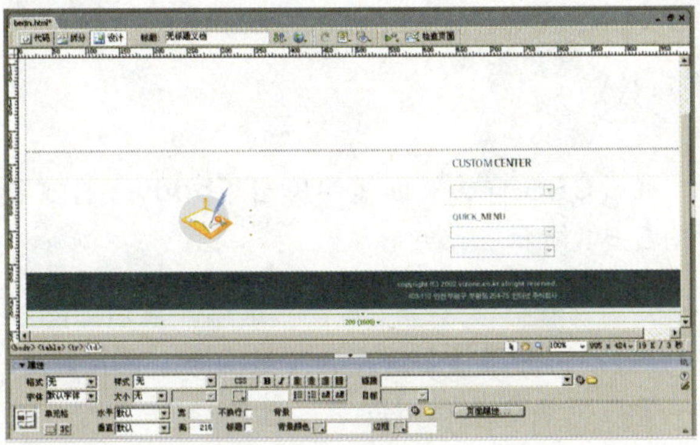

图8-46 打开文档

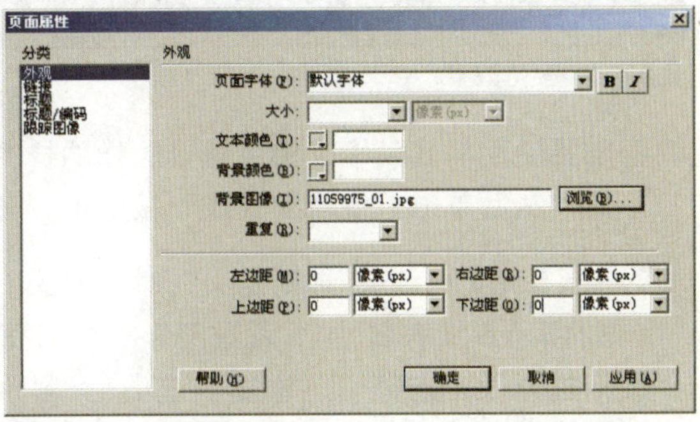

图8-47 选择图像源文件

03 在“选择图像源文件”对话框中，如图8-48所示，选择背景图像文件“08\11059975_01.jpg”，然后单击“确定”按钮，返回“页面属性”对话框继续设置其他属性，将左边距、右边距、上边距和下边距均设为为0像素。

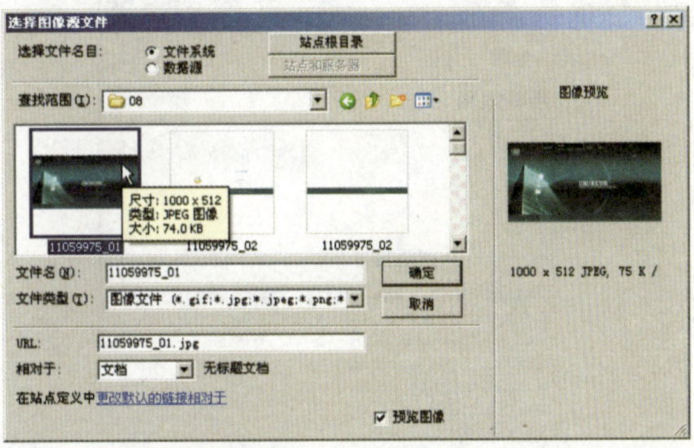

图8-48 设置页面属性

04 单击”确定”按钮，背景图像就会应用到文档中，选中文档中flash文件，在“属性”面板中单击“播放”按钮可以看到动画，如图8-49所示。按【F12】键，可在网页浏览器中确认其制作效果。背景图像以棋盘形态填充在文档中，如图8-50所示。

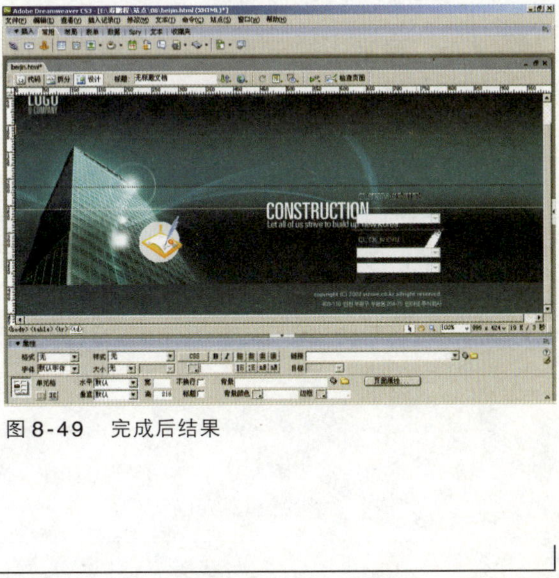

图8-49 完成后结果

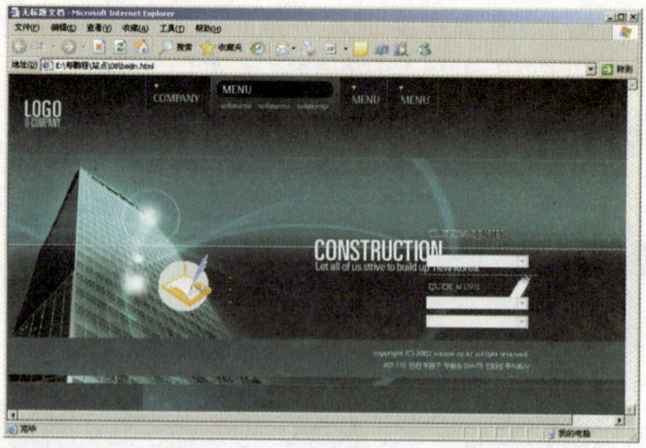

图 8-50　预览效果

提示 · 技巧

在“页面属性”对话框的“外观”选项区域中指定文档背景、文本，边距等属性，就会在“CSS 样式”面板中添加样式表项目 body。body 样式表中包含文档边距、背景图像属性的设置。

05 若要使用样式表修改相关背景图像的样式。在“CSS 样式”面板中单击“body”样式项目，然后单击“编辑样式表”按钮，如图 8-51 所示。

06 在“body 的 CSS 规则定义”对话框的“分类”列表框中选择“背景”选项。然后如图 8-52 所示设置各属性，“背景图像”文本框中会显示页面属性中选择的背景图像，在“重复”下拉列表中选择“不重复”选项，“附件”下拉列表中选择“固定”选项。

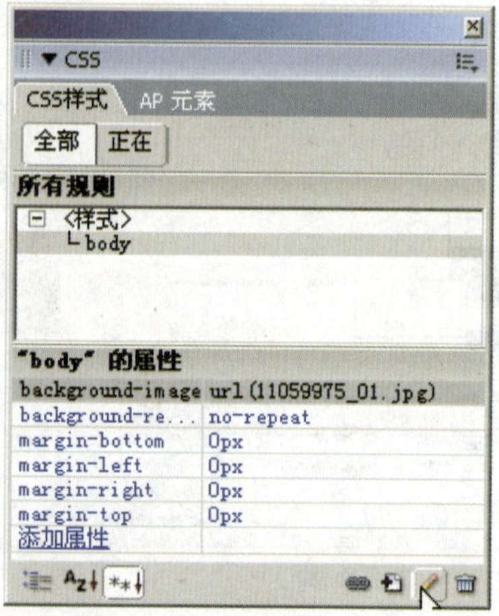

图 8-51　CSS 样式表

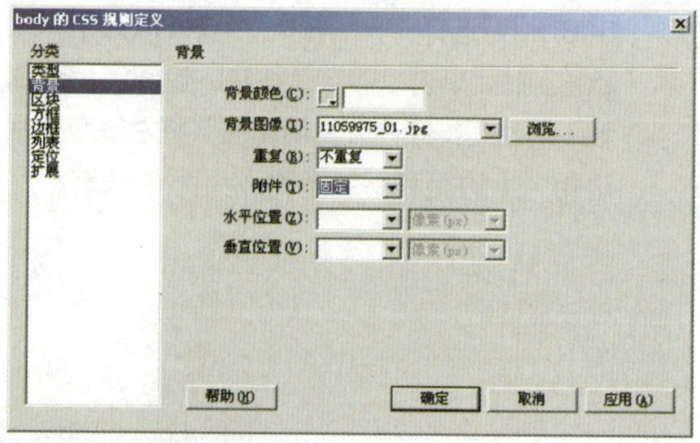

图 8-52　背景选项卡

07 单击“确定”按钮返回到操作窗口，按【F12】键，在网页浏览器中确认其制作效果。由于在 CSS 规则定义对话框中将“附件”设为“固定”，所以向下拖动滚动条，将文字向下移动，背景图像不随文档画面移动，而是固定在原始位置，如图 8-53 所示。

图 8-53　预览效果

背景样式列表

“body的CSS规则定义”对话框中的“背景”选项用来指定背景颜色、背景图像、重复、附件、水平位置和垂直位置等属性，如图8-54所示。

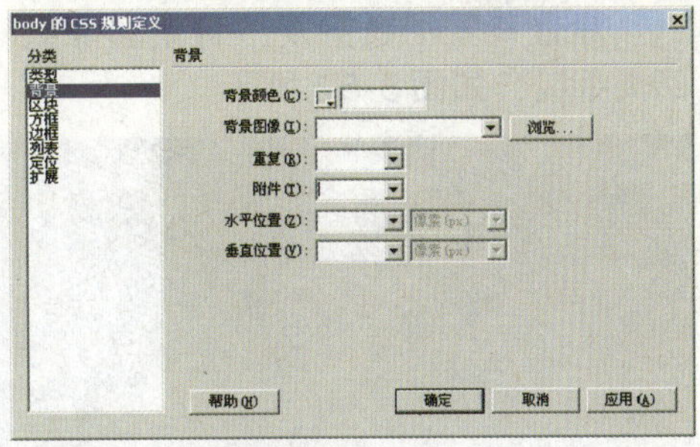

图8-54　背景样式列表

背景颜色：设置元素的背景颜色。可以为独立的段落或者其他元素设置背景颜色。

背景图像：设置元素的背景图像。Internet Explorer及Navigator两种浏览器都支持背景图像属性。

重复：重复背景图像。在下拉列表中选择一个选项。其中，“不重复”表示在被应用样式的左上角显示一次图像；“重复”表示在元素的后面水平和垂直平铺图像；“横向重复”和“纵向重复”表示分别显示图像的水平带区和垂直带区。

附件：确定背景图像是固定在其原始位置还是随内容一起滚动。

水平位置和垂直位置：指定背景图像相对于元素的初始位置；也可以用于将背景图像与页面中心垂直和水平对齐。如果附件属性为“固定”，则位置相对于“文档”窗口而不是元素的位置。

设置背景图像平铺方式

在CSS规则定义对话框的“背景”选项中指定背景图像为光盘中“08\-VF1-0050.jpg”后，灵活应用重复、水平位置、垂直位置属性，除了将背景图像重复显示为平铺形态的基本样式外，还可以设置背景显示在水平、垂直方向或者只显示一次。默认状态如图8-55所示。

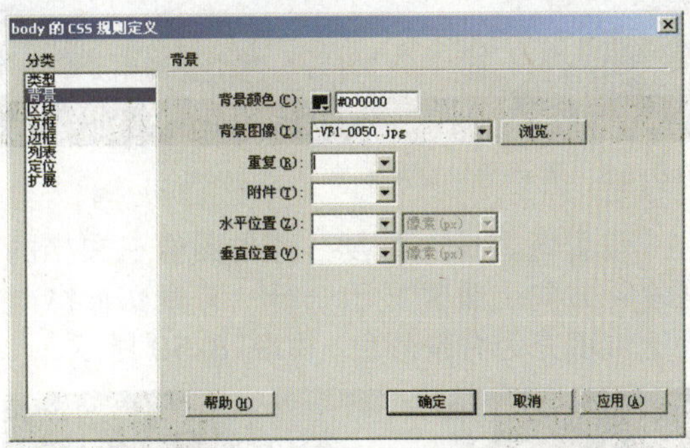

图8-55　默认背景填充

设置背景图像不重复，背景图像不重复平铺在整个文档中，如图8-56所示。

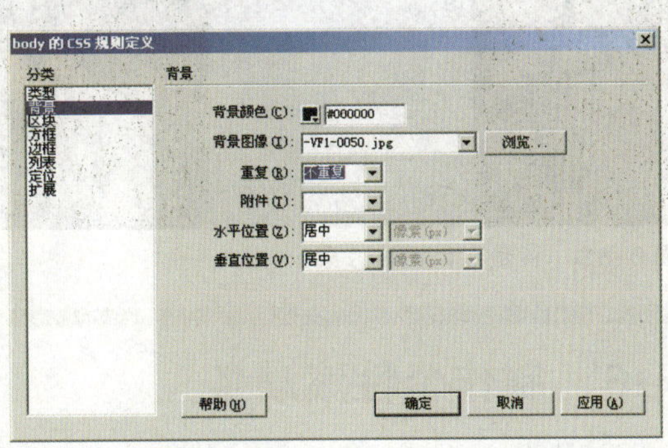

图8-56　背景不重复效果

设置背景图像重复，背景图像重复平铺在整个文档中。背景图像以中间的图像为中心向四周平铺，如图8-57所示。

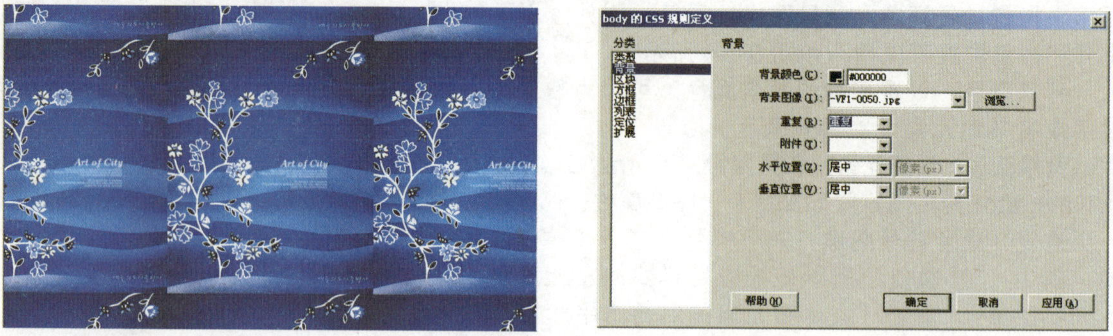

图8-57　背景重复效果

设置背景图像横向重复，背景图像在文档中央部分，水平垂直方向只显示一次，文档的其他区域则填充为指定的背景颜色，如图8-58所示。

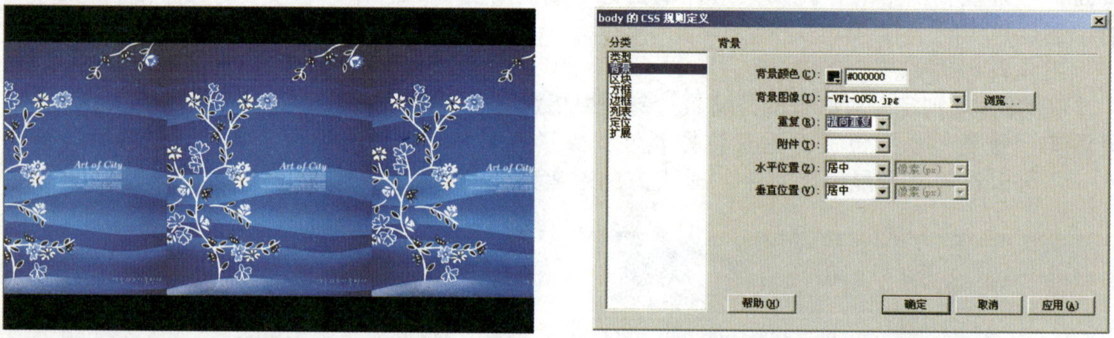

图8-58　背景横向重复效果

设置背景纵向重复，背景图像在文档的水平中央位置，以右对齐方式水平显示，而且只在水平方向上重复显示一行，背景图像纵向重复显示一列，在文档的垂直方向居右对齐，其他区域填充为背景颜色，如图8-59所示。

图8-59　背景纵向重复效果

8-6　制作个性滚动条

在本节中将学习按照网页文档的背景颜色或者整体设计来制作充满个性滚动条的方法。滚动条的设置也是样式表的一种。Dreamweaver本身并不能制作滚动条，不过可以在“代码视图”中手动添加代码，并且可在Internet Explorer 5.5以上版本的浏览器中浏览制作的个性滚动条。

01 打开“站点”面板中文档daohan文件夹中的“index.htm”，将其显示在操作窗口中。单击“代码视图”按钮，切换到代码视图。将光标放置于<mata>标签，并按回车键，插入空行，如图8-60所示。

02 在此行处，输入以下代码，如图8-61所示。

```
<STYLE>
BODY {
SCROLLBAR-FACE-COLOR: #d80000;
 SCROLLBAR-HIGHLIGHT-COLOR: #000024;
 SCROLLBAR-SHADOW-COLOR: #000024;
 SCROLLBAR-3DLIGHT-COLOR: #d80000;
 SCROLLBAR-ARROW-COLOR: #d80000;
 SCROLLBAR-TRACK-COLOR: #000024;
 SCROLLBAR-DARKSHADOW-COLOR:
#d80000;
 SCROLLBAR-BASE-COLOR: #fcfcfc
}
</STYLE>
```

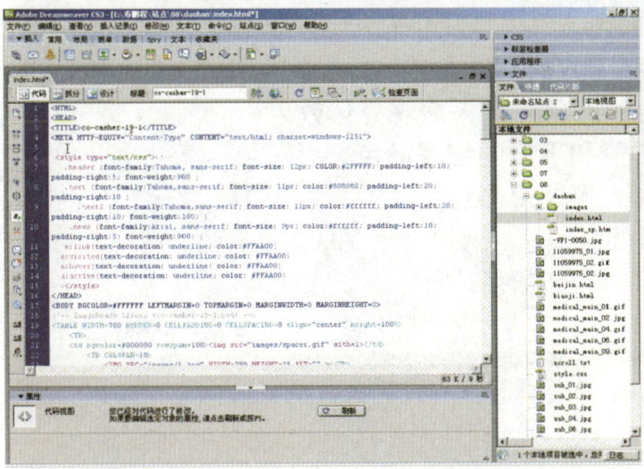

图8-60　打开代码视图

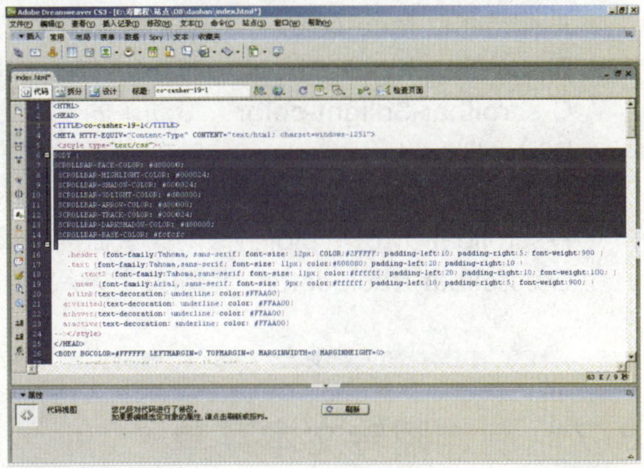

图8-61　输入代码

03 按【F12】键，在网页浏览器中确认其制作效果，就可以看到有颜色的滚动条，如果对滚动条的某个颜色不满意，只要在Dreamweaver代码视图中改变相应代码中的颜色数值即可，如图8-62所示。

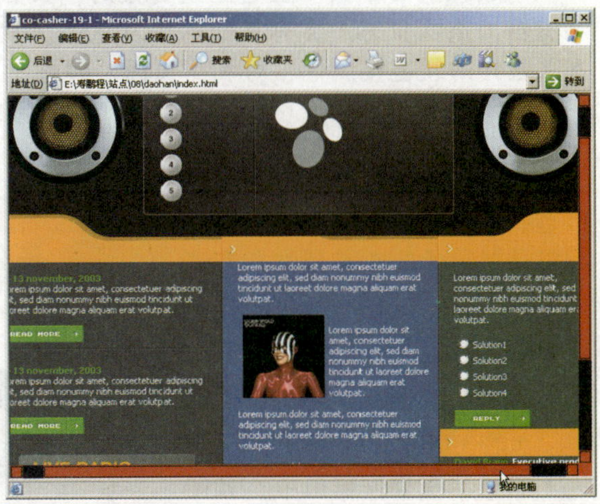

图8-62　预览效果

下面来了解一下粘贴的滚动条变更源代码部分。这一部分的源代码粘贴到HTML文档的<head>和</head>标签之间，并根据指定的样式修改滚动条的各要素颜色，如图8-63所示。

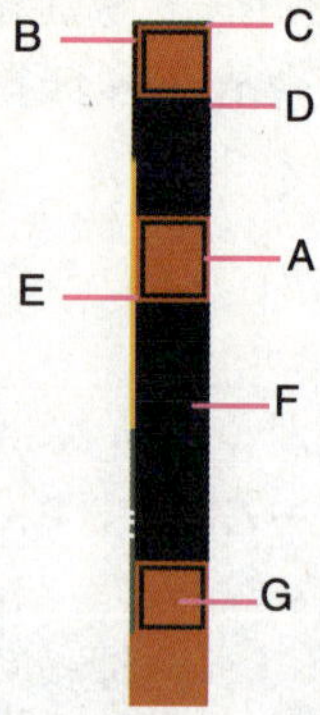

图 8-63　设置滚动条

```
<STYLE type="text/css">
<!--
BODY {
scrollbar-face-color:#10305C;
scrollbar-highlight-color:#10305C;
scrollbar-3dlight-color:#3164B0;
scrollbar-darkshadow-color:#000000;
scrollbar-shadow-color:#173A6D;
scrollbar-arrow-color:#214A85;
scrollbar-track-color:#15344E;
}
-->
</STYLE>
```

A-scrollbar-face-color：滚动条的整体背景颜色。
B-scrollbar-highlight-color：滚动条的上方和下方的高亮颜色。
C-scrollbar-3dlight-color：滚动条的左上方的颜色，用来表现立体效果。
D-scrollbar-darkshadow-color：滚动条的右侧和下方的细线颜色。
E-scrollbar-shadow-color：滚动条的右侧和左侧阴影颜色。
F-scrollbar-arrow-color：滚动条底面的背景颜色。
G-scrollbar-track-color：滚动条上方和下方的箭头颜色。

8-7　制作翻转文本菜单

一般来说当在文本上建立超链接时，文字会变成蓝色，同时文字下方会添加下画线，在浏览器浏览网页时还会有其他的触发状态。默认的链接样式比较普通和固定，如果想改变基本属性外的超链接属性，可利用页面“属性”面板中的链接类型和“CSS 样式”面板。

8-7-1　利用页面属性指定链接样式

在“页面属性”对话框的链接选框中，可以指定对文本建立超链接时显示的 4 种属性。在这里指定的超链接属性将载入到“CSS 样式”面板中。

>>01 在“站点”面板中打开素材文件光盘中“08\jou\index.htm”，将其显示在操作窗口中，如图 8-64 所示。

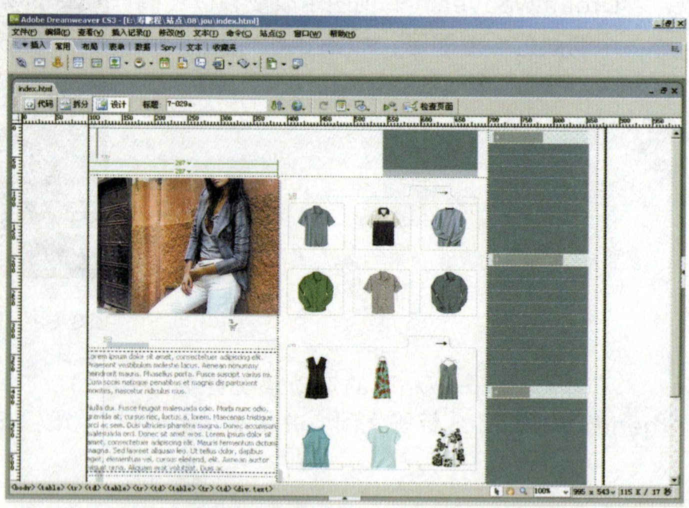

图 8-64　打开文档

02 翻转菜单是针对链接文本的，为文档中需要应用链接样式的文字添加链接，选中文档中需要添加链接的文本，在“属性”面板中单击链接右边的文件夹图标，在弹出的“选择文件”对话框中选择光盘中链接文件“08\jou\index_sp.htm”，如图 8-65 所示。

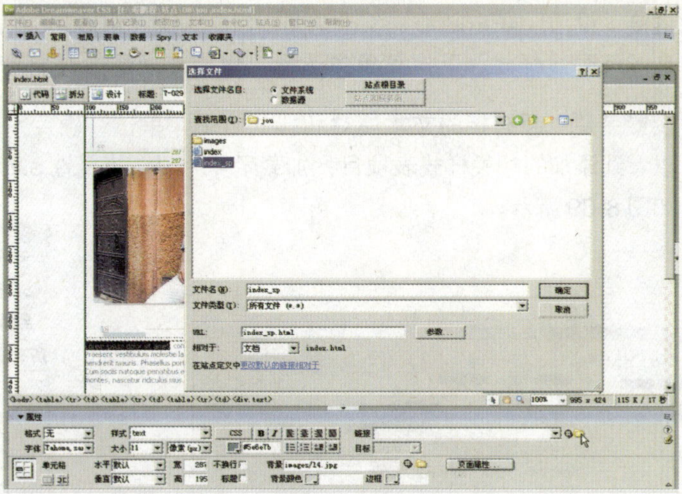

图 8-65　“选择文件”对话框

03 单击“确定”按钮，在文档空白处单击，取消文字的选取，可以看到文字添加了下画线，并且颜色由白色变成了蓝色，如图 8-66 所示。

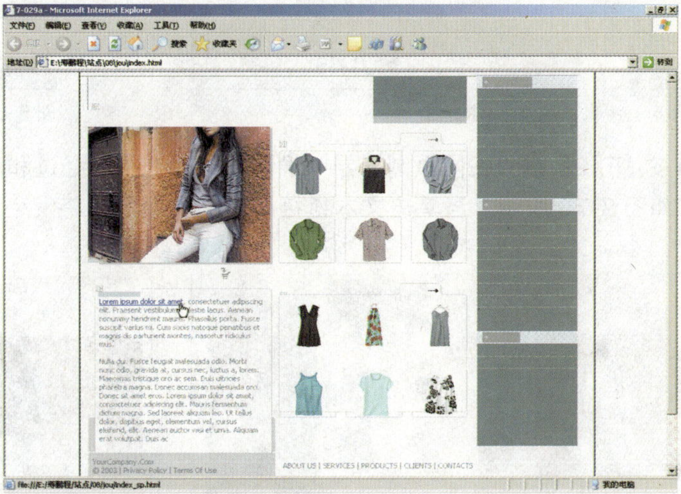

图 8-66　预览效果

04 如果站点中还没有链接的目标文件，可以在“链接”文本框中输入空链接“#”，如图 8-67 所示。

05 指定文档中文本超链接的属性。执行“修改”|“页面属性”命令，会弹出“页面属性”对话框，在对话框左边“分类”对话框中选择“链接”选项。将“大小”设为 11 像素，“链接颜色设”为“#6666cc”，“变换图像

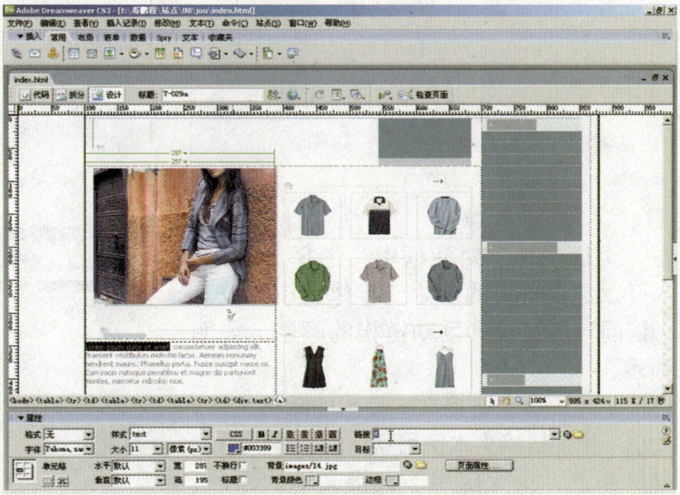

图 8-67　输入空链接

链接”设为“#FF6600”，“已访问链接”设为“#663366”，“活动链接”设为“#99CC00”，在“下画线样式”下拉菜单中选择“仅在变换图像时显示下画线”选项，如图 8-68 所示。

06 设置完建立超链接的文本属性和样式以后，单击“确定”按钮，在“CSS 样式”面板中可以看到添加的相关样式表项目，加载了 4 个超链接属性 a:link、a:visited、a:hover、a:active，如图 8-69 所示。

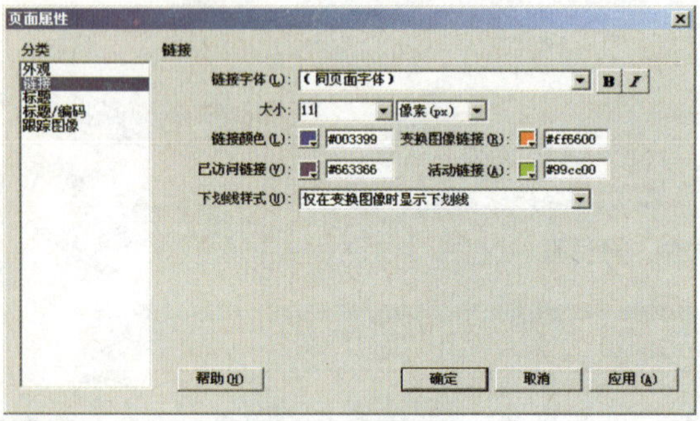

图 8-68 “页面属性”对话框

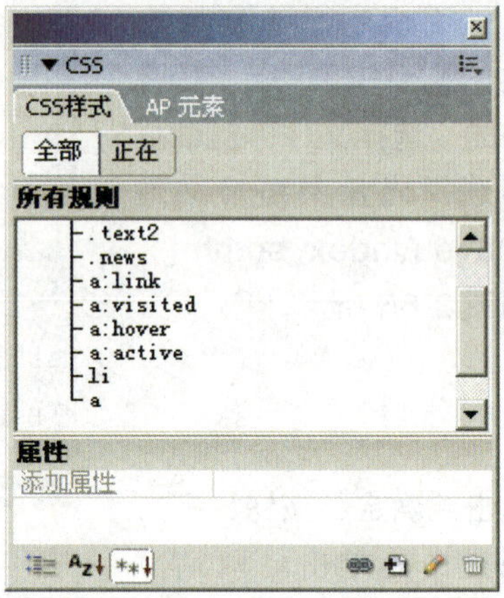

图 8-69 “CSS 样式”面板

07 按【F12】键，在网页浏览器中确认效果。在鼠标经过和单击的状态下颜色都会发生改变，如图 8-70 所示。当单击文本链接后，文本颜色也将发生改变，如图 8-71 所示。

图 8-70 鼠标经过状态

图 8-71 单击后状态

在“页面属性”对话框中，选择“链接”选项，可以定义链接的字体、字体大小，以及链接、访问过的链接和活动链接的颜色，如图 8-72 所示。

链接字体：指定链接文本使用的默认字体。

大小：指定链接文本使用默认的字体大小。

链接颜色：指定应用于链接文本的颜色。单击这个颜色样本来修改任何被指定为链接的文本，或围绕在图像链接周围的边框颜色。

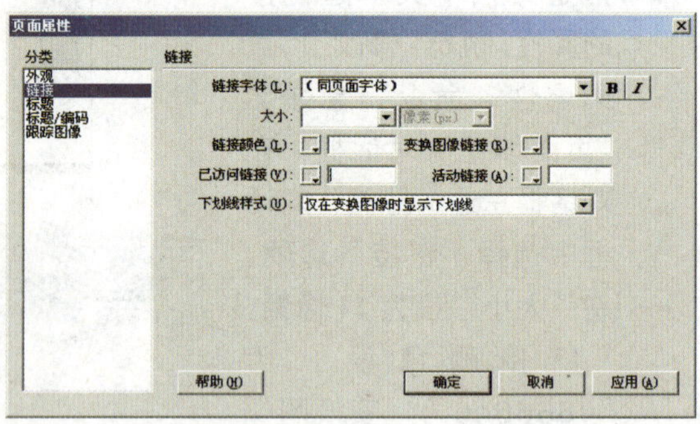

图 8-72 链接选项卡

已访问链接：指定应用于访问过链接的颜色。这个颜色样本为访问者选择了某个链接之后，在返回到页面中时，链接文本将变成的颜色。

变换图像链接：鼠标经过时链接的颜色，指定当鼠标指针位于链接上时链接文本所产生的短暂的颜色变化。

活动链接：指定当鼠标指针在链接上单击时应用的颜色。

下画线样式：指定了应用于链接的下画线样式。如果在CSS样式表中已经定义了下画线链接样式，在"下画线样式"列表中选择默认为"不更改"选项。

8-7-2　使用样式表修改链接样式

使用页面属性可以在"链接样式"对话框中指定基本属性和样式，但是若要设置文字背景颜色、行间距等超链接属性，需要利用"CSS样式"面板和"CSS规则定义"对话框。下面通过范例学习这部分内容。

>>01 在"CSS样式"面板中单击翻转状态的超链接属性样式表a:hover，然后单击"CSS样式"面板中"编辑样式"表按钮，如图8-73所示。

>>02 在"a:hover的CSS规则定义"对话框中选择"分类"中"背景"选项，设置鼠标移近时显示背景颜色，将背景颜色指定为"#ccoooo"，然后单击"确定"按钮，如图8-74所示。

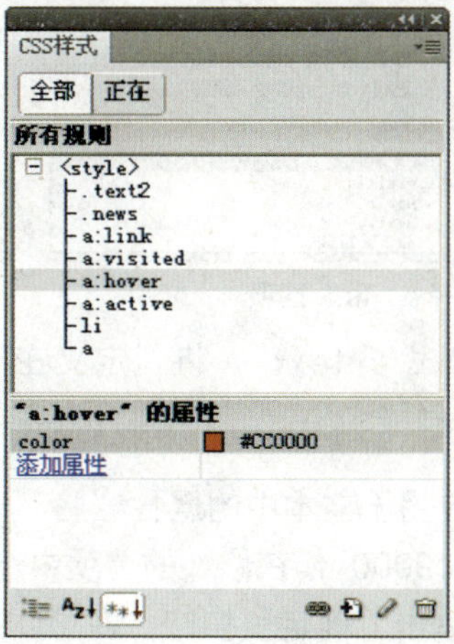

图8-73　单击"编辑样式"按钮

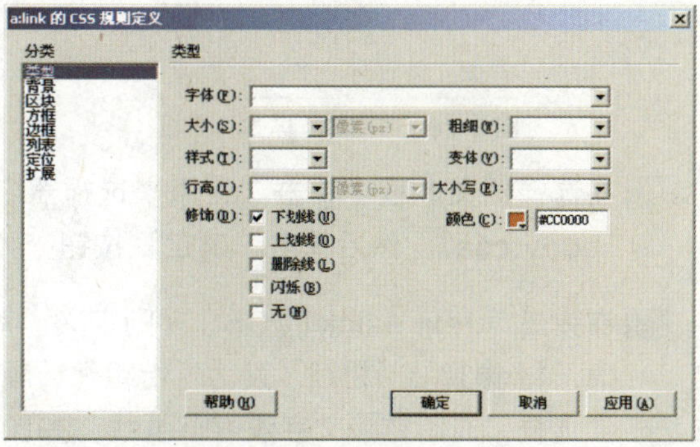

图8-74　CSS规则定义对话框

>>03 此时，在编辑窗口中可以看到文本此时链接状态已被更改，文本的颜色也发生了变化，如图8-75所示。

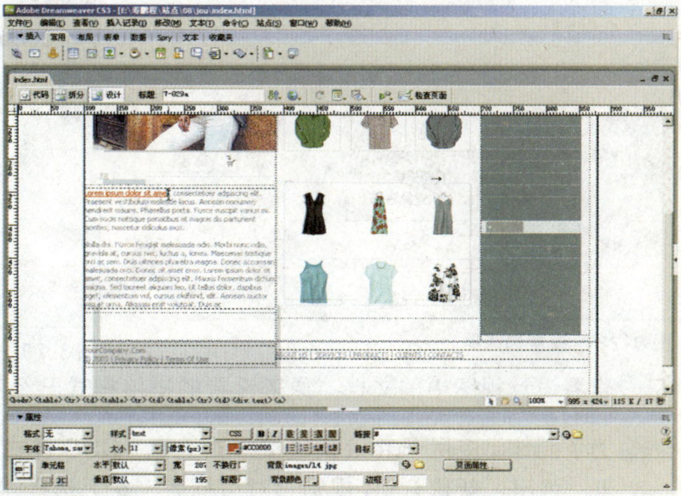

图8-75　查看效果

8-7-3 使用样式表创建两种以上的链接样式

使用“属性”面板对文档中的文本建立超链接，就会自动应用超链接样式表，并且所有的链接文字都显示相同的样式。在本节中，将学习使用“样式”面板制作多套链接样式表，并分别应用于不同文本菜单中。

>>01 继续在范例文件中进行操作。先制作位于表格中的标题文字，以前应用的链接样式在深色背景中不明显，下面新建链接样式表将链接文字的初始状态设为白色。该标题应用的样式表为.text，为了制作出应用于.text 的样式，在“CSS 样式”面板中单击“新建 CSS 规则”按钮，如图 8-76 所示。

>>02 弹出“新建 CSS 规则”对话框以后，在“选择器类型”中选择“高级”单选按钮，在下方“选择器”下拉列表中选择“a:link”选项，如图 8-77 所示。

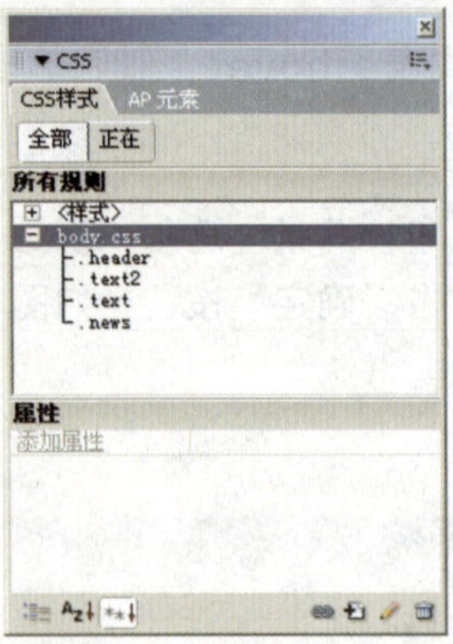

图 8-76 “CSS 样式”面板

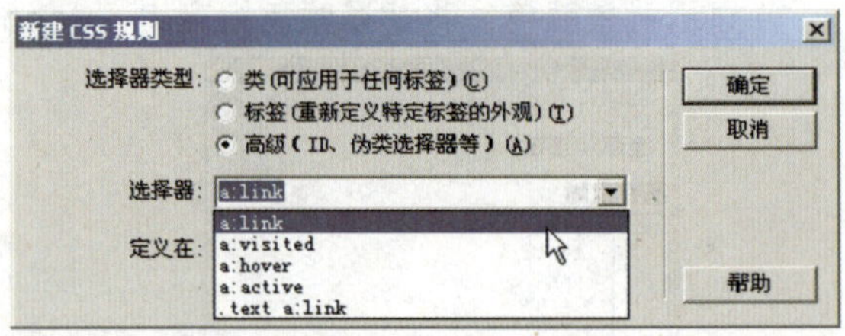

图 8-77 选择 a：link 选项

>>03 在选择器文本框中单击，在原来选择器名称前面输入样式“.text”，将“定义在”设置为“body.css”，然后单击“确定”按钮，如图 8-78 所示。

>>04 在弹出“.text a:link 的 CSS 规则定义”对话框中设置应用于文本中的属性，将“大小”设为“11 像素”，“粗细”设为“特粗”，“颜色”设为“#cc9900”，在修饰的选项中选择“无”复选框，表示链接文字没有下画线，如图 8-79 所示。单击“确定”按钮，在“CSS 样式”面板中会添加一条新的样式.biaoti02 a:link 。

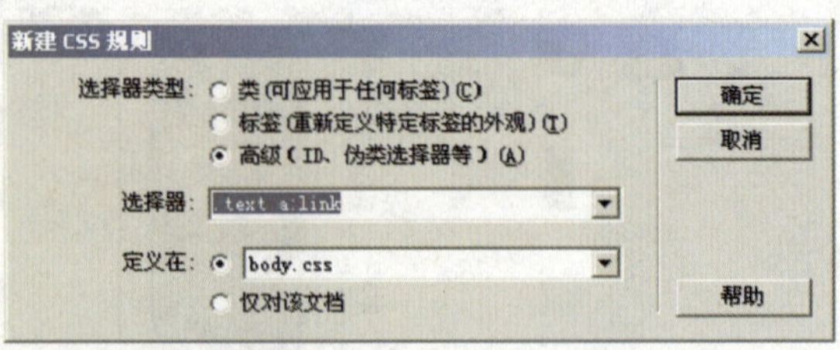

图 8-78 设置选择器

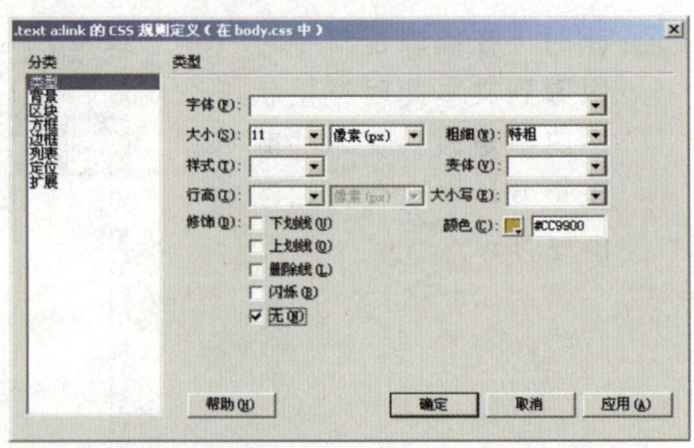

图 8-79 CSS 规则定义对话框

>>05 查看设计视图中的文档，原来设置的链接样式已经变成白色，如图 8-80 所示。

>>06 为了制作出应用于.text 的链接样式，在“CSS 样式”面板中单击“新建 CSS 规则”按钮，弹出“新建 CSS 规则”对话框后，在“选择器类型”选项区域中选择“高级”单选

按钮，在下方“选择器”下拉列表框中选择样式名称“.text a:visited”单选按钮，将“定义在”设置为“body.css”单选按钮，然后单击“确定”按钮，如图 8-81 所示。

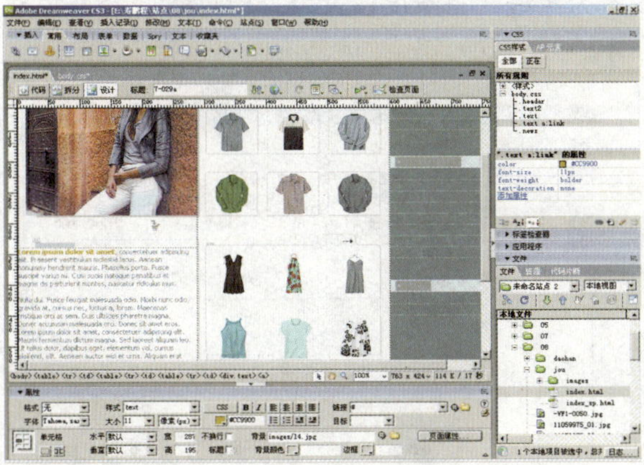

图 8-80　查看设计文档

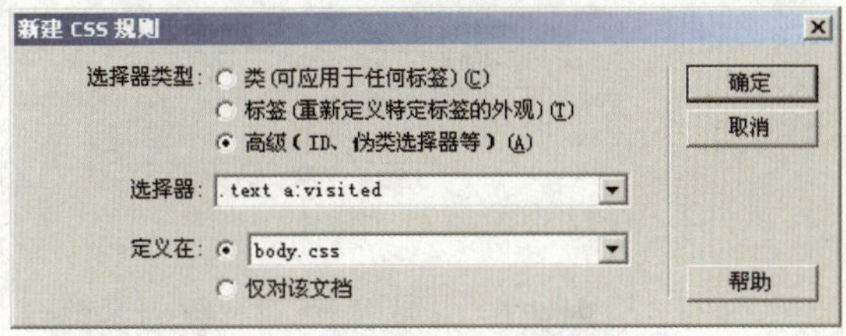

图 8-81　设置 a:visited 链接

>>07 在弹出“.text a:visited 的 CSS 规则定义”对话框中设置应用于文本中的属性，如图 8-82 所示。

>>08 单击“确定”按钮，在“样式”面板中会添加一条新的样式.text a:visited，使用同样方法设置“.text a:hover”的链接样式，如图 8-83 所示。

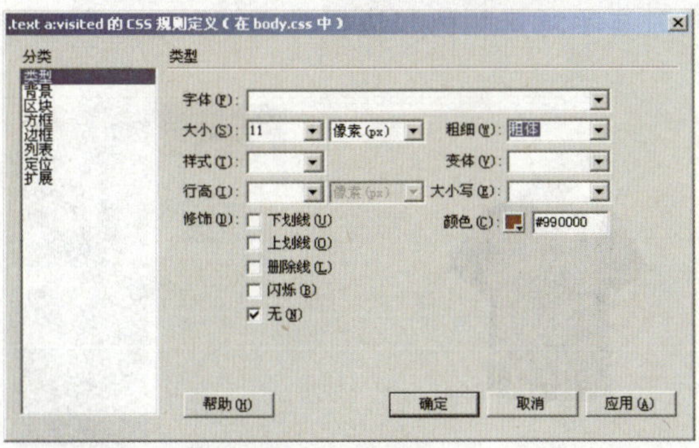

图 8-82　CSS 规则定义对话框

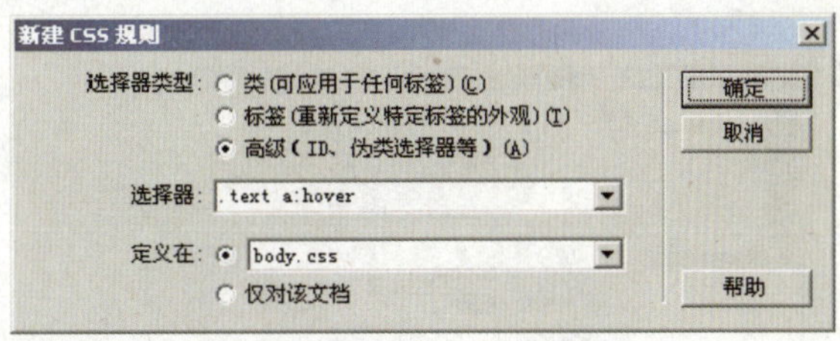

图 8-83　设置 a:hover 链接

8-7-4　使用样式表扩展文本背景填充范围

下面制作显示文本背景颜色的效果。如果文本的背景颜色和文本太接近，会显示不美观。在文本周围设置边距后，指定背景颜色，再设置边框效果，制作更完美的文本菜单效果。

>>01 打开站点中的“index_sp.html”文件，在“CSS 样式”面板中选择“a:hover”，然后单击“CSS 样式”面板中“编辑样式表”按钮，修改样式表，如图 8-84 所示。

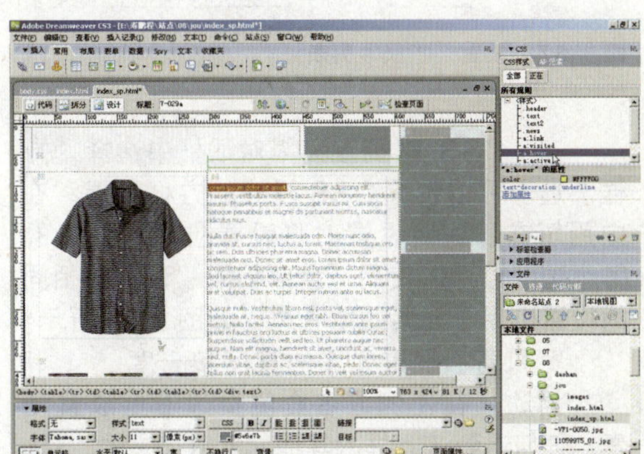

图 8-84　打开文档

>>02 下面设置文本周围的边距，以扩展背景颜色区域。在“a:hover 的 CSS 规则定义”对话框中选择左栏“分类”列表框中“方框”选项，将填充值指定为“3 像素”，再次选择左栏“分类”列表框中“边框”选项，将样式设置为实线，将宽度设置为“1 像素”，将颜色指定为“#CC0000”，如图 8-85 和图 8-86 所示。

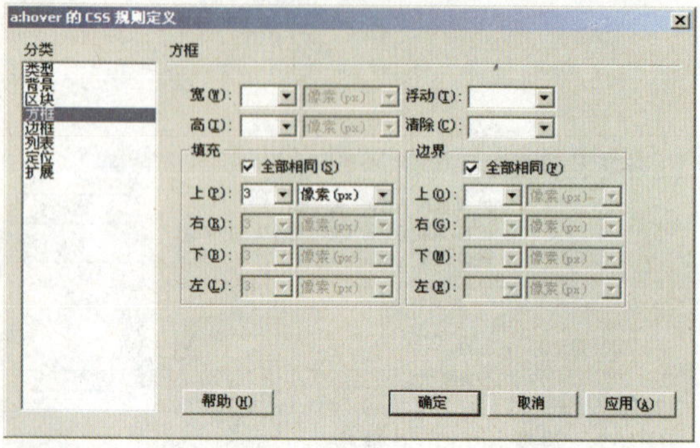

图 8-85　设置“方框”列表

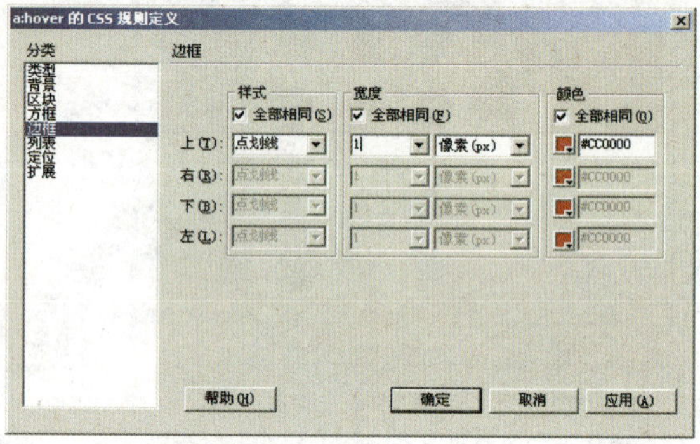

图 8-86　设置“边框”列表

>>03 下面将鼠标指针形态改为带有符号。选择左栏“分类”列表框中“扩展”选项，在“光标”下拉列表中选择鼠标样式为“help”选项以后，然后单击“确定”按钮，如图 8-87 所示。

>>04 按【F12】键，在网页浏览器中确认效果。建立超链接的文本会依照设置的链接样式显示不同状态，将鼠标移到导航栏菜单上时，同时显示背景颜色和边框，指针形态也变成带有问号的形状，如图 8-88 所示。

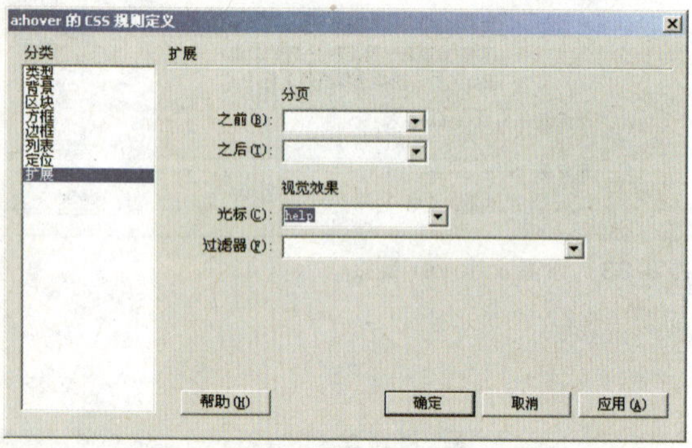

图 8-87　设置“扩展”列表

图 8-88　预览效果

方框属性

在“CSS 规则定义”对话框中选择“方框”选项可以设置 CSS 样式的方框设置。在应用填充和边距设置时将设置应用于元素的各个边，也可以使用“全部相同”设置将相同的设置应用于元素的所有边，如图 8-89 所示。

宽和高：设置元素的宽度和高度。

浮动：在左侧或者右侧页边沿上放置元素。任何遇到该方框的其他元素（如文本、层、表格等）将环绕在其周围。

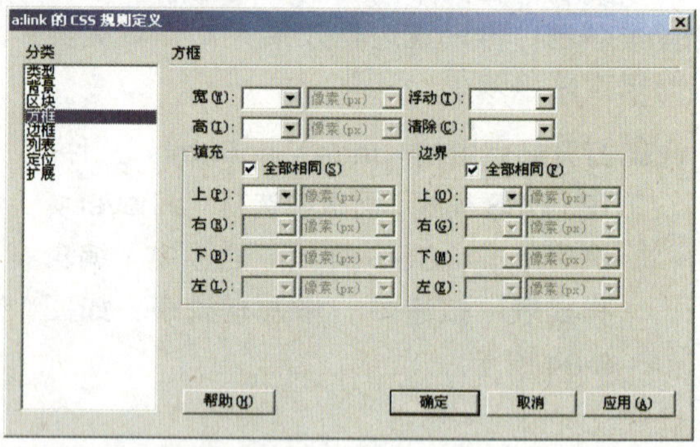

图 8-89　方框区域选项

清除：设置元素旁边不允许显示层的那一侧。如果遇到了某个层，带有“清除”属性的元素将自动放置在该层之下

填充：指定元素内容与元素边框之间的间距。选择”全部相同“复选框将相同的填充属性设置为它应用于的元素的上、右、下和左侧。 取消选择”全部相同“复选框可设置元素各个边的填充。

边界：指定一个元素的边框与另一个元素之间的间距。取消选择“全部相同”复选框可设置元素各个边的边距。

定位属性

使用定位，用户拥有对某个元素被放置于页面上某个位置的精确控制。在CSS规则定义对话框中选择“定位”选项可以定义CSS样式的定位设置。这些属性提供了对页面上元素的精确控制，如图8-90所示。

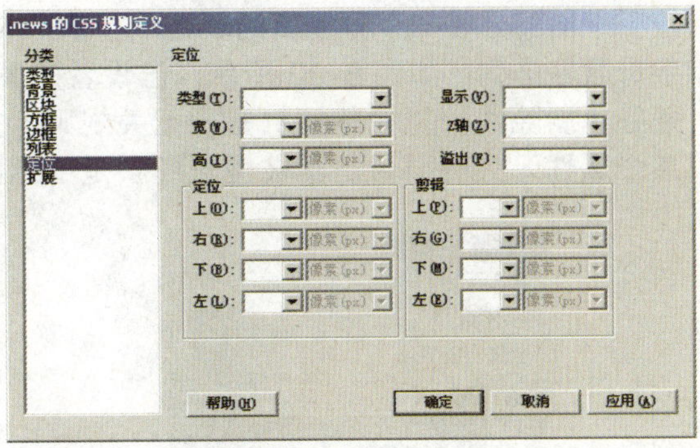

图8-90　定位区域选项

类型：确定浏览器应如何定位层，在其下拉菜单中有三个选项。其中，“绝对”表示使用定位框中输入的坐标（相对于页面左上角）来放置层；“相对”表示使用定位框中输入的坐标（相对于对象在文档的文本中的位置）来放置层；“静态”表示将层放在文本中的位置。

显示：决定元素是可见、隐藏还是继承它父元素的属性，如果不指定可见性属性，则默认情况下大多数浏览器都继承父级的值。

Z轴：确定层的堆叠顺序。值越高，元素就越接近最上面，值可以为正，也可以为负。

溢出：指定在元素大于所给的尺寸时，元素如何显示。在下拉菜单中有四个选项。其中，可见表示增加层的大小，使它的所有内容均可见；“隐藏”表示保持层的大小并剪辑任何超出的内容。不提供任何滚动条；“滚动”表示在层中添加滚动条，不论内容是否超出层的大小；“自动”表示使滚动条仅在层的内容超出它的边界时才出现。

定位：指定层的位置和大小。如果层的内容超出指定的大小，则大小值被覆盖。

剪辑：定义层的可见部分。

扩展属性

CSS规范发展是快速的，Dreamweaver已经在扩展区域中加入某些前沿特性。扩展样式属性包括过滤器、分页和指针选项。在CSS规则定义对话框的“分类”列表框中选择扩展选项。它们中的大部分不受低版本浏览器的支持，或者仅受Internet Explorer 4.0和更高版本的支持，如图8-91所示。

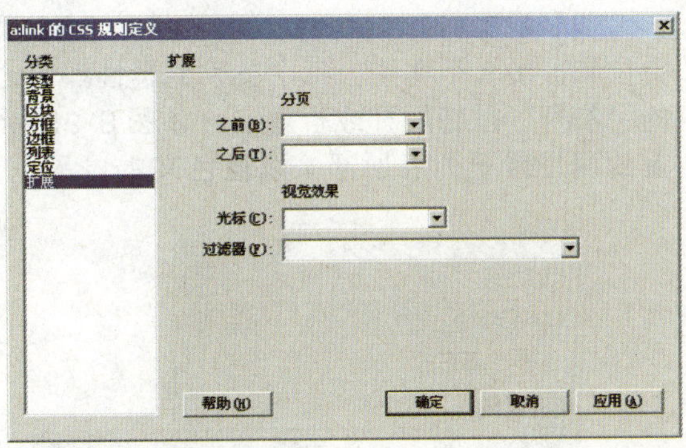

图8-91　扩展区域选项

分页：在页面上打印机遇到分页符的地方，在对象之前或者之后强行分页。选择要在弹出式菜单中设置的选项。

光标：定义当使用者将指针移动到元素上时，指针的类型。

过滤器：对样式所控制的对象应用特殊效果（包括模糊和反转），而不必使用图形或者动画文件。

8-8 “CSS 样式”选项卡和“属性”选项

“相关 CSS”选项卡使用户可以跟踪影响当前所选文本元素的 CSS 规则，并可以修改规则的属性。执行“窗口”|“标签检查器”命令，在标签检查器中选择“CSS 样式”选项卡，如图 8-92 所示。使用“CSS 样式”选项卡的可以修改选择内容的属性。对选择所做的任何更改都将立即应用，可以在操作的同时预览成果。

“CSS 样式”选项卡由两部分组成，上半部分显示影响当前选择内容的规则及其影响的标签，下半部分在一个可编辑的表格中显示当前所选元素的属性。单击 按钮可以将这些属性按字母顺序排列，如图 8-93 所示。已设置的属性以蓝色显示，与选择无关的属性显示时伴有一条红色删除线。将鼠标指针置于无关规则上方时将显示一条消息解释该属性为何无关。通常某个属性无关的原因是其被覆盖或不是继承的属性。

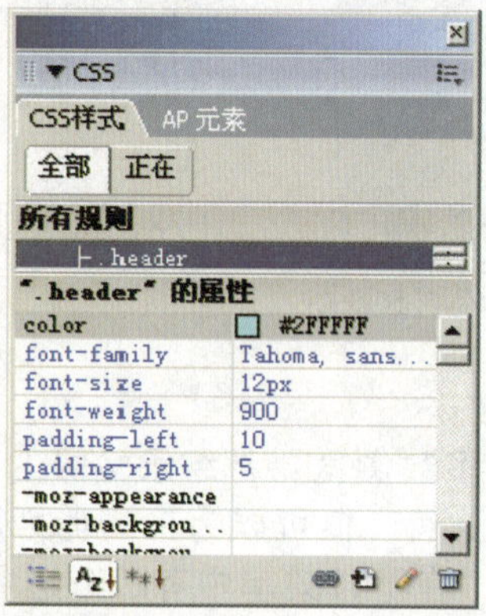

图 8-92 选择“CSS 样式””选项卡

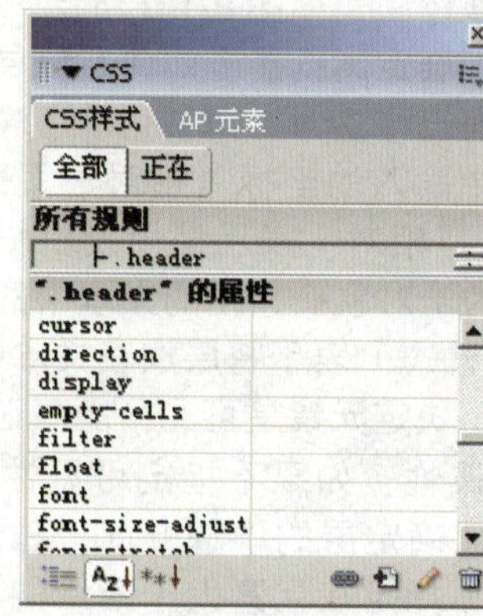

图 8-93 显示列表视图

CSS 属性选项使用户可以轻松查看规则的属性设置，还可快速修改任何嵌入在当前文档或通过附加的样式表链接的 CSS 样式。可编辑的网格可以更改任何显示的属性的值。对选择所作的任何更改都将立即应用，使用户可以在操作的同时预览成果。执行“窗口”|“标签检查器”命令，在标签检查器中选择“属性”选项，如图 8-94 所示。

类别视图将 Dreamweaver 支持的 CSS 属性划分为字体、背景、区块、边框、方框、列表、定位和扩展 8 个类别。每个类别的属性都包含在一个可折叠的列表中，可以单击类别名称旁边的“加号”按钮展开或折叠它，如图 8-95 所示。各类别中的属性按字母顺序排序，并将已设置的属性置于列表顶部，以蓝色文本显示。

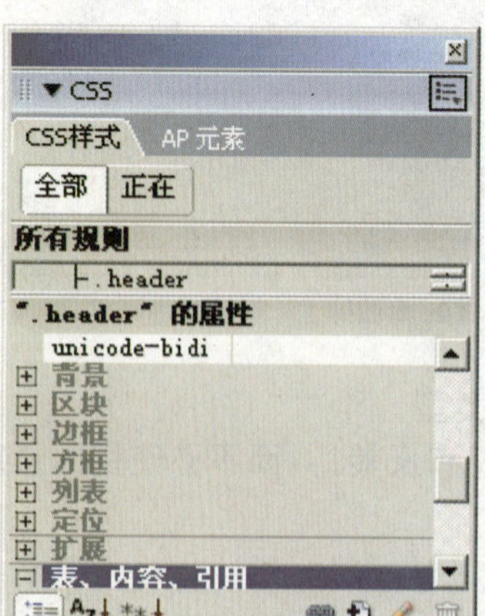

图 8-94 设置属性

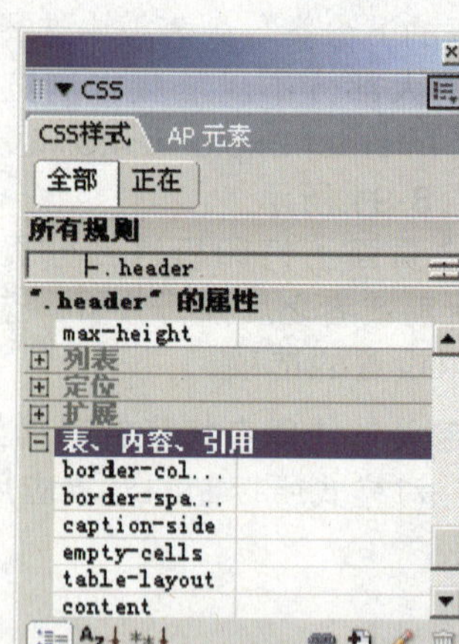

图 8-95 展开或折叠 CSS 属性

Chapter 09

框架集的应用

Chapter 09 框架集的应用

框架是网站管理员的主要设计工具之一。框架的作用是把浏览器窗口划分为若干个区域，每个区域可以分别显示不同的网页。

利用框架结构制作网页，可以在一个画面中存放多个网页文档，即保留菜单或标题图像等固定区域，只改变需要修改的网页文档，所以从制作的角度来讲可以减少工作量；其另一个特点是，当建立超链接时，将外部网站链接到框架空间内，这样能够避免出现网址被移到其他网站的现象。

9-1 框架概述

框架主要用于将 Web 页面分割为多个 HTML 页面。在许多方面，框架和表格十分相似，然而与表格不同的是，框架不仅仅组织数据，还需要组织浏览器的显示形式。每一个框架中的内容可以相对独立于其他框架，不受其他框架内容的改变和事件的影响（比如滚动条上下、左右滚动来浏览内容）。可以这么说，在浏览器内每一个框架都是独立的浏览器。每个区域可以分别显示不同的网页并且在替换窗口中的页面文件时，不影响到其他窗口中的网页。

框架最常见的用途就是用于导航，一个 Web 页面可以使用一个框架包含导航菜单，另一个框架包含页面内容。导航菜单是处于一个框架中，访问者单击一个菜单项，内容应该出现在内容框架中，而导航菜单并不会改变，这可以让用户方便地浏览整个站点。

使用框架，访问者的浏览器不需要为每个页面重新加载与导航相关的图形。同时，每个框架都具有自己的滚动条，因此访问者可以独立拖动这些框架的滚动条，不会影响其他框架内容。

理解框架结构

图 9-1 所示是一个使用框架的页面。为上、下结构的框架，上栏是菜单，下栏则显示相应内容。

从图中可看出，上栏框架中没有滚动条，而下栏框架中的内容较长，所以设置了滚动条，以便显示其他内容。框架技术主要通过两种类型的元素来实现：框架和框架集。所谓的框架集，就是框架的集合，实际上框架集就是由多个框架元素组合而成的。

图 9-1　框架页面

在这里上栏和下栏都叫做框架，而整个框架结构叫做框架集。框架集中定义了可修改框架文档相关的信息和大小、滚动条属性等 HTML 标签。框架集结构的文档需要有“框架数 +1（整个框架集）”个网页文档组成，因此具有两个结构的框架时最少需要 3 个框架文档。

虽然框架具有很多特性，但事实上许多网站都不采用框架这种形式，因为它存在一定的局限性。

（1）框架结构不是所有的浏览器都能支持，框架属性在 W3C 标准中没有进行定义，所以说框架是 HTML 非标准的附属物。

（2）使用框架结构会使整个面页的可见区域减少。

（3）使用框架会使网页的下载速度变慢。框架一般由两个或两个以上的 Web 页面组成的，在浏览器中浏览 Web 页时，必须等到所有的 Web 页面全部下载完毕才能看到网页整体效果。

9-2 创建并保存框架

本节学习在 Dreamweaver 中创建并保存框架的方法，如果对 9-1 中的框架概念还有些模糊的话，通过本节的实践操作将更好地理解框架。在 Dreamweaver 中有两种方式创建框架页：可以自己定义或者可以从一些预定义好的框架页中选取。

9-2-1 创建框架集

框架由框架集和单个框架这两个主要部分组成。框架集是 HTML 文档，它是定义一组框架的布局和属性，包括框架的数目、框架的大小和位置以及在每个框架中初始显示页面的 URL 地址。

框架集文件本身并不包含要在浏览器中显示的 HTML 内容，它只是向浏览器提供如何显示一组框架以及在这些框架中应显示哪些文档的有关信息。框架是在框架集中被组织和显示的文档，是浏览器窗口中的一个区域。

>>01 执行“修改”|“框架集”命令，在出现的菜单中选择拆分左框架、拆分右框架、拆分上框架和拆分下框架之一的选项，如图 9-2 所示。

>>02 若选择拆分左框架选项后，文档会被一条边框分成左右两部分。当单击到不同的文档框架内，文档的标签也会发生相应的变化，则表明文档此时正处于编辑中。这样就建立了一个最简单的框架结构，如图 9-3 所示。

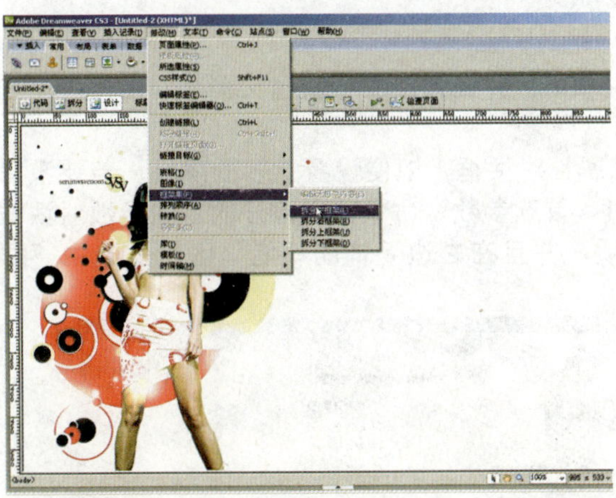

图 9-2 执行“拆分框架集”命令

图 9-3 拆分后效果

提示 · 技巧

在创建框架之前，先要保证框架边框在设计窗口中可见，这样才能进行框架的操作。若要使框架边框可见只须执行“查看”|“可视化助理”|“框架边框”命令即可。

03 可以手动拆分网页框架，移动鼠标，当鼠标经过页面边缘时会变成一个双向箭头↕。按住鼠标左键，把边界线拖动到合适的位置。重复同样的操作，可以拆分更多的框架。

9-2-2　插入预定义框架集

选择一个预定义框架页将会自动建立所有创建布局所需要的框架页和框架，这也是将框架布局插入到页面中最简单的方式，只需要在文档窗口中选择一种框架样式。在 Dreamweaver CS3 中预定义了 15 种框架集。使用这些预先定义好的框架集，可以很方便地创建出想要的结构。

01 在 Dreamweaver 中执行“文件”|“新建”命令，并在弹出的“新建文档”对话框中选择“框架集”选项，在右边预览框中可以看到系统提供的框架结构，选择任意一种，单击“创建”按钮，如图 9-4 所示。

02 执行“插入记录”|HTML|“框架”命令或在“布局”插入栏中，单击“框架”按钮上的倒三角图标，然后选择预定义的框架集也可快速创建框架，如图 9-5 所示。

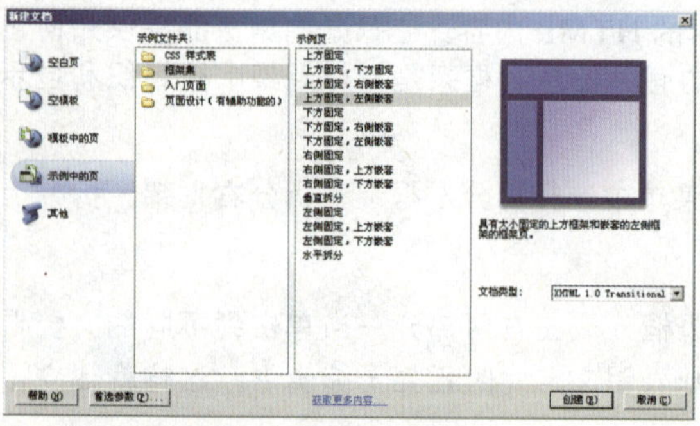

图 9-4　“新建文档”页面

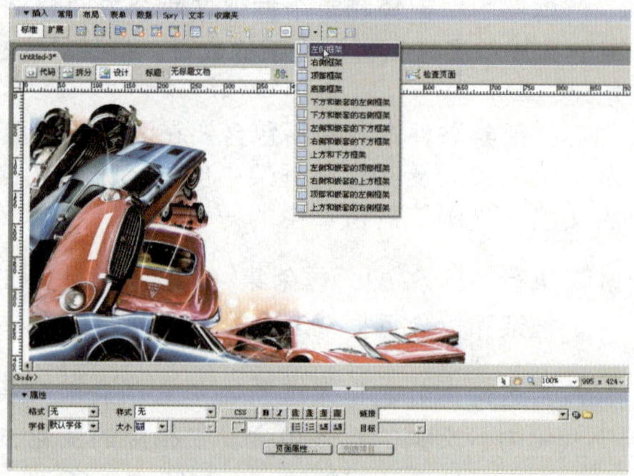

图 9-5　“左侧嵌套”命令

系统提供的框架集样式

在 Dreamweaver 中执行“文件”|“新建”命令，并在弹出的“新建文档”对话框中单击“框架集”选项，系统显示提供 15 种框架结构。

在插入框架时，也可以激活框架的辅助功能属性对话框，以便设置更多的属性。若要激活框架的“辅助功能”属性对话框，执行“编辑”|“首选参数”命令，在打开的首选参数对话框左侧的“分类”列表框中选择“辅助功能”选项，并且在右边“辅助功能”区域上选中“框架”复选框，如图 9-6 所示。这样当插入框架时，系统会显示的“框架标签辅助功能属性”对话框，如图 9-7 所示。

在“框架标签辅助功能属性”对话框中，可以分别为每个要插入的框架设置标题，从框架下拉列表中选择一个框架，然后在“标题”文本框中输入标题。

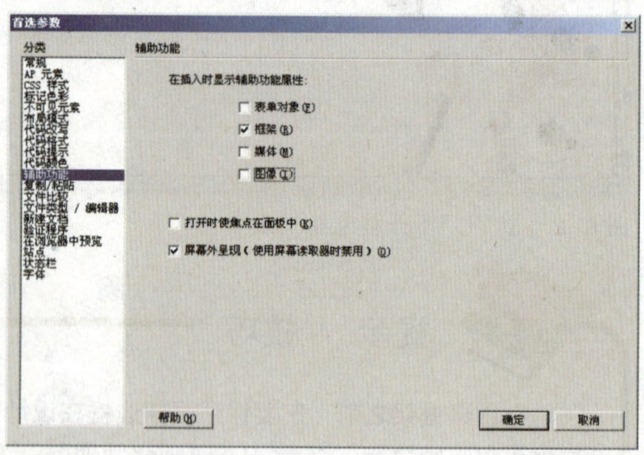

图 9-6　“首选参数”对话框

9-2-3　创建嵌套框架集

在一个框架集中嵌套另一个框架集，称为嵌套框架集。使用嵌套框架集可以为一个网页文件设置多个框架。

>>01 将光标定位在想要插入嵌套框架集的框架中，如图 9-8 所示。执行“修改”|“框架集”命令，在出现的菜单中选择“拆分左框架”、“拆分右框架”、“拆分上框架”和“拆分下框架”之一的选项。

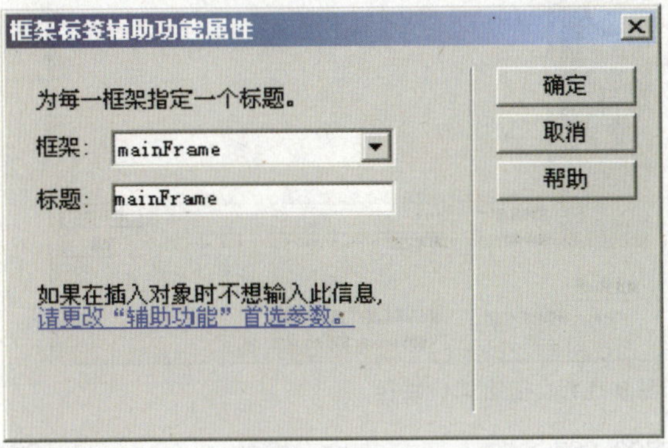

图 9-7 “框架标签辅助功能属性”对话框

图 9-8 新建文档

>>02 选择“拆分上框架”选项就把右侧框架再拆分为上下框架。若想创建多个嵌套框架集，再次执行“修改”|“框架集”命令，可再次拆分框架，如图 9-9 所示。

图 9-9 嵌套框架

9-2-4 保存框架和框架集文件

创建框架文件后，最终还须形成文件进行保存，才能在浏览器中预览最终页面。框架结构将多个文档显示在一个页面内，所以保存文件时，要分别保存各框架页和整个框架集。

在保存过程中，可以分别保存框架集或框架文件，也可以同时保存所有框架和框架集文件。此时如果按【Ctrl+S】组合键，只能保存当前激活的页面或框架集，不能将所有的页面都进行保存。

>>01 拆分为左右框架后，单击左侧框架文档后，执行“文件”|“保存框架”命令。弹出“另存为”对话框，并指定文件的保存路径将“文件名”设置为“left.htm”，如图 9-10 所示。

图 9-10 “另存为”对话框

>>02 单击右侧框架文档后，执行“文件”|“保存框架”命令。弹出“另存为”对话框，并指定文件的保存路径并将“文件名”设置为“main.htm”，如图9-11所示。

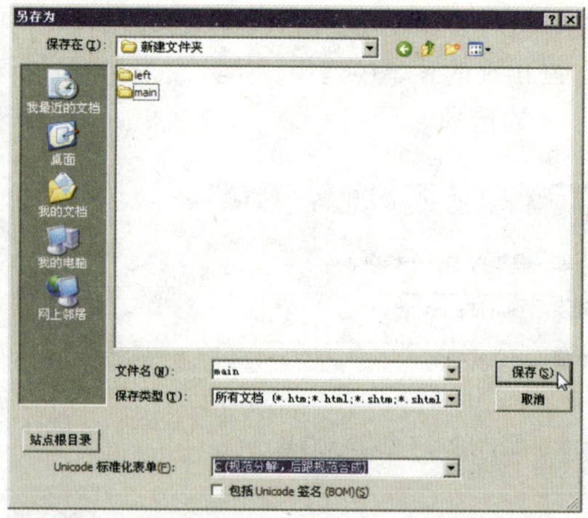

图9-11　指定文件路径

>>03 在“框架”面板中单击边框部分，选择整个框架集，则整个框架集被选定就会以虚线形式显示在框架集边框部分，如图9-12所示。执行“文件”|“保存框架”命令，在弹出的“另存为”对话框中设置文件的保存路径并将“文件名”指定为“index.htm”，然后单击“保存”按钮，如图9-13所示。

图9-12　选择整个框架

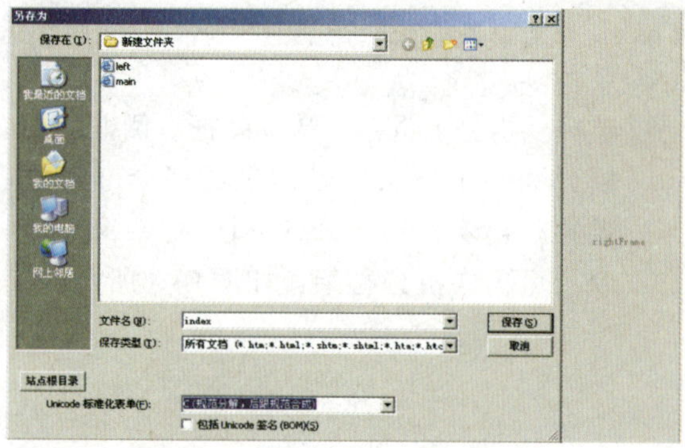

图9-13　保存框架

“框架”面板主要用于选择框架集或框架，同时显示框架的名称。如果“框架”面板没有显示在画面中，执行“窗口”|“框架”命令或按【Shift+F2】组合键。

选择整个框架集

在“框架”面板中单击外边框，可选择文档中的框架集，同时在“属性”面板中也将显示相关框架集的属性，如图9-14所示。

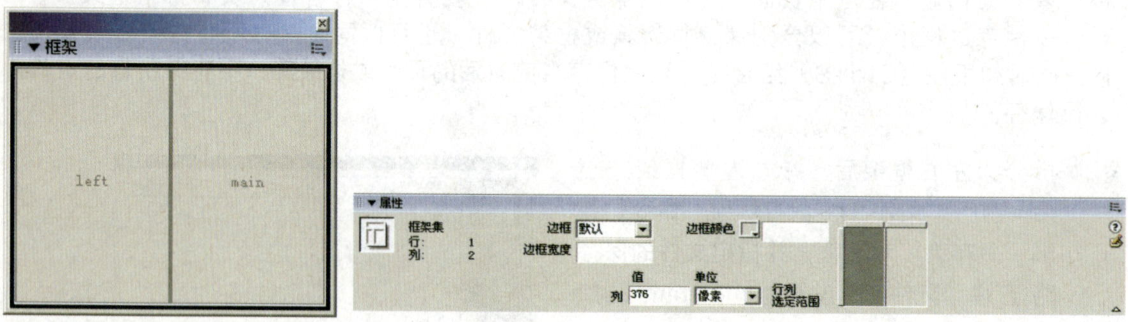

图9-14　整个框架集及其“属性”面板

选择左边框架

在“框架”面板中单击左边框架，可选择文档中的相应框架。同时“属性”面板中也显示相关框架的属性，如图9-15所示。

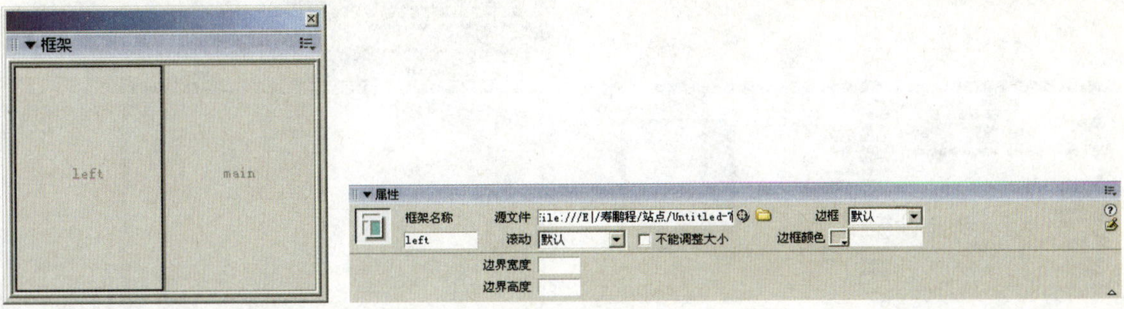

图9-15　左侧框架及“属性”面板

选择右边框架

在“框架”面板中单击右边框架，可选择文档中的相应框架。同时“属性”面板中也显示右边框架的属性，如图9-16所示。

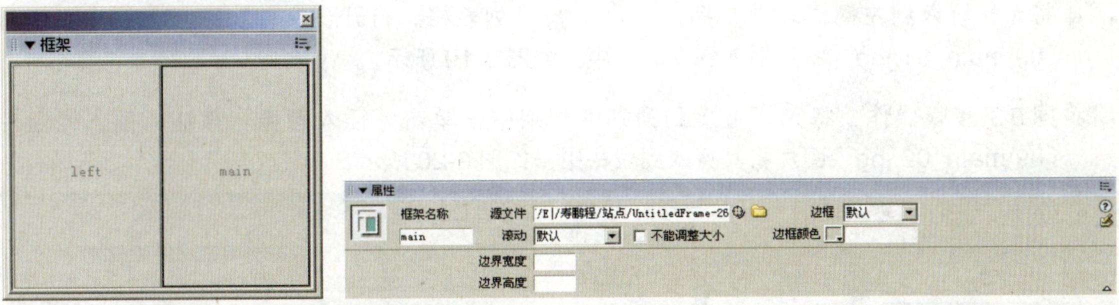

图9-16　右侧框架及“属性”面板

若要保存所有文件（包括框架和框架集文件），执行“文件”|“保存全部”命令。如果是新创建的框架集，则会出现“另存为”对话框，那么首先保存的是框架集文件，然后再保存框架文件。

在保存框架集文件时，框架集边框会显示选择线，在保存文件的对话框中默认文件名为“UntitleFrameSet-1”，可根据需要，填入合适的文件名进行保存。选择保存路径后，单击“保存”按钮，此时系统会要求继续保存其他框架文件。选择线也会自动移动到对应的框架中，这样会很清楚地显示此时正在保存的是哪个框架文件。重复此操作，直到所有文件保存完为止。

9-3　使用框架制作文档

利用“框架”面板和“属性”面板，可以准确地调整框架大小，并制作框架文档，最后确认其制作效果。学习本节需要了解框架和框架集属性，并熟练掌握利用“框架”面板调整框架和框架集的方法。

左侧框架内的页面一般作为导航页面，其中添加一些“导航”按钮，通过单击这些按钮，切换右边页面，下面学习制作框架页面。

>>01 在菜单中执行“文件”|“新建”命令，选择“框架集”文件夹中的“右侧固定，上方嵌套”框架，如图9-17所示。

>>02 单击“执行”按钮，创建框架集，并在菜单中执行“窗口”|“框架”命令，打开“框架”窗口，如图9-18所示。

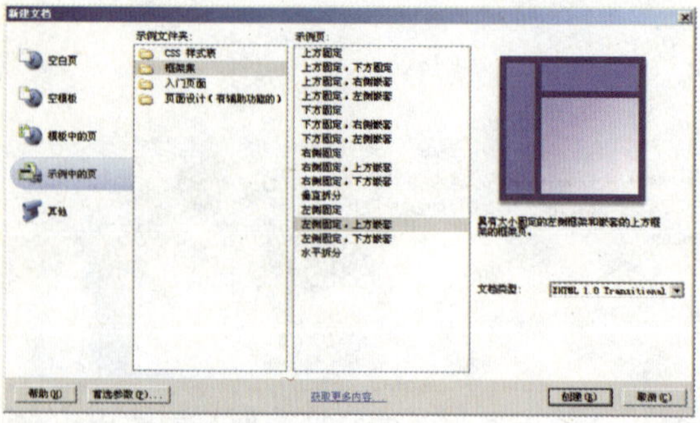

图 9-17　选择框架集示例

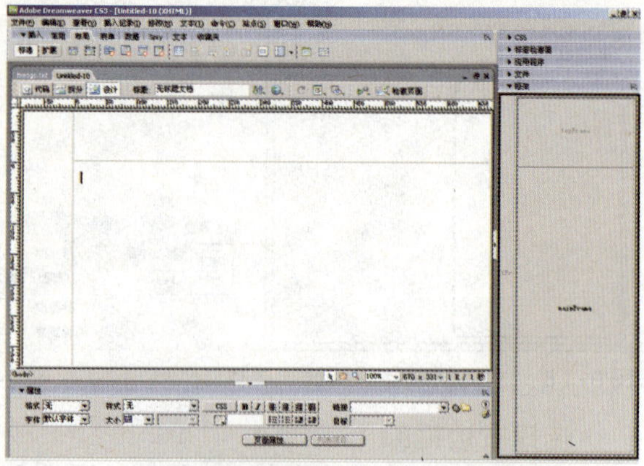

图 9-18　创建示例框架集

>>03 将光标置入到左侧框架中，插入一个 1 行 1 列表格。打开“文件”面板，在光盘中将“09\main_01.jpg”图片插入到此表格中，如图 9-19 所示。

>>04 同 03 步骤操作，将光标置入到顶端的框架中，单击“插入图像”按钮，插入光盘中“09\main_02.jpg”图片将其置入到表格中，如图 9-20 所示。

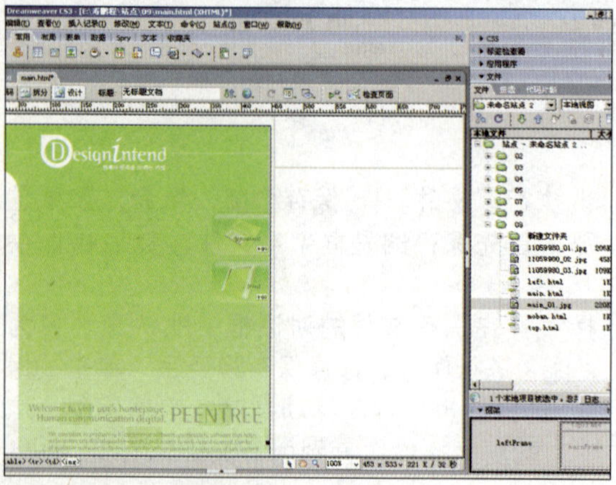

图 9-19　在左侧框架中插入图像

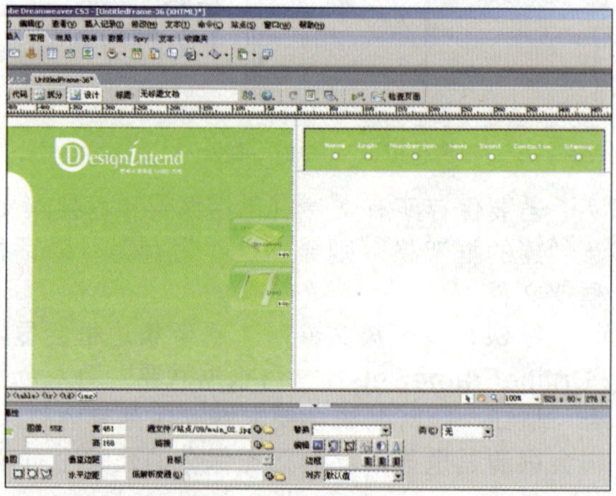

图 9-20　在顶端框架中插入图像

>>05 同 03 步骤操作，将光标置入到 mainFrame 框架中，单击“插入图像”按钮，将光盘中图片“09\main_03.jpg”置入到表格中，如图 9-21 所示。

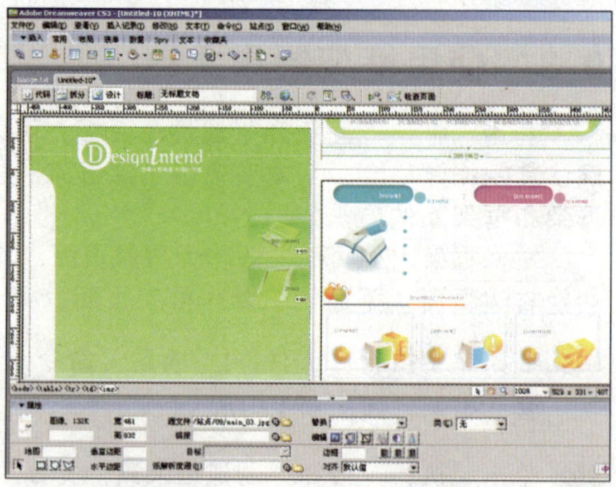

图 9-21　在表格中插入图像

>> 06 为了在网页浏览器中确认其效果，按【F12】键。系统会弹出图 9-22 所示的自动保存框架和框架集的提示框，单击“保存”按钮。

>> 07 在网页浏览器中查看效果，如图 9-23 所示。可以看到，左侧框架文档中并没有滚动条，但是右侧框架中却自动显示了滚动条。这是因为右侧框架指定了显示滚动条的操作。

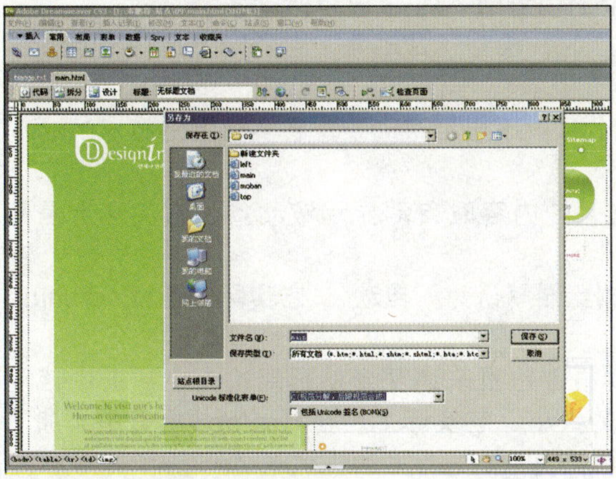

图 9-22　“另存为”对话框

图 9-23　预览框架效果

提示 · 技巧

如果在框架结构中修改各框架文档或框架集文档以后，那么在网页浏览器中查看其效果时，将弹出一次性保存框架和框架集文档的提示框。单击“确定”按钮，框架集和各框架文档将一次性保存起来。

9-4　框架和框架集属性

虽然框架和框架集只相差一个字，但它们的属性却大不相同，框架和框架集有各自的“属性”面板。通过“属性”面板和“框架”面板可以完成大多数属性的设置操作。

9-4-1　设置框架属性

使用框架的“属性”面板可以查看和设置框架属性，包括命名框架、设置边框、链接和边距等。如果要设置框架的属性，在文档窗口的设计视图中，选中一个框架或在“框架”面板中直接选中一个框架。打开“属性”面板，可以看到该框架的属性设置，单击“属性”面板右下角的扩展箭头，可以查看所有框架属性，如图 9-24 所示。

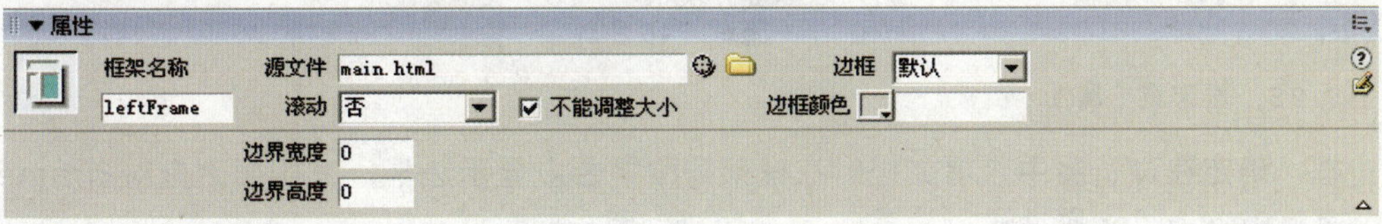

图 9-24　框架“属性”面板

框架名称：输入该框架的名字。该名称是链接的 target 属性或脚本在引用该框架时所用的名称。框架名称必须是单个单词；允许使用下画线（_），但不允许使用连字符（-）、句点（.）和空格。框架的名称可以以字母开头，但不能用数字开头，并且要注意，不要使用 JavaScript 的保留关键字，如 top、navigator 等。

源文件：指定在当前框架中打开的源文件，单击文件夹图标可以浏览并选择一个文件。

滚动：设置当没有足够空间来显示当前框架的内容时，是否显示滚动条。

是：表示当框架文档中的内容超出框架的大小时，会显示滚动条。它实际上是将<frame>标签中的 scrolling 属性值设为了 yes。

否：表示当框架文档中的内容超出框架的大小时，不显示滚动条。它实际上是将<frame>标签中的 scrolling 属性值设为了 no。

自动：表示当没有足够空间来显示当前框架的内容时自动显示滚动条。它实际上是将<frame>标签中的 scrolling 属性值设为了 auto。

默认：表示将不设置相应属性的值，大多数浏览器默认为“自动”。它实际上是将 scrolling 的属性值从<frame>标签中删除了。

不能调整大小：表示是否让用户浏览时拖动框架边框来调整当前框架的大小。选中该复选框，表示无法通过拖动框架的边框来改变框架的大小。它实际上是在<frame>标签中添加了 noresize 属性。

边框：控制当前框架是否显示边框，有以下三种选择：

是：允许该框架显示边框。它实际上是将<frame>标签中的 frameborder 属性值设为了 yes。

否：该框架不显示边框。它实际上是将<frame>标签中的 frameborder 属性值设为了 no。

默认：将<frame>标签中的 frameborder 属性删除，大多数浏览器默认为是。

边框颜色：设置当前框架的颜色。此颜色应用于和框架接触的所有边框，并且重写框架集的指定边框颜色。它实际上是在<frame>标签中设置了 bordercolor 属性。

边界宽度：设置框架与内容左右边距，以像素为单位，也就是在<frame>标签中设置 marginwidth 属性。

边界高度：设置框架与内容上下边距，以像素为单位，也就是在<frame>标签中设置 marginheight 属性。

9-4-2 设置框架集属性

使用框架集“属性”面板可以设置边框和框架大小。不过在前面设置的框架属性会覆盖在框架集中设置的相应属性。例如，设置某框架的边框属性后，将覆盖在框架集中对该框架设置的边框属性。

预先定义框架集的默认属性为无边框、无滚动条、禁止改变框架大小。如果要改变框架集的属性，使用框架集“属性”面板进行属性设置，如图 9-25 所示。

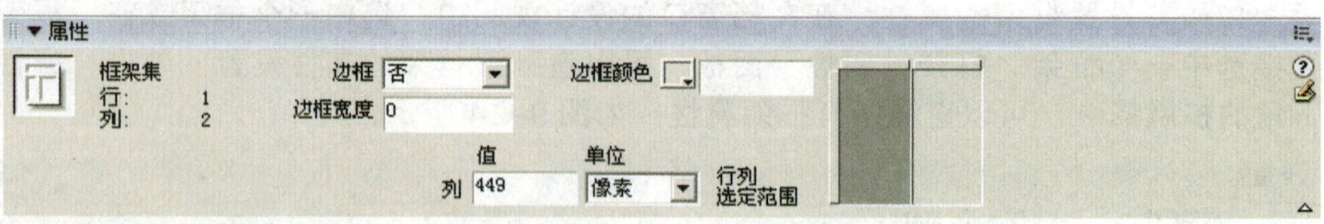

图 9-25 框架集“属性”面板

边框：确定在浏览器中查看文档时在框架周围是否应显示边框，它实际上是对<frameset>标签中的 frameborder 属性进行设置。

是：允许该框架显示边框。

否：该框架不显示边框。

默认值：由浏览器确定如何显示边框，它实际上是将<frameset>标签中的frameborder属性删除了。大多数浏览器默认为“是”方式。

边框宽度：设置当前框架集的边框宽度。输入0，表示为无边框。它实际上是对<frameset>标签中的framespacing属性进行设置。

边框颜色：设置当前框架集的边框颜色。它实际上是对<frameset>标签中的bordercolor属性进行设置。

行列选定范围：设置框架的大小，在右边会显示一个框架集的简单结构图。可以用鼠标进行选择，深颜色的部分表示选中的框架部分。在“值”文本框中，填入数字，设置行或列的大小，在“单位”文本框中，选择合适的单位：像素、百分比、相对（相对于浏览器窗口的比例）。

9-4-3 框架及框架集设置方法

下面了解相关框架及“框架集”面板中各属性的设置方法。框架集是用来设置整个框架结构的属性，而框架则只设置相应框架的文档路径，框架名称等属性。

使用“属性”面板确定框架大小

在设计窗口中拖动框架的边框，可以近似地设置框架的大小；使用框架“属性”面板来设置各个框架所占用浏览器的大小。

选定一个要设置框架大小的框架集，并且执行“查看”|“可视化助理”|“框架边框”命令，显示框架的边框。

在框架“属性”面板框架集的简单结构图中，选中要修改的框架，在“值”文本框中输入调整框架尺寸的值，在其后的下拉列表中选择像素、百分比、相对作为单位。它们单位的优先级依次为：“像素”、“百分比”和“相对”。

像素：将选定框架中行或列的大小设置为以像素为单位的绝对值。当框架的尺寸始终是以同一个尺寸显示时，那么这个选项是最佳选择。

百分比：选定框架中行或列占用框架集空间的百分比。如果其他的框架中有以像素为单位，则优先于以百分比为单位框架。

相对：设置当前框架与框架集中其他框架所占用浏览器窗口的百分比。

使用“属性”面板设置框架的边框

可通过框架或框架集的“属性”面板来设置框架边框的显示状况。设置了框架边框的属性后，相应的框架集的边框属性也就被覆盖了。

选定一个要设置框架大小的框架集，并且执行“查看”|“可视化助理”|“框架边框”命令，显示框架的边框。

选中要修改的框架，在其“属性”面板中，在边框项后面的下拉列表中进行选择。“是”表示以三维立体效果显示框架边框；“否”表示以灰色平面效果显示框架边框；“默认”表示有浏览器决定使用哪种效果显示，大多数浏览器的默认设置为“是”。如果设置边框的颜色，可在边框颜色项中选择一个颜色。需要注意的是，只有在显示边框的情况下，框架的颜色才可以显示出来。

使用“属性”面板设置框架集的边框

设置框架集的边框，首先在设计窗口单击框架集的边框，或者在“框架”面板中单击框架集的边框。在“属性”面板中设置以下选项：

边框：在其后的下拉列表中选择当前框架集中框架的边框显示状况。“是”表示以三维立体效果显示框架边框；“否”表示以灰色平面效果显示框架边框；“默认”表示由浏览器决定使用哪种效果显示。大多数浏览器的默认设置为“是”。

边框颜色：设置边框的显示颜色。

边框宽度：设置当前文档中所有框架的边框宽度，输入“0”表示不显示边框。

提示 · 技巧

框架的设置会覆盖对框架集的设置，例如，将某个框架集设为无边框，但是又将其中的一个框架设置为有边框，则实际看到的结果为框架显示边框。

9-5 在框架中创建链接

在左侧框架内的菜单图像上建立超链接，将链接文档指定到右侧框架中显示，或者将链接目标指定为新窗口，忽略整个框架结构。下面就通过设置各种目标类型，显示各种超链接形式。

9-5-1 设置链接文档

选择左侧框架内插入作为菜单的图像。为这些图像或文字部分指定链接后，制作出单击时显示链接在右侧框架的文档效果。

01 在光盘中打开站点中素材文件"09\index.htm"，这是一个框架集文件，选择插入在左侧框架内的图像，并单击"属性"面板中多边形热点工具，如图9-26所示。然后依据图像的形状，在图像上指定图像映射，如图9-27所示。

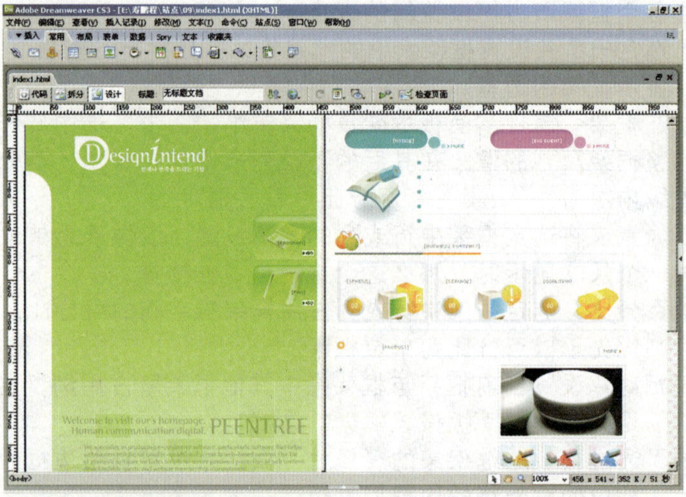

图9-26 打开素材中文档

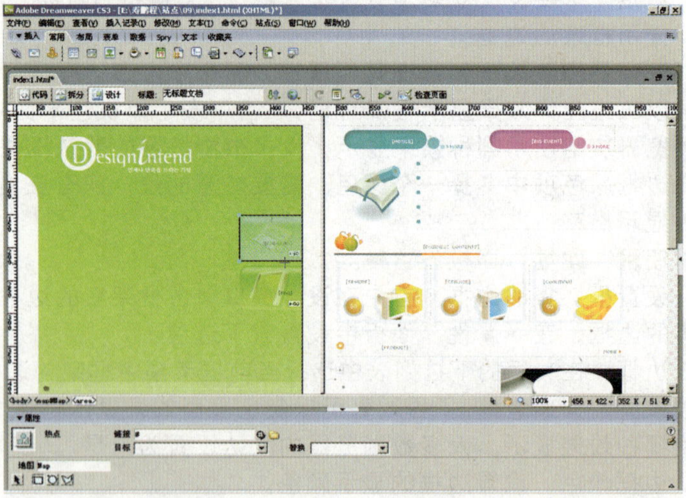

图9-27 指定图象映射

02 单击“链接”文本框右边的“文件夹”按钮，在弹出的“选择文件”对话框中，选择建立超链接文件”09\main.htm”，然后单击“确定”按钮，如图9-28所示。

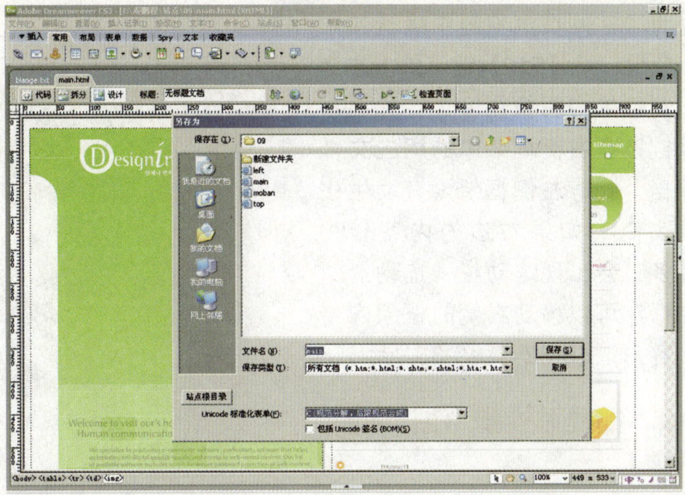

图9-28　建立超链接

03 在图像映射“属性”面板中的“目标”下拉菜单中选择链接目标的框架名称mainFrame。使建立超链接的文档显示在右侧框架内，如图9-29所示。

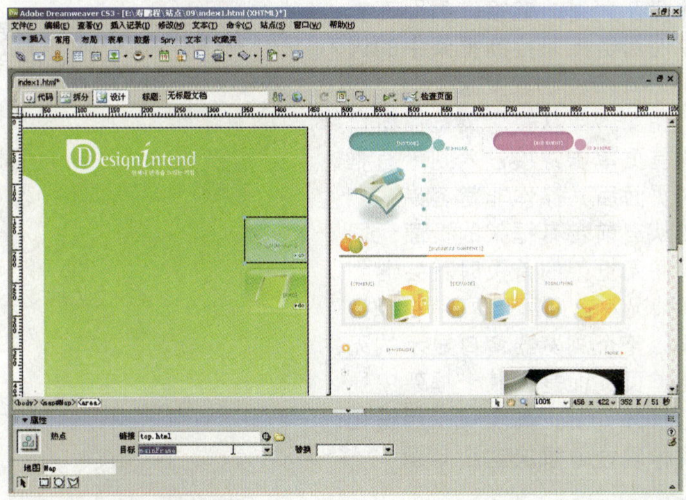

图9-29　选择链接目标

框架控制面板结构中的各框架必须要有相应的名称，而且该框架名称必须为英文字母。在“框架”面板中选择框架，如图9-30所示。在弹出的框架“属性”面板中可以设置框架名。利用该框架名指定超链接的目标，使网页文档显示在指定的框架内；如果不指定目标，建立超链接的网页文档将显示在当前框架内，如图9-31所示。

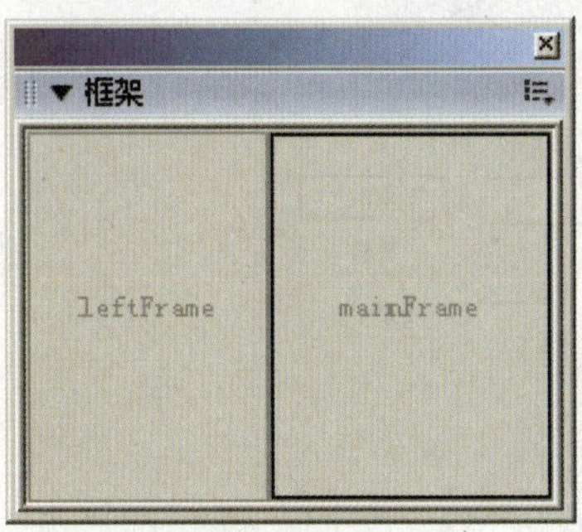

图9-30　选择右侧框架

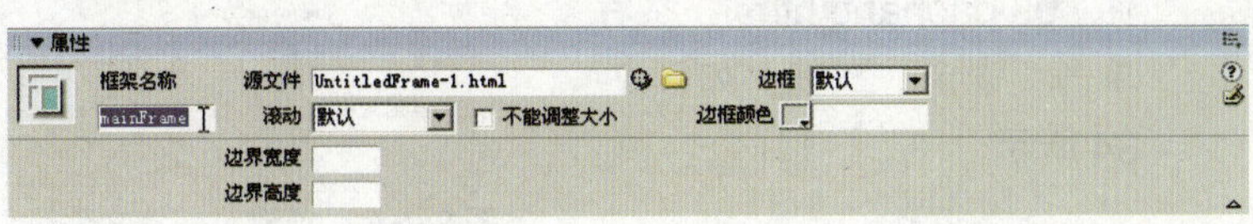

图9-31　“属性”面板信息

04 为了在网页浏览器中确认其效果，按【F12】键。单击左侧菜单中图像热区，会弹出链接在右侧框架中的相应文档，此时左侧框架没有发生改变，如果右边的内容较多，会出现滚动栏，拖动滑杆，可以移动右侧的框架内容，如图9-32与图9-33所示。

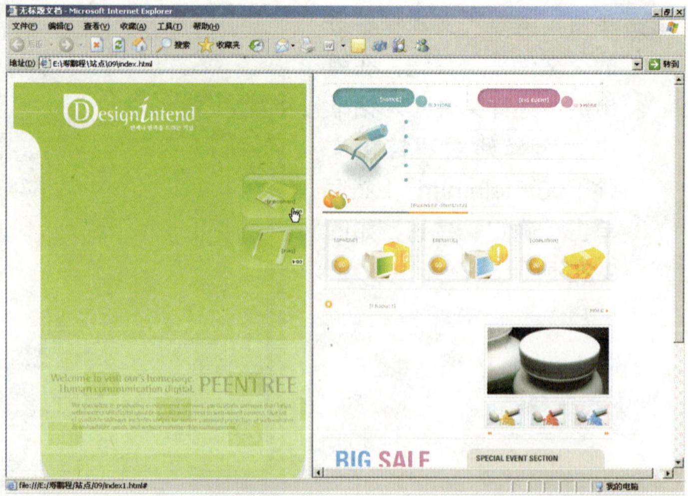

图 9-32　单击前页面效果

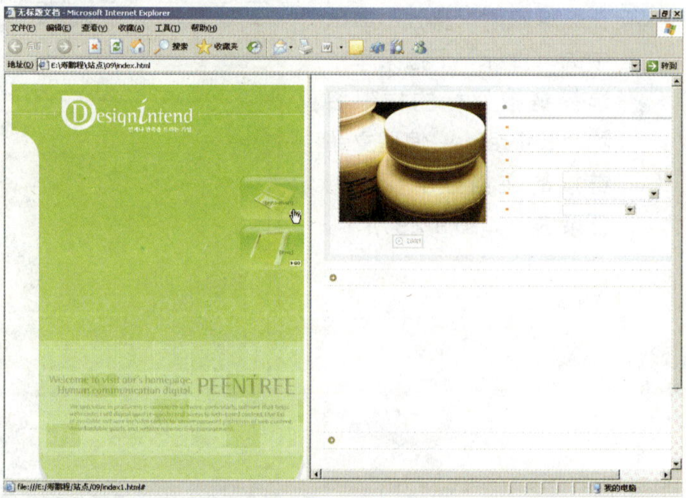

图 9-33　单击后页面效果

9-5-2　创建替换整个窗口的链接

在网页中使用框架技术，一般都存在大量的链接。然而在框架中使用链接来控制框架中的内容，相对来说比较复杂。

例如，当从整个浏览器窗口中的首页单击链接进入到带有框架的页面后，操作非常容易；如果要从当前带有框架的页面返回到前面无框架的首页时就会遇到这种情况：在返回无框架首页时，不是以整个浏览器窗口显示的无框架首页，而是在某个框架中显示无框架首页。其实可以用链接的目标属性来解决这个问题。

01 在光盘中打开站点中素材文件"index.htm"，将其显示在操作窗口中。选择插入在左侧框架内的图像，并单击"属性"面板中的多边形热点工具，在图像的右边指定图像映射。单击"链接"文本框右边的"文件夹"图标，在弹出的"选择文件"对话框中，选择建立超链接的文件"09\daohang.htm"，然后单击"确定"按钮，如图9-34所示。

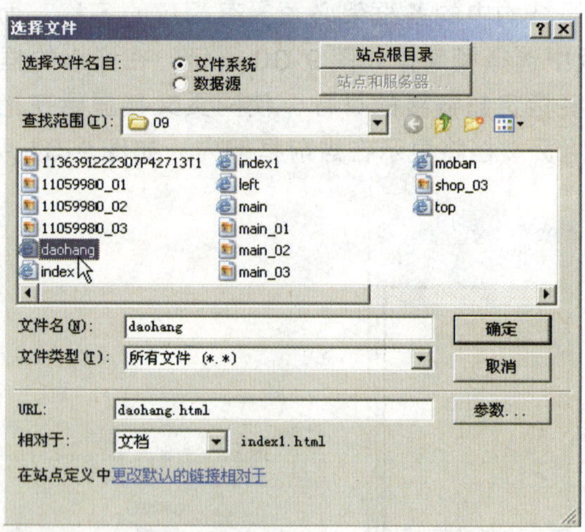

图 9-34　创建超链接文件

>>02 在图像映射“属性”面板中，在“目标”下拉菜单中选择链接目标的框架名称“_top”，当文档为框架结构时使其在网页浏览器的整个框架中显示，如图9-35所示。

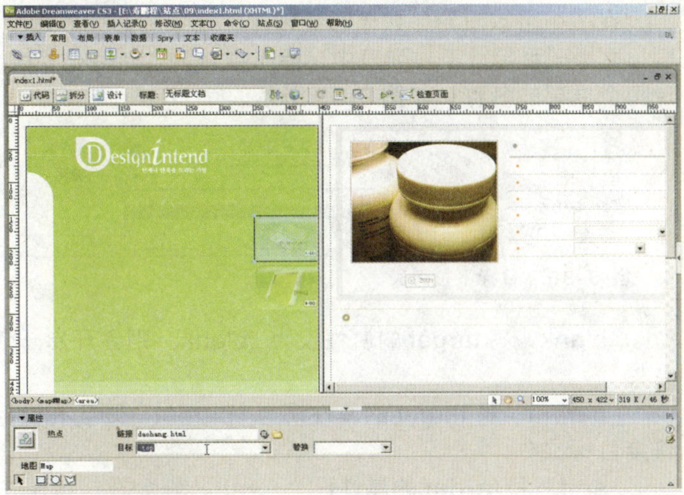

图9-35 目标框架

>>03 为了在网页浏览器中确认其效果，按【F12】键。如果弹出自动保存框架和框架集的提示框，单击“确定”按钮。保存文件后，单击浏览器框架结构的图像热区，原来的框架结构会被链接目标文件替换，如图9-36和图9-37所示。

图9-36 单击前页面效果

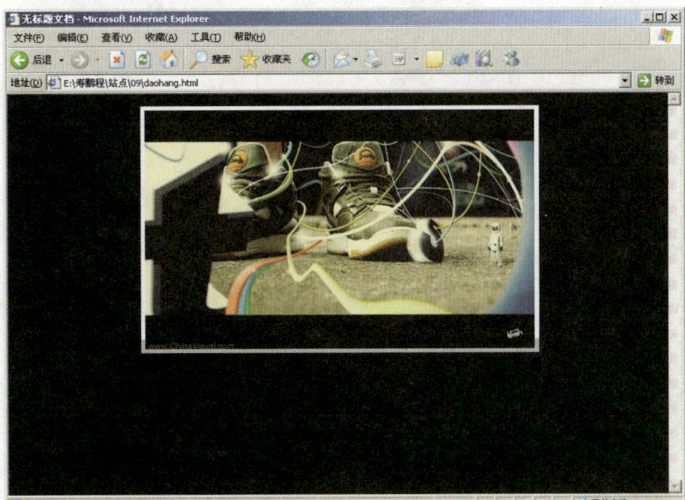

图9-37 单击后页面效果

在图中可以看到，如果已经创建了框架，并完成每个框架的命名，那么在创建链接时，“属性”面板“目标”下拉列表中，除了默认的 _blank，_parent，_self，_top 等选项外，还会出现每个框架的名称，如图 9-38 所示。

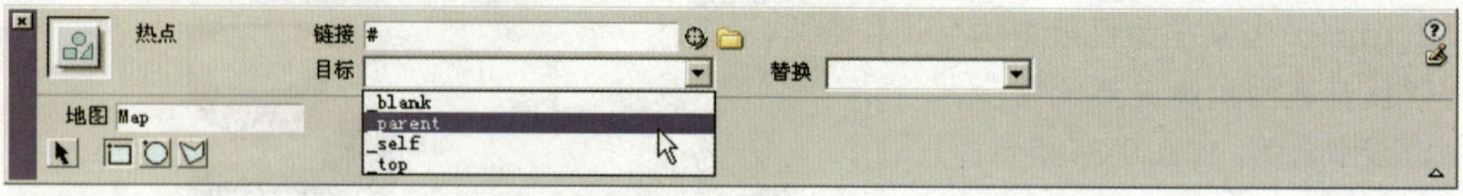

图 9-38　目标下拉列表

_blank：将 target 的属性设为 _blank，则会开启一个新的浏览器窗口，并且载入链接目标文件。

_parent：将 target 的属性设为 _parent，则会在链接所在框架的父级框架集或窗口中显示链接目标文件。

_self：将 target 的属性设为 _self，则会在链接所在的框架中显示链接目标文件

_top：将 target 的属性设为 _top，则会在当前整个浏览器窗口中显示连接目标文件。

通过设置 target 的属性值，可以控制链接目标文件在任意一个框架中被显示。可以将 target 的属性值设为某个框架的名称。框架集中的框架名称分别为 bottomframe、mainframe 和 leftframe，那么将 target 的属性值分别设为 bottomframe、mainframe 和 leftframe，链接目标文件就会显示在已经设置的 frame 中。

Chapter 10

多媒体的应用

Chapter 10 多媒体的应用

现在的网页设计中，除了放置一些静止的图片，更多的动态效果越来越多地被应用。Web页中的多媒体技术使Internet世界变得更加绚丽多彩。

本章主要介绍在用Dreamweaver设计网页时如何使用音频、视频、动画、Java小程序以及一些控件。下面开始学习如何在网页中应用多媒体。

图10-1 添加声音

大多数的网页浏览器都可以播放标准类型的数字音频文件，在确定采用哪一格式和方法添加声音前，需要考虑一些因素，如添加声音的目的、面对的用户、文件大小、声音品质以及不同浏览器间的差异等。

图10-1-1 关于音频文件格式

在网络上浏览时，经常会听到一些由声音文件播放的声音，有些音频格式的文件不需要经过压缩或者需要插件支持就可以在Internet上使用，但不是所有声音都能在Internet上播放。下面是一些较为常见的音频文件格式以及每一种格式放在Web上时的一些优缺点。

wav格式

wav（Waveform）格式文件具有较好的声音品质，许多浏览器都支持此类格式文件并且不要求插件。可以从CD、磁带、麦克风等录制自己的WAV文件。但是其文件较大，严格限制了在Web页面上的使用。

mp3格式

mp3（MPEG-音频层-3，运动图像专家组音频）格式是一种压缩格式，其声音品质非常好，并且声音文件明显减小。如果正确录制和压缩MP3文件，其声音质量甚至可以和CD质量相媲美。另外，可以对文件进行“流式处理”，以便访问者不必等待整个文件下载完成即可收听该文件。但是，其文件大小要大于Real Audio文件，因此通过普通方式下载整首歌曲可能仍要花费较长的时间。若要播放MP3文件，访问者必须下载并安装辅助应用程序或插件，例如QuickTime、Windows Media Player或RealPlayer等。

aif格式

aif（AIFF，音频交换文件格式）格式与WAV格式类似，也具有较好的声音品质，大多数浏览器都可以播放并且不要求插件；也可以从CD、磁带、麦克风等录制AIFF文件。同wav格式一样，其文件较大，严格限制了它在Web页面上的使用。

midi格式

midi或.mid（乐器数字接口）格式用于器乐。许多浏览器都支持MIDI文件并且不要求插件。尽管其声音品质非常好，但根据访问者的声卡的不同，声音效果也会有所不同。很小的MIDI文件也可以提供较长时间的声音剪辑。MIDI文件不能被录制并且必须使用特殊的硬件和软件在计算机上合成。

Real Audio格式

ra、.ram、.rpm或Real Audio格式具有非常高的压缩程度，文件大小要小于MP3。全部文件可以在合理的时间范围内下载。因为可以在普通的Web服务器上对这些文件进行“流式处理”，所以访问者在文件下载完成之前即可听到声音。其声音品质比 MP3 文件声音品质要差，但新推出的播放器和编码器在声音品质方面已有显著改善。访问者必须下载并安装 RealPlayer 等程序或插件才可以播放这些文件。

图 10-1　打开文档

图 10-1-2　链接音频文件

将声音添加到 Web 页中最简单的方法就是为音频文件创建一个链接。在浏览器中当用户单击该链接时，相应的声音文件则开始下载。

01 在光盘中打开站点中素材文件“10\ceshi\index.htm”，可以使用文字或图像来表示链接的音频文件对象。在文档窗口中选择左上角的声音图片作为一个链接对象，如图 10-1 所示。

02 在“属性”面板中，把音频文件名输入到“链接”文本框中，或者选择文件夹图标来查找站点中的音频文件“10\ceshi\guns_hifi.mp3”，如图 10-2 所示。

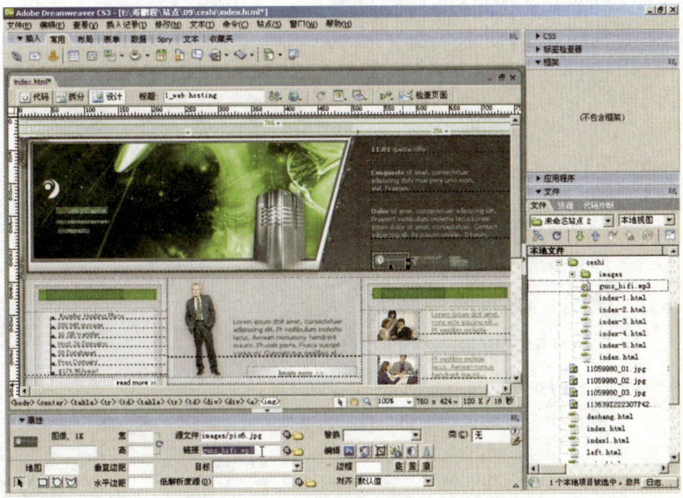
图 10-2　输入音频文件

03 按【F12】键，在浏览器中查看网页文档，如果 IE 浏览器内置有打开该文件的插件，那么它会在 IE 浏览器窗口中直接播放，而不用弹出诸如 Media Player 等应用程序。如果浏览器中没有播放该音乐格式的播放插件，那么系统会要求下载。

04 单击“打开”按钮，如果系统中有处理该类型文件的程序，就会打开一个独立的窗口（处理该类型文件的程序）并开始播放音乐，如图 10-3 所示。

图 10-3　测试音频

图 10-1-3 在文档中插入背景音乐

可以用做网页文档背景音乐的声音文件有 mid、wav、mp3 等格式。但是采用 mp3 格式时，文件容量过大，并需要在本地计算机上另外安装专用播放器。因此，考虑到计算机配置较低的用户，设计者最好选择负荷相对少的多媒体文件格式 mid 和单声道的 wav 格式。

01 使用前面的例子，打开光盘中站点中素材文件“10\ceshi\index.htm”，将光标定位到插入插件的位置。并在插入栏中单击“插件”按钮，如图 10-4 所示。

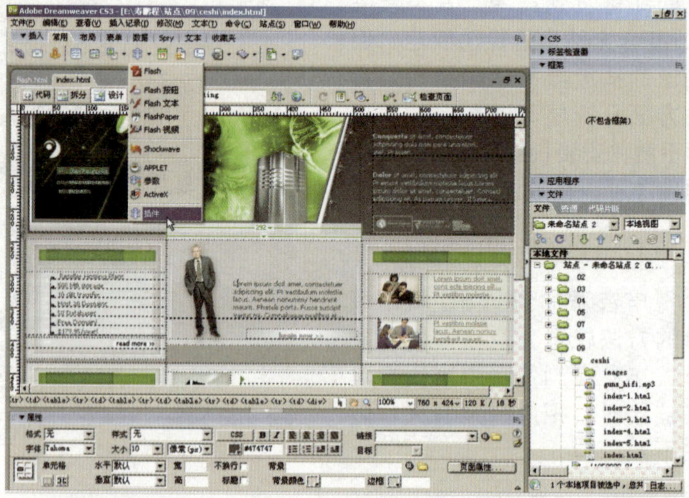

图 10-4 选择“插件”按钮

02 此时会出现选择文件对话框，打开站点文件夹中的声音文件，并单击“确定”按钮。插入声音后会自动显示插件控制按钮，如图 10-5 所示。

图 10-5 插入插件

03 在文档窗口中选择插件图标之后，拖动鼠标，改变图标大小。可按【F12】键，在浏览器中查看操作结果，如图 10-6 所示。

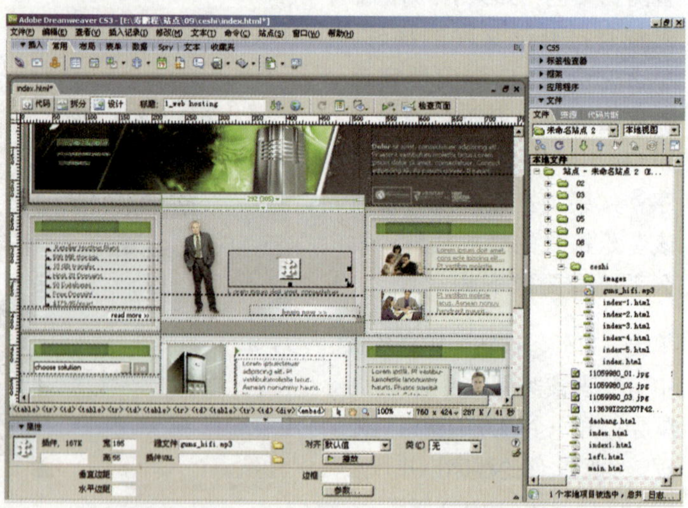

图 10-6 调整插件大小

>>04 此时，IE浏览器将自动运行MediaPlayer。播放的背景音乐是之前选定的声音文件，可以通过按钮的操作来控制声音的播放与停止，如图10-7所示。

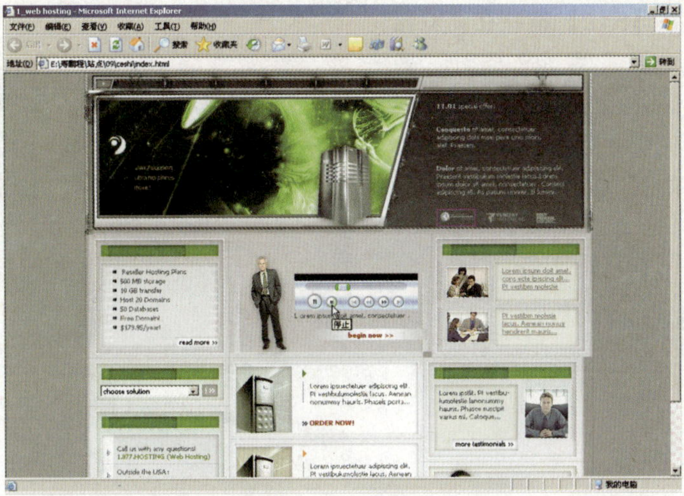

图10-7 运行MediaPlayer

>>05 如果播放器和整个页面不协调，可以隐藏影响网页美观的播放器。返回Dreamweaver的操作窗口，选择插件之后，单击“属性”面板中的“参数”按钮。打开“参数”列表框在“参数”列中输入“hidden”，并在“值”列中输入“true”，如图10-8所示。

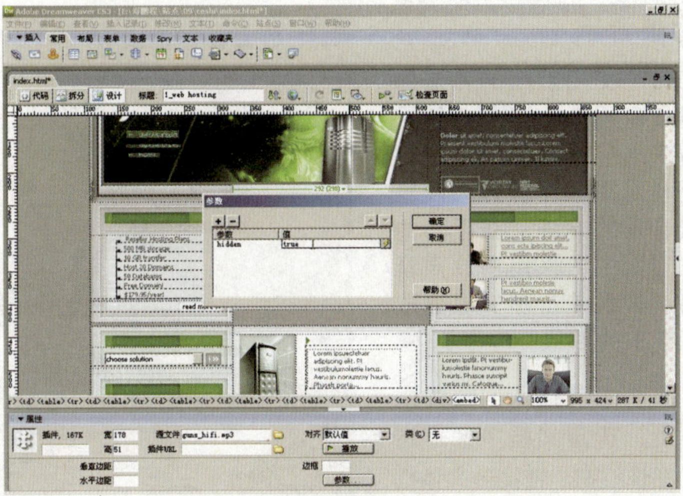

图10-8 打开“参数”对话框

>>06 如果重复播放背景音乐，单击“+”按钮，在“参数”列中输入“loop”，并在“值”列中输入声音重复播放的时间值。如果希望音频无限期地重复，可在“值”列中输入“true”，然后单击“确定”按钮，如图10-9所示。

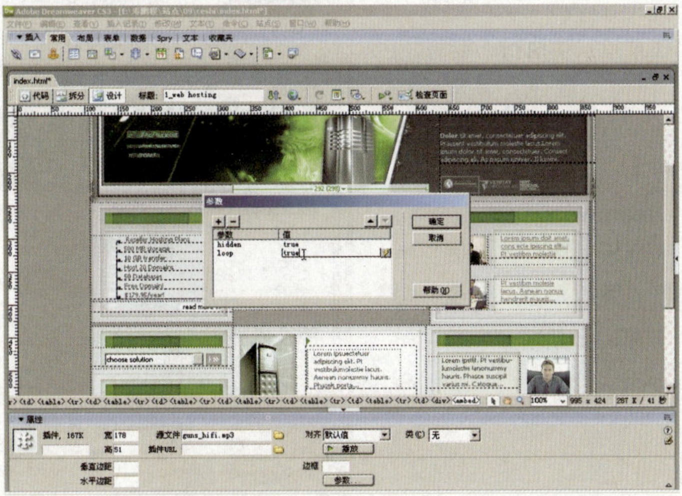

图10-9 输入参数的值

07 按【F12】键并在浏览器中查看网页文档时，多媒体播放器已从页面消失，并且重复播放音乐，如图 10-10 所示。

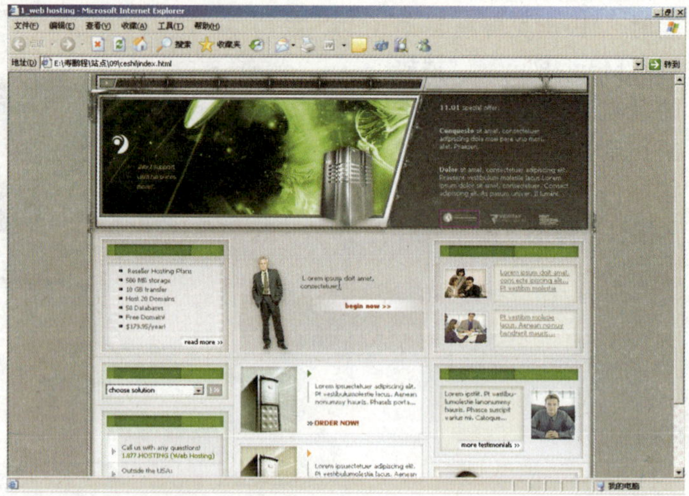

图 10-10　测试效果

图 10-1-4　单击按钮播放背景音乐

除了使用前面的方法添加背景音乐外，还可以使用行为来添加，在本节中介绍的是利用播放声音行为设置背景音乐的方法。在下面的操作实例中，采用播放声音行为，表现单击图像时播放背景音乐的效果。

01 删除之前插入的插件之后，选定文档中的声音图像，在“链接”文体框中为图像增加空链接图标“#”，如图10-11所示。

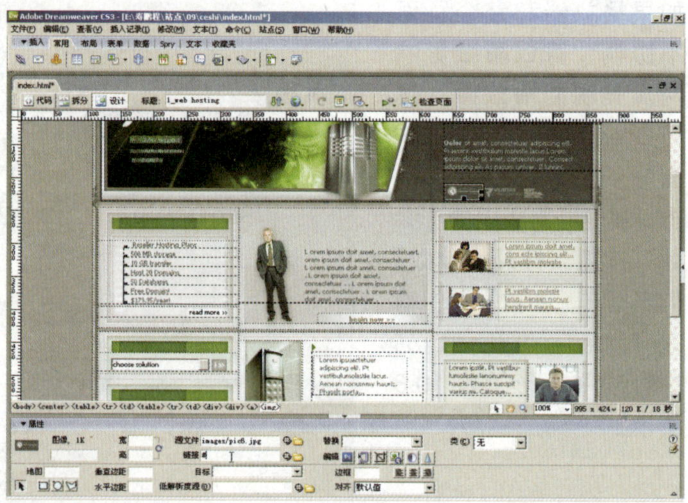

图 10-11　添加空链接

02 在菜单栏中执行“窗口”|“行为”命令，显示“行为”面板，并单击行为面板上“+”按钮，当出现Dreamweaver提供的“行为面板”下拉列表时，执行“播放声音”命令，如图 10-12 所示。

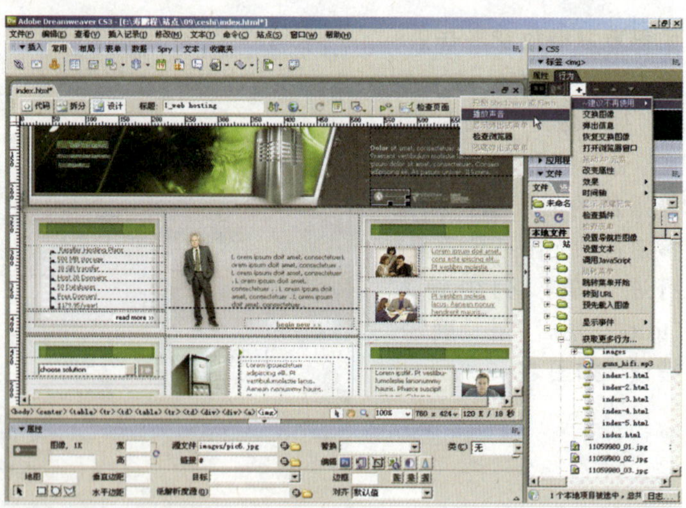

图 10-12　执行“播放声音”命令

>>03 出现“播放声音”对话框之后，添加作为背景音乐的声音文件，出现“选择文件”对话框之后，选择一个音频文件，单击“确定”按钮，如图10-13所示。

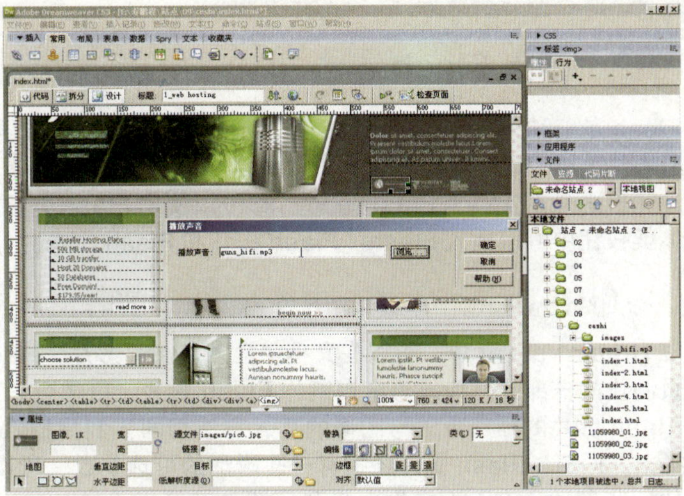

图 10-13 “播放声音”对话框

>>04 为了在单击的同时播放音乐，在“行为”面板中将默认的鼠标事件改为“onClick”这样就完成了在单击的瞬间播放音乐的事件和行为，如图10-14所示。

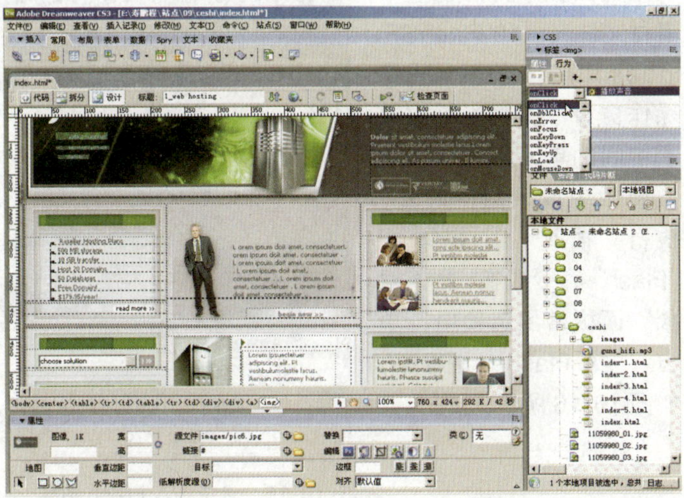

图 10-14 更改事件“onClick”

>>05 按【F12】键之后，可在浏览器中查看网页文档，在网页文档中单击已添加行为的图像时，开始播放音乐，如图10-15所示。

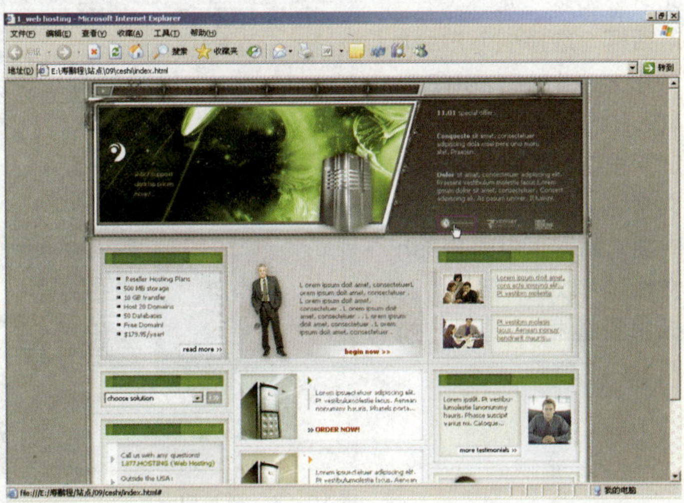

图 10-15 测试效果

图 10-2 插入 Flash

Flash 是一种矢量化的 Web 交互式动画，在本节中，将学习利用 Flash 影片相关的属性面板调整影片大小、透明处理 Flash 影片背景等方法。Dreamweaver 中附带了 Flash 对象，因此无论计算机上是否安装了 Flash 软件，都可以使用 Flash 对象。在“插入对象”面板的常用选项媒体类按钮中可以插入 Flash、Flash 按钮和 Flash 文本。

图 10-2-1 在 Dreamweaver 中插入 Flash 影片

在 Dreamweaver 中，可以在文档中插入 Flash 影片。Flash 以其丰富的动态交互功能，成为网页制作的一部分。如果想亲自制作 Flash 影片，可学习 Flash CS3 软件。

Flash 影片的插入方法与图像的插入方法相同，利用插入工具栏、菜单命令或者拖动方式即可插入。同时，Flash 影片还拥有一些附加的可选参数，可以通过“属性”面板来设置 Flash 影片的一些参数。在下面操作中将利用插入工具栏添加 Flash 影片。

>>01 在站点面板中打开光盘中素材文件夹“10\FlashSF\index.htm”，将其显示在操作窗口中。将光标放置于中间的单元格内，在属性面板中设置居中对齐，执行“插入”|“媒体”|“Flash”命令或在“插入对象”面板常用选项中，单击“插入 Flash”图标，如图 10-16 所示。

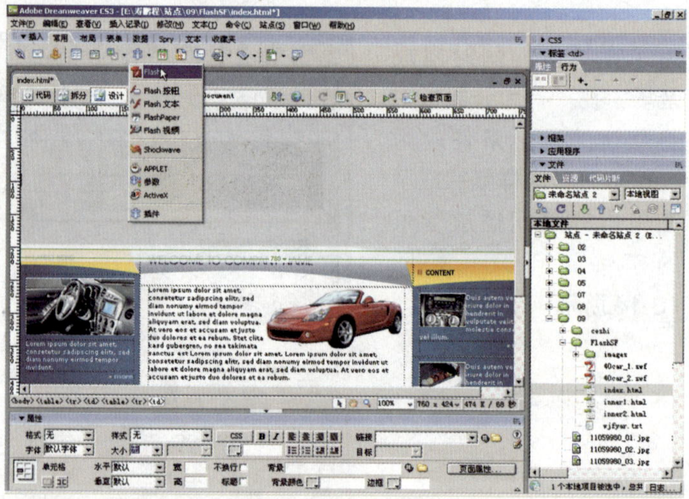

图 10-16 选择插入 Flash 图标

>>02 此时会出现“选择文件”对话框，选择一个 Flash 影片文件 10\FlashSF\40car1.swf)，单击“确定”按钮，即可将 Flash 文件插入到文件中。选中插入到网页中的 Flash 文件，可以从“属性”面板中设置相关属性，如图 10-17 所示。

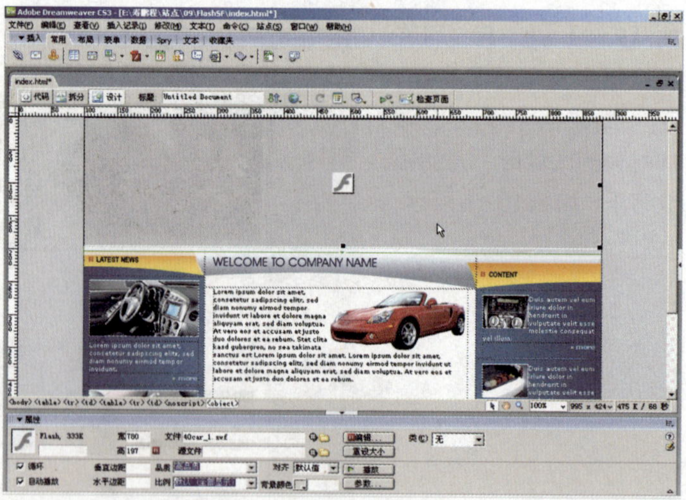

图 10-17 插入 Flash 文件

03 在“属性”面板中单击“播放”按钮，Flash影片就会在操作窗口中播放。单击“停止”按钮就会停播Flash影片，如图10-18所示。

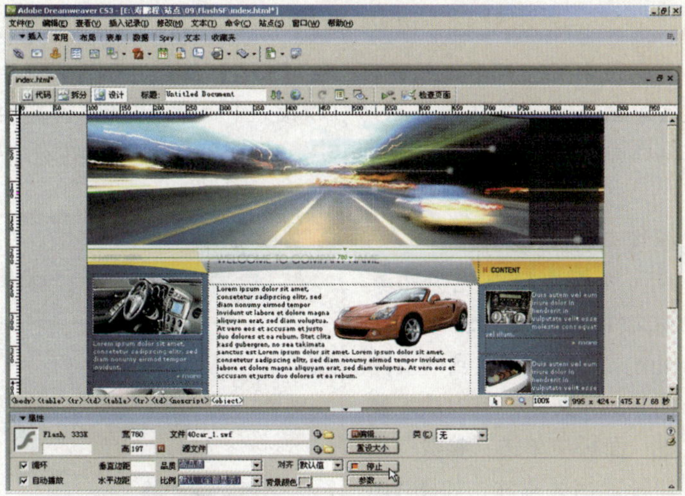

图10-18　播放Flash影片

选中插入到网页中的Flash文件后，可以从“属性”面板中设置相关属性，如图10-19所示。

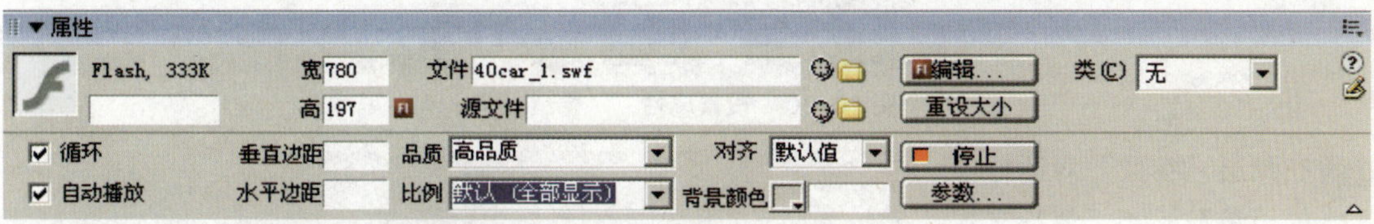

图10-19　Flash文件“属性”面板

名称：指定Flash的名称，指定用来标识影片以进行脚本撰写的名称。

宽和高：以像素为单位指定影片的宽度和高度。

文件：指定Flash文件的路径。单击文件夹图标可以指定一个新文件。

编辑：可在启动Flash软件时更新FLA源文件。如果计算机上没有安装Flash软件，则此按钮将被禁用。

重设大小：将选定的影片返回到其初始大小。

循环：选中该复选框，Flash影片将连续不断地进行播放；否则，只播放一次。

自动播放：选中该复选框，Flash影片将在它完成下载的同时就开始播放。

垂直和水平边距：增加影片上下和左右的空间，默认值为0。

品质：影片以什么品质播放。设置越高，影片的观看效果就越好，但对系统要求也更高。

比例：确定影片如何在“宽”和“高”文本框中设置适合的尺寸。其中，选择全部显示表示在宽、高文本框中测试影片如何适应所调整的尺寸；严格匹配表示在保持原始比例的情况下显示所给尺寸的整个影片。使用此设置，一些背景有可能也显示出来。选择无边框表示使影片完全与所给定的尺寸相匹配而忽略了原来的设置，这样图像有可能被扭曲并与给定的尺寸相匹配，以便不显示出边框，同时保持原有的纵横比。使用该设置，某些影片将会被裁剪。

对齐：在其下拉菜单列表中可以设置Flash的对齐方式。

背景颜色：指定影片区域的背景颜色。在不播放影片时（在加载时和在播放后）也显示此颜色。

播放：单击后，可以在Dreamweaver中预览swf文件。

参数：单击后，打开一个对话框，可在其中输入传递给影片的附加参数。

图 10-2-2 透明处理 Flash 影片

在网页中添加 Flash 动画后，按【F12】键，在浏览器中 Flash 会以白色填充背景颜色，有时候会遮盖了文档的背景，虽然可以指定 Flash 背景颜色，但是文档如果使用背景图像，还是会造成遮盖现象。下面介绍将 Flash 影片的背景颜色修改为透明效果，以显示文档背景的方法。

01 继续前面的例子，在“站点”面板中打开光盘中素材文件“10\FlashSF\index.htm”，选中插入到网页中的 Flash 文件，可以从“属性”面板中单击“参数”按钮设置相关属性，如图 10-20 所示。

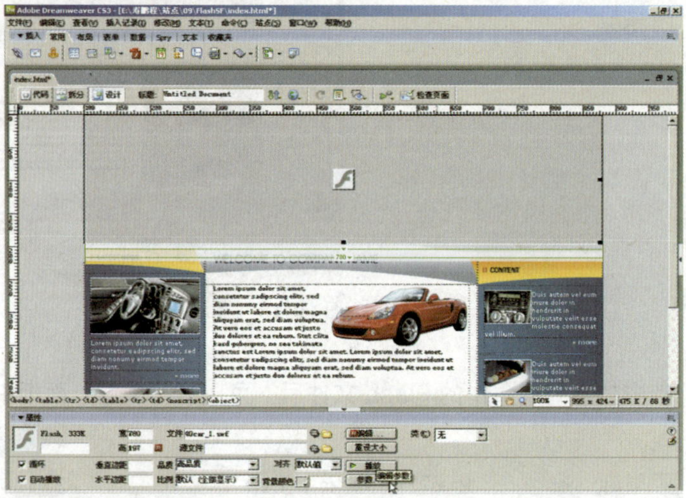

图 10-20 设置属性

02 在弹出“参数”对话框中的“参数”和“值”文本框中分别输入“wmode”和“transparent”，然后单击“确定”按钮，如图 10-21 所示。

03 按【F12】键，在网页浏览器中查看其效果。会发现原白色的 Flash 影片背景变成了透明效果，显示出文档的背景图像。

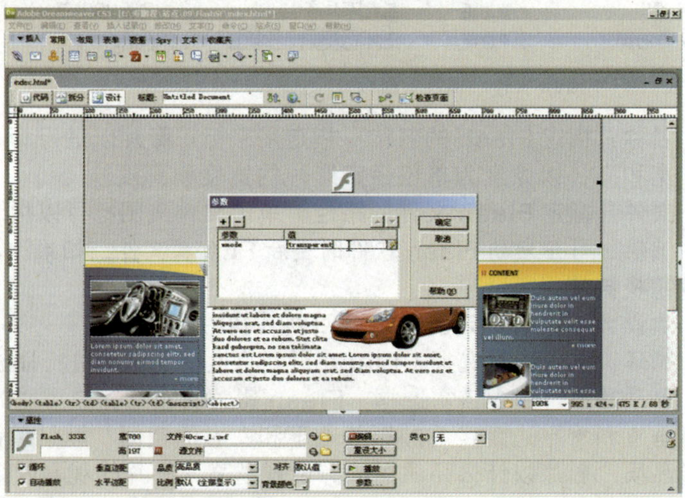

图 10-21 设置“参数”对话框

使用浏览器浏览 Flash 常见问题

有时候在浏览器中无法显示 Flash 影片，是因为浏览器没有安装 Flash 影片的播放插件。如果在本地计算机上安装 Flash 或最新版本的浏览器时，用户可以通过自动安装的插件查看 Flash 影片。但是，当使用低版本的浏览器或安装的插件有问题时，就无法查看 Flash 影片。此时，用户需要下载新版本 Flash Player 并安装。

将 Flash 影片插入到网页文档之后，仍无法在浏览器中显示的原因如下：

（1）网页中的 Flash 影片文件名中不能包含中文。

（2）在 Flash 程序中完成动画设计之后，将其插入到网页文档之前，其输出格式必须指定为 swf 格式。

（3）在网页文档中插入 Flash 影片时，指定的文件插入路径和 Flash 影片的实际存储路径必须一致。

图 10-2-3　用按钮控制 Flash 影片

使用控制 Shockwave 或 Flash 动作来播放、停止、后退或转到 Shockwave 和 Flash 影片中的帧操作。下面就对按钮应用控制 Shockwave 或 Flash 行为，实现暂停，续播、重播影片的功能。

01 继续前面的例子，在“站点”面板中打开光盘中素材文件“10\FlashSF\index.htm”，选中插入到网页中的 Flash 文件，可以从“属性”面板中取消选择“循环”复选框。那么播放影片时，影片只播放一次就停止了。同时在“属性”面板的最左边名字域（在 Shockwave 或 Flash 图标旁边）中输入影片的名称为 phone，如图 10-22 所示。

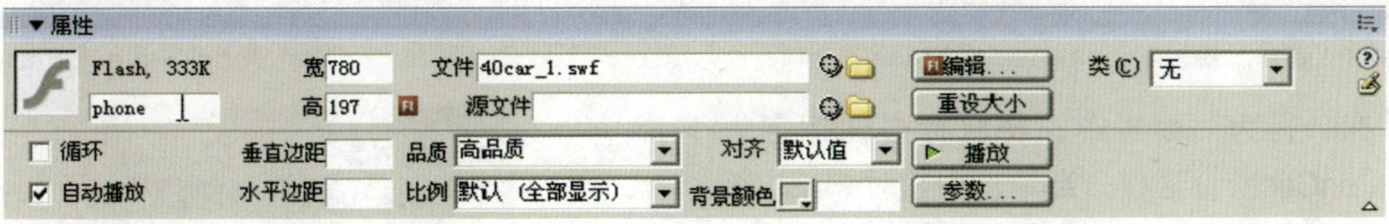

图 10-22　更改 Flash 影片名称

提示 · 技巧

若要使用“控制 Shockwave 或 Flash”动作对 Flash 影片进行控制，必须为 Flash 影片命名。对对象的命名是控制对象常用的方法。

02 选中网页左边控制 Flash 影片的按钮图像“Play film”，在“属性”面板的链接栏中为图像添加空链接“#”，如图 10-23 所示。这样在浏览页面时，当鼠标移到图像时会出现单击样式。

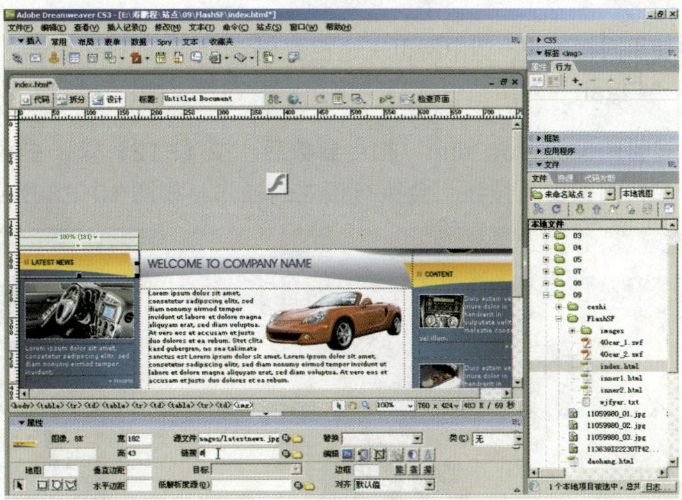

图 10-23　添加空链接

03 打开“行为”面板，单击加号“+”按钮并从“动作”下拉菜单中选择“控制 Shockwave 或 Flash”选项，出现“控制 Shockwave or Flash”对话框，如图 10-24 所示。

04 在“控制 Shockwave or Flash”对话框中“影片”下拉菜单中选择一个影片“phone”，在操作选项组中选择“播放”复选框，单击“确定”按钮，如图 10-25 所示。

图 10-24　选择“控制 Shockwave 或 Flash”选项

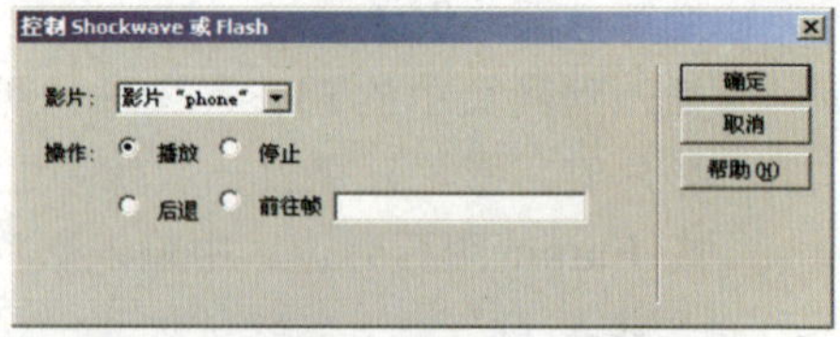

图 10-25　“控制 Shockwave 或 Flash”对话框

>>05 在“行为”面板中，将鼠标事件指定为“onClick”。这样，当单击按钮时 Flash 影片会再次进行播放，如图 10-26 所示。

图 10-26　指定 onClick 事件

提示 · 技巧

如果检查默认事件未列出所需的事件，则在“事件”下拉菜单中的“显示事件”子菜单中更改较高级别的目标浏览器。

>>06 使用同样方法，选中网页左边控制 Flash 影片的按钮图像“Stop film”，在“控制 Shockwave 或 Flash”对话框中选择“停止”复选框，如图 10-27 所示。

>>07 设置图像“Stop film”相应参数后，按【F12】键，在网页浏览器中查看其效果。单击应用行为的图像按钮，会执行相应的操作，如图 10-28 所示。

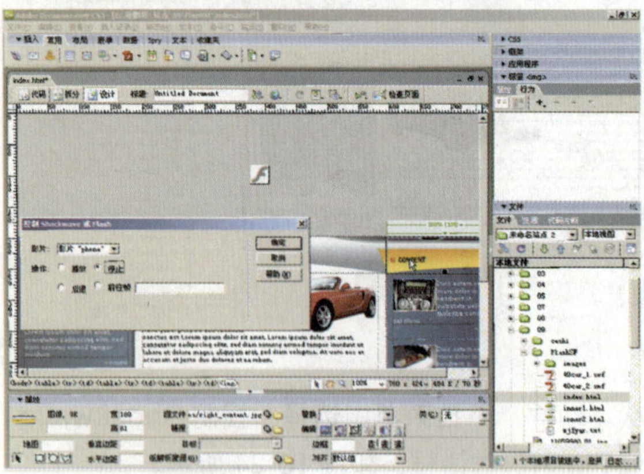
图 10-27　同上操作

图 10-28　测试效果

打开“行为”面板，单击加号（+）按钮并从“动作”下拉菜单中选择“控制 Shockwave 或 Flash”选项，会出现控制 Shockwave 或 Flash 的参数对话框，如图 10-29 所示。

影片：在下拉菜单中选择一个影片。Dreamweaver 自动列出当前文档中所有 Flash 影片的名称。

操作：设置播放、停止、后退或前往帧等操作。

播放：从动作发生的帧开始播放影片。

停止：停止对电影的播放。

后退：返回到电影的第一帧。

前往帧：选中该单选框，可以在其后的文本框中输入前往的帧数。

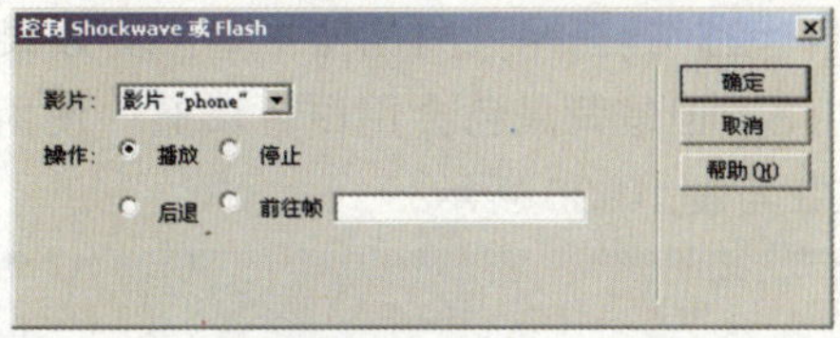

图 10-29 "控制 Shockwave 或 Flash" 对话框

图 10-2-4 制作 Flash 文本

在 Dreamweaver 中即使不使用 Flash 编辑程序，也可以制作可建立链接的 Flash 按钮和 Flash 文本。插入 Flash 文本是 Dreamweaver 4.0 以上版本才支持的功能，利用该功能，可以使用自选的字体、字形和字号来制作一个仅包含文本对象的 Flash 动画。

>>01 在"站点"面板中打开光盘中素材文件"10\FlashSF\inner2.htm"，将其显示在操作窗口中如图 10-30 所示。将光标放置于中间表格的第一个单元格内，执行"插入记录"|"媒体"|"Flash 文本"命令，或单击插入面板上的 Flash 文本 图标，出现"插入 Flash 文本"对话框。

>>02 在"插入 Flash 文本"对话框中设置各属性，"字体"为汉仪圆叠体简，"大小"为"14"，"颜色"为"黑色"，"转滚颜色"为鼠标指到文字的颜色，也可设置一个色值，"文本"列表框内输入"欢迎您登录！"。如果要添加链接则单击"浏览"按钮，选择要建立为超链接的文件，单击"确定"按钮，如图 10-31 所示。

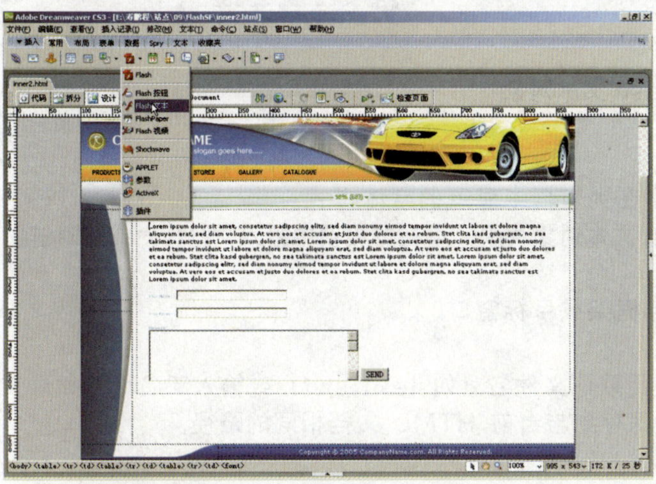

图 10-30 选择 Flash 文本选项

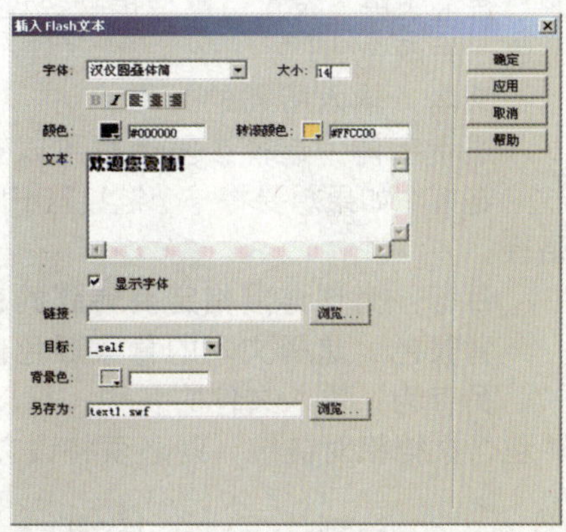

图 10-31 "插入 Flash 文本"对话框

提示 · 技巧

Flash 文本和按钮影片必须是保存在站点内操作目录中的文档内容，否则预览页面时会发生链接错误。在文档窗口中双击添加后的文字和按钮，会再次弹出"插入"对话框，以方便修改参数。

03 按【F12】键在网页浏览器中查看其效果。将鼠标移到 Flash 文本按钮上时，文字颜色发生变化。但是背景色会用白色填充，使用前面学习的方法，设置 Flash 文字为透明，如图 10-32 与图 10-33 所示。

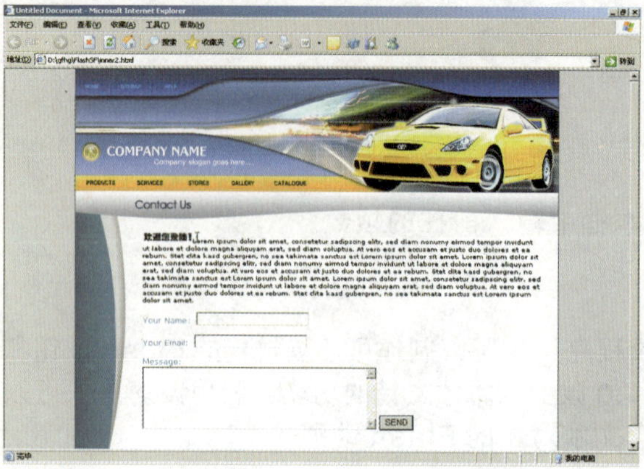

图 10-32　测试效果（1）

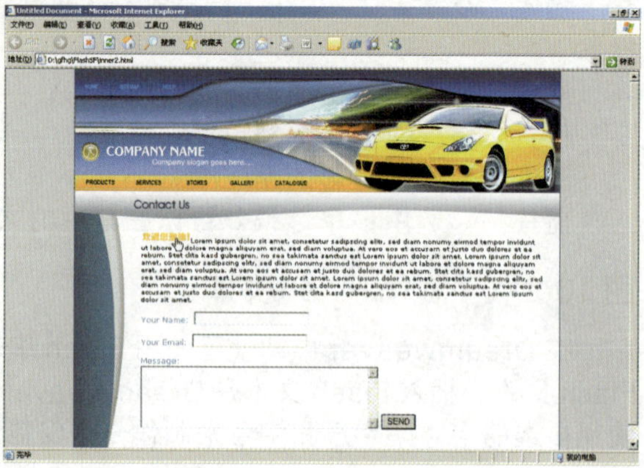

图 10-33　测试效果（2）

执行“插入记录”|“媒体”|“Flash 文本”命令，或单击“插入”面板上的“Flash 文本”图标，出现“插入 Flash 文本”对话框，如图 10-34 所示。

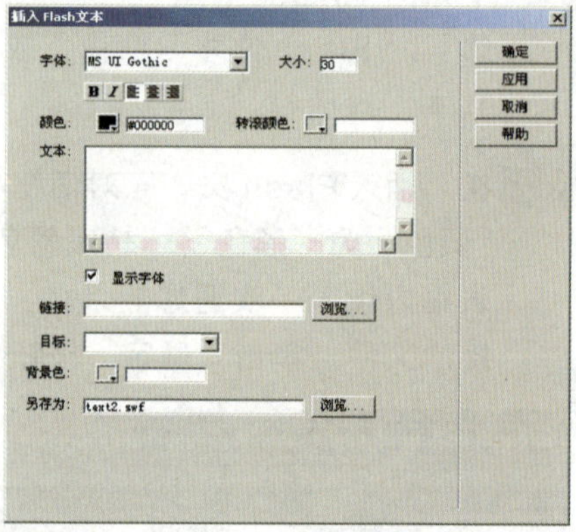

图 10-34　“插入 Flash 文本”对话框

字体：从“字体”下拉列表中选择一种字体，此菜单列出在系统上加载的所有字体。

大小：输入字体大小；这些字体大小是以点为单位。通过单击字体选项下方适当的“样式”按钮，可以指定样式属性（例如粗体或斜体）和文本对齐方式。

颜色：设置文本的颜色。

转滚颜色：设置当鼠标指针经过 Flash 文本对象时显示的颜色。

文本：输入所需的文本。

显示字体：选择该复选框可以查看在列表框中显示的字体样式。

链接：如果想要将一个链接与 Flash 文本对象关联，可在链接项中输入文档相对或绝对链接路径。

目标：为该链接指定要转到的目标框架或目标窗口。

背景色：选择文本的背景颜色。

另存为：输入文件的名称。可以使用默认文件名（如 tex1.swf）或输入新名称。如果文件包含文档相对链接，则必须将该文件保存到与当前 HTML 文档相同的路径。

图 10-2-5　制作 Flash 按钮

可以快捷方便地自定义 Flash 对象，并添加按钮、背景颜色以及指向其他文件的链接，下面结合实例学习 Flash 按钮的制作方法。

01 在“站点”面板中打开光盘中素材文件“10\Flash\inner2.htm”，并插入图像下方的单元格中，在“插入对象”面板“常规”插入栏中，单击“Flash 按钮”图标或执行“插入记录”|“媒体”|“Flash 按钮”命令，弹出“插入 Flash 按钮”对话框，如图 10-35 所示。

02 在“插入 Flash 按钮”对话框中设置属性。将“样式”设为 Soft-Light Blue，“按钮文本”

为“提交”，”字体“为”MS UI Gothic ”，“大小”为“12”，单击“确定”按钮，在光标所在的单元格内将以指定的文本属性和样式形态插入 Flash 按钮，如图 10-36 所示。

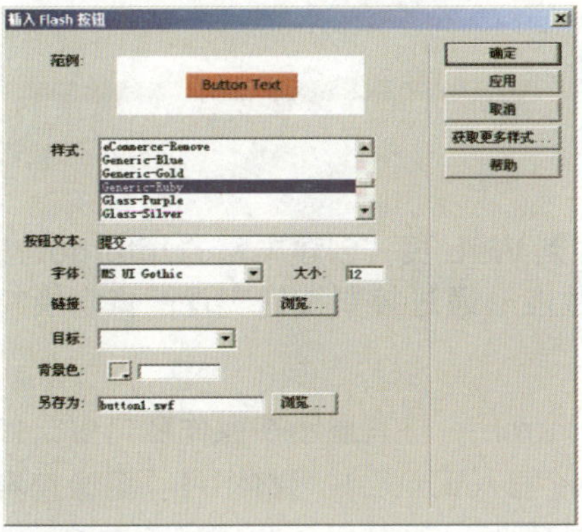

图 10-35 “插入 Flash 按钮”对话框

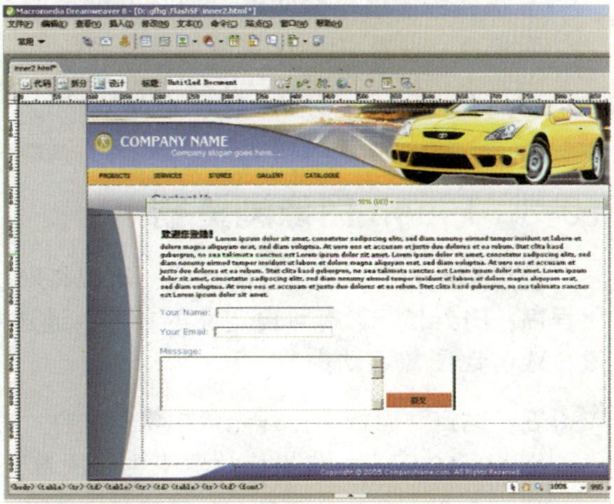

图 10-36 插入 Flash 按钮

>> 03 默认情况下，Flash 按钮的宽度为图 100，按【Shift】键等比例缩小 Flash 按钮至合适大小，使其和图像大小适合，同样设置 Flash 按钮透明，如图 10-37 所示。继续添加其他按钮，选择 Flash 按钮复制即可，完成后结果如图 10-38 所示。

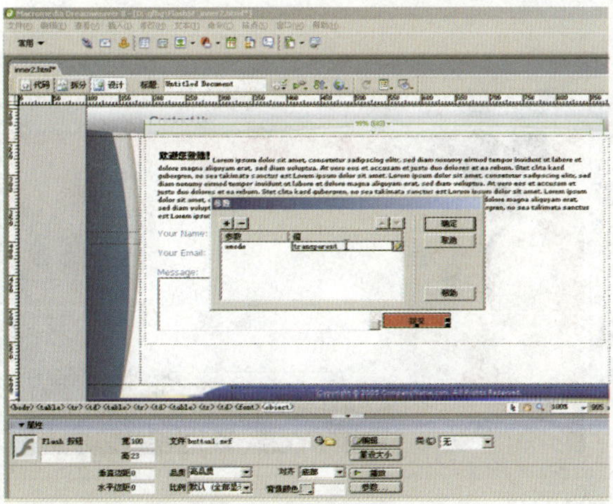

图 10-37 设置 Flash 按钮背景透明

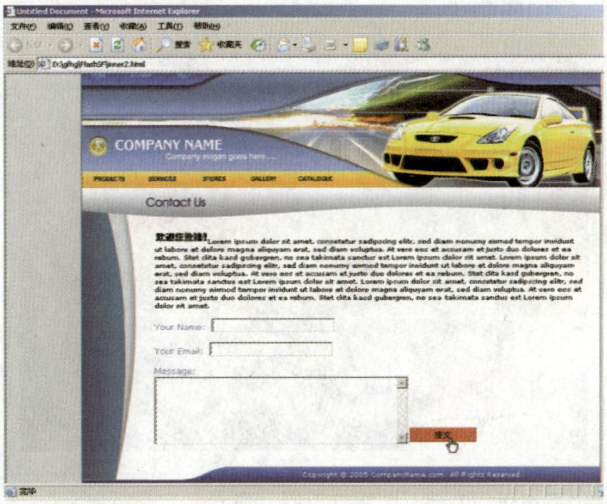

图 10-38 完成效果

详细了解“插入 Flash 按钮”对话框属性。在“样式”列表框中选择 Flash 按钮样式，在范例预览框中将鼠标在上面移动就可以看到翻转效果。其他属性用来指定所选 Flash 按钮的其他属性，如图 10-39 所示。

样式：选择所需的按钮样式，在上面的范例区域中会显示样式模板。

按钮文本：输入要显示的按钮文本。

字体：选择要使用的字体。如果系统上没有提供按钮的默认字体，则从下拉列表中选择另一种字体。

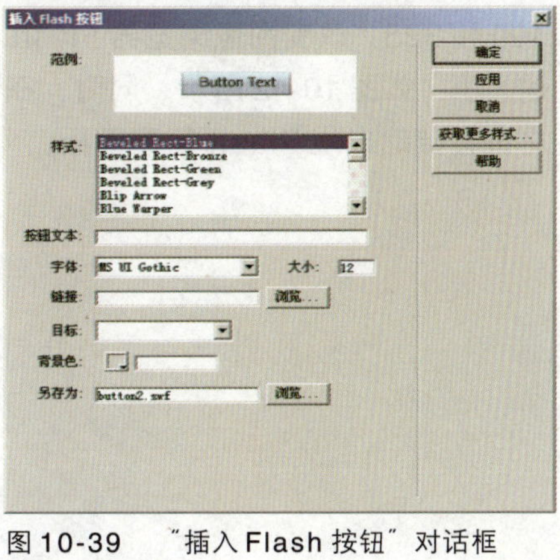

图 10-39 “插入 Flash 按钮”对话框

大小：输入字体大小的数字值。

链接：单击“浏览”按钮可以选择当前站点中 HTML 文档。

目标：指定链接的文档将要打开的位置。

背景色：设置 Flash 影片的背景颜色。

另存为：输入用来保存此新 SWF 文件的文件名。

10-3 Flash 图像浏览器

使用 Flash 图像浏览器的功能，可以将影片等文件合并到 Web 页，创建丰富的 Internet 应用程序。Flash 元素有可自定义的参数，通过修改这些参数能够通过控制按钮实现图像切换特效，或者让图像滚动播放。

>>01 在“站点”面板中打开光盘中素材文件“10\chakanqi.html”，将其显示在操作窗口中，如图 10-40 所示。将光标放置于中间的单元格内，执行“插入记录”|“媒体”|“图像查看器”命令，或单击在 Flash 元素插入面板上的“图像查看器”图标 ，出现“保存 Flash 元素”对话框。

>>02 在“保存 Flash 元素”对话框中，将保存位置指定为站点目录，将“文件名”输入为 view，单击“保存”按钮，将图像浏览器 Flash 影片以指定的名称保存在指定的位置，如图 10-41 所示。

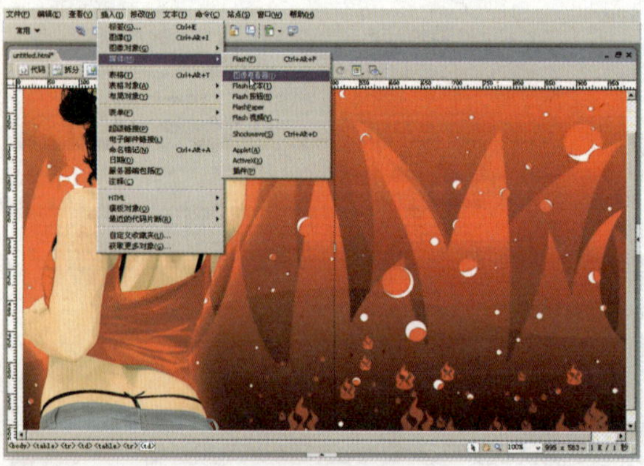

图 10-40　选择“图像查看器”命令

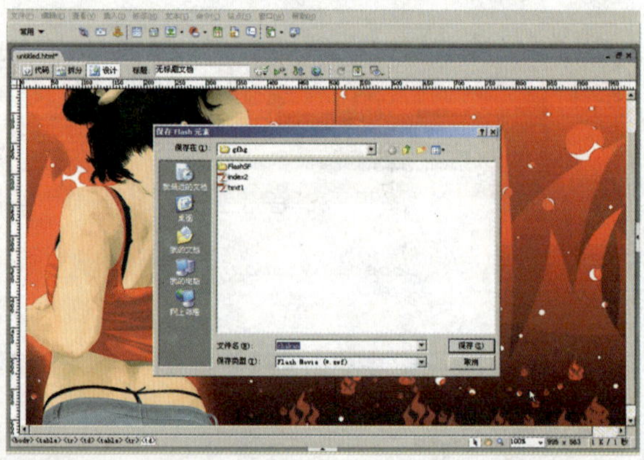

图 10-41　指定保存路径

>>03 在“属性”面板中，将宽和高分别指定为 400 和 325，改变图像浏览器 Flash 影片的大小，如图 10-42 所示。同时，在窗口右边会自动出现 Flash 元素面板。

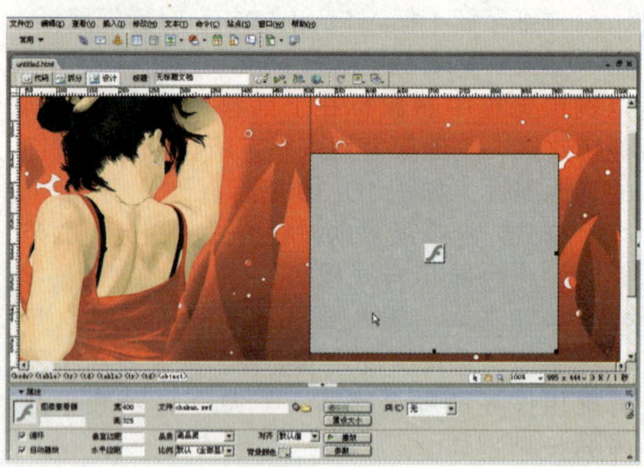

图 10-42　改变图像查看器大小

>> 04 在“Flash 元素”面板中将光标放置于 imageURLs 属性文本框中，按【Delete】键将原来索引删除。单击右边的“编辑数组值”按钮，如图 10-43 所示。

>> 05 此时会弹出“编辑 imageURLs 数组”对话框，在对话框中单击加号（+）号按钮，并单击右边文件夹图标，在弹出的选择文件对话框中选择位于站点中的图片，如图 10-44 所示。执行同样操作，完成其余图片的添加。

>> 06 在“Flash 元素”面板中将 frame Show 属性由“否”设置为“是”。此时若要预览就会在图像浏览器 Flash 影片的外围显示边框，设置 frame Color 颜色为“#333333”。在“title 属性”文本框中输入“插画”，将 title Color 指定为“#009999”，将 titleFont 指定为“宋体”，将 title Size 指定为“10”，如图 10-45 所示。

>> 07 将光标放置于 transitions Type 中，指定一个选项，用于指定转换图像时的动画效果，如图 10-46 所示。

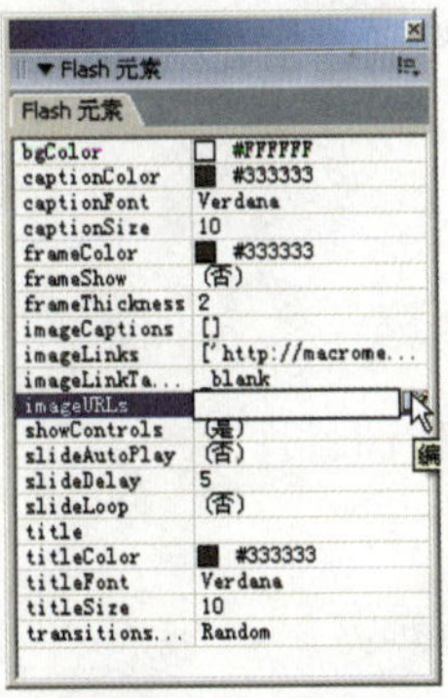

图 10-43　设置“编辑数组值”

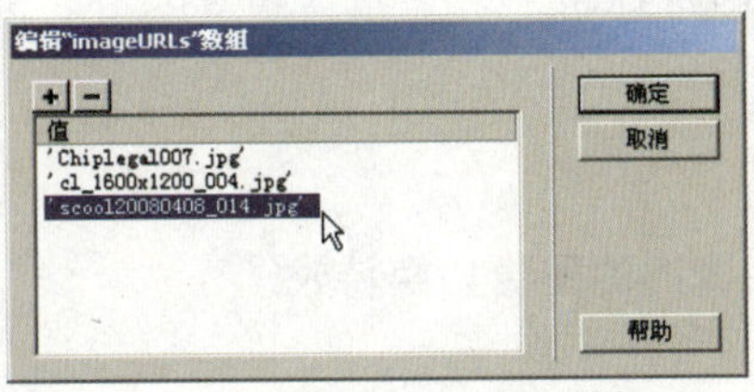

图 10-44　编辑 imageURls 数组对话框

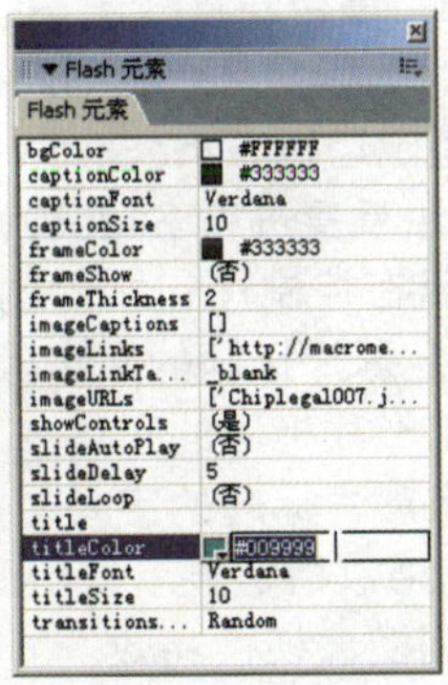

图 10-45　设置 Frame Color 颜色

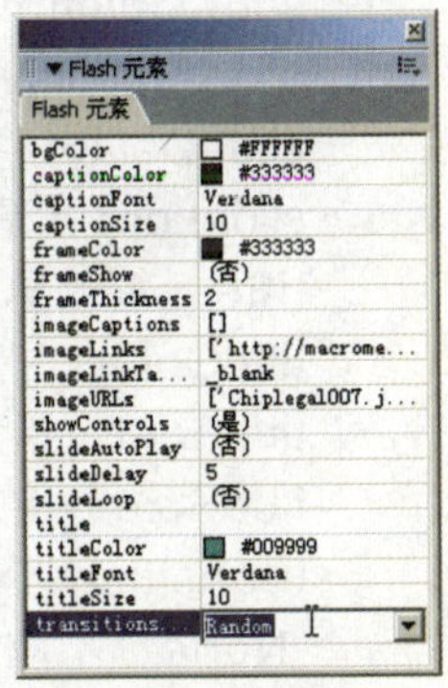

图 10-46　设置 Transitions Type

>> 08 按【F12】键在网页浏览器中查看效果。单击“播放”按钮，可以看到图片进入滚动播放状态，如图 10-47 所示与图 10-48 所示。

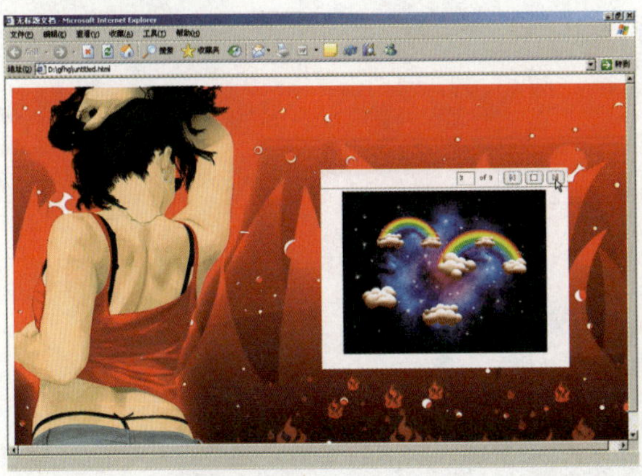

图 10-47　自动播放

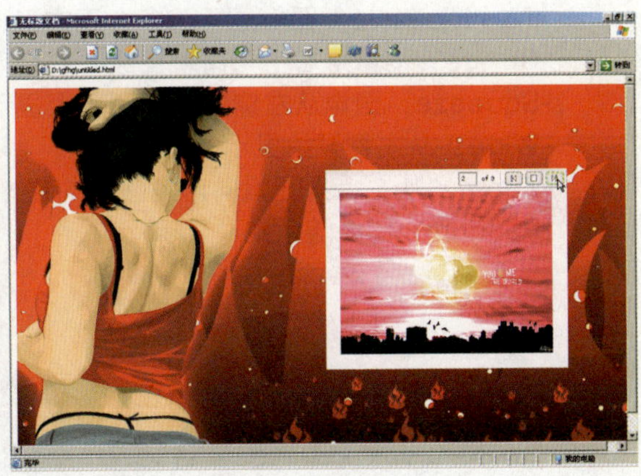

图 10-48　单击“前进”按钮

Flash 元素控制面板中 Flash 元素用来指定选择 Flash 影片的 ActionScript 属性。执行 Windowl“标签检查器”命令，将显示 Flash 元素面板，如图 10-49 所示。

bg Color：指定影片的背景色。

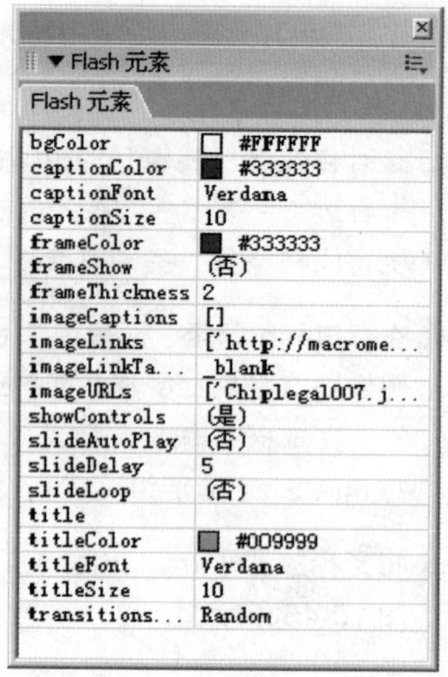

图10-49　Flash 元素控制面板

captionColor：指定影片的各图像 Slide 的标题文本颜色。

caption Font：指定影片的各图像 Slide 的标题文本字体。

caption Size：指定影片的各图像 Slide 的标题文本字号。

frameShow：指定是否显示影片边框。

frameThickness：指定影片边框的宽度。

imageCaptions：指定显示在影片的各图像 Slide 下面的标题文本。

imageLinks：指定单击影片的各图像 Slide 时移动的超链接地址。

imageLinks Target：设置的超链接的目标。

imageUrls：指定显示在影片的各图像文件路径。

showComtrols：是否隐藏控制按钮。

slideAutoplay：是否自动运行 SlideShow 动画。

slideDelay：指定运行 SlideShow 动画时各图像 Slide 的延迟时间。

slideLoop：是否反复进行 SlideShow 动画。

title：输入显示在控制按钮左侧的影片标题。

titleColor：指定影片标题的文字颜色。

titleFont：指定影片标题的字体。

titleSize：指定影片标题的字号。

trransitionsType：指定显示其他图像时的图像切换特效。

-None：不应用图像切换特效，直接显示图像。

-Blind：图像以矩形百叶窗形式进行切换的特效。

-Fade：逐渐显示其他图像的切换特效。

-Fly：图像从左侧飞来。

-Iris：从中央逐渐显示为矩形。

-Photo：与其他图像重叠，同时表现一次闪烁效果的切换特效。

-PixelDissolve：图像显示为多个正方形形态。

-Rotate：图像从右上角向对角线方向显示。

-Squeeze：图像从左侧向右逐渐放大显示。

-Wipe：从左侧开始显示为矩形形态。

-Zoom：从左上角开始向对角线方向逐渐放大显示。

-Random：图像随意变形显示。

Chapter 11

行为的应用

Chapter 11 行为的应用

行为是 Dreamweaver 的一个功能强大的工具。使用行为，可以使用层显示或消失，以及控制 flash 影片等。而所有的这些操作无须用到 JavaScript，就能轻松地获得其他软件无法实现的效果。

11-1 概述

行为是事件和动作的组合。创建行为是用户需要掌握的 Dreamweaver CS3 特性之一。在 Dreamweaver 中，事件可以是任何与一个文本链接操作同样具有交互性功能的事物，或者和一个 Web 页的装入过程同样具有自动化功能的某种事情。行为被规定附属于页面上某个特定的元素，不论是一个文本链接、一个图像或者标签。

11-1-1 行为的概念

行为是 Dreamweaver CS3 的一个功能强大的工具。使用 Dreamweaver 行为，可以在文档中允许访问者与 Web 页进行交互，以多种方式与网页互动或执行某些任务。例如可以让图层显示或消失，执行任意数量的互动图像，或者控制 Flash 影片等。所有这些操作只要通过指定一个行为动作并且指定触发这个动作的事件，Dreamweaver 会将 JavaScript 代码自动放置在文档中。

Dreamweaver 已经简化了在 Web 页上，每个可能的对象中包含默认事件来使用行为的过程。例如，将鼠标指针移动到某个链接上时，浏览器就为该链接生成一个 onMouseOver 事件；然后浏览器查看是否存在为链接生成事件时，浏览器应该调用的 JavaScript 代码（这些代码是在被查看的页中指定的）；为不同的网页元素定义不同的事件。

动作是由 JavaScript 代码组成的，这些代码执行特定的任务，例如弹出系统窗口、显示或隐藏层、播放声音等。Dreamweaver CS3 提供的行为动作都是由 Dreamweave 精心编写的，以提供最大的跨浏览器的兼容性。

在将行为附加到网页元素之后，只要对该元素应用所指定的事件，浏览器就会调用与该事件相关联的动作，单个事件可以触发多个不同的动作，用户可以指定这些动作发生的顺序，如图 11-1 所示。

图 11-1 动作发生的顺序

11-1-2 使用"行为"面板

在 Dreamweaver 中，为某个页面元素（如文本、图像、层、<body>标签、表单对象、Flash 等）添加行为主要是通过"行为"面板来实现的。使用"行为"面板不仅可以将行为附加到网页元素上而且还可以对以前所附加行为的参数进行修改。

若要打开"行为"面板，执行"窗口"|"行为"命令或按【Shift+F3】组合键，如图 11-2 所

示。在“行为”面板中可以选择按钮来查看已经设置完毕的事件，选择按钮来查看所有的事件。

A- 在行为动作选项中选择需要的动作。

B- 单击此按钮可以添加新动作。

C- 删除所选行为动作和事件。

D- 所选动作事件。

E- 动作的下拉列表选项。

F- 所选行为名称。

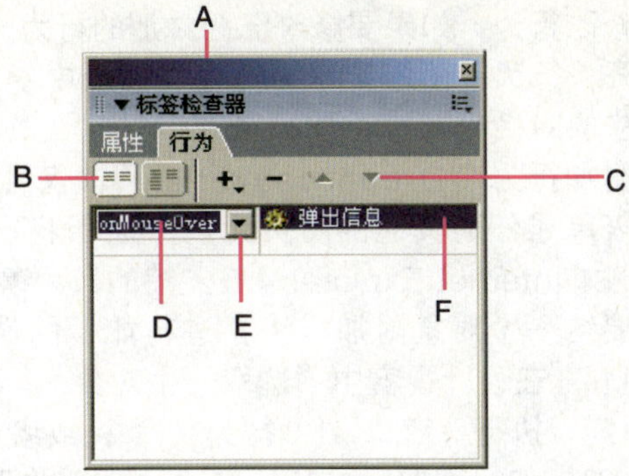

图 11-2　“行为”面板

如果为某个页面元素添加了行为，已添加的行为就会显示在行为列表中，它是按事件的英文字母顺序排序的。如果同一个事件有多个动作，则将以在列表上出现的顺序执行这些动作。如果行为列表中没有显示任何行为，则没有行为附加到当前所选的页元素。

将已经给定事件的所选动作在行为列表中进行向上或向下移动。给定事件的动作是以一定的顺序执行的，也可以调整动作的顺序。

11-1-3　行为的使用方法

在 Dreamweaver 中，可以将行为看做是事件（Event）和动作（Action）的组合。就像在现代的生活里改变电视频道一样，按动遥控器，然后更换频道。在 Dreamweaver 中，事件可以是任何与使用者在一个链接上单击同样具有交互性的事物，或者和一个 Web 页的装入过程同样自动化的某种事情。

选取标签后，就可以对选中的元素进行添加和删除行为动作，行为被规定附属于页面上的某个特定的元素中，不论是一个文本链接、一个图像或者<body>标签。在“行为”面板中单击加号（+）按钮，从其下拉列表中选择一个动作，单击减号（－）按钮可以删除行为列表中所选的事件和动作。

01 单击加号（+）后打开一个弹出式菜单，其中包含可以附加到当前所选元素的多个动作。当从此下拉列表中选择某个动作时，将出现一个对话框，可以在其中指定该动作的参数。如果动作呈灰度显示，则表示所选元素不能应用此事件，如图 11-3 所示。

02 事件也是一个弹出式菜单，当单击行为列表中所选事件后，被选中事件会反白显示，同时会出现下拉菜单，它包含可以触发此动作的所有事件。只有在选择了行为列表中的某个事件时才显示此菜单。根据所选对象的不同，显示的事件也有所不同。如果未显示预期的事件，则检查是否选择了正确的网页元素或标签。（若要选择特定的标签，使用标签选择器。）同时确保在“显示事件”子菜单中选择了正确的浏览器，如图 11-4 所示。

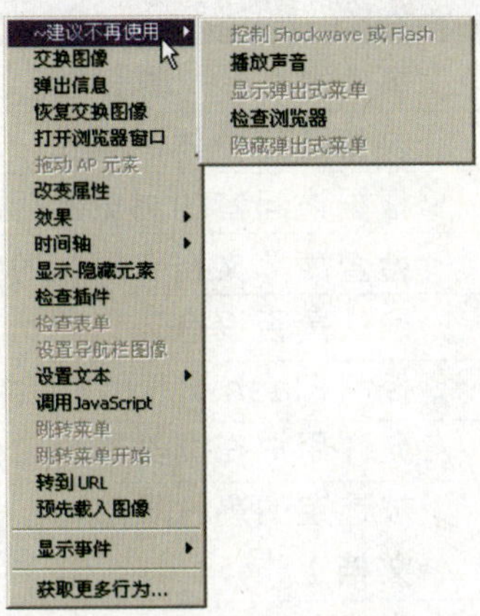

图 11-3　行为菜单

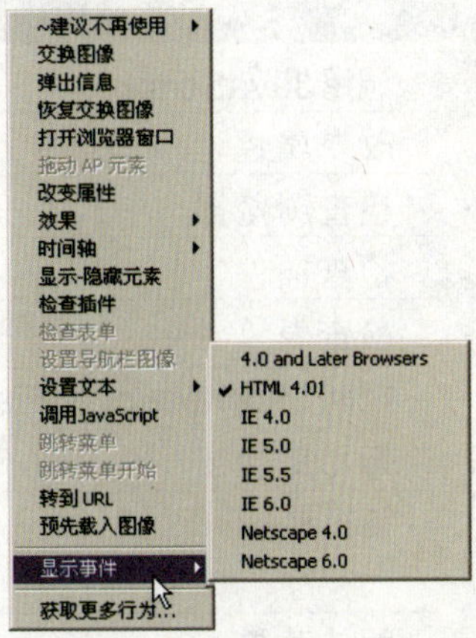

图 11-4　显示事件

修改行为：如果要修改已经添加的行为，首先在文档视窗中选中包含要修改行为的对象，然后打开“行为”面板，在“行为”面板中双击行为列表中的要修改的选项，这时会弹出修改行为对应的对话框，提示进行修改。

附加行为在Dreamweaver中不仅仅可以将行为附加给整个文件，也可以附加给链接、图像、表单或任何其他的网页元素。能否将行为附加给对象，这往往取决于浏览器是否可以支持，例如Internet Explorer 4.0支持的行为事件就比Netscape Navigator 4.0的浏览器多。

要给一个对象附加行为，进行如下的操作。

(1) 在设计视窗中，选取一个对象。

(2) 执行“窗口”|“行为”命令,或者按【Shift+F3】组合键，打开“行为”面板。

(3) 如果需要，可从“行为”面板的下拉列表中选取不同的浏览器目标。

(4) 单击加号（+）按钮显示出可用的选项，从下拉菜单中选择一个动作。

(5) 在动作对话框中，输入所需要的参数。

(6) 设置完毕，单击“确定”按钮。

更新行为：如果网页使用的是Dreamweaver 1.0或Dreamweaver 2.0版本创建的行为，则当用户使用当前版本的Dreamweaver打开该网页的时候是不对这些行为进行自动更新的。但是，当按照下面的步骤对网页中出现的一个行为进行更新时，此页中所有其他地方出现的该行为都将进行更新。在Dreamweaver MX中创建的行为无须修改就可以用在Dreamweaver CS3中。

若要更新页中的行为，请执行以下操作。

(1) 在文档窗口中，选择一个附加有该行为的元素，可以是图像或文字。

(2) 打开“行为”面板，双击已应用的一个行为。

(3) 在该行为的对话框中单击“确定”按钮。

(4) 该行为在此页中所出现的每一处都将进行更新。

11-1-4 Dreamweaver提供的动作类型

Dreamweaver CS3带有21个跨浏览器兼容的动作，同时第三方开发者已经开发出许多附加的、可用的动作。可以设置更换图片、弹出警告对话框等特殊JavaScript效果的功能，设置在事件发生的那一时刻立即执行。

“动作”极大地扩展了Web设计者的能力范围，设计者不用了解更多的JavaScript知识就可以轻松地制作出动感十足、绚丽多彩的Web站点了。以下是Dreamweaver提供的动作，通过说明可以了解每一个动作的功能。

动作类型	动作功能
调用JavaScript	事件发生时，调出特定JavaScript函数
改变属性	改变选定个体的属性
检查浏览器	根据访问者的浏览器版本，显示适当的页面
检查插件	检查表单文档有效性时候的使用
检查表单	确认是否设有运行网页的插件
控制Shockwaver或Flash	控制Flash影片的指定帧
拖动层	允许用户在浏览器中自由拖动层
链接到URL	被选定的事件发生时，可以移动到特定的站点或者网页文档上
跳转菜单	隐藏在Dreamweaver上制作弹出窗口

动作类型	动作功能
跳转菜单开始	制作一次可以建立若干个链接的跳转菜单
打开浏览器窗口	在新窗口中打开 URL
播放声音	设置事件发生之后，播放链接的音乐
弹出信息	设置事件发生之后，显示警告信息
预载入图像	为了在浏览器中快速显示图片，事先下载图片之后显示出来
设置导航条图像	制作由图片组成菜单的导航条
设置框架文本	在选定框架上显示指定的内容
设置层文本	在选定层上显示指定的内容
设置状态条文本	在状态栏中显示指定的内容
设置文本区域的文本	在文本字段区域显示指定的内容
显示－隐藏层	根据设置的事件，显示或隐藏特定的层
交换图像	发生设置的事件之后，用其他图片采取代选定的图片
恢复交换图像	在运用 SwapImage 动作之后，显示原来的图片

11-1-5 事件

事件就是选择在特定情况下发生选定行为动作的功能。例如，如果运用了单击图片之后转移到特定站点上的行为，因为事件被指定了 onClick，所以执行了在单击图片的一瞬间转移到其他站点的这一动作，Dreamweaver 将使该操作变得容实现。在 Dreamweaver 中提供以下事件，根据其用途分类并加以说明。

有关窗口的事件	
OnAbort	在浏览器中停止加载网页文档的操作时发生的事件
OnMove	移动窗口或者帧时发生的事件
OnLoad	选定的对象出现在浏览器上时发生的事件
OnResize	访问者改变窗口或帧的大小时发生的事件
OnUnload	访问者退出网页文档时发生的事件

有关鼠标和键盘的事件	
OnClick	单击选定元素时发生的事件
OnBlur	鼠标指针移动到窗口或帧外部，即在这种非激活状态下发生的事件
OnDragDrop	拖动并放置选定元素时发生的事件
OnDragStart	拖动选定元素时发生的事件
OnMouseDown	当用户按鼠标左键，在尚未释放之前触发该事件
OnMouseMove	当鼠标指针在指定元素上移动时触发该事件
OnMouseOver	当鼠标指针移到指定元素上时触发该事件
OnMouseOut	当鼠标指针移出指定元素时触发该事件

有关鼠标和键盘的事件

OnMouseUp	当鼠标按钮被释放时触发该事件
OnFinish	当指定元素完成一个循环时触发该事件
OnFocus	当指定元素从用户那里获取焦点触发该事件
OnHelp	当用户单击浏览器的帮助按钮时触发该事件
OnKeyDown	当用户按键盘中指定的一个键，在尚未释放其之前触发该事件
OnKeyPress	当用户按键盘中的指定的一个键，然后又释放时触发该事件
OnKeyUp	当用户释放所按的键时触发该事件

有关表单的事件

OnAfterUpdate	当页面上一个捆绑数据的元素完成对数据源的更新时触发该事件
OnBeforeUpdate	当页面上一个捆绑数据的元素中的数据被改变触发该事件
OnChange	当用户改变了页面中的值时触发该事件
OnReset	将表单文档重设置为初始值时发生的事件
OnOmSubmit	访问者传送表单文档时发生的事件
OnSelect	访问者选定文本字段中的内容时发生的事件

其他事件

OnError	在加载文档的过程中如果发生错误时发生的事件
OnFilterChange	运用于选定元素的字段发生变化时发生的事件
OnfinishMarquee	用功能来显示的内容结束时发生的事件
Onsart Marquee	开始应用功能时发生的事件

Dreamweaver CS3 中的动作，适用于所有的 Internet Explorer 4.0 版本以上浏览器。有些行为是不能在 Internet Explorer 3.0 版本以下的浏览器中运行的。另外，同一个动作，两种浏览器 Netscape Navigator 和 Internet Explorer 中支持的程度也有所不同。

动 作	Netscape Navigator 3.0	Internet Explorer 3.01
调用 JavaScript	可以使用	可以使用
改变属性	可以使用	可以使用
检查浏览器	可以使用	可以使用
检查插件	可以使用	可以使用
控制 Shockwaver 或 Flash	可以使用	不能使用
拖动层	不能使用	不能使用
链接到 URL	可以使用	可以使用
跳转菜单	可以使用	不能使用
跳转菜单开始	可以使用	不能使用
打开浏览器窗口	可以使用	可以使用
播放声音	可以使用	不能使用
弹出信息	可以使用	可以使用
预载入图像	可以使用	不能使用
设置导航条图像	可以使用	不能使用
设置框架文本	可以使用	可以使用
设置层文本	不能使用	不能使用
设置状态条文本	可以使用	可以使用
设置文本区域的文本	可以使用	可以使用
显示 / 隐藏层	不能使用	不能使用
交换图像	可以使用	

11-2 制作指定大小的弹出窗口

使用打开浏览器窗口动作可以在一个新的窗口中打开 URL，并可以指定新窗口的属性（如：大小、名称）和特性（是否可以调整大小、是否具有菜单条等）。例如，在访问者单击缩略图时使用此行为可以在一个单独的窗口中打开一个较大的图像，方便浏览者能够清楚阅览。

在这里应用 OpenBrowserWindow 动作，在加载特定网页文档时制作在弹出窗口中显示前面制作的通告事项的效果。

>>01 若要使用打开浏览器窗口动作，需要打开一个 HTML 文档光盘中 "11\Q02.jpg"，选择一个对象并打开 "行为" 面板。单击 "添加行为" 按钮，如图 11-5 所示。

图 11-5　新建一个文件

>>02 单击“加号”（+）按钮并从“动作”下拉列表中选择“打开浏览器窗口”选项，弹出打开浏览器窗口对话框，并设置对话框中的参数。在对话框中“要显示的URL”文本框中显示为要弹出的窗口路径，如图11-6所示。

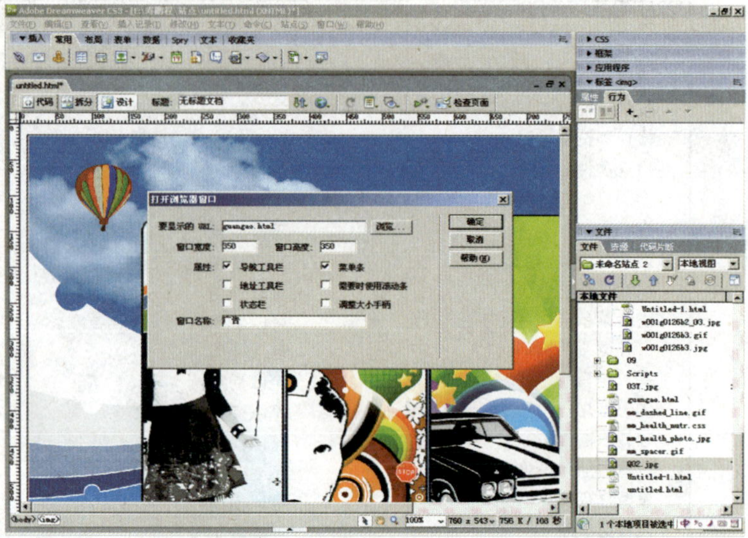

图11-6 “打开浏览器窗口”对话框

打开浏览器窗口对话框，如图11-7所示。

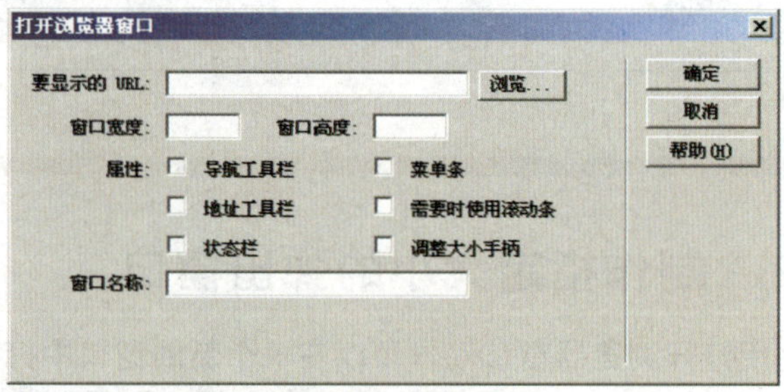

图11-7 “打开浏览器窗口”对话框

其各项属性如下：

要显示的URL：单击“浏览”按钮选择要在新窗口被载入网页的地址，或在文本框中输入要在新窗口被载入网页的URL。

窗口宽度：指定新浏览器窗口的宽度（以像素为单位）。

窗口高度：指定新浏览器窗口的高度（以像素为单位）。

属性：设置新浏览器窗口中是否显示相应的元素。

导航工具栏：浏览器按钮（包括“后退”、“前进”、“主页”和“重新载入”）所在的行。

地址工具栏：浏览器选项（包括地址域）所在的行。

状态栏：位于浏览器窗口底部的区域，在该区域中显示消息（例如，剩余的载入时间以及 与链接关联的URL）。

菜单条：浏览器窗口上显示菜单（例如“文件”、“编辑”、“查看”、“转到” 和“帮助”）的区域。如果要让访问者能够从新窗口导航，应该显示设置此选项；如果不设置此选项，则在新窗口中用户只能关闭或最小化窗口。

需要时使用滚动条：指定如果内容超出可视区域应该显示滚动条。如果不显示设置此选项，则不显示滚动条；如果“调整大小手柄”选项同时也未选，则访问者将不容易看到超出窗口原始大小以外的内容。

调整大小手柄：指定用户能够调整窗口的大小。方法是拖动窗口的右下角或单击右上角的“最大化”按钮。如果未显示设置此选项，则调整大小控件将不可用，也不能拖动窗口右下角。

窗口名称：指定新窗口的名称。如果要通过JavaScript使用链接指向新窗口或控制新窗口，则应该对新窗口进行命名。此名称不能包含空格或特殊字符。

03 单击“确定”按钮，检查默认事件是否是所需的事件。如果不是，则从下拉菜单中选择另一个事件。如果未列出所需的事件，则在“显示事件”下拉菜单中更改目标浏览器。将其事件中的参数更改为onLoad事件，如图11-8所示。

04 按【F12】键，在IE浏览器中测试效果如图11-9所示。如果计算机设置了阻止弹出对话框，则将其更改即可。

图11-8 设置onLoad事件

图11-9 测试效果

提示 · 技巧

如果不指定该窗口的任何属性，在打开时其大小和属性与启动其窗口相同。指定窗口的所有属性都将自动关闭。例如，如果不为新窗口设置任何属性，它将以640 x 480像素的大小打开并具有导航条、地址工具栏、状态栏和菜单条。如果将宽度显式设置为640、将高度设置为480，并不设置其他属性，则该窗口将以640 x 480像素的大小打开，并且不具有任何导航条、地址工具栏、状态栏、菜单条、调整大小手柄和滚动条。

11-3 调用JavaScript动作

调用JavaScript动作用来调出定义在文档内的或者文档内置JavaScript函数，允许设置当某事件被触发时，调用相应的JavaScript代码。

选择一个对象并打开"行为"面板。单击"加号"(+)按钮并从"动作"下拉菜单中选择"调用 JavaScript"命令，出现"调用 JavaScript"对话框，如图 11-10 所示。

图 11-10　"调用 JavaScript"对话框

在"调用 JavaScript"对话框中准确输入要执行的 JavaScript 代码，或直接输入函数的名称。例如，若要创建一个"后退"按钮，可以输入"history.back()"，如果该代码封装在"hogback()"函数中，则只须输入该函数的名称。

单击"确定"按钮，检查默认事件是否为所需的事件。如果不是，则从下拉菜单中选择另一个事件。如果未列出所需的事件，则在"显示事件"下拉菜单中更改目标浏览器。

11-3-1　利用 JavaScript 函数实现打印功能

"window.print()"函数是不在文档内定义也可以执行打印功能的函数。结合利用 window.print()和对建立"#"超链接按钮的应用行为，制作出单击按钮时打印的效果。

>>01 在"文件"面板中打开光盘中"11\xingwei\index.html"，将其显示在操作窗口中，如图 11-11 所示。

>>02 选择文档下方的图标，并在"属性"面板的链接文本框中输入"#"，建立空链接。在"替换"文本框中输入鼠标翻转状态下显示的说明文字"打印图标文件"，如图 11-12 所示。

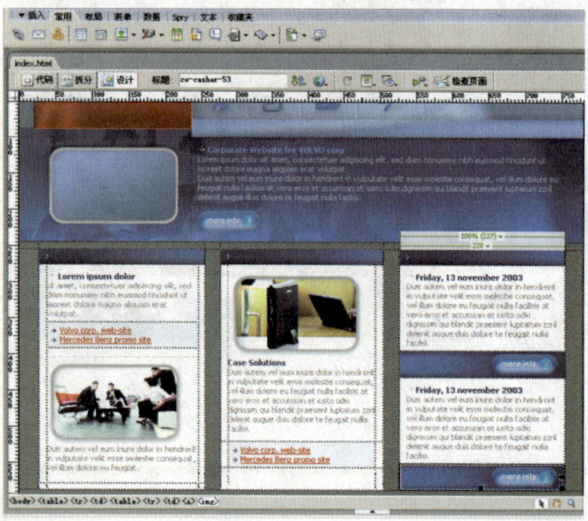

图 11-11　打开文档

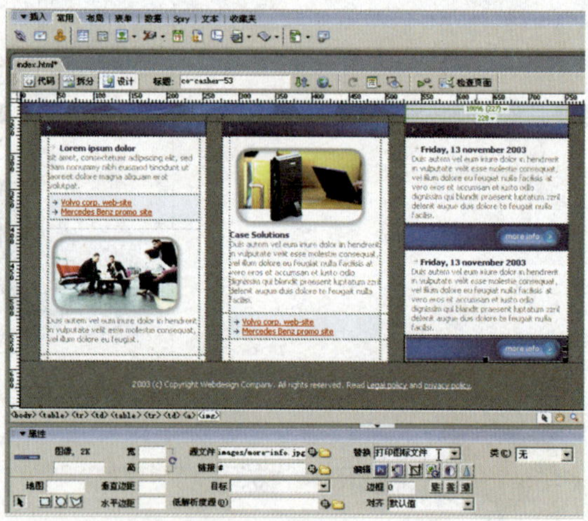

图 11-12　创建空链接

>>03 显示"行为"面板，在"行为"面板中单击加号（+）按钮，并在弹出的下拉菜单中选择"调用 JavaScript 行为"选项，如图 11-13 所示。

>>04 在弹出的"调用 JavaScript"对话框中"JavaScript"文本框中输入执行打印功能的 JavaScript 函数"window.print()"，如图 11-14 所示。

>>05 单击"确定"按钮，添加 JavaScript 函数，此时在"行为"面板中将鼠标事件指定为 onClick，表示单击时执行打印文档的动作，如图 11-15 所示。

>>06 按【F12】键，在网页浏览器中确认效果。将鼠标移到页面下方的打印按钮处，建立超链

接的图像会显示说明文字，单击图像时，系统会弹出“打印”对话框，选择一台打印机，如图 11-16 所示。

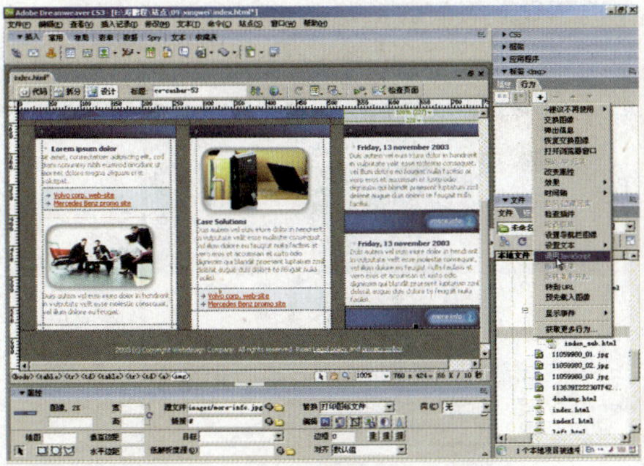

图 11-13　选择”调用 JavaScript”选项

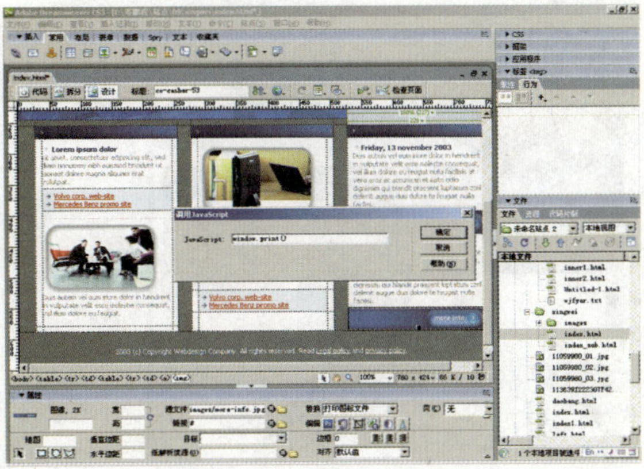

图 11-14　“调用 JavaScript”对话框

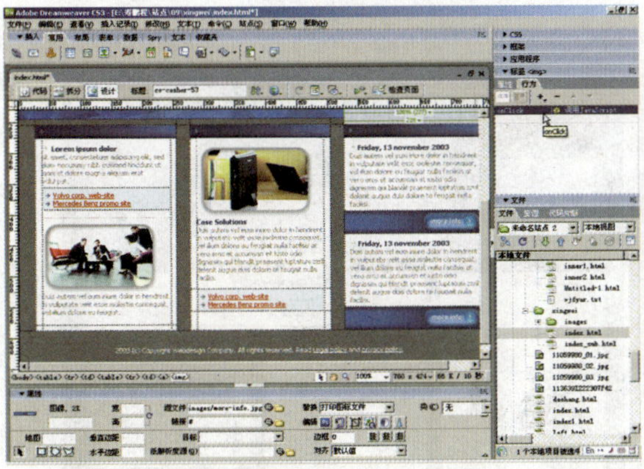

图 11-15　设置 onClick 事件

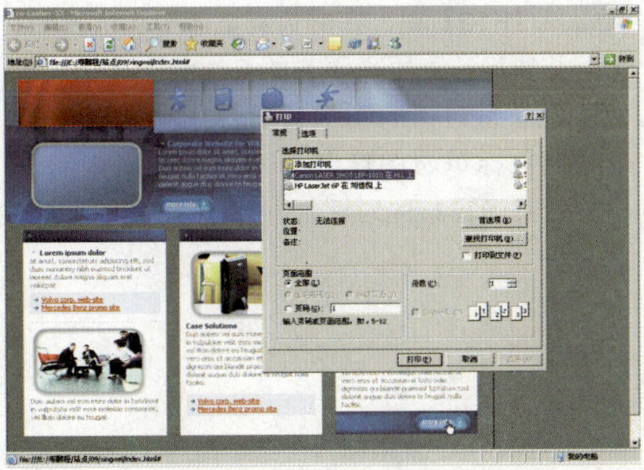

图 11-16　测试效果

11-3-2　利用 JavaScript 函数实现关闭窗口功能

下面利用 window.colose()的 JavaScript 函数和调用 JavaScript 行为，实现退出当前窗口的功能。在该范例中将弹出询问是否关闭窗口的对话框。

01 打开 11-3-1 节中的 HTML 文档，选择中间位置图标，并在“属性”面板的“链接”文本框中输入“#”，建立空链接，在“替换”文本框中输入鼠标翻转状态下显示的说明文字“关闭窗口”，如图 11-17 所示。

02 显示“行为”面板，在“行为”面板中单击加号（+）按钮，并在弹出的下拉菜单中执行“调用 JavaScript”命令，在弹出的“调用 JavaScript”对话框中的“JavaScript”文本框中输入执行关闭窗口功能的 JavaScript 函数“window.close()”，如图 11-18 所示。

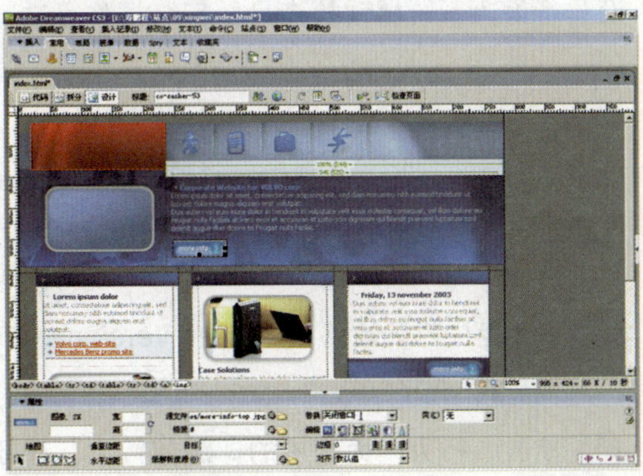

图 11-17　打开文档

>>03 此时在“行为”面板中将鼠标事件指定为 onClick，表示单击时执行关闭窗口的功能动作，如图 11-19 所示。

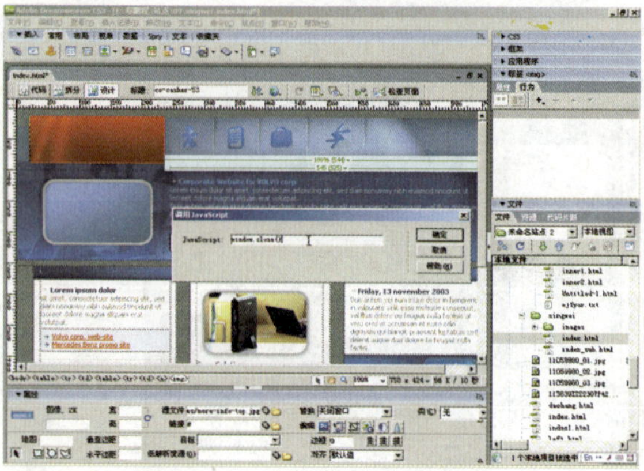

图 11-18 “调用 JavaScript”对话框

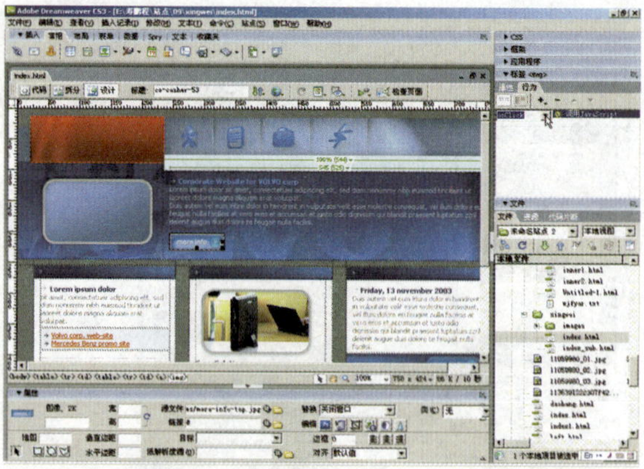

图 11-19 指定 onClick 事件

>>04 按【F12】键，在网页浏览器中确认效果。将鼠标移到页面下方的 Close 按钮图像，建立超链接的图像会显示说明文字，使用鼠标单击图像时，系统会弹出询问是否关闭窗口的对话框，如图 11-20 所示。

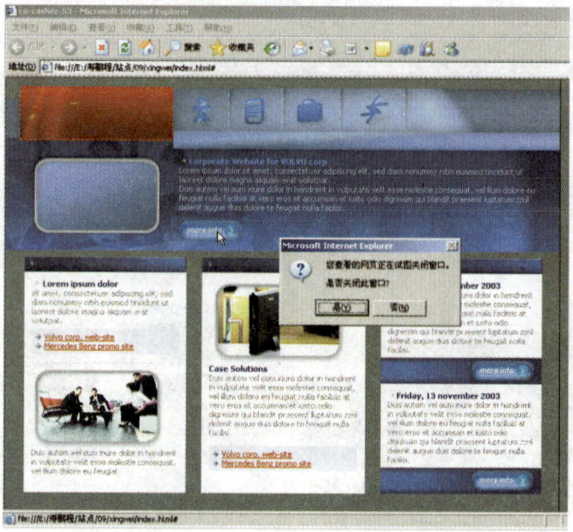

图 11-20 测试效果

11-4 设置浏览器环境

制作网页的页面发布后，在浏览器中浏览页面时，需要考虑用户的上网环境，此时可以设置行为让系统自动检查是否安装插件等功能。

11-4-1 检查表单

检查表单动作主要是检查指定文本域的内容以确保用户输入了正确的数据类型。例如：有些文本框中只能输入数字，而有些文本框中既可以输入数字，又可以输入字母。使用 onBlur 事件将此动作附加到单个文本域中，在用户填写表单时对域进行检查；或使用 onSubmit 事件将其附加到表单，在用户单击“提交”按钮的同时对多个文本域进行检查，以确保数据的有效性。

>>01 在光盘中打开站点“11\filled version\content1.html”文档，将其显示在文档窗口中。打开“行为”面板，如图 11-21 所示。

>>02 单击”行为”面板中的“添加行为”按钮，在下拉菜单中执行“检查表单”命令，弹出“检查表单”对话框，如图 11-22 所示。

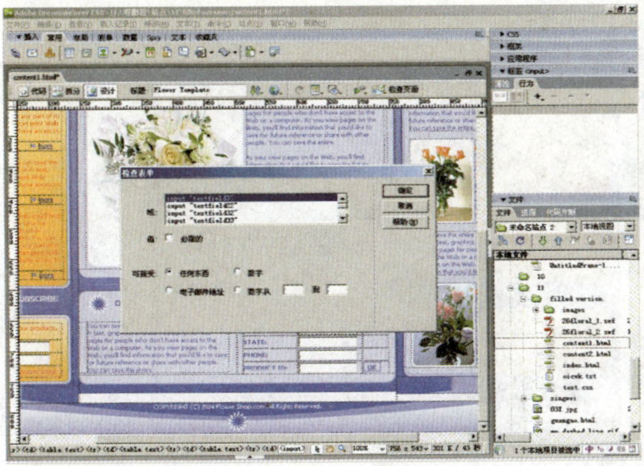

图 11-21　打开文档

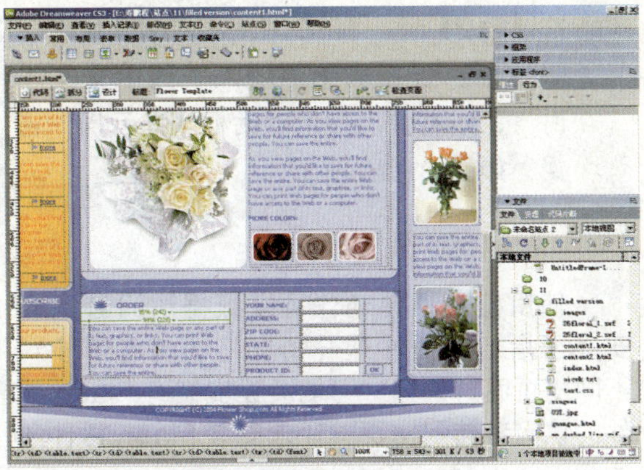

图 11-22　添加“检查表单”行为

在文档窗口左下角的标签选择器中单击 <form> 标签并执行“窗口”|“行为”命令，在“行为”面板上为整个表单添加该行为。在“行为”面板上，从“动作”下拉列表中选择“检查表单”行为，弹出“检查表单”对话框，如图 11-23 所示。

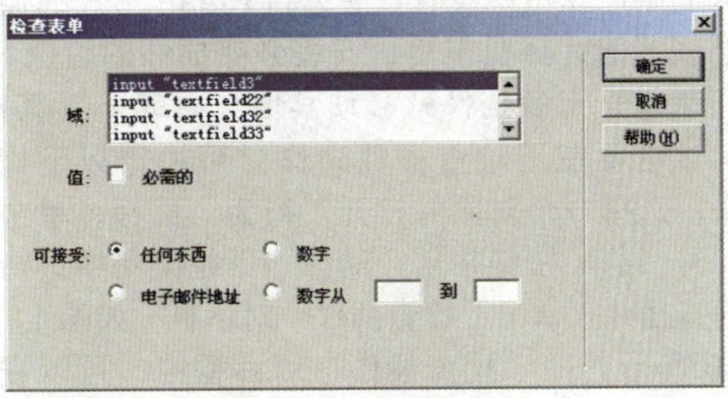

图 11-23　“检查表单”对话框

域：在列表中选择要检查数据有效性的表单对象。

值：设置该表单对象是否为必须填写的表单对象。

必需的：选中此项，则表明该表单对象中必须填入内容。

可接受：设置该表单对象中可填入的数据类型。

任何东西：选中该单选按钮，表明表单对象中可以输入任意类型的数据。

数字：选中该单选按钮，表明表单对象只能输入数字数据。

电子邮件地址：选中该单选按钮，表明表单对象只可以输入电子邮件地址。

数字从：选中该单选按钮，可以设置输入数字的范围。在其后的文本框中输入最小数值和最大数值。

>> 03 设置完毕后，单击“确定”按钮。如果在用户提交表单时检查这个表单，则 onSubmit 事件自动出现在“事件”列表中，如图 11-24 所示。

提示 · 技巧

如果要检查单个域，则检查默认事件是否为 onBlur。如果不是，则从“行为”面板的行为列表中选择 onBlur。这样当输入焦点离开该表单对象时，即可检查所填入的数据是否有效。当指定了该表单对象是必须的时，最好使用 onBlur 事件。

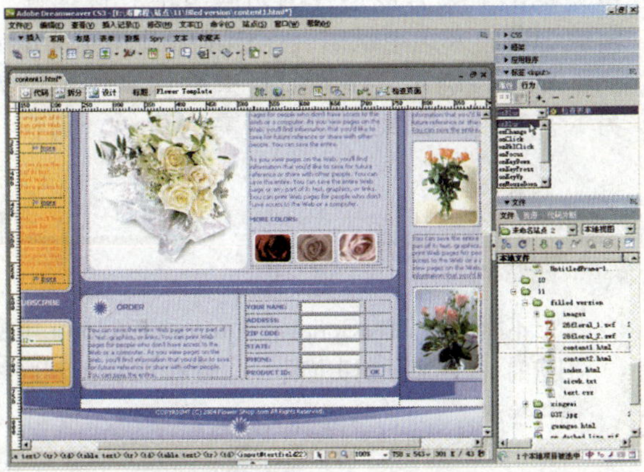

图 11-24　设置 onSubmit 事件

>>04 按【F12】键，在 IE 浏览器中测试检查表单效果。当在表单中输入一些中文文本时，系统将弹出提示对话框，提示操作错误，如图 11-25 所示。

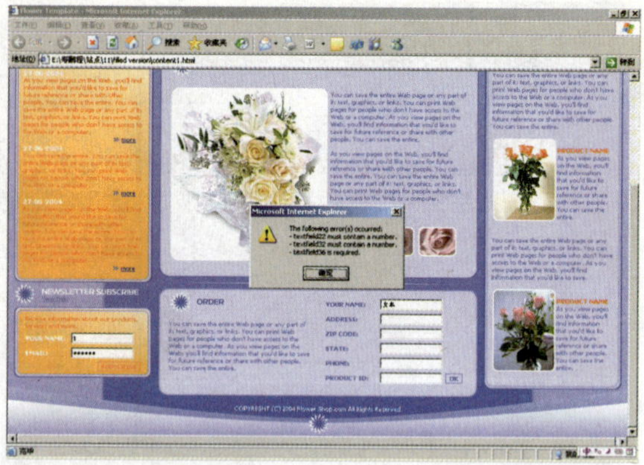

图 11-25　测试效果

11-4-2　检查插件

使用检查插件动作可以根据访问者是否安装了指定的插件这一情况将访问者转移到不同的页面。例如，可能会让安装有 Flash 插件的访问者转到一页，让未安装 Flash 插件的访问者转到另一页。

利用 Flash 影片制作网页的时候，如果访问者的计算机中没有安装运行 Flash 影片的插件，就无法看到 Flash 影片效果。此时就需要确认访问者的计算机中是否安装必要插件的检查 Plugin 动作，即如果安装了插件就显示网页文档，如果没有安装插件就移动其他页面或下载其插件。

若要使用检查插件动作，可执行以下操作。选择一个对象并打开“行为”面板。单击加号（+）按钮并从“动作”下拉菜单中选择检查插件，弹出“检查插件”对话框，如图 11-26 所示，在“检查插件”对话框中，可以进行相应参数设置。

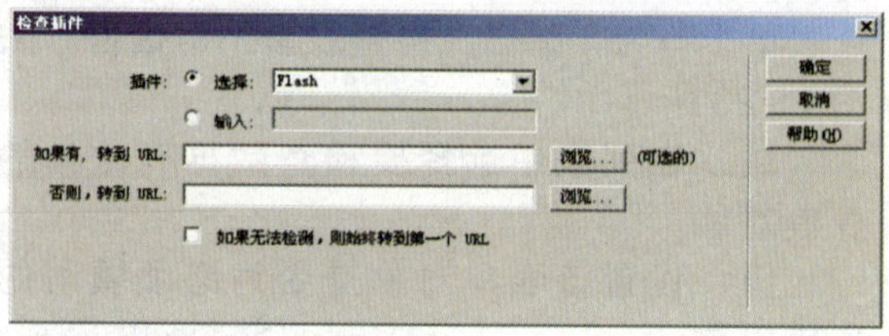

图 11-26　“检查插件”对话框

插件：选择要检查的插件类型。

选择：从其下拉式菜单中选择一个插件类型。

输入：手动输入要检查的插件类型。

如果有，转到 URL：为具有该插件的访问者指定一个 URL。如果指定一个远程 URL，则必须在地址中包括 http:// 前缀。若要让具有该插件的访问者留在同一页面上，可将此项留空。

否则，转到 URL：为不具有该插件的访问者指定一个替代 URL。若要让不具有该插件的访问者停留在同一页上，将此域留空。

如果无法检测，则始终转到第一个 URL：当无法检测浏览器是否安装插件时，访问者被发送到“如果无法检测，总是转到第一个 URL”选项中列出的 URL。通常，如果插件内容对于页面是必不可少的一部分，选择“如果无法检测，总是转到第一个 URL”选项；浏览器通常会提示不具有该插件的访问者下载该插件。如果插件内容对于设置的网页不是必要的，保留此选项的未选中状态。此选项只适用于 Internet Explorer，Navigator 始终可以检测到插件。

单击“确定”按钮，检查默认事件是否为所需的事件。如果不是，则从下拉列表中选择另一个事件；如果未列出所需的事件，则在“显示事件”下拉列表中更改目标浏览器。

提示 · 技巧

不能使用 JavaScript 在 Internet Explorer 中检测特定的插件。选择 Flash 或 Director 插件类型将相应的 代码添加到页面中，以便在 IE 中检测这些插件。Macintosh 中的 Internet Explorer 不能实现插件检测。

11-4-3 检查浏览器

使用检查浏览器动作可以获得用户浏览网页所使用浏览器类型，根据访问者浏览器类型和版本的不同，可以显示不同的页面。

将此行为附加到几乎与任何浏览器都兼容的页（该页不使用 JavaScript）的 body 标签将十分有用；这样已关闭 JavaScript 功能的访问者在访问此页时仍可以看到内容。另一个办法是将此行为附加到一个空链接（例如 <a href="#">），该动作根据访问者浏览器的类型和版本确定链接的目标。

若要使用检查浏览器动作，执行以下操作。选择一个对象并打开“行为”面板。单击加号（+）按钮并从“动作”下拉菜单中选择“检查浏览器”，出现“检查浏览器”对话框，如图11-27所示。在“检查浏览器”对话框中，进行相应的参数设置。

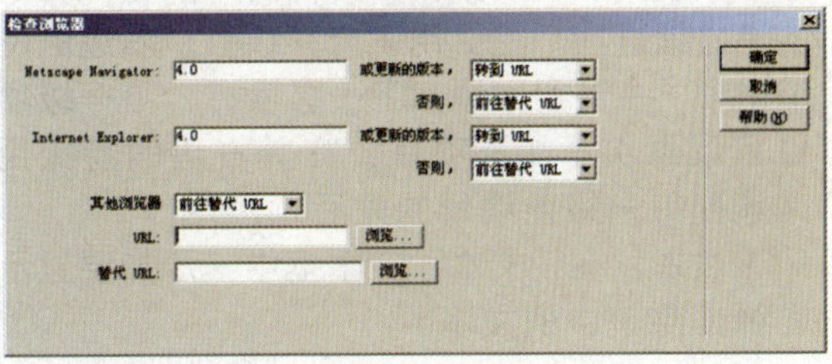

图11-27 “检查浏览器”对话框

Netscape Navigator 版本：在其后的文本框中输入要检查的 Netscape Navigator 浏览器的最低版本型号。

Internet Explorer 版本：在后面的文本框中输入要检查的 Internet Explorer 浏览器的最低版本号。

其他浏览器：设置如果用户浏览器既不是 Netscape Navigator 也不是 Internet Explorer 时执行的动作。

URL：设置浏览器版本符合条件时所跳转到页面的 URL 地址。

替代 URL：设置浏览器版本不符合条件时所跳转到页面的 URL 地址。

在各浏览器选项右边的下拉列表中设置检查完毕后进行的动作，当浏览器的版本是左边文本框中输入的版本及以上时所执行的动作，有以下三种动作可选。

（1）留在此页：不进行任何跳转，而停留在当前页。

（2）转到 URL：跳转到“URL”文本框中输入的 URL 地址。

（3）前往替代 URL：跳转到“替代 URL”文本框中输入的 URL 地址。

单击“确定”按钮，检查默认事件是否是所需的事件。如果不是，则从下拉菜单中选择另一个事件。如果未列出所需的事件，则在“显示事件”下拉菜单中更改目标浏览器。

11-5 显示弹出式菜单

使用显示弹出式菜单行为可以创建或编辑 Dreamweaver 弹出式菜单，或者打开并修改已插入 Dreamweaver 文档的 Fireworks 弹出式菜单。通过在“显示弹出式菜单”对话框中设置选项来创建水平或垂直弹出式菜单。可以使用此对话框来设置或修改弹出式菜单的颜色、文本和位置。

11-5-1 “显示弹出式菜单”对话框

若要使用显示弹出式菜单动作，选择要附加该行为的对象并打开“行为”面板。单击加号（+）按钮并从“动作”弹出式菜单中选择显示弹出式菜单选项，出现“显示弹出式菜单”对话框，在“显示弹出式菜单”对话框中，可以看到显示弹出式菜单共有四个选项卡：内容、外观、高级、位置，可以分别进行弹出式菜单设置，如图11-28所示。

11-5-2 “内容”选项卡

内容允许单独设置各菜单项的名称、结构、URL 和目标。在“显示弹出式菜单”对话框中选择“内容”选项卡，可以显示弹出式菜单的内容选项。

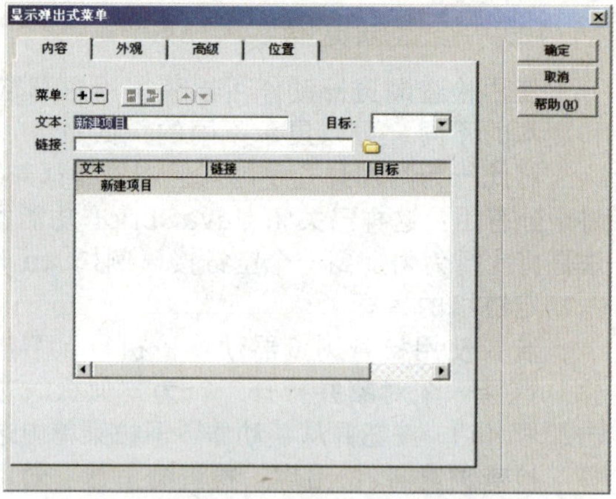

图 11-28 “显示弹出式菜单”对话框

菜单：右边的“+”和“-”按钮是增加和删除菜单的项目条数；中间的两个按钮，左边的是左缩进项，主要用来合并级数。右边的是缩进项，主要用来添加下一级项目，下一级项目可以再次添加子项目；在其右边的箭头用来调整每一级上项目的先后顺序。

文本：在“文本”文本框中，添加要显示在弹出菜单中的文本。

链接：为弹出菜单项目设置添加链接。在“链接”文本框中输入文件路径或单击文件夹图标并浏览到要打开的文档。

目标：选择链接页的打开方式。

最下面的可视文本框中，列出了所建立的弹出菜单的结构。

11-5-3 “外观”选项卡

外观能够设置菜单中“一般状态”和“滑过状态”的外观以及设置菜单项文本的字体选择。在“显示弹出式菜单”中选择“外观”选项卡，可以显示弹出式菜单的外观选项。在最上面的下拉菜单中选择一种菜单样式：横式菜单或纵式菜单，如图 11-29 所示。

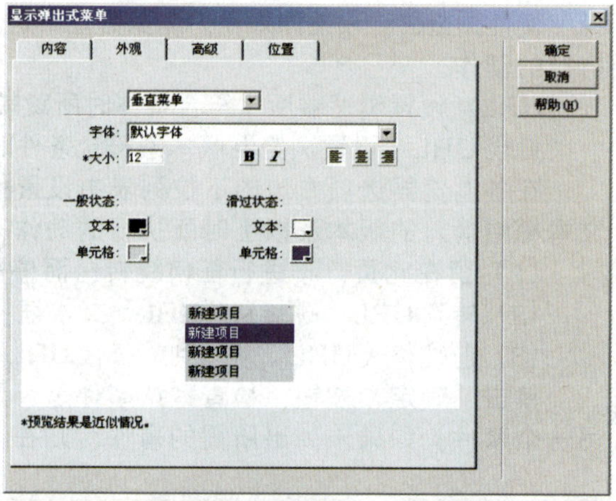

图 11-29 “外观”选项卡

字体：设置弹出菜单中的字体。

大小：设置弹出菜单中字体的大小。后面是设置字体的样式和对齐方式：加粗、斜体、左对齐、居中、居右。

一般状态：弹出菜单出现时的状态，可以改变文本字体颜色和单元格颜色。

滑过状态：当鼠标放到弹出菜单的一个项目上时菜单的状态，可以改变文本字体颜色和单元格颜色。

11-5-4 “高级”选项卡

高级允许设置菜单单元格的属性。包括单元格的宽度和高度、单元格颜色和边框宽度、文本缩进等。在“显示弹出式菜单”中选择“高级”选项卡，可以显示弹出式菜单的高级选项，如图 11-30 所示。

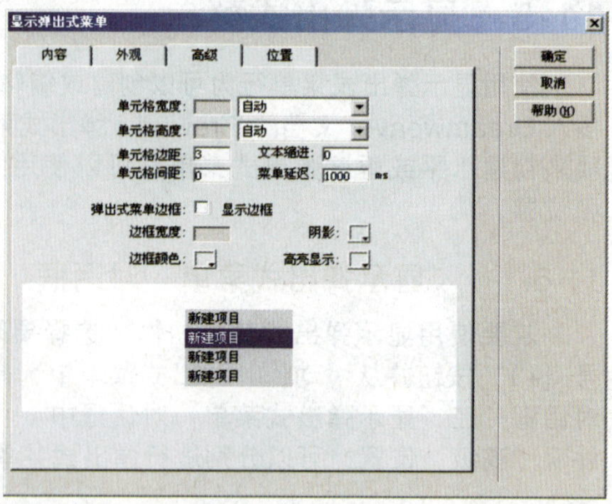

图 11-30 “高级”选项卡

单元格宽度：设置单元表格的宽度，可以选择其后面下拉菜单中的选项，自动和像素，当选择像素时，在前面的文本框中输入具体数值。

单元格高度：设置单元表格的高度，可以选择其后面下拉菜单中的选项：自动和像素，当选择像素时，在前面的文本框中输入具体数值。

单元格边距：设置单元表格的边距。

单元格间距：设置单元表格的间距。

文本缩进：设置文本到单元表格的距离。

菜单延迟：设置菜单从出现到消失的时间间距。

弹出菜单边框：确定菜单中选项周围是否显示边框。如果要在菜单项周围显示边框，则选择“显示边框”复选框。

边框宽度：设置弹出菜单的表格宽度。

边框颜色：设置边框的颜色。

阴影颜色：设置边框的阴影颜色。

高亮显示：设置边框的加亮区的颜色。

11-5-5 “位置”选项卡

“位置”选项卡允许设置菜单相对于触发图像或链接的放置位置。在“显示弹出式菜单”中选择“位置”选项卡，可以显示弹出式菜单的位置选项，如图11-31所示。

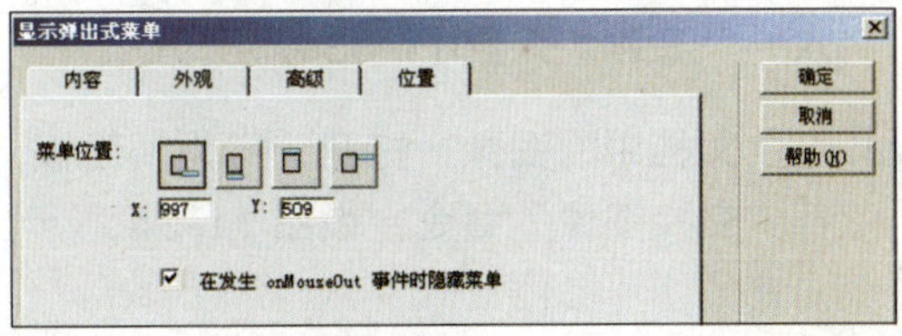

图11-31 “位置”选项卡

菜单位置：有四种位置可供选择：右下方、下方、上方、右上方。

X/Y（坐标轴）：设置弹出菜单的坐标。

当发生鼠标移出事件时隐藏菜单： 如果鼠标离开这个事件时，菜单也随之隐藏，则选择此复选框。

11-6 使用图像

使用图像可以直观地表达设计者想表达的意思，这是使用图像的好处之一，也可以通过行为可以对图像添加许多动态效果。

11-6-1 预先载入图像

预先载入图像动作可以将不显立刻出现在网页上的图像（例如那些将通过时间轴、行为或 JavaScript 载入的图像）载入浏览器缓存中。这防止由于下载过慢导致图片显示的延迟，还可以方便用户脱机浏览。

若要使用预先载入图像动作，执行以下操作。

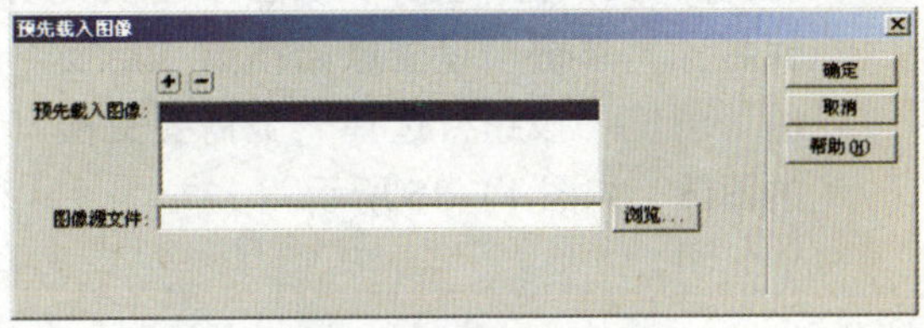

图11-32 “预先载入图像”对话框

01 选择一个对象并打开“行为”面板。单击加号（+）按钮并从“动作”下拉菜单中选择“预先载入图像命令。出现“预先载入图像”对话框，如图11-32所示。

02 单击“浏览”按钮选择要预先载入的图像文件，或在“图像源文件”文本框中输入图像的路径和文件名。

03 单击对话框上部的加号（+） 按钮将图像添加到预先载入图像的列表中。

>>04 对需要预先载入当前页的图像重复进行步骤 3 和步骤 4 操作。

>>05 若要从预先载入图像列表中删除某个图像，在列表中选择该图像，然后单击减号（－）按钮。

>>06 单击“确定”按钮，检查默认事件是否是所需的事件。如果不是，则从下拉菜单中选择另一个事件。如果未列出所需的事件，则在“显示事件”下拉菜单中更改目标浏览器。

11-6-2 交换图像

交换图像动作通过更改 <img> 标签的 src 属性将一个图像和另一个图像进行交换。使用此动作可以创建鼠标经过图像按钮和其他图像效果（包括一次交换多个图像）。插入鼠标经过图像会自动将一个“交换图像”行为添加到网页中。

>>01 新建一个文档，若要使用交换图像动作，执行“插入记录”|“图像”命令或单击插入栏的“图像”按钮来插入一个图像。在“属性”面板中，在最左边的文本框中为该图像输入一个名称。如图 11-33 所示。

>>02 选中文档中的图像，打开“行为”面板，单击加号（＋）按钮，在弹出的下拉菜单中，执行“交换图像”命令，如图 11-34 所示。

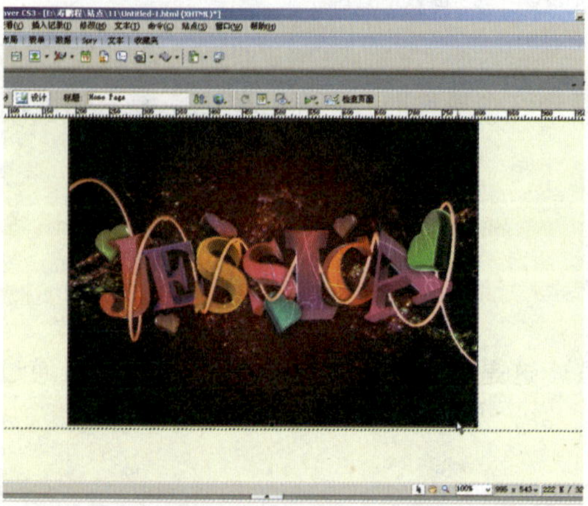

图 11-33 新建文档

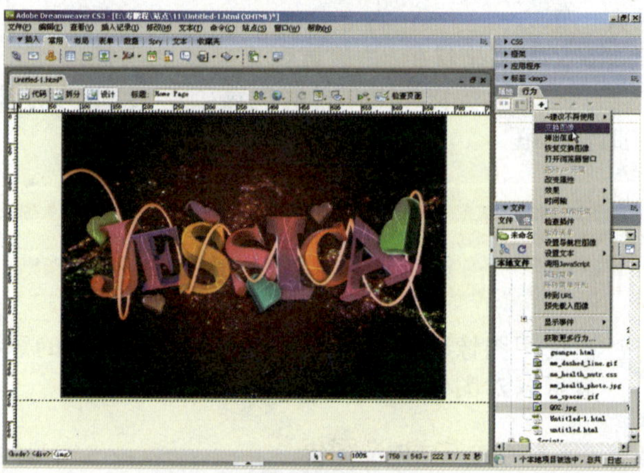

图 11-34 选择“交换图像”选项

>>03 在弹出的“交换图像”对话框中，其“图像”文本框中显示为舞台中图像文件名称，单击“设置原始档为”后面的“浏览”按钮，选择一张需要交换的图像，如图 11-35 所示。

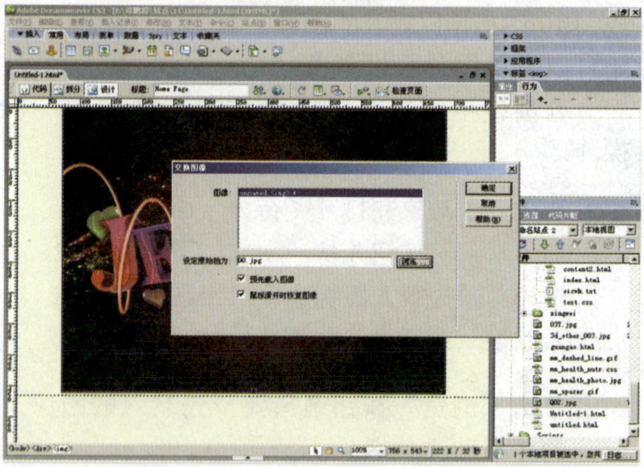

图 11-35 “交换图像”对话框

04 完成后，单击“确定”按钮，此时“行为”面板中将自动添加交换图像行为，并设置其事件参数，如图 11-36 所示。

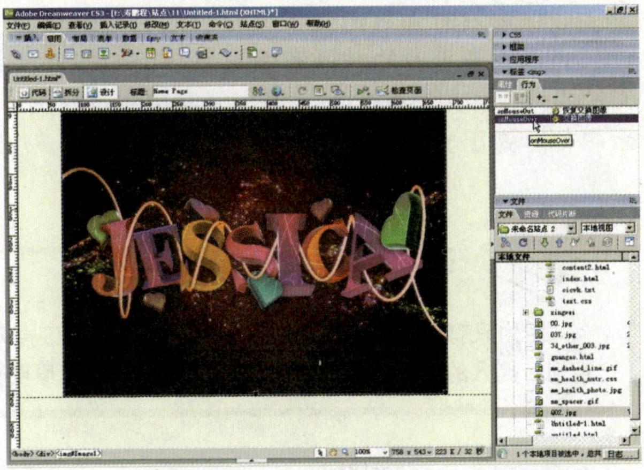

图 11-36　设置事件

05 按【F12】键，在 IE 浏览器中预览当鼠标未经过与经过后的效果，如图 11-37 与图 11-38 所示。

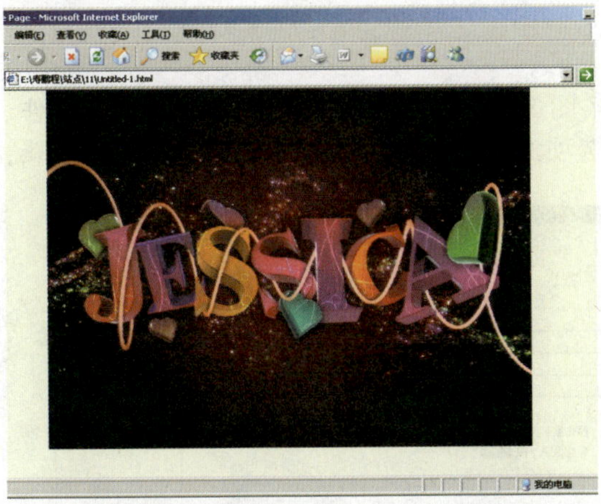

图 11-37　鼠标未经过效果

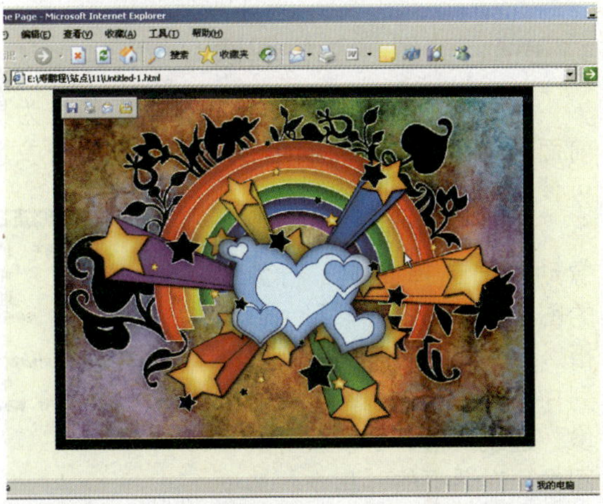

图 11-38　鼠标经过后效果

如果没有为图像命名，交换图像动作仍将起作用；当该行为附加到某个对象时，它将为未命名的图像自动命名。但是如果所有图像都预先命名，则在“交换图像”对话框中就更容易区分它们。

选择一个对象并打开“行为”面板。单击加号（+）按钮并从“动作”下拉菜单中执行“交换图像”命令，出现“交换图像”对话框，如图 11-39 所示。

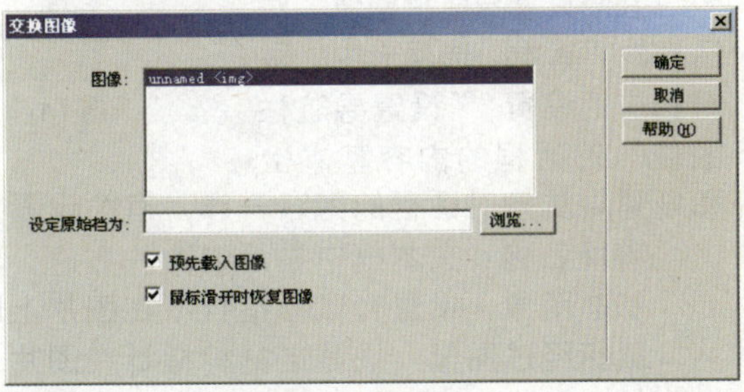

图 11-39　“交换图像”对话框

图像：选择要设置替换图像的原始图像。

设置原始档为：单击“浏览”选择替换后的图像文件的路径和名称，或在“设置原始档为”文本框中输入替换后的图像文件的路径和名称。

预先载入图像：选中时表示在载入页时将新图像载入到浏览器的缓存中。这防止由于下载缓慢而导致图像显示的延迟。

鼠标滑开时恢复图像：当鼠标离开时恢复显示原始图像。

对所有要更改的其他图像重复前面的操作。单击“确定”按钮，检查默认事件是否是所需的事件。如果不是，则从弹出式菜单中选择另一个事件。如果未列出所需的事件，则在“显示事件”弹出式菜单中更改目标浏览器。

提示 · 技巧

因为只有 src 属性受此动作的影响，所以应该插入一个与原始图像具有相同高度和宽度的图像；否则，换入的图像显示时会进行压缩或扩展面板原图像的尺寸。

11-6-3　恢复交换图像

恢复交换图像动作可以将交换的图像恢复为原始图像。每次将交换图像动作附加到某个对象时都会自动添加该动作；如果在附加交换图像时选择了“鼠标滑开时恢复图像”选项，则不需要手动选择恢复交换图像动作。

11-6-4　设置导航栏图像

设置导航栏图像动作是将某个图像变为导航条图像，或更改导航条中图像的显示和动作。前面已经介绍过如何使用Dreamweaver 文档中选项添加导航栏，如果要对导航条进行编辑，可使用“行为”面板。

若要使用设置导航栏图像动作，选择要加入行为中的图像，然后打开“行为”面板。在“行为”面板的“动作”列中，选择“设置导航条图像”选项，打开“设置导航栏图像”对话框的“基本”选项卡，如图 11-40 所示。

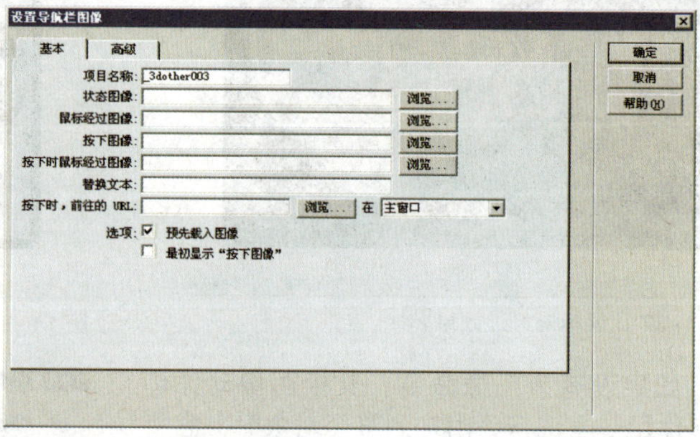

图 11-40　“基本”选项卡

在“设置导航栏图像”对话框的“基本”选项卡中，进行相应的设置，“设置导航栏图像”对话框的内容基本上和创建导航条对话框的内容一样，有关设置方法如下。

项目名称：文本框中显示的图片名。

状态图像：设置当鼠标指针不在图片上时显示的图片文件。

鼠标经过图像：设置当鼠标指针在图片上时显示的图片文件。

按下图像：设置当鼠标指针在图片上按时显示的图片文件。

按下时鼠标经过图像：设置当鼠标在图片上是按下状态时，经过图片上时显示的图片文件。

替换文本：设置图片的替代文本。

按下时，前往的 URL：设置图片的链接，在其后面的下拉菜单中选择打开这个链接的框架或窗口。

预先载入图像：设置在载入页面时，预先载入所有上述图片。为了保证页面的浏览速度，建议您选中这个复选框。

最初显示“按下图像”：设置页面刚载入时显示按下图像文本框中的图片。

选择“设置导航栏图像”对话框的“高级”选项卡，出现“设置导航栏图像”对话框的“高级”选项卡，如图 11-41 所示。

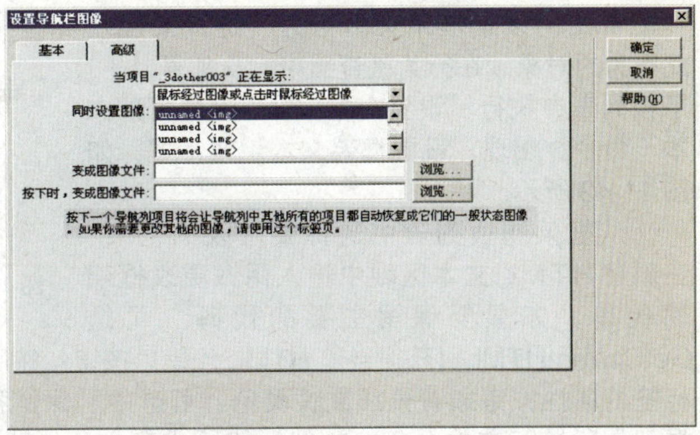

图 11-41　“高级”选项卡

当项目正在显示：在下拉菜单中，选择要设置图像的状态。

鼠标经过图像或单击时鼠标经过图像：设置当鼠标指针滑过时更改另一张图像的显示。

同时设置图像：选择页面上其他要设置的图像，同时进行设置。

变成图像文件：当鼠标滑过时，新图像的路径和名称，也可以单击“浏览”按钮选择要显示新图像的路径和名称。

按下时，变成图像文件：输入另一个按下状态时图像的路径和名称。

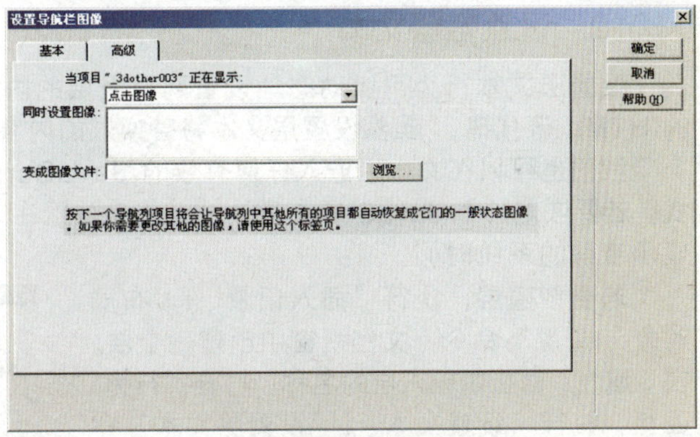

图 11-42　“设置导航栏图像”对话框

单击图像：设置在一个用户单击时更改另一张图像的显示。此时会出现“设置导航栏图像”对话框，如图 11-42 所示。

同时设置图像：选择页面上其他要设置的图像，同时进行设置。

变成图像文件：输入当单击图像时，新的图像的路径和名称，也可以单击“浏览”按钮选择要显示的新图像的路径和名称。

默认情况下，单击导航条中的一个元素将使导航条中的所有元素自动返回到它们的一般状态；如果要将某个图像在所选图像处于按下状态或滑过状态时设置为不同的状态，则使用“高级”选项卡。

11-7　设置文本

在设置文本行为中，Dreamweaver 将四个类似的行为合为一组。包括设置框架文本、设置分层文本、设置状态行文本和设置文本编辑区文本。它们共同的特点就是能够在特定的地方显示文字。

11-7-1　设置框架文本

设置框架文本，可以动态地改写任何框架的内容。设置框架文本动作可替换所有位于一个框架的<body>标签中的内容。Dreamweaver 提供了一个简便好用的“获得当前 HTML”按钮，通过这个按钮可以轻易地获得想要的代码。当然，必须在一个框架集中使用这个行为，并且该框架集必须被正确地命名。

图 11-43 "设置框架文本"对话框

若使用设置框架文本行为，选择要应用此行为的对象。在行为检查器中，从加号（+）下拉列表中执行"设置文本"|"设置框架文本"命令，出现"设置框架文本"对话框，如图 11-43 所示。

从框架选项列表中选择要修改的框架，在新建 HTML 文本区域中输入用做更改框架的代码。如果要保留主要的代码，可选 GetCurrentHTML（获得当前 HTML 代码）按钮，然后只改动必要的部分。若要保持框架<body>标签的属性，诸如背景和文件颜色，可选中"保留背景颜色"复选框。如果没有启用该选项，框架的背景和文件颜色将被默认值所代替白色的背景和黑色。

设置完毕，单击"确定"按钮。可以在新建 HTML 域中嵌入任何有效的 JavaScript 函数调用、属性、全局变量或其他表达式。若要嵌入一个 JavaScript 表达式，将其放置在大括号（{}）中。如：{new Date（)}，在当前框架中显示当前的系统时间。

11-7-2 设置容器文本

设置层文本行为可以动态地设置网页上层的内容和格式设置。该内容可以包括任何有效的 HTML 源代码。虽然设置层文本将替换层的内容和格式设置，但保留层的属性，包括颜色。

我们也可以在文本中嵌入任何有效的 JavaScript 函数调用、属性、全局变量或其他表达式。若要嵌入一个 JavaScript 表达式，将其放置在"大括号"（{}）中。如：{new Date（)}，显示当前的系统时间。

图 11-44 "设置容器文本"对话框

若要创建层，执行"插入记录"|"布局对象"|"层"命令，文档视窗中创建一个层。在"属性"面板中输入层的名称，打开"行为"面板，执行"设置文本"|"设置层文本"命令，出现"设置容器文本"对话框，如图 11-44 所示。

在"设置容器的文本"对话框中，从"容器"下拉列表中选择目标层。在"新建 HTML"文本框中输入改变后的内容，然后单击"确定"按钮。检查默认事件是否是所需的事件。如果不是，则从弹出下拉菜单中选择另一个事件；如果未看到所需的事件，则在显示事件菜单中更改目标浏览器。

11-7-3 设置状态栏文本

添加设置状态栏文本动作后，会在浏览器窗口底部左侧的状态栏中显示消息。例如，可以使用此动作在状态栏中说明链接的目标而不是显示与之关联的 URL 地址。

可以在文本中嵌入任何有效的 JavaScript 函数调用、属性、全局变量或其他表达式。若要嵌入一个 JavaScript 表达式，请将其放置在大括号（{}）中。

>>01 打开或新建一个文档，打开"行为"面板。单击加号（+）按钮并从"动作"弹出下拉菜单中执行"设置文本"|"设置状态栏文本"命令，如图 11-45 所示。

>>02 弹出设置"状态栏文本"对话框，设置"状态栏文本"对话框中，在"消息"文本框中输入需要显示的文本。最好尽量保持该消息简明扼要。因为此消息如果不能完全放在状态栏中，因为浏览器会将消息截断，只显示部分内容，如图 11-46 所示。

图 11-45 “设置状态栏文本”选项

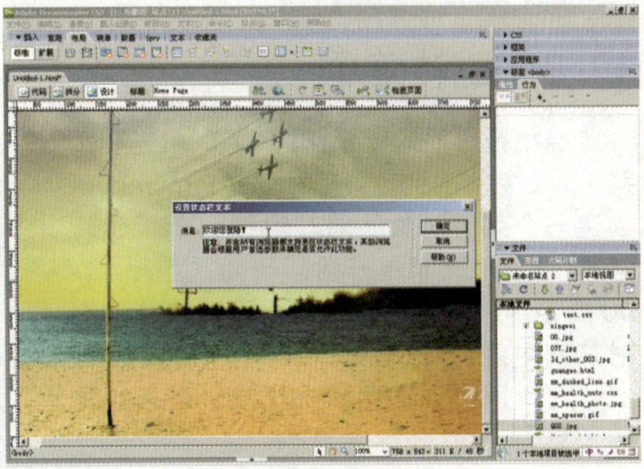

图 11-46 “设置状态栏文本”对话框

03 单击“确定”按钮，检查默认事件是否是所需的事件。如果不是，则从弹出下拉菜单中选择另一个事件。如果未列出所需的事件，则在“显示事件”弹出下拉菜单中更改目标浏览器，如图 11-47 所示。

04 完成后，按【F12】键，在 IE 浏览器中预览网页中状态栏的文本效果，如图 11-48 所示。

图 11-47 设置事件

图 11-48 预览效果

11-7-4 设置文本域文字

页面上添加了设置文本域文字行后，可以动态地设置文本编辑区中的内容。若要使用设置文本域文本行为，进行以下操作，选择一个文本域并打开“行为”面板。

单击加号（+）按钮并从“动作”下拉菜单中执行“设置文本”|“设置文本域文字”命令，出现“设置文本域文字”对话框，如图 11-49 所示。在“设置文本域文字”对话框中，从“文本域”的下拉列表中选择目标文本域。

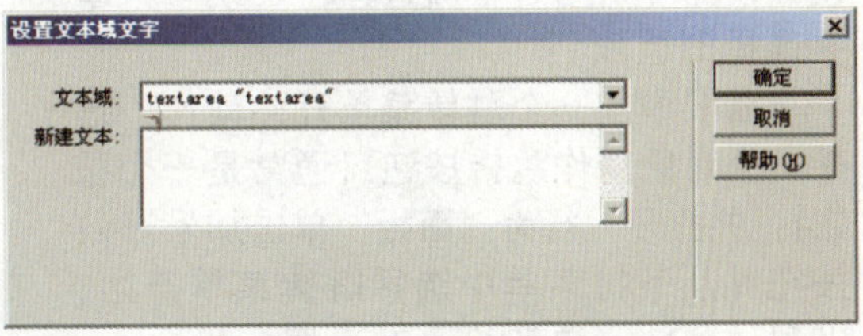

图 11-49 “设置文本域文字”对话框

在新建文本项中输入新的文本，也可以在文本中嵌入任何有效的 JavaScript 函数调用、属性、全局变量或其他表达式。若要嵌入一个 JavaScript 表达式，将其放置在大括号（{}）中。然后单击“确定”按钮。

检查默认事件是否是所需的事件。如果不是，则从弹出下拉菜单中选择另一个事件；如果未看到所需的事件，则在“显示事件”弹出下拉菜单中更改目标浏览器。

11-8　跳转菜单

当执行“插入记录”|“表单”|“跳转菜单”命令创建跳转菜单时，Dreamweaver 创建一个菜单对象并向其附加一个“跳转菜单”（或跳转菜单开始）行为，如图 11-50 所示。通常不需要手动将跳转菜单动作附加到对象。

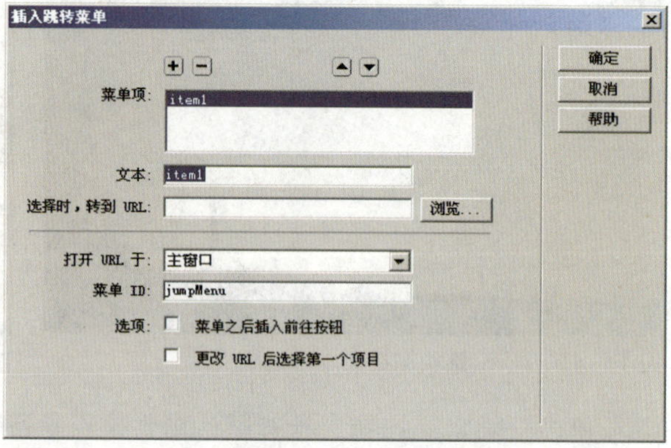

图 11-50　“插入跳转菜单”对话框

可以通过以下两种方式编辑现有的跳转菜单。

第一种方式，通过在“行为”面板中双击现有的跳转菜单动作编辑和重新排列菜单项、更改要跳转到的文件，以及更改这些文件在其中打开的窗口，如图 11-51 所示。

图 11-51　插入后效果

第二种方式，通过选择该菜单并使用“属性”面板中的列表值按钮，可以在菜单中编辑这些项，就像在任何菜单中编辑一样，如图 11-52 所示。

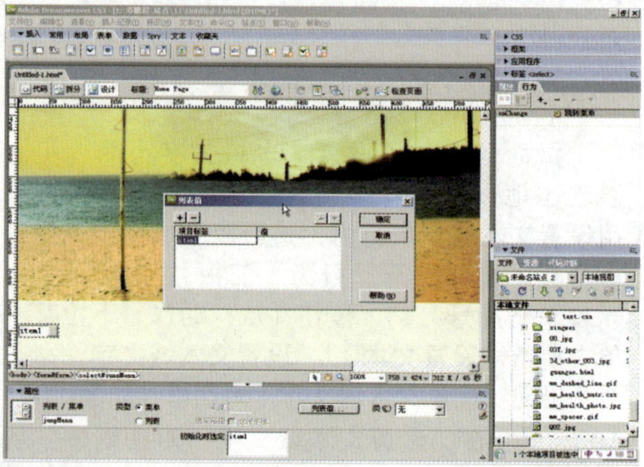

图 11-52　“列表值”对话框

“跳转菜单开始”行为与跳转菜单密切关联；“跳转菜单开始”允许将一个“跳转菜单”和一个跳转按钮关联起来，单击“跳转”按钮打开在该跳转菜单中选择的链接。

通常情况下，并不是跳转菜单都需要一个跳转按钮；从跳转菜单中选择一项时通常不需要用户任何进一步的操作，就会引起 URL 的载入。但是如果跳转菜单出现在一个框架中，而跳转菜单项链接到其他框架中的页，则通常需要使用跳转按钮，以允许访问者重新选择已在跳转菜单中选择的选项。

若要添加一个跳转菜单开始动作，选择一个对象用作跳转按钮（通常是一个按钮），并打开“行为”面板。单击加号（+）按钮并从下拉菜单中选择跳转菜单开始，出现“跳转菜单开始”对话框。

“跳转菜单开始”对话框中，在选择跳转菜单下拉菜单中选择要激活的跳转菜单。如果存在多个跳转菜单，列表中则会显示多个名称。单击“确定”按钮，完成操作。

提示 · 技巧

当通过执行“插入记录”|“表单”|“跳转菜单”命令创建跳转菜单时，在弹出对话框的下方有一个“菜单之后插入前往按钮”复选框，它的作用是可以添加一个带“转到”功能的按钮。

11-9 转到 URL

转到 URL 动作主要是在当前窗口或指定的框架中打开一个新的页面。此动作对通过一次单击更改两个或多个框架的内容特别有用。

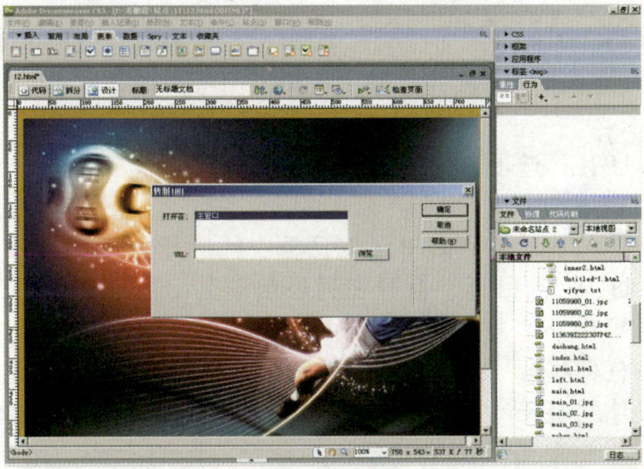

图 11-53 “转到 URL”对话框

01 新建一个文档，在文档中插入一个图像，选择对象并打开“行为”面板。单击加号（+）按钮并从“动作”下拉菜单中选择转到 URL，在弹出的“转到 URL”对话框中，设置 URL 的文本区路径，单击“浏览”按钮，选择一个需要转到的 URL 地址文件。如图 11-53 所示。

02 单击“确定”按钮，此时在“行为”面板中将出现转到 URL 的事件，选择 onClick 选项，如图 11-54 所示。

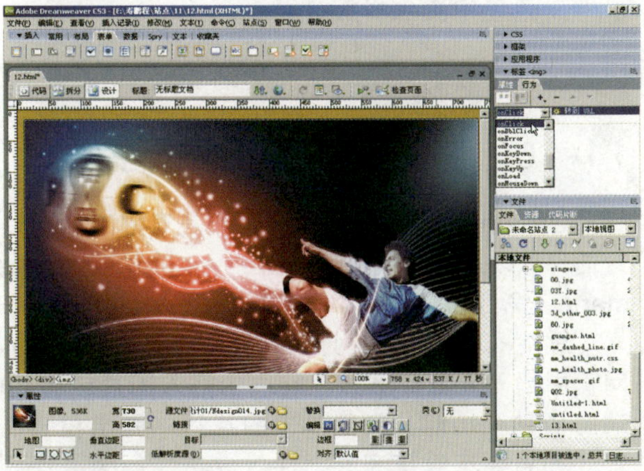

图 11-54 设置事件

03 完成后，按【F12】键，在 IE 浏览器中测试转到 URL 效果，单击图像后 IE 转到 URL 的链接地址，如图 11-55 与图 11-56 所示。

图 11-55　未单击前状态

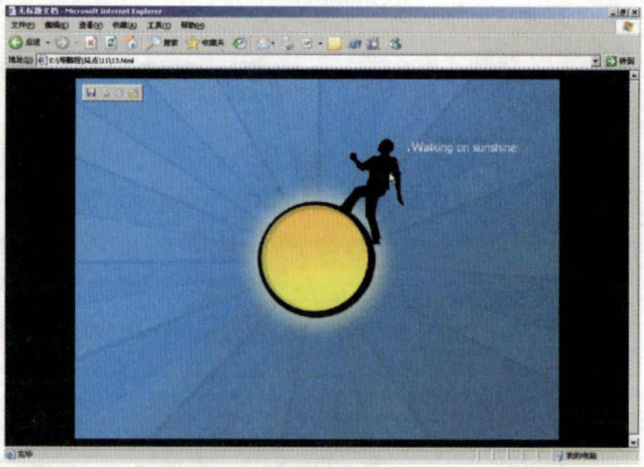

图 11-56　单击后转到 URL

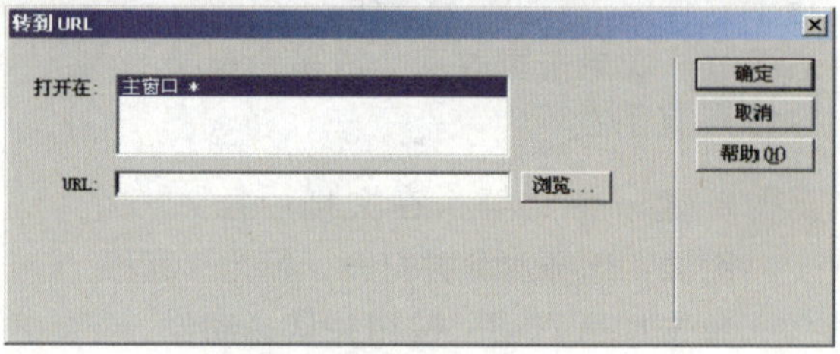

图 11-57　“转到 URL”对话框

选择对象并打开“行为”面板。单击加号（+）按钮并从“动作”下拉菜单中选择“转到 URL”选项，弹出“转到 URL“对话框，如图 11-57 所示。

在“转到 URL”对话框中的打开列表选择 URL 的目标。打开在列表自动列出当前框架集中所有框架的名称以及主窗口。如果没有任何框架，则主窗口是唯一的选项。如果任何框架命名为 top、blank、self 或 parent，则此动作可能产生意想不到的结果。浏览器有时将这些名称误认为保留的目标名称。

单击“浏览”按钮选择要打开的文档，或在“URL”文本框中输入该文档的路径和文件名。重复前面的步骤在其他框架中打开其他文档。单击“确定”按钮，检查默认事件是否是所需的事件。如果不是，则从菜单中选择另一个事件。如果未列出所需的事件，则在“显示事件”菜单中更改目标浏览器。

11-10　下载和安装扩展行为

Dreamweaver 内置的行为还是有限的，可以通过 Internet 来下载更多的第三方插件。第三方插件可以用于拓展 Dreamweaver 的功能。Dreamweaver 中的第三方插件主要有三种：Command（命令），Object（对象），Behavior（行为）。

命令可以用于在网页编辑的时候实现一定的功能，例如，设置表格的样式。对象用于在网页中插入元素，例如在网页中插入图片或者 Quicktime 电影。行为主要用于在网页上实现动态的交互功能，例如单击图片后，弹出窗口。

如果要下载第三方插件，单击“行为”面板上的加号“+”按钮，在弹出的下拉动作列表中选择“获取更多行为”命令，这时系统会自动打开一个浏览器，连接到 Adobe 公司的站点，进行插件的下载。

从网上下载的行为插件的扩展名为.mxp，一般需要安装使用。安装插件时可以使用 Extension Manager（扩展管理器）。如在没有安装插件之前，Dreamweaver 是不可以直接插入滚动字的；从网上下载一个插入滚动字的插件，安装好插入滚动字的插件后，会在“插入”面板看到如图 11-58 所示的效果。

图 11-58　插入栏

12 模板和库

Chapter 12 模板和库

在 Dreamweaver 中使用模板和库，不仅可以加快具有相似风格页面的设计，提高网页的制作效率，也可以给网页的维护带来很大的方便。我们在规划较大的站点时应考虑模板和库的使用。

Dreamweaver 中的模板和库都属于站点的资源，本章通过范例讲解模板与“模板”面板，库与“库”面板，模板的创建和引用，库的创建和应用，模板的管理，库的管理，模板的修改和站点更新，库的修改和站点更新等。

12-1 创建模板

在 Dreamweaver 中，模板可以以多种形式存在。模板在功能上是一个模板和可更新的库元素的组合体。新模板可以从一个保存为模板的标准设计中产生新的文档，对于模板而言，新的页面从一个模板或者模板中创建。一旦被创建，这个新的文档将保持和原来模板的联系，除非被明确地隔离或分开；因为与新的文档保持着联系，所以如果改变了原来文件的模板，那么所有从该模板中创建的文件可以自动地更新。这种操作将重复元素库的功能扩展到了整个页面设计之中。这样，模板将确保站点拥有统一的外观和风格，更易于对站点进行导航。实际上，模板也可以包含库元素。

模板实质上就是创建其他文档的基础文档。Dreamweaver 可以很容易地访问所有类型的模板，从用户自己的创作到默认的空白页。在创建模板时，可以说明哪些网页元素应该长期保留、不可编辑，哪些元素可以编辑修改。假如要设计一个网页模板，就可以把导航栏设置为锁定区（不可编辑区），把要更新的内容设置为可编辑区。

模板也不是一成不变的，即使是在已经使用一个模板创建文档之后，也还可以对该模板进行修改。在更新使用该模板创建的文档时，那些文档中的锁定区也会被更新，并与模板的修改相匹配。通过模板来创建和更新网页，可以大大提高工作效率，对于网站的维护也会轻松得多。

模板是由两种区域所组成，锁定的和可编辑的。在 Web 页模板上的每一个元素都分别属于其中的任何一类。我们可以从空白 HTML 文档开始创建模板，也可以把现有的 HTML 文档存为模板，然后通过适当地修改，使其符合自己的要求。

12-1-1 直接创建模板

模板的文件扩展名为 *.dwt，模板被保存在本地站点的根文件夹中一个特殊的 Templates 文件夹中。如果 Templates 文件夹在站点中还未建立，Dreamweaver 将在保存新建模板时自动创建该文件夹。

>> 01 执行“窗口”|“资源”命令，打开“资源”面板，选择左边列表中的图标，打开“模板”子面板，如图 12-1 所示。

>> 02 在“模板”子面板中，单击右下角的“模板”按钮，新建一个模板。输入新模板的名字。Dreamweaver 将在“资源”面板和 Templates 文件夹中创建一个新的空模板，如图 12-2 所示。

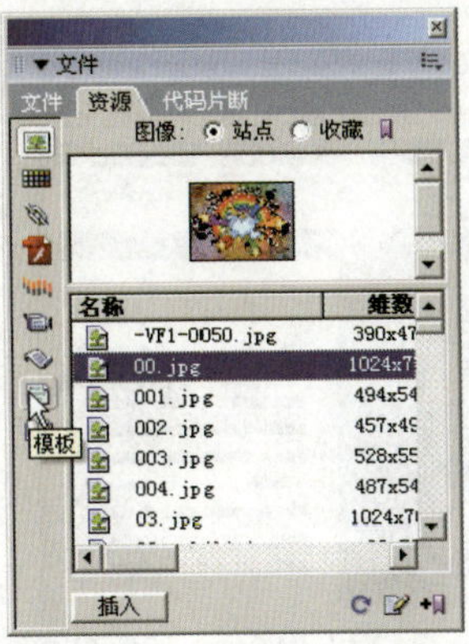

图 12-1 “资源”面板

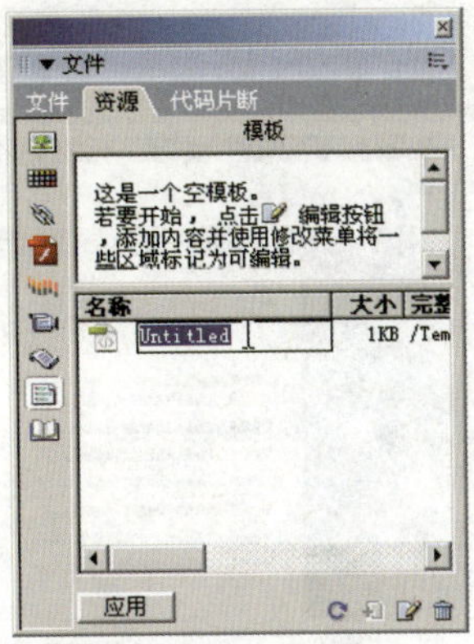

图 12-2 新建“模板”

12-1-2 从现有文档创建模板

如果要创建的模板和现有的网页文档相同，这就需要将现有文档保存为模板文件。

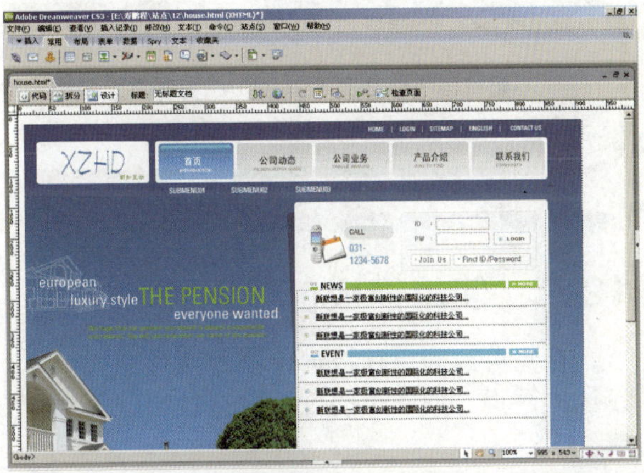

图 12-3 打开文档

01 在“站点”面板中打开光盘中的素材文件“12\house.html”，将其显示在操作窗口中，如图 12-3 所示。范例文件是在表格结构内插入了图像和文本。

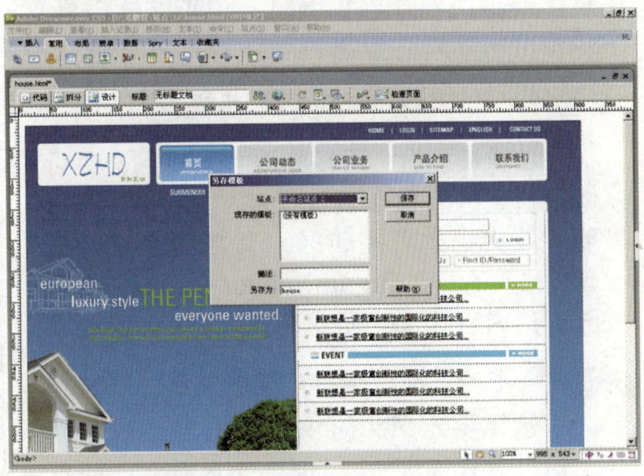

图 12-4 “另存模板”对话框

02 将现有网页文档存为模板文件，执行“文件”|“另存为模板”命令或是单击“插入”面板上的“创建模板”按钮，这时会出现“另存模板”对话框，提示输入模板的名称，如图 12-4 所示。

03 从站点弹出菜单中选择“保存该模板的站点”选项。在“另存为”文本框中输入新模板的名字，单击“保存”按钮，这时选项文件为“house.dwt”，如图 12-5 所示。

04 打开“资源”面板中的“模板”选项，会出现保存的模板文件，如图 12-6 所示。模板一般会放在站点根目录的 Templates 中。

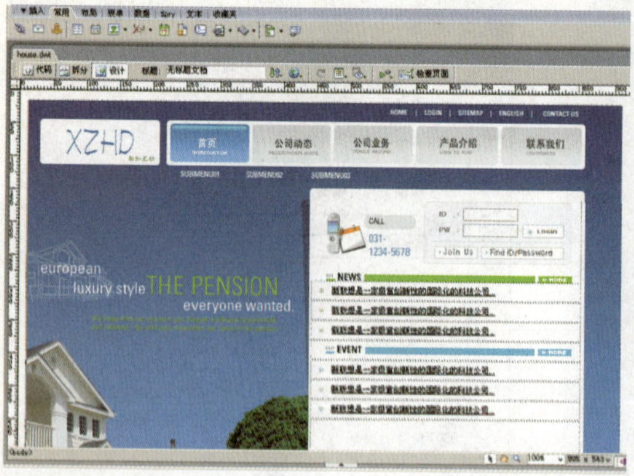

图 12-5 .dwt 文件

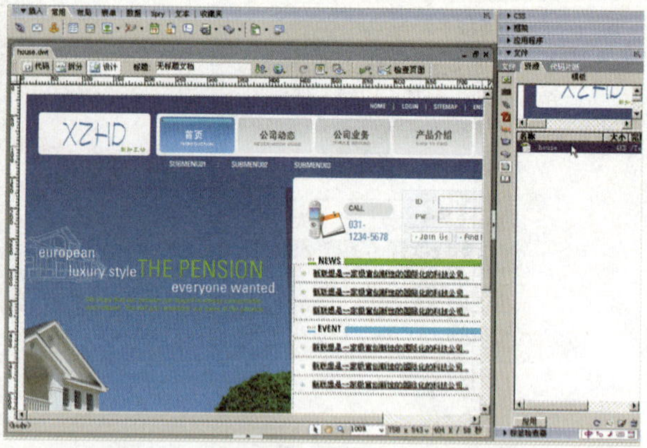

图 12-6 打开“模板”子面板

提示 · 技巧

不要将模板移动到 Templates 文件夹之外或者将任何非模板文件放在 Templates 文件夹中。此外，也不要将Templates文件夹移动到本地根文件夹之外。因为这样做将在文档中引用模板时发生路径错误。

12-2 使用模板创建网页

用户可以利用模板创建新的网页文档，也可以通过修改模板来快速、自动更新使用模板设计的网页，使网页的维护变得轻松快捷，如果对模板不满意，还可以对原有的模板进行修改。

当第一次创建模板时，所有的区域都是锁定的。在模板创建之后，需要根据具体要求对模板中的具体内容进行编辑，指定哪些内容可以编辑，哪些内容不能编辑。当一个文档从某个模板中创建时，可编辑的区域则成为唯一可以被改变的地方。

12-2-1 在模板中定义可编辑区

在编辑模板时，可以修改可编辑区，也可以修改锁定区。但当该模板被应用于文档时，只能修改文档的可编辑区，文档的锁定区是不允许修改的。在 Dreamweaver 中，可以把模板已有的内容定义为可编辑区。

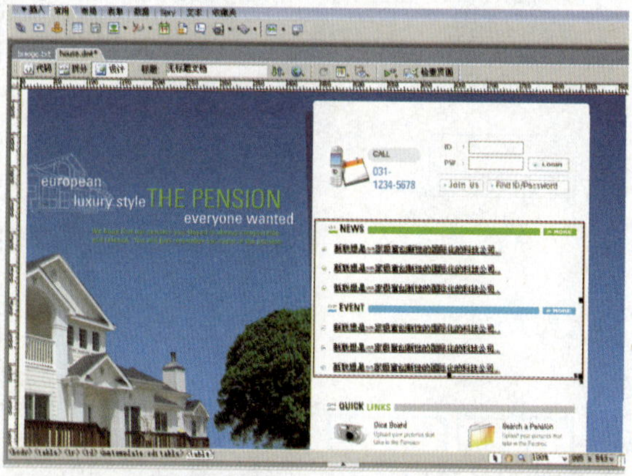

图 12-7 打开模板文件

>> 01 在“资源”面板中打开模板文件，在文档中选择要定义为可编辑区的表格或单元格（或其他内容），这里选择有文字的单元格，选中的单元格四周会出现黑色边框，如图 12-7 所示。

>> 02 执行“插入记录”|“模板对象”|“可编辑区域”命令或者在“常用”插入栏中，单击“模板”按钮右边的下三角按钮，然后执行“可编辑区域”命令，如图 12-8 所示。

>>03 此时出现“新建可编辑区域”对话框，在“新建可编辑区域”对话框中的“名称”文本框内输入名称“text01”，如图 12-9 所示。

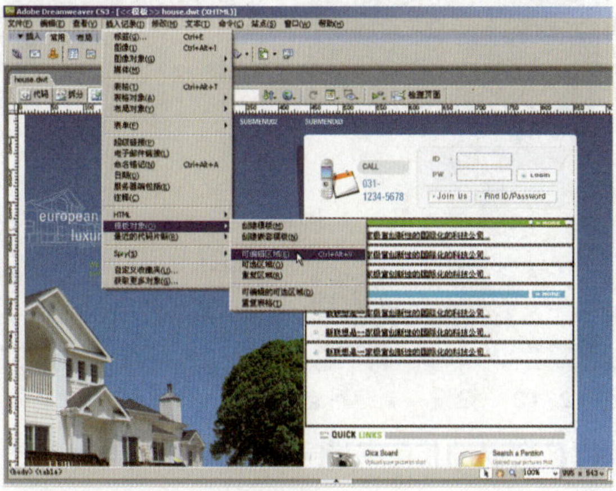

图 12-8　选择“可编辑区域”命令

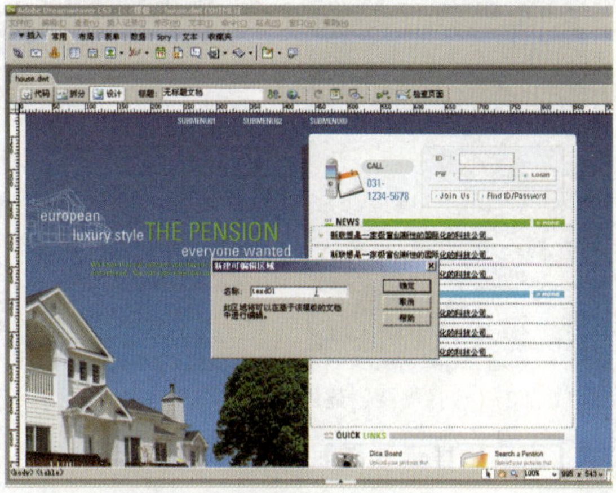

图 12-9　“新建可编辑区域”对话框

>>04 单击“确定”按钮，在模板文档中，单元格中四周会出现蓝色边框，可编辑区会以浅蓝色突出显示或出现可编辑标记，如图 12-10 所示。

>>05 可编辑区域标签属于不可见元素，如果在页面中没有显示，可以单击工具栏可视化助理中“不可见元素”选项显示标签，如图 12-11 所示。

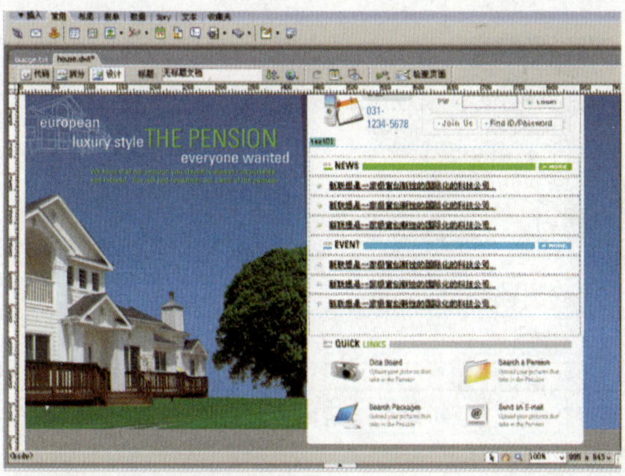

图 12-10　可编辑区域标记

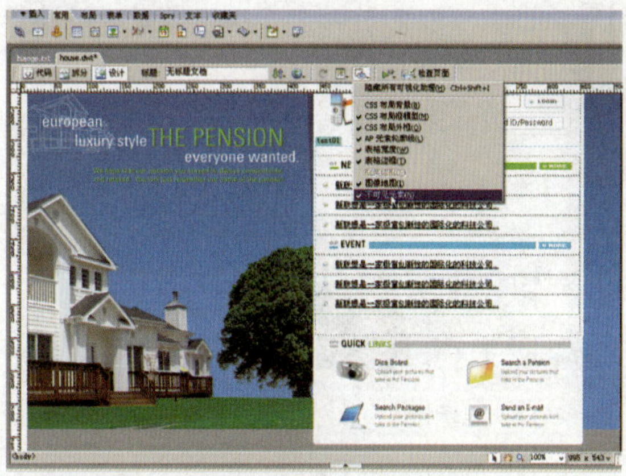

图 12-11　“不可见元素”命令

12-2-2　在模板中定义新的可选区域

可选区域是模板中的区域，用户可将其设置为在基于模板的文档中显示或隐藏。当想要为在文档中显示内容设置条件时，就需要使用可选区域。

>>01 将光标置于想插入的可编辑区位置，执行“插入记录”|“模板对象”|“可选区域”命令，如图 12-12 所示。

>>02 此时会出现“新建可选区域”对话框，在“基本”选项卡中的“名称”文本框中输入名称“biaoti01”。选择“默认显示”复选框表示要在基于模板的文档中显示的选定区域。取消选择该复选框将把默认值设置为默认显示，如图 12-13 所示。

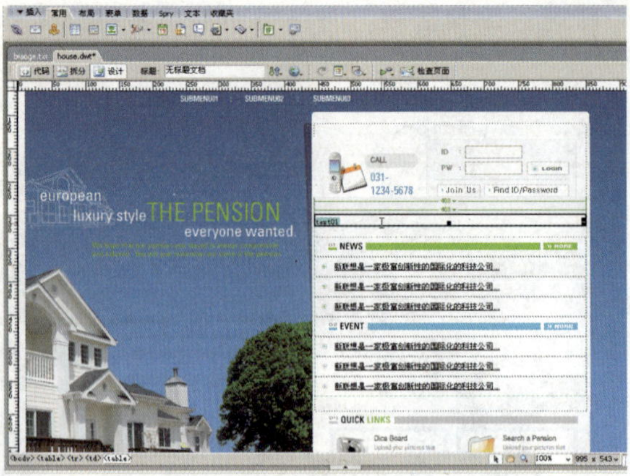

图 12-12　选择需要创建的表格

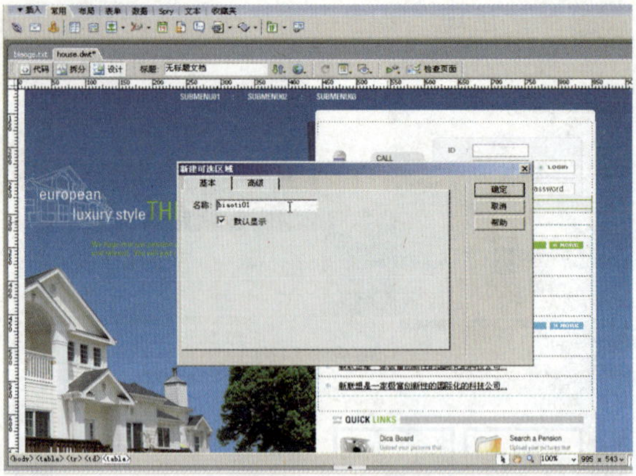

图 12-13　设置“新建可选择区域”对话框

03 完成后单击“确定”按钮。在模板中，可编辑区会以浅蓝色突出显示或出现可编辑标记，如图 12-14 所示。

在“新建可选区域”对话框的“高级”选项卡中，选择“使用参数”单选按钮，可以从下拉菜单中选择将所选内容链接到的现有参数。选择“输入表达式”单选按钮，在列表框中输入表达式，可以编写模板表达式来控制可选区域的显示，如图 12-15 所示。

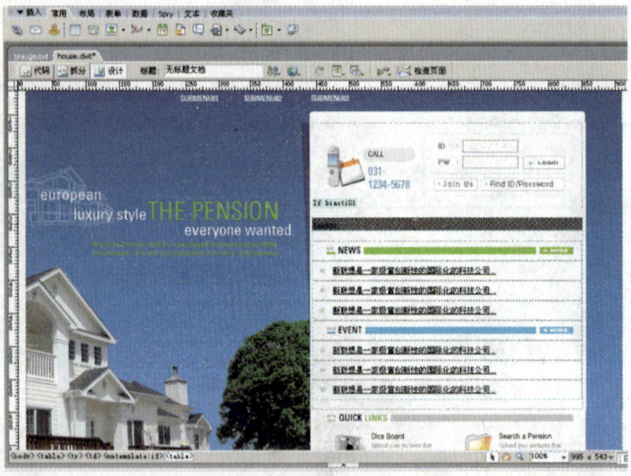

图 12-14　显示标记

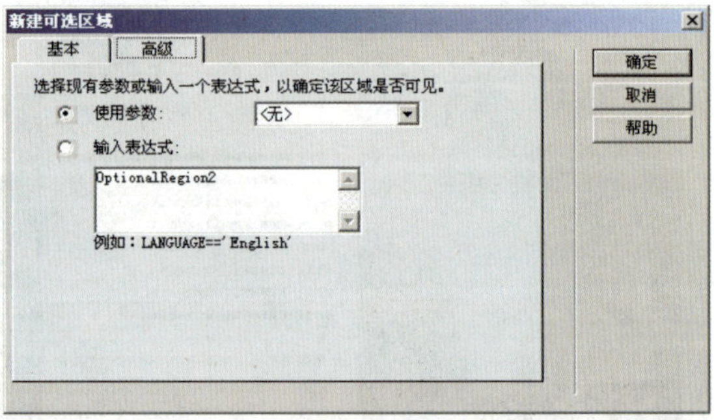

图 12-15　“新建可选区域”对话框

12-2-3　在模板中定义重复区域

重复区域是可以根据需要在基于模板的页面中复制多次的模板部分。在静态页面中，重复区域的应用较少，但在制作动态网页中，重复区域则是经常使用的。重复区域通常用于表格，但是也可以为其他页面元素定义重复区域。重复区域包括两种重复区域模板对象：重复区域和重复表格。

01 首先在文档窗口中选择要设置为重复区域的表格，执行“插入记录”|“模板对象”|“重复区域”命令或在“常用”插入栏中，单击“模板”按钮右边下三角按钮，然后从下拉菜单中选择“重复区域”选项，如图 12-16 所示。

02 此时会出现“新建重复区域”对话框。在对话框的“名称”文本框中为模板区域输入唯一的名称“daohang01”，如图 12-17 所示。

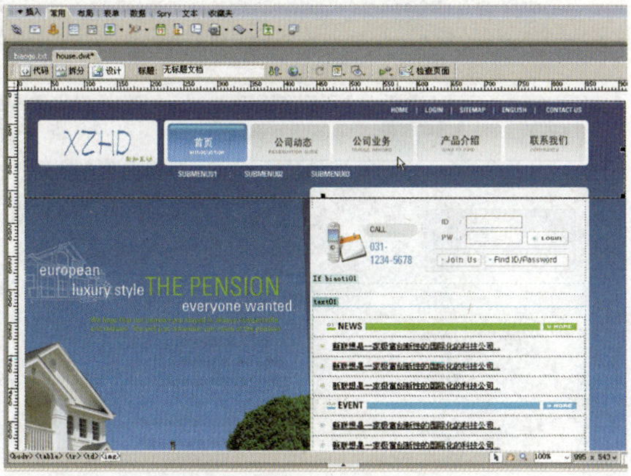

图 12-16　选择需创建的区域

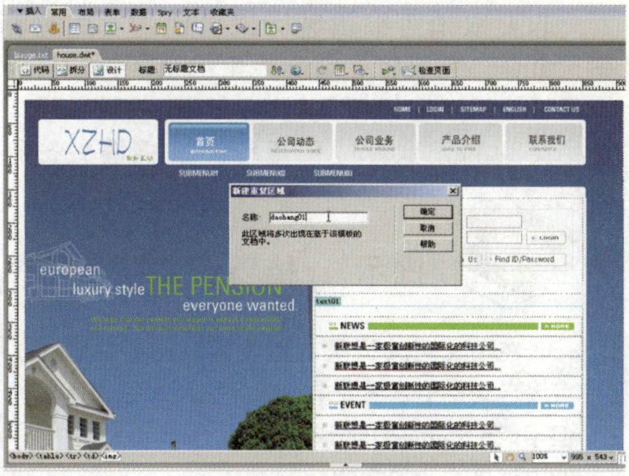

图 12-17　“新建重复区域”对话框

>>03 单击“确定”按钮。重复区域被插入到模板中，如图 12-18 所示。重复区域在基于模板的文档中是不可编辑的，除非其中包含可编辑区域。

可以使用重复表格创建包含重复行表格格式的可编辑区域，将表格设为重复区域是动态网页编程中常见的操作。

在“文档”窗口中，将插入点放在文档中要插入重复表格的位置。执行“插入记录”|“模板对象”|“重复表格”命令或在“常用”插入栏中，单击“模板”按钮右边的下三角按钮，然后选择“重复表格”选项，即会出现插入重复表格对话框，如图 12-19 所示。按需要输入新值，完成后单击“确定”按钮，重复表格即出现在模板中。

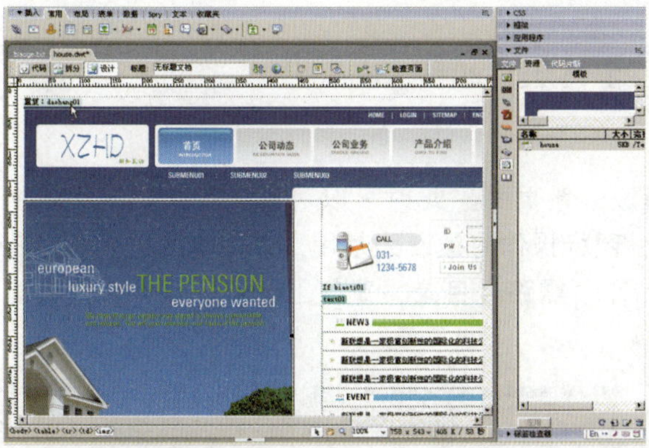

图 12-18　创建重复区域

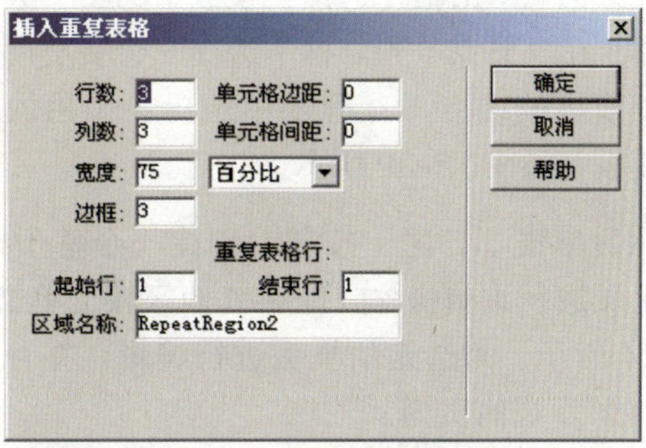

图 12-19　“插入重复表格”对话框

执行“修改”|“模板”|“删除模板标记”命令。此时文档窗口中模板的可编辑区就会被取消，原可编辑区转换为锁定区，如图 12-20 和图 12-21 所示。

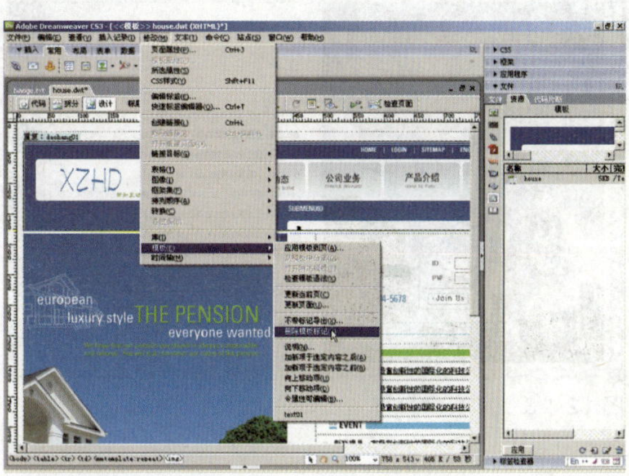

图 12-20　选择“删除模板标记”命令

若要取消可编辑区标记，使用“删除标签”命令，可以将先前标为可编辑的标记转换为不可编辑。在模板文档中，单击与可编辑属性相关联的元素，或使用标签选择器来选择标记。

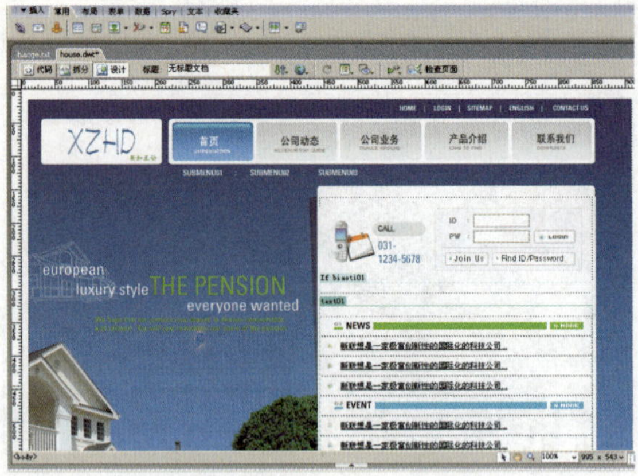

图 12-21　删除后的效果

提示 · 技巧

在定义可编辑区或重复区域时要注意，可以定义整个表格或单个单元格为可编辑区，但不能一次定义几个单元格。表格和表格中的内容是彼此独立的。

12-2-4　基于模板创建网页

学习了制作可以共同使用的模板以后，应用模板，就可以快速、高效地设计出风格一致的网页。也可以通过修改模板来快速、自动更新使用模板设计的网页，使网页的维护变得轻松快捷。

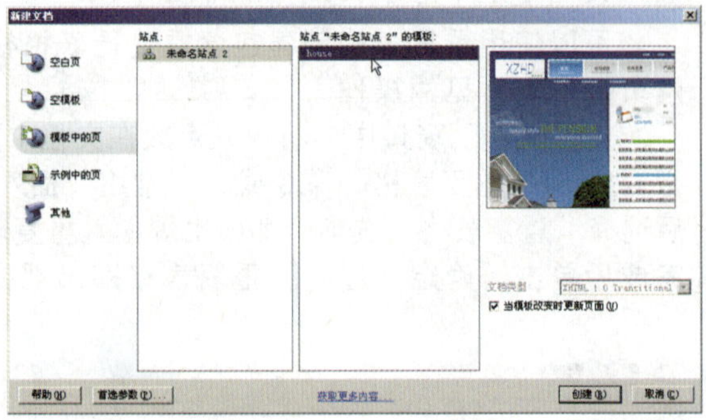

图 12-22　选择站点中的模板

01 执行“文件”|“新建”命令，打开“新建文档”对话框，选择“模板中的页”选项，在“站点”列表框中选择一个要使用的模板的站点，在列表中选择要使用的模板，如图 12-22 所示。

02 然后单击“创建”按钮，创建一个基于模板的新页面。此时可以对具有可编辑区标记的区域进行编辑操作，而在其他区域上单击，鼠标操作将被设为禁用，如图 12-23 和图 12-24 所示。对选定的模板进行编辑，并存储在所需路径目录，重复上述步骤可以创建具有相同外观的页面。

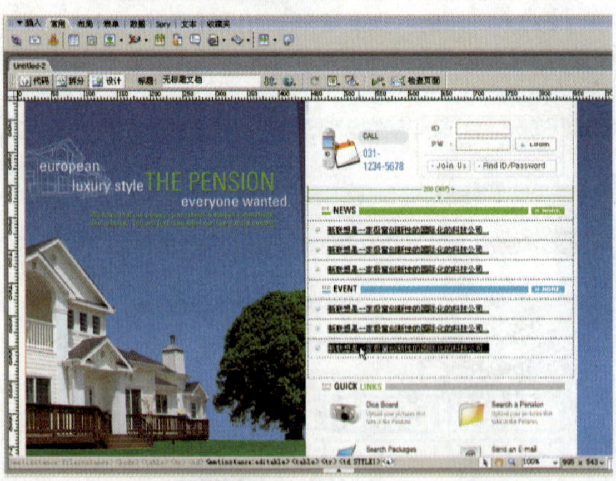

图 12-23　可编辑状态

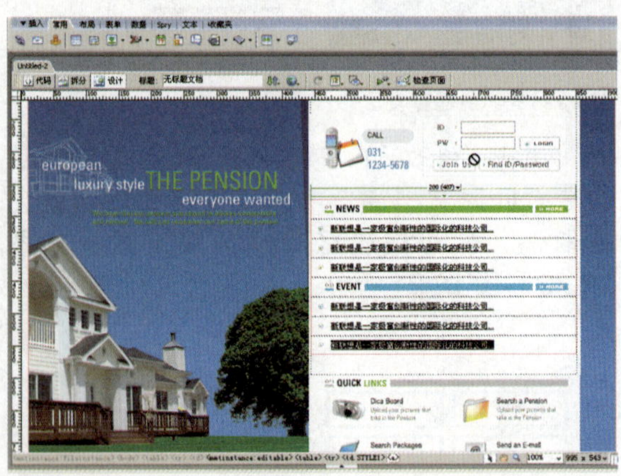

图 12-24　鼠标被禁用区域

当用户将模板应用到包含现有内容的文档时，Dreamweaver会尝试将现有内容与模板中的区域进行匹配。

如果用户将模板应用到一个尚未应用模板的文档时，没有可编辑区域可以进行比较，且会出现不匹配。不过Dreamweaver会跟踪这些不匹配的情况，可以选择将当前页的内容移动到其他区域，或者删除这些不匹配的内容。

>> 03 要对现有文档应用模板，首先打开一个文档，可以使用“菜单”命令或“资源”面板对现有的文档应用模板。在“站点”面板中打开光盘中素材文件“12\jieshao.htm”，将其显示在操作窗口中，如图12-25所示。

>> 04 范例文件是在表格结构内插入的图像和文本，执行“修改”|“模板”|“应用模板到页”命令，弹出“选择模板”对话框，如图12-26所示。

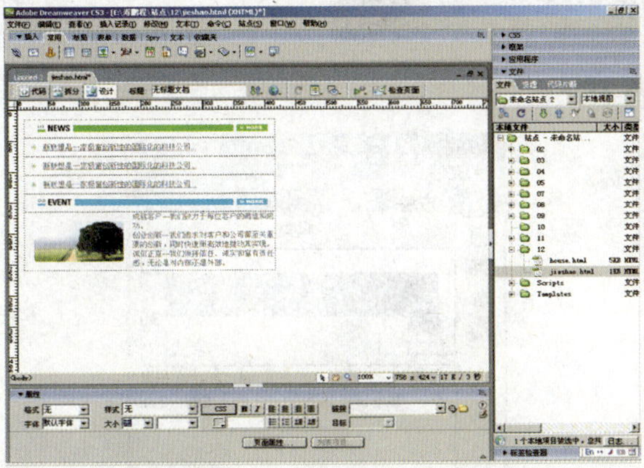

图12-25 打开文档

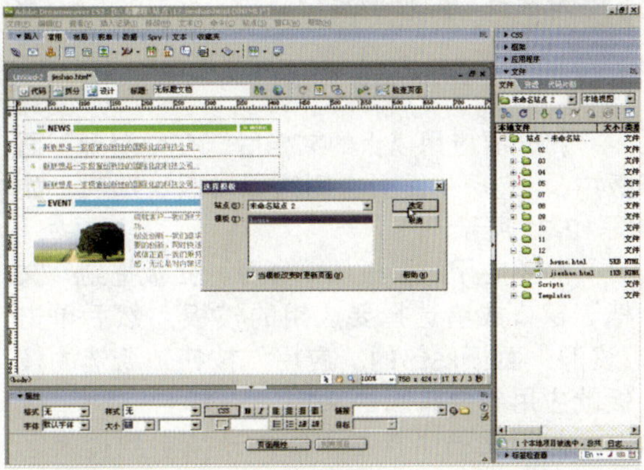

图12-26 “选择模板”对话框

>> 05 从列表中选择一个模板并单击“选定”按钮。如果文档中存在不能自动指定到模板区域的内容，将出现“不一致的区域名称”对话框，在“将内容移动到新区域”下拉列表中选择“text01”选项，如图12-27所示；选择“不在任何地方”选项表示可将该内容从文档中删除，如果有未解决的内容，可为该内容选择一个目标。

>> 06 单击“用于所有内容”按钮，将所有未解决的内容移到选定的区域，如图12-28所示，单击“确定”按钮。

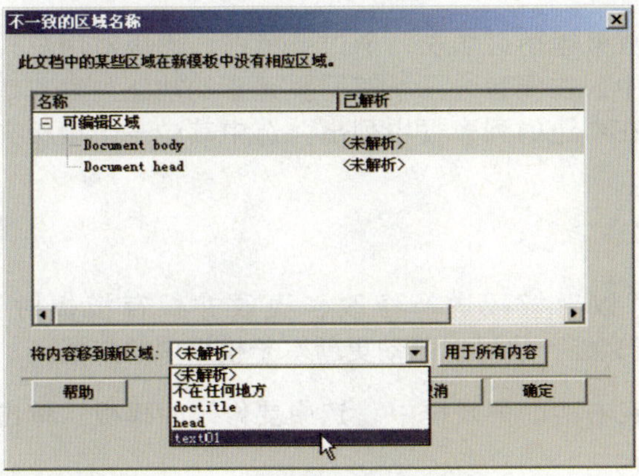

图12-27 “不一致的区域名称”对话框

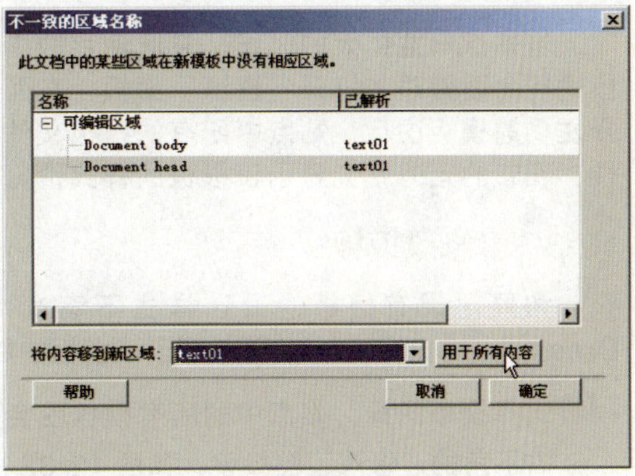

图12-28 单击“用于所有内容”按钮

>>07 会发现文档中添加了模板文件，同时原来文档中的内容被放置到模板的可编辑区域，如图 12-29 所示。按【F12】键，在浏览器中确认制作效果，如图 12-30 所示。

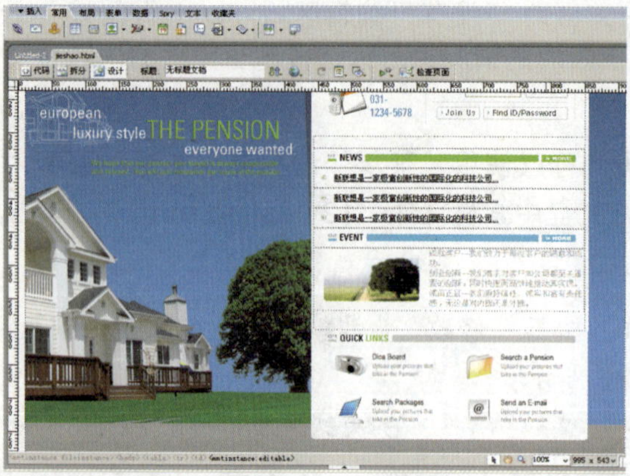

图 12-29　文档添加模板

图 12-30　预览效果

打开要应用模板的文档后，在“资源”面板中，“选择”面板左侧的“模板”选项，如图 12-31 所示。

将要应用的模板从“资源”面板拖到“文档”窗口或者选择要应用的模板，然后单击“资源”面板底部的“应用”按钮，所选的模板就应用到要编辑的文档。

如果文档中存在不能自动指定到模板区域的内容，将出现不一致的区域名称对话框，也可使用此方法。

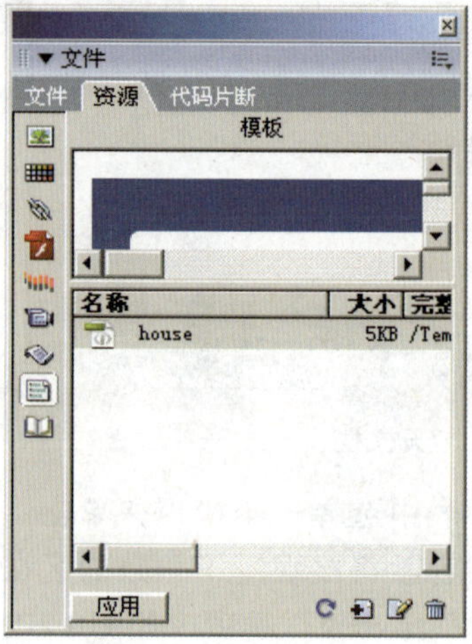

图 12-31　“资源”面板

12-3　管理站点中的模板

当站点日益扩大的时候，它所使用的模板数量也随之增长。通过“模板”面板对用户模板进行全面管理。打开“资源”面板，在面板中的左侧包含了所有网页元素的功能列表，选择左侧的模板图标，站点中所有的模板文件会在右边的列表框中列出，选中其中一个模板文件，在它的上方就会显示该模板的样式预览图。

12-3-1　修改模板

如果对现有模板的设计样式不满意，可以对模板进行修改。更改并保存模板时，Dreamweaver 可以自动更新基于该模板的所有文档，也可以手动更新基于模板中的文档。

>>01 选择模板图标，站点中的所有模板就会列在右边的列表框中。选中要修改的模板，单击右下角的“修改”图标，如图 12-32 所示。

>>02 在操作窗口中出现模板文档，对模板修改完后，执行“文件”|“保存”命令，此时 Dreamweaver 会提示是否要对应用了该模板的所有网页进行更新，如图 12-33 所示。

图 12-32 修改模板

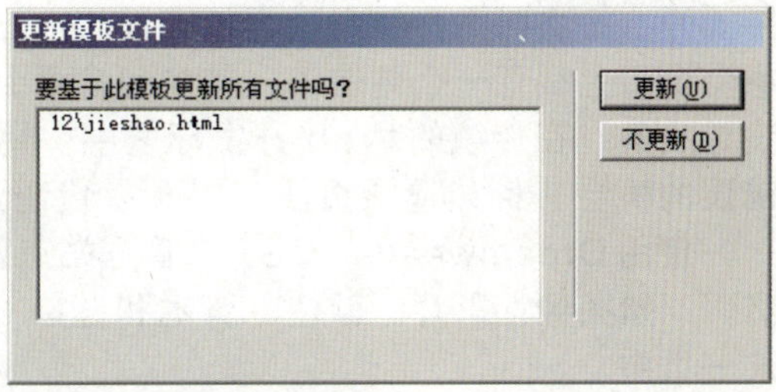

图 12-33 提示对话框

03 单击“更新”按钮，系统将更新所有应用此模板的网页，同时系统弹出更新结果，如图 12-34 所示。如果不想在此时更新当前应用此更改过的模板的网页，可以执行“修改”|“模板”|“更新当前页”命令或“更新网页”命令也可以完成这项操作。

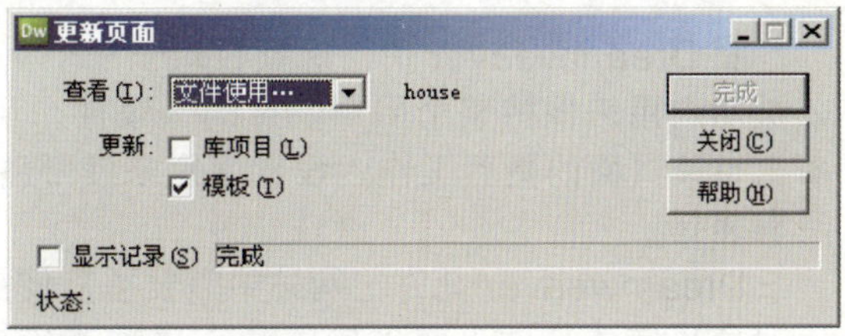

图 12-34 “更新页面”对话框

12-3-2 把页面从模板中分离出来

如果想要对应用了模板的页面的锁定区进行修改，必须先将页面从模板中分离。一旦页面被分离出来，就可以像没有应用模板一样编辑，但当模板被更新时，此时分离后的页面已不包含模板了，页面将不能被更新。

01 打开要分离的页面文档。执行“修改”|“模板”|“从模板中分离”命令，页面文档从模板中分离，如图 12-35 所示。

02 页面被分离出来后所有的区域都变为可编辑区，此时可以像没有应用过模板时一样对其进行编辑，如图 12-36 所示。

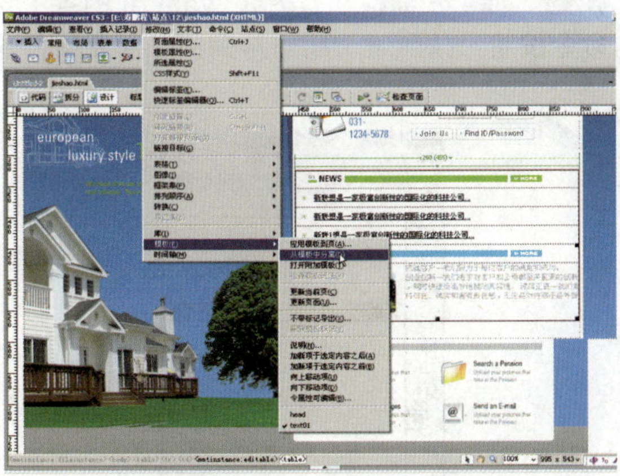

图 12-35 “从模板中分离”命令

图 12-36 分离后处于可编辑状态

12-4 创建与应用库项目

库项目可以用来保持整个用户站点效果的一致性。在用户使用 Dreamweaver 创建和编辑网站的时候，经常会遇到重复使用某一组功能的情况。比如，导致设置字体颜色和大小，编排格式等，每次都需要重新进行效果设置，这样很容易出错，导致工作效率的降低。假设用户在每个页面上都有一个导航条，其中包含着到站点中所有页面的链接。很可能用户最终需要改变该导航条。在传统的 Web 开发环境中，用户必须修改每一个单独的页面。这样将会增加产生错误的机会，例如遗漏页面，以及将代码添加到错误的地方。

使用 Dreamweaver CS3 来管理站点资源，可以轻松地跟踪和预览已存储在站点中的多种资源，如图像、影片、颜色、脚本和链接，也可以将某种资源直接拖至当前文档以将其插入到某一页中。

12-4-1 关于库项目

在 Dreamweaver 中，库项目对于一个 Web 页面的设计和开发人员来说有着重要意义。可以被用户用来保持整个用户站点的一致性。用户可以通过重复使用库，来轻松地完成 Web 页面上相关页面的更新工作。设计库用来使那些需要重复性更新的工作更快、更容易和尽可能地没有差错。

Dreamweaver 允许把网站中需要重复使用或需要经常更新的页面元素（如图像、文本或其他对象）存入库中，存入库中的元素称为库项目。

在文件中加入一个库项目时，Dreamweaver 插入的是 HTML 代码的备份，并且生成一个原始外部库项目的关联。外部库项目的关联用于一次修改整个站点中的内容，可以执行“修改”|“库项目子菜单中”命令来完成操作。Dreamweaver 会自动在每个站点的根目录中生成一个用来保存库项目的 Library 文件夹。

这样，通过修改库项目，然后使用“更新”命令，即可实现整个网站各页面上与库项目相关内容的一次性更新。

12-4-2 使用“库”面板

Dreamweaver 的库控制中心是“资源”面板中的库。在这里，用户可以找到用于创建、更新和管理库项目的工具。

执行“窗口”|“资源”命令或者按【F11】键，打开“资源”面板，选择最下方的“库”选项，显示“库”子面板中的内容，如图 12-37 所示。“库”子面板和 Dreamweaver 的各主要面板一样灵活和易于使用，其中带有简单直观的命令按钮，按照字母顺序排列的可用库项目列表和一个便于观看的预览窗格。

使用 Dreamweaver 的库子面板，可以很容易地添加和修改对于整个 Web 站点都一致的对象要使用库项目，用户必须首先为 Dreamweaver 创建一个站点根目录，同时创建一个独立的库文件夹来容纳单个库项目。在更新的过程中，Dreamweaver 将使用该文件夹。

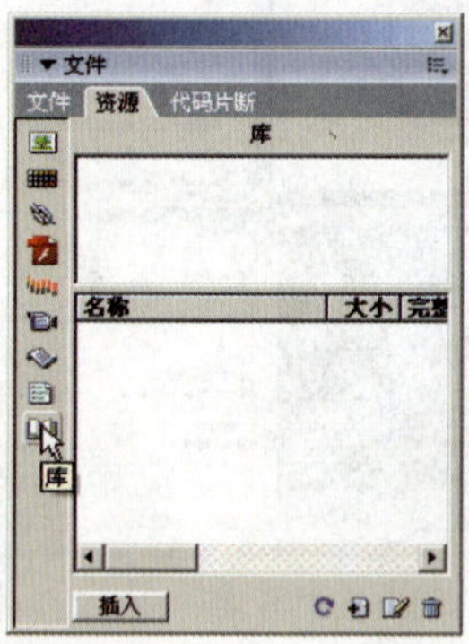

图 12-37 “库”子面板

12-4-3 创建库项目

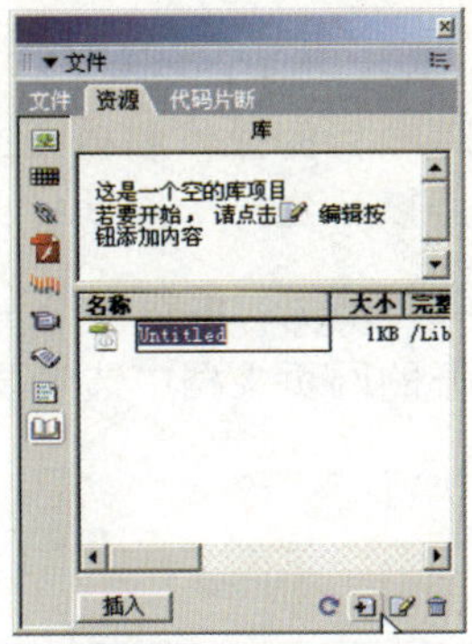

图12-38　创建库项目

库可以包含文档body部分的任何元素，如文本、表格、表单、图像、Java小程序、插件和ActiveX元素等。Dreamweaver保存的只是对被链接项目（如图像）的引用。原始文件必须保留在指定的位置，这样才能保证库项目的正确引用。

创建库项目时，先选取文档body（主体）的某一部分，然后由Dreamweaver将选择的部分转换为库项目。用户在插入或更新库项目之前，相应的项目必须指定到Web页面中。在没有打开网页文档，或者没有选中网页元素的情况下，也可以直接创建一个库项目。

执行"窗口"|"资源"命令，打开"资源"面板，在"资源"面板左栏中选择"库项目"图标，在库项目界面的右下角，单击"新建库元素"按钮，如图12-38所示。

一个新的无标题的库项目将被添加到面板中的列表里，为新建的库项目命名为"daohang"。双击该库项目可以在文档窗口中打开它，如图12-39所示。

文档标签会显示"daohang.lbi"，在库文档中添加库项目元素，插入表格，在表格中添加图像，如图12-40所示。

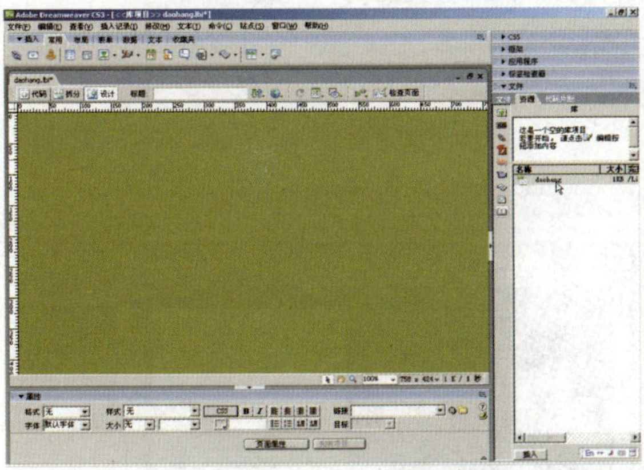

图12-39　在文档中打开库项目

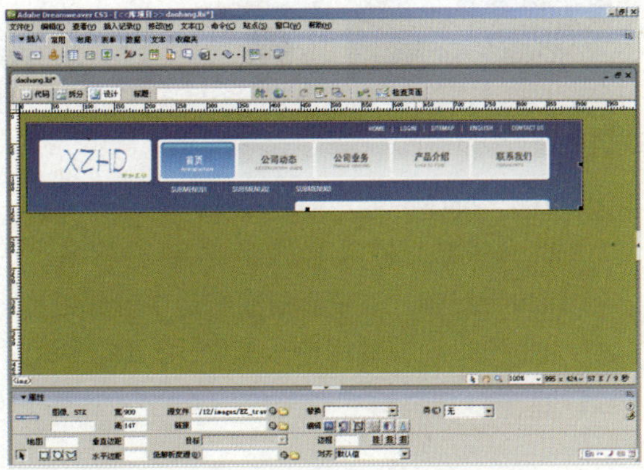

图12-40　插入图像

执行"文件"|"保存"命令，保存库文件。Dreamweaver会在站点本地根文件夹的Library文件夹中，将每个库项目都保存为一个单独的文件（文件扩展名为*.lbi），在"资源"面板中也可看到库文件的预览图像，如图12-41所示。

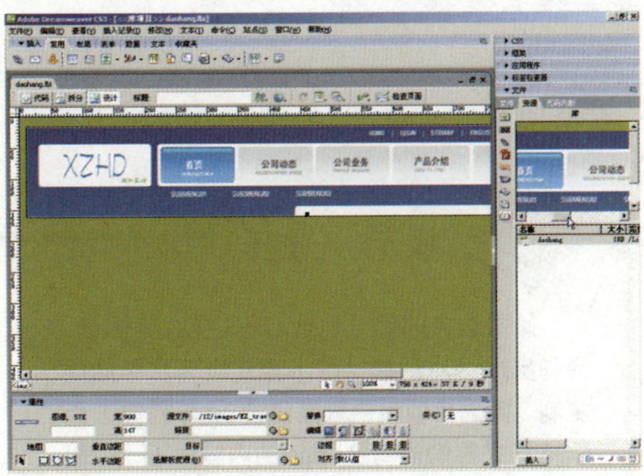

图12-41　保存库文件

12-4-4 基于选定内容创建库项目

库项目的操作和模板的操作一样，可以从已有的网页中选择要创建为库项目的内容，也可以直接新建一个库项目，然后对这个库项目进行编辑和删除等操作。

>>01 在“站点”面板中打光盘中开素材文件“13\house.html”，将其显示在操作窗口中，在打开的网页文档中选中要作为库项目的图像，如图 12-42 所示。

>>02 执行“修改”|“库”|“增加对象到库”命令或在“资源”面板的“库项目”子面板的右下角，单击“新建库项目”按钮，如图 12-43 所示。

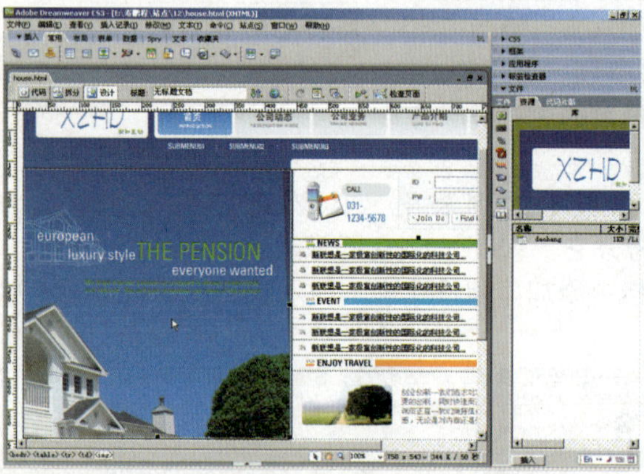

图 12-42　打开文档

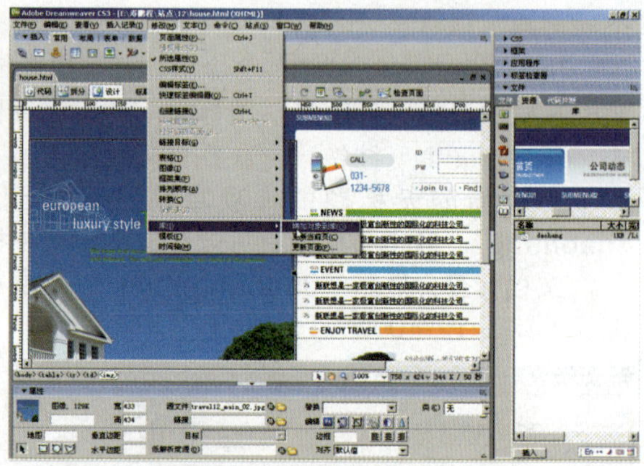

图 12-43　“增加对象到库”命令

>>03 单击“确定”按钮。在“库”面板中会新建一个库，输入指定的名称，然后按【Enter】键，系统会自动将选中的部分作为库项目添加到库中，如图 12-44 所示。

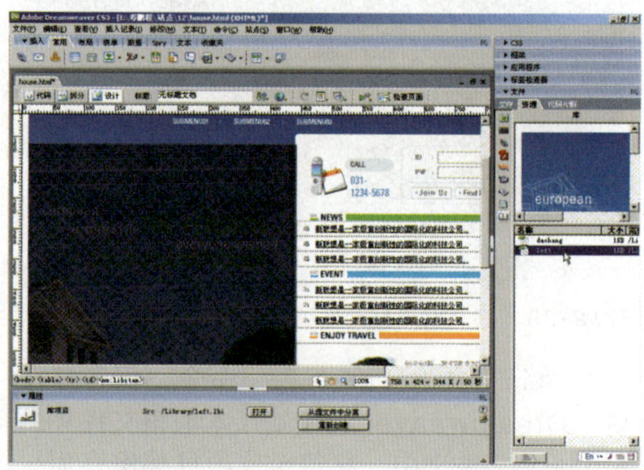

图 12-44　添加到库中

提示 · 技巧

如果选中的部分包含 CSS 样式等信息，会弹出提示对话框，提示样式表信息不能被复制。因为库项目中只能包含 body 对象，而 CSS样式等的代码是head的内容；“行为”面板被禁止使用是因为它像 body 一样将代码插入了 head，如图 12-45 所示。

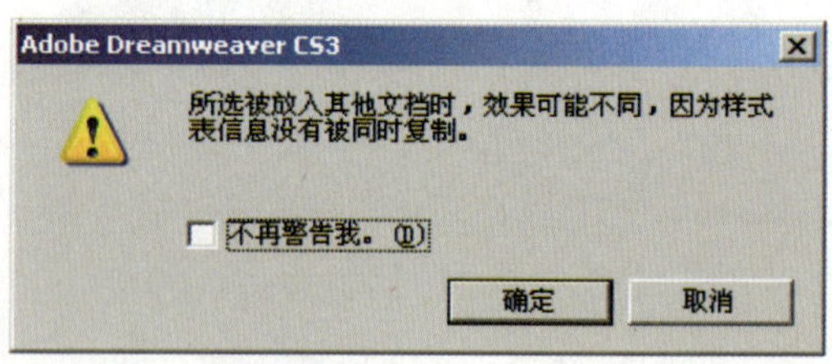

图 12-45　提示对话框

12-4-5 应用库项目

库项目创建好后，就可以应用到网页文档中了。使用“库”子面选项板将这些项目添加到页面中，就像拖动和放置它们一样简单。把库项目添加到页面时，实际内容和对项目的引用就会插入到文档中。此时，无须提供原项目就可正常显示。

用户必须首先创建一个Web站点，然后指定库项目。一旦这些项目存在，那么就可以将相应的项目添加到站点中创建的页面上。

01 在“站点”面板中打开素材文件CHhuanjin.htm，将其显示在操作窗口中。把光标置于文档窗口要插入项目的位置。在“资源”面板的库操作界面上选中要添加的库项目，如图12-46所示。

02 从“库”子面板拖动项目到文档窗口，或者选取一个项目“daohang”，然后单击左下角的“插入”按钮，库项目当中的元素就被插入到指定的位置，如图12-47所示。

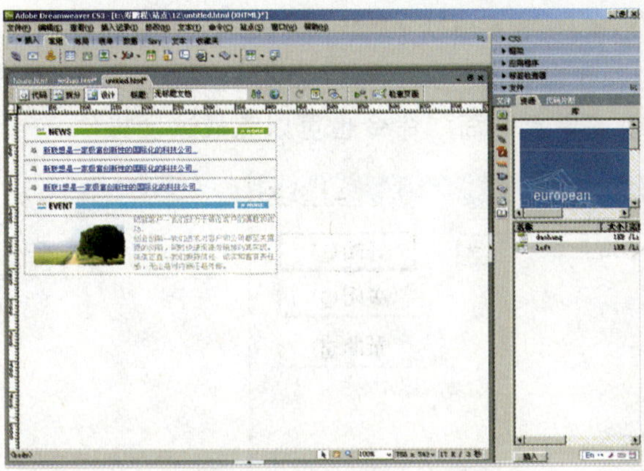

图12-46　打开文档

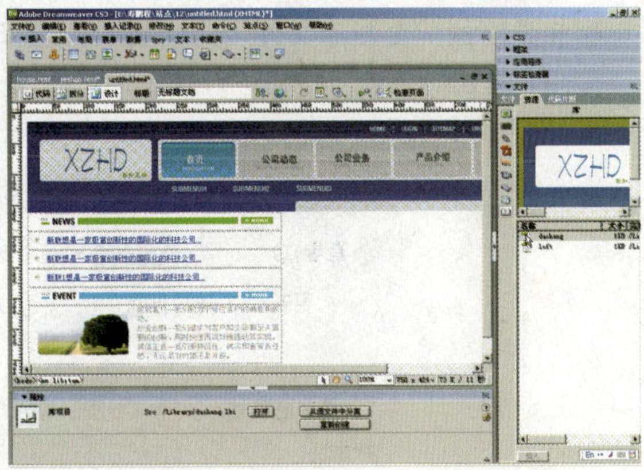

图12-47　插入“库”元素

03 如果要在文档中插入项目内容，但又不想在文档中创建该项目的实例，则必须断开文档中项目和库之间的链接。首先在当前文档中选择库项目，在属性检查器中，单击“从源文件中分离”按钮，即可断开链接，如图12-48所示。当对库项目发生更改时不会更新该实例。

图12-48　“库项目”属性面板

当Web页的某个部分被指定为库项目时，在文档窗口中，整个项目采用黄色被高亮显示。高亮显示将有助于快速地分辨出是否是库项目。如果用户发现黄色的高亮显示会分散注意力，那么可将它禁用。

执行“编辑”|“首选参数”命令，使用“首选参数”命令可以定义模板和库的页面属性，如图12-49所示。在应用模板之后，如果需要修改文档的页面属性，必须通过修改模板的页面属性，

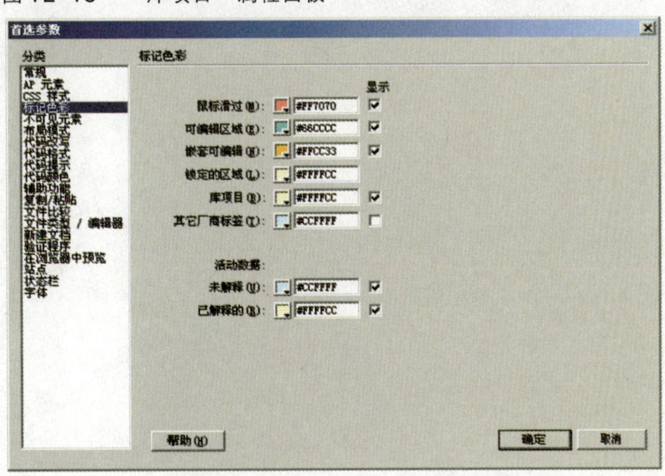

图12-49　“标记色彩”选项

然后更新使用该模板的页面。通过设置模板和库项目的参数，可以改变在操作中的模板和库的显示。

在弹出的“首选参数”对话框左边的“分类”列表框中，选择“标记色彩”选项，则在右边的设置区域中可以进行相应的颜色设置。选中各项颜色文本框后面的“显示”复选框，可以对相应的内容进行标记；清除此复选框，则不对这些相应内容进行标记。

12-4-6 修改库项目

编辑一个库项目修改它的原始项目文件。Dreamweaver 会选择更新当前站点中所有使用了这个项目的文件并重命名项目，这同模板的修改是一样的。

01 打开“资源”面板中的“库”子面板，选择一个库项目，单击“库”面板底部的“编辑”按钮图标，或者双击此项目，Drearmweaver 将会为编辑库项目打开一个新窗口。编辑库项目，然后“保存”按钮。

02 在弹出的“更新库文件”对话框中，选择是否修改本地站点中所有使用这个库项目的文件。单击“更新”按钮进行修改，同时弹出“更新页面”对话框，如图12-50所示。执行“修改”|“库”中的“更新当前页”命令或“更新页面”命令也可以完成这项操作。

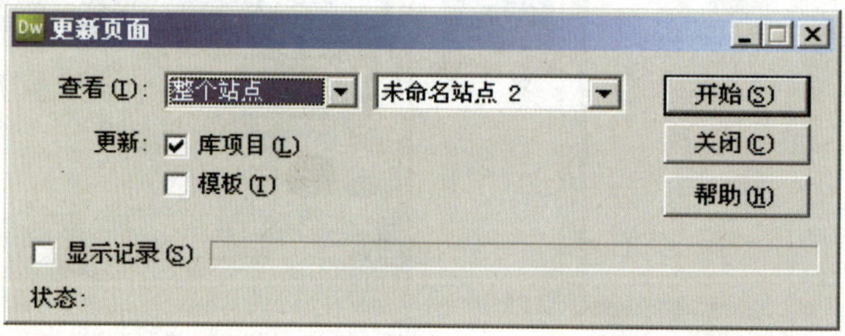

图12-50 “更新页面”对话框

Chapter 13

表单与 Spry 的应用

Chapter 13 表单与 Spry 的应用

表单在 Web 上有很多用途，包括调查、电子商务、客户订单等。每个表单都需要在 Web 服务器上进行某种类型的连接，这种连接通常采取脚本的形式，除了设计表单之外，还必须执行一个可以对表单信息进行收集和处理的脚本程序。

在 Dreamweaver CS3 中，Adobe 添加了一系列预制的组件，帮助用户更加轻松快捷地构建 Ajax 页面。这些组件包括 Spry XML 数据集、Spry 区域、Spry 表和 Spry 菜单栏等。不擅长编程的人员可以通过修改它们来制作页面。

13-1 创建表单

在 HTML 中，表单支持交互功能，同时表单可以收集来自用户的信息，提供将用户的信息传送回 Web 站点到达创建者和管理者的可能性。

表单由两个部分组成：HTML 和脚本程序。HTML 主用描述表单的样子，脚本程序用来处理提交的信息，如 CGI、ASP 等。使用 Dreamweaver 可以给表单添加对象，还可以通过使用行为来验证用户输入信息的正确性。Perl 是最常用的表单处理脚本语言，其他可选的语言还有 C、Java 等。

13-1-1 创建 HTML 表单

在 Dreamweaver 中，可以插入表单。将光标放置在要插入表单的地方，然后执行“插入记录”|“表单”命令或选择插入栏上的“表单”插入栏，然后单击“表单”图标，如图 13-1 所示。

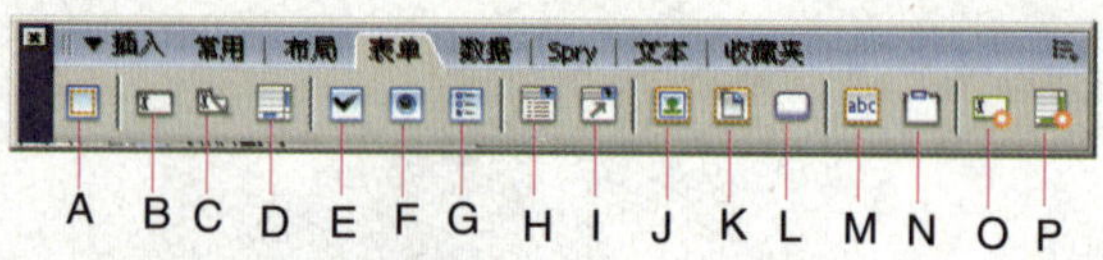

图 13-1 “表单”插入栏

A- 插入表单：在当前光标位置插入表单。

B- 插入文本框：插入可输入文本的文本框。

C- 插入隐藏区域：插入隐藏字段，使用户看不到后台的传输值。

D- 插入文本区域：插入能够输入多行文字的文本区域。

E- 插入复选框：插入能够同时选择多个选项的复选框。

F- 插入单选按钮：插入只能选择一个选项的单选按钮。

G- 单选插入栏：为了同时插入多个单选按钮，使用单选按钮组。

H- 插入列表 / 菜单：插入列表框，可以选择列表框中某个选项。

I- 插入跳转菜单：选择其中某个选项可以切换到相应的 URL。

J- 插入图片域：插入图像形式的按钮。

K- 插入文件域：插入将数据从网页传输到服务器的文件字段。

L- “插入”按钮：插入可传输内容的按钮。

M- 插入标签：利用<lable></lable>标签为表单的要素指定名称。

N- 插入字段集：利用<fieldset><legend>标签将边框应用于字段集。

O-Spry 验证文本域：单击此按钮可以验证文本域。

P-Spry 验证文本区域：单击此按钮可以验证文本区域。

Dreamweaver 会插入一个伸展至整个文档窗口的红色虚线轮廓来表示表单，如图 13-2 所示。如果没有显示所创建的表单，执行“查看”|“可视化助理”|“不可见元素”选项，就可以将红色虚线显示在文档窗口，如图 13-3 所示。

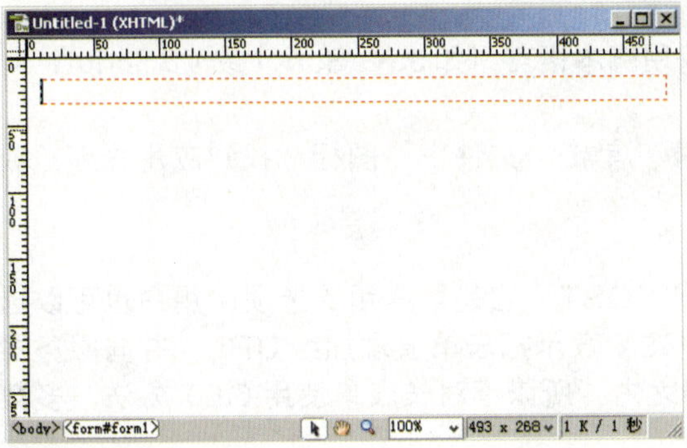

图 13-2　插入表单区域

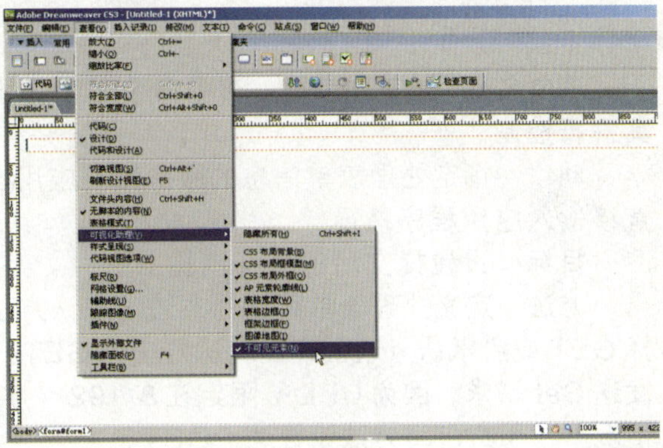

图 13-3　“不可见元素”命令

选中表单后，打开“属性”面板，在“属性”面板中设置表单属性，在 Dreamweaver CS3 的“插入”面板上的“表单”插入栏，可以看到其他表单“对象”按钮。在 Dreamweaver 中，表单的输入类型叫做表单对象。可以通过“插入”面板上的“表单”插入栏来创建表单对象。

13-1-2　给表单添加对象

Dreamweaver 表单可以包含标准对象，如文本域、按钮、图像域、复选框、单选按钮、列表 / 菜单、文件域及隐藏域等对象。将插入点放置在表单中表单对象出现的位置，然后执行“插入记录”|“表单”命令选择或者在“插入”面板的“表单”插入栏中选择表单对象。如图 13-4 所示，为使用表单对象的页面。

图 13-4　“表单”页面

13-2　表单对象的属性设置

表单提供了各种输入方式，这些输入方式大多与一些动态的数据有关，比如在 Internet 上浏览页面时，一些内容要求输入口令，或是在一个调查表中输入内容、个人资料等。

利用“插入”面板的“表单”插入栏，可以给表单添加对象。插入一个表单对象后，选中该表单对象，可以在其“属性”面板中，查看和修改它的属性。

13-2-1　表单

在文档窗口中，单击表单轮廓将其选定。在“属性”面板中查看和修改它的各种属性。表单的“属性”面板的说明，如图 13-5 所示。

图 13-5　表单“属性”面板

表单名称：给表单命名。表单命名之后就可以用脚本语言（如 JavaScript 或 VBScript）对其进行控制。

动作：指定处理表单信息的服务器端应用程序。单击“文件夹”图标，找到应用程序，或直接输入应用程序路径。

目标：设置提交后的目标浏览器。

方法：定义处理表单数据的方法。默认方法是 POST，它是最常用的选项。用户也可以选择 GET 或者默认（通常这里默认方法为 GET），GET 表示把表单值添加给 URL，并向服务器发送 Get 请求。因为 URL 被限定在 8 192 个字符之内，所以不对长表单使用 GET 方法。多数情况下，用户应将方法设置为 POST。

MIME 类型：指定提交给服务器处理的数据 MIME 编码方式。默认设置通常与 POST 方法协同使用。

13-2-2　文本字段

文本字段是可以输入文本内容的表单对象。一般分为 3 种：单行文本字段、多行文本字段、密码字段。虽然单行文本框和多行文本框是两种表单对象，但它们的“属性”面板是一样的。

创建单行文本字段

执行“插入记录”|“表单”|“文本字段”命令或单击“插入”面板里“表单”插入栏中的“文本框”按钮图标，就创建了一个单行文本字段，如图 13-6 所示。在添加文本对象时，如果网页中不存在表单域，则系统会提示用户是否添加表单标签，如图 13-7 所示。

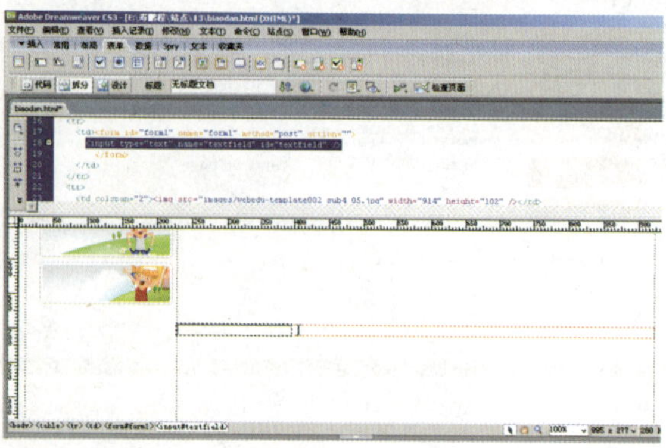

图 13-6　插入“文本字段”

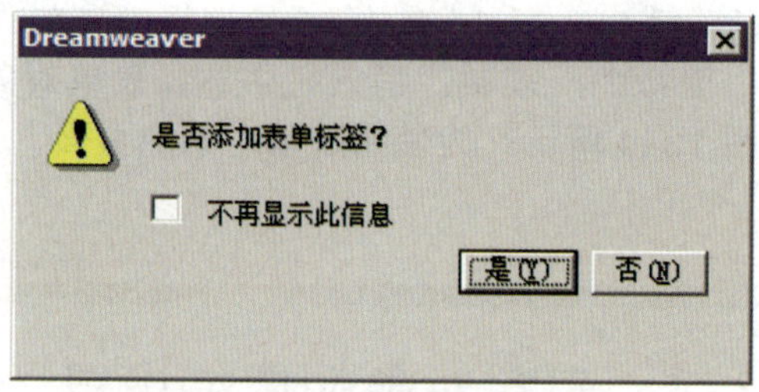

图 13-7　提示对话框

使用鼠标选中该文本字段，用户可以在“属性”面板上进行相应的属性设置，单行文本字段的“属性”面板具体说明，如图 13-8 所示。

图 13-8　文本域“属性”面板

文本域：为文本字段输入一个名字，而且这个名字必须保证是唯一的，因为表单中文本字段的名字不允许重复并且名字中不能出现空格。

字符宽度：设置域中最多可显示的字符数，一般此数字可以小于最多字符数。

最多字符数：设置单行文本域中最多可输入的字符数。使用“最多字符数”可以限制输入字符的个数，例如将邮政编码限制为5位数或者将密码限制为10个字符等。如果将“最多字符数”文本框保留为空白，则用户可以输入任意数量的文本。如果文本超过域的字符宽度，文本将滚动显示；如果用户输入超过最大字符数，则表单产生警告。

类型：指定域为单行、多行还是密码单选按钮。

初始值：指定在首次载入表单时域中显示的值。例如，通过包含说明或示例值，可以指示用户在域中输入信息。

类：用户可以将CSS规则应用于对象。

创建多行文本字段

创建多行文本字段的方法同创建单行文本字段完全一样，所不同的是在“属性”面板中的类型选项中选择“多行”单选按钮，效果如图13-9所示。插入一个多行的文本域，其作用与“多行”文本框是一个意思。对于单行文本域而言，用户可以通过在“最多字符数”文本框中输入数值来限定输入的字符数目，但多行文本区域与之不同，用户不能对输入到多行文本区域中的字符数进行限制。

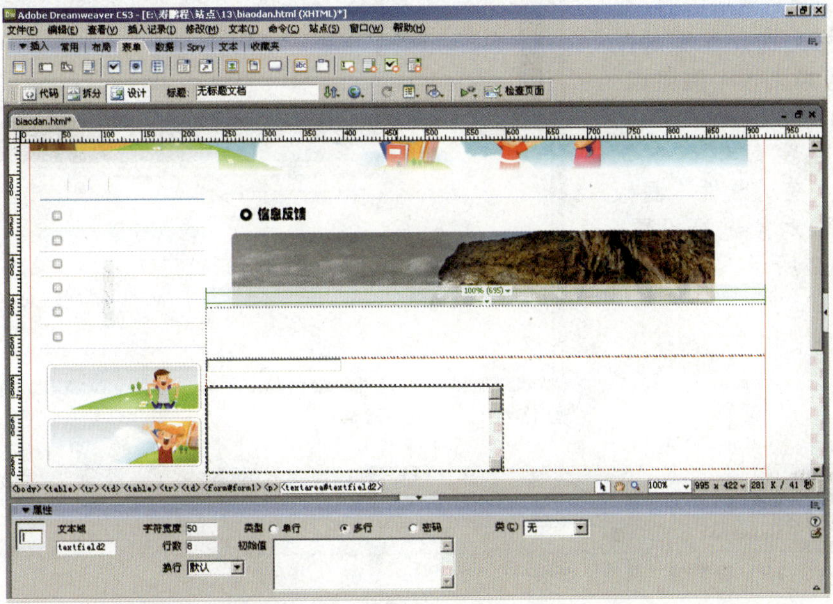

图13-9　创建多行文本字段

在选中“多行”单选按钮时，“属性”面板中的“换行”选项变为可用，用于指定当用户输入的信息较多，无法在定义的文本区域内显示时，如何显示用户输入的内容。“换行”下拉列表的选项中包含关闭或默认、虚拟和实体3个选项：

关闭或默认：表示防止文本换行到下一行。当用户输入的内容超过文本区域的右边界时，文本将向左侧移动。

虚拟：表示在文本区域中设置自动换行。当用户输入的内容超过文本区域的右边界时，文本自动换行到下一行。

实体：在文本区域设置自动换行，当提交数据进行处理时，也对这些数据设置自动换行。

创建密码字段

创建密码字段的方法同上，首先创建一个单行文本字段，然后在其“属性”面板的“类型”中选择“密码”单选按钮，这样当用户在密码文本域中输入时，输入内容显示为项目符号或星号，以保护输入信息不被其他人看到。按【F12】键，在IE浏览器中预览密码域效果，如图13-10所示。

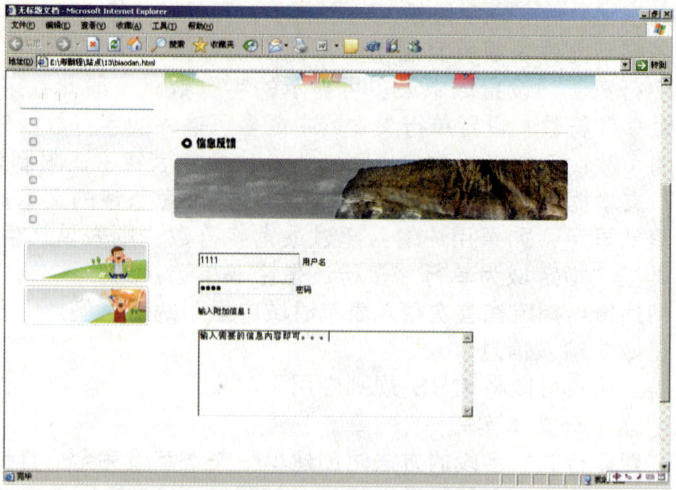

图13-10　创建“密码字段”

13-2-3　隐藏域

隐藏域是用来收集或发送信息的不可见元素，对于浏览者来说，隐藏域是不可见的。在“插入”菜单中的“表单”插入栏上选择隐藏域图标，即可插入一个隐藏域，如图13-11所示。

在文档窗口中选中隐藏域对象，在“属性”面板中对隐藏域对象进行设置，如图13-12所示。

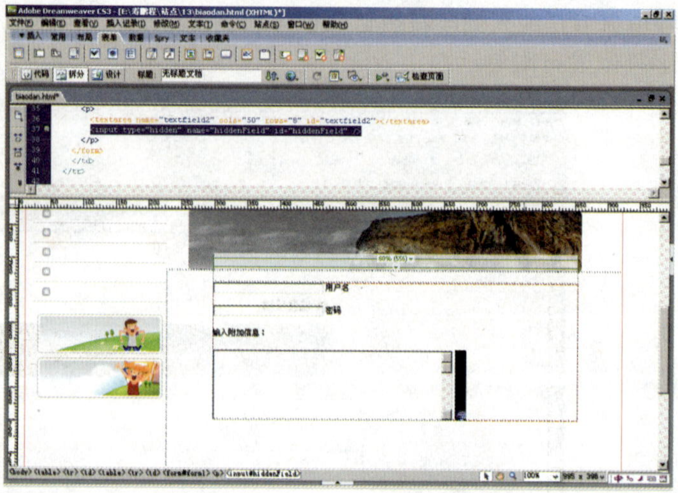

图13-11　创建隐藏域

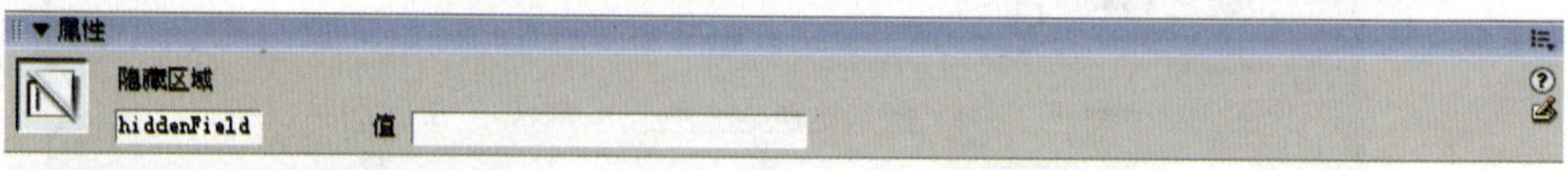

图13-12　隐藏域“属性”面板

隐藏区域：指定该隐藏域的名称。

值：设置为该域指定的值。该值将在提交表单时传递给服务器。

13-2-4　文本区域

文本区域实际上就是文本字段的延伸，它的用法同多行文本字段一样，在“表单”插入栏上选择“文本区域”图标，即可插入。

13-2-5 复选框

复选框允许存在待选选项中选择一项以上的内容，每个复选框都是独立存在的，所以每个复选框必须有一个唯一的名字。在插入栏的“表单”插入栏上，选择复选框图标，即可插入一个复选框表单。如图13-13所示。

选中一个复选框对象，即可在“属性”面板中进行属性设置，如图13-14所示。

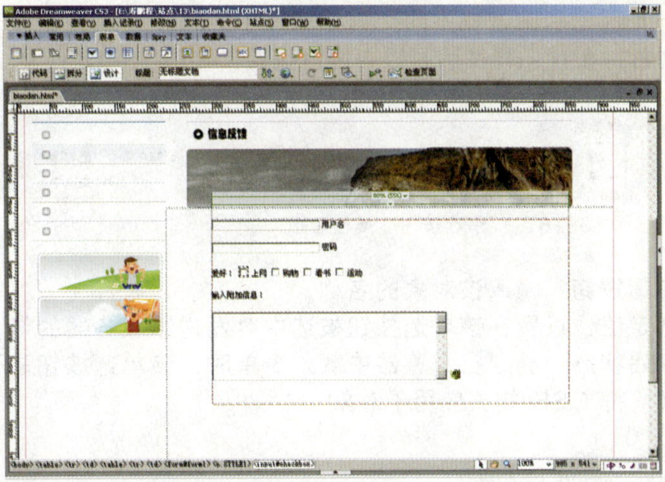

图13-13 创建复选框

图13-14 复选框属性面板

复选框名称：设置复选框的唯一名称。与其他表单对象一样，可以在复选框“属性”面板中的文本框中，为复选框设置一个独特的名字。如果用户没有指定名称，Dreamweaver会提供插入一个默认的名称。

选定值：设置在该复选框被选中时发送给服务器的值。

初始状态：确定在浏览器中载入表单时，该复选框是否被选中。默认情况，一个复选框的起始状态是“未选中状态”。

类：将CSS样式应用于对象。

当用户选择复选框时，在“选定值”文本框中输入需要传送给程序的信息。用户可以改变起始状态，只须设置“初始状态”为“未选中”单选按钮。反复在插入栏的“表单”插入栏上选择复选框图标，可以创建更多复选框。

13-2-6 单选按钮

单选按钮只允许用户在待选项中选择唯一答案。单选按钮都是以组为单位使用的，同一组中的单选项必须用同一个名称，但它们的域值必须是不同的。在插入栏的“表单”插入栏上，选择单选按钮图标插入一个单选按钮，反复进行该项操作，可以插入多个对象，如图13-15所示。

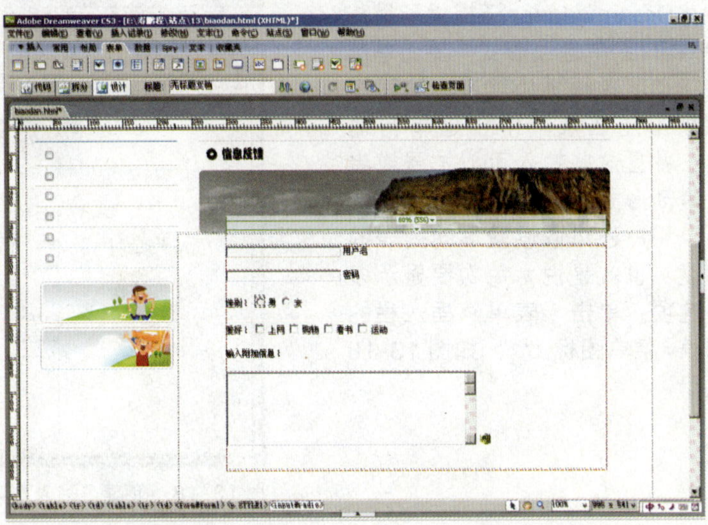

图13-15 创建单选按钮

与复选框和文本域不同，一组选项中的每个单选按钮没有独特名称，选中其中一个单选按钮对象，在其“属性”面板中进行设置，如图13-16所示。

图13-16 “单选按钮”属性面板

单选按钮：输入该对象的名称。

选定值：设置在该单选按钮被选中时发送给服务器的值。

初始状态：确定在浏览器中载入表单时，该单选按钮是否被选中。

类：将CSS样式应用于对象。

13-2-7 单选按钮组

用户可以用单选按钮一个一个地创建选择项，也可以用单选按钮组来同时创建多个单选按钮供用户选择，在创建多项选项时，单选按钮组比单选按钮的操作显得更快捷，更简便。单击“表单”插入栏的“单选按钮组”图标，出现添加单选按钮组对话框，如图13-17所示。

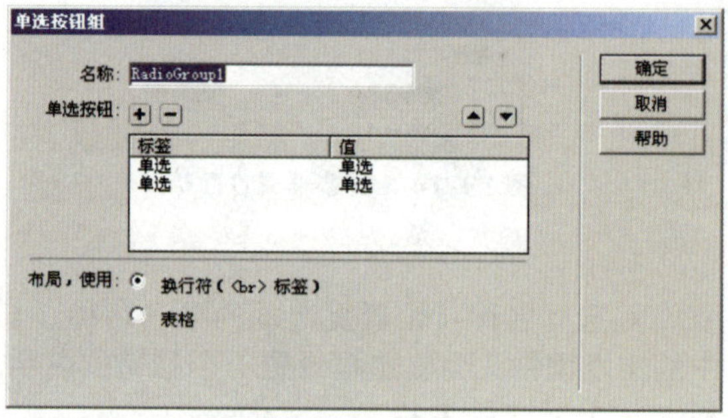

图13-17 “单选按钮组”对话框

名称：输入该“单选”按钮组的名称。

单选按钮：单击加号“+”按钮向组添加单选按钮。如果需要，单击Lable和Value为新按钮输入标签和选定值。单击向上或向下箭头重新排序这些按钮。

布局，使用：选择在Dreamweaver对这些按钮进行布局时使用的格式。可以使用换行符或表格来设置这些按钮的布局。如果单击“表格”单选按钮，则Dreamweaver创建一个单列表，并将这些单选按钮放在左侧，将标签放在右侧。

13-2-8 列表/菜单

Dreamweaver还提供了另一种列表/菜单选项形式，要比单选按钮和复选框更为复杂。这两个对象都能在表单中创建单行输入，并且这些输入可以扩展或者以滚动形式来显示所有的可用选项。用户还可以设置滚动列表的高度，也就是说，每次要显示多少选项。单击“表单”插入栏的列表/菜单图标，如图13-18所示。

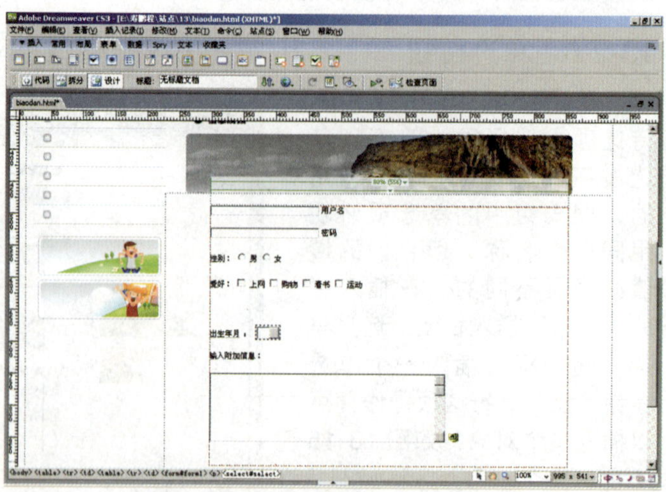

图13-18 创建“列表/菜单”表单

打开“属性”面板，单击“列表值”按钮，进行参数设置，在项目标签中输入“1986”，单击“+”号按钮，继续添加更多年月，如图13-19所示。

完成后，按【F12】键，在IE浏览器中预览列表/菜单效果，如图13-20所示。

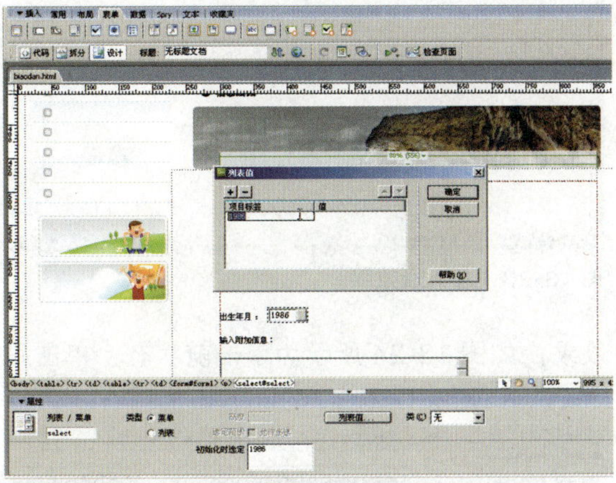

图13-19　“列表值”对话框

图13-20　列表/菜单效果

列表/菜单最大的优点是能够在有限的空间里列出多个选项。选中插入的列表/菜单对象，进行列表/菜单的属性设置，如图13-21所示。

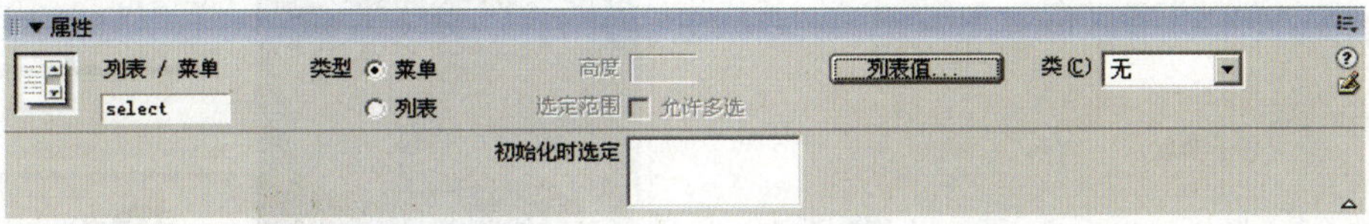

图13-21　列表/菜单“属性”面板

列表/菜单：输入列表的名称。

类型：设置对象的类型，指定此对象是弹出菜单还是滚动列表。如果希望表单在浏览器中显示时仅有一个选项可见，则选择“菜单”单选按钮。对于列表，可以设置高度，即在网页不滚动情况下显示选项数；通过选择“允许多选”复选框，也可以设置是否允许用户从列表中选择多项。

高度：设置列表显示的行数。

选定范围：选择“允许多选”复选框，表示允许浏览者选择多项。

列表值：设置列表的列表项，单击列表值按钮，会弹出“列表值”对话框。单击列表值对话框上的加号（+）按钮和减号（－）按钮来增加或删除列表中的列表项。

类：将CSS样式应用于对象。

13-2-9　跳转菜单

跳转菜单是利用菜单表单元素形成各种选项的列表，一旦选中某个选项，浏览器就会立即跳转到一个新网页。跳转菜单的更新也是非常容易的，它的更新不需要转接其他网页。由于受JavaScript驱动，跳转菜单可以实现动态地随时更新。单击“表单”插入栏的“跳转菜单”图标，会出现“插入跳转菜单”对话框，在对话框中设置其参数，如图13-22所示。

单击“确定”按钮，在文档中将自动创建一个列表选项以及在后面插入一个“前往”按钮。单击此按钮将跳转到所设置的路径页面，如图13-23所示。

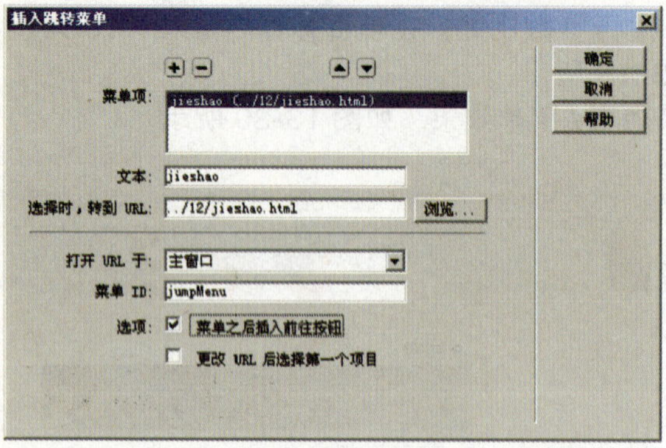

图 13-22 “插入跳转菜单”对话框

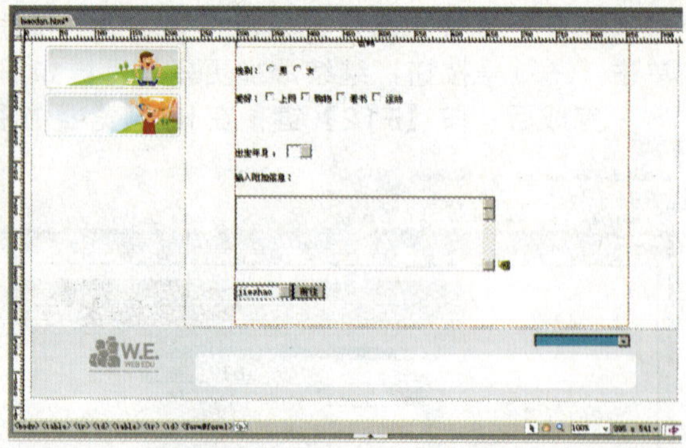

图 13-23 插入后效果

按【F12】键，在 IE 浏览器中测试跳转菜单效果，如图 13-24 所示为单击前状态，单击后效果如图 13-25 所示。

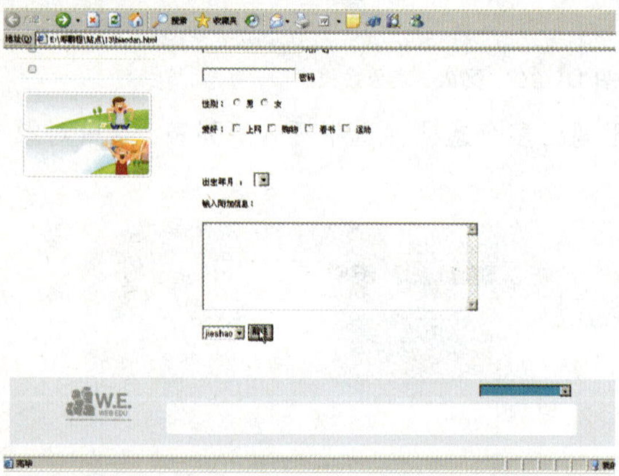

图 13-24 单击前状态

图 13-25 单击后状态

文本：输入要在菜单列表中显示的文本。

选择时，转到 URL：单击文件夹图标并通过浏览找到要打开的文件，或者在文本框中输入该文件的路径。

打开 URL 于：选择文件的打开位置。选择“主窗口”表示在同一窗口中打开文件，选择框架则表示在所选框架中打开文件。

菜单名称：输入菜单项的名称。

菜单之后插入前往按钮：可添加一个“前往”按钮，不是菜单选择提示。

更改 URL 后选择第一个项目：如果要使用菜单选择提示（如“选择其中一项”），可选择该复选框。

设置好一个菜单项，单击“+”号按钮添加一个菜单项，再次单击该按钮添加另一个菜单项。选定一个菜单项，然后单击“-”号 按钮将其删除。使用上下方向指示键可在列表中向上或向下移动此菜单项。

提示 · 技巧

此时跳转菜单的“属性”面板实际上与列表/菜单的“属性”面板是一样的，所不同的是在类型选项里选用的是菜单类型。

13-2-10 图像域

在页面中插入图像域能够使网页更加丰富多彩、赏心悦目。单击“表单”插入栏中“图像域”图标，出现“选择图像文件”对话框，选择一张图片作为表单对象，如图13-26所示。在IE浏览器中效果如图13-27所示。

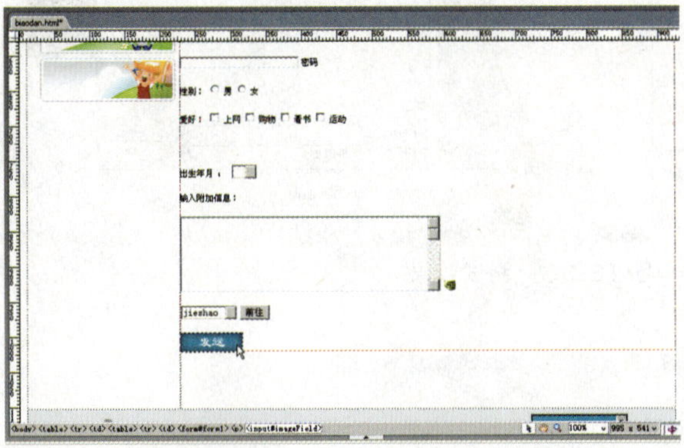

图13-26　插入图像域

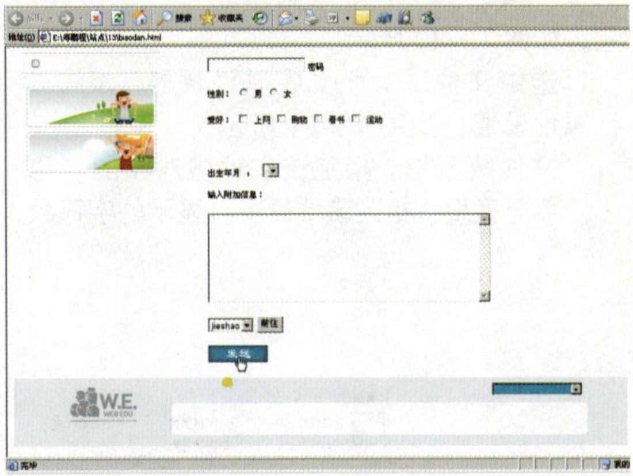

图13-27　测试效果

用户可以在一个表单中使用多个图像域，这样能为使用者选择一个图形，选择插入的图像域对象，设置其属性，如图13-28所示。

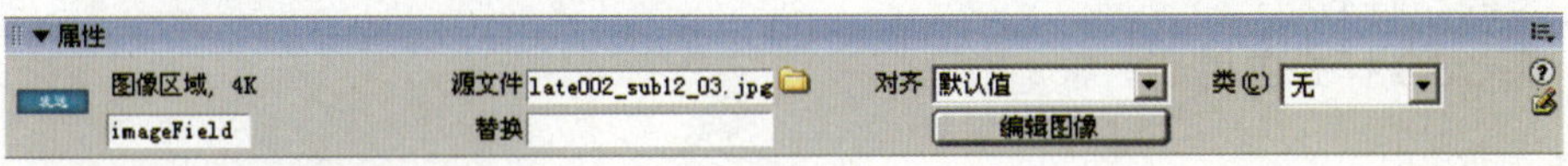

图13-28　图像域属性面板

图像区域：为该按钮指定一个名称。

源文件：单击右边文件夹图标，可指定要为该按钮使用的图像。

替换：用于输入描述性文本，如果图像在浏览器中载入失败，将显示该替代文本。

对齐：设置对象的对齐属性。

编辑图像：启动默认的图像编辑器并打开该图像文件进行编辑。

类：将CSS样式应用于对象。

13-2-11 文件域

文件域对象和文本框对象相比，增加了一个“浏览”按钮。浏览者可以通过这个按钮来选择需要上传的文件。单击“表单”插入栏的文件域图标，如图13-29所示。

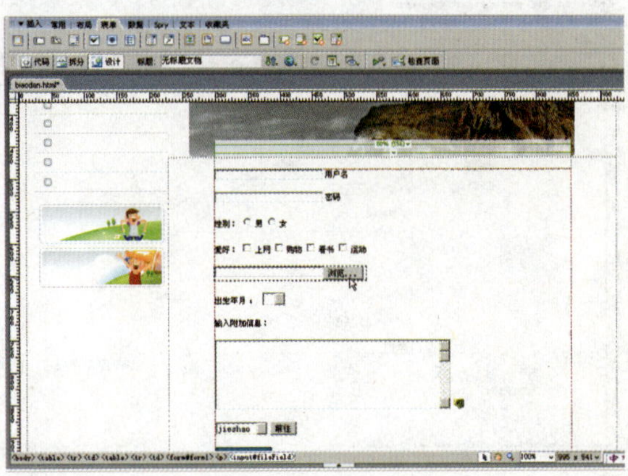

图13-29　插入文件域

完成后，Dreamweaver 会自动插入一个文本框，用于输入文件名，并且右边还有一个“浏览”按钮。在浏览器中，用户选择“浏览”按钮会显示一个标准的“打开文件”对话框，从这里文件能够被选定与表单放在一起。如图 13-30 所示。

图 13-30 测试效果

选中文件域对象，在其“属性”面板进行属性设置，如图 13-31 所示。

文件域名称：指定该文件域对象的名称。

字符宽度：指定该域最多可显示的字符数。

图 13-31 “文件域”属性面板

最多字符数：指定域中最多可容纳的字符数。如果用户通过浏览来定位文件，则文件名和路径可超过指定的最多字符数的值。如果输入文件名和路径，则文件域允许输入最多字符数值所指定的字符数。

类：将 CSS 样式应用于对象。

13-2-12 按钮

按钮对于 HTML 表单而言是必不可少的，按钮的用处很多，如可以控制表单的处理等。用户可以在一个页面上放置所有表单对象，但除非使用按键，否则在客户端和服务器之间就不会产生交互作用。

HTML 提供了 3 种基本类型的按钮：提交、重设和无。可以单击“表单”插入栏的图标按钮，来创建一个按钮对象，如图 13-32 所示。

设置按钮对象的属性，选中该按钮对象，在按钮“属性”面板中将显示出动作，“提交表单”单选按钮类型已被选定（这是默认方式）。要得到“重设”按钮，选择“重设表单”单选按钮；要得到“命令”按钮，选择“无”单选按钮，如图 13-33 所示。

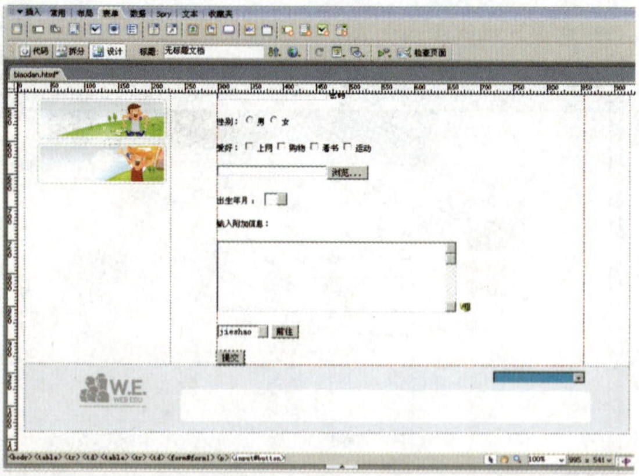

图 13-32 插入“提交”按钮

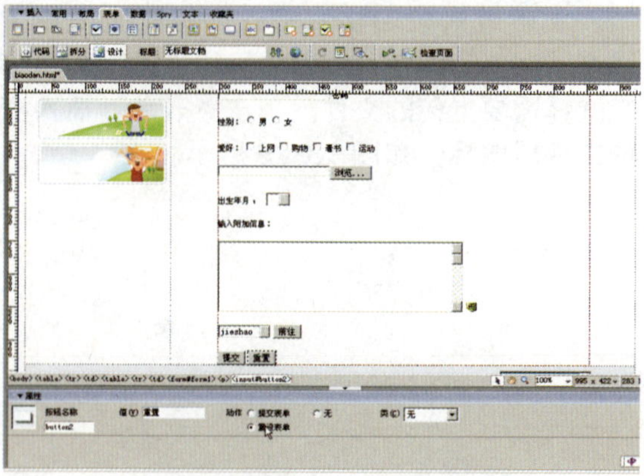

图 13-33 插入“重置”按钮

按钮名称：为该按钮指定一个名称。提交和重置是两个保留名称，提交通知表单将表单数据提交给处理应用程序或脚本，重置将所有表单域还原为其原始值。

标签：在按钮上显示的文本。

动作：确定单击该按钮时发生的操作。“提交表单”表示当单击该按钮时处理提交表单数据；“重置表单”表示当单击该按钮时将清除该表单的内容；“无”表示单击该按钮时要执行的操作。

类：将CSS样式应用于对象。

13-2-13 标签

标签对象是Dreamweaver CS3新支持的表单对象，单击插入栏上“表单”插入栏的标签图标，这时，需要在代码视窗中设置标签文字，并设置标签属性。

13-2-14 字段集

同标签对象一样，字段集对象也是Dreamweaver CS3新支持的表单对象，单击插入栏上“表单”插入栏的“字段集对象”图标，系统会出现输入字段集中提示文字的对话框，如图13-34所示。完成后，按【F12】键，在IE浏览器中预览效果，如图13-35所示。

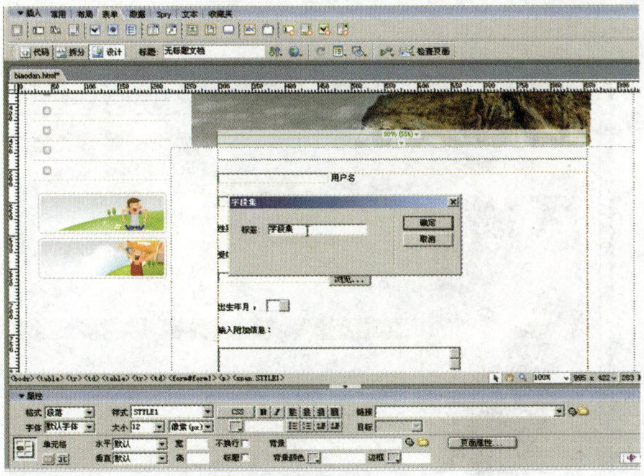

图13-34 “字段集”对话框

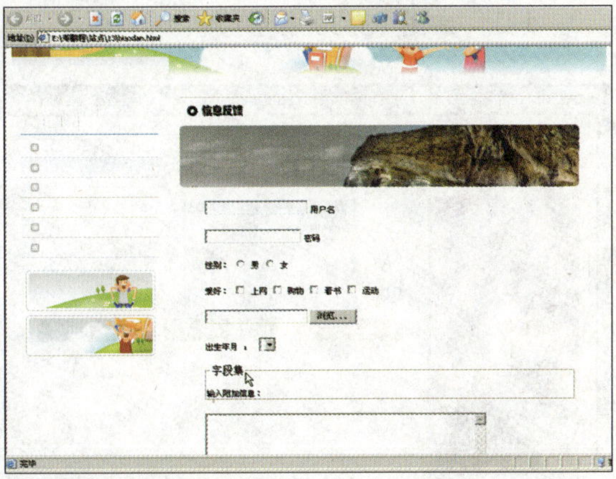

图13-35 预览效果

13-3 Spry的应用

Spry菜单栏的功能主要是为了在制作网页过程中减少设计者对菜单栏的操作步骤，有了Spry菜单栏可以减少不必要的操作。应用此菜单栏可以直接创建简单的菜单栏。下面具体介绍Spry菜单栏在网页中的应用。

13-3-1 在网页中应用Spry菜单栏

01 打开光盘中素材文件夹中的“13\Spry.html”文件，将其显示在窗口中。将光标置入在要应用Spry菜单栏的位置，如图13-36所示。

02 选择Spry插入栏，单击“Spry菜单栏”按钮，或者执行“插入记录”|Spry|“Spry菜单栏”命令，如图13-37所示。

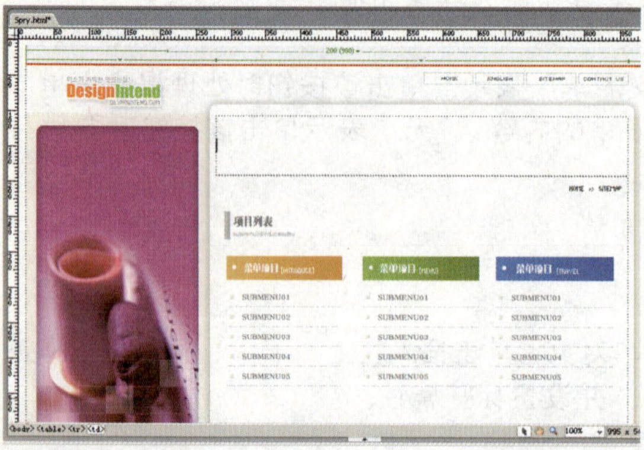

图 13-36　将光标置入在要应用 Spry 菜单栏的位置

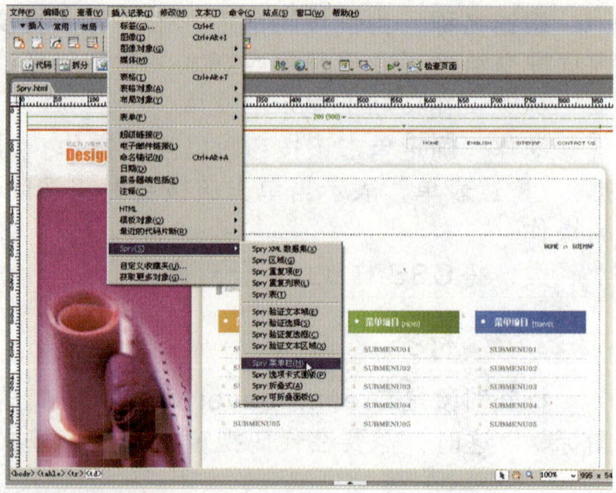

图 13-37　插入 Spry 菜单栏

>>03 弹出“Spry 菜单栏”对话框，在对话框中有两种菜单栏的选择方式，“水平”和“垂直”，在此选择“水平”单选按钮，如图 13-38 所示。

>>04 单击“确定”按钮，此时水平的 Spry 菜单栏即插入到指定的位置中，其默认状态为 4 个项目，如图 13-39 所示。

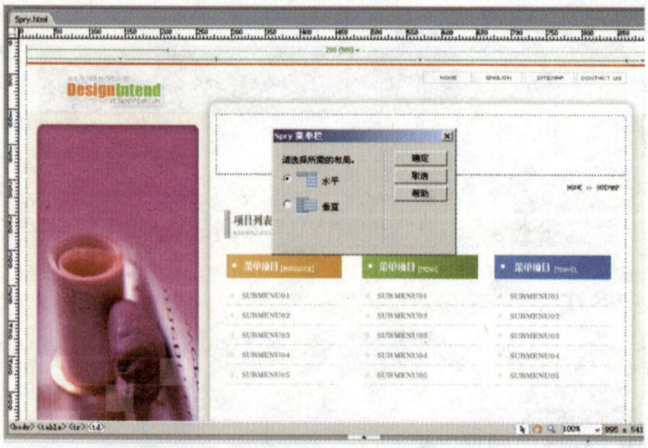

图 13-38　“Spry 菜单栏”对话框

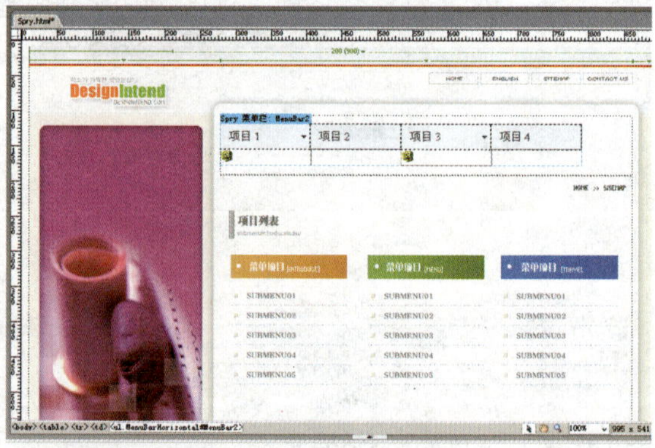

图 13-39　应用 Spry 的效果

>>05 单击选中 Spry 菜单栏，打开“属性”面板，其属性如图 13-40 所示。其第一列为菜单项目，选中项目 1，在右侧的“文本”文本框中可以更改其名称。例如，更改为“首页”，如图 13-41 所示。

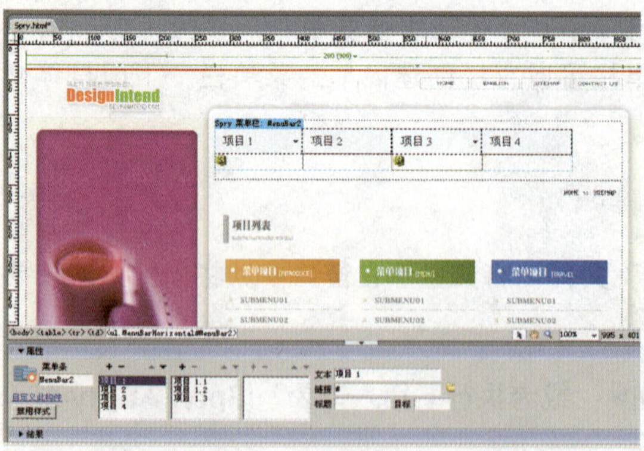

图 13-40　打开“属性”面板

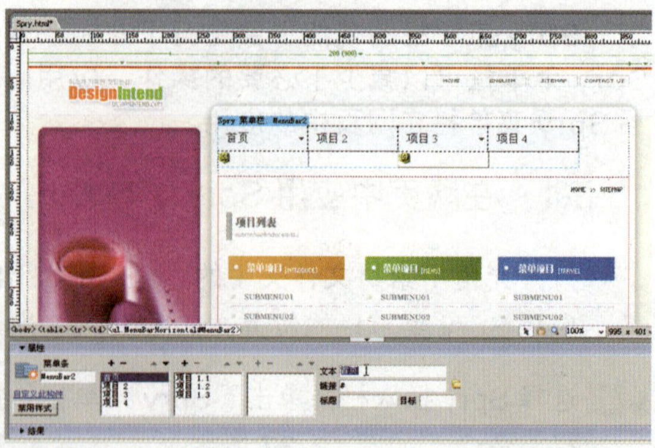

图 13-41　更改名称

>>06 同步骤05操作依次更改其他3个菜单项目的标题文本。如果制作的页面所需的菜单项目超过了默认的4个选项，则可以单击“+”号按钮，添加菜单项。此例就使用默认的4项，如图13-42所示。

>>07 现在所需的菜单项目已经完成，接下来制作其他4个项目的子级菜单栏。单击选中“首页”项目，选中后，在第2列中将出现3个子项目菜单，分别将3个子项目菜单选中，并依次单击“-”号按钮，将其删除，因为首页无须子项目，如图13-43所示。

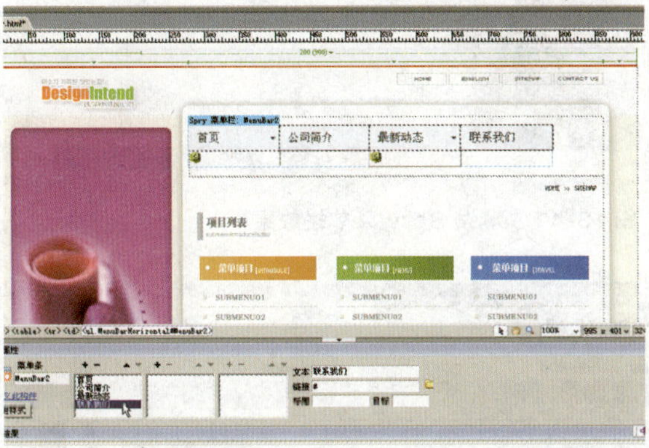

图13-42 添加菜单项

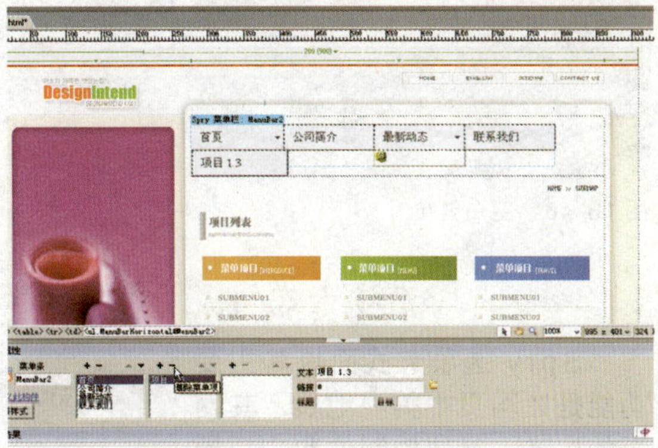

图13-43 删除菜单项

>>08 选中“公司简介”项目，单击子项目菜单的“+”号按钮，添加子菜单项目，连续单击两次，添加两个项目，并依次将其命名，如图13-44所示。

>>09 如果有必要的话，还可以为子项目菜单添加子菜单项目，在第3列中可以添加。选中“最新动态”项目，同步骤08操作，为其添加子菜单项目，如图13-45所示。

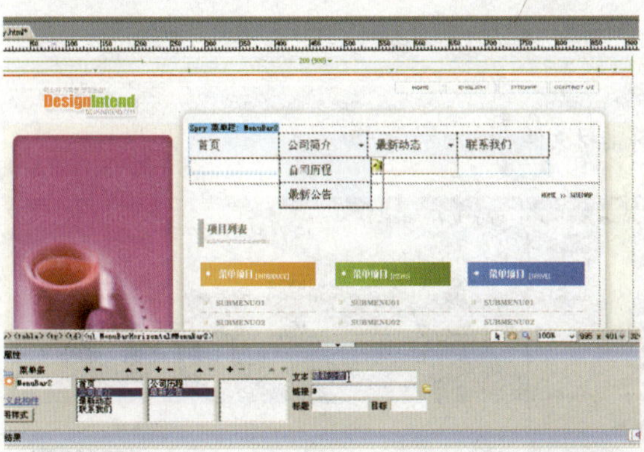

图13-44 添加子菜单项目

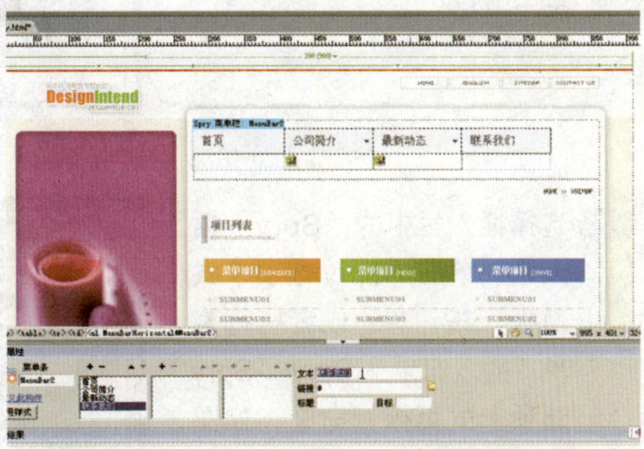

图13-45 为“最新动态”项目添加子菜单项目

>>10 同步骤07操作，选中“联系我们”项目，将其设置为默认状态，不需要添加任何子菜单项目。在左侧的链接处默认状态为“#”空白链接。如果需要链接到制作好的子页面中，只需在此输入子文件的链接路径即可，如图13-46所示。

>>11 按【F12】键，在IE浏览器中测试Spry菜单栏效果，如图13-47所示。

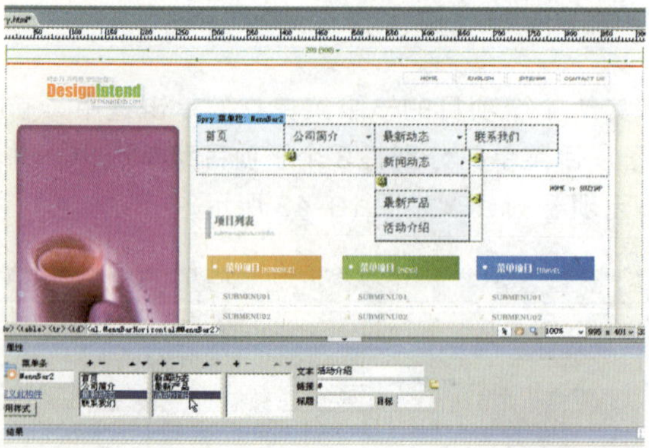

图 13-46　空白链接

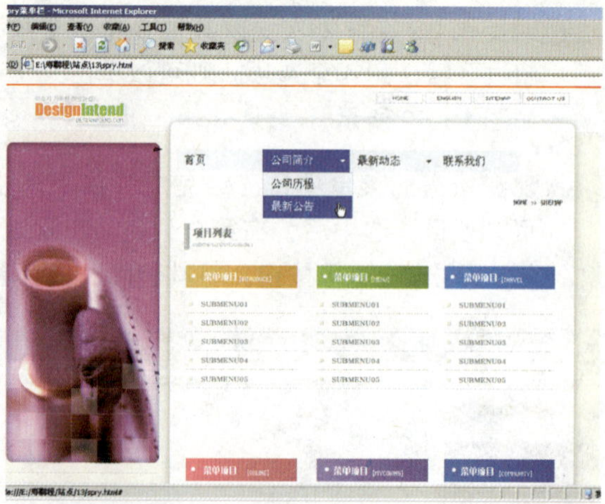

图 13-47　测试 Spry 菜单栏效果

13-3-2　Spry 选项卡式面板

Spry 选项卡式面板其主要功能是在网页中美观地展示其网页的内容。具体的制作和应用操作步骤如下。

>> 01 打开光盘中素材文件夹中“13\Spry2.html”文档，将其显示在文档窗口中。将光标置入在要应用 Spry 选项卡式面板的位置，如图 13-48 所示。

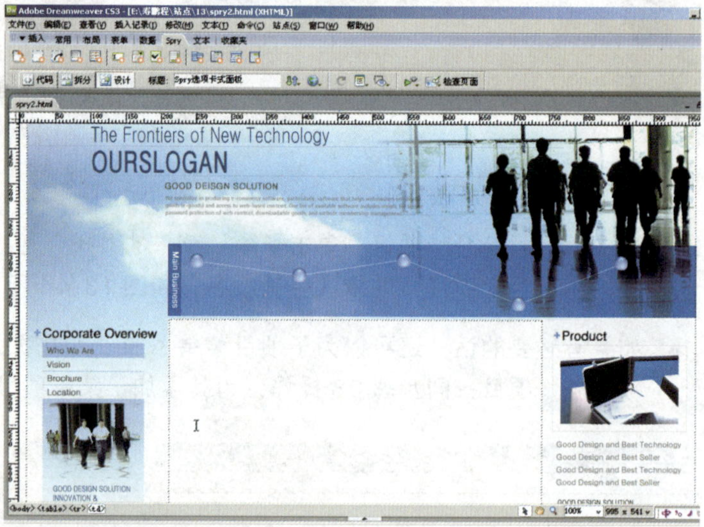

图 13-48　打开素材文件

>> 02 选择插入栏中的“Spry”插入栏，单击“Spry 选项卡式面板”按钮，或者执行菜单“插入记录”|Spry|“Spry 选项卡式面板”命令，如图 13-49 所示。

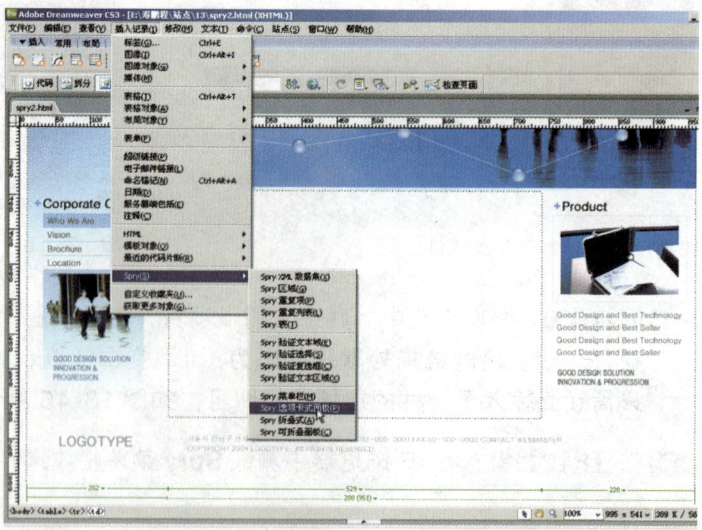

图 13-49　执行 Spry 选项卡式面板

>>03 插入Spry选项卡式面板，其默认状态上显示“Tab 1”、“Tab 2”和“内容1”文本，如图13-50所示。

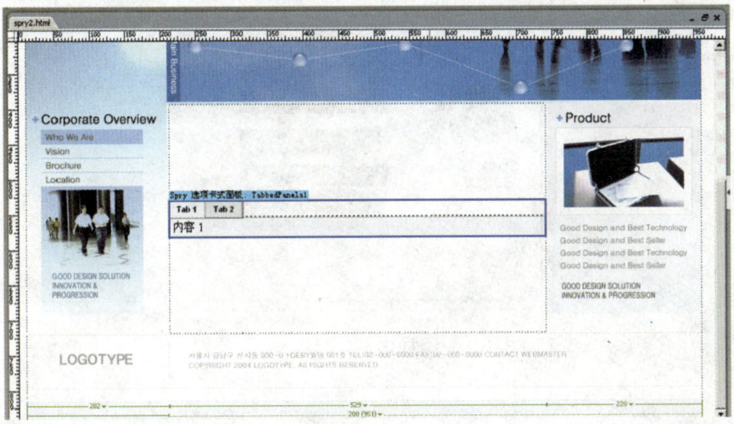

图13-50　显示“Tab 1”、“Tab 2”和“内容1”文本

>>04 将光标置入到Spry选项卡式面板中的“内容1”中，在表格中输入内容，如图13-51所示。

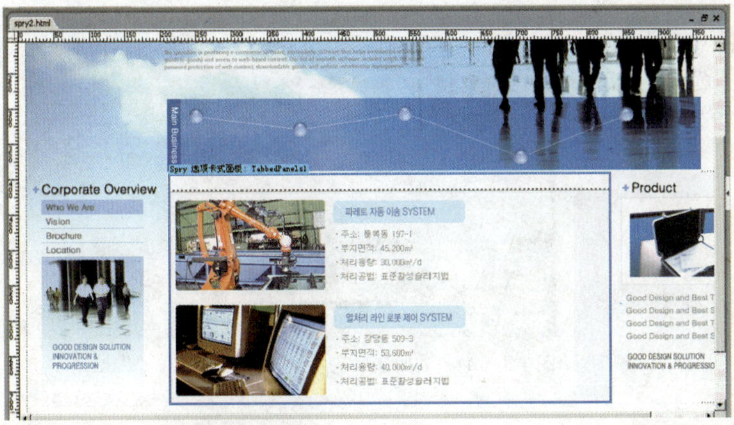

图13-51　在表格中输入内容

>>05 制作Tab 2选项卡中的内容。在文档中切换到Tab 2选项卡，需要打开“属性”面板，在“属性”面板中选中“面板”中的“Tab 2”选项，此时文档将切换到Tab 2内容选项中，如图13-52所示。

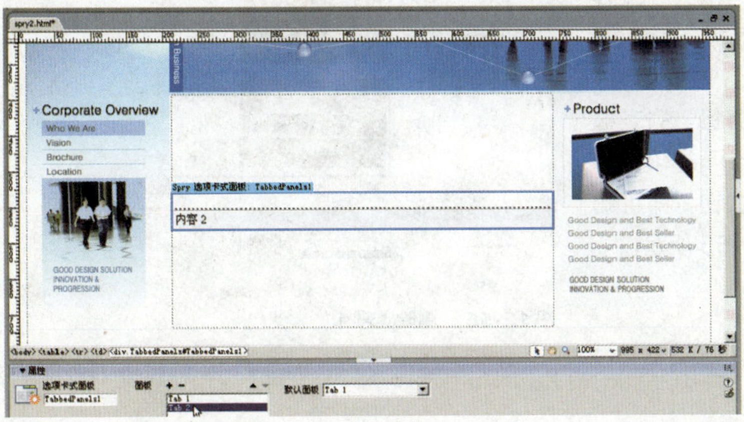

图13-52　选中“面板”中“Tab 2”选项

>> 06 将光标置入到“内容 2”的表格中，将所需添加的内容添加到此表格中，如图 13-53 所示。

图 13-53　添加内容

>> 07 如果制作的页面需要更多的选项卡内容，选中“spry 选项卡式面板”，打开“属性”面板，选择“属性”面板中的”面板”选项，单击“+”按钮，添加选项卡，如图 13-54 所示。

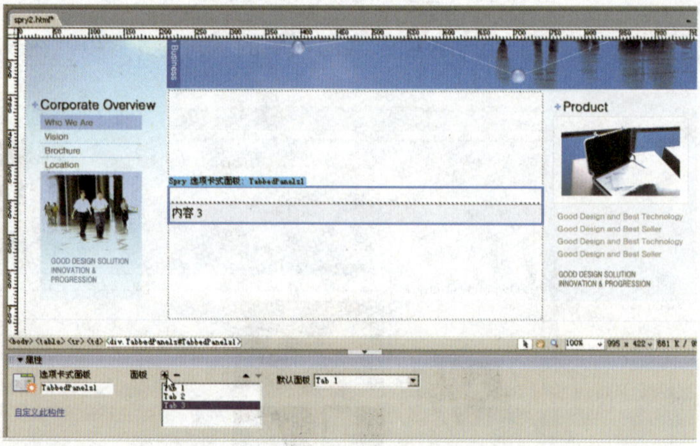

图 13-54　添加选项内容

>> 08 在此文档中，使用默认的两个选项卡，如果要删除多余内容的选项卡，只须选中文档中的“Spry 选项卡式面板”，打开“属性”面板，在“属性”面板中的“面板”列表框中选择“Tab3”选项，单击“－”号按钮，即可删除，如图 13-55 所示。

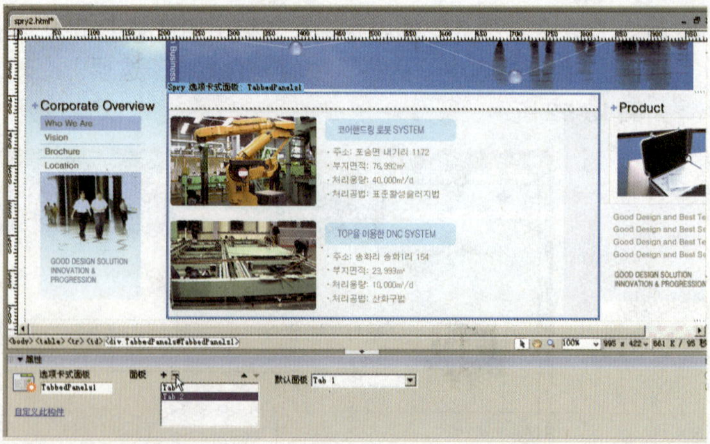

图 13-55　删除选项卡

09 按【F12】键，在IE浏览器中测试Spry选项卡式面板的效果。如图13-56与图13-57所示。

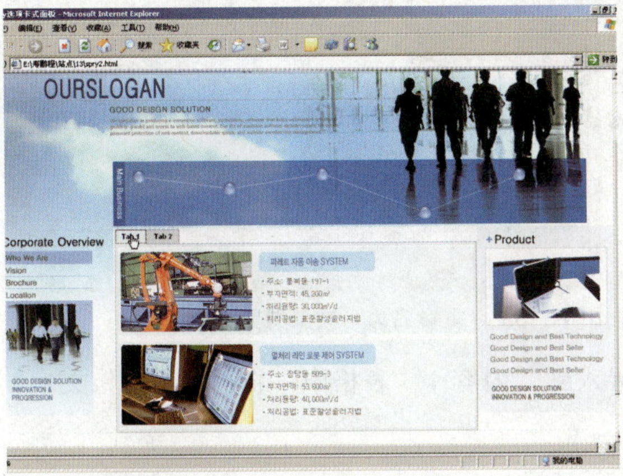

图13-56 测试Spry选项卡式面板的效果1

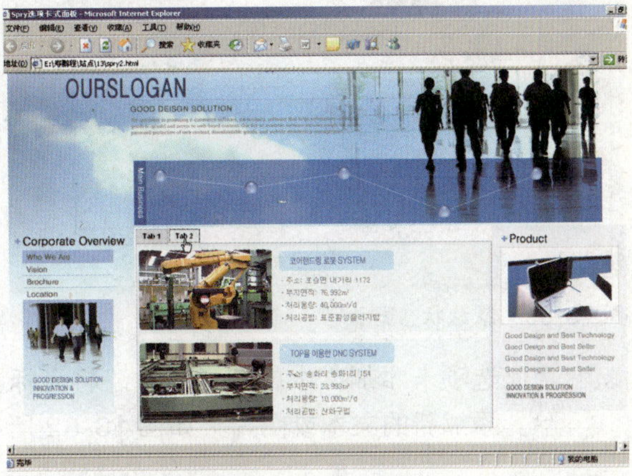

图13-57 测试Spry选项卡式面板的效果2

13-3-3 Spry折叠式

Spry折叠式的主要功能是在网页中美观地展示其网页的内容。它与Spry选项卡式面板的区别在于Spry折叠式展示内容的不同方式，其操作步骤如下。

01 打开光盘中素材文件夹"13\Spry3.html"文档，将其显示在文档窗口中。将光标置入到要应用"spry折叠式"内容的表格中，如图13-58所示。

02 选择"Spry"插入栏，单击"Spry折叠式"按钮，或者执行"插入记录"|Spry|"Spry折叠式"命令，如图13-59所示。

图13-58 打开素材文件

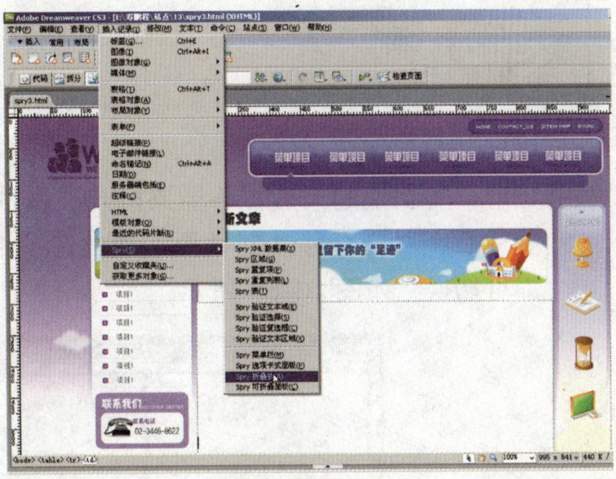

图13-59 执行"Spry折叠式"命令

03 插入Spry折叠式，其默认状态在网页上显示LABEL 1、LABEL 2和"内容1"文本，如图13-60所示。

04 将光标置入到Spry折叠式中的LABEL 1中，将此文本重命名为"文章浏览"，如图13-61所示。

图13-60 默认状态显示

图13-61 重命名为"文章浏览"

05 为此选项卡添加文本内容或图片。将光标置入到"内容1"表格中，将"内容1"文本删除，添加新的文本或图片，如图13-62所示。

06 切换到LABEL 2选项卡中，将其名称更改为"文章欣赏"，并选中文档中的Spry折叠式，打开"属性"面板，在"属性"面板中选中"文章欣赏"选项，切换到LABEL 2中，并为其添加内容，如图13-63所示。

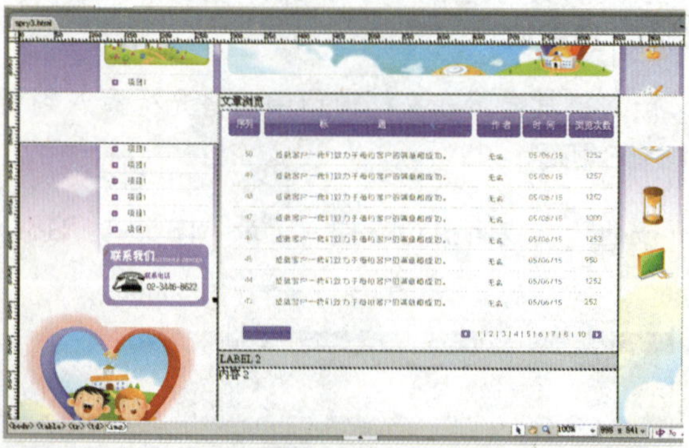

图13-62 添加新的文本或图片

图13-63 为"文章欣赏"选项卡添加内容

07 还有一种切换的方法，不需要打开"属性"面板可以直接切换，当选中文档中的Spry折叠式后，将光标移动到需要切换的选项卡上方时，会出现一个眼睛图标，单击此图标即可切换，如图13-64所示。

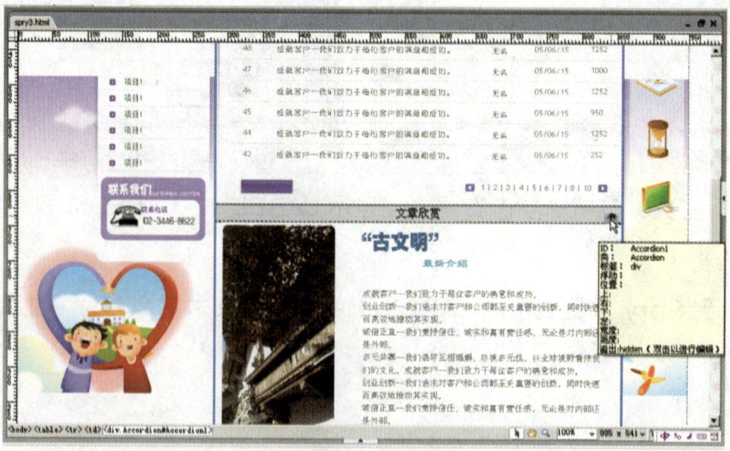

图13-64 单击眼睛图片进行切换

>>08 按【F12】键，在IE浏览器中测试Spry折叠式的效果，如图13-65与图13-66所示。

图13-65 测试Spry折叠式的效果1

图13-66 测试Spry折叠式的效果2

13-3-4 Spry可折叠面板

Spry可折叠面板的具体操作和应用步骤如下。

>>01 打开光盘中素材文件夹"13\Spry4.html"文档，将其显示在文档窗口中。将光标置入需要应用Spry可折叠面板的表格中，如图13-67所示。

>>02 选择的"Spry"插入栏，单击"Spry可折叠面板"按钮，或者执行"插入记录"|Spry|"Spry可折叠面板"命令，如图13-68所示。

图13-67 打开素材文件

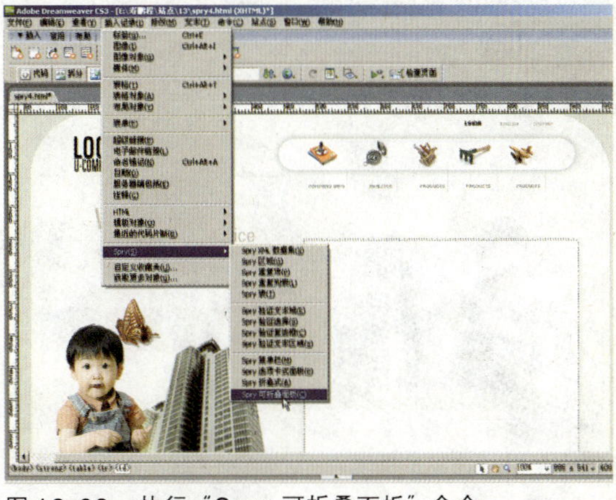

图13-68 执行"Spry可折叠面板"命令

>>03 插入Spry可折叠面板，其默认状态在网页上显示"Tab"和"内容"文本，如图13-69所示。

>>04 将光标置入到Spry可折叠面板中的"内容"中，将所须添加的文档内容添加到此表格中，如图13-70所示。

图 13-69　网页显示内容

图 13-70　添加内容

05 选中文档中的 Spry 可折叠面板，在其“属性”面板中可以进行相关的设置，一般设置使用默认设置，选择“启用动画”复选框，如果不选中，则在预览时，其效果不进行动画切换，如图 13-71 所示。

06 按【F12】键，在 IE 浏览器中进行测试，观察单击前后效果对比，如图 13-72 与 13-73 所示。

图 13-71　选择“启用动画”复选框

图 13-72　测试前效果

图 13-73　测试后效果

Chapter 14

网站实例制作

14-1 “旅游网”首页制作

14-2 商业网站的制作

14-3 注册页面制作

14-4 使用行为制作动态网页

14-5 商业网站制作

14-6 地产类网站首页制作

14-7 音乐视听网首页制作

14-8 使用DIV标签制作网页

Chapter 14 网站实例制作

在学习到Dreamweaver CS3基础知识上，本章将通过实例的制作和工具的使用来完成各类型网页的制作。有利于对Dreamweaver CS3进行更深入地了解和基础知识的巩固。

14-1 “旅游网”首页制作

旅游网主要介绍当地景点特色的网页，其中需要包括当地景点的主要特色与风情主要图片相配合，在设计其页面与时制作的色调要相符合。并在图形软件中制作好其页面效果。下面来介绍如何制作此类型网页。

>>01 打开在Photoshop中制作好的素材文件，将其显示在Photoshop软件窗口中。选择左侧工具栏中的“切片工具”按钮，将网页各部分进行裁切，如图14-1所示。

>>02 将制作好的网页使用切片工具裁切完成后，执行“文件”|“存储为Web和设备所用格式”命令，弹出“存储为Web和设备所用格式”对话框，进行设置并单击“存储”按钮，弹出“将优化结果存储为”对话框，在对话框的最下面“切片”下拉列表中选择“所有用户切片”选项即可，如图14-2所示。

图14-1　裁切网页各部分

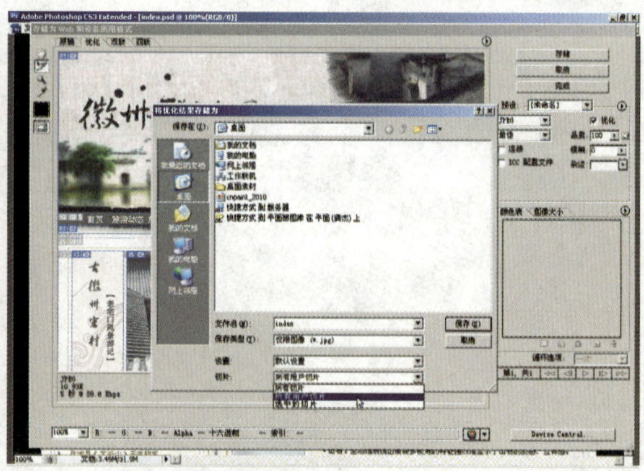

图14-2　存储为Web设备所用格式

>>03 单击“保存”按钮，系统将自动把所有用户切片保存到一个名称为images的文件夹中，打开Dreamweaver软件，新建一个HTML文档，将其命名为index.html文件，如图14-3所示。

>>04 单击“常用”插入栏中的“表格”按钮，弹出“表格”对话框，设置其表格行数为“10”、列数为“10”、表格宽度为“90%”，其他选项设置为默认选项，如图14-4所示。

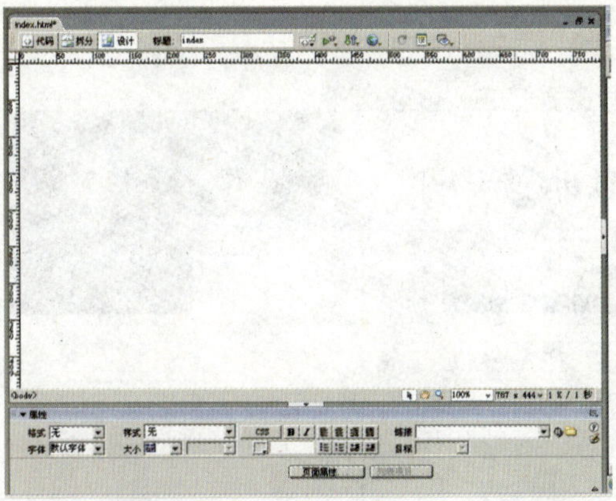

图 14-3　新建一个 HTML 文件

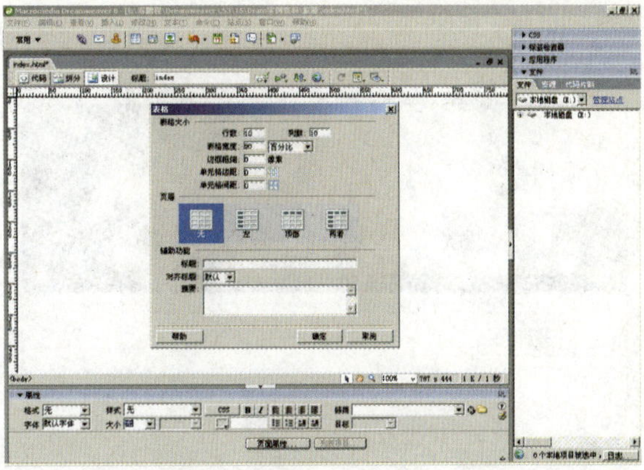

图 14-4　“表格”对话框

>>05 单击“确定”按钮，插入一个 10 行 10 列的表格，将光标置入第 1 行的表格中，并拖动选中第 1 行中所有单元格，如图 14-5 所示。

>>06 打开下面的“属性”面板，在属性面板中单击左下角“合并单元格，使用跨度”按钮，将选中的所有单元格合并，如图 14-6 所示。

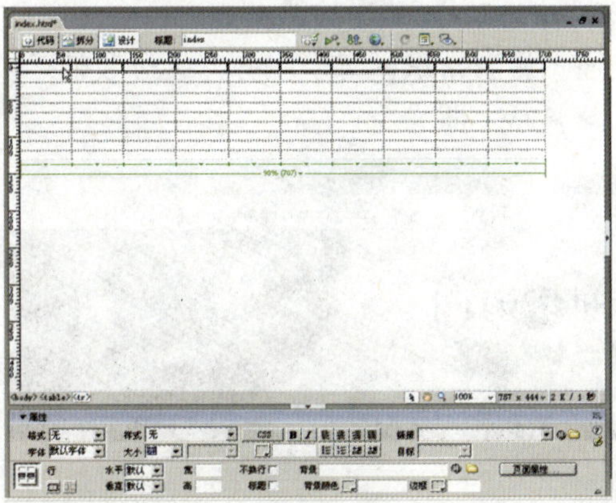

图 14-5　插入 10 行 10 列的表格

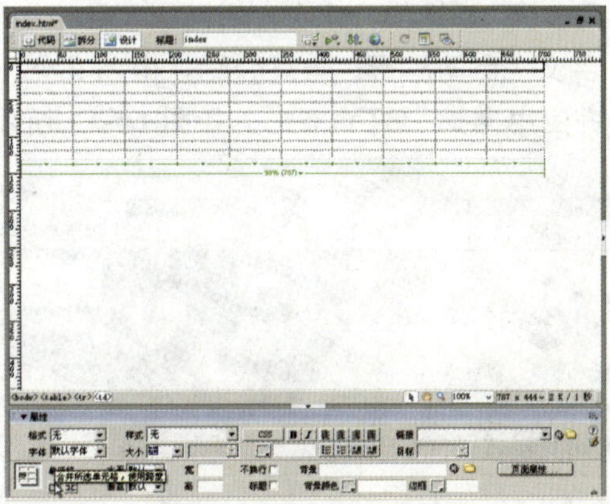

图 14-6　“属性”面板

>>07 将光标置入到第 1 行中，单击“常用”面板中的“插入图像”按钮，在弹出的“选择图像源文件”对话框中选择所要插入的图像 index_01，如图 14-7 所示。

>>08 单击“确定”按钮，插入图像到单元格中，同上操作选中第 2 行中的所有单元格，打开“属性”面板，在“属性”面板中的“高”文本框中输入“19”，设置所选单元格的高度为“19 像素”，在“背景颜色”文本框中输入“#000000”，设置其所选单元格颜色为黑色，如图 14-8 所示。

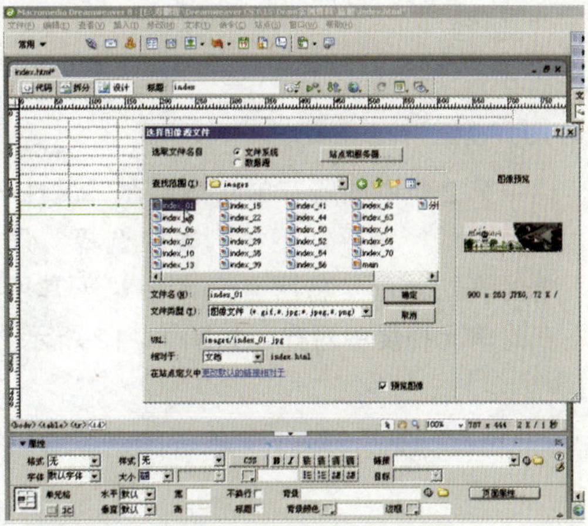

图 14-7　“选择图像源文件”对话框

>>09 选中第 2 行，将光标置入到其中一个单元格中，单击“属性”面板中左下角的“拆分单元格为行或列”按钮，弹出“拆分单元格”对话框，在“把单元格拆分”中选择“列”单选按钮，并在“列数”文本框中输入“2”，如图 14-9 所示。

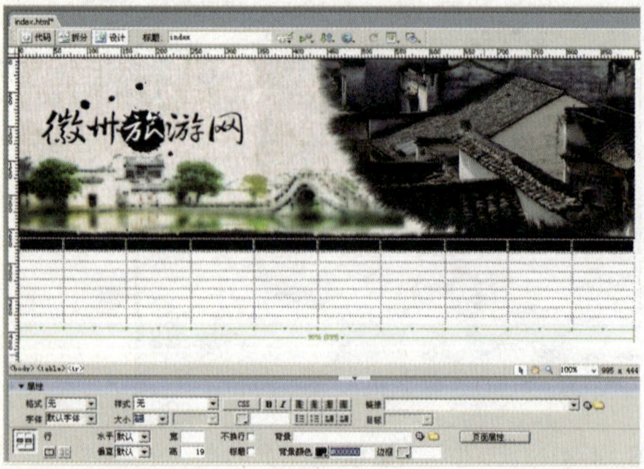

图 14-8　设置属性

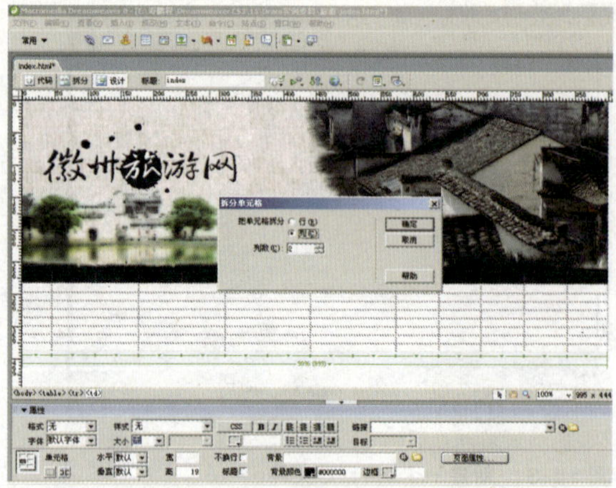

图 14-9　“拆分单元格”对话框

10 将光标置入到第 2 行中的第 2 列单元格中，输入文本“首页”并选中，打开“属性”面板，在“属性”面板中设置字体颜色为“#FFFFFF”，设置字体大小为“13 像素”，此时在样式中将自动生成一个样式表，如图 14-10 所示。

11 同步骤 10 操作，依次在后面的单元格中输入文本“旅游动态 旅游线路、酒店信息、商务会议、自助旅行、景点介绍、徽州文化、旅游交通、旅游常识、导游服务、关于我们 ”。并应用样式“STYLE1”，如图 14-11 所示。

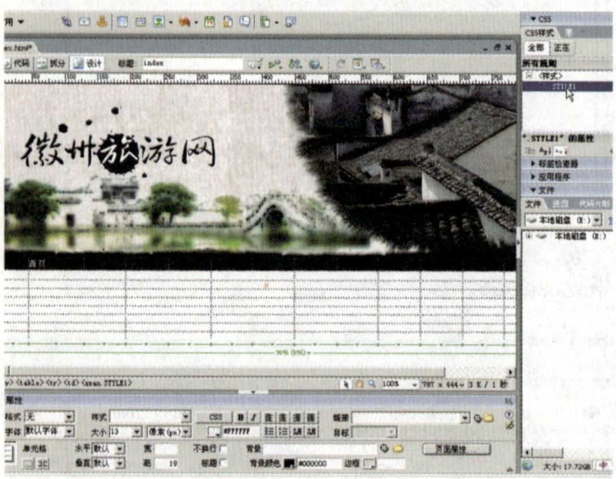

图 14-10　设置字体颜色和大小

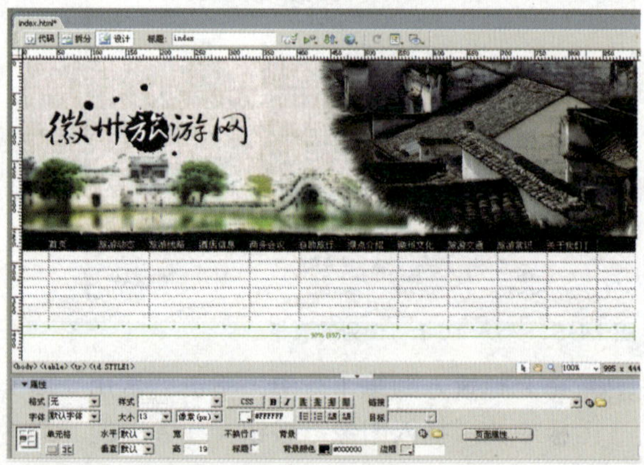

图 14-11　输入文本

12 选中第 2 行中的所有单元格，在“属性”面板中的“水平”下拉列表中选择“居中对齐”选项，将所有文本相对于其所在的单元格居中对齐，如图 14-12 所示。

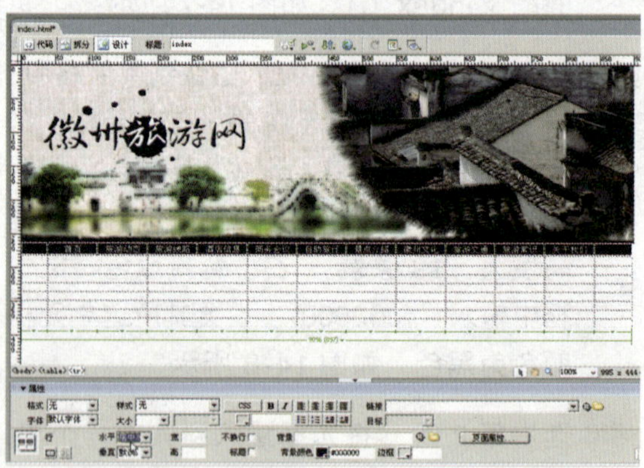

图 14-12　设置对齐方式

13 选中的 3 行中的所有单元格，并单击左下角位置的“合并所选单元格，使用跨度”按钮，将第 3 行中的所有单元格合并。单击“常用”插入栏中的“表格”按钮，弹出“表格”对话框，设置表格行数为“2”，设置其列数为“8”，设置其表格宽度为“100%”，如图 14-13 所示。

14 单击“确定”按钮，插入表格，将光标置入到插入表格中的第 1 行第 2 列中，单击“插入图像”按钮，插入图像“index_13.jpg”，如图 14-14 所示。

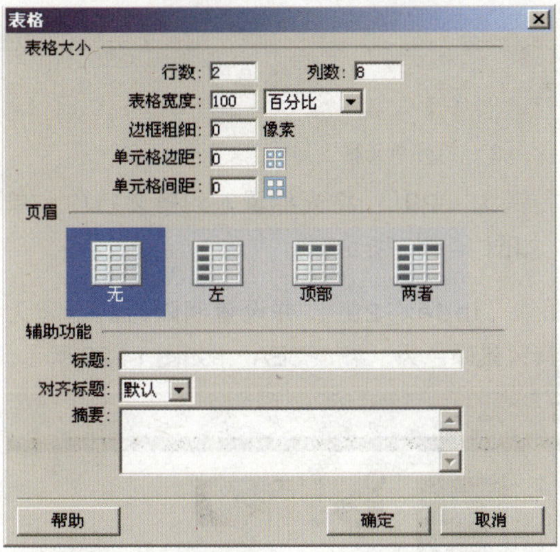

图 14-13　插入单元格

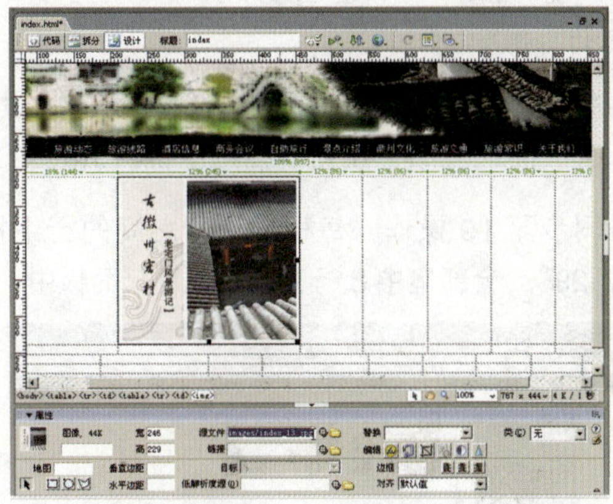

图 14-14　插入图像

15 将光标置入到刚插入表格的第 1 行第 1 列中，在“属性”面板中设置其表格的宽度为“16”像素。再次将光标置入到刚插入的表格的第 1 行第 3 列中，设置其单元格的宽度为“8”，如图 14-15 所示。

16 将光标置入到刚插入表格的第 1 行第 4 列中，单击“常用”插入栏的“图像”按钮，弹出“选择图像源文件”对话框，插入图像“index_06”，如图 14-16 所示。

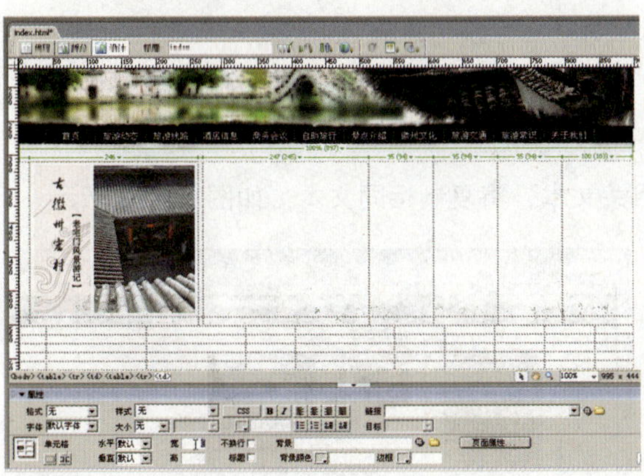

图 14-15　设置表格宽度

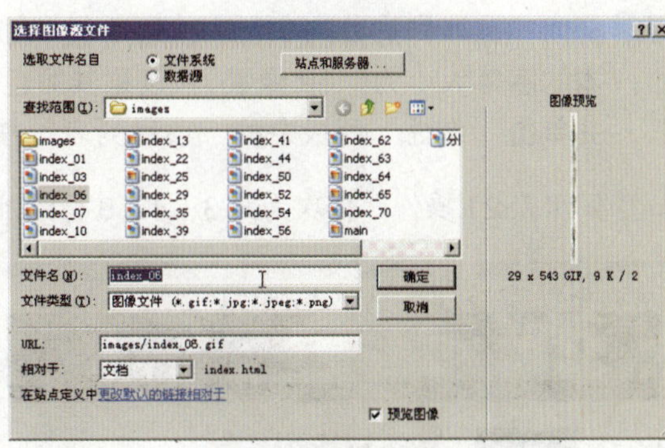

图 14-16　“选择图像源文件”对话框

17 将光标置入到刚插入表格的第 1 行第 5 列中，单击“常用”插入栏的“图像”按钮，插入图像“index_07”，如图 14-17 所示。

18 将光标置入到刚插入表格的第 1 行第 5 列中，单击左下角“拆分”按钮，将单元格拆分为“8”行，如图 14-18 所示。

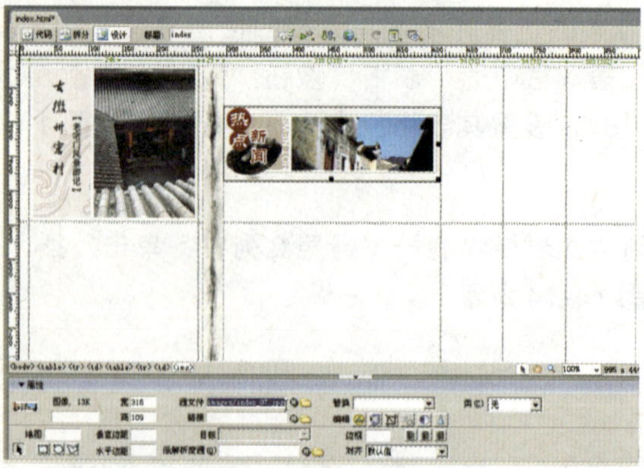

图 14-17　插入图像

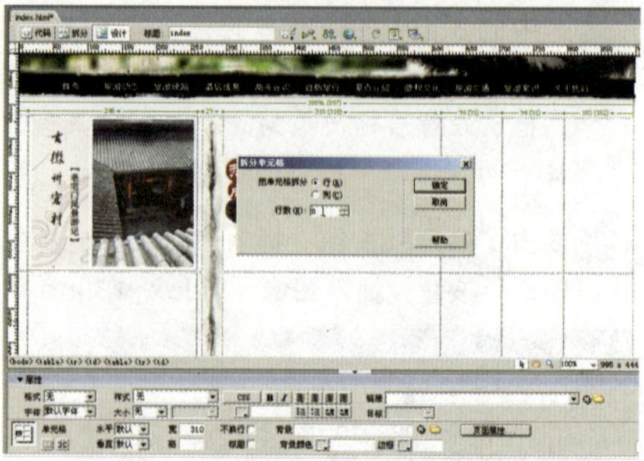

图 14-18　拆分单元格

19 将光标置入到拆分 8 行中的第 1 行中，设置其行高为“29”；将光标置入到第 2 行中，单击“插入图像”按钮，插入图像“index_29”，如图 14-19 所示。

20 同步骤 19 操作，每相隔一行之间的行中插入图像“index_29”，并设置间隔行的行高为“29”。全部选中 8 行，在“属性”面板中，设置其背景颜色为“#F6F3EA”，如图 14-20 所示。

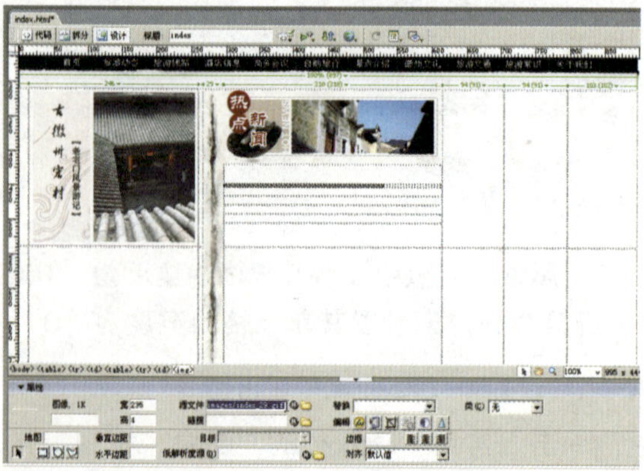

图 14-19　设置行高

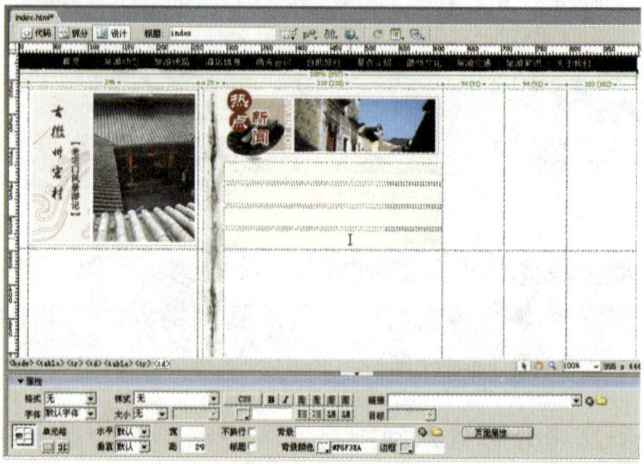

图 14-20　设置单元格颜色

21 将光标置入到拆分的 8 行中的第 1 行中输入文本，（可以随意输入）。输入文本后，设置文本的字体大小为“12 像素”，设置其颜色为“#000000”，系统自动将其添加到样式表中，并单击“属性”面板中的“项目列表”按钮，如图 14-21 所示。

22 同步骤 21 操作，依次为第 3、4、6 行添加相关文本。将复制相同文本，如图 14-22 所示。

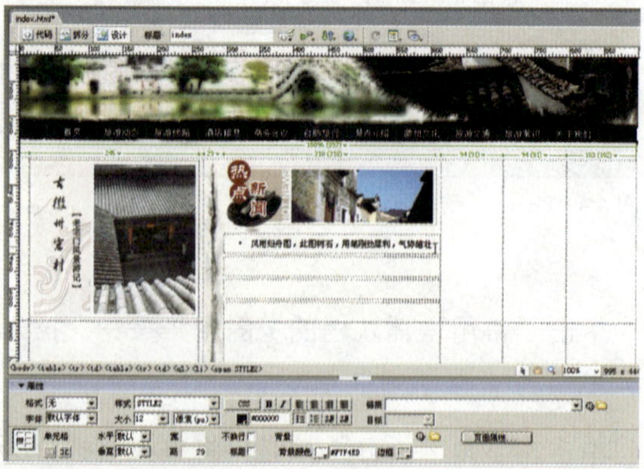

图 14-21　设置字体大小和颜色

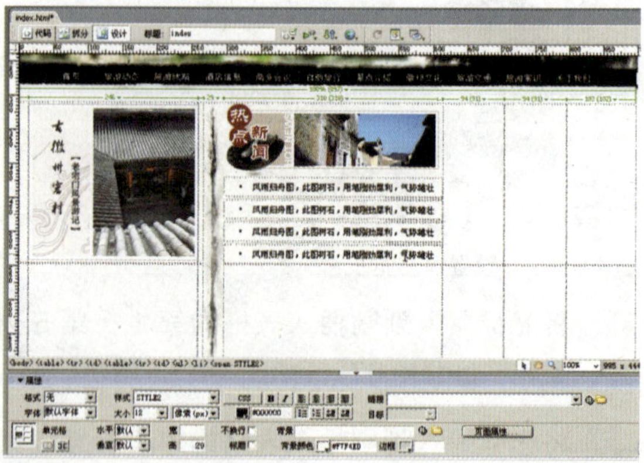

图 14-22　复制文本

23 将光标置入到第 6 列中，在此单元格中的“属性”面板中，设置其宽度为“14”，并填充其背景颜色为“#F7F4ED”，如图 14-23 所示。

24 将光标置入到第 7 列中，打开“属性”面板，将此单元格拆分为 13 行，并填充其背景颜色为“#F7F4ED”。将光标置入到 1 行中，设置其高度为“23”，再将光标置入到第 2 行中，单击“插入图像”按钮，插入图像“index_10”，如图 14-24 所示。

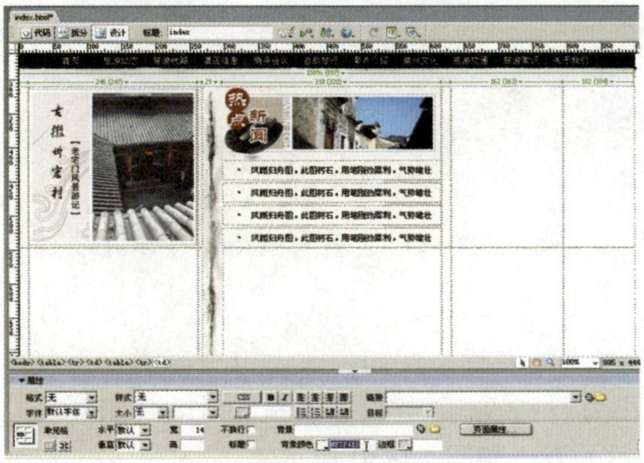

图 14-23　设置字体的颜色和大小

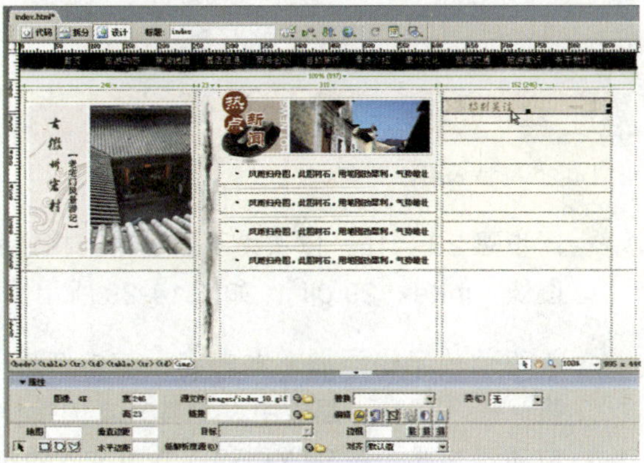

图 14-24　拆分单元格并设置属性

25 将光标置入到第 3 行中，设置其单元格高度为 40，并输入文本和添加其项目列表符号。在第 4 行中插入图像“index_29.gif”，然后操作并依次在下面几行添加，如图 14-25 所示。

26 将光标置入到下面行中的第 2 列中，单击“常用”插入栏中的“表格”按钮，弹出“表格”对话框，插入一个 14 行 1 列的表格，如图 14-26 所示。

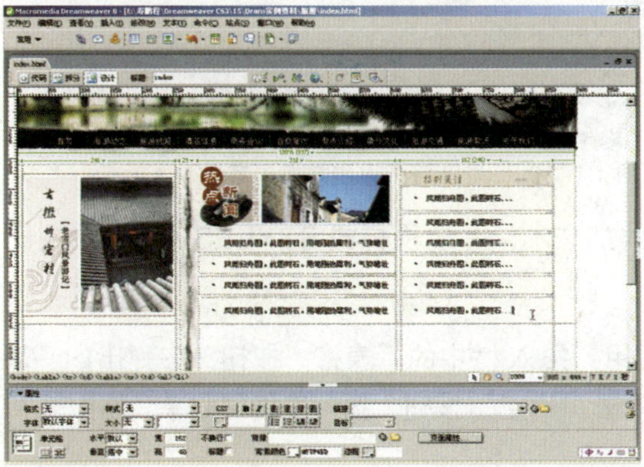

图 14-25　设置单元的宽度

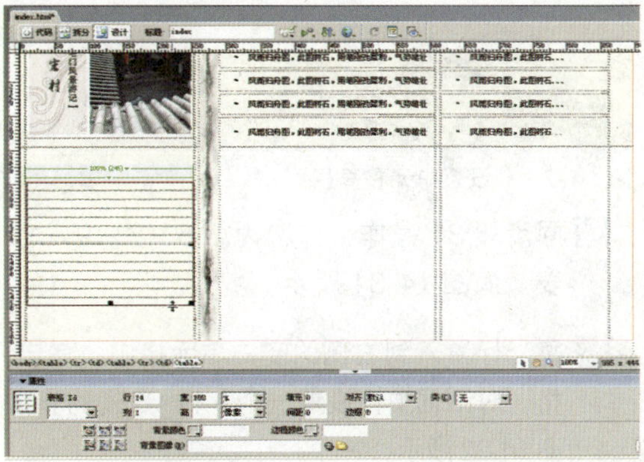

图 14-26　插入表格

27 将光标置入到刚插入的表格第 2 行中，单击“插入图像”按钮，插入图像“index_22”，如图 14-27 所示。

28 将光标置入到刚插入的表格第 3 行中，打开“属性”面板，设置其单元格高度为 45 像素，再次将光标置入到刚插入的表格第 4 行中，将图像“index_29.gif”置入到此单元格中，如图 14-28 所示。

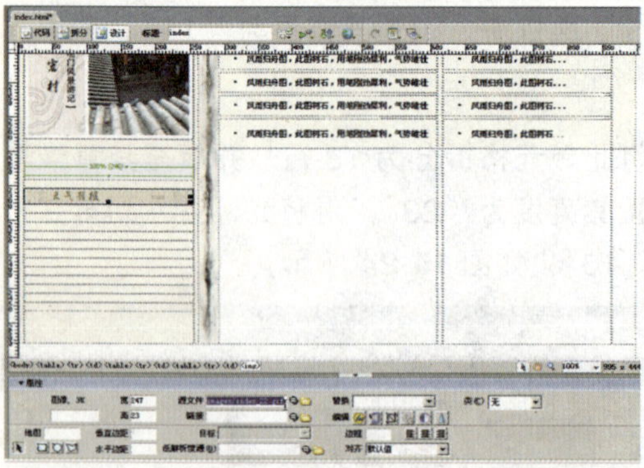

图 14-27　插入图像

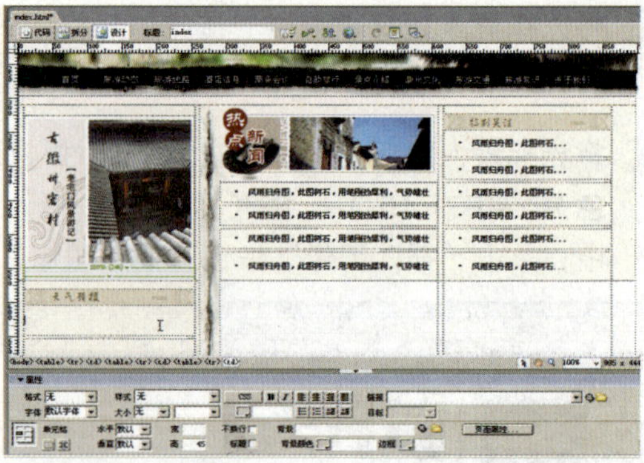

图 14-28　设置属性

29 同步骤 28 操作，依次为下面的单元格设置单元格高度为“27”，并每间隔一个单元格插入图像“index_29.gif”，如图 14-29 所示。

30 为每个单元格添加文本内容，其内容输入各景点的名称。例如：黄山市（屯溪）天气预报。在“属性”面板中设置其文本的字体大小为“12 像素”，设置其颜色为“#60543c”。自动添加样式表 STYLE3，并为文本添加项目列表，如图 14-30 所示。

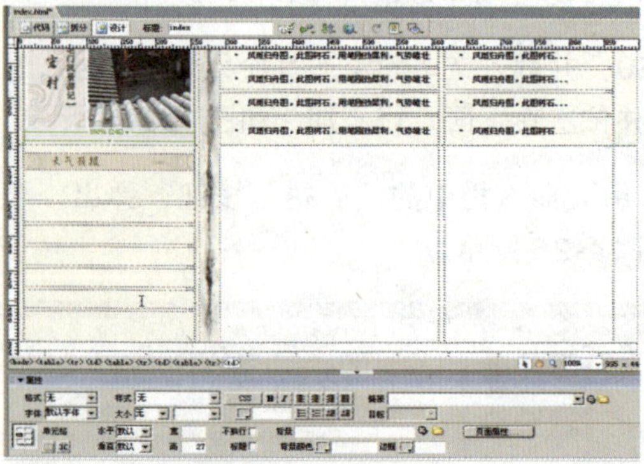

图 14-29　设置单元格高度

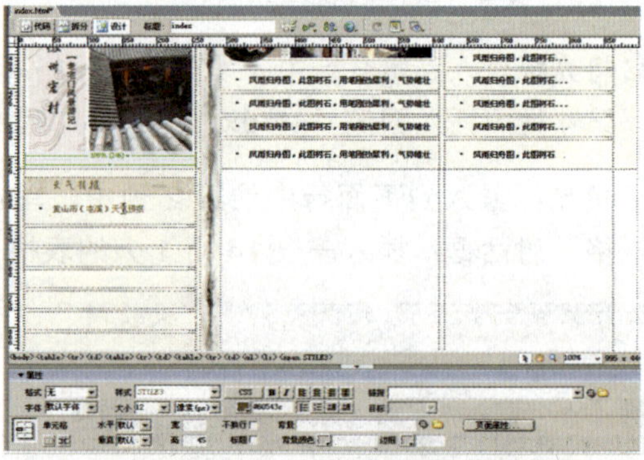

图 14-30　为单元格添加文本内容

31 同步骤 31 操作，依次为第 5、7、9、11 行添加文本，并应用样式 STYLE3。添加项目列表，如图 14-31 所示。

32 将光标置入到右侧的空白单元格中，单击“常用”插入栏中的“表格”按钮，在弹出的“表格”对话框中，设置一个 9 行 10 列的表格，单击“确定”按钮，插入表格到此单元格中，如图 14-32 所示。

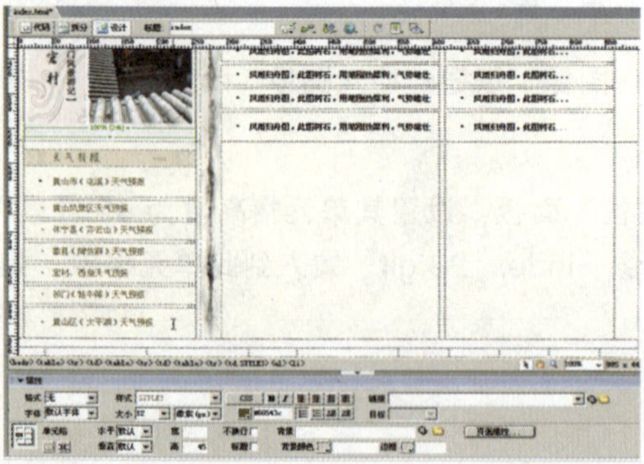

图 14-31　应用样式 STYLE3

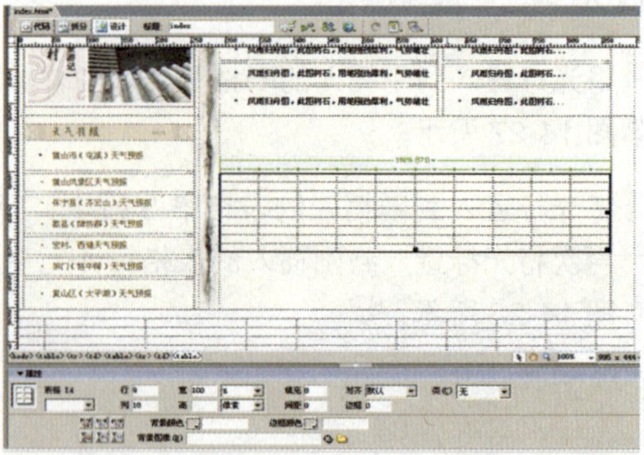

图 14-32　插入表格

>>33 分别选中此表格第1列和第2列中的所有单元格，并将其合并，单击“常用”插入栏中的“图像”按钮，插入图像“index_25”。并将其插入到此单元格中，如图14-33所示。

>>34 选中第4列中的第2行单元格，单击“常用”插入栏中的“图像”按钮，插入图像“index_28”，并依次将第6、8、10、12列中的单元格插入图像，如图14-34所示。

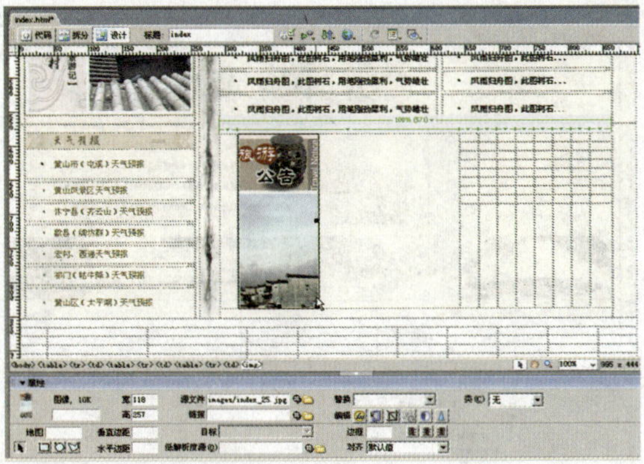

图14-33　合并单元格

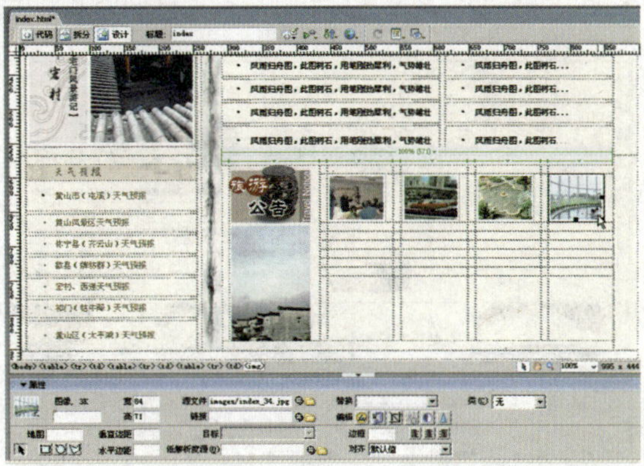

图14-34　插入图像

>>35 选中此表格第2行中的所有单元格，打开“属性”面板，在“属性”面板中“水平”下拉列表中选择“居中对齐”选项，如图14-35所示。

>>36 选中此表格第3行中第4列的所有单元格，打开“属性”面板，单击“合并所选单元格”按钮，合并单元格。并在单元格中输入文本，如图14-36所示。

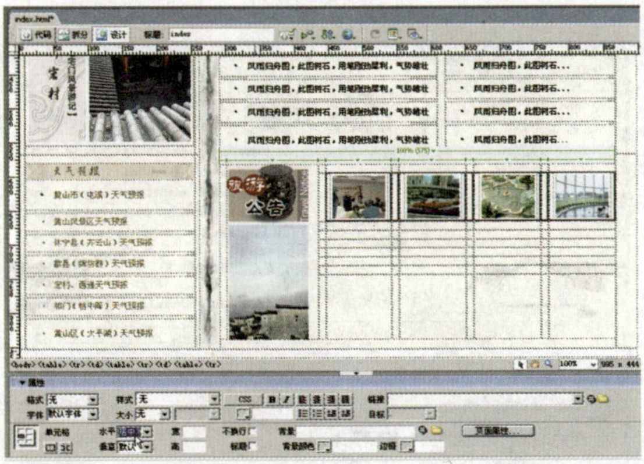

图14-35　设置对齐方式

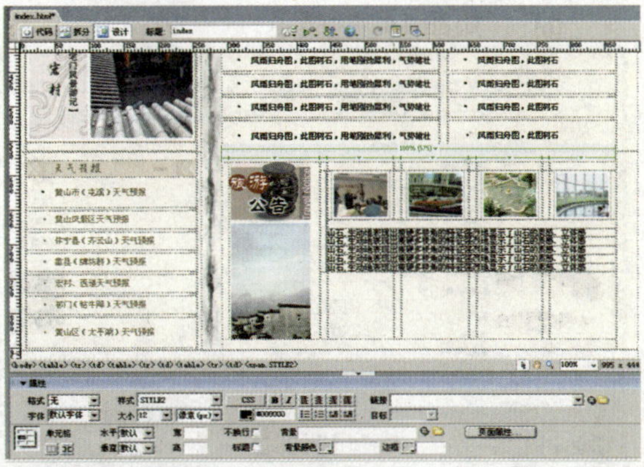

图14-36　合并所选单元格

>>37 拖动并选中所有输入文本的单元格，打开“属性”面板，在“属性”面板中设置其单元格的高度为“30”，并单击“项目列表”按钮，如图14-37所示。

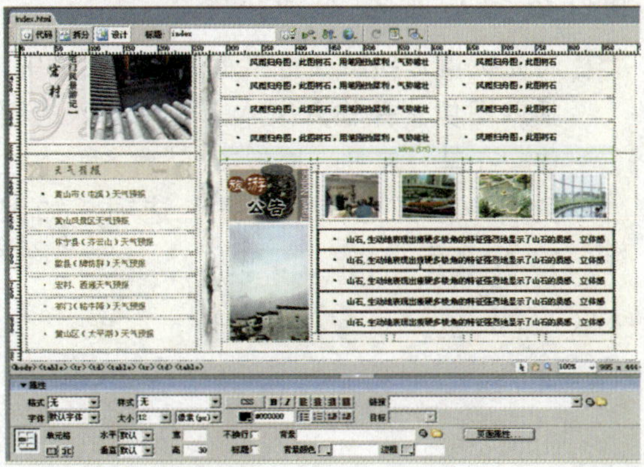

图14-37　设置属性

>>38 将光标置入到下一行的单元格中，单击“常用”插入栏中的“图像”按钮，插入图像“index_35.gif”，如图14-38所示。

>>39 继续将光标插入到下列表格的单元格中，单击“常用”插入栏中的“表格”按钮，插入一个6行3列的表格，如图14-39所示。

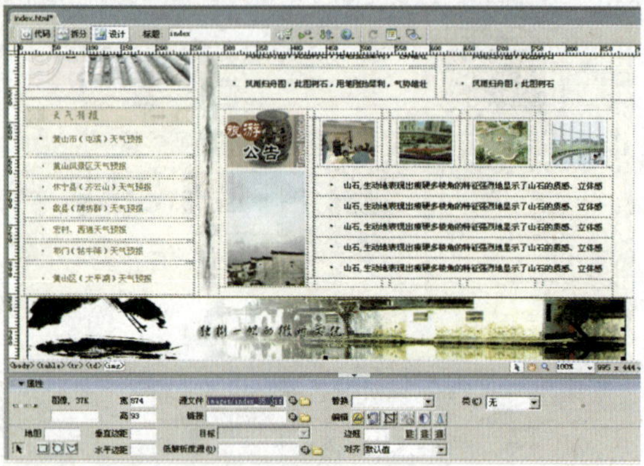

图14-38　插入“index_35.gif”图像

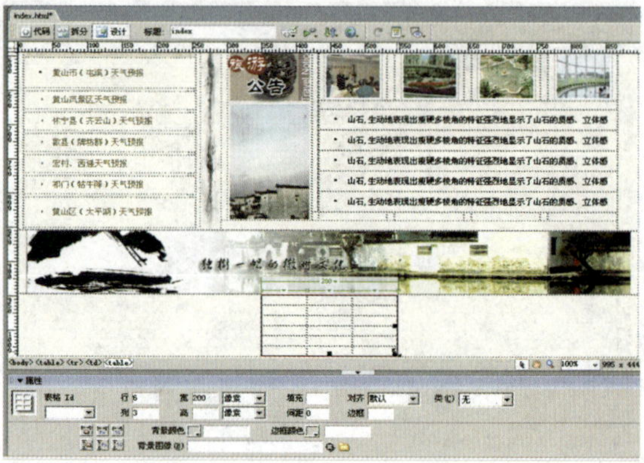

图14-39　插入表格

>>40 将光标置入到刚插入表格中的第一行第1列中的单元格中，单击“常用”插入栏中的“图像”按钮，插入图像“index_44.gif”，如图14-40所示。

>>41 将光标置入到刚插入表格中的第1行第2列的单元格中，单击“常用”插入栏中的“图像”按钮，插入图像“index_39.gif”，继续将第1行第3列的单元格中插入图像“index_41.gif”，如图14-41所示。

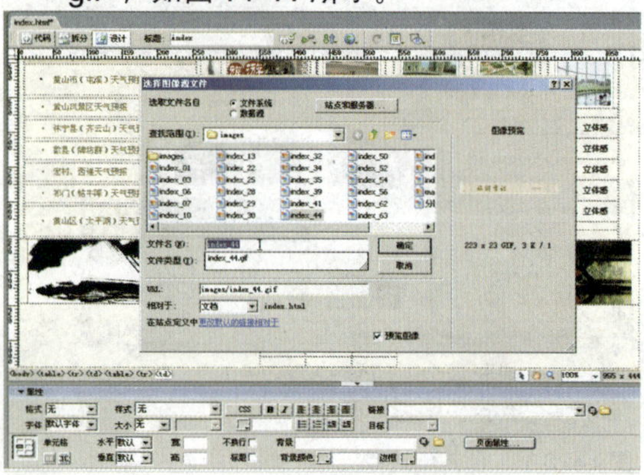

图14-40　插入“index_44.gif”图像

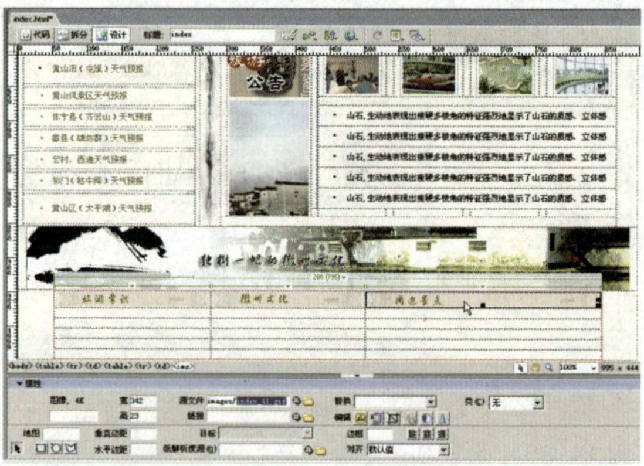

图14-41　插入“index_41.gif”图像

>>42 将光标置入到第3行第1列的单元格中，插入图像，并输入文本。选中插入的图像，在其“属性”面板中，“对齐”下拉列表中选择为“左对齐”选项，如图14-42所示。

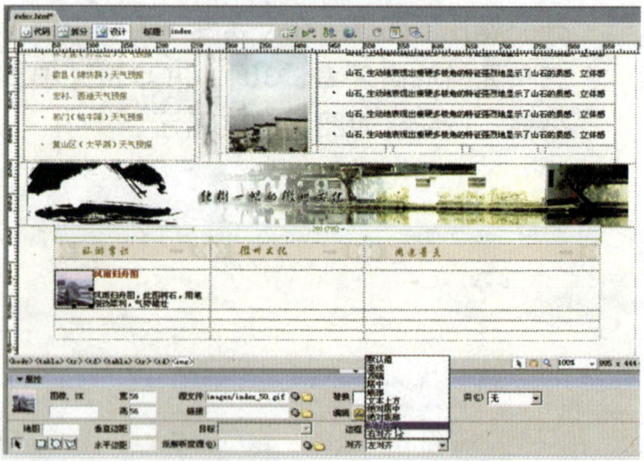

图14-42　设置“左对齐”

43 同步骤 42 操作，依次在下列几行的单元格中进行操作，如图 14-43 所示。

44 将光标置入到最后一行单元格中，单击“常用”插入栏中的“图像”按钮，插入图像“index_70.gif”，如图 14-44 所示。

图 14-43　插入其他图像

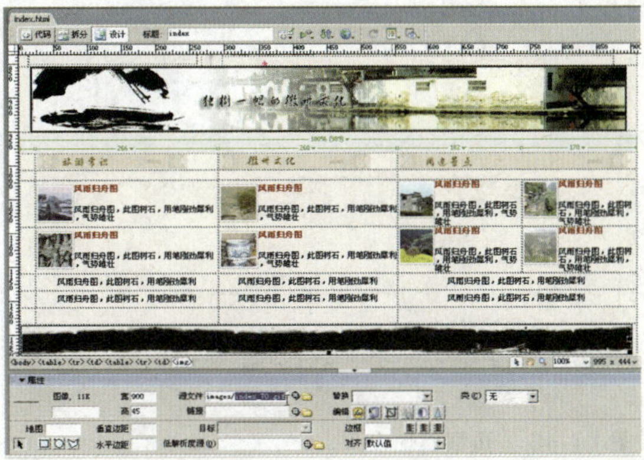

图 14-44　插入“index_70.gif”图像

45 此时使用表格所编排的网页首页即可完成。按【F12】键，预览效果，如图 14-45 与图 14-46 所示。

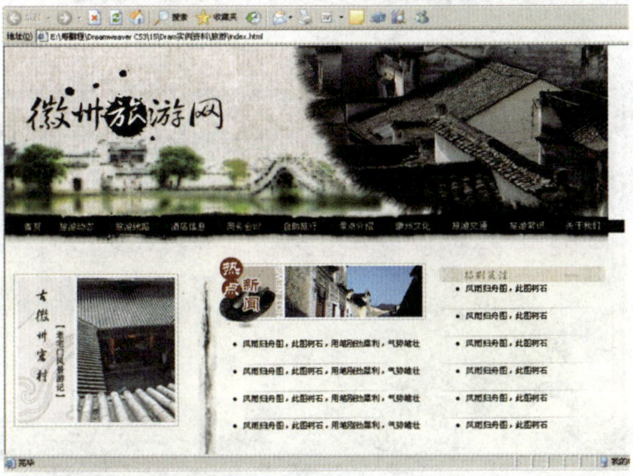

图 14-45　预览效果 1

图 14-46　预览效果 2

14-2　休闲网站的制作

01 将图形软件中制作好的页面中使用切片工具将其裁切，打开 Dreamweaver 软件，新建一个 HTML 文档，单击文档“属性”面板中的“页面属性”按钮，弹出“页面属性”对话框，如图 14-47 所示。

02 在“页面属性”对话框中的“分类”列表框中选择“外观”选项，在“背景图像”文本框后面，单击“浏览”按钮，选择页面的背景图片“09_main.jpg”，如图 14-48 所示。

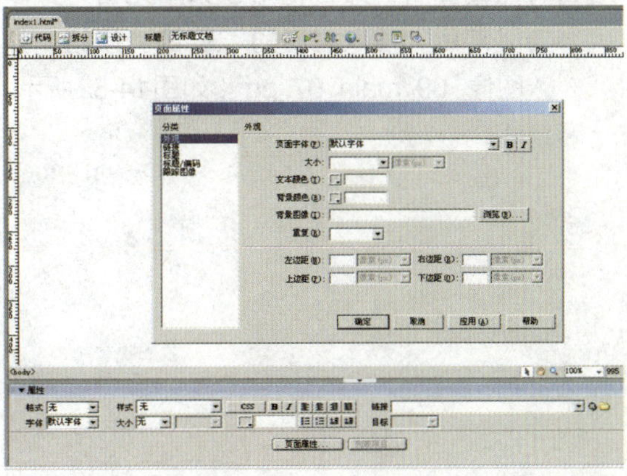

图 14-47　页面属性对话框

03 单击“确定”按钮，在“重复”下拉列表中选择“不重复”选项，并在“左边距”和“上边距”文本框中输入“0 像素”，如图 14-49 所示。

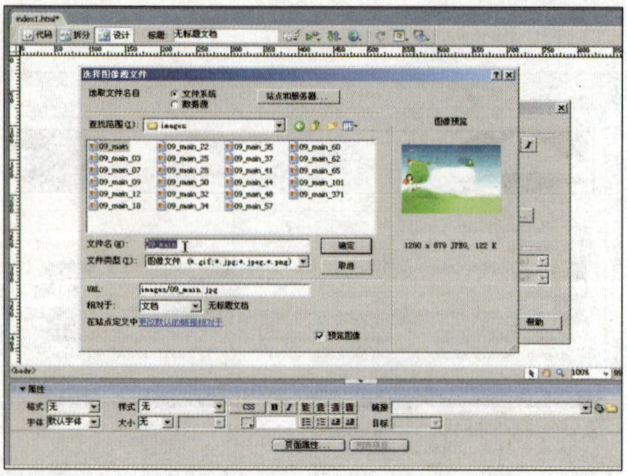

图 14-48　页面属性设置

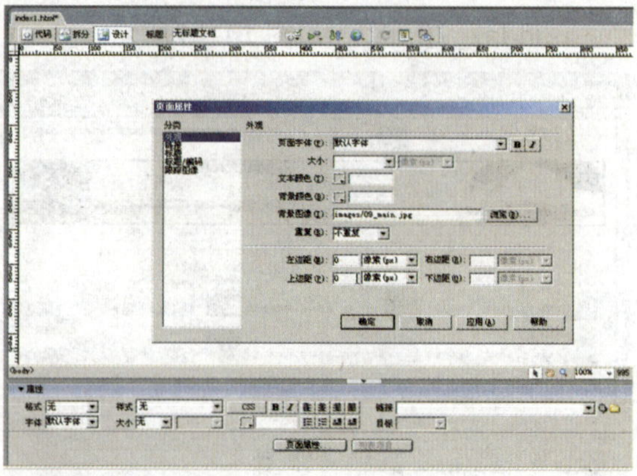

图 14-49　输入文本

04 单击“确定”按钮，此时背景将自动生成所设置的背景图片，单击“常用”插入栏中的“表格”按钮，弹出“表格”对话框，设置一个 11 行 14 列，宽为“1004 像素”的表格，如图 14-50 所示。

05 单击“确定”按钮，插入表格，将光标置入到第 1 行中的任意单元格中，打开“属性”面板，设置其高度为“58”，如图 14-51 所示。

图 14-50　插入表格

图 14-51　设置属性

06 将光标置入到第 2 行第 5 列单元格中，单击“常用”插入栏中的“图像”按钮，插入图像“09_main_07.jpg”，如图14-52所示。

图 14-52　插入“09_main_07.jpg”图像

07 将光标置入到第2行第6列单元格中，单击“常用”插入栏中的“图像”按钮，插入图像“09_main_09.jpg”，如图14-53所示。

08 选中插入的图片，在“属性”面板中的“源文件”文本框中，将图片的源文件裁切，并单击此图片所在的单元格，在单元格“属性”面板中的“背景”文本框位置，按【Ctrl+V】组合键粘贴图片地址，此时效果如图14-54所示。

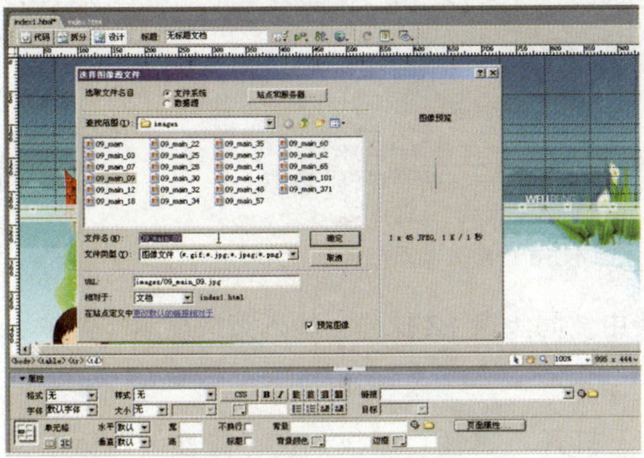

图14-53 插入“09_main_09.jpg”图像

图14-54 粘贴图片地址

09 单元格此时被填充，将光标置入到第2行第7列单元格中，单击“常用”插入栏中的“图像”按钮，插入图像“09_main_12.jpg”，如图14-55所示。

10 合并后面多余的单元格，将光标置入到第2行第6列的单元格中，设置其单元格宽度为“534”，如图14-56所示。

图14-55 插入“09_main_12.jpg”图像

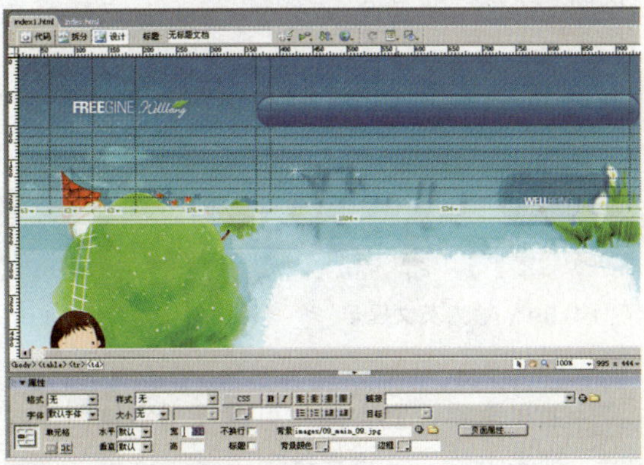

图14-56 设置单元格宽度

11 单击“常用”插入栏中的“表格”按钮，在弹出的“表格”对话框中，设置行数为“2”，列数为“5”，表格宽度为“100%”，如图14-57所示。

12 单击“确定”按钮，插入表格，将光标置入到刚插入表格的第1行第1列单元格中，输入文本“首页”，并依次在第2、3、4、5列中输入其他菜单项目，如图14-58所示。

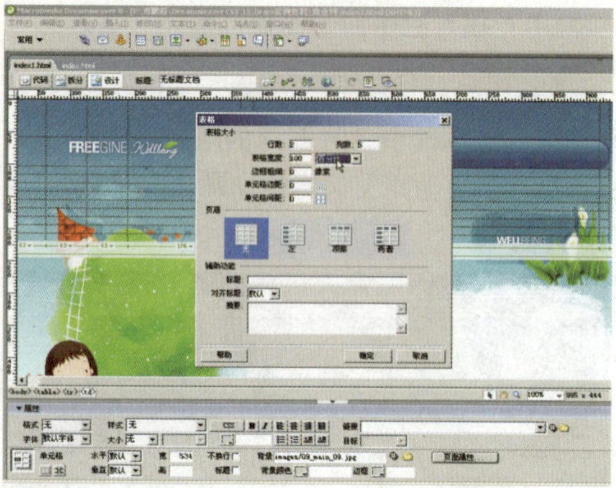

图 14-57 “表格”对话框

图 14-58 输入菜单项目

13 将光标置入到此表格的第 2 行第 2 列单元格中，同步骤 12 操作，输入英文提示，并依次为其他单元格输入提示，如图 14-59 所示。

14 选中此表格第 1 行第 1 列单元格中的文本，打开“属性”面板，在“属性”面板中设置其文本的颜色为“#FFFFFF”，设置其字体大小为“14 像素”，并单击“粗体”按钮，如图 14-60 所示。

图 14-59 输入英文提示

图 14-60 设置菜单项目属性

15 如果需要设置字体，可选择“字体”下拉列表中的“编辑字体列表...”选项，弹出“编辑字体列表”对话框，在对话框中“可用字体”列表框中选择“汉仪中黑简”选项并添加到左侧列表中，如图 14-61 所示。

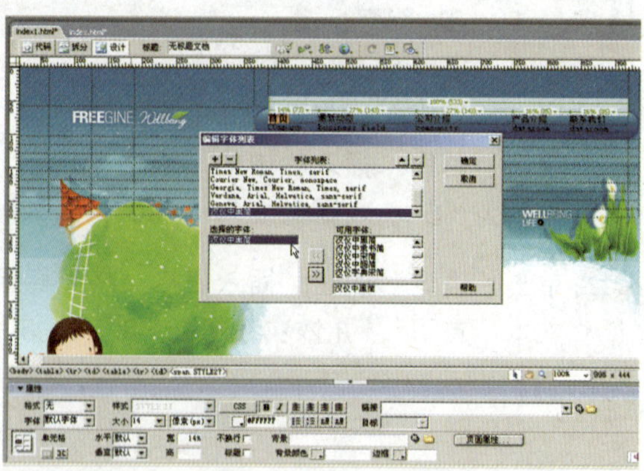

图 14-61 “编辑字体列表”对话框

>> 16 单击"确定"按钮，此时再次打开"字体"下拉列表，在列表中会显示步骤15添加的"汉仪中黑简"字体，选择此字体，系统将自动生成一个样式，如图14-62所示。

>> 17 将光标依次置入到后面几个单元格中的文本中，依次为文本添加所制作的样式。选中文本，在"属性"面板中的"样式"下拉列表中选择样式"STYLE28"即可，如图14-63所示。

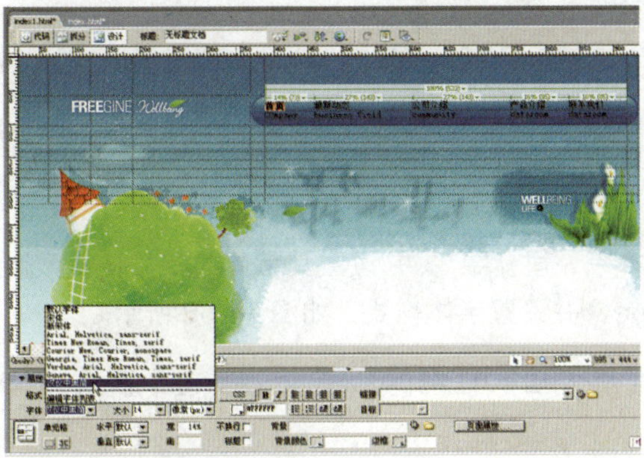

图14-62　设置字体

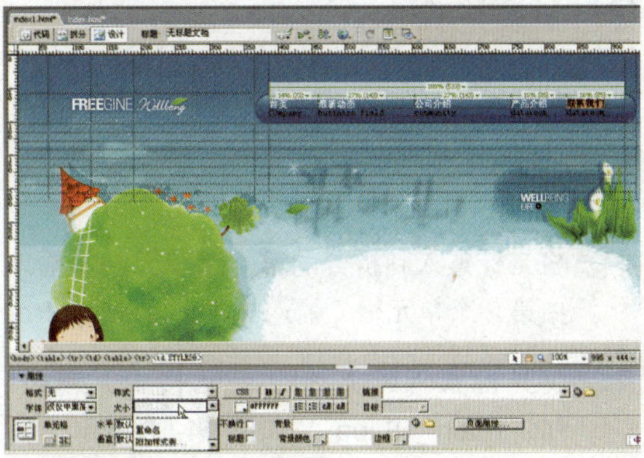

图14-63　选择样式

>> 18 同步骤17操作为英文添加一个新的样式，设置英文的字体大小为"9"，颜色为"#CCCCCC"，系统自动生成一个样式"STYLE26"，如图14-64所示。

>> 19 选中此表格的所有单元格，打开"属性"面板，在"水平"下拉列表中选择"居中对齐"选项，则所有的文本对象所在的单元格位置居中对齐，如图14-65所示。

图14-64　添加新样式

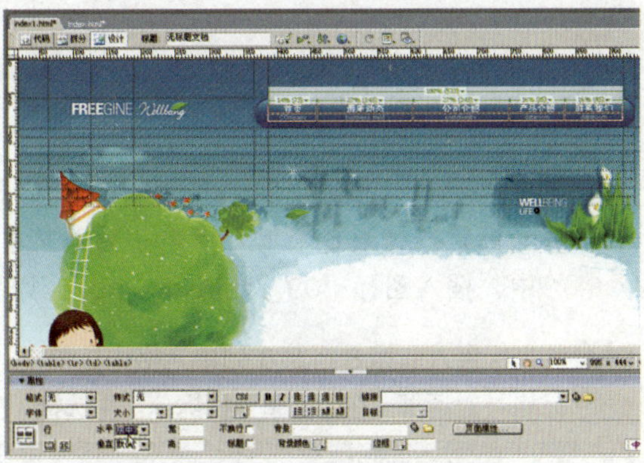

图14-65　设置对齐方式

>> 20 将光标置入到第4行第1列单元格中，打开"属性"面板，在"高"文本框中输入"188"，如图14-66所示。

>> 21 将光标置入第5行第6列单元格中，打开"属性"面板，单击"拆分单元格为行或列"按钮，弹出"拆分单元格"对话框，在"把单元格拆分"中选择"列"单选按钮，在"列数"文本框中输入"7"，如图14-67所示。

图 14-66　设置文本的高度

图 14-67　“拆分单元格”对话框

22 将光标置入到拆分的第 1 个单元格，输入文本“公司介绍”，并设置其字体的相关样式；选中第 2 个单元格，输入文本“lexiting freegine”并设置字体样式，如图 14-68 所示。

23 将光标置入到第 3 个单元格中，单击“常用”插入栏中的“图像”按钮，插入图像“09_main_18.jpg”，如图 14-69 所示。

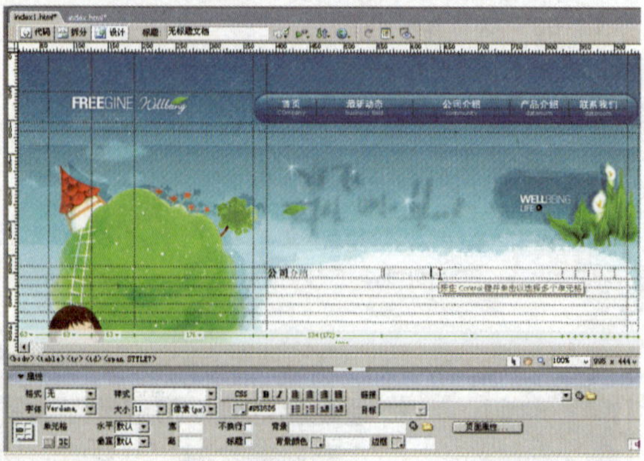

图 14-68　设置字体样式

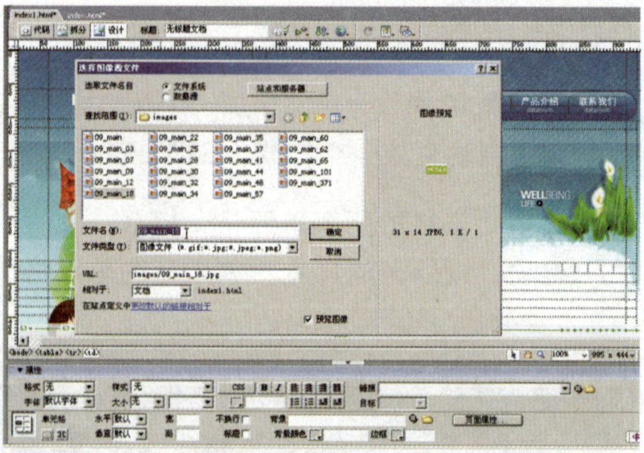

图 14-69　插入“09_main_18.gif”图像

24 单击“确定”按钮，插入图标。将光标置入到第 5 个单元格中，输入文本“最新资讯”；将光标置入到第 6 个单元格中，输入文本“lexiting freegine”；将光标置入到第 7 个单元格中，插入图标“09_main_18.jpg”，如图 14-70 所示。

25 将光标置入到第 6 行第 6 列单元格中，单击“属性”面板中的“拆分行或列”按钮，弹出“拆分单元格”对话框，在“把单元格拆分”中选择“列”单选按钮，设置“列数”为“3”，如图 14-71 所示。

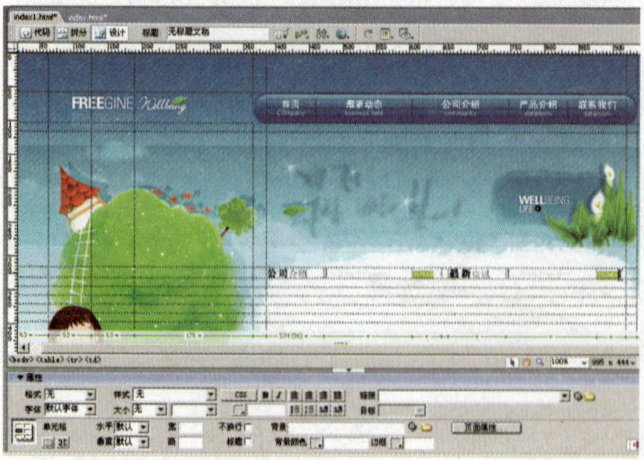

图 14-70　插入图标

图 14-71　在“拆分单元格”对话框中设置列数

26 将光标置入到拆分的单元格第 1 列中，单击“常用”插入栏中的“图像”按钮，在弹出的“选择图像源文件”对话框中选择“09_main_22.jpg”，如图 14-72 所示。

27 单击“确定”按钮，插入图像，同步骤 26 操作，将光标置入到拆分的第 3 列单元格中，插入图像“09_main_22.jpg”，如图 14-73 所示。

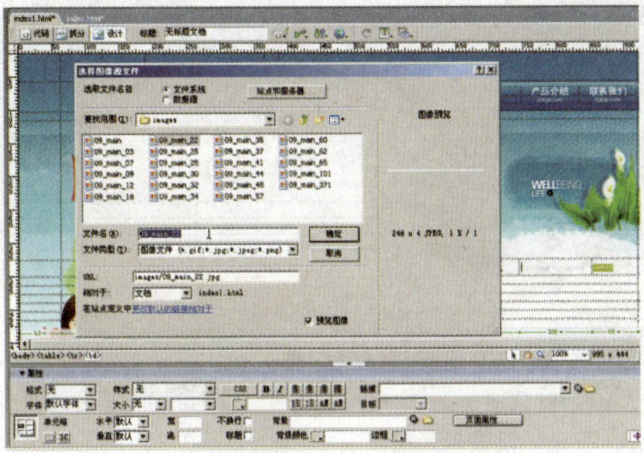

图 14-72 “选择图像源文件”对话框

图 14-73 插入“09_main_22.jpg”图像

28 将光标置入到第 7 行第 6 列单元格中，单击“常用”插入栏中的“表格”按钮，弹出“表格”对话框，设置一个 5 行 3 列的表格，如图 14-74 所示。

29 单击“确定”按钮，插入表格。将光标置入到刚插入表格的第 1 行第 1 列单元格中，输入文本“[2008.8.8]公司将在今天举行大型的联欢活动...”并打开“属性”面板，设置其字体为“汉仪中黑简”，字体大小为“12 像素”，颜色为“#5c5c5c”，如图 14-75 所示。

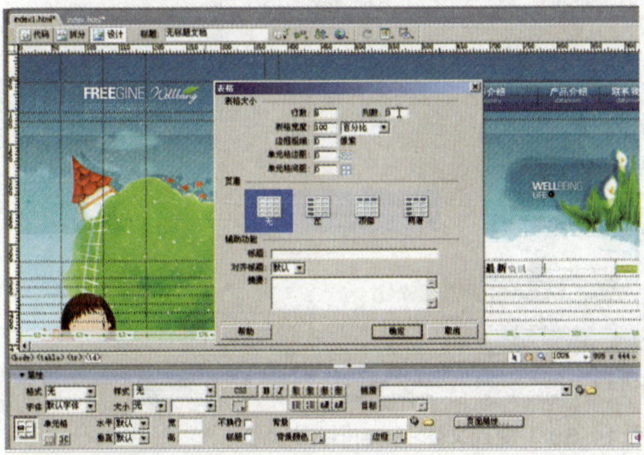

图 14-74 插入表格

图 14-75 设置属性

30 系统将自动生成一个样式，继续为第 2 行第 1 列，第 3、4 行输入文本，并使用生成的样式，如图 14-76 所示。

图 14-76 选择样式

>>31 再次为此表格的第 3 行第 1、2、3、4 列输入文本，并使用相同的样式，如图 14-77 所示。

>>32 选中此表格的所有单元格，打开“属性”面板，设置其单元格的高度为“24”，如图 14-78 所示。

图 14-77 输入文本

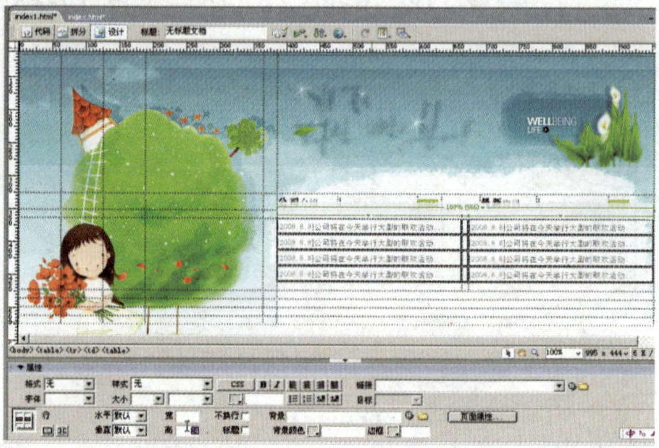

图 14-78 设置单元格高度

>>33 将光标置入到第 8 行第 6 列单元格中，单击“常用”插入栏中的“表格”按钮，弹出“表格”对话框，设置一个 7 行 8 列，表格宽度为 100% 的表格，如图 14-79 所示。

>>34 单击“确定”按钮，插入表格。将光标置入到此表格的第 1 行第 2 列单元格中，输入文本“wellbeingAD”，并设置其字体的相关属性，如图 14-80 所示。

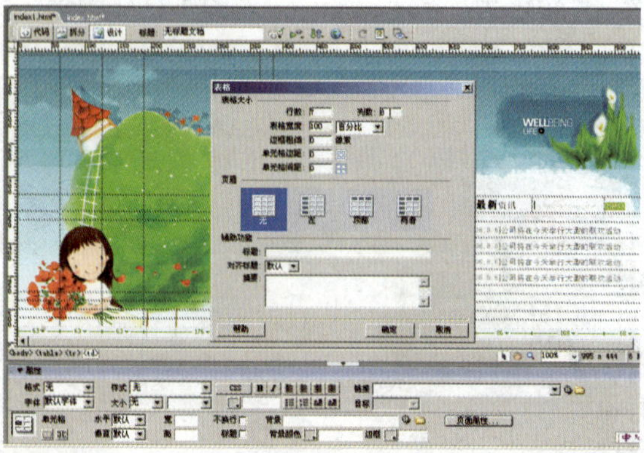

图 14-79 “表格”对话框

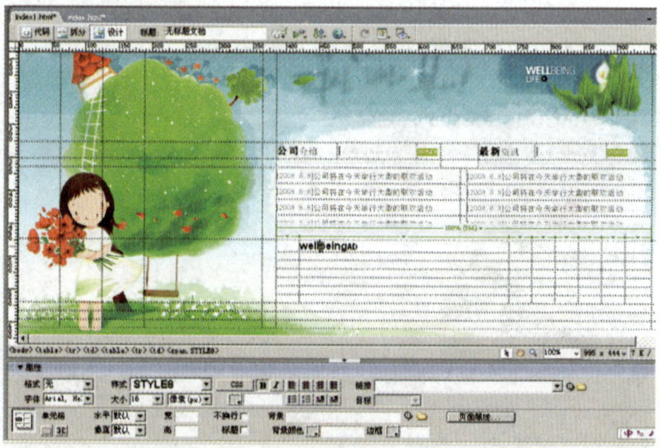

图 14-80 输入文本“wellbeingAD”

>>35 将光标置入到此表格的第 1 行第 3 列单元格中，输入文本“lexiting freegine”，并应用样式 STYLE7；将光标置入到第 2 行第 2 列单元格中，单击“常用”插入栏中的“图像”按钮，插入图像“09_main_25.jpg”，并将此列表格合并，如图 14-81 所示。

图 14-81 应用样式 STYLE7

>> 36 将光标置入到此表格第 2 行第 3 列单元格中，插入图像“09_main_44.jpg”，并输入文本“所亚 DRT1200H TV 下载”，并设置文本的字体大小和颜色，如图 14-82 所示。

>> 37 将光标置入到此表格第 3 行第 3 列单元格中，将此单元格拆分为两列。将光标置入到第 1 列中，插入图像“09_main_48.jpg”，将光标置入到第 2 列中插入图像“09_main_37.jpg”，如图 14-83 所示。

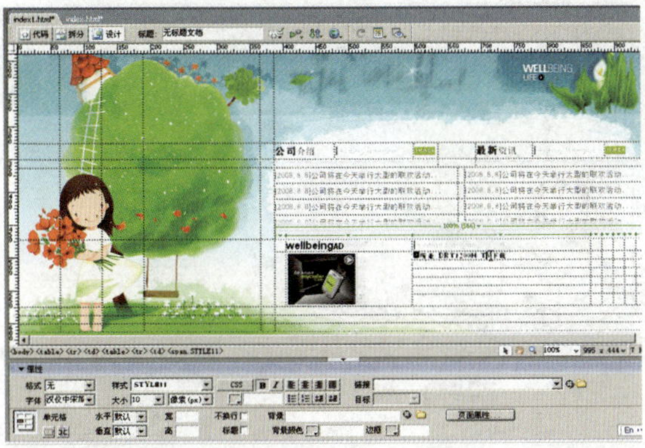

图 14-82 设置文本的字体大小和颜色

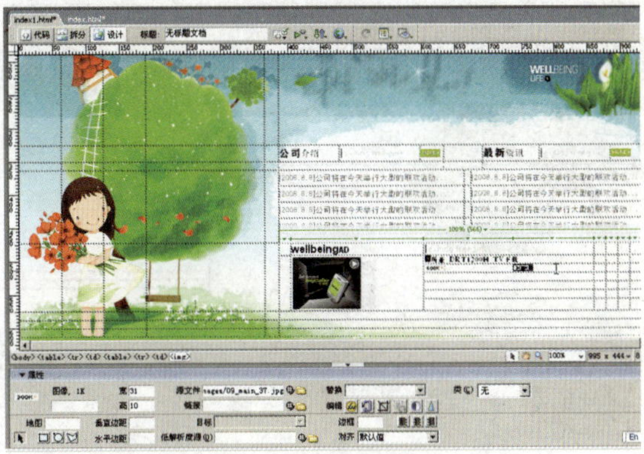

图 14-83 拆分单元格并插入图像

>> 38 将光标置入到此表格第 5 行第 3 列单元格中，同步骤 36 操作，插入图像和输入文本“所亚 DRT1200H TV 下载”，并应用样式 STYLE11，如图 14-84 所示。

>> 39 同步骤 37 操作，将第 6 行第 3 列单元格拆分为两列，分别插入两个图标，如图 14-85 所示。

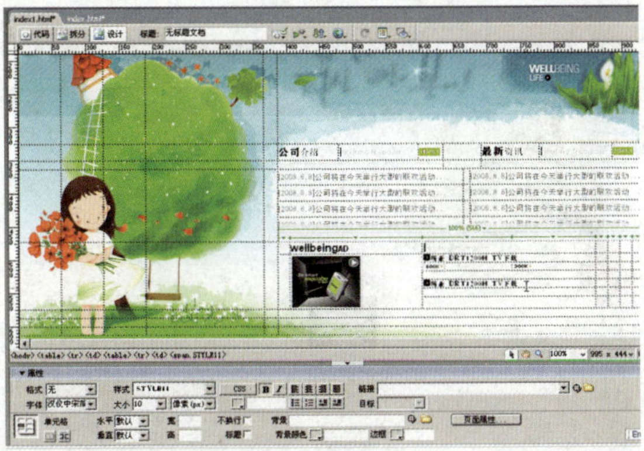

图 14-84 应用样式 STYLE11

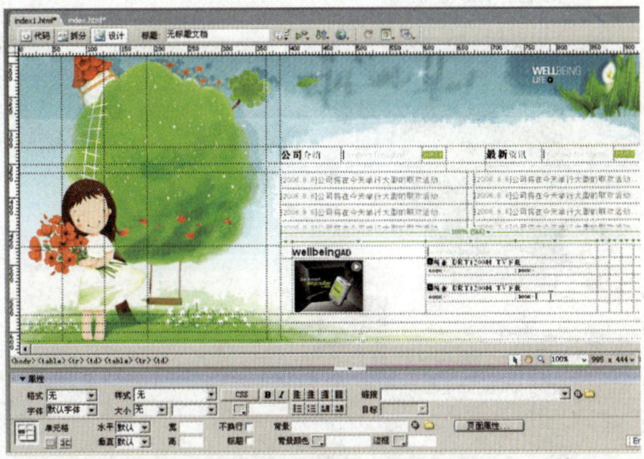

图 14-85 将单元格拆分为两列

>> 40 将光标置入到此表格第 1 行第 4 列单元格中并输入文本“CustomerCenter”；再将光标置入到第 1 行第 5 列单元格中输入文本“lexiting freegine”；将图像“09_main_18.jpg”插入到第 6 列中的单元格中，如图 14-86 所示。

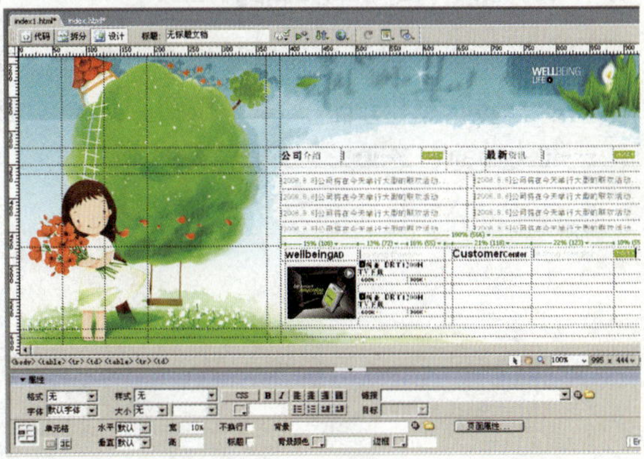

图 14-86 输入文本“CustomerCenter”

>>41 选中第 2 行第 5、6、7 列中所有单元格，并打开“属性”面板，单击“属性”面板中的“合并所选单元格使用跨度”按钮，如图 14-87 所示。

>>42 合并所选单元格，将光标置入到此合并后的单元格中，单击“常用”插入栏中的“表格”按钮，插入一个 1 行 5 列的表格，如图 14-88 所示。

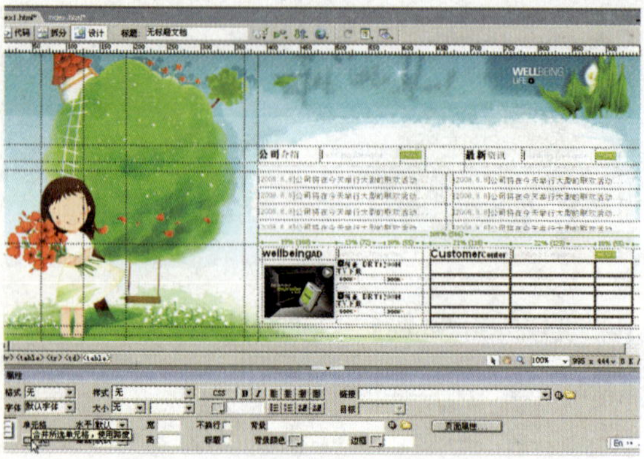

图 14-87　合并所选单元格使用跨度

图 14-88　插入表格

>>43 将光标置入到此表格的第 1 列单元格中，单击“常用”插入栏中的“图像”按钮，插入图像“09_main_28.jpg”，如图 14-89 所示。

>>44 将光标依次置入第 2、3、4 列单元格中，设置单元格的背景为“images/09_main_32.jpg”，如图 14-90 所示。

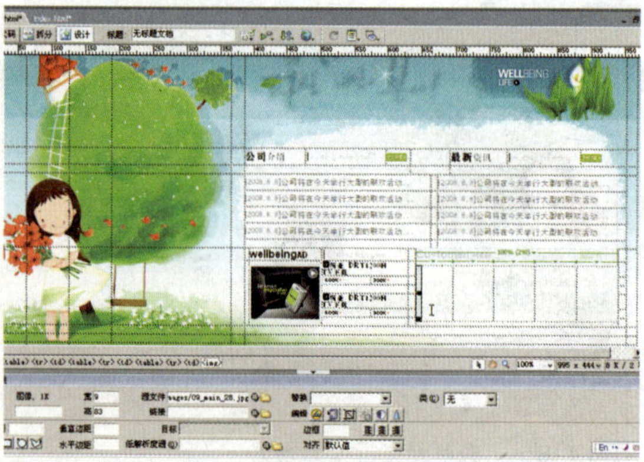

图 14-89　插入“09_main_28.jpg”图像

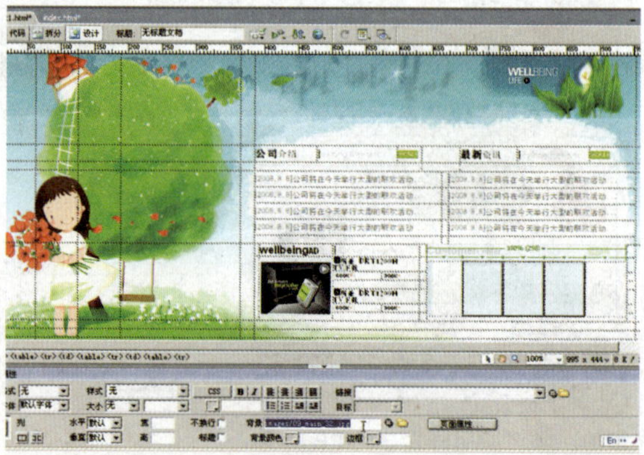

图 14-90　插入背景图像

>>45 将光标置入到第 5 列单元格中，单击“常用”插入栏中的“图像”按钮，选择图像“09_main_34.jpg”，如图 14-91 所示。

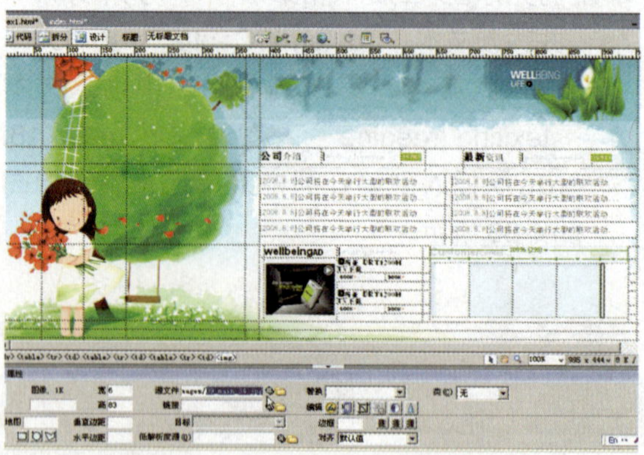

图 14-91　插入“09_main_34.jpg”图像

>>46 将光标置入到第 2 列单元格中，单击“常用”插入栏中的“图像”按钮，选择图像“09_main_35.jpg”，并依次为第 3、4 单元格中插入图像，如图 14-92 所示。

>>47 选中第 2、3、4 列的三个单元格，打开“属性”面板，在“属性”面板中的“水平”下拉列表中选择“居中对齐”选项，如图 14-93 所示。

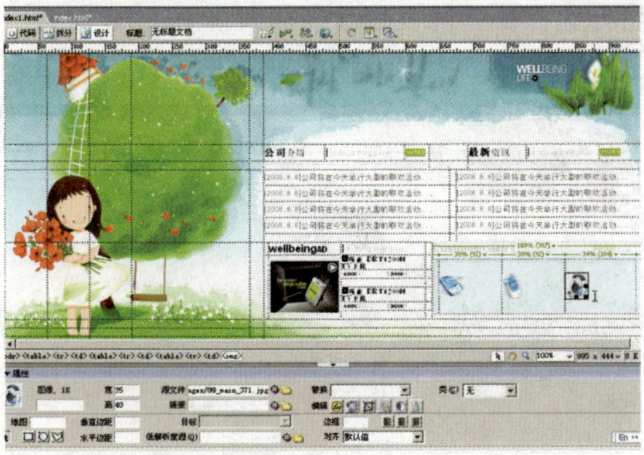

图 14-92　插入“09_main_35.jpg”图像

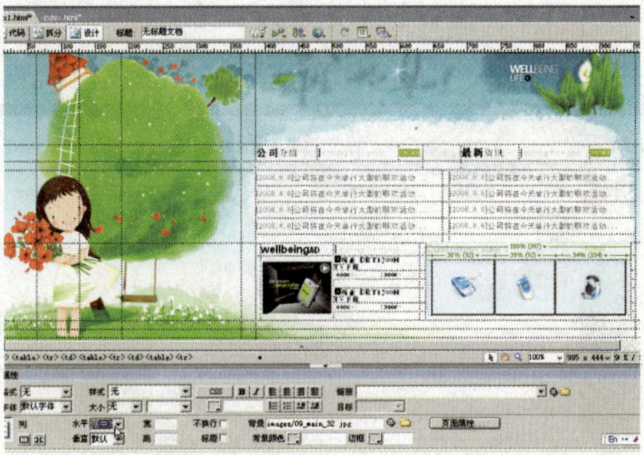

图 14-93　选择“居中对齐”选项

>>48 将光标置入第 10 行第 5 列单元格中，单击“常用”插入栏中的“表格”按钮，插入一个 1 行 3 列的表格，如图 14-94 所示。

>>49 将光标置入到刚插入表格的第 1 列单元格中，单击“常用”插入栏中的“图像”按钮，在弹出的“选择图像源文件”对话框中，选择图像“09_main_57.jpg”，如图 14-95 所示。

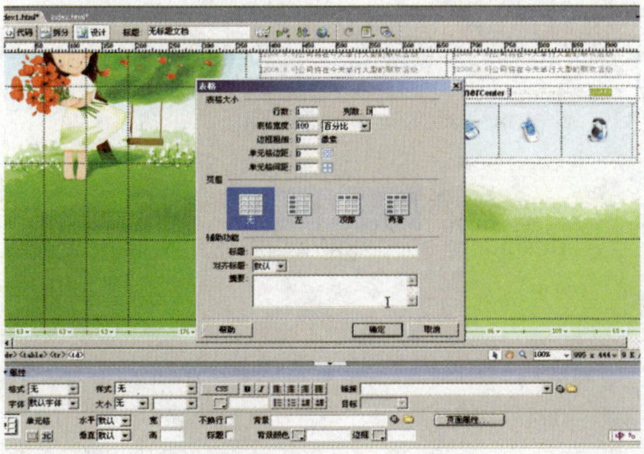

图 14-94　“表格”对话框

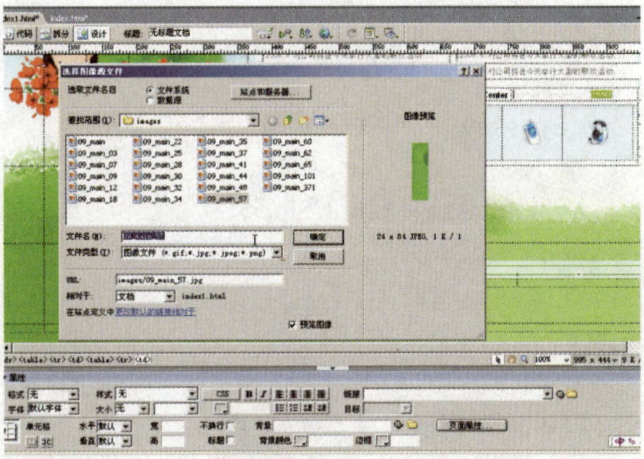

图 14-95　“选择图像源文件”对话框

>>50 将光标置入到刚插入的表格第 2 列单元格中，单击“常用”插入栏中的“图像”按钮，插入图像“09_main_60.jpg”，并将其所在的单元格背景中设置为图像“09_main_60.jpg”，如图 14-96 所示。

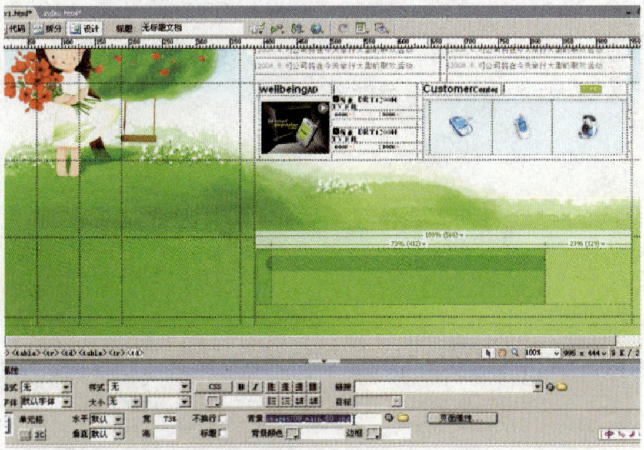

图 14-96　设置单元格背景

>>51 同步骤 50 操作将光标置入到刚插入的表格第 3 列单元格中，单击“常用”插入栏“图像”按钮，在弹出的“选择图像源文件”对话框中，选择图像“09_main_62.jpg”，如图 14-97 所示。

>>52 单击“确定”按钮，插入图像。将光标置入到第 10 行第 7 列单元格中，单击“常用”插入栏中的“表格”按钮，插入一个 2 行 1 列的表格。将光标置入到第 2 行中，输入网页的版权信息；将光标置入到第 1 行中，输入导航标题栏目，并设置其字体大小为“12 像素”，文本颜色为“#FFFFFF”，如图 14-98 所示。

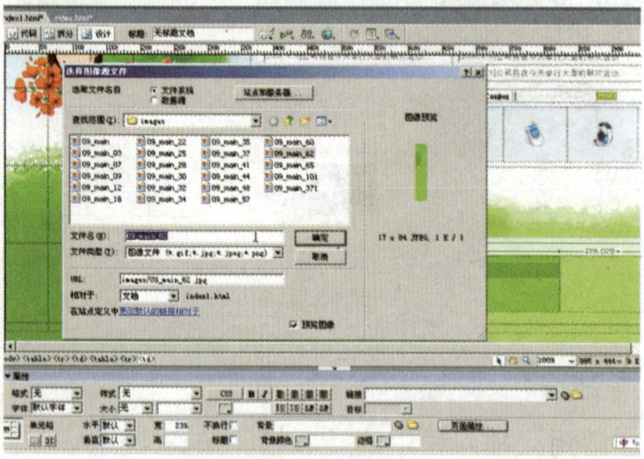

图 14-97　“选择图像源文件”对话框中

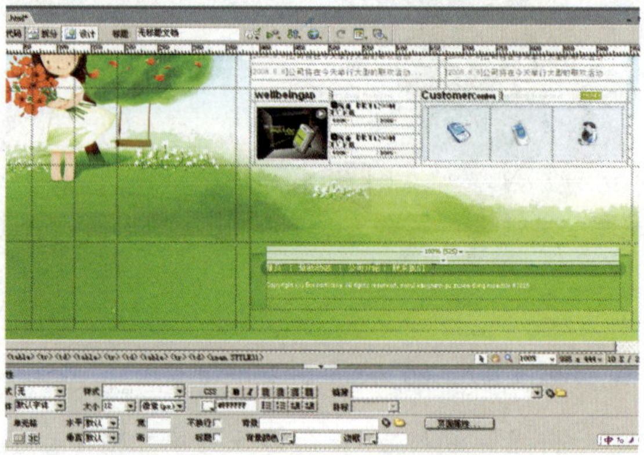

图 14-98　插入图像

>>53 此时，该网站的首页就制作完毕。单击“代码”视图按钮，第一步在代码视图中找到<head></head>一对标签，在此标记之间输入以下代码，如图 14-99 所示。

```
<SCRIPT LANGUAGE="JavaScript">
<!-- hide script from old browsers
var phrase = "精彩 javascript 特效光临你的光临！！！";
var lenPhrase = phrase.length;
var phraseOut = "";
var pause = 25;
var i=0;
var j=0;
var animateWidth = 20;
var position=animateWidth;
function stack() {
  if (phrase.charAt(i) != " ") {
    phraseOut = "";
    for (j=0; j<i; j++) {
      phraseOut += phrase.charAt(j);
    }
    for (j=i; j<position; j++) {
      phraseOut += " ";
    }
    phraseOut += phrase.charAt(i);
    for (j=position; j<animateWidth; j++) {
      phraseOut += " ";
    }
    window.status = phraseOut;
    if (position == i) {
      animateWidth++;
      position = animateWidth;
      i++;
    }
    else {
      position--;
    }
  }
  else {
    i++
  }
  if (i<lenPhrase) {
    setTimeout("stack()",pause);
  }
}
// end hiding contents -->
</SCRIPT>
```

54 把如下代码加入<body>区域中，如图 14-100 所示。

```
<body bgcolor="#fef4d9" OnLoad="stack()">
```

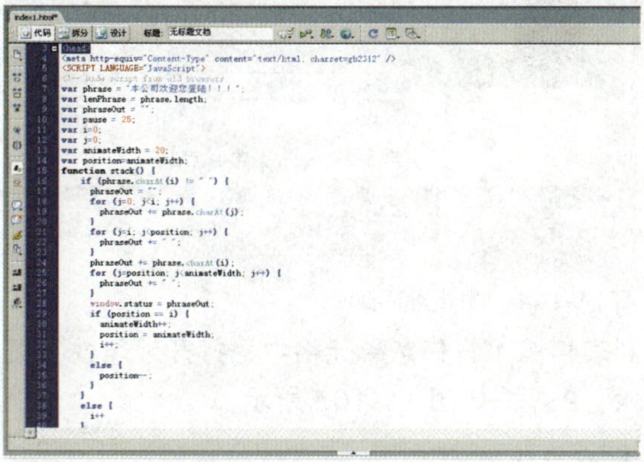

图 14-99　输入代码

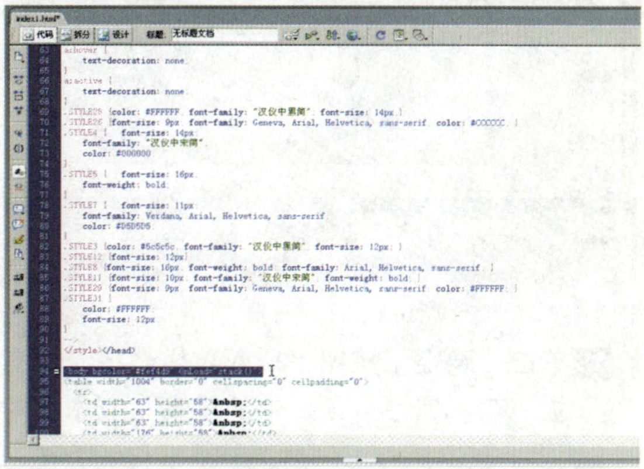

图 14-100　把代码加入<body>区域中

55 此网站首页完全制作完毕，按【F12】键，在 IE 浏览器中浏览编排的效果，如图 14-101 和图 14-102 所示的标题栏文本效果。

图 14-101　浏览编排的效果

图 14-102　浏览编排的效果

14-3　注册页面制作

01 打开图形制作软件，使用切片工具将制作好的页面裁切，然后打开 Dreamweaver 软件，新建一个 HTML 文档，单击“页面属性”按钮，在弹出的“页面属性”对话框中，设置“背景图像”为“pagesian3.jpg”，设置其“重复”下拉列表为“不重复”选项，设置左边距和上边距为“0”，如图 14-103 所示。

02 单击“确定”按钮，填充背景。单击“常用”插入栏中的“表格”按钮，在弹出的“表格”对话框中，设置行为“10”，设置列为“5”，如图 14-104 所示。

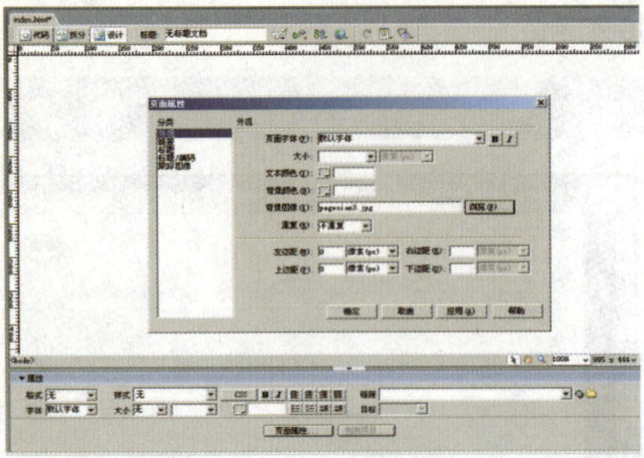

图 14-103 “页面属性”对话框

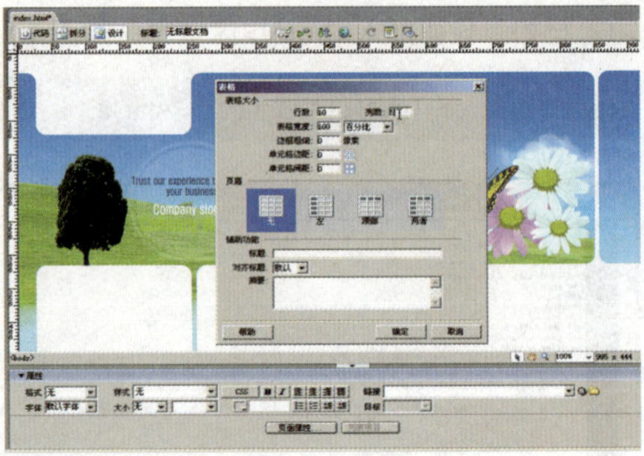

图 14-104 表格对话框

03 单击“确定”按钮，插入表格。将光标置入到表格第 1 行任意单元格中，打开“属性”面板，在“属性”面板中的“高”文本框中输入“29”，如图 14-105 所示。

04 将光标置入到第 2 行第 1 列单元格中，设置其单元格宽度为“25”，设置其高度为“93”像素。将光标置入到第 2 行第 2 列单元格中，单击“常用”插入栏中的“表格”按钮，插入一个 3 行 1 列的表格，如图 14-106 所示。

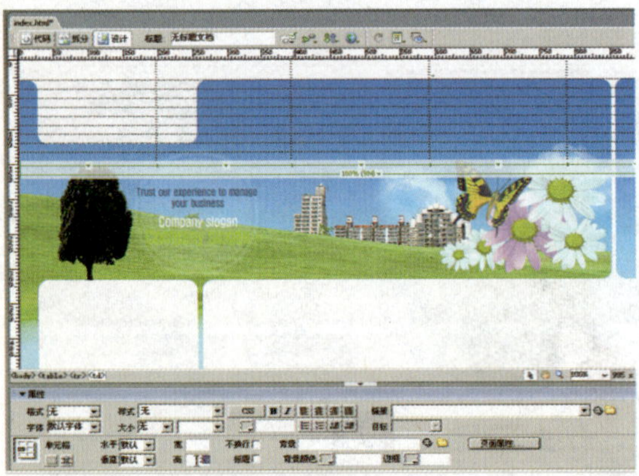

图 14-105 输入单元格高度

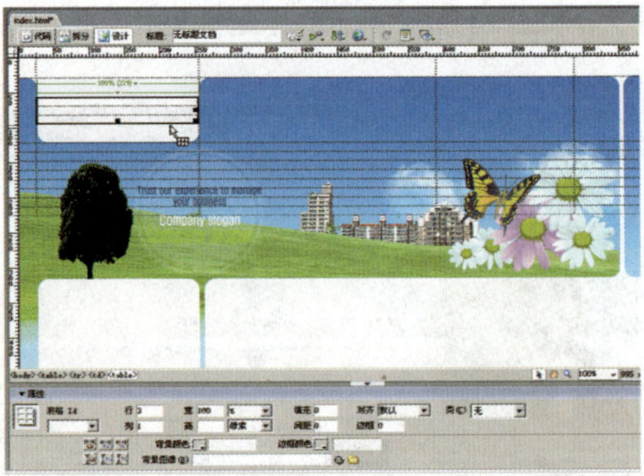

图 14-106 插入表格

05 将光标置入到表格的第 1 行中，单击“常用”插入栏中的“图像”按钮，在弹出的“选择图像源文件”对话框中，选择“pagesian3_03.jpg”，单击“确定”按钮，如图 14-107 所示。

06 将光标置入到插入图像的单元格中，打开“属性”面板，在“属性”面板中的“水平”下拉列表中选择“水平对齐”选项，如图 14-108 所示。

图 14-107 插入图像

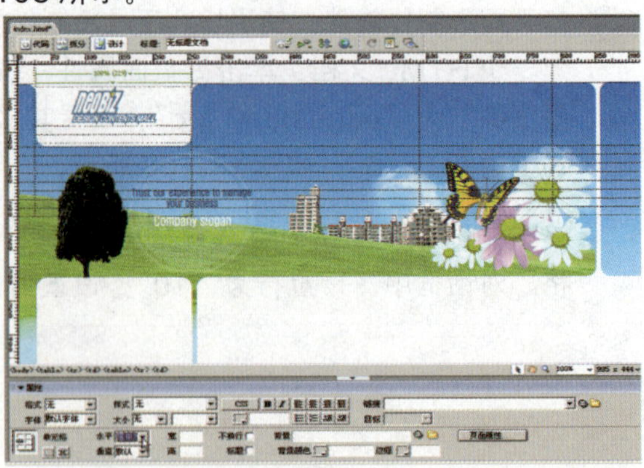

图 14-108 设置对齐方式

07 将光标置入到第3行的单元格中，输入文本“Home　Login　Sitemap　Contact us”，并打开“属性”面板，在“属性”面板中设置其文本大小为“11像素”，设置文本颜色为“#999999”，此时，系统自动生成样式STYLE1，如图14-109所示。

08 将光标置入到这些文本的每个单词隔开位置，单击“常用”插入栏中的“图像”按钮，插入图标“pagesian3_17.jpg”，并将文本所在的单元格设置为水平居中对齐，如图14-110所示。

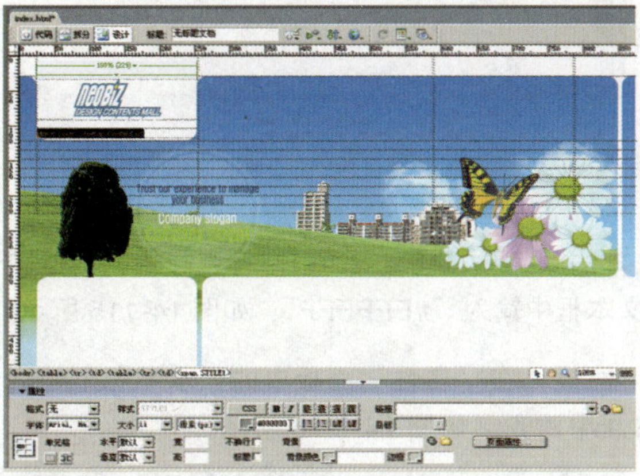

图14-109　自动生成样式STYLE1

图14-110　设置为水平居中对齐

09 将光标置入到第2行第3列单元格中，单击“常用”插入栏中的“表格”按钮，在弹出的“表格”对话框中，设置一个1行7列的表格，如图14-111所示。

10 单击“确定”按钮，插入表格。将光标置入到第1列单元格中，输入文本“首页”，打开“属性”面板，在“属性”面板中设置其字体为“方正综艺简体”，设置其大小为“14像素”，设置其颜色为“#FFFFFF”，系统自动生成样式STYLE2，如图14-112所示。

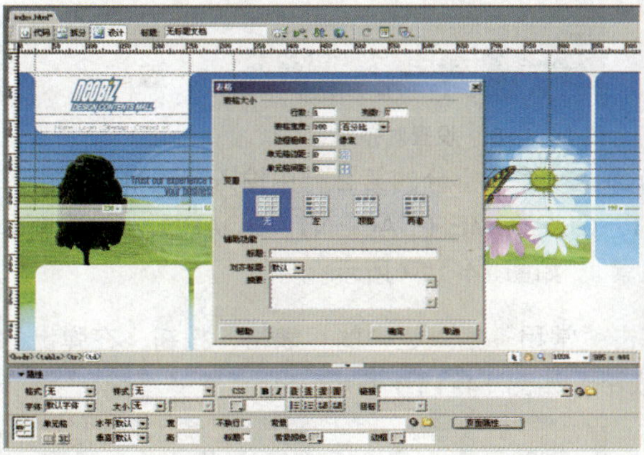

图14-111　“表格”对话框

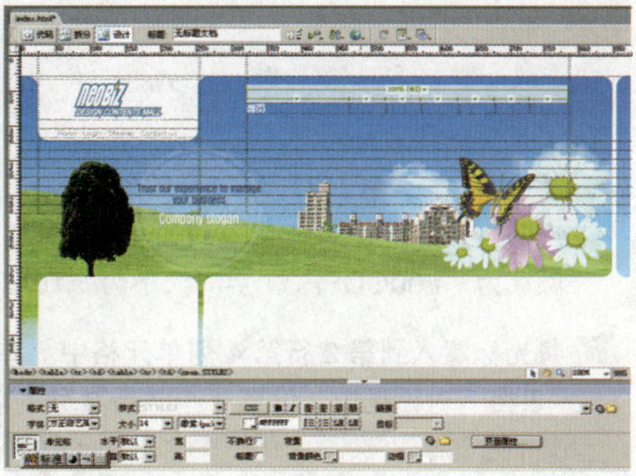

图14-112　设置表格属性

11 同步骤10操作，将光标依次置入到第2、4、6、7列中并分别输入文本“公司介绍、用户注册推荐产品、联系我们”项目菜单。并为这些文本应用样式STYLE2，如图14-113所示。

12 将光标置入到第3列单元格中，单击“常用”插入栏中的“图像”按钮，插入图像“pagesian3_08.jpg”；将光标置入到第5列单元格中，再次插入图像“pagesian3_06.jpg”，如图14-114所示。

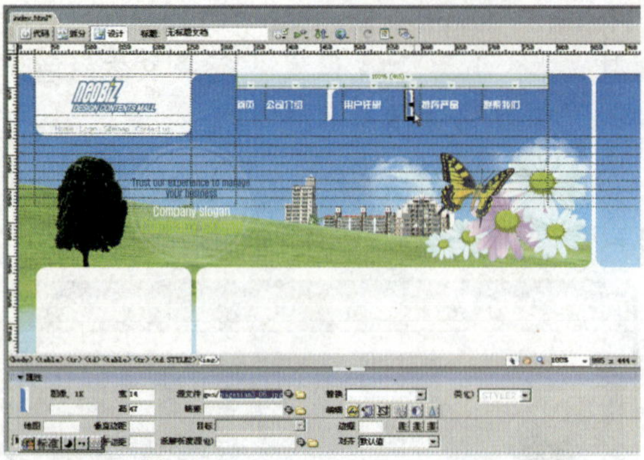

图 14-113 应用样式

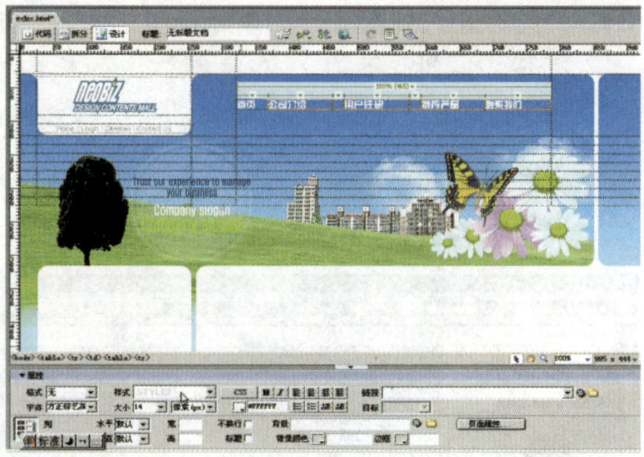

图 14-114 插入图像

13 选中第 4 列中的文本“用户注册”，将其文本的颜色更改为“黑色”，将光标置入到此单元格中，在“属性”面板中的“背景颜色”文本框中输入“#FFFFFF”，如图 14-115 所示。

14 选中此表格中的所有单元格，打开“属性”面板，在“属性”面板中的“水平”下拉列表中选择“居中对齐”选项，使得项目文本居中对齐，如图 14-116 所示。

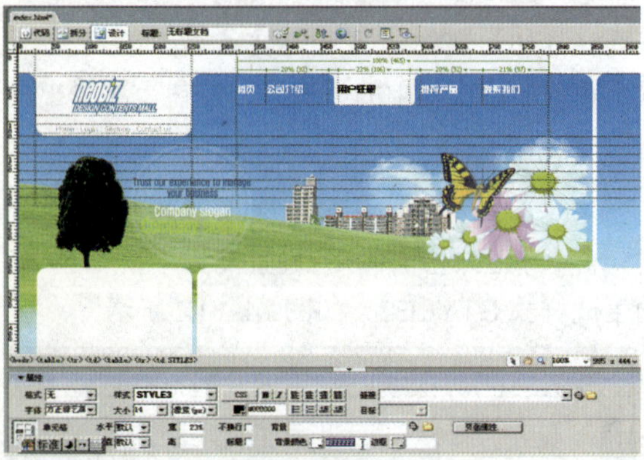

图 14-115 设置背景颜色

图 14-116 设置对齐方式

15 将此表格的第 1、2、4、6、7 单元格拆分为两行。在拆分的第 2 行中输入其项目菜单所对应的英文单词如“COMPANY、PRODUCT、CUSTOMER、AGENT、BOARD”，设置文本颜色为“#00CCFF”，字体大小为“10 像素”，如图 14-117 所示。

16 将光标置入到第 2 行第 4 列单元格中，单击“常用”插入栏中的“表格”按钮，在弹出的“表格”对话框中，设置一个 7 行 2 列的表格，如图 14-118 所示。

图 14-117 设置文字属性

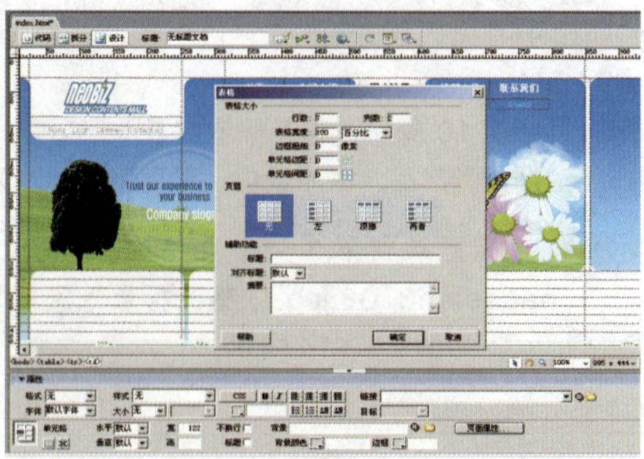

图 14-118 “表格”对话框

17 将光标置入到第 1 行任意单元格中，设置单元格高度为“46”；将光标置入到第 2 行第 1 列单元格中，单击“图像”按钮，插入图像“pagesian3_11.jpg”，如图 14-119 所示。

18 同步骤 17 操作，依次将第 4、6 行单元格插入图像“pagesian3_21.jpg”和“pagesian3_23.jpg”，如图 14-120 所示。

图 14-119　设置单元格高度

图 14-120　插入图像

19 选中第 2 列中的所有单元格，打开“属性”面板，设置其单元格的宽度为“87”；并设置其第 3 行和第 5 行的高度为“8”，如图 14-121 所示。

20 选中“pagesian3_11.jpg”图像，打开“属性”面板，在“属性”面板中的，选择“椭圆形热点工具”按钮，在图像上绘制一个椭圆的热点区域，如图 14-122 所示。

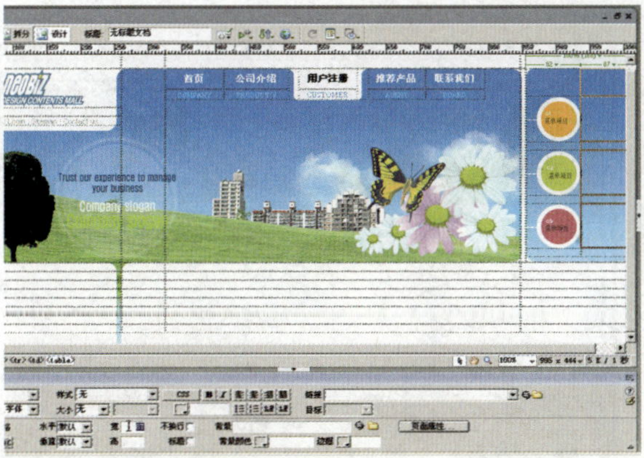

图 14-121　设置单元格宽度

图 14-122　绘制一个椭圆热点区域

21 如果需要单击此热点区域后链接到相关的页面，可以在其“属性”面板中的“链接”处输入需要链接的地址和目标，如图 14-123 所示。

图 14-123　设置链接地址和目标

22 同步骤 20 操作，依次为项目 2 和项目 3 的图标绘制椭圆形热点区域，如图 14-124 所示。

23 将光标置入到第 4 行第 2 列单元格中，单击“常用”插入栏中的“图像”按钮，插入图像“pagesian3_261.jpg”，如图 14-125 所示。

图 14-124　绘制椭圆形热点区域

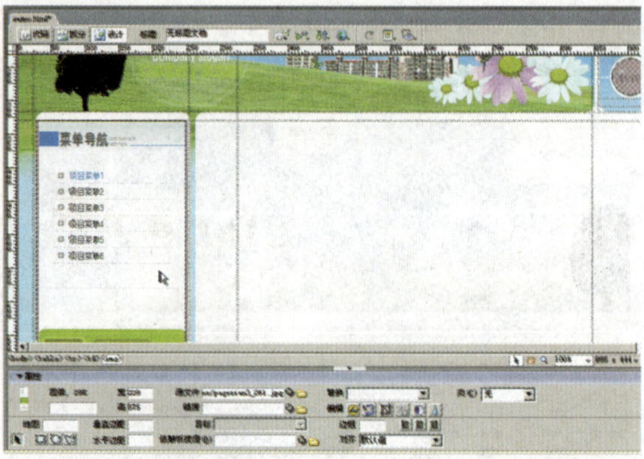

图 14-125　插入图像

24 将光标置入到第 4 行第 3 列单元格中，单击“常用”插入栏中的“表格”按钮，在弹出的“表格”对话框中，设置一个 10 行 5 列的表格，如图 14-126 所示。

25 将光标置入到此表格所处的单元格中，在“属性”面板中的“垂直”下拉列表中选择为“顶端”选项，将光标置入到第 1 行第 4 列单元格中，输入文本“当前位置 > 首页 > 用户注册 > 信息提交”，设置字体大小为“12 像素”，设置文本颜色为“#999999”，如图 14-127 所示。

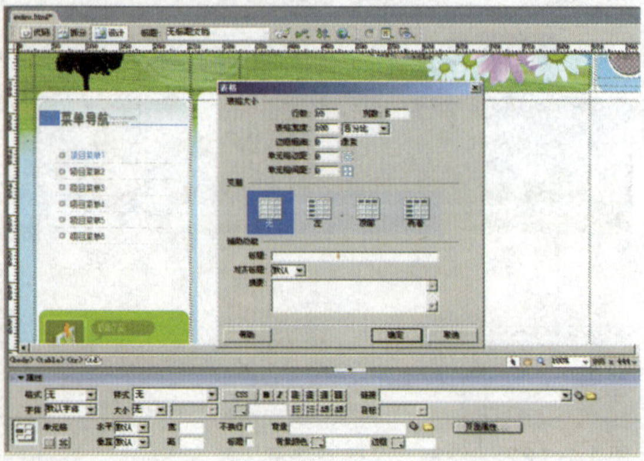

图 14-126　表格对话框

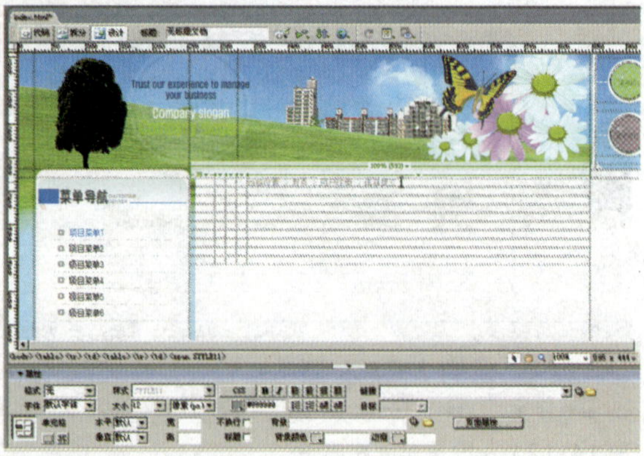

图 14-127　设置属性

26 选中文本“信息提交”的文本颜色更改为“#2985CE”。将光标置入到第 3 行第 2 列单元格中，单击“常用”插入栏中的“图像”按钮，插入图像“pagesian3_49.jpg”，如图 14-128 所示。

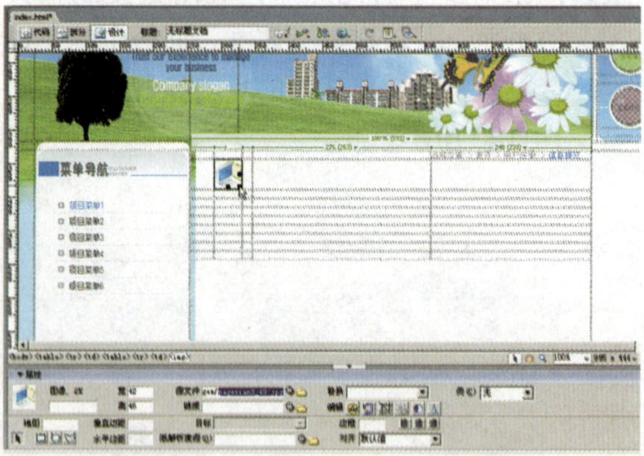

图 14-128　插入“pagesian3_49.jpg”图像

27 将光标置入到第 3 行第 3 列单元格中，输入文本“用户注册”，设置文本的颜色为“#2185D3”，设置字体为“汉仪中黑简”，设置其大小为“16 像素”，并设置文本“居中对齐”，如图 14-129 所示。

28 选中第 4 行第 3 列以后的几个单元格，单击“属性”面板中的“合并所选单元格，使用跨度”按钮，合并所选单元格，将光标置入到此单元格中，单击“常用”插入栏中的“图像”按钮，插入图像“pagesian3_55.jpg”，如图 14-130 所示。

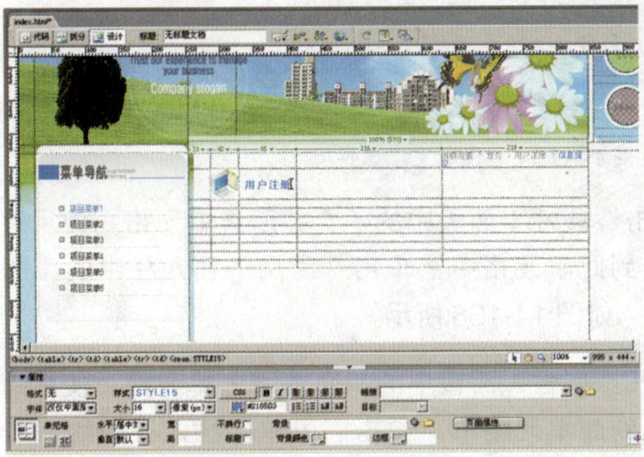

图 14-129　设置文字属性

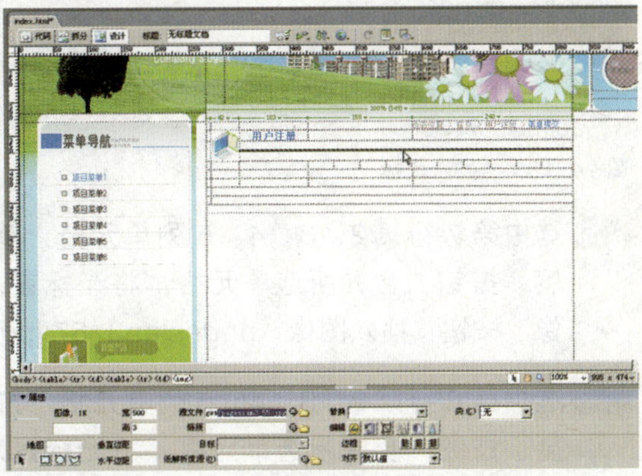

图 14-130　插入“pagesian3_55.jpg”图像

29 将光标置入到第 4 行第 4 列单元格中，单击“常用”插入栏中的“表格”按钮，插入一个 1 行 10 列的表格，将光标置入到第 1 列单元格中，输入文本“用户注册的具体操作步骤”，应用样式 STYLE11，如图 14-131 所示。

30 将光标置入到第 3 列单元格中，单击“常用”插入栏中的“图像”按钮，插入图像“pagesian3_61.jpg”，依次在第 5、7、9 列单元格中插入图像，如图 14-132 所示。

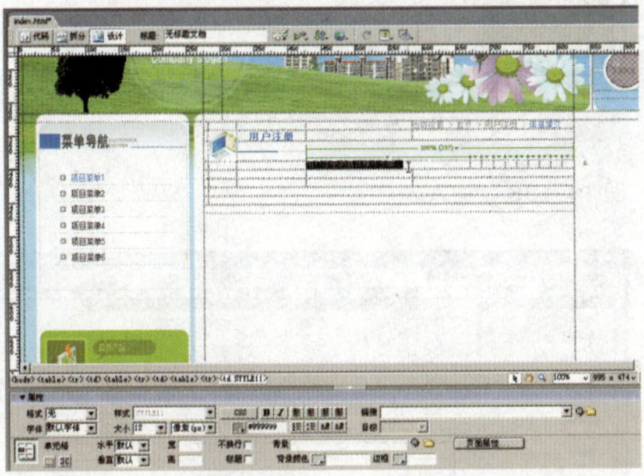

图 14-131　应用样式

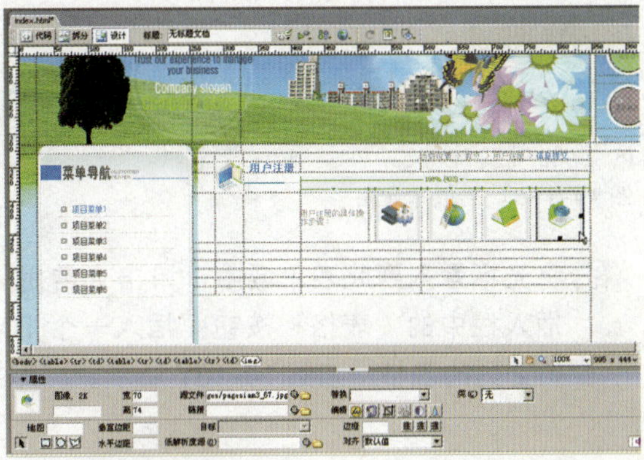

图 14-132　插入图像

31 将光标置入到第 6 行第 2 列单元格中，单击“常用”中的“图像”按钮，插入图标“pagesian3_74.jpg”，如图 14-133 所示。

32 将光标置入到第 6 行第 3 列单元格中，输入文本“个人信息填写”，设置文本字体大小为 14 像素，设置字体颜色为“#FF0000”，设置字体为“汉仪方叠体简”，如图 14-134 所示。

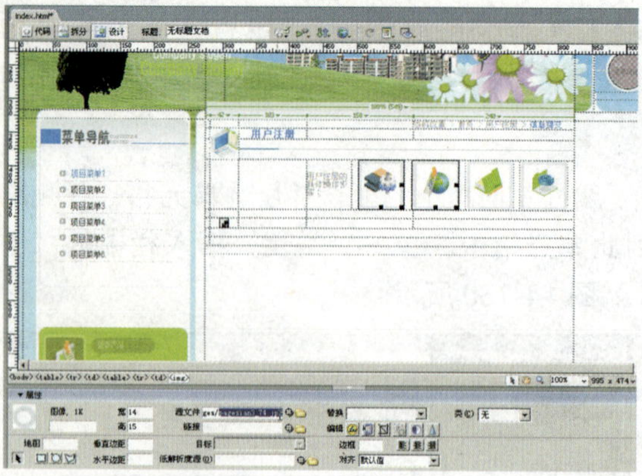

图 14-133　插入图标

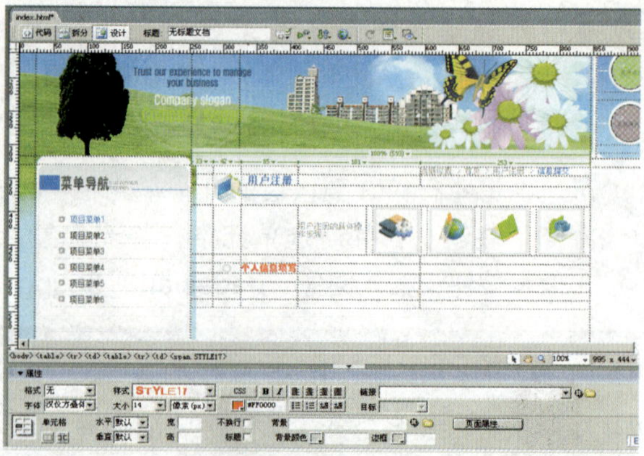

图 14-134　设置文字属性

>>33 选中第 7 行第 2、3、4、5 列单元格，单击“属性”面板中的“合并所选单元格，使用跨度”按钮，合并所选单元格，将光标置入到此单元格中，单击“常用”插入栏中的“图像”按钮，插入图像“pagesian3_57.jpg”，如图 14-135 所示。

>>34 选中第 8 行第 2、3、4、5 列单元格，打开“属性”面板中的“合并所选单元格，使用跨度”按钮，合并所选单元格，将光标置入到此单元格中，单击“表单”插入栏中的“表单”按钮，创建表单，如图 14-136 所示。

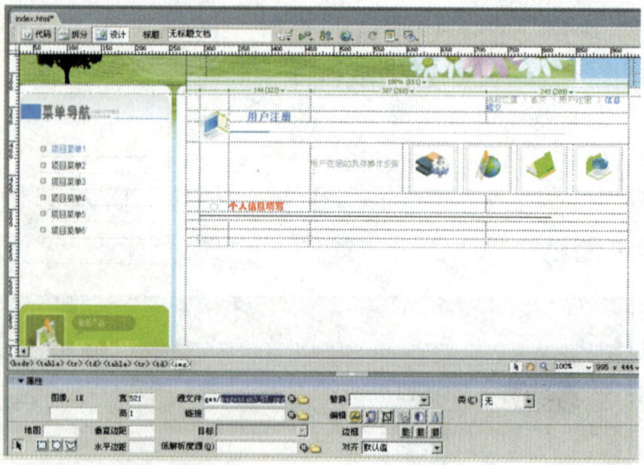

图 14-135　合并单元格

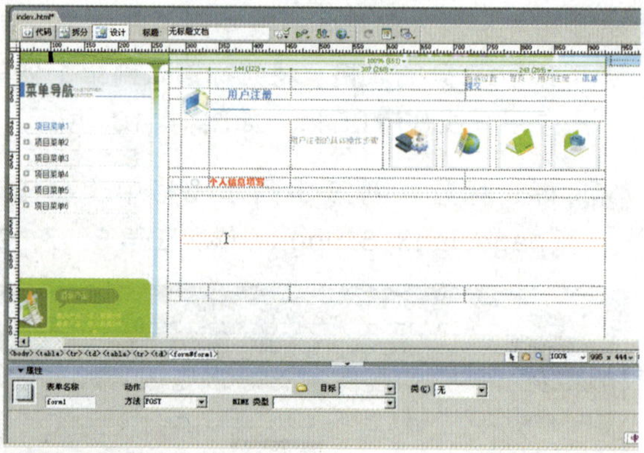

图 14-136　插入表单

>>35 将光标置入到此表单域中，单击“常用”插入栏中的“表格”按钮，插入一个 10 行 2 列的表格，如图 14-137 所示。

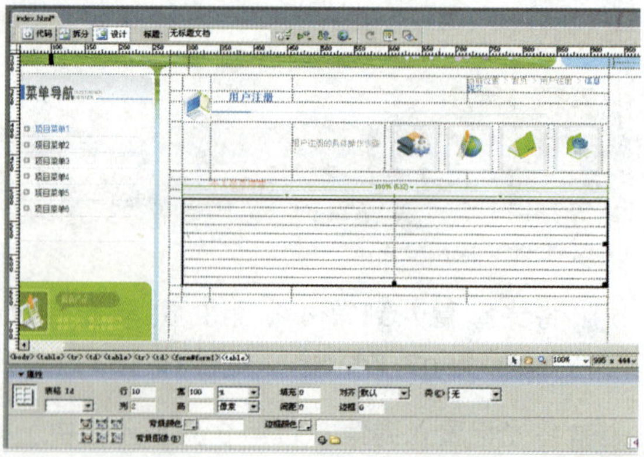

图 14-137　插入表格

>>36 将光标置入到第 1 行第 1 列单元格中，输入文本“姓名：”并应用样式 STYLE11，单击“表单”插入栏中的“文本字段”按钮，在文本的后方插入“文本字段”，在其“属性”面板中设置文本域的字符宽度为“10”，如图 14-138 所示。

>>37 将光标置入到第 2 行第 1 列单元格中，输入文本“昵称：”，并应用样式 STYLE11，并同步骤 36 操作，插入“文本字段”按钮，并在“属性”面板中，设置其最多字符数为“16”，如图 14-139 所示。

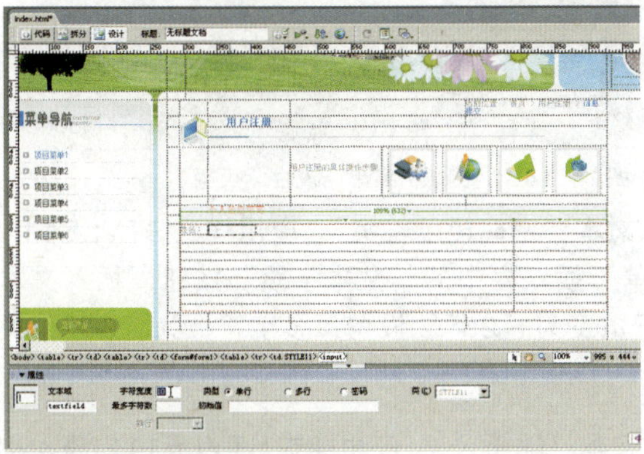

图 14-138　应用样式 STYLE11

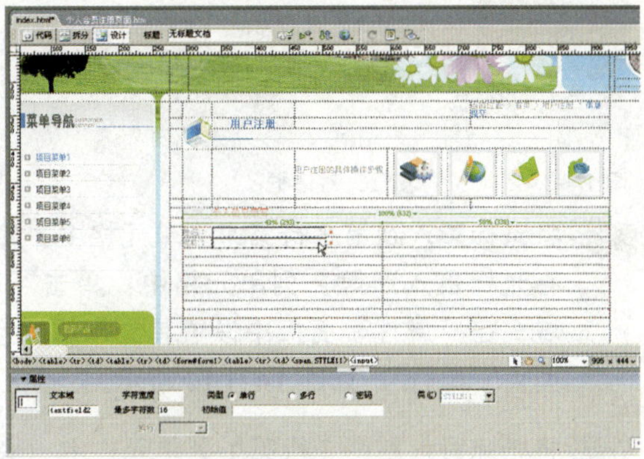

图 14-139　插入“文本字段”按钮

>>38 将光标置入到第 3 行第 1 列单元格中，输入文本“密码：”，并应用样式 STYLE11，单击“表单”插入栏中的“文本字段”按钮，插入文本域，在“属性”面板中设置其最多字符数为“16”，设置其类型为“密码”，如图 14-140 所示。

>>39 将光标置入到第 4 行第 1 列单元格中，输入文本“确认密码”，应用样式 SYTLE11，在第 2 列中插入“文本域”，在其“类型”中选择“密码”选项，如图 14-141 所示。

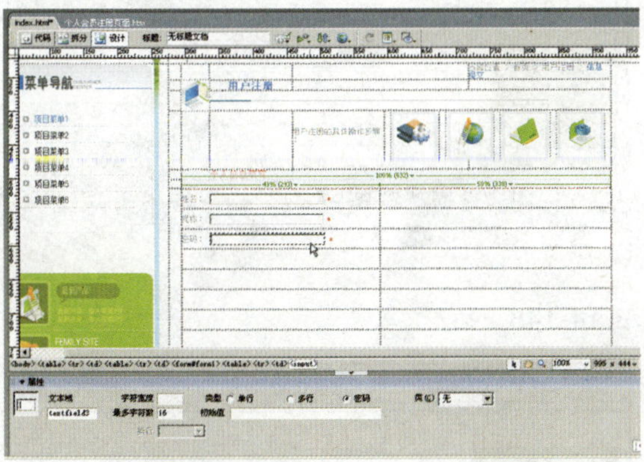

图 14-140　插入文本域

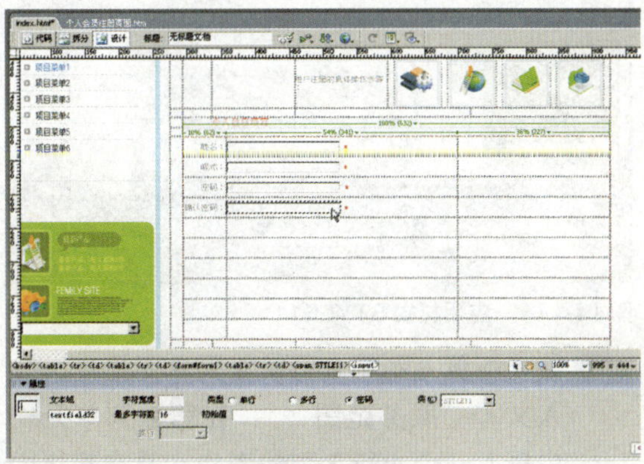

图 14-141　输入文本“确认密码”

>>40 将光标置入到第 5 行第 1 列单元格中，输入文本“密码提示问题”，应用 STYLE11 样式；在第 2 列单元格中，单击“表单”插入栏中的“列表/菜单”按钮，插入“列表/菜单”，在属性面板中的“类型”选项中选择“菜单”单选按钮，并单击“列表值...”按钮，在弹出的“列表值”对话框中添加选项，如图 14-142 所示。

>>41 单击“确定”按钮，此时列表/菜单“属性”面板中的“初始化时设置”选项中将出现刚才添加的选项，如图 14-143 所示。

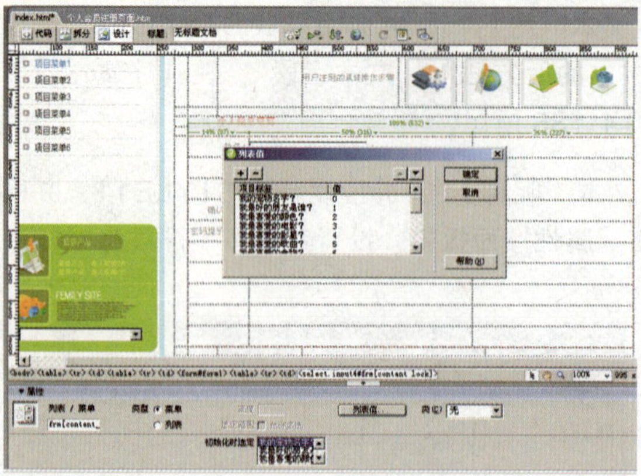

图 14-142 “列表值”对话框

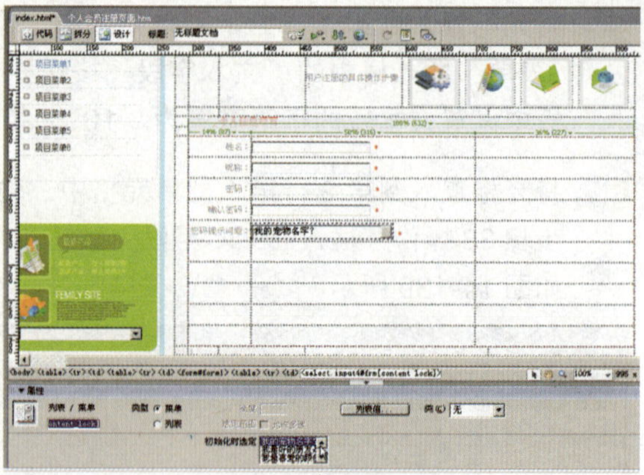

图 14-143 列表/菜单“属性”面板

42 将光标置入到第 6 行第 1 列单元格中，输入文本“密码提示答案”，应用样式 STYLE11；将光标置入到第 2 列单元格中，单击“表单”插入栏中的“文本字段”按钮，插入文本域，在“属性”面板中设置其文本域的字符宽度为“25”，设置最多字符数为“80”，类型为“单行”，如图 14-144 所示。

43 将光标置入到第 7 行第 1 列单元格中，输入文本“邮箱：”，应用样式 STYLE11；将光标置入到第 2 列单元格中，单击“表单”插入栏中的“文本字段”按钮，插入文本域，设置其复制“属性”面板中的字符宽度为“25”，设置最多字符数为“80”，如图 14-145 所示。

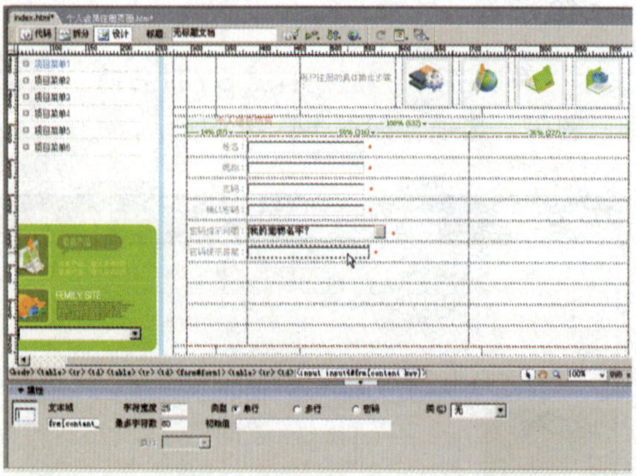

图 14-144 应用样式 STYLE11

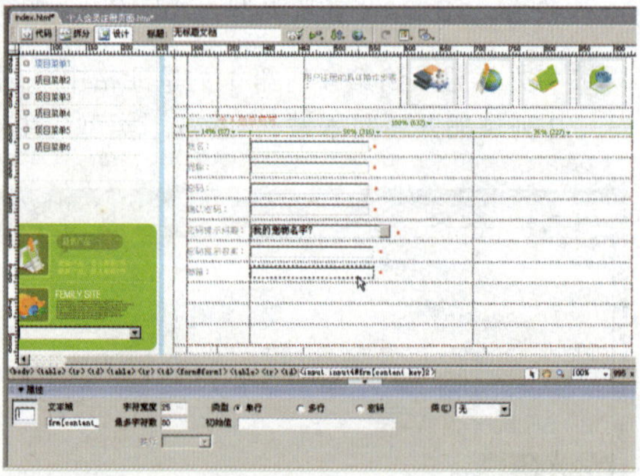

图 14-145 插入文本域

44 将光标置入到第 8 行第 1 列单元格中，输入文本“服务范围：”；在第 2 列单元格中插入一个 4 行 5 列的表格，并在表格中插入复选框，在每个复选框的旁边输入相关的插入栏内容，如图 14-146 所示。

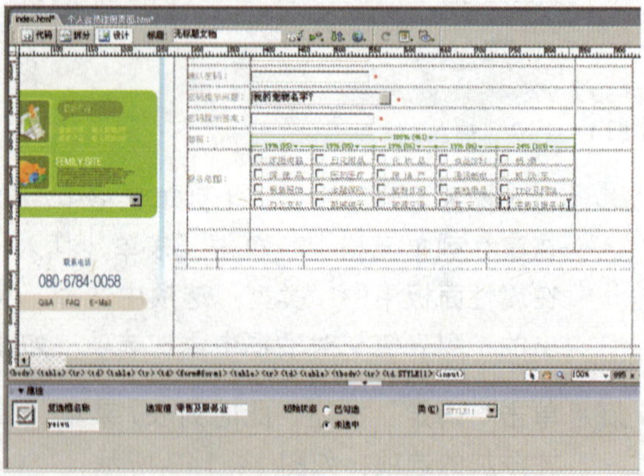

图 14-146 插入复选框

45 将光标置入到第9行第1列单元格中，输入文本“服务条款：”；在第2列单元格中单击“表单”插入栏中的“文本字段”按钮，插入文本域，设置其“属性”面板中的字符宽度为“80”，设置其类型为“多行”，在“行数”文本框中输入“8”，如图14-147所示。

46 继续将光标置入到“文本域”属性面板中的“初始值”文本框中，输入一些服务条款的内容，如图14-148所示。

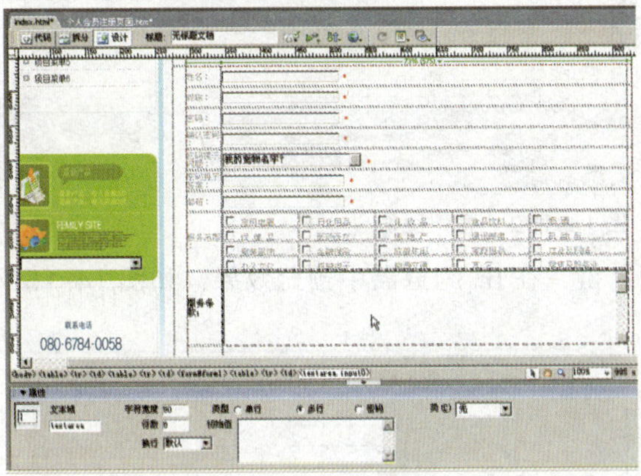

图14-147　文本域“属性”面板

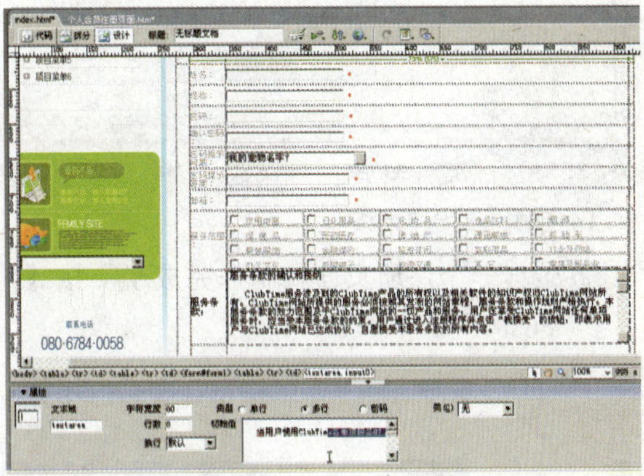

图14-148　“初始值”文本框

47 将光标置入到第11行第2列单元格中，单击“表单”插入栏中的“复选框”按钮，插入一个复选框，并在复选框后面输入文本“我已经看过并同意《网络服务使用协议》。”并应用样式STYLE11，如图14-149所示。

48 将光标置入到第12行第2列单元格中，单击“表单”插入栏中的“图像域”按钮，弹出“选择图像源文件”对话框，选择图像“pagesian3_108”来显示按钮的效果，如图14-150所示。

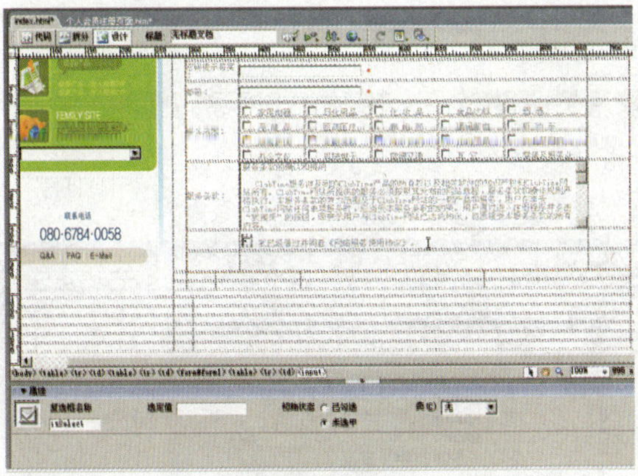

图14-149　插入“复选框”按钮

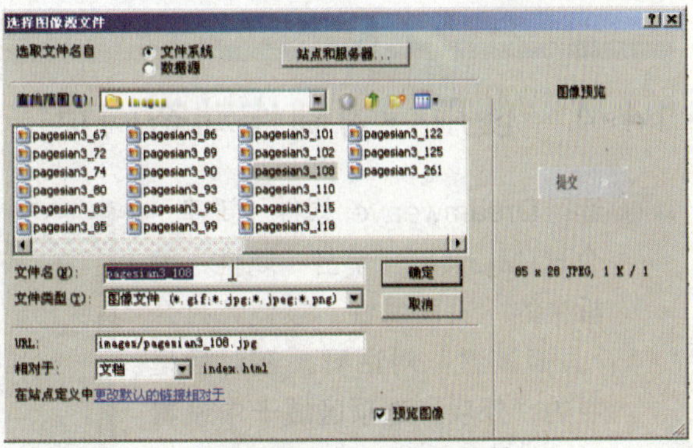

图14-150　“选择图像源文件”对话框

49 在图片所在的单元格中，单击“属性”面板中的“拆分单元格为行或列”按钮，拆分为两列，将光标置入到第2列单元格中，同步骤48操作，单击“图像域”按钮，插入图像“pagesian3_110.jpg”，如图14-151所示。

50 此时这个注册页面就基本制作完毕了，将光标置入到最后一行的单元格中，单击“常用”插入栏中的“图像”按钮，插入图像“pagesian3_72.jpg”，如图14-152所示。

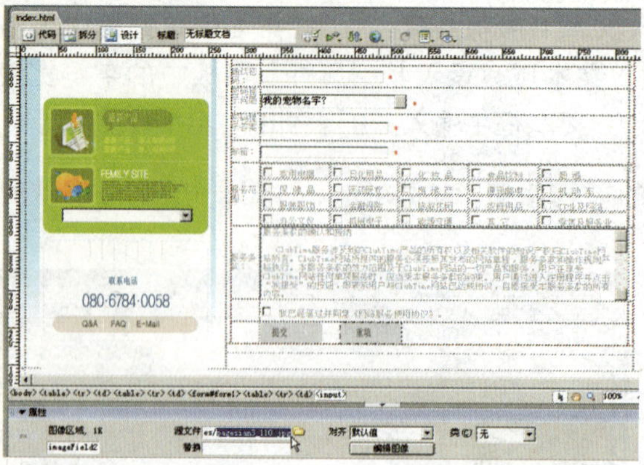

图 14-151 拆分单元格

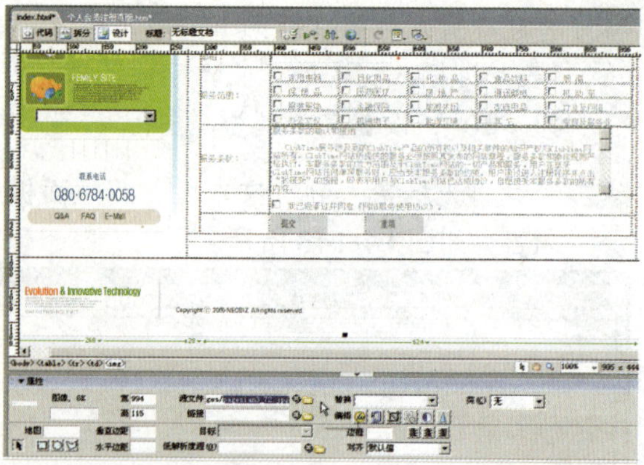

图 14-152 插入图像

51 这样一个注册页面就制作完成了，按【F12】键，在 IE 浏览器中预览效果，如图 14-153 和图 14-154 所示。

图 14-153 预览效果 1

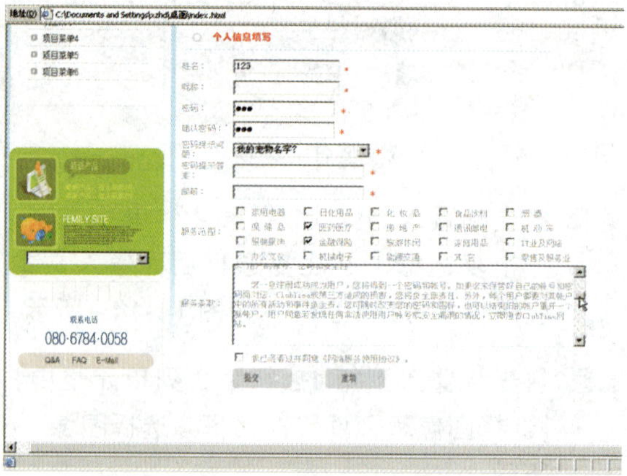

图 14-154 预览效果 2

14-4 使用行为制作动态网页

01 运行 Dreamweaver 软件，新建一个 HTML 文档，单击“属性”面板中的“页面属性”按钮，打开“页面属性”对话框，在对话框中的“外观”选项区域卡中设置其“背景图像”为“415.jpg”，设置其“重复”下拉列表框为“不重复”选项，设置“左边距”和“上边距”为“0 像素”，如图 14-155 所示。

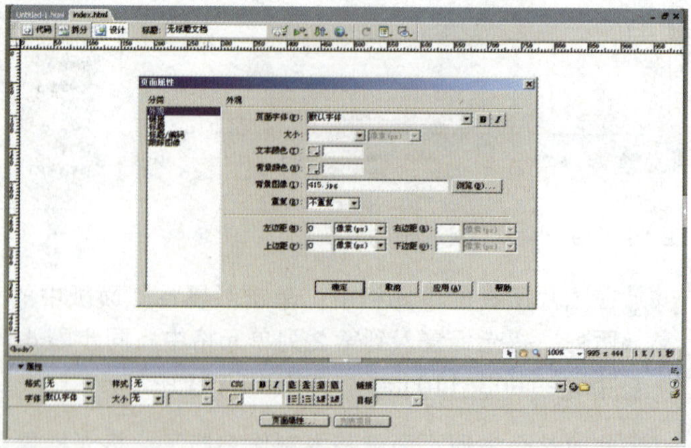

图 14-155 新建一个 HTML 文档

02 单击“确定”按钮，填充背景图像。单击“常用”插入栏中的“表格”按钮，弹出“表格”对话框，设置其对话框中的行为“8”，列为“4”，设置表格宽度为“1024像素”，如图14-156所示。

03 将光标置入到第1行第4列单元格中，单击“常用”插入栏中的“图像”按钮，在弹出的“选择图像源文件”对话框中，选择图像“415_02.jpg”，单击“确定”按钮插入图像，如图14-157所示。

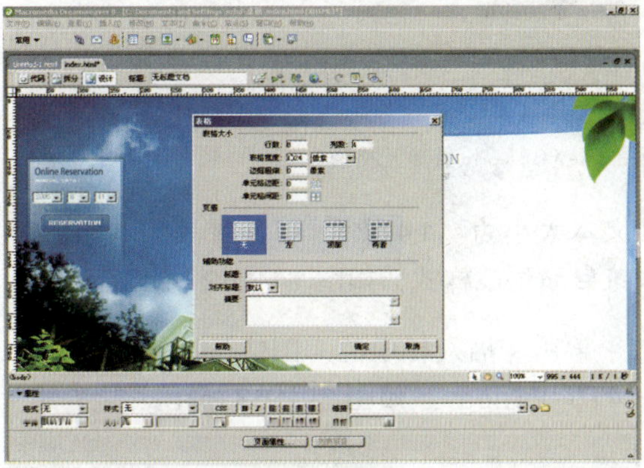

图14-156 插入“表格”对话框

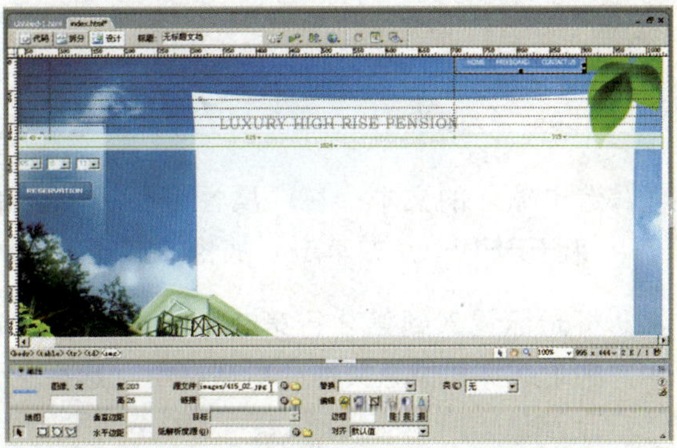

图14-157 插入图像

04 将光标置入到第2行第2列单元格中将，此单元格与第1列单元格合并，并单击“常用”插入栏中的“图像”按钮，在弹出的“选择图像源文件”对话框中，选择“415_05.jpg”，如图14-158所示。

05 单击“确定”按钮，插入LOGO图标，设置此单元格高度为“100”，设置其2行第1列单元格宽度为“21”，如图14-159所示。

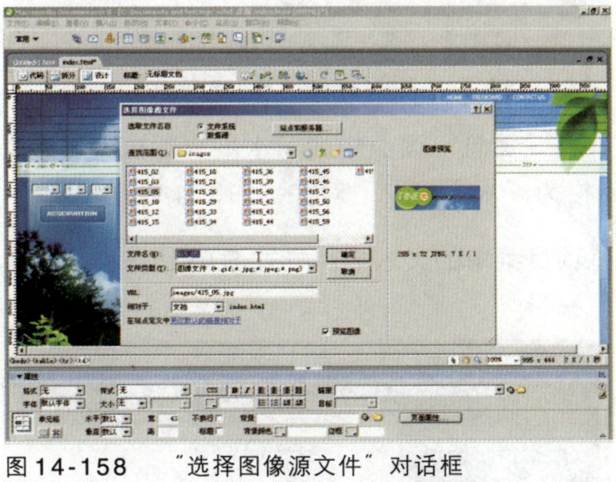

图14-158 “选择图像源文件”对话框

图14-159 插入LOGO图标

06 将光标置入到3行第2列单元格中，单击“常用”插入栏中的“表格”按钮，插入一个12行2列的表格，如图14-160所示。

07 将光标置入到刚插入的表格第1列的任意单元格内，在“属性”面板中设置其宽度为“134”，再将光标置入到第1行第2列单元格中，设置其高度为“20”，并输入文本“PROLOGUE”，如图14-161所示。

图 14-160　插入表格

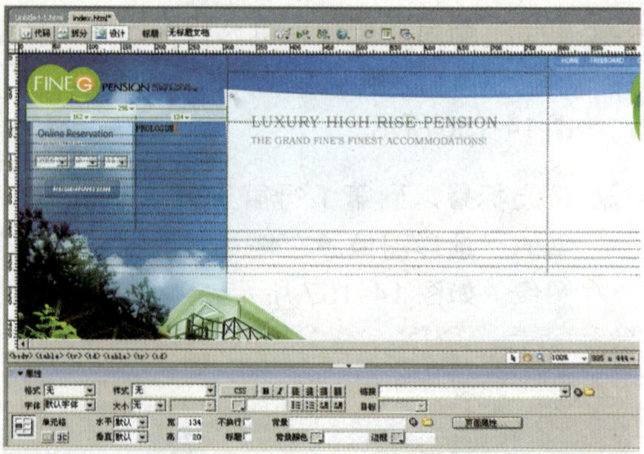

图 14-161　设置单元格属性

>>08 选中输入的文本，在“属性”面板中设置其文本大小为“14 像素”，设置其文本颜色为“#FFFFFF”，并单击“加粗”按钮，此时系统自动生成样式，如图 14-162 所示。

>>09 将光标置入到第 2 行第 2 列单元格中，单击“常用”插入栏中的“图像”按钮，在弹出的“选择图像源文件”对话框中，选择图像“415_26.jpg”，如图 14-163 所示。

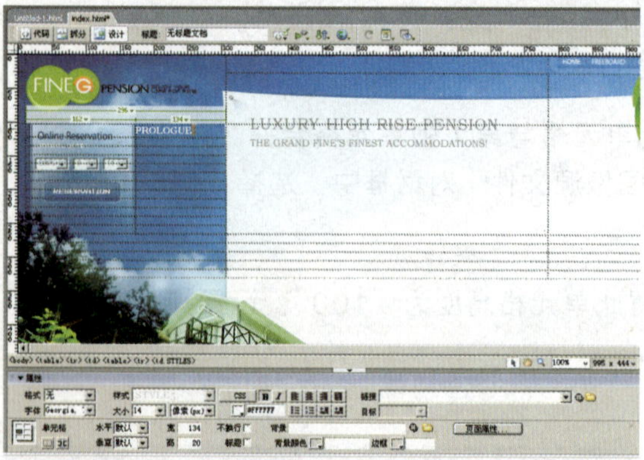

图 14-162　输入文本

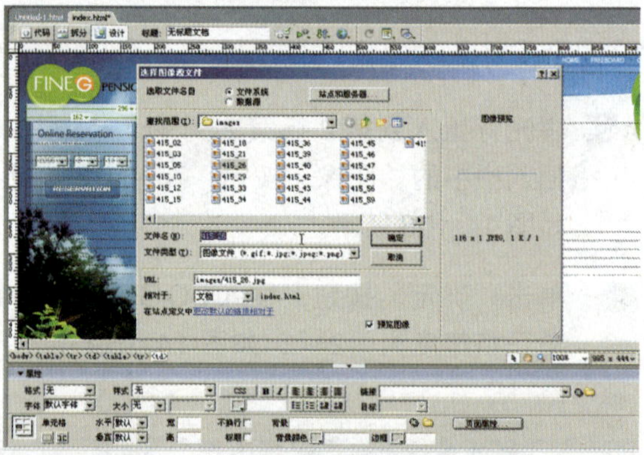

图 14-163　“选择图像源文件”对话框

>>10 单击“确定”按钮，插入图像。并设置此单元格“属性”面板中的“水平”下拉列表选择“右对齐”选项，设置第 1 行第 2 列中的单元格为“水平居中”对齐，如图 14-164 所示。

>>11 依次为下面几列的单元格添加项目菜单。并将项目菜单的文本应用样式 STYLE5，设置其单元格高度为“20”，如图 14-165 所示。

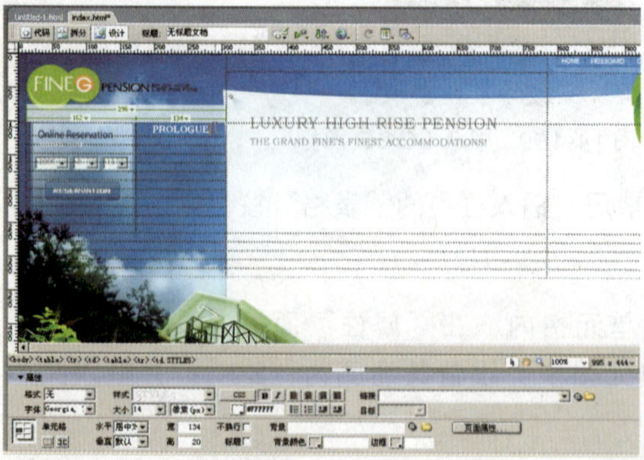

图 14-164　设置对齐方式

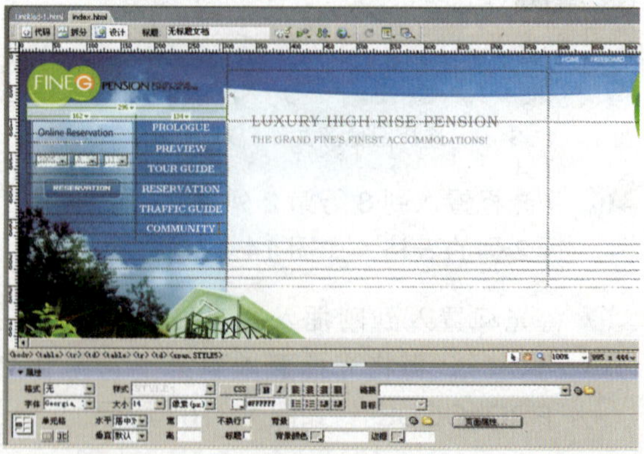

图 14-165　样式应用 STYLE5

12 将光标置入到的 3 行的 3 列单元格中，插入一个 12 行 4 列的单元格，并置入相关的图片和文本，如图 14-166 所示。

13 依次将的其他的内容排列好，单击“布局”插入栏中的“绘制 AP Div”按钮，在窗口绘制一个 apDiv1，如图 14-167 所示。

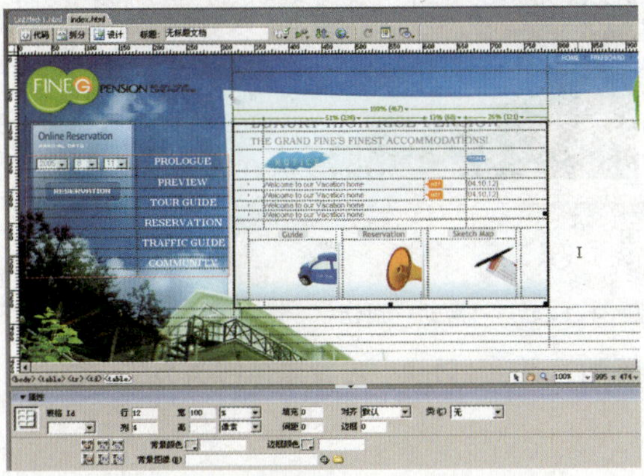

图 14-166　置入相关的图片和文本

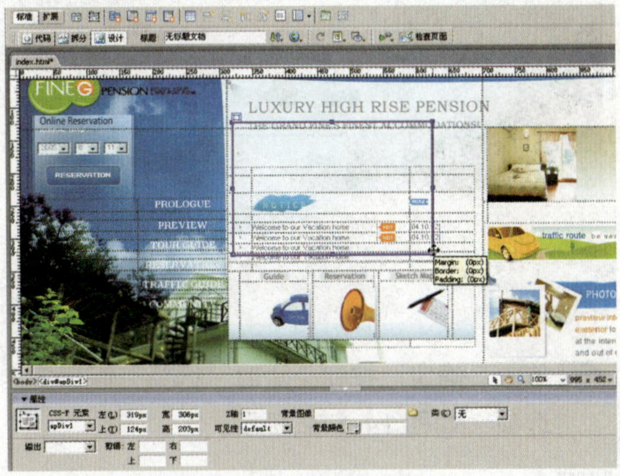

图 14-167　“绘制 AP Div”按钮

14 选中中间的整体表格，按【Ctrl+X】组合键，剪切表格，并将光标置入到 apDiv1 层中，按【Ctrl+V】组合键，粘贴表格，如图 14-168 所示。

15 调整 apDiv1 大小，并将其位置拖放到合适的位置，执行“窗口”|“行为”命令，打开“行为”面板，如图 14-169 所示。

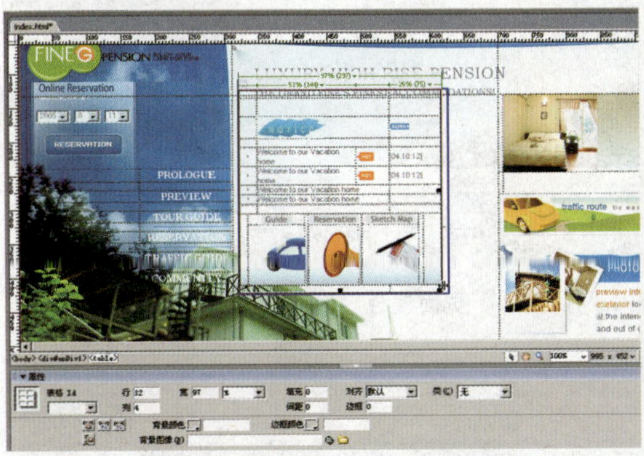

图 14-168　粘贴表格

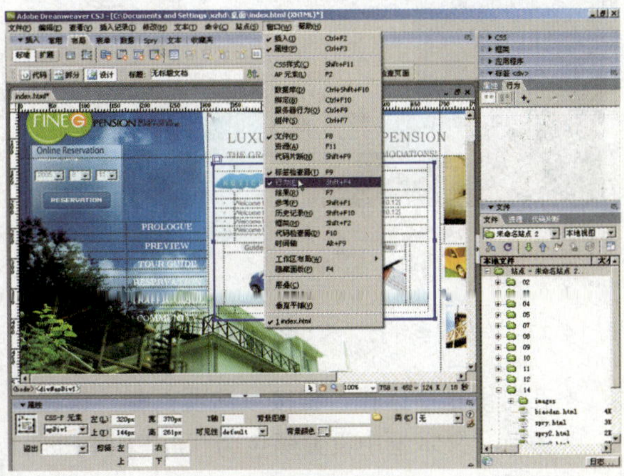

图 14-169　执行“行为”命令

16 单击“行为”面板中的“添加行为”按钮，在弹出的下拉菜单中执行“效果”|“滑动”命令，如图 14-170 所示。

17 弹出“滑动”对话框，在对话框中的“目标元素”选择为 div“apDiv1”，在效果持续时间文本框中输入“2000”，“效果”下拉列表中选择“上滑”选项。在“上滑自”文本框中输入“100%”，“下滑到”文本框中输入“0%”，如图 14-171 所示。

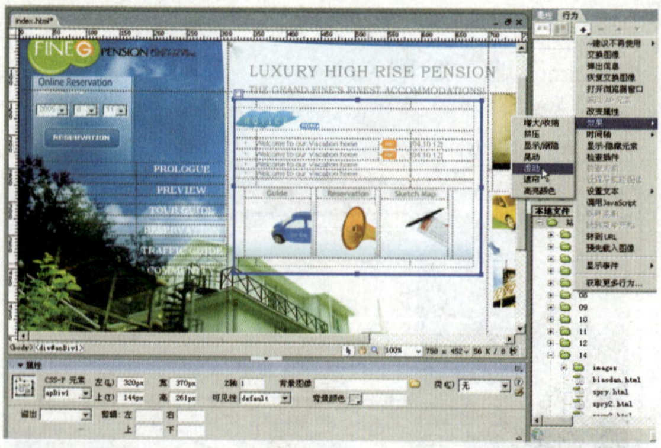

图 14-170　执行“滑动”命令

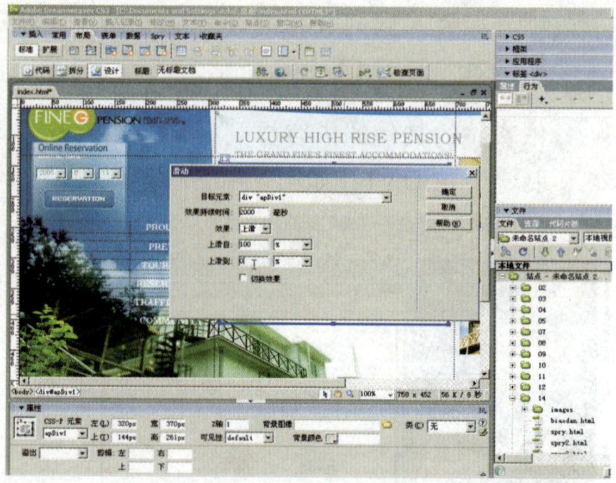

图 14-171　“滑动”对话框

18 单击“确定”按钮，此时“行为”面板中自动添加“滑动”效果，设置事件行为为“onClick”选项，如图 14-172 所示。

19 选中左侧导航菜单项目中的第 1 列菜单并选中文本，打开“属性”面板，在“属性”面板中的“链接”文本框输入“#”，表示创建空链接，按【Ctrl+J】组合键，打开“页面属性”对话框，如图 14-173 所示。

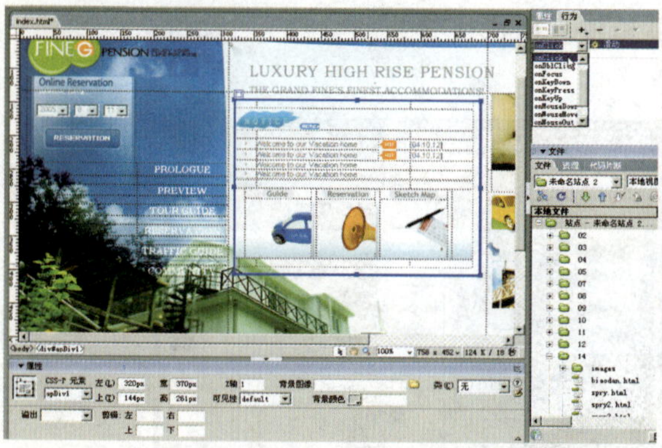

图 14-172　设置事件行为为 onClick

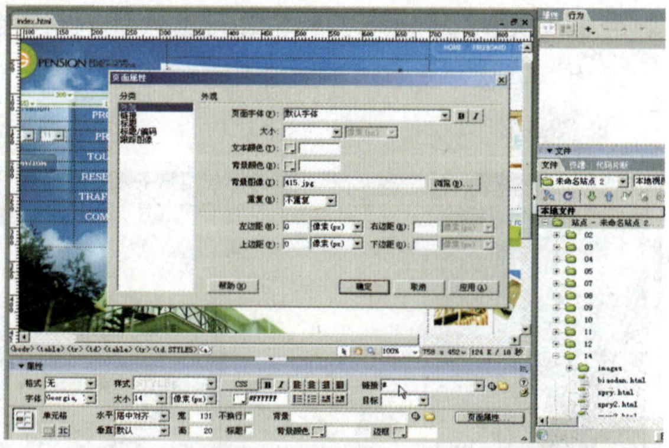

图 14-173　“页面属性”对话框

20 在对话框中选择“链接”选项，在“链接颜色”文本框中设置颜色为“#FFFFFF”，设置“变换图像链接”的颜色为“#FF9900”，“已访问链接”的颜色为“#FFFFFF”，“活动链接颜色”为“#FFFFFF”，在“下画线样式”下拉列表中选择“仅在变换图像时显示下画线”选项，如图 14-174 所示。

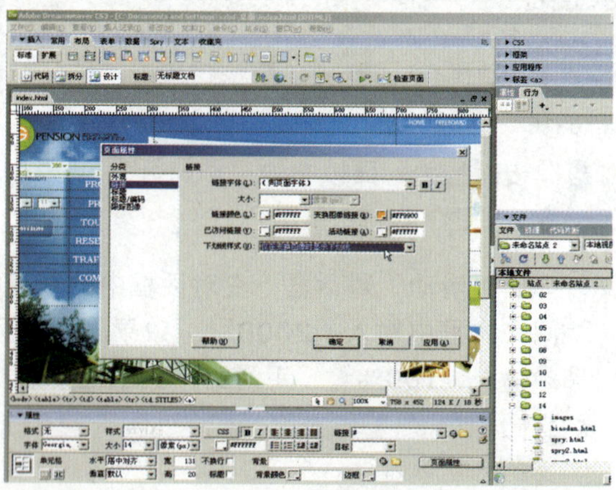

图 14-174　“页面属性”对话框

21 单击“确定”按钮。此时，所有的链接的样式都将按照刚才所设置的链接样式，依次将其他菜单插入栏都创建空链接。此时一个带有动态的页面制作完成，按【F12】键，测试效果如图 14-175 与图 14-176 所示。

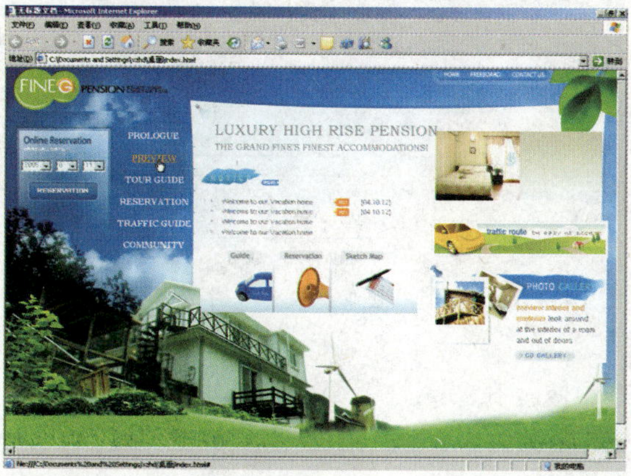

图 14-175　测试效果

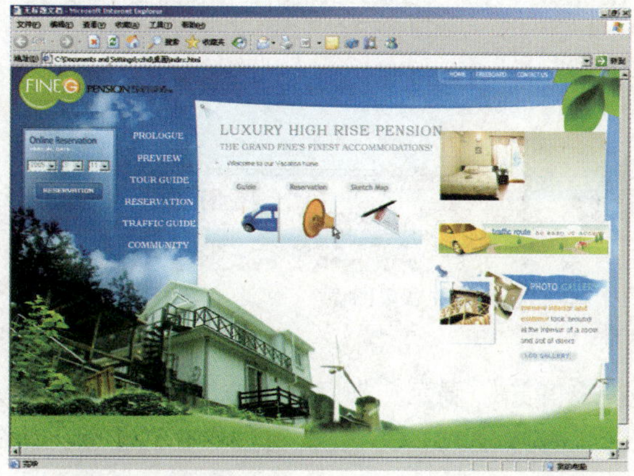

图 14-176　测试效果

14-5　商业网站制作

01 运行 Dreamweaver 软件，执行“文件”|“新建”命令，新建一个 HTML 文档，单击文档“属性”面板中的“页面属性”按钮，在弹出的“页面属性”对话框中设置背景颜色为“#eeece6”，设置左边距和上边距为“0”，如图 14-177 所示。

02 单击“确定”按钮，单击“布局”插入栏中的“表格”按钮，在弹出的“表格”对话框中，设置表格行数为“8”，设置列数为“4”，设置表格宽度为“1024 像素”，如图 14-178 所示。

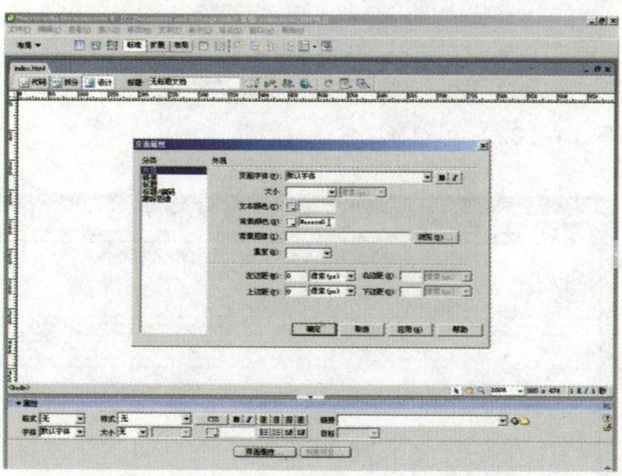

图 14-177　新建一个 HTML 文档

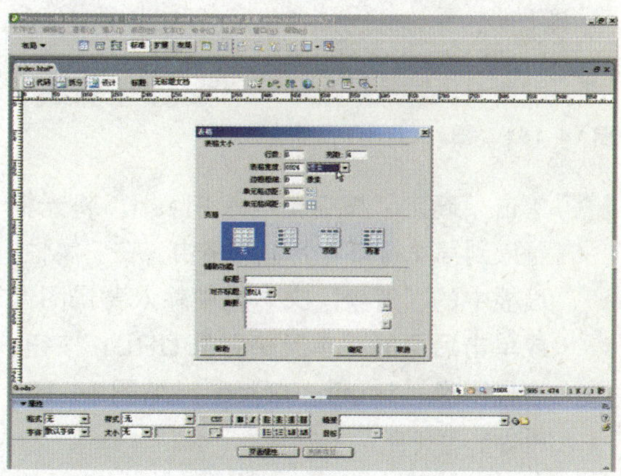

图 14-178　“表格”对话框

03 将光标置入到第 1 行第 1 列单元格中，打开“属性”面板，在“属性”面板中的“背景”文本框后方输入需要填充的背景图像。插入图像“1main_02.jpg”，并设置此单元格的宽度为“103”，高度为“114”，如图 14-179 所示。

04 将光标置入到第 1 行第 2 列单元格中，单击“常用”插入栏中的“图像”按钮，弹出“选择图像源文件”对话框，在对话框中选择需要插入的 LOGO 图像“1main_013.jpg”，如图 14-180 所示。

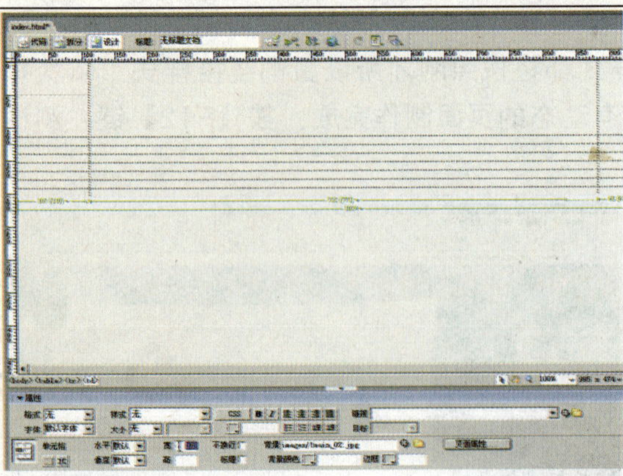

图 14-179　填充背景图像

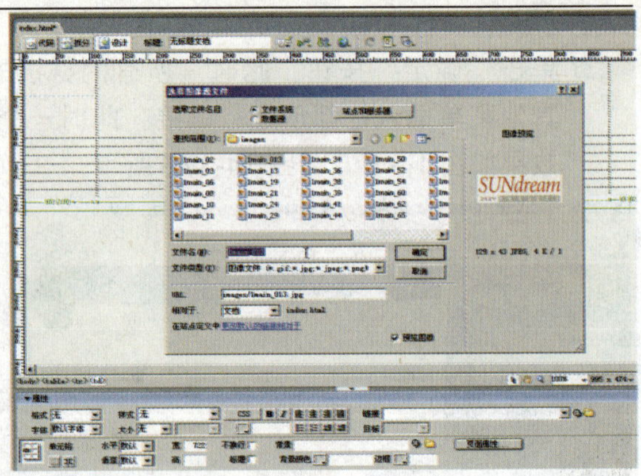

图 14-180　“选择图像源文件”对话框

>>05 单击“确定”按钮，插入LOGO图像，选中图像，在“属性”面板中“水平边距”文本框中输入“23”，此时图像相对于单元格的左右距离为“23”，如图14-181所示。

>>06 将光标置入到第1行第3列单元格中，单击“常用”插入栏中的“媒体：Flash”按钮，弹出“选择文件”对话框，在对话框中选择需要插入的Flash文件，如图14-182所示。

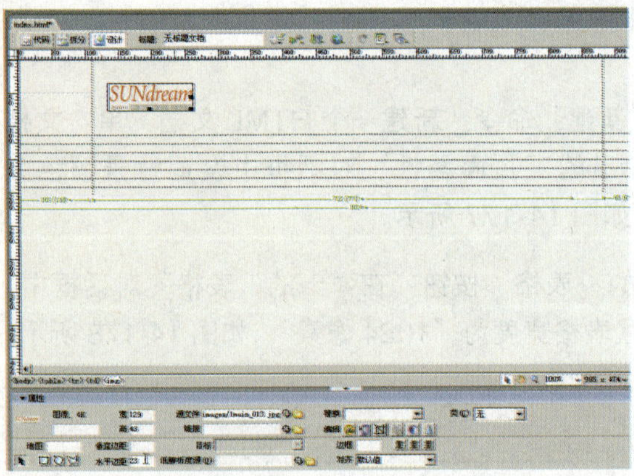

图 14-181　插入LOGO图像

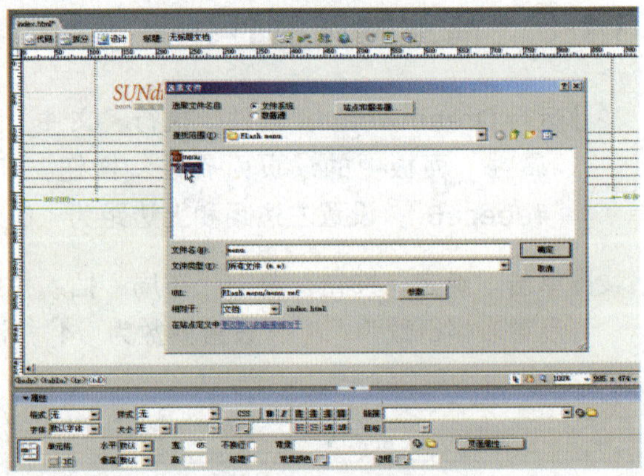

图 14-182　“选择文件”对话框

>>07 单击“确定”按钮，插入Flash。将光标置入到第1行第4列单元格中，在“属性”面板中的“背景”文本框中输入背景图像或单击后面的“单元格背景URL”按钮，选择图像“1main_02.jpg”，如图14-183所示。

图 14-183　插入Flash

>>08 将光标置入到第2行第2列单元格中，输入文本“LOGINMEMBER”，设置文本“LOGIN”的字体大小为“18像素”，设置其颜色为“#000000”，如图14-184所示。

>>09 选中文本“MEMBER”，设置其文本字体大小为“10像素”，设置其文本颜色为“#000000”，并设置文本居中对齐，如图14-185所示。

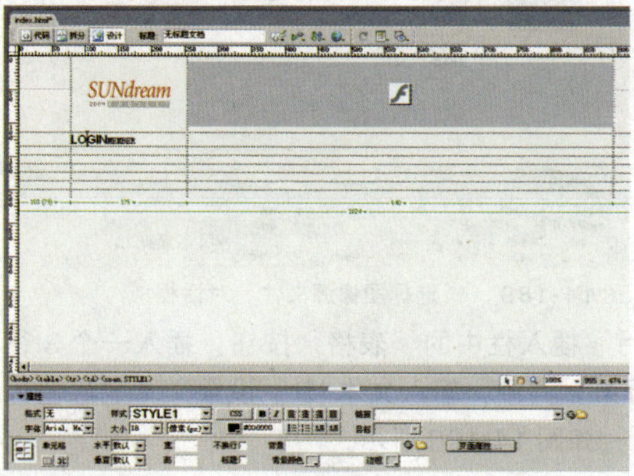

图14-184　输入文本“LOGINMEMBER”

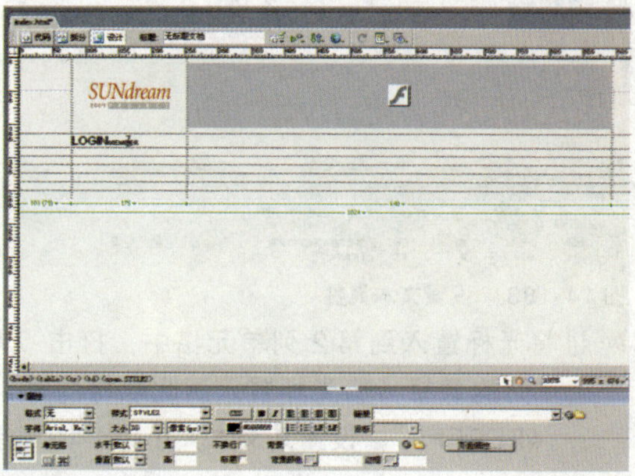

图14-185　设置文本大小

>>10 将光标置入到第2行第3列单元格中，单击“常用”插入栏中的“图像”按钮，弹出的“选择图像源文件”对话框，在对话框中选择图像“1main_09.jpg”，并插入到单元格中，如图14-186所示。

>>11 将光标置入到第3行第2列单元格中，单击“常用”插入栏中的“表格”按钮，插入一个1行3列的表格；将光标置入到此表格的第1列单元格中，插入图像“1main_06.jpg”，如图14-187所示。

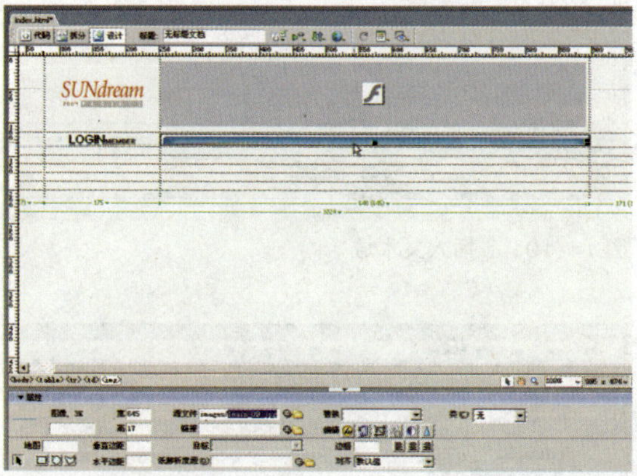

图14-186　选择图像

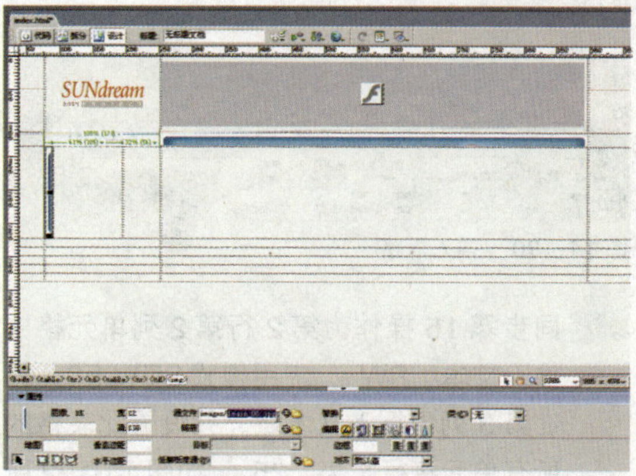

图14-187　插入图像

>>12 将光标置入到第2列单元格中，打开“属性”面板，单击“属性”面板中的“背景”文本框后方的“单元格背景URL”按钮，选择图像源文件“images/1main_08.jpg”，如图14-188所示。

>>13 将光标置入到第3列单元格中，单击“常用”插入栏中的“图像”按钮，在弹出的“选择图像源文件”对话框中选择“1main_10.jpg”，如图14-189所示。

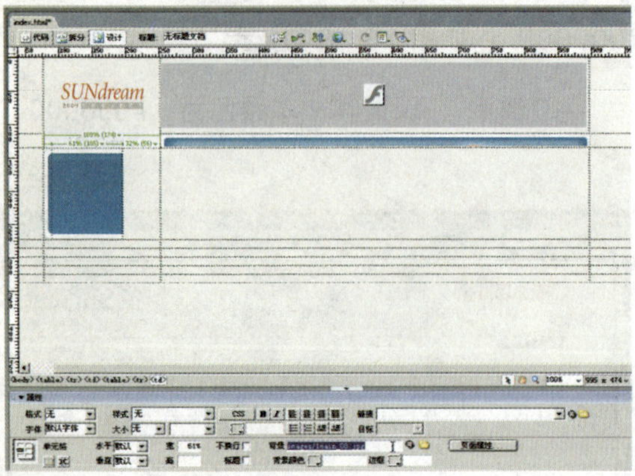

图14-188　设置文本属性

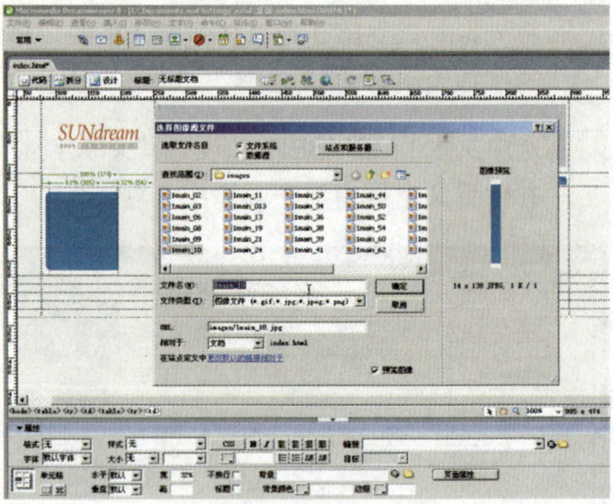

图14-189　"选择图像源文件"对话框

14 将光标置入到第2列单元格中，打击"常用"插入栏中的"表格"按钮，插入一个3行4列的表格；将光标置入到此表格的第1行第2列中，输入文本ID，设置文本的颜色为"#FFFFFF"，设置其文本大小为"12像素"，如图14-190所示。

15 将光标置入到第1行第3列单元格中，单击"表单"插入栏中的"文本字段"按钮，插入文本域，并打开"属性"面板，在"属性"面板中设置其字符宽度为"12"，如图14-191所示。

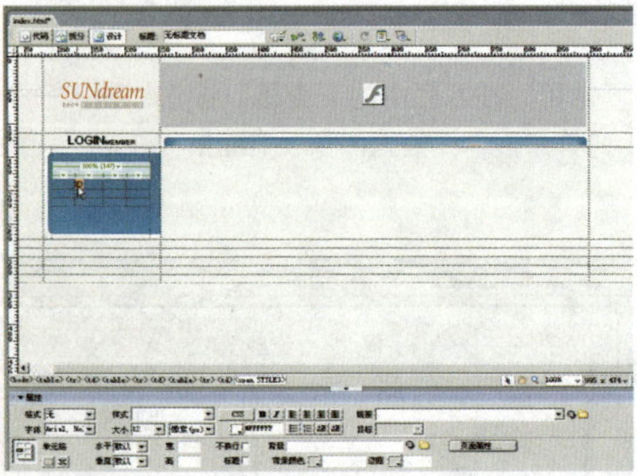

图14-190　插入表格

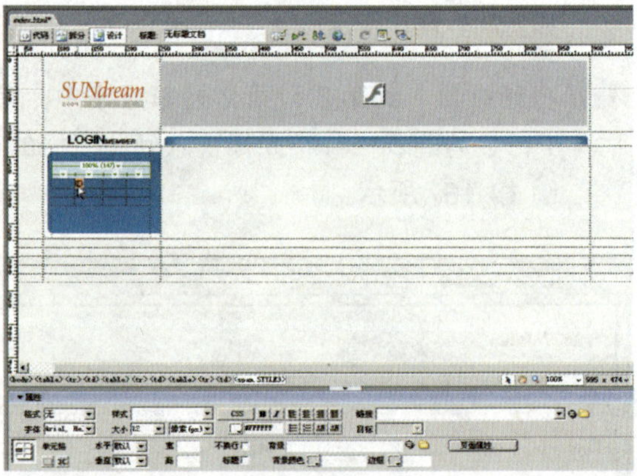

图14-191　插入文本域

16 同步骤15操作为第2行第2列单元格中输入文本"PW"，应用样式STYLE3，并在第3列中插入文本域。并设置此表格的所有单元格行高为"25"，如图14-192所示。

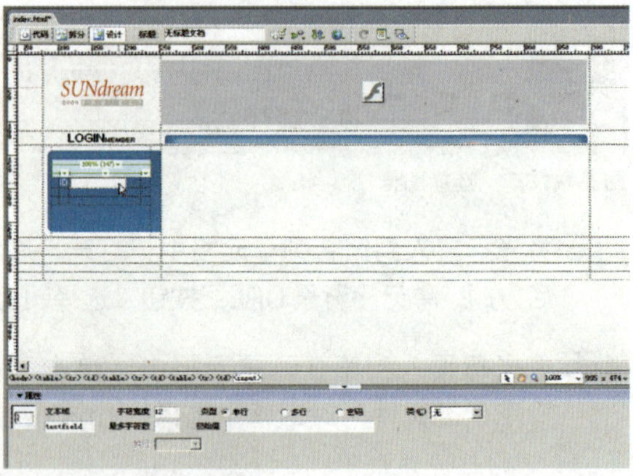

图14-192　应用样式STYLE3

17 将光标置入到此表格第3行第3列单元格中，单击“表单”面板中的“图像域”按钮，在弹出的“选择图像源文件”对话框，选择图像“1main_13.jpg”，如图14-193所示。

18 单击确定按钮，插入图像域按钮。将光标置入到第3行第3列单元格中，单击“常用”插入栏中的“图像”按钮，插入图像“1main_11.jpg”，如图14-194所示。

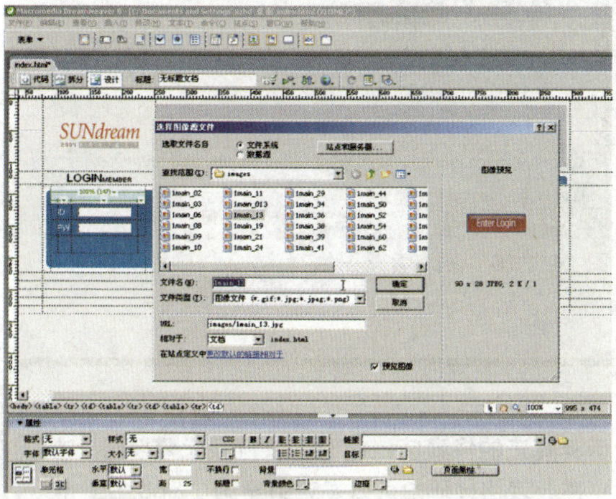

图14-193 “选择图像源文件”对话框

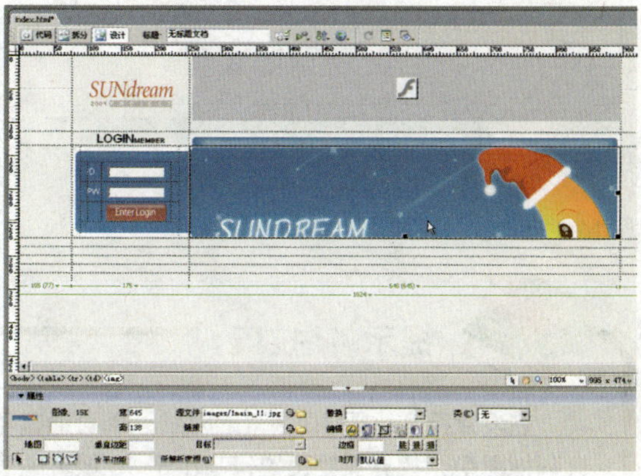

图14-194 插入“图像”

19 将光标置入到第4行第2列单元格中，单击“常用”插入栏中的“表格”按钮，在弹出的“表格”对话框中，设置一个10行4列，表格宽度为100%的表格，如图14-195所示。

20 单击“确定”按钮，插入表格，选中第1列中的所有单元格，在“属性”面板中设置其宽度为“12”。选中第1行第2、3列单元格，单击“属性”面板中的“合并所选单元格，使用跨度”按钮，如图14-196所示。

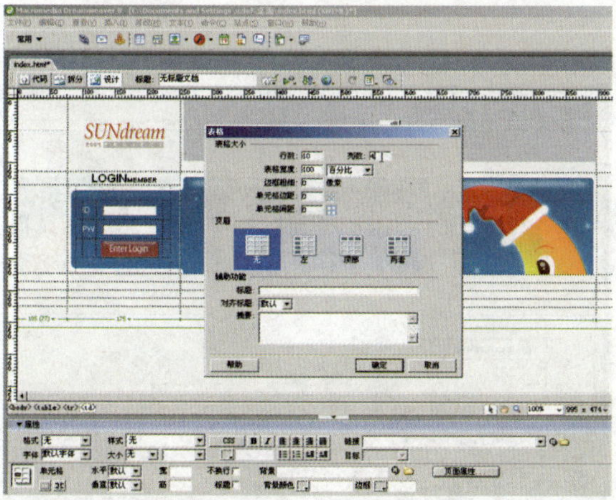

图14-195 插入表格

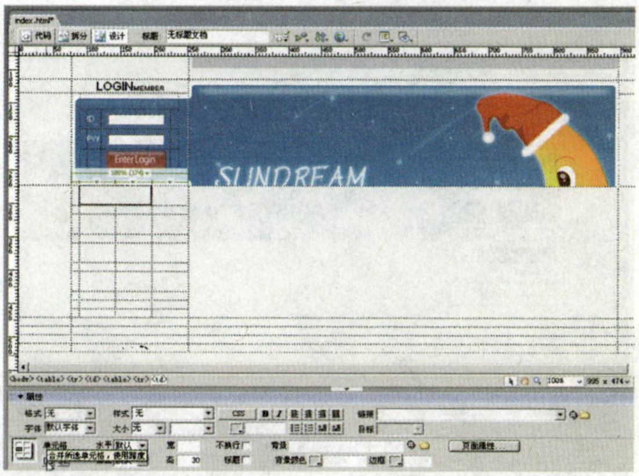

图14-196 合并所选单元格

21 将光标置入到合并的单元格中，输入文本“Customer Center”，设置字体大小为“14像素”，设置颜色为“#666666”，并使用加粗，如图14-197所示。

22 选中此表格第2行第2、3、4列单元格，单击“属性”面板中的“合并所选单元格，使用跨度”按钮，并将光标置入到此单元格中，单击“属性”面板中背景后方的“单元格背景URL”按钮，选择图像“URLimages/1main_29.jpg”，并设置其单元格行高为“3”，如图14-198所示。

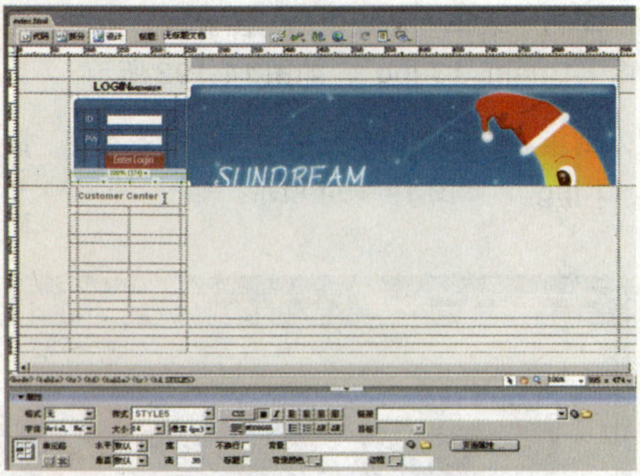
图 14-197 输入文本"Customer Center"

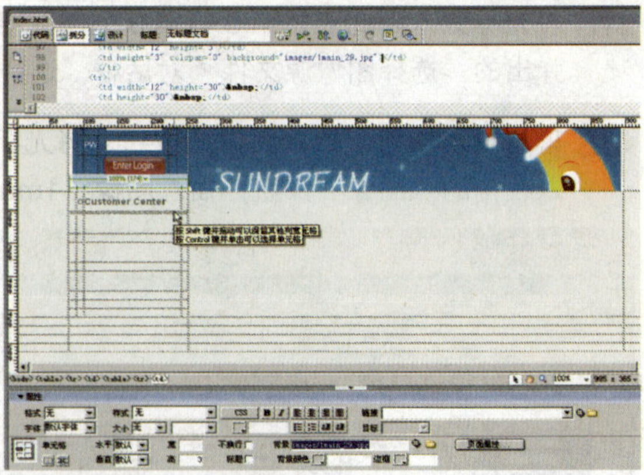
图 14-198 插入背景图像

提示 · 技巧

在设置行高小于 10 像素的时候，网页通常不显示其真正的像素值，此时可以打开代码视图。在代码视图中，找到需要设置行高小于 10 像素的表格，在此表格代码中可以发现有一个" "代码，将其删除。即可在编辑窗口中显示表格小于 10 像素的行高。

>>23 依次将第 3 行第 5 列中添加项目菜单，并应用样式 STYLE5，并插入背景图像，如图 14-199 所示。

>>24 选中此表格第 7 行第 2、3 列的单元格，并将其合并。将光标置入到此单元格中，输入文本"DETAIL CONTENTS"，设置文本的颜色为"#0b648b"，设置文本大小为"14 像素"，并加粗文本，如图 14-200 所示。

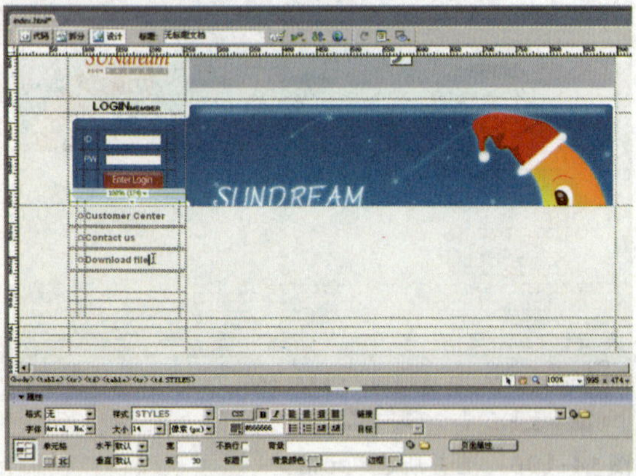
图 14-199 应用样式 STYLE5

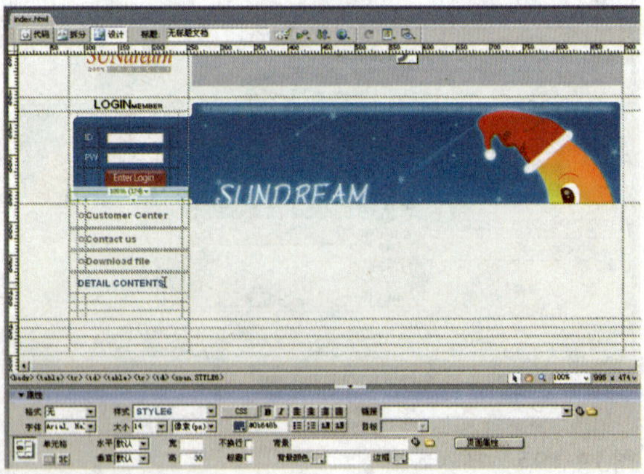
图 14-200 输入文本"DETAIL CONTENTS"

>>25 将光标置入到第 8 行第 2 列单元格中，单击"表单"插入栏中的"列表 / 菜单"按钮，插入列表 / 菜单，单击"属性"面板中的"列表值"按钮，在"列表值"对话框中添加选项，如图 14-201 所示。

>>26 同步骤 25 操作，将光标置入到第 9 行第 2 列单元格中，再次插入一个"列表 / 菜单"，并设置其相关属性，如图 14-202 所示。

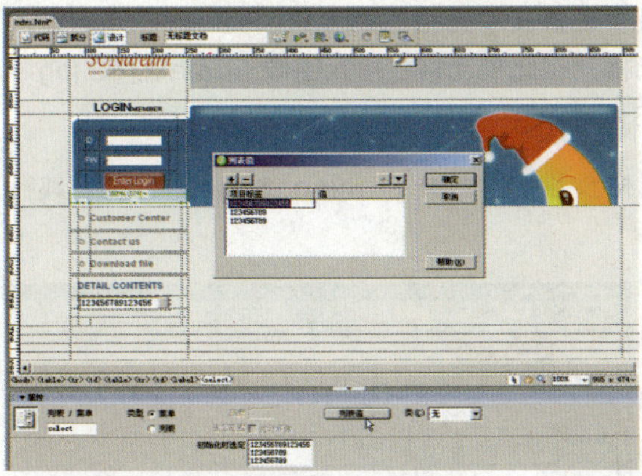

图 14-201　插入列表 / 菜单

图 14-202　再次插入一个“列表 / 菜单”

>>27 将光标置入到大表格的第 4 行第 3 列单元格中，单击“常用”插入栏中的“图像”按钮，插入图像“1main_19.jpg”，并设置其所在的单元格中的“垂直”下拉列表中选择为“顶端”选项，如图 14-203 所示。

>>28 将光标置入到第 5 行第 2 列单元格中，单击“常用”插入栏中的“表格”按钮，插入一个 5 行 5 列的表格，设置其表格的高度为“488”，如图 14-204 所示。

图 14-203　插入图像

图 14-204　插入表格

>>29 选中第 1 列单元格中，在“属性”面板中设置其单元格的宽度为“12”，并合并第 1 行第 2、3 列单元格，将光标置入到此单元格中，单击“常用”插入栏中的“图像”按钮，插入图像 1main_34，如图 14-205 所示。

图 14-205　插入图像

30 选中第2行中所有单元格，在“属性”面板中设置其单元格的高度为“12”，将光标置入到第3行第2、3列单元格中，合并2个单元格，在此单元格中插入图像“1main_52.jpg”，并设置此单元格高度为“56”，如图14-206所示。

31 同步骤30操作，合并第4行第2、3列单元格，并插入图像“1main_60.jpg”，设置其行高为“56”，如图14-207所示。

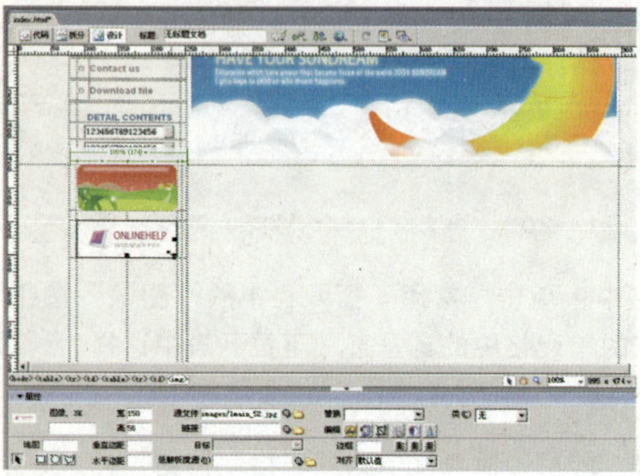

图14-206　插入“1main_52.jpg”图像

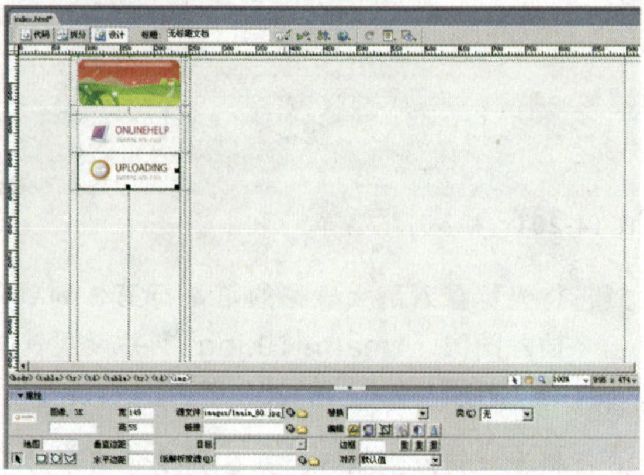

图14-207　插入“1main_60.jpg”图像

32 选中此表格的第5列所有单元格，将所选单元格合并，并单击“属性”面板中的“背景”后方的“单元格背景URL”按钮，选择图像“1main_21.jpg”，如图14-208所示。

33 插入单元格背景后，设置此单元格的宽度为“4”，单击“拆分”按钮，在代码视图中找到此单元格中的“ ”并将其删除，如图14-209所示。

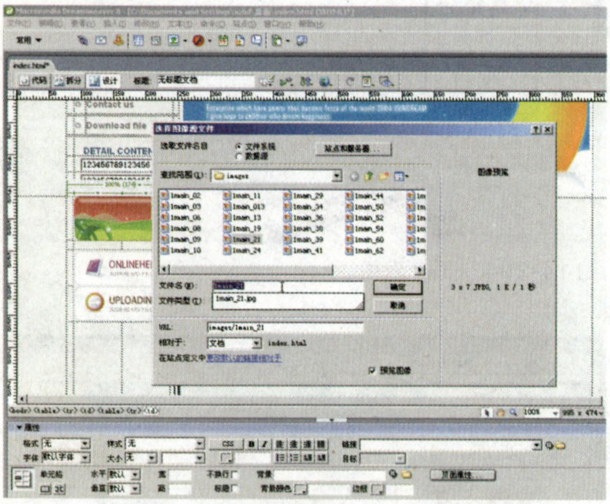

图14-208　插入背景图像

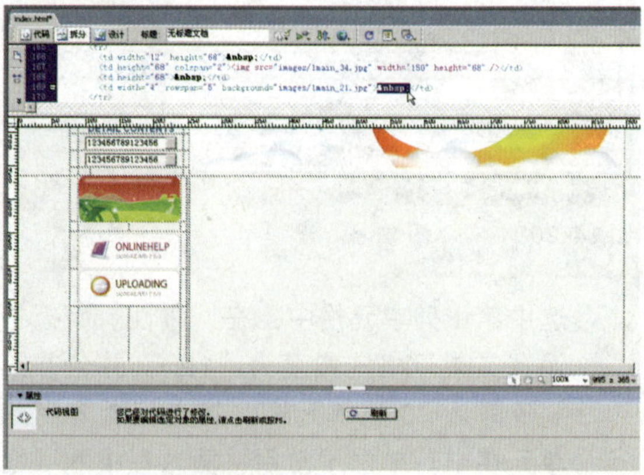

图14-209　拆分单元格

34 将光标置入到第5行第3列单元格中，单击“属性”面板中的“拆分单元格为行或列”按钮，拆分为两列。如图14-210所示。

35 将光标置入到拆分的单元格中，单击“常用”插入栏中的“表格”按钮，在弹出的“表格”对话框中，设置一个8行5列的表格，插入表格，如图14-211所示。

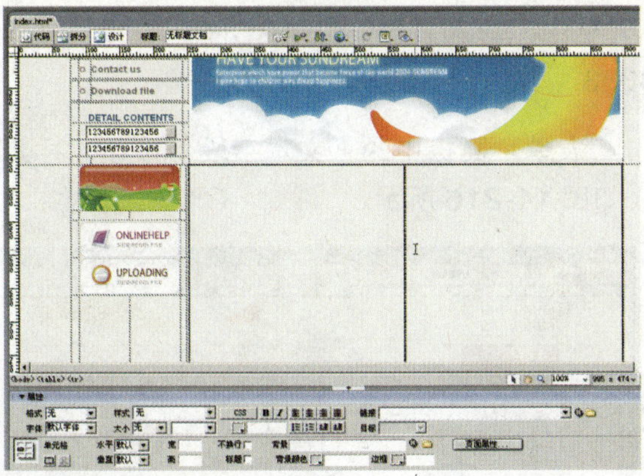

图 14-210　拆分单元格

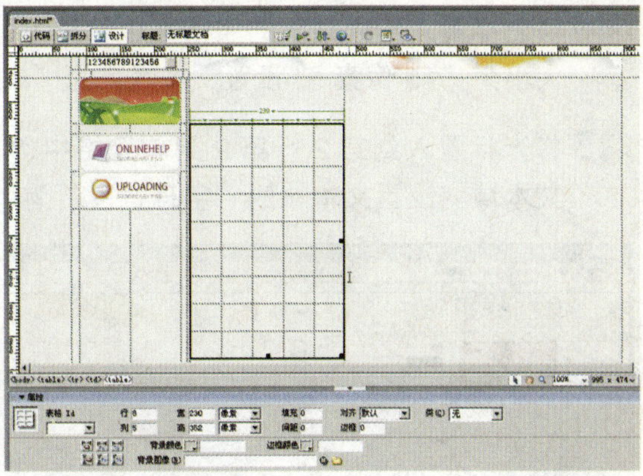

图 14-211　插入表格

36 设置表格所在的单元格中的“属性”面板“垂直”下拉列表中选择为“顶端”选项。将光标置入到此表格的第 1 行第 1 列单元格中，单击“常用”插入栏中的“图像”按钮，插入图像“1main_43.jpg”，如图 14-212 所示。

37 设置第 1 行中的所有单元格高度为“64”，将光标置入到第 2 列单元格中，在“属性”面板中的“背景”文本框中输入“images/1main_38.jpg”，如图 14-213 所示。

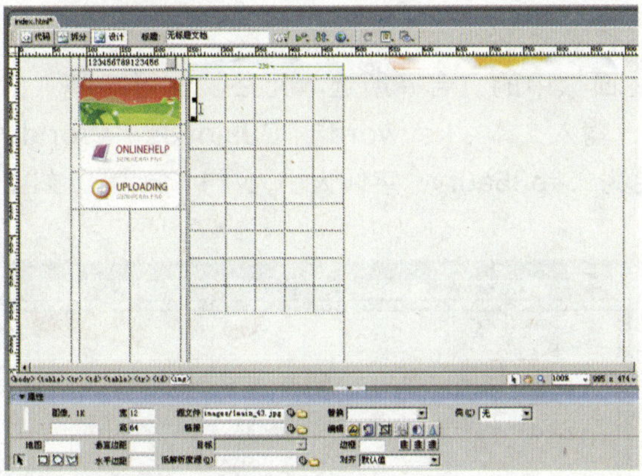

图 14-212　插入图像

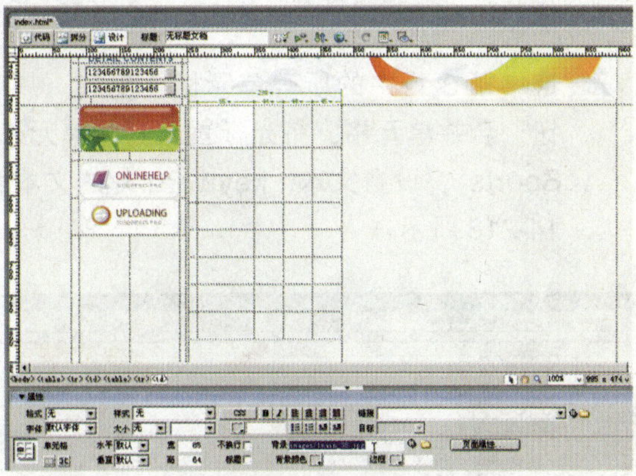

图 14-213　插入背景图片

38 将光标置入到第 1 行第 3 列单元格中，插入图像“1main_39.jpg”；将光标置入到第 1 行第 2 列单元格中，单击“常用”插入栏中的表格按钮，插入一个 3 行 3 列的表格，如图 14-214 所示。

图 14-214　插入 3 行 3 列表格

39 将光标置入到刚插入的表格第 2 行第 1 列单元格中，输入文本 "SEARCH"，设置文本大小为 "15 像素"，设置文本颜色为 "#333333"，如图 14-215 所示。

40 将光标置入到第 2 行第 2 列单元格中，单击 "表单" 面板中的 "文本字段" 按钮，插入文本域，设置文本域的 "字符宽度" 为 15，如图 14-216 所示。

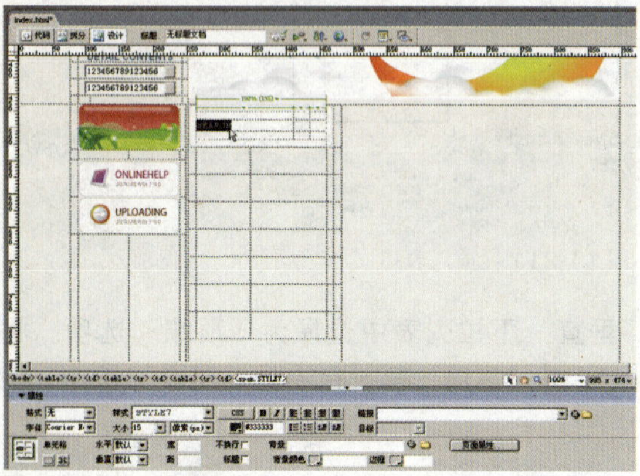

图 14-215　设置文本大小和颜色

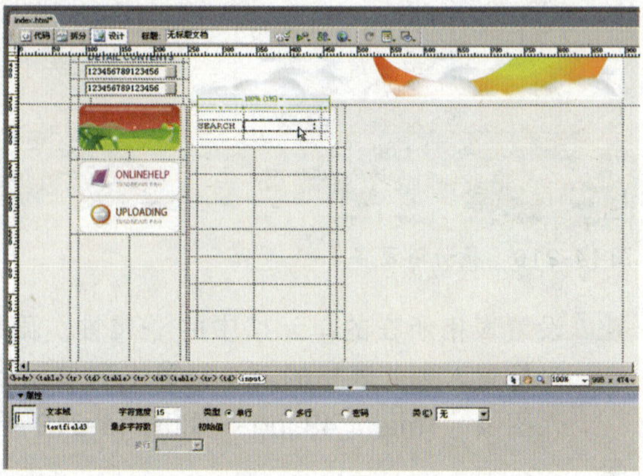

图 14-216　插入文本域

41 将光标置入到第 2 行第 3 列单元格中，单击 "表单" 插入栏中的 "图像域" 按钮，插入图像 "1main_51.jpg"，如图 14-217 所示。

42 选中第 3 行中的所有单元格，单击 "属性" 面板中的 "合并所选单元格，使用跨度" 按钮，合并单元格，将光标置入到此单元格中，输入文本 "keyword： Business / World / Sports"，设置文本 "keyword:" 的文本颜色为 "#e35a0f"，字体大小为 "11 像素"，如图 14-218 所示。

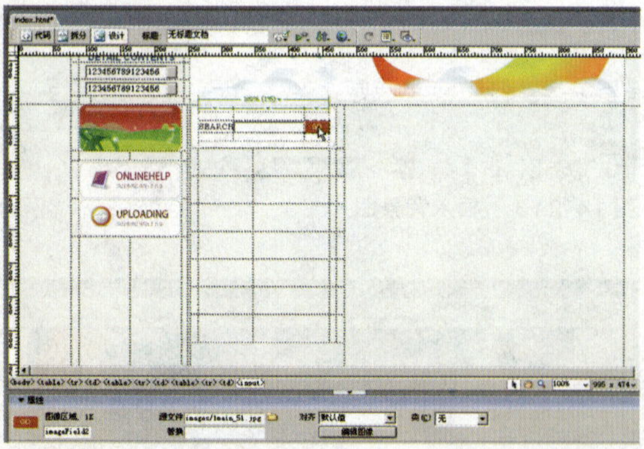

图 14-217　插入图像

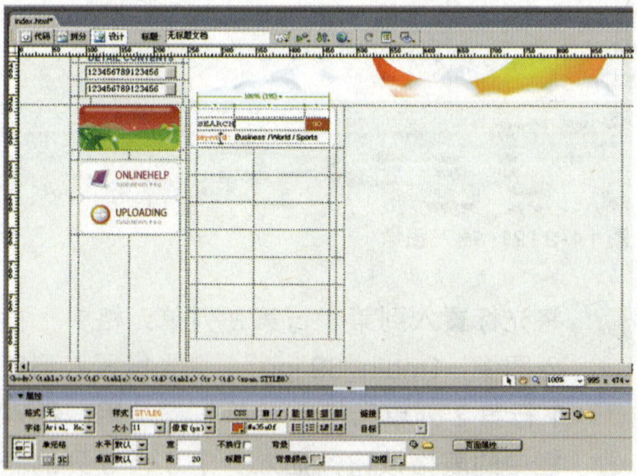

图 14-218　合并所选单元格

43 将光标置入到此表格外部的表格第 2 行第 2 列单元格中，单击 "常用" 插入栏中的 "图像" 按钮，插入图像 "1main_54.jpg"。并选中图像，在 "属性" 面板中的垂直边距中输入 "19"，如图 14-219 所示。

44 将光标置入到此表格的第 2 行第 3 列单元格中，输入文本 "COMPANY"，设置文本的大小为 "14 像素"，设置其颜色为 "#093e64"。按回车键，在下面继续输入文本 "Business / World/Entertainment / Technology / Politics / Science /"，设置其字体大小为 "12 像素"，设置其文本颜色为 "#493f3c"，如图 14-220 所示。

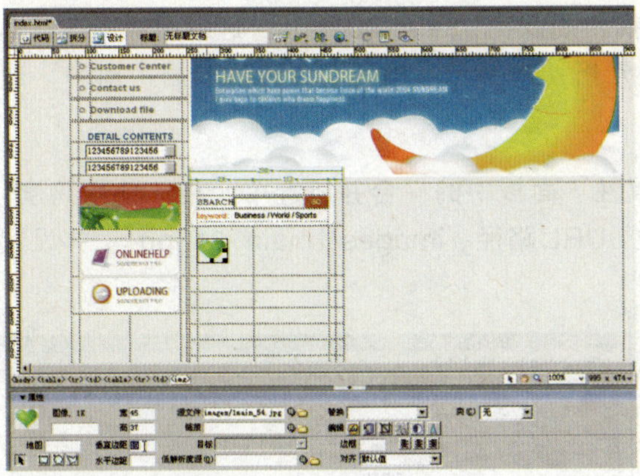

图 14-219　设置图像属性

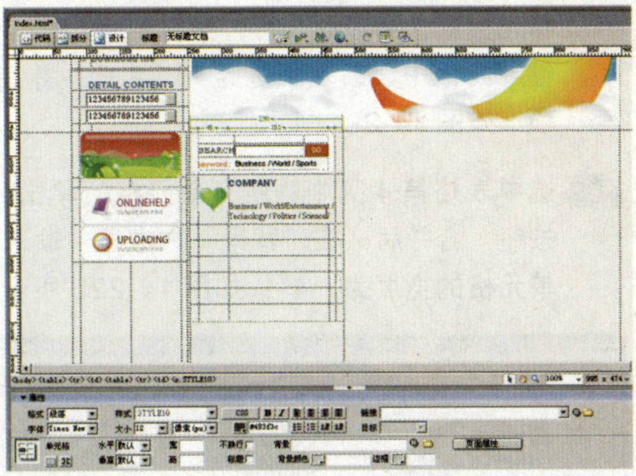

图 14-220　设置文本属性

45 同步骤 44 操作，依次为第 3 行第 4 行添加图片并输入相关的文本，文本的样式应用同上，如图 14-221 所示。

46 选中第 4 行中的第 2、3 列单元格，合并所选单元格，将光标置入到此单元格中，单击“属性”面板中“背景”文本框后方的“单元格背景 URL”按钮，插入背景“images/1main_29.jpg”，并设置此单元格的高度为“3”像素，如图 14-222 所示。

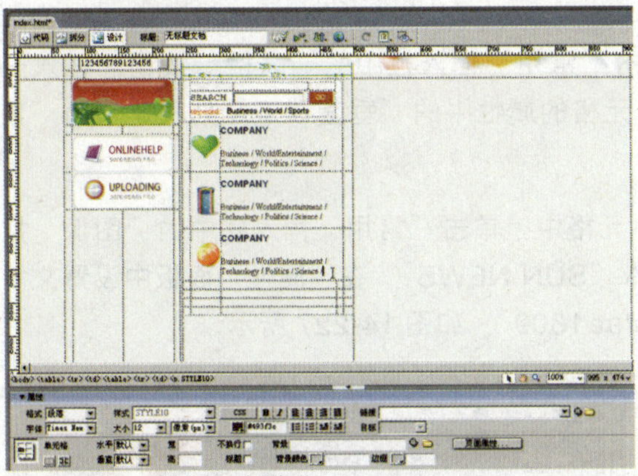

图 14-221　设置文本样式

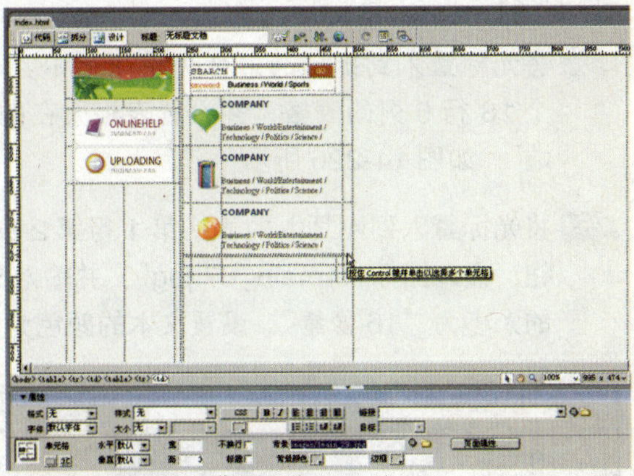

图 14-222　插入背景图像

47 将光标置入到第 7 行第 2 列单元格中，输入文本“CYBER TOUR”，打开“属性”面板，设置文本大小为“17 像素”，设置文本颜色为“#093E64”，如图 14-223 所示。

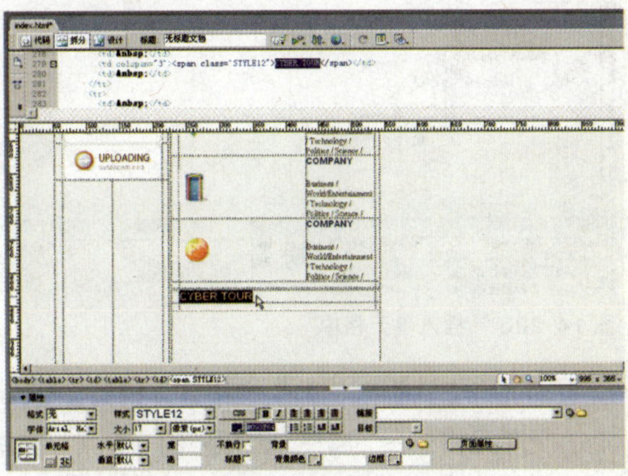

图 14-223　输入文本“CYBER TOUR”

>>48 将光标置入到最后一行，第 2 列单元格中，插入图像"1main_79.jpg"，选中图像，在"属性"面板中设置水平边距为"23"，并在单元格"水平"下拉列表中选择"居中对齐"选项，如图 14-224 所示。

>>49 选中表格第 4 列中的所有单元格，单击"属性"面板中的"合并所选单元格，使用跨度"按钮，合并后，在"背景"文本框中输入图像 URL 路径"images/1main_21.jpg"，并设置单元格的宽度为"4"，如图 14-225 所示。

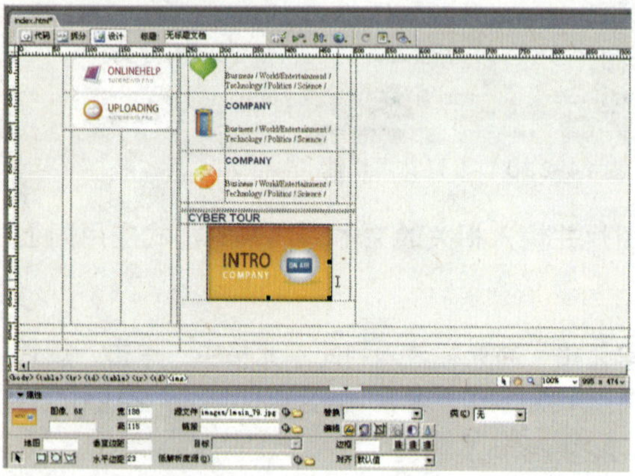

图 14-224　选择"居中对齐"选项

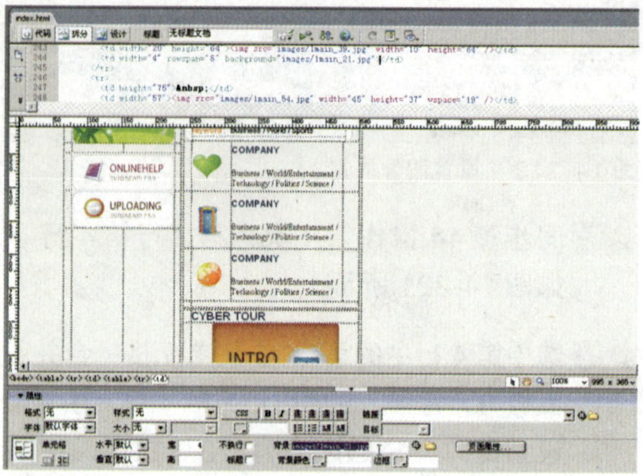

图 14-225　输入图像 URL 路径

>>50 将光标置入到拆分的第 2 列单元格中，单击"常用"插入栏中的"表格"按钮，插入一个 18 行 6 列的表格，并设置表格所在的单元格的属性中的"垂直"下拉列表选项为"顶端"，如图 14-226 所示。

>>51 将光标置入到刚插入的表格第 1 行第 2 列单元格中，单击"常用"插入栏中的"图像"按钮，插入图标"1main_67.jpg"，并输入文本"SUN NEWS"，在"属性"面板中设置文本的大小为"16 像素"，设置文本的颜色为"#aa1809"，如图 14-227 所示。

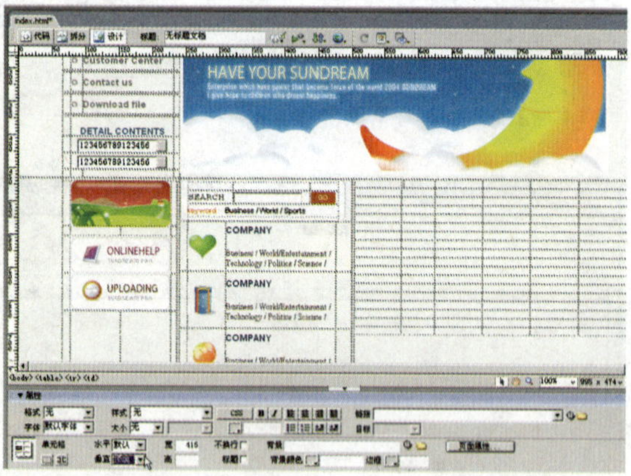

图 14-226　插入单元格中

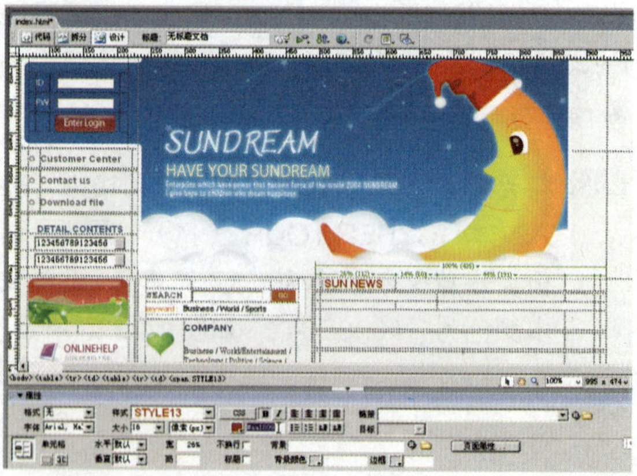

图 14-227　并输入文本"SUN NEWS"

>>52 将光标置入到刚插入的表格第 2 行第 2 列单元格中，并选中第 3、4 列单元格，将其合并，选中此单元格，在"属性"面板中的"背景"文本框中输入背景 URL 路径为"images/1main_29.jpg"，并设置单元格的高度为"3"。如图 14-228 所示。

▶53 将光标置入到第 4 行第 2 列单元格中，单击"常用"插入栏中的"图像"按钮，插入图像"1main_44.jpg"，再将光标置入到第 4 行第 3 列单元格中，输入文本"A suicide car bomber blasted an American convoy north of Baghdad and U.S. troops battled insurgents west …2004/10/10"，如图 14-229 所示。

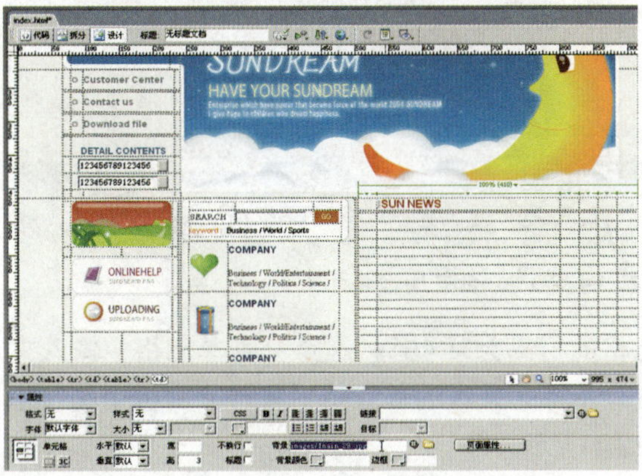
图 14-228　合并单元格

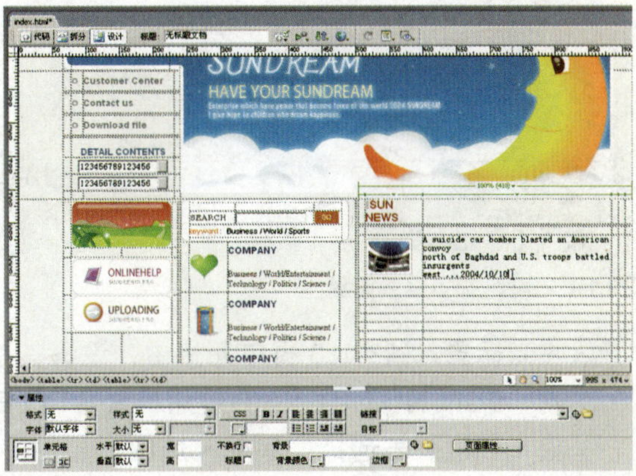
图 14-229　插入图像

▶54 选中第 5 行第 2、3 列单元格，将其合并，将光标置入到此单元格中，在此单元格中输入文本"Kmart to Acquire Sears in $11 Billion Deal (AP)"并应用样式 STYLE14，如图 14-230 所示。

▶55 将光标置入第 5 行第 3 列单元格中，单击"常用"插入栏中的"图像"按钮，插入图标"1main_85.jpg"，选中第 6 行第 2、3、4 列单元格，单击"合并"按钮，合并所选单元格；单击"属性"面板中的"单元格背景 URL"按钮，插入背景图像"images/1main_36.jpg"，设置单元格高度为"4"，如图 14-231 所示。

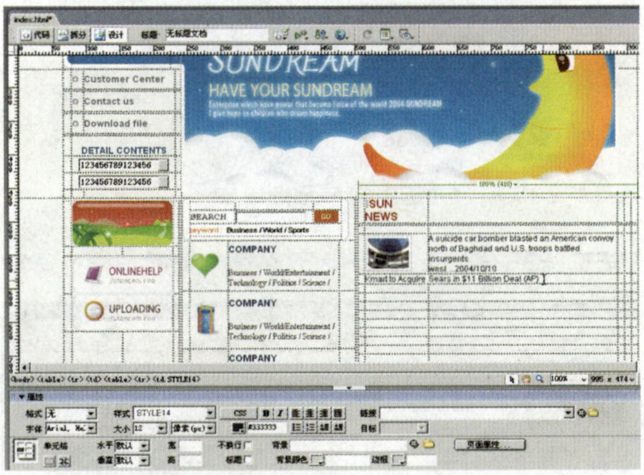
图 14-230　输入文本

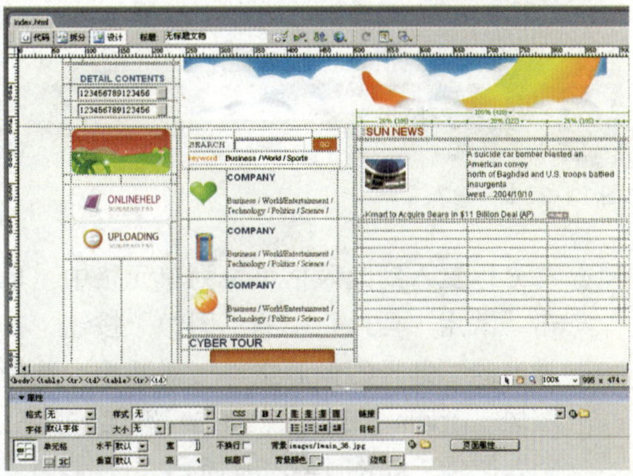
图 14-231　插入背景图像

▶56 同步骤 55 操作，将光标置入到下面几个单元格中，依次输入文本和创建图标。并在下一列单元格中创建一条分隔线，设置输入文本的单元格行高为"25"，如图 14-232 所示。

▶57 选中此表格第 14 行中所有的单元格，单击"属性"面板中的"合并所选单元格，使用跨度"按钮，合并所选单元格，将光标置入到此单元格中，在"属性"面板中的"背景"文本框中输入"images/1main_29.jpg"，并设置行高为"3"，如图 14-233 所示。

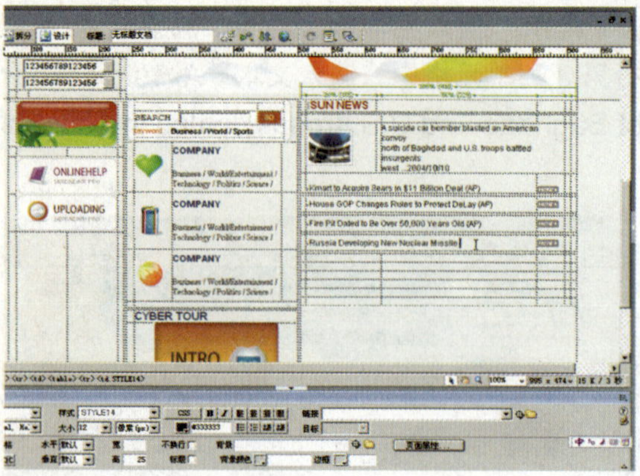

图 14-232　插入背景图像

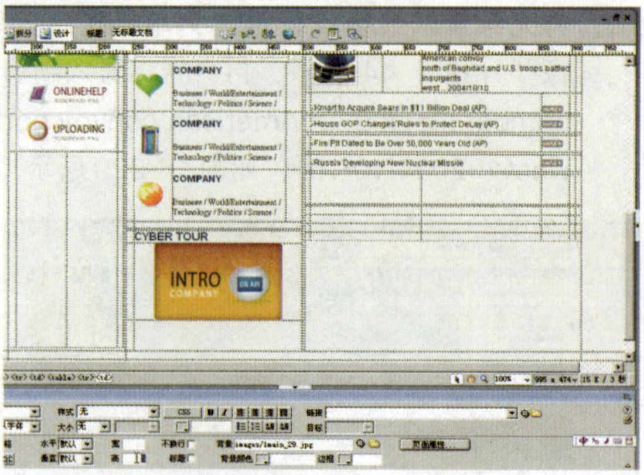

图 14-233　合并所选单元格

58 将光标置入到第 13 行单元格中，设置其单元格的行高为“45”，在第一列单元格中输入文本“SUN NOTICE”，并应用样式 STYLE13，并将此文本的单元格“属性”面板中的“垂直”下拉列表选择“底部”选项，如图 14-234 所示。

59 选中第 15 行中的所有单元格，并将选中的单元格合并，单击“常用”插入栏中的“表格”按钮，插入一个 1 行 4 列的表格，如图 14-235 所示。

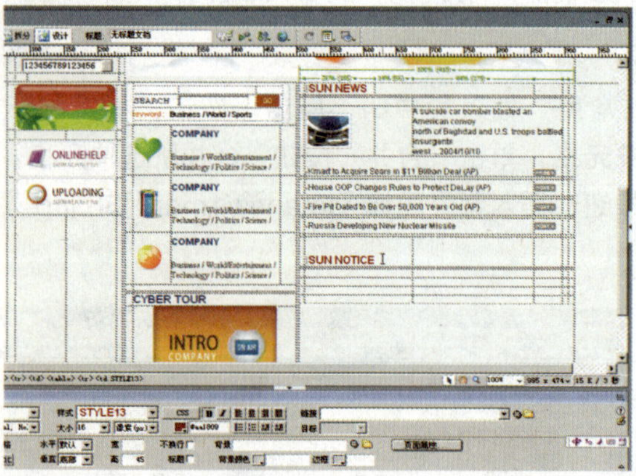

图 14-234　输入文本

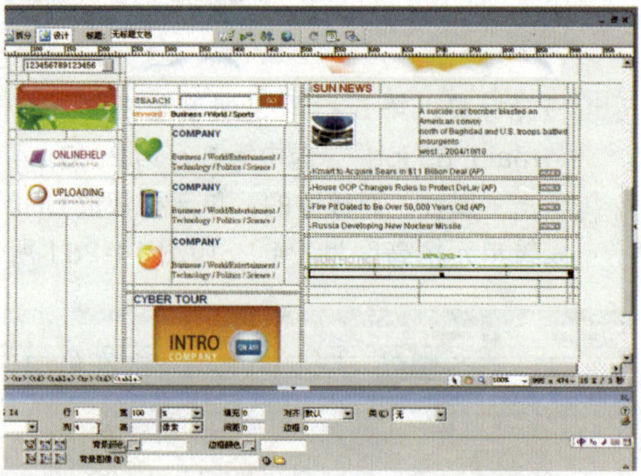

图 14-235　合并选中的单元格

60 将光标置入到此表格第 1 列单元格中，单击“常用”插入栏中的“图像”按钮，在弹出的“选择图像源文件”对话框，选择图像“1main_75.jpg”，单击“确定”按钮，插入图像，如图 14-236 所示。

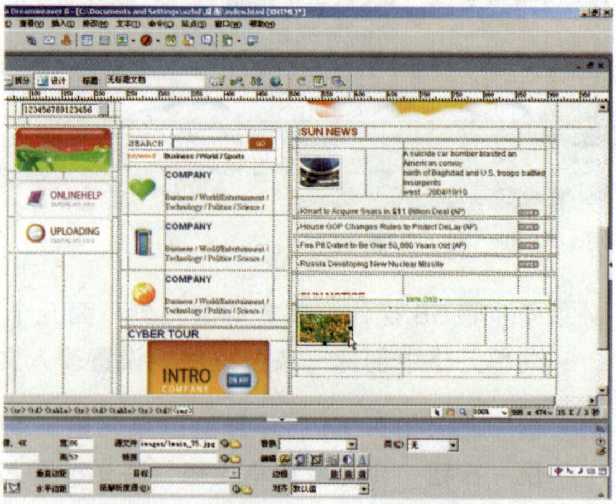

图 14-236　“选择图像源文件”对话框

61 选中图像，打开“属性”面板，在“属性”面板中设置图像的垂直边距和水平边距的距离为“10”，如图14-237所示。

62 同步骤61操作，依次为表格第2、3、4列单元格中插入图像并设置图像的垂直边距和水平边距的距离为“10”，如图14-238所示。

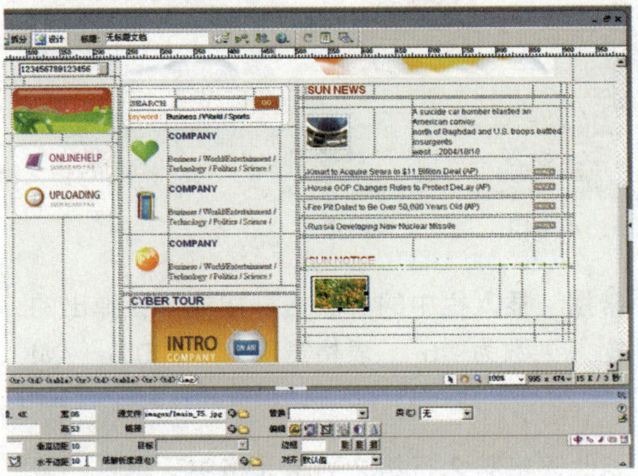

图14-237 设置图像属性

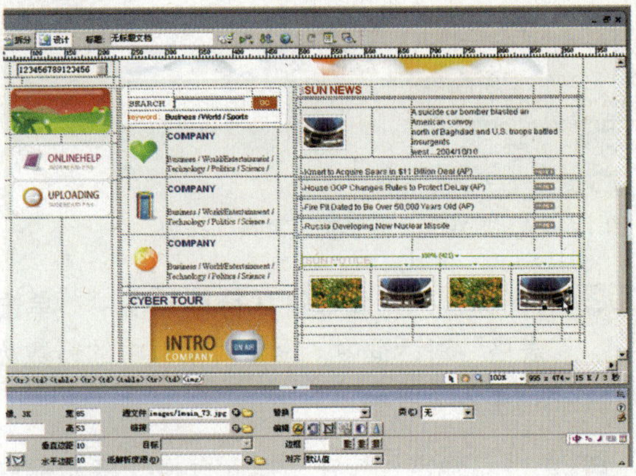

图14-238 设置图像

63 同前面制作的项目一样制作4行栏目，并输入相关的文本、图标，如图14-239所示。

64 将光标置入到最外侧大表格中的第4列单元格中，单击“常用”插入栏中“图像”按钮，插入图像“1main_41.jpg”，并设置图像“属性”面板中的水平边距为“10”，如图14-240所示。

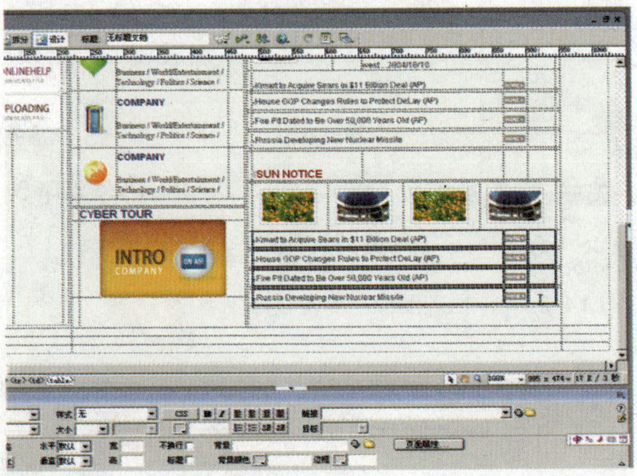

图14-239 输入的文本

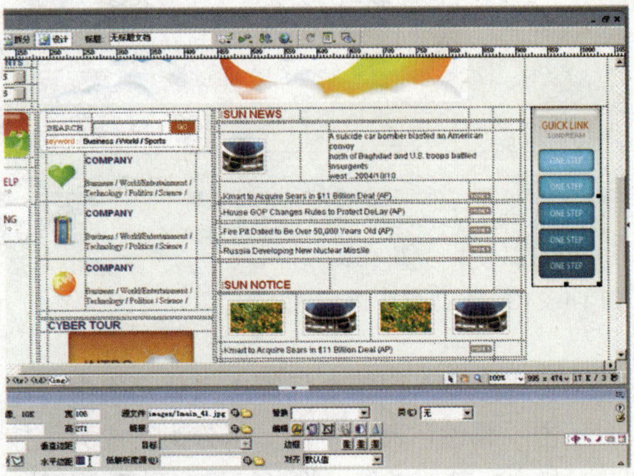

图14-240 插入图像

65 将光标置入到此单元格中，在“属性”面板中的“垂直”下拉列表中选择的“顶端”选项，选中图像，单击“属性”面板中的“矩形热点工具”按钮，将图像中的5个按钮绘制热点区域，如图14-241所示。

66 选中最外侧的表格倒数第3行中的单元格，将其合并。将光标置入到此单元格中，在属性面板中的“背景”文本框中输入“images/1main_29.jpg”，并设置行高为“3”，如图14-242所示。

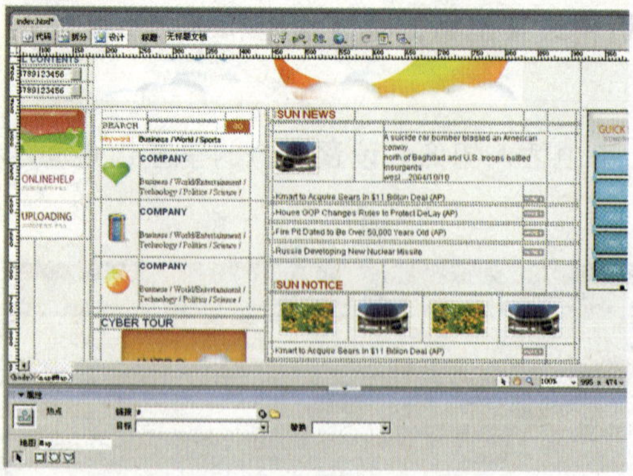

图 14-241　绘制“矩形热点工具”按钮

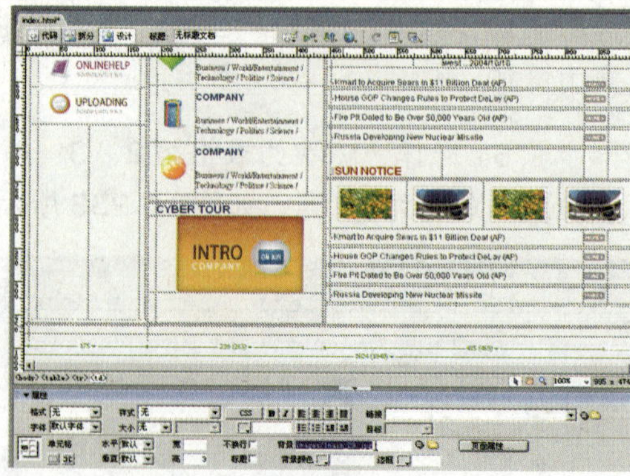

图 14-242　输入背景图像

>>67 将光标置入到倒数第 2 行单元格中，单击“常用”插入栏中的“表格”按钮，在弹出的“表格”对话框中，设置对话框中的行数为“3”，列数为“5”，表格宽度为“100%”，如图 14-243 所示。

>>68 单击“确定”按钮，插入表格，将光标置入到此表格第 2 行第 2 列单元格中，单击“常用”插入栏中的“图像”按钮，插入图像“1main_94.jpg”，如图 14-244 所示。

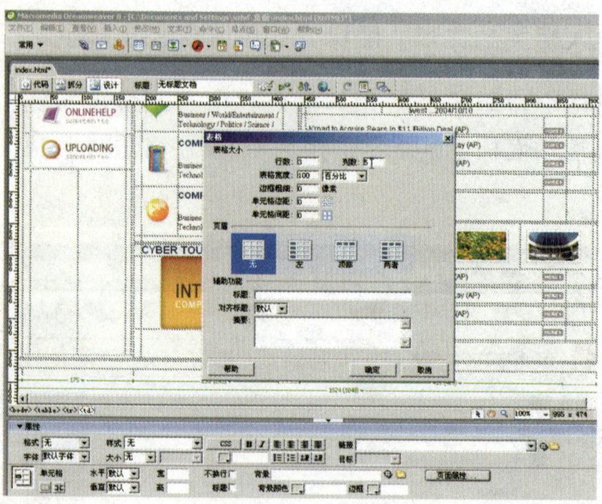

图 14-243　插入表格

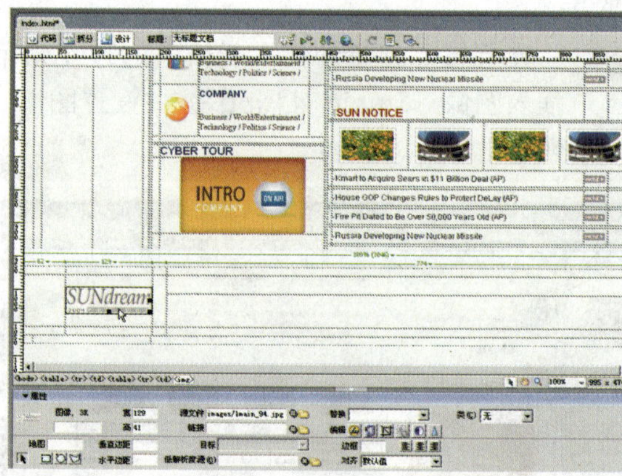

图 14-244　插入图像

>>69 将光标置入到第 2 行第 4 列单元格中，单击“属性”面板中的“拆分为行或列”按钮，拆分为 2 行；将光标置入到第 1 行中，在“属性”面板中的“背景颜色”文本中输入“#FFFFFF”，并设置其单元格高为“28”，设置宽为“642”，如图 14-245 所示。

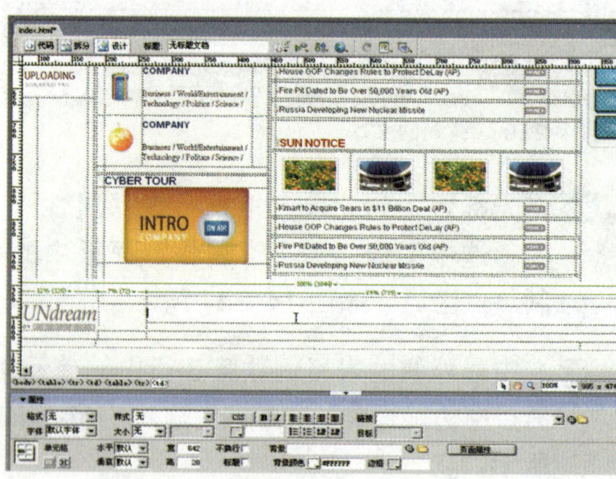

图 14-245　拆分单元格

70 在此单元格中输入文本“Home | Company | Customer Center | Contact us | Download file | Sitemap”，设置文本的颜色为“#333333”，设置文本的大小为“11”，如图14-246所示。

71 将光标置入到第2行单元格中，设置单元格高度为“50”，并输入文本，设置文本大小为“11”，设置文本颜色为“#6B685F”，如图14-247所示。

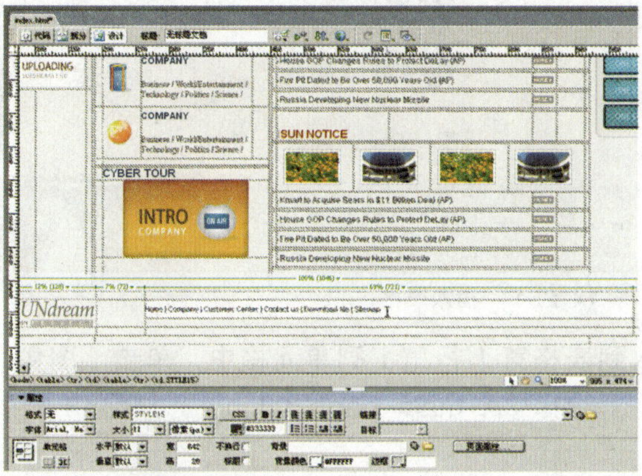
图14-246 输入文本

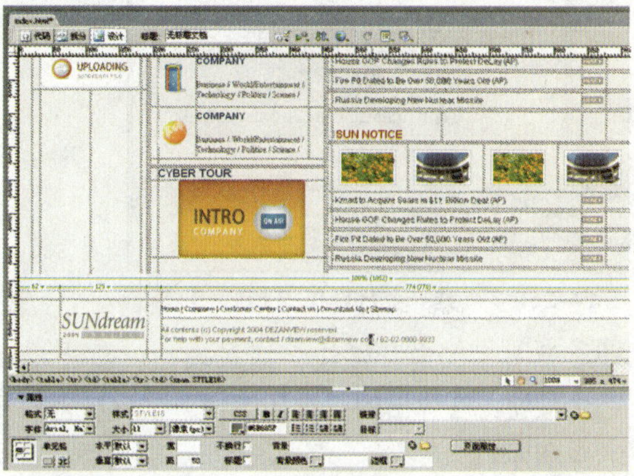
图14-247 设置文本大小和颜色

72 此时该网页的整体首页页面就制作完成了，按【F12】键，在IE浏览器中预览效果，如图14-248与图14-249所示。

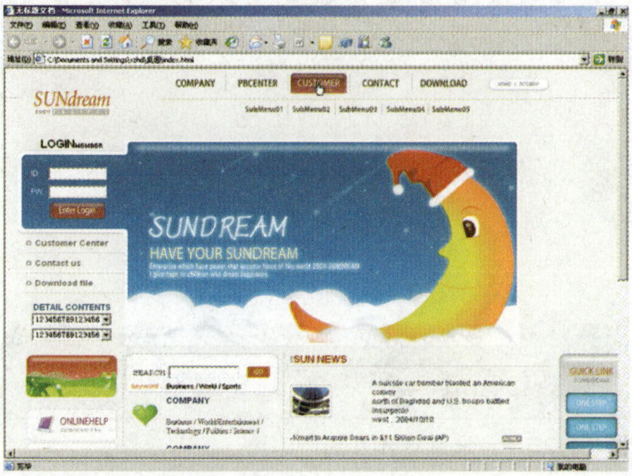
图14-248 预览效果1

图14-249 预览效果2

14-6 地产类网站首页制作

01 运行Dreamweaver软件，新建一个HTML文档，单击文档下端“属性”面板中的“页面属性”按钮，在弹出的“页面属性”对话框中设置文档的左边距和上边距为“0”，如图14-250所示。

02 单击“确定”按钮。单击“常用”插入栏中的“表格”按钮，在弹出的“表格”对话框，设置行数为“3”，列数为“4”，表格宽度为“950”，其他设置为“0”，如图14-251所示。

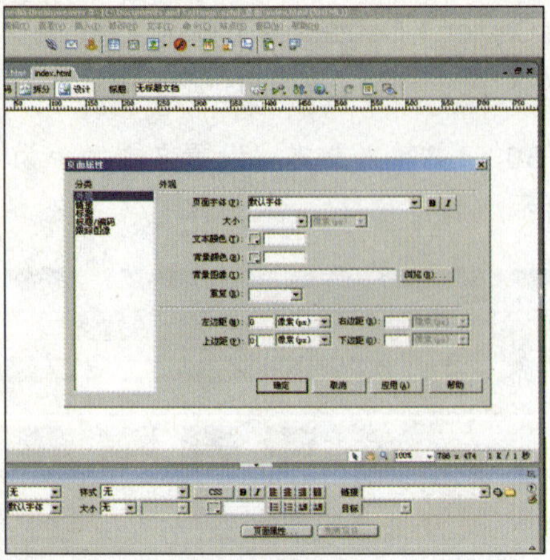

图 14-250　新建一个HTML 文档

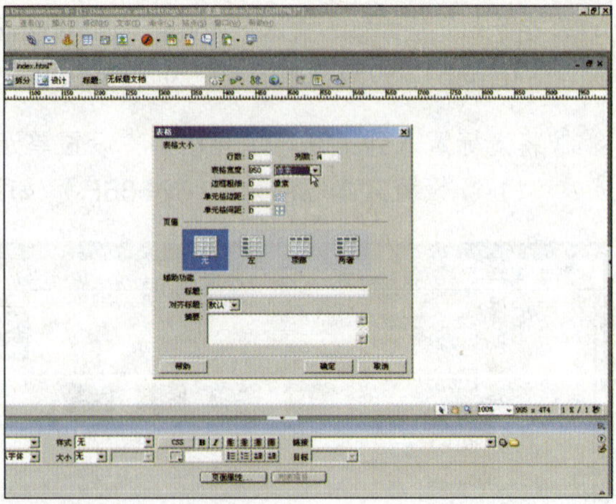

图 14-251　插入表格

>>03 单击“确定”按钮，插入表格。将光标置入到表格第 1 行第 1 列单元格中，单击“图像”按钮，在弹出的“选择图像源文件”对话框中，选择“A_main_page_08.jpg”，如图 14-252 所示。

>>04 单击“确定”按钮，插入LOGO图标。将光标置入到此单元格中，设置单元格的宽度为“201”，设置高度为“45”，并设置“水平”下拉列表选项为“居中对齐”，如图 14-253 所示。

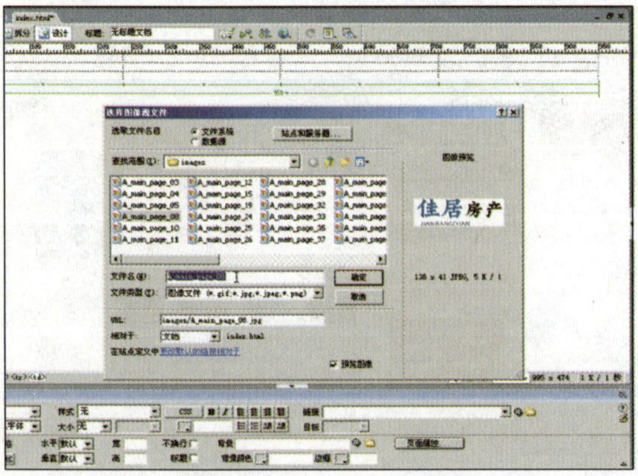

图 14-252　“选择图像源文件”对话框

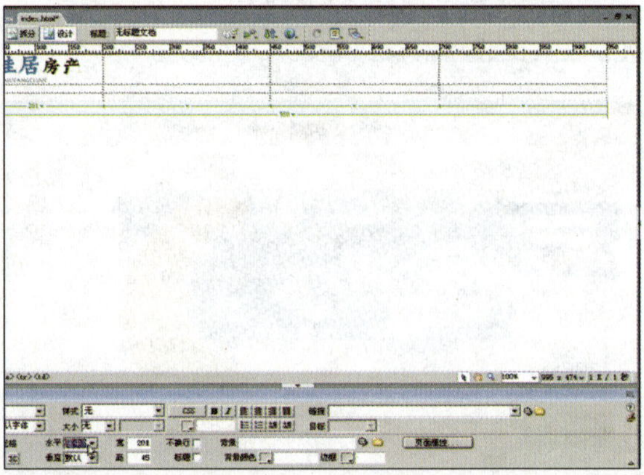

图 14-253　设置对齐方式

>>05 将光标置入到第 1 行第 2 列单元格中，单击“属性”面板中的“背景”文本框后方的“单元格背景URL”按钮，在弹出的“选择图像源文件”对话框中的“A_main_page_03.jpg”，单击“确定”按钮，此时单元格背景将填充，如图 14-254 所示。

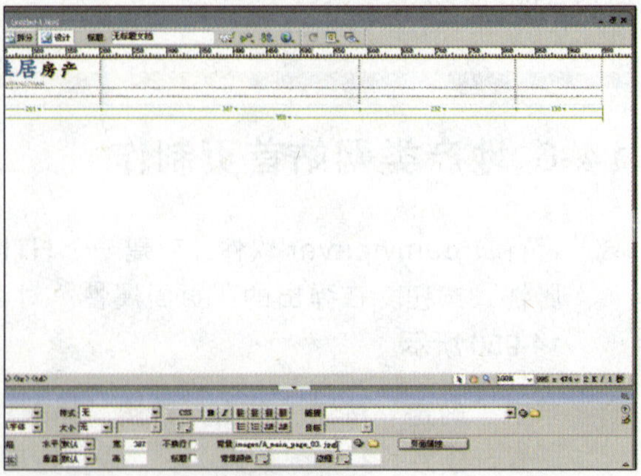

图 14-254　填充单元格背景

06 将光标置入到第1行第3列单元格中，将此列的单元格全部合并，同步骤05操作，单击属性面板中的“背景”文本框后方的“单元格背景URL”按钮，选择图像“A_main_page_04,.jpg”填充背景，如图14-255所示。

07 设置此单元格的宽度为“232”，单击“属性”面板中的“拆分为行或列”按钮，拆分为3行，如图14-256所示。

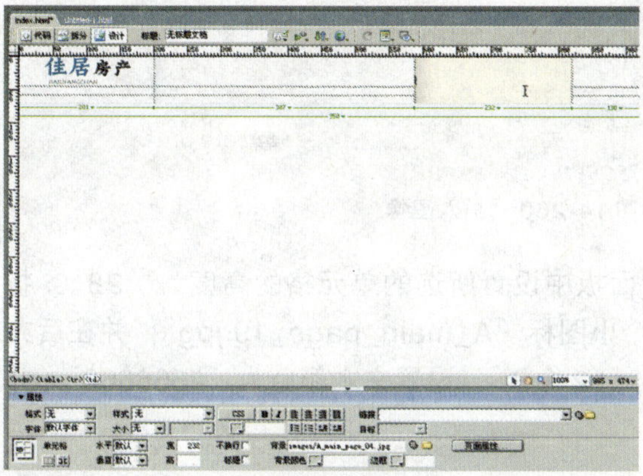

图14-255　插入背景图像

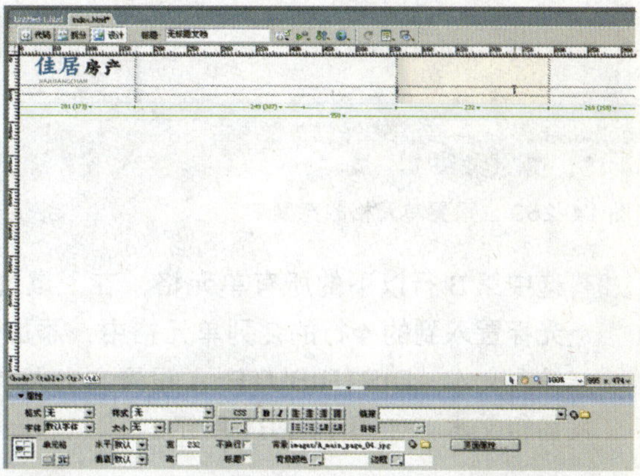

图14-256　拆分单元格

08 同步骤07操作，继续为第1行第4列单元格填充背景，首先将此列单元格合并，选择图像“A_main_page_05.jpg”，并拆分为3行，设置其单元格宽度为“130”，如图14-257所示。

09 将光标置入到第2行第1列单元格中，单击“常用”插入栏中的“表格”按钮，插入一个11行3列的表格，设置表格的宽度为“100%”，如图14-258所示。

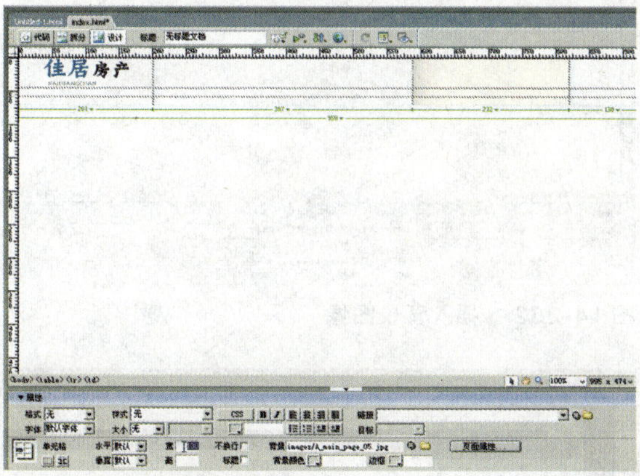

图14-257　设置单元格宽度

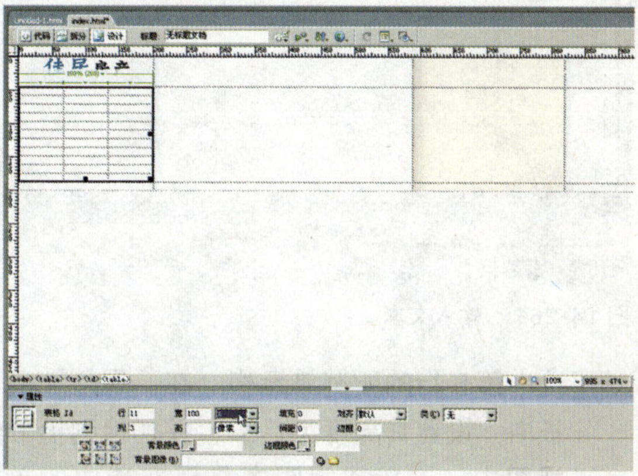

图14-258　插入表格

10 将光标置入到刚插入的表格第1行第1列单元格中，设置单元格的宽度为“19”，高度为“38”，设置第1行第3列单元格的宽度为“20”，如图14-259所示。

11 将光标置入到第2行第2列单元格中，单击“常用”插入栏中的“图像”按钮，插入图像“A_main_page_15.jpg”，如图14-260所示。

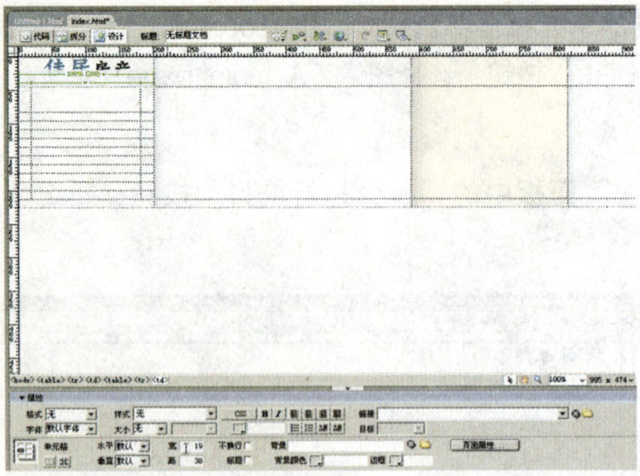

图 14-259 设置单元格的宽度

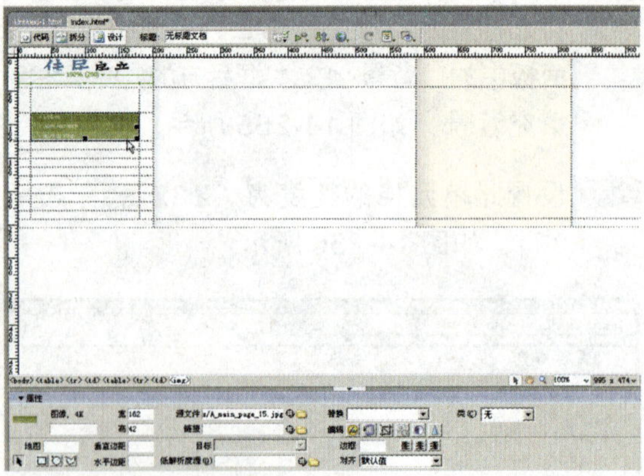

图 14-260 插入图像

12 选中第 3 行以下的所有单元格，在“属性”面板中设置所选的单元格的高度为“28”，将光标置入到的 4 行的 2 列单元格中，添加一个小图标“A_main_page_19.jpg”，并在后方输入文本“DISTRIBUTE”，设置文本大小为“12 像素”，设置文本颜色为“#666666”，并加粗文本，如图 14-261 所示。

13 将光标置入到第 5 行的第 2 列单元格中，单击“属性”面板中的“背景”文本框后方的“单击背景 URL”按钮，插入背景图像“A_main_page_57.jpg”，如图 14-262 所示。

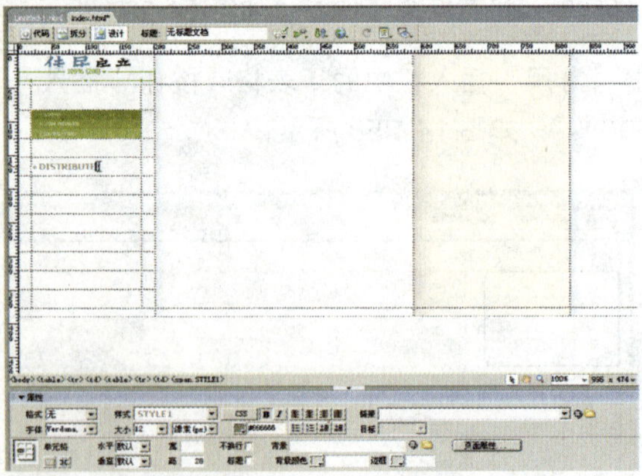

图 14-261 输入文本

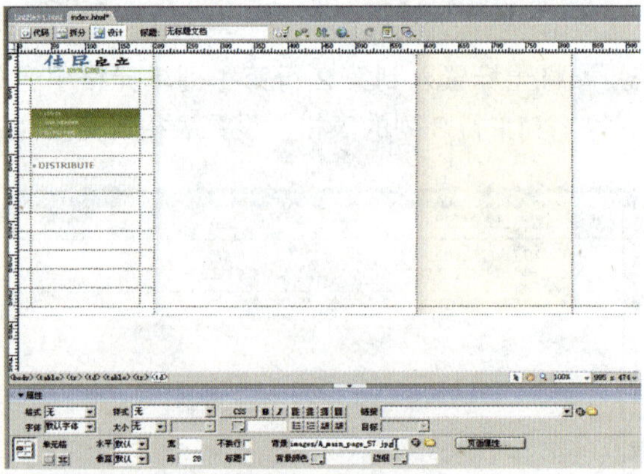

图 14-262 插入背景图像

14 选中第 5 行的所有单元格，在“属性”面板中，设置其高度为“3”，并切换到拆分视图中，在代码视图中将现在选中的单元格中的“ ”字符删除，如图 14-263 所示。

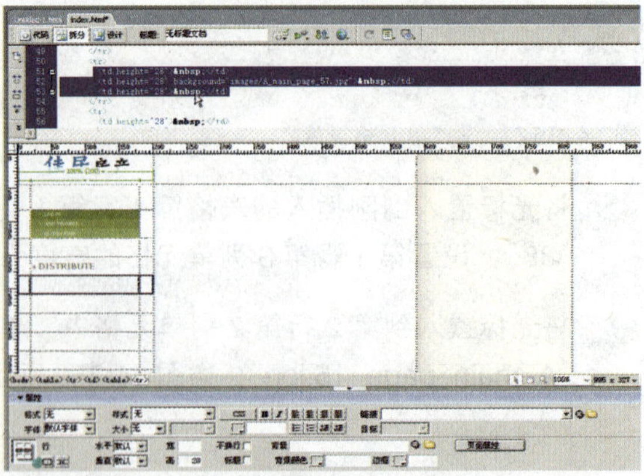

图 14-263 删除单元格中的“ ”

>>15 同步骤 13 和步骤 14 操作，依次为下列几行菜单项目单元格中输入文本，应用样式 STYLE1，并插入分隔线，如图 14-264 所示。

>>16 将光标置入到表格 2 行第 2 列单元格中，单击“常用”插入栏中的“图像”按钮，在弹出的“选择图像源文件”对话框中选择“A_main_page_10.jpg”，如图 14-265 所示。

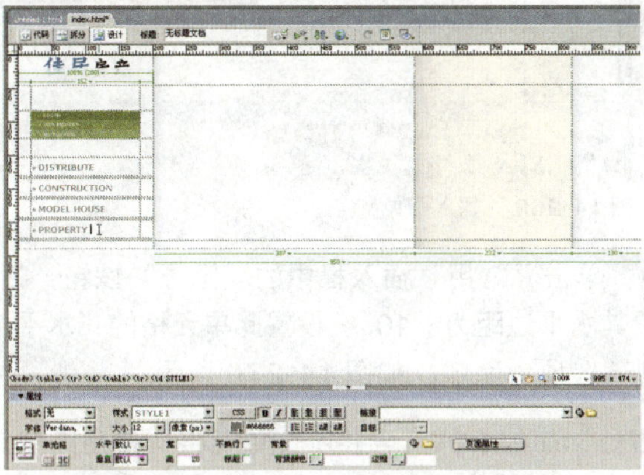

图 14-264　拆分视图

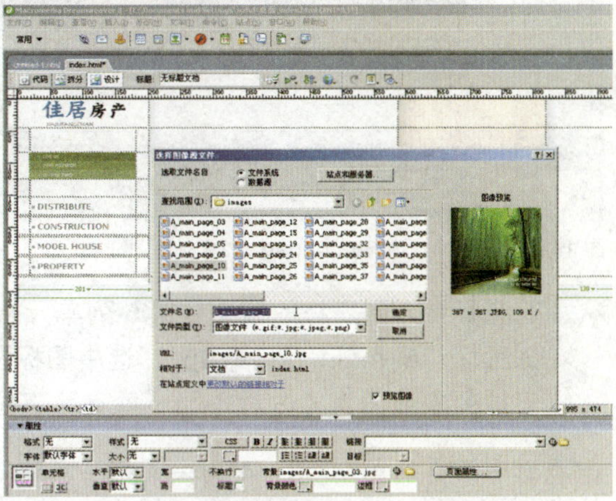

图 14-265　“选择图像源文件”对话框

>>17 单击“确定”按钮，插入图像，将光标置入到第2行第3列单元格中，插入图像“A_main_page_11.jpg”，再将光标置入到第 2 行第 4 列单元格中，插入图像“A_main_page_12.jpg”。如图 14-266 所示。

>>18 将光标置入到第 3 行第 2 列单元格中，单击“常用”插入栏中的“表格”按钮，插入一个 9 行 6 列的单元格，并设置其表格的宽度为“387”，如图 14-267 所示。

图 14-266　插入图像

图 14-267　设置其表格的宽度

>>19 将光标置入到此表格的第 1 列任意单元格内，设置单元格的宽度为“27”，再将光标置入到该表格第 2 行第 2 列单元格中，单击“常用”插入栏中的“图像”按钮，插入图像“A_main_page_24.jpg”，如图 14-268 所示。

>>20 将光标置入到此表格第 2 行第 3 列单元格中，插入图像“A_main_page_25.jpg”，将光标置入到第 4 列单元格中，插入图像“A_main_page_26.jpg”，并选中此 3 个单元格，设置单元格的宽度为“83”，如图 14-269 所示。

图 14-268　插入“A_main_page_24.jpg”图像

图 14-269　插入图像

21 将光标置入到表格的第 2 行第 5 列单元格中，单击“常用”插入栏中的“图像”按钮，插入图标“A_main_page_35”，选中图标设置其水平边距为“10”，设置此单元格的“水平”下拉列表选项为“右对齐”，“垂直”下拉列表选项为底部，如图 14-270 所示。

22 选中第 3 行第 2、3、4 列单元格，单击“属性”面板中的“合并所选单元格，使用跨度”按钮，合并单元格。单击“属性”面板中的“单元格背景 URL”按钮，插入背景图像“A_main_page_57.jpg”，并设置第 3 行中的所有单元格高度为“3”，如图 14-271 所示。

图 14-270　设置对齐方式

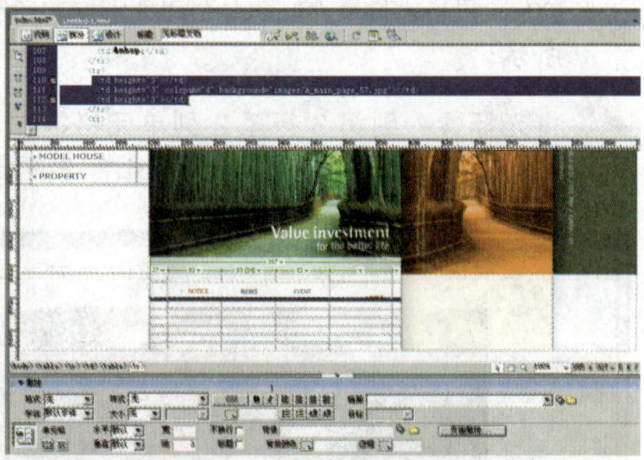

图 14-271　插入背景图像

23 选中第 4 行第 2、3、4 列单元格，将其合并，将光标置入到此单元格中，插入图标“A_main_page_37.jpg”，并在后方输入文本，并设置文本的大小为“11 像素”，文本字体为“Arial”，系统自动生成样式 STYLE5，如图 14-272 所示。

图 14-272　输入文本

>>24 依次为第5、6、7、8行，同步骤23操作，输入文本并应用样式STYLE5，并选中所有文本行，设置其行高为“25”，如图14-273所示。

>>25 将光标置入此表格的后方，单击“常用”插入栏中的“表格”按钮，插入一个8行7列，表格宽度为“387”的表格，如图14-274所示。

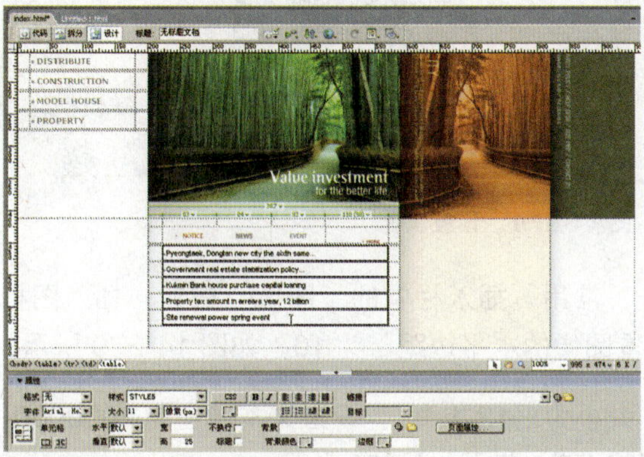

图14-273　应用样式STYLE5

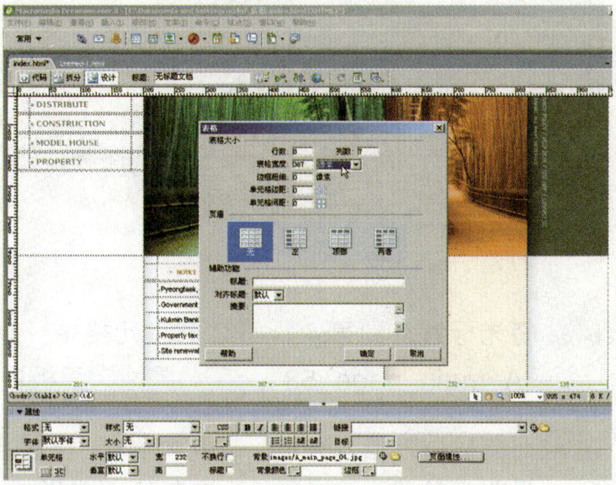

图14-274　“表格”对话框

>>26 选中此表格的第1列所有单元格，设置单元格的宽度为7，选中第1行第2、3、4、5、6列单元格中，将其合并，单击“常用”插入栏中的“图像”按钮，插入图标“A_main_page_38.jpg”，并输入文本“DISTRIBUTE INFO”，如图14-275所示。

>>27 选中此表格第2行第2、3、4、5、6列单元格，合并所选单元格，将光标置入到此合并单元格中，单击“属性”面板中的“单元格背景URL”按钮，插入背景图像“A_main_page_57.jpg”，并设置此行中的所有单元格行高为“3”，如图14-276所示。

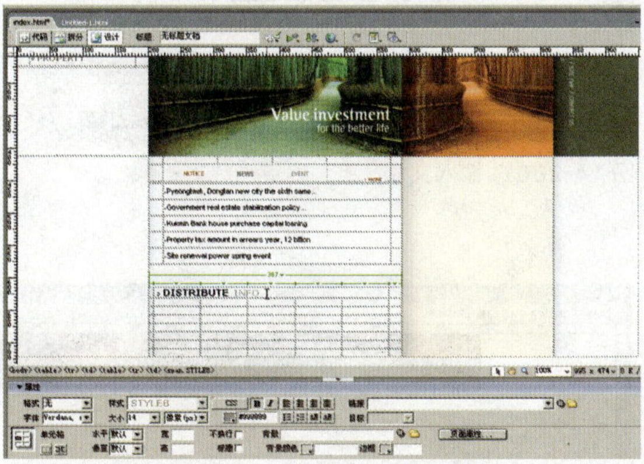

图14-275　插入图标

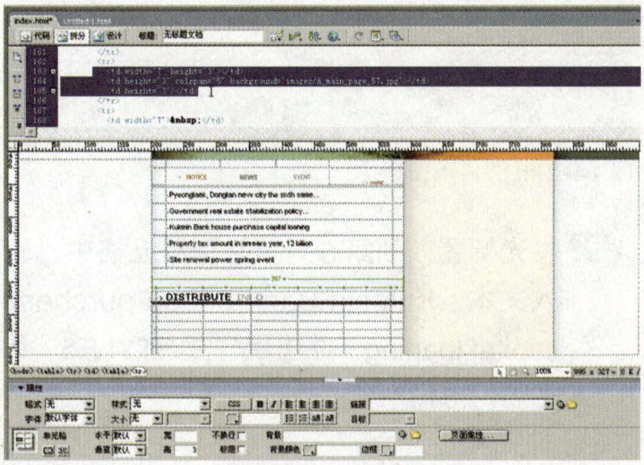

图14-276　插入背景图像

>>28 将光标置入到第3行第2列单元格中，单击“常用”插入栏中的“图像”按钮，插入图像“A_main_page_44.jpg”，依次在第3、4列单元格中插入图像。并选中此3个单元格，在属性面板中设置“水平”的下拉列表选项为居中对齐，如图14-277所示。

>>29 选中3张图片中的任意一张，在“属性”面板中的垂直边距为“10”，此时图像相对于其所在的单元格中的边距为“10”，如图14-278所示。

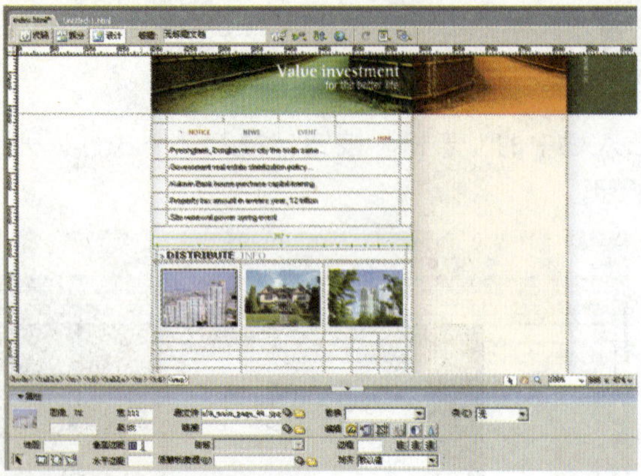

图 14-277　插入图像

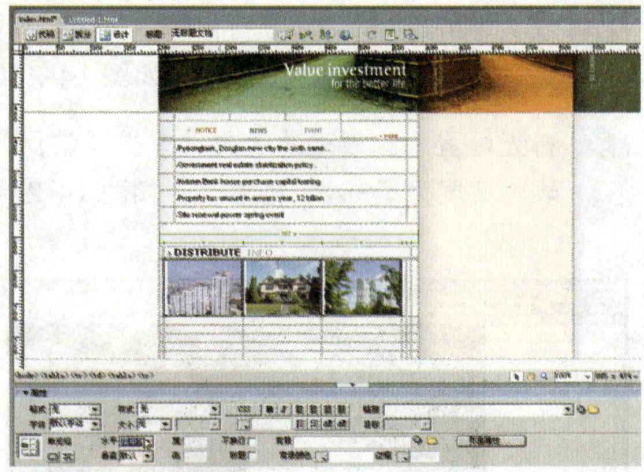

图 14-278　设置属性

>>30 将光标置入到第 4 行第 2 列单元格中，单击“常用”插入栏中的“图像”按钮，插入图标“A_main_page_58”，在“属性”面板中设置图像的水平边距”为 10，如图 14-279 所示。

>>31 在图标后方输入文本“立友大厦”，设置文本大小为“12 像素”，设置文本颜色为 #000000，设置字体为“宋体”，系统自动生成样式 STYLE9，如图 14-280 所示。

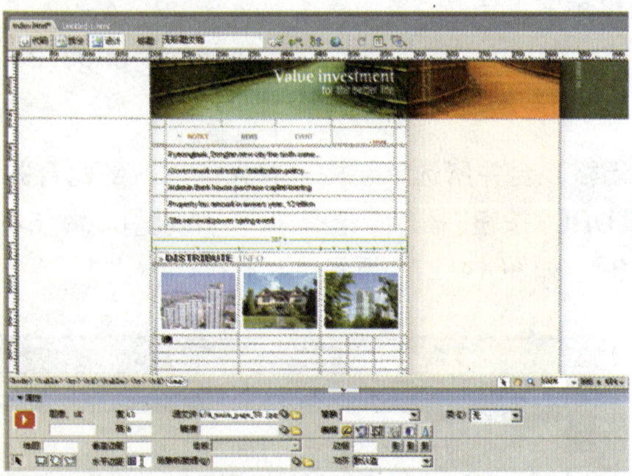

图 14-279　插入图标

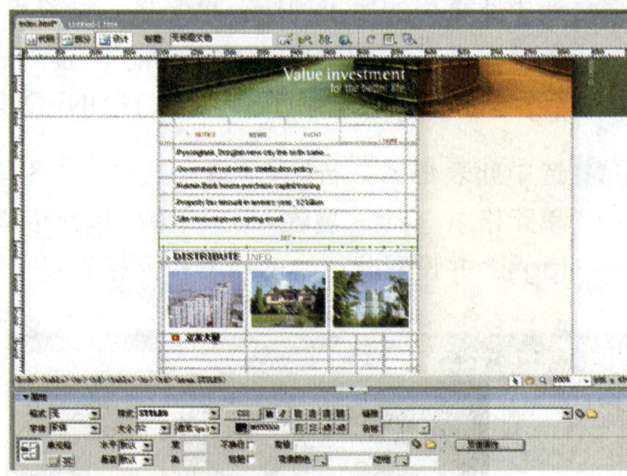

图 14-280　输入文本

>>32 将光标置入到第 5 行第 2 列单元格中，输入文本“Kukmin Bank house purchase capital loaning”并应用样式 STYLE5，如图 14-281 所示。

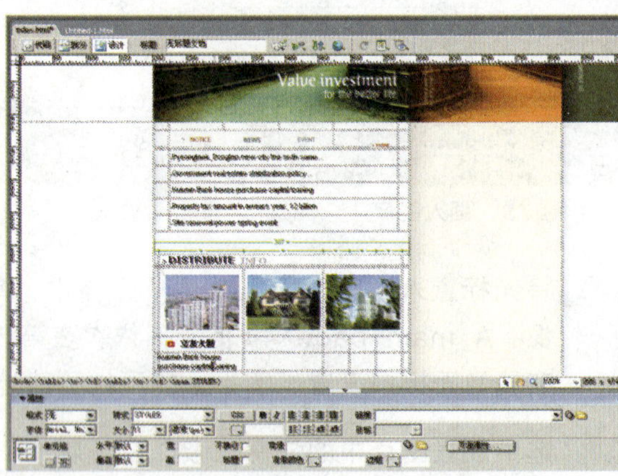

图 14-281　应用样式 STYLE5

33 同步骤 32 操作，依次为第 3、4 列图像下方输入相关的标题和文本，并应用与制作第 2 列的样式一样，如图 14-282 所示。

34 将光标置入到第 6 行第 2 列单元格中，选中第 2、3、4 列单元格，将其合并，单击属性面板中的“单元格背景 URL”按钮，插入背景图像“A_main_page_57.jpg”，并设置单元格行高为“3”，如图 14-283 所示。

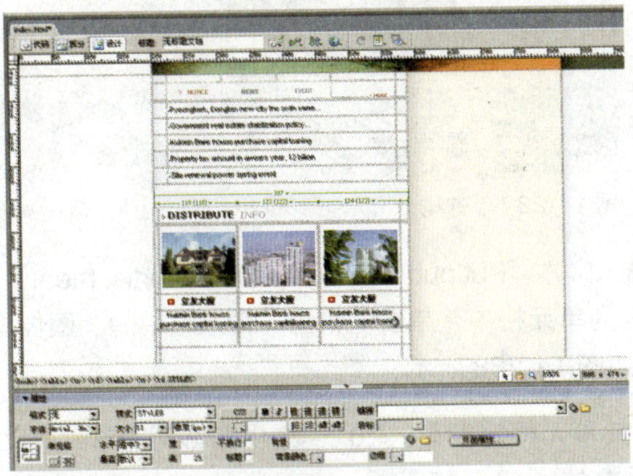

图 14-282　输入文本和标题

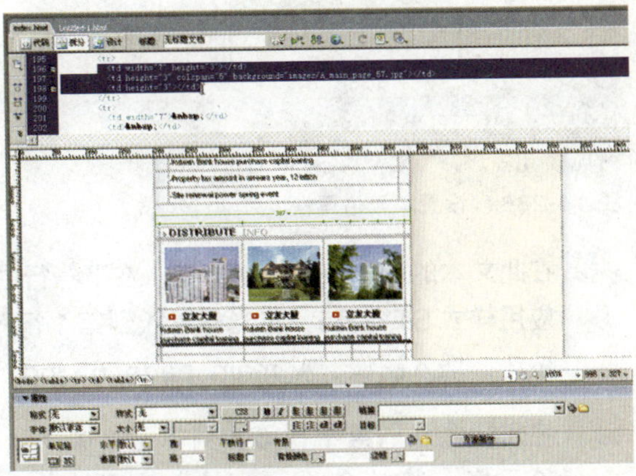

图 14-283　插入背景图像

35 将光标置入到第 7 行任意单元格中，设置单元格高度为“25”，选中第 8 行 2、3、4 列单元格，将其合并。将光标置入到此单元格中，单击“常用”插入栏中的“图像”按钮，插入图像“A_main_page_71.jpg”，如图 14-284 所示。

36 将光标置入到大表格的第 3 行第 1 列单元格中，单击“常用”插入栏中的“表格”按钮，在弹出的“表格”对话框中，设置一个 8 行 4 列，设置宽为 100%，如图 14-285 所示。

图 14-284　插入图像

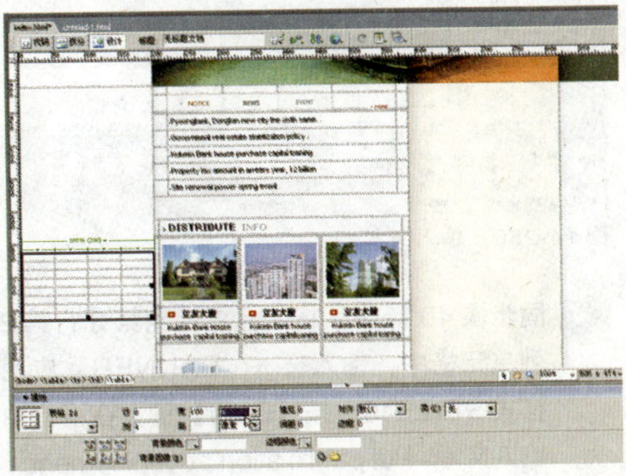

图 14-285　插入表格

37 将光标置入到此表格所在的单元格中，在“属性”面板中设置“垂直”下拉列表选项为“底部”，并选中此表格第 1 列所有单元格，设置其宽度为“19”，如图 14-286 所示。

38 将光标置入到第 1 行第 2 列单元格中，设置单元格高度为“69”，并输入文本“BANNER”，设置文本的颜色为“#FF3300”，设置文本大小为“18 像素”，如图 14-287 所示。

图 14-286　设置单元格属性

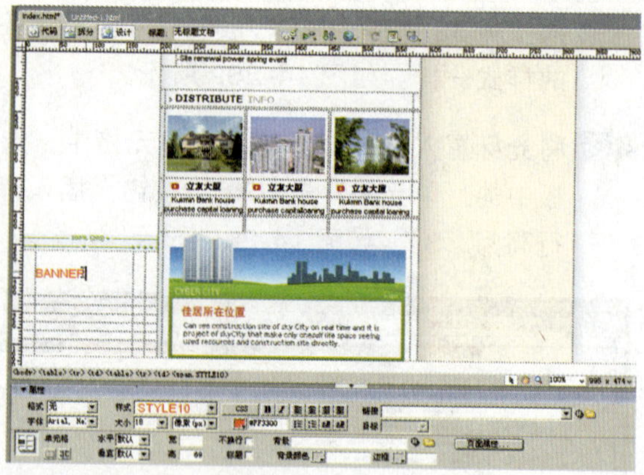

图 14-287　并输入文本

39 在此文本的后方按【Enter】键，在下一行中输入文本“Put public inform-ation advertisement”，应用样式 STYLE5，将光标置入到第 1 行第 3 列单元格中，单击“常用”插入栏中的“图像”按钮，插入图像“A_main_page_65.jpg”，如图 14-288 所示。

40 将光标置入到第 1 行第 4 列单元格中，设置其单元格宽度为“20”，选中第 2 行第 3、4 列单元格，将其合并，并单击“属性”面板中的“单元格背景 URL”按钮，插入背景“A_main_page_57”，并设置第 2 行的单元格高度为“3”，如图 14-289 所示。

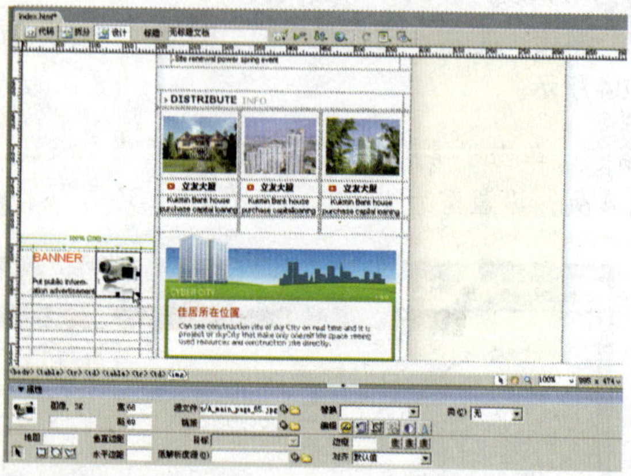

图 14-288　输入文本

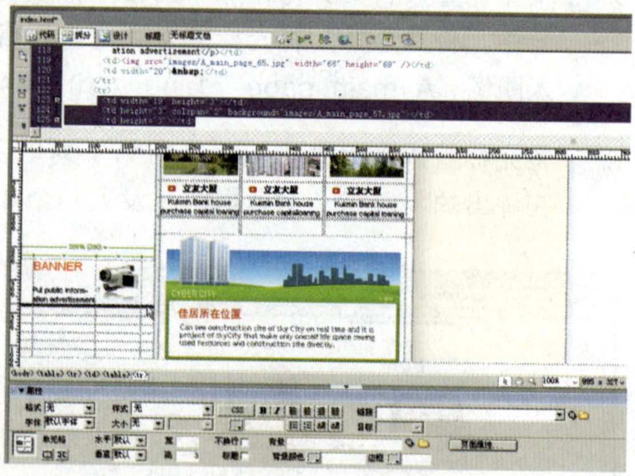

图 14-289　插入背景图像

41 同步骤 40 操作，将光标置入到第 3 行第 2 列单元格中，输入文本“BANNER”应用样式 STYLE10，按【Enter】键，在下行中输入文本“Put public ation advertisement”，并应用样式 STYLE5，并设置其单元格行高为“69”，如图 14-290 所示。

图 14-290　输入文本“BANNER”

42 将光标置入到第3行第3列单元格中，单击“常用”插入栏中的“图像”按钮，插入图像“A_main_page_86.jpg”，设置图像”水平居中”对齐方式，如图14-291所示。

43 选中第4行第2、3列单元格，将其合并，并单击属性面板中的“单元格背景URL”按钮，插入背景图像“A_main_page_57.jpg”，设置第4行所有单元格高度为“3”，如图14-292所示。

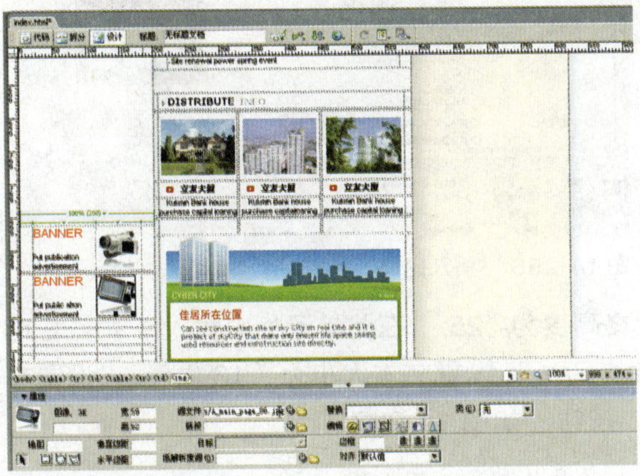

图14-291　插入图像

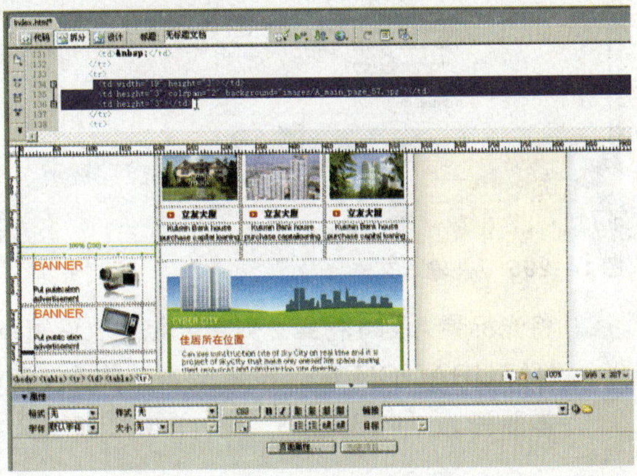

图14-292　插入背景图像

44 将光标置入到第5行中的任意单元格中，设置其中一个单元格的高度为“55”；将光标置入到第6行第2列单元格中，单击“表单”面板中的“列表/菜单”按钮，插入列表/菜单。设置其“属性”面板中的“列表值”对话框，如图14-293所示。

45 将光标置入到大表格第3行第3列单元格中，单击“常用”插入栏中的“表格”按钮，插入一个10行3列的表格，设置表格宽度为“100%”。选择此表格第1列，设置其单元格的宽度为“18”，同样选中第3列，将此列中的单元格宽度设置为“18”，如图14-294所示。

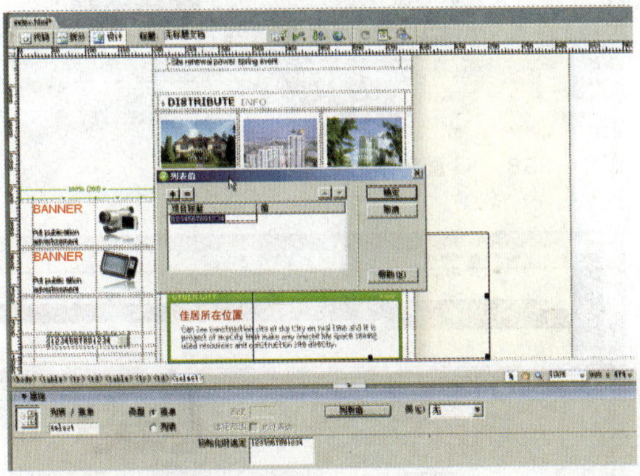

图14-293　插入列表/菜单

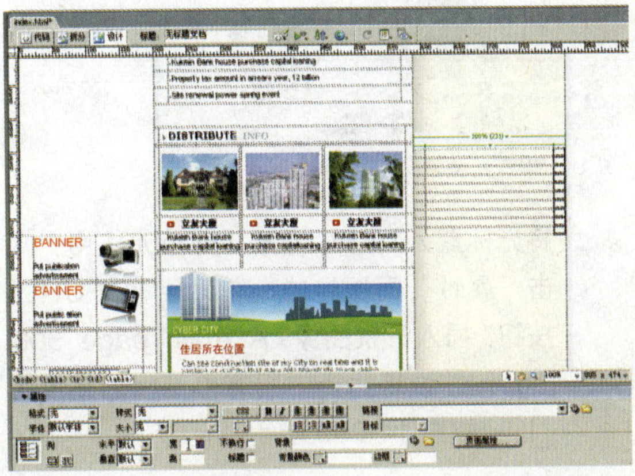

图14-294　设置单元格属性

46 将光标置入到此表格所在的单元格中，设置单元格垂直顶端对齐。将光标置入到第1行中的任意单元格中，设置单元格高度为“22”，将光标置入到第2行第2列单元格中，插入图标“A_main_page_29.jpg”，并输入文本“HOT ISSUE”，并应用样式STYLE6，如图14-295所示。

47 将光标置入到第3行第2列单元格中，单击“常用”插入栏中的“图像”按钮，插入图像“A_main_page_33.jpg”，如图14-296所示。

图 14-295　并输入文本

图 14-296　插入图像

48 将光标置入到4行第2列单元格中，设置单元格高度为“25”，在此单元格中输入文本“JEJU NATURAL CITY”，设置文本字体为“Myriad Pro”，设置文本大小为“13 像素”，设置文本颜色为“#333333”，并单击“加粗文本”按钮，如图 14-297 所示。

49 将光标置入到第 5 行第 2 列单元格中，输入文本介绍图片的信息。设置文本的字体为“宋体”，设置文本大小为“12 像素”，设置文本颜色为“#716349”，如图 14-298 所示。

图 14-297　设置文本字体

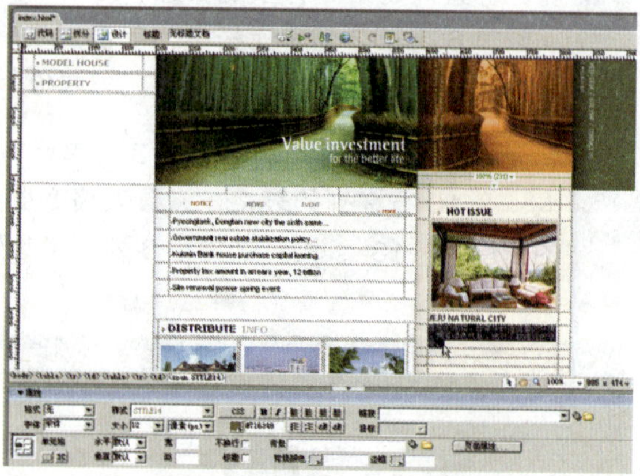

图 14-298　设置字体

50 将光标置入到第 6 行第 2 列单元格中，单击“属性”面板中的“单元格背景 URL”按钮，插入背景图像“A_main_page_506.jpg”，并设置此行中所有单元格的高度为“1”，如图 14-299 所示。

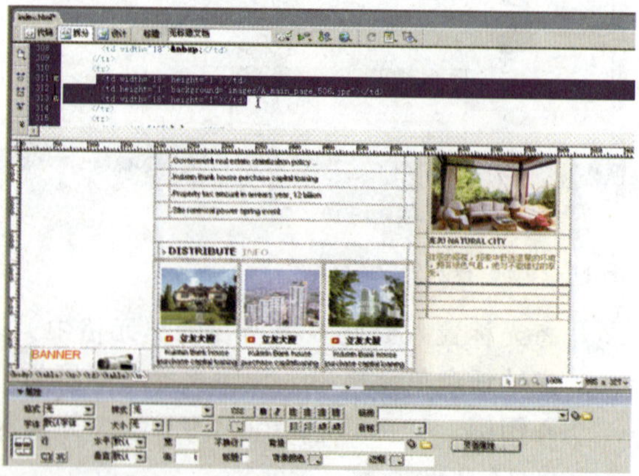

图 14-299　插入背景图像

>>51 将光标置入到第 7 行第 2 列单元格中，设置单元格高度为“20”，再将光标置入到第 8 行第 2 列单元格中，单击“属性”面板中的“拆分为行或列”按钮，拆分为两列，并设置其高度为 83 像素，如图 14-300 所示。

>>52 将光标置入到拆分的第 1 列单元格中，单击“常用”插入栏中的“图像”按钮，插入图像“A_main_page_52.jpg”，在属性面板中，设置其水平边距为“10”，如图 14-301 所示。

图 14-300　拆分单元格

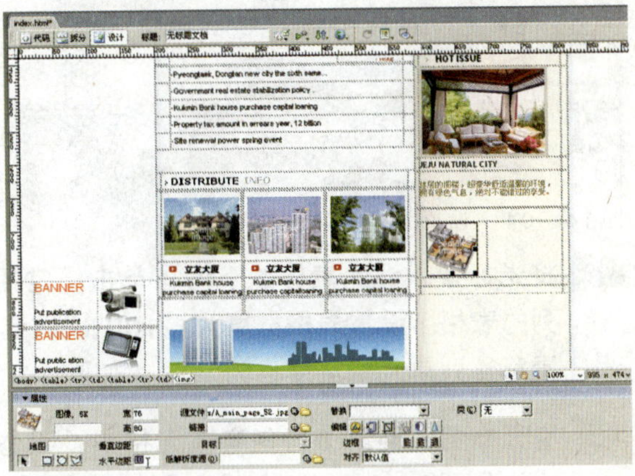

图 14-301　插入图像

>>53 将光标置入到拆分的第 2 列单元格中，将此单元格拆分为 3 行，在第 1 行中输入文本“NATURAL CITY”，设置文本大小为“15 像素”，设置为两种颜色，如图 14-302 所示。

>>54 将光标置入到拆分的第 2 行中，输入文本“MODEL HOUSE”，再将光标置入到第 3 行中，输入文本，并应用样式 STYLE14，如图 14-303 所示。

图 14-302　拆分单元格

图 14-303　应用样式 STYLE14

>>55 将光标置入到第 6 行第 2 列单元格中，单击“常用”插入栏中的“图像”按钮，插入图像“A_main_page_68.jpg”，并设置图像“水平向右”对齐方式，如图 14-304 所示。

>>56 将光标置入到第 7 行第 2 列单元格中，单击“属性”面板中的“单元格背景 URL”按钮，插入背景图像“A_main_page_506.jpg”，并选中第 7 行中的所有单元格，将其单元格高度设置为“1”，如图 14-305 所示。

图 14-304　设置图像对齐方式

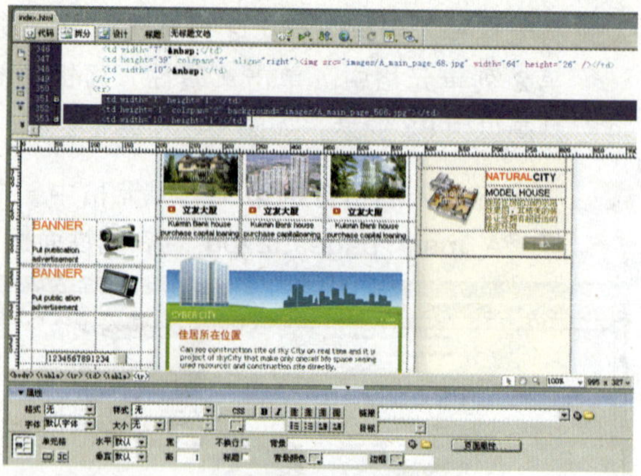

图 14-305　插入背景图像

57 将光标置入到此表格的下方，单击“常用”插入栏中的“表格”按钮，插入一个 10 行 4 列的表格，设置表格宽度为“100%”，选中表格第 1 列，设置其单元格宽度为“7”，并设置第 4 列单元格宽度也为“7”，如图 14-306 所示。

58 将光标置入到第 1 行任意单元格中，设置其单元格高度为 21；再将光标置入到第 2 行第 2 列单元格中，单击“常用”插入栏中的“图像”按钮，插入图像“A_main_page_67.jpg”，并设置图像所在的单元格宽度为“90”，如图 14-307 所示。

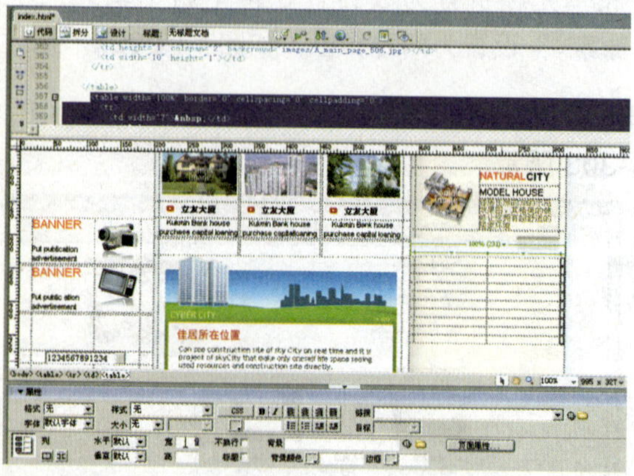

图 14-306　设置表格宽度

图 14-307　插入图像

59 将光标置入到第 3 行第 2 列单元格中，输入文本“联系电话”，设置文本字体为“宋体”，设置文本大小为“12 像素”，设置文本颜色为“#FF0000”，并设置文本居中对齐，如图 14-308 所示。

60 将光标置入到第 4 行第 2 列单元格中，输入文本“1588-5000”，选中第 3 列中的第 4、5、6 行单元格，将其合并，并单击“常用”插入栏中的“表格”按钮，插入一个 9 行 1 列的表格，如图 14-309 所示。

图 14-308　输入文本“联系电话”

61 将光标置入到此表格第1行中，单击“常用”插入栏中的“图像”按钮，插入图标“A_main_page_76.jpg”，并在图标后方输入文本“预定电话”，应用样式STYLE14，如图14-310所示。

图14-309　输入文本

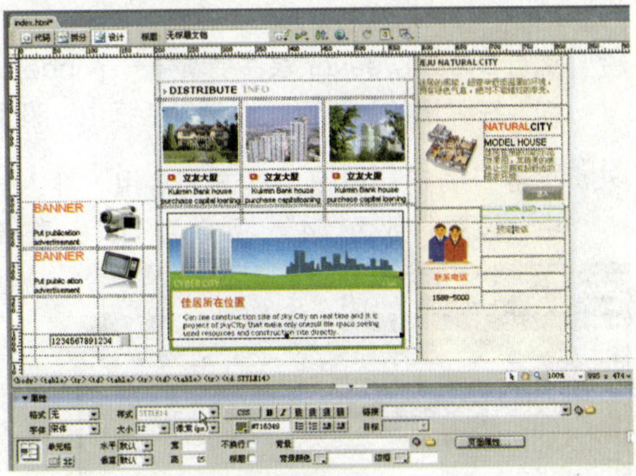

图14-310　应用样式STYLE14

62 将光标置入到第2行中，单击“属性”面板中的“单元格背景URL”按钮，插入背景图像“A_main_page_80.jpg”，设置单元格高度为“1”，如图14-311所示。

63 同步骤62操作，依次为剩下的几行添加项目，输入文本，并在相隔的一行中添加一条背景图像的分隔线，并设置输入文本的单元格的高度为“25”，如图14-312所示。

图14-311　插入背景图像

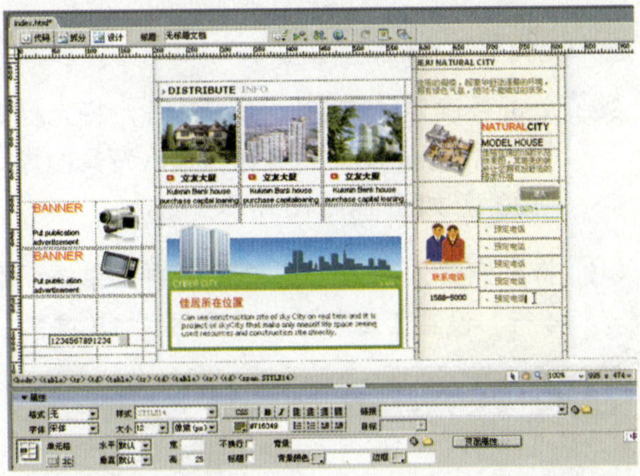

图14-312　设置单元格

64 完成后，按【F12】键，在IE浏览器中预览效果，如图14-313所示。

图14-313　预览效果

14-7 音乐视听网首页制作

>>01 运行Dreamweaver软件，新建一个index.html文档。单击“属性”面板中的“页面属性”按钮，在弹出的“页面属性”对话框中，设置左边距和上边距为“0”，如图14-314所示。

>>02 单击“确定”按钮。单击“常用”插入栏中的“表格”按钮，在弹出的“表格”对话框中，设置行数为“4”，列数为“1”，表格宽度为“780”，如图14-315所示。

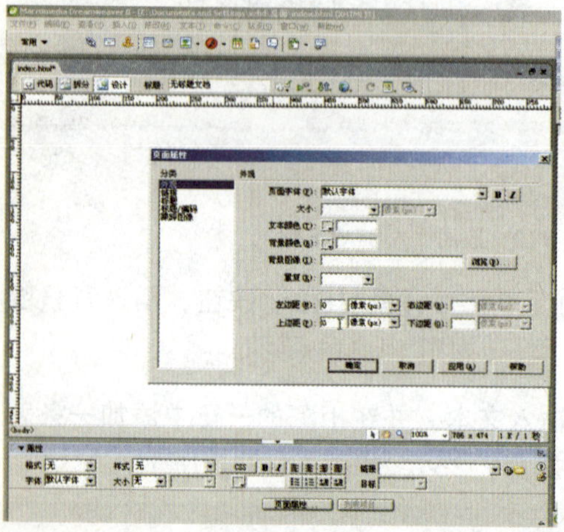

图14-314 “页面属性”面板

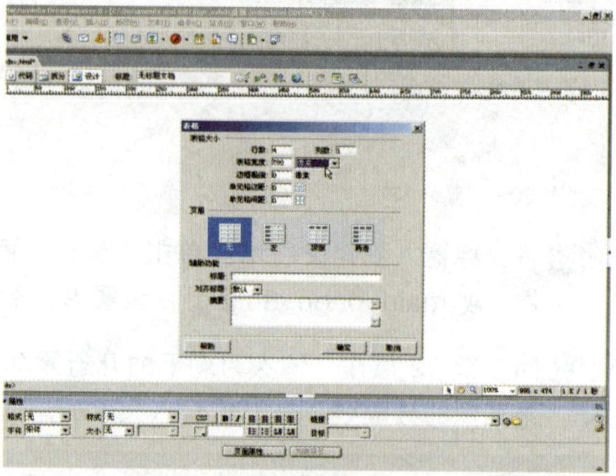

图14-315 插入“表格”对话框

>>03 单击“确定”按钮，插入表格，将光标置入到第1行单元格中，单击“属性”面板中的“单元格背景URL”按钮，插入背景图像“wren_music6_01.jpg”，并设置单元格的高度为“120”，如图14-316所示。

>>04 将光标置入到第1行单元格中，单击“属性”面板中的“拆分为行或列”按钮，拆分为4行，设置第1行单元格高度为15像素。如图14-317所示。

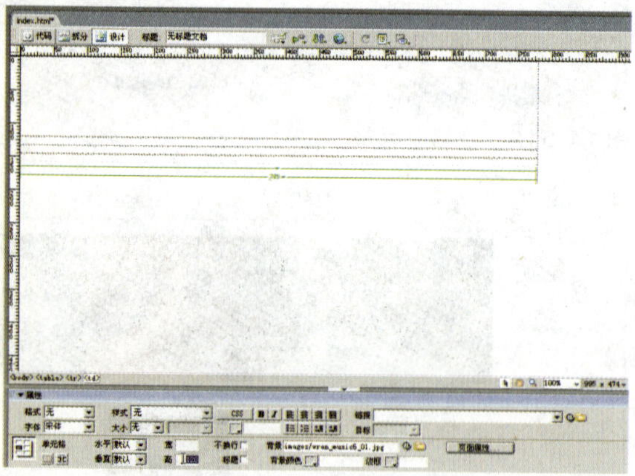

图14-316 插入背景图像

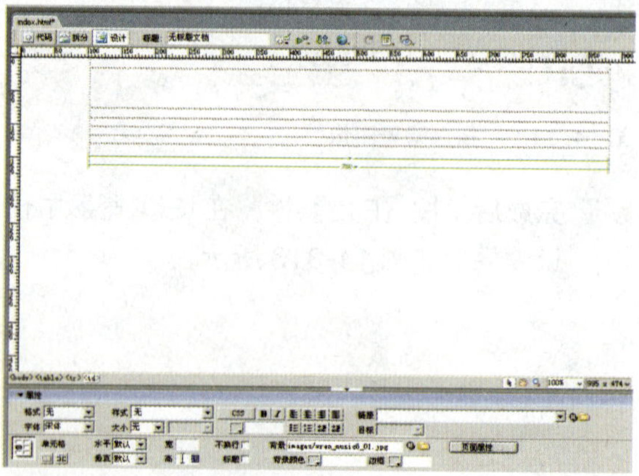

图14-317 拆分单元格

>>05 将光标置入到第2行单元格中，单击“属性”面板中的“拆分为行或列”按钮，拆分为5列；将光标置入到拆分的第1列单元格中，设置单元格宽为“17”，将光标置入到第2列单元格中，单击“常用”插入栏中“图像”按钮，插入图像“wren_music6_07.jpg”，如图14-318所示。

06 插入 LOGO 图标后，设置其单元格宽度为“177”，将光标置入到第 3 列单元格中，设置单元格宽度为“72”，将光标置入到第 4 列单元格中，单击“常用”插入栏中的“图像”按钮，插入图像“wren_music6_04.jpg”，如图 14-319 所示。

图 14-318　插入 LOGO 图标

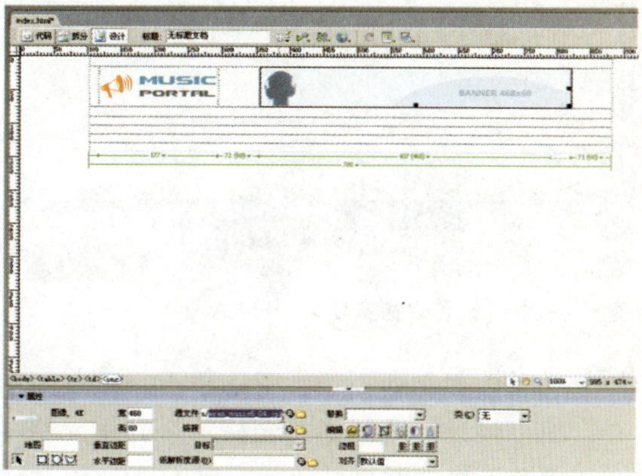

图 14-319　插入图像

07 将光标置入到第 3 行单元格中，设置此单元格高度为“17”，再将光标置入到第 4 行单元格中，单击“常用”插入栏中的“表格”按钮，插入一个 1 行 8 列的表格，设置表格宽度为“100%”，如图 14-320 所示。

08 将光标置入到插入的表格第 1 列单元格中，设置单元格宽度为“235”，再将光标置入到第 2 列单元格中，单击“常用”插入栏中的“图像”按钮，插入图像“wren_music6_12.jpg”，并设置图像的水平边距为 2，如图 14-321 所示。

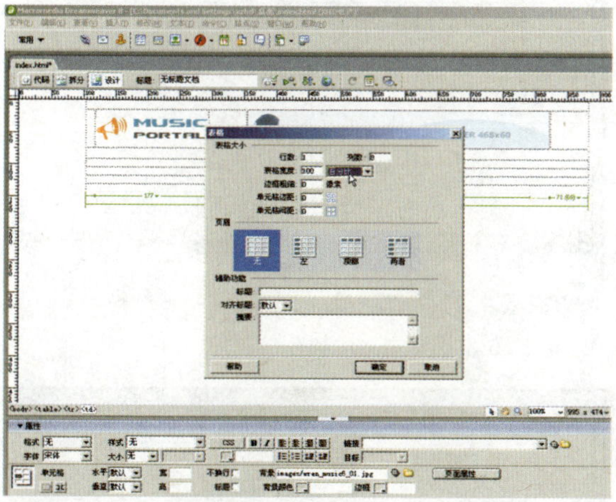

图 14-320　设置表格宽度

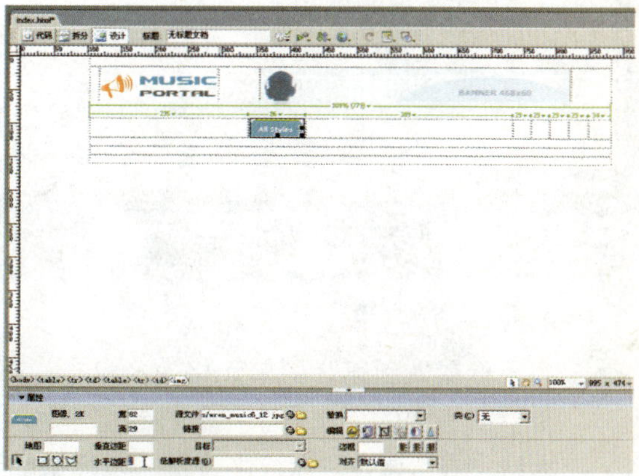

图 14-321　插入图像

09 同步骤 08 操作，依次将其他的项目菜单按钮插入到后面的单元格中，并设置图像的水平边距为“2”，如图 14-322 所示。

10 将光标置入到下一行单元格中，设置单元格背景颜色为“#3ea0be”，设置单元格高度为“4”，并切换到拆分视图中，在代码中，找到此单元格中的“ ”将其删除，如图 14-323 所示。

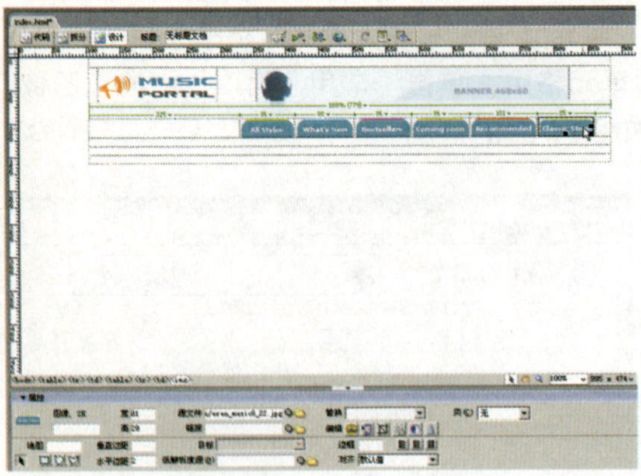

图 14-322　设置表格宽度

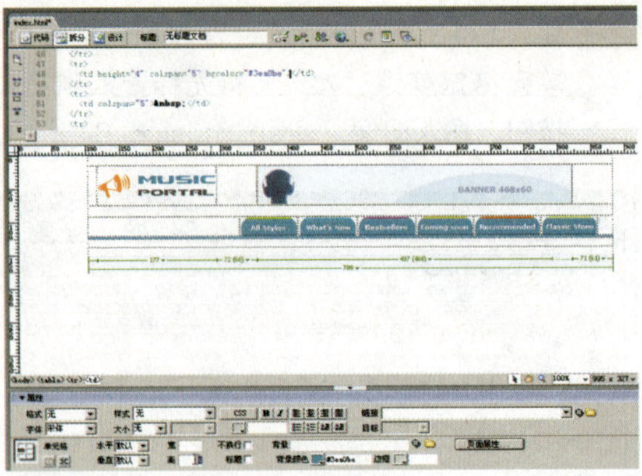

图 14-323　设置单元格背景颜色

11 将光标置入到下一行中，单击“常用”插入栏中的“表格”按钮，插入一个 1 行 2 列的表格，将光标置入到此表格第 1 列单元格中，设置单元格高度为“38”，宽度为“546”，设置单元格的背景颜色为“#515151”，如图 14-324 所示。

12 将光标置入到此表格的第 1 列单元格中，单击“属性”面板中的拆分按钮，拆分为 6 列；将光标置入到第 1 列单元格中，设置宽度为“120”；再将光标置入到第 2 列单元格中，输入文本“Search:”，并设置文本的颜色为“#FFFFFF”，设置文本大小为“12”并加粗，如图 14-325 所示。

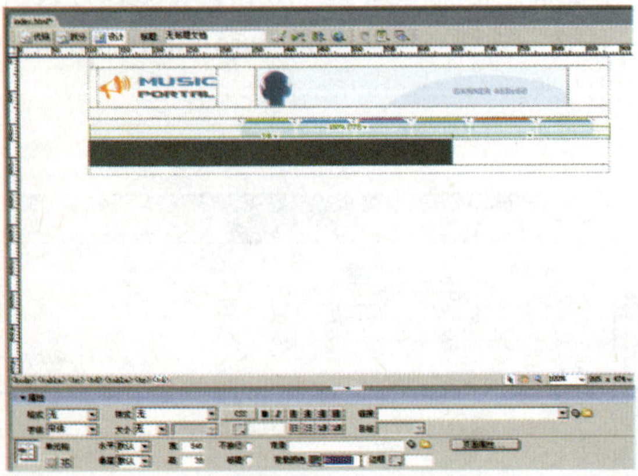

图 14-324　设置单元格

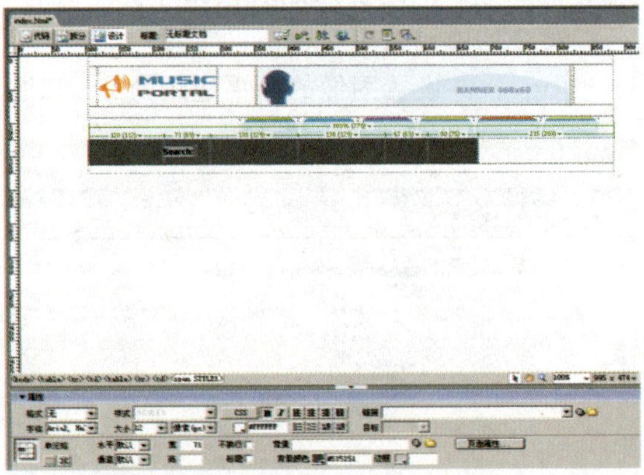

图 14-325　设置文本的颜色

13 将光标置入到第 3 列单元格中，单击“表单”面板中的“文本字段”按钮，插入文本域，在“属性”面板中设置“字符宽度”为 15，如图 14-326 所示。

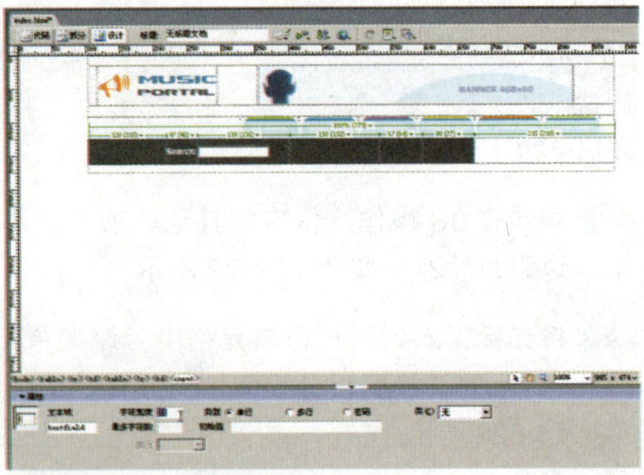

图 14-326　插入文本域

14 将光标置入到第 4 列单元格中，单击“表单”面板中的“列表/菜单”按钮，插入“列表/菜单”，在“属性”面板中单击“列表值”按钮，在“列表值”对话框中的“项目标签”处输入文本“artist”，如图 14-327 所示。

15 单击“确定”按钮。将光标置入到第 5 列单元格中，单击“表单”面板中的“图像域”按钮，在弹出的“选择图像源文件”对话框中，选择图像“wren_music6_30.jpg”，如图 14-328 所示。

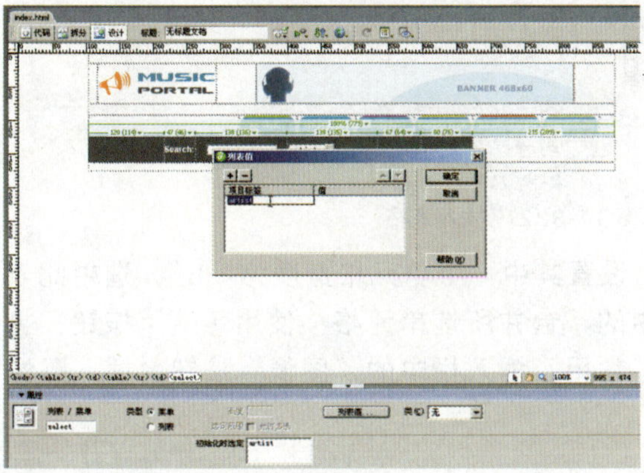

图 14-327　插入“列表/菜单”

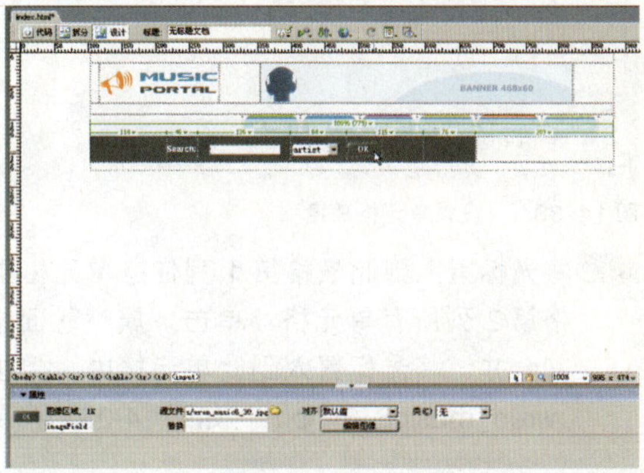

图 14-328　插入图像

16 将光标置入到最后 1 列单元格中，在“属性”面板中，设置单元格背景颜色为 #383838，设置单元格宽度为“234”，并设置“水平居中”对齐方式，如图 14-329 所示。

17 在此列单元格中输入文本“Account | Help | Web List | Order Status”，设置文本的颜色为“#FFFFFF”，设置其文本大小为“11 像素”，如图 14-330 所示。

图 14-329　设置对齐方式

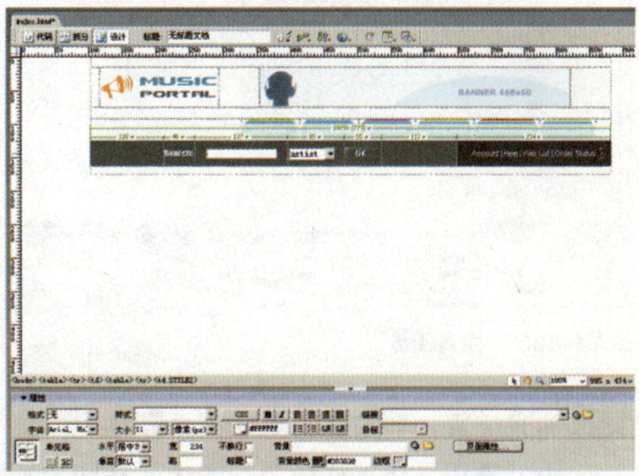

图 14-330　设置文本的颜色

18 将光标置入到第 7 行单元格中，设置单元格背景颜色为“#e0e7ef”，设置单元格高度为“4”，在代码视图中找到“ ”将其删除，如图 14-331 所示。

19 选中整格表格，在“属性”面板中，将 7 行更改为 10 行，将光标置入到第 8 行中，单击“常用”插入栏中的“表格”按钮，插入一个 9 行 10 列的表格，如图 14-332 所示。

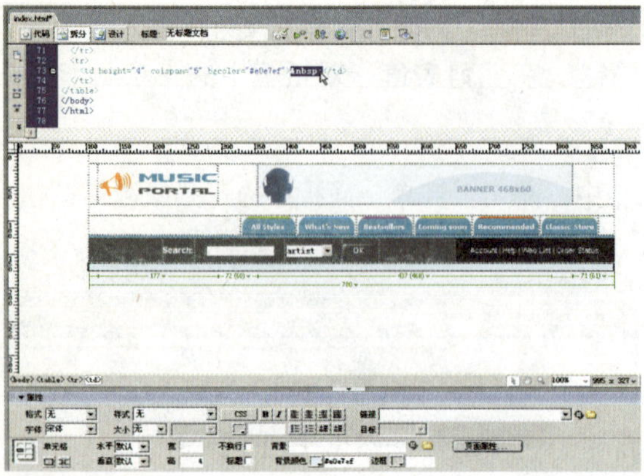

图 14-331　设置单元格高度

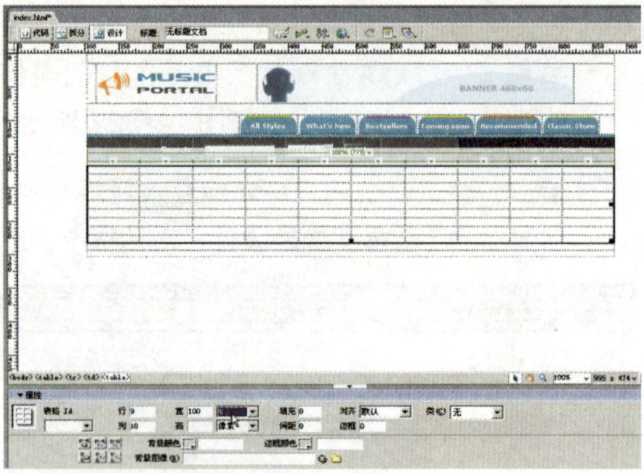

图 14-332　插入表格

20 将光标置入到此表格第 1 列任意单元格中，设置其中一个单元格宽度为“8”，选中此表格第 2 列所有单元格，单击“属性”面板中的“合并所选单元格，使用跨度”按钮，将其合并，将光标置入到此单元格中，单击“常用”插入栏中的“图像”按钮，插入图像“wren_music6_34.jpg”，如图 14-333 所示。

21 将光标置入到第 3 列中的任意单元格中，设置单元格宽度为“12”，选中第 1 行所有单元格，设置单元格高度为“6”，将光标置入到第 2 行第 4、5 列单元格中，设置单元格背景颜色为“#f5f5f5”，如图 14-334 所示。

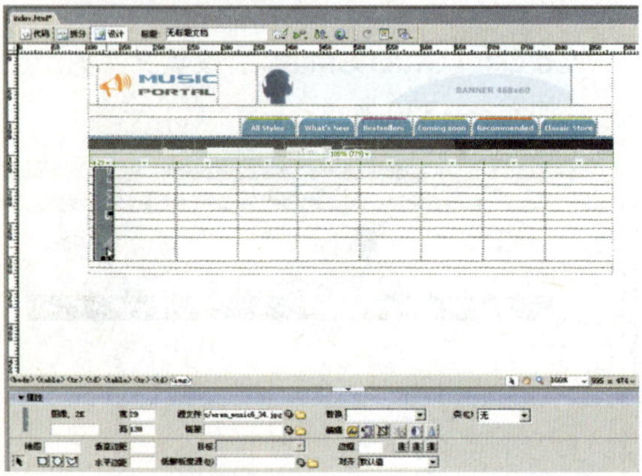

图 14-333　插入图像

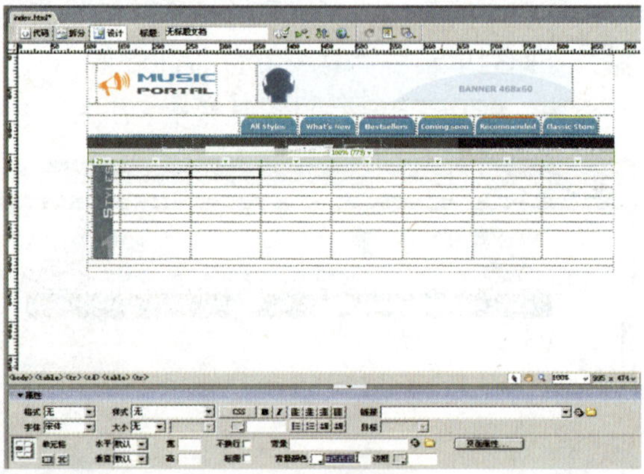

图 14-334　设置单元格背景颜色

22 将光标置入到第 2 行第 4 列单元格中，单击“常用”插入栏中的“图像”按钮，插入图标“wren_music6_37.jpg”，并输入文本“Blues”，设置文本的大小为“12 像素”，设置文本颜色为“#333333”，并将文本加粗如图 14-335 所示。

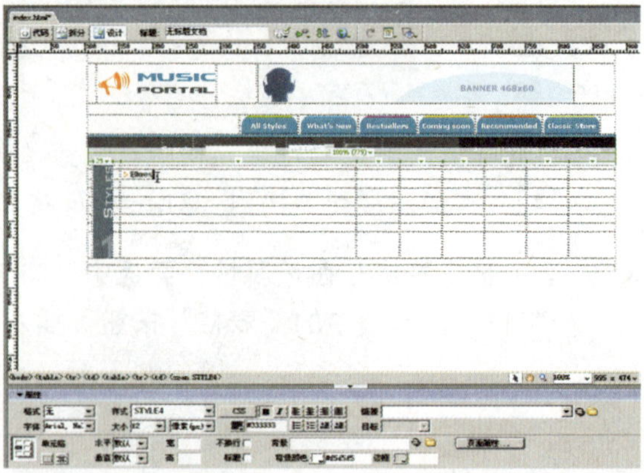

图 14-335　插入图标

23 将光标置入到第2行第5列单元格中，输入文本“25”，应用样式STYLE4，并设置单元格宽为“23”，高度为“18”，如图14-336所示。

24 将光标置入到第3行第4列单元格中，单击“常用”插入栏中的“图像”按钮，插入图标“wren_music6_37.jpg”，并输入文本“Childrens”，应用样式STYLE4，再将光标置入到第3行第5列单元格中，输入文本“25”，应用样式STYLE4，如图14-337所示。

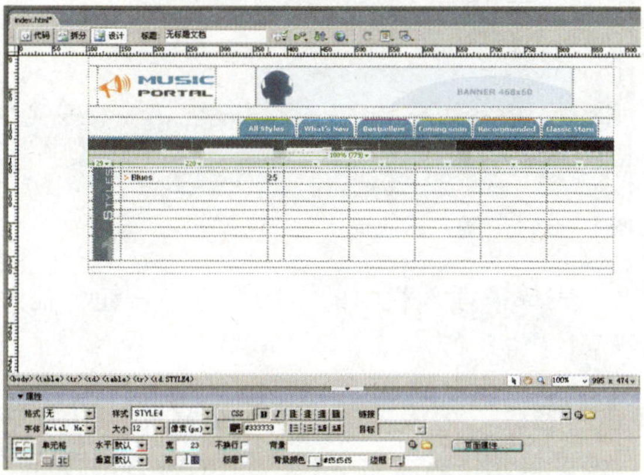

图14-336　设置单元格属性

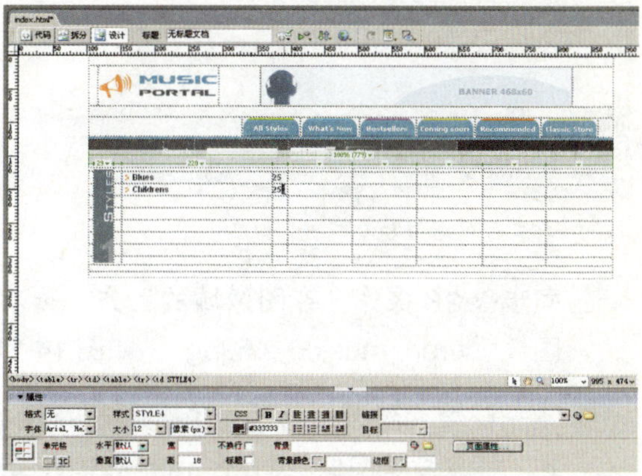

图14-337　并输入文本“Childrens”

25 同步骤24操作此两行的内容一致，制作其他行中的内容，每相隔一行填充单元格背景颜色“#e0e7ef”，同制作第1行操作一致，如图14-338所示。

26 将光标置入到第2行第7列单元格中，插入图标“wren_music6_37.jpg”，在图标后方输入文本“Your shopping cart”，设置文本大小为“12像素”，设置文本颜色为“#00afe5”，并将文本加粗，如图14-339所示。

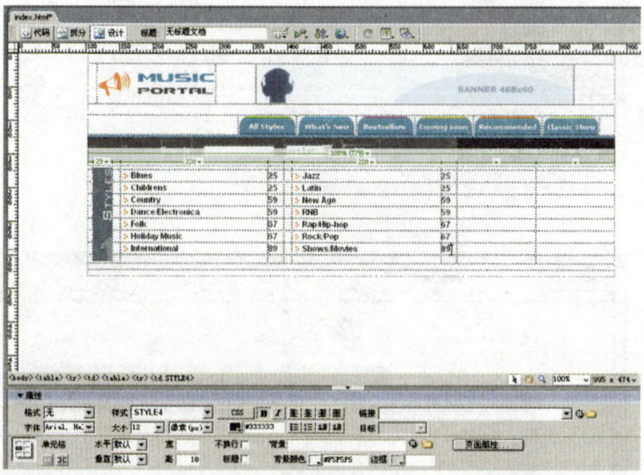

图14-338　每相隔一行填充单元格背景颜色

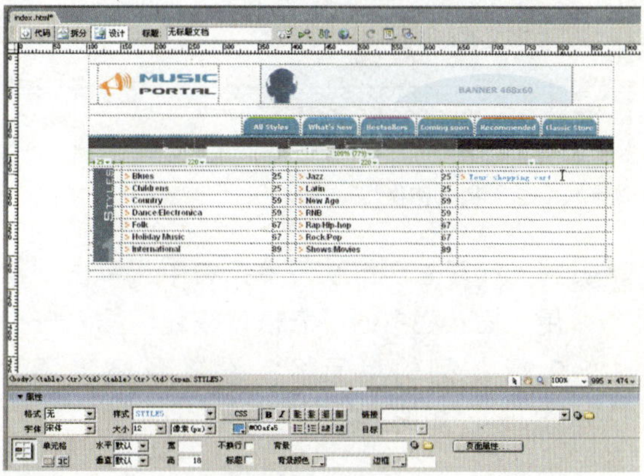

图14-339　设置文本颜色

27 将光标置入到第4行第7列单元格中，设置单元格“水平居中”对齐方式，输入文本“0 items on cartCurent total: $0.00”并应用样式“STYLE4”，如图14-340所示。

28 将光标置入到第8行第7列单元格中，单击“表单”插入栏中的“图像域”按钮，在弹出的“选择图像源文件”对话框中选择“wren_music6_43.jpg”图像，单击“确定”按钮插入图像域，如图14-341所示。

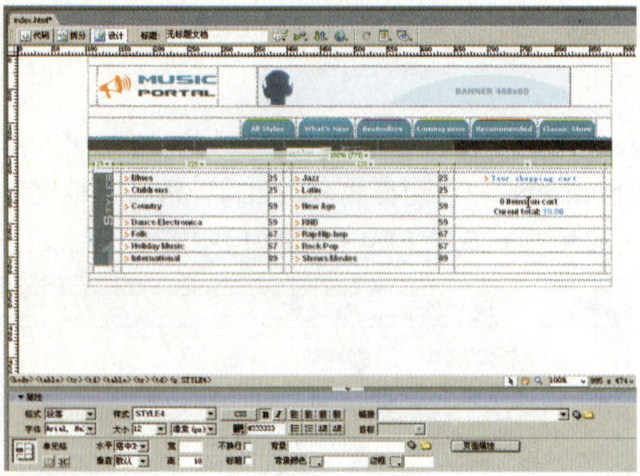

图 14-340　设置对齐方式

图 14-341　插入图像域

29 同步骤 28 操作，在图像域的后方，再次单击“表单”插入栏中的“图像域”按钮，插入图像“wren_music6_45.jpg”，如图 14-342 所示。

30 将光标置入到大表格的第 8 行单元格中，单击“属性”面板中的“单元格背景 URL”按钮，插入背景图像“wren_music6_72.jpg”，设置单元格高度为“1”，如图 14-343 所示。

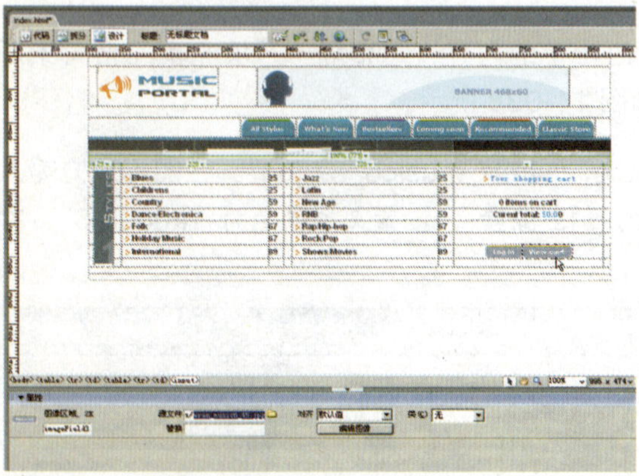

图 14-342　插入图像

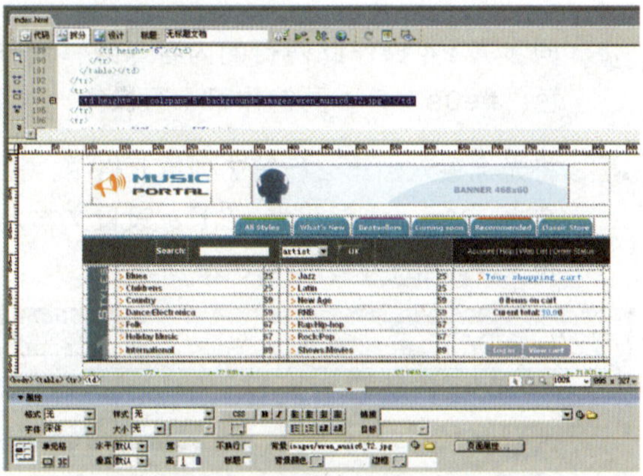

图 14-343　插入背景图像

31 将光标置入到第 9 行单元格中，单击“常用”插入栏中的“表格”按钮，插入一格 9 行 9 列的单元格，设置表格宽度为“545”，如图 14-344 所示。

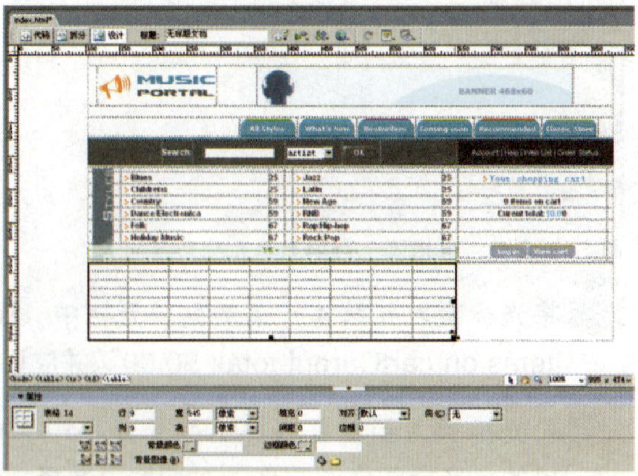

图 14-344　插入单元格

32 选中表格第 1 列，设置第 1 列单元格的宽度为“8”，选中第 2 列中的所有单元格，单击“属性”面板中的“合并所选单元格，使用跨度”按钮，合并单元格。设置单元格宽度为“29”，单击“常用”插入栏中的“图像”按钮，插入图像“wren_music6_50.jpg”，如图 14-345 所示。

33 选中第 3 列所有单元格，设置单元格宽度为 38 像素，将光标置入到第 2 行第 4 列单元格中，单击“常用”插入栏中的“图像”按钮，插入图像“wren_music6_52.jpg”，并设置单元格宽度为“119”，如图 14-346 所示。

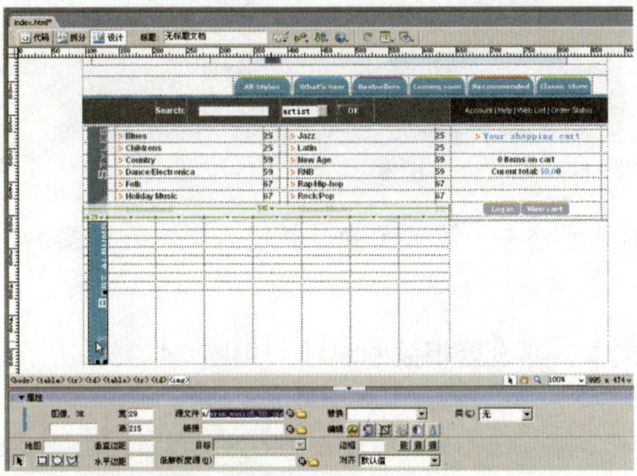

图 14-345　插入“wren_music6_50.jpg”图像

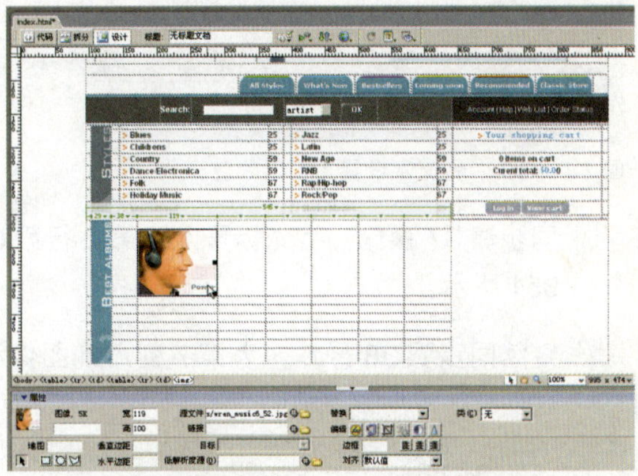

图 14-346　插入“wren_music6_52.jpg”图像

34 将光标置入到第 4 行第 4 列单元格中，单击“属性”面板中的“拆分为行或列”按钮，拆分为 3 列；将光标置入到第 1 列中，单击“常用”插入栏中的“图像”按钮，插入图像“wren_music6_64.jpg”，设置其单元格宽度为“7”，如图 14-347 所示。

35 将光标置入到第 2 列单元格中，设置单元格宽度为“105”，设置单元格背景颜色为“#E9F4F8”；将光标置入到第 3 列单元格中，单击“常用”插入栏中的“图像”按钮，插入图像“wren_music6_66.jpg”，设置其单元格宽度为“7”，如图 14-348 所示。

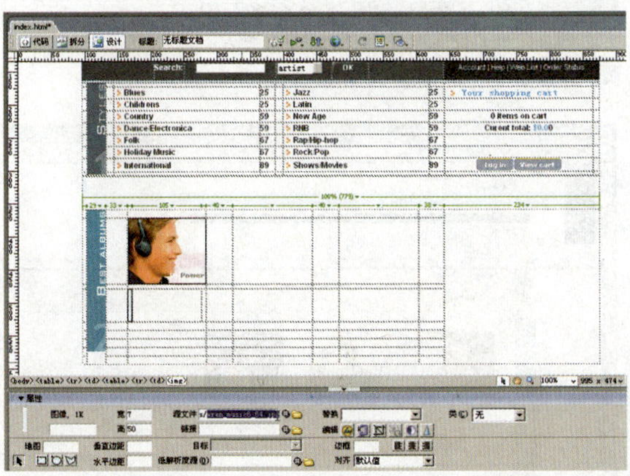

图 14-347　插入“wren_music6_66.jpg”图像

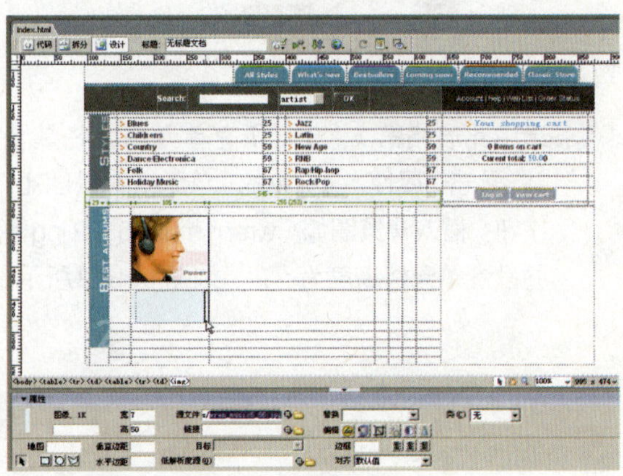

图 14-348　设置单元格背景颜色

36 将光标置入到第 2 列单元格中，输入文本“Item # 565 Dj Power - Love Price$12.55:”，将文本设置为不同颜色样式，如图 14-349 所示。

37 将光标置入到第 5 行第 4 列单元格中，单击“常用”插入栏中的“图像”按钮，插入图像“wren_music6_70.jpg”，设置图像垂直边距为“3”，如图 14-350 所示。

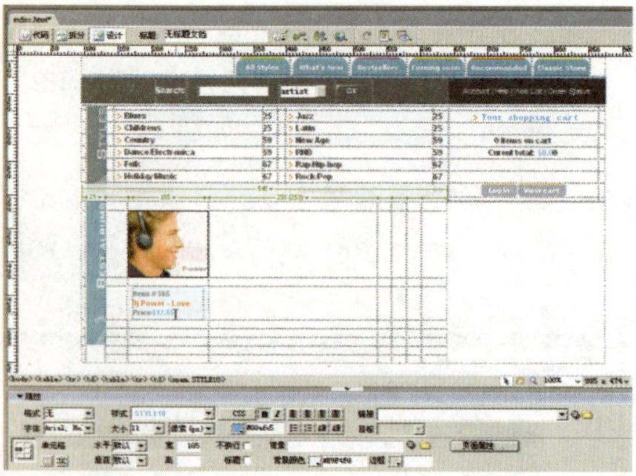

图 14-349　将文本设置为不同颜色样式

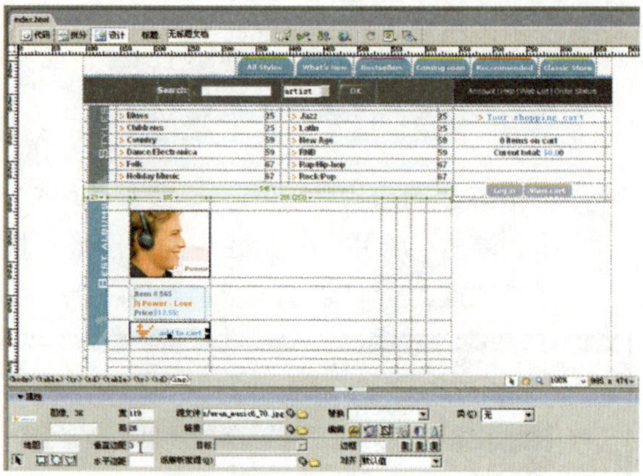

图 14-350　插入图像

38 同步骤 37 操作，将光标置入到第 2 行第 6 列单元格中，添加图像，并输入文本，如图 14-351 所示。

39 继续同步骤 38 操作，为第 7 列添加图像和文本，并设置相关的属性，如图 14-352 所示。

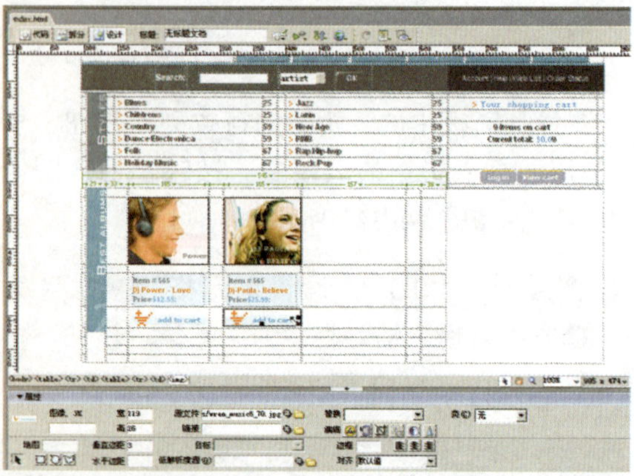

图 14-351　添加图像并输入文本

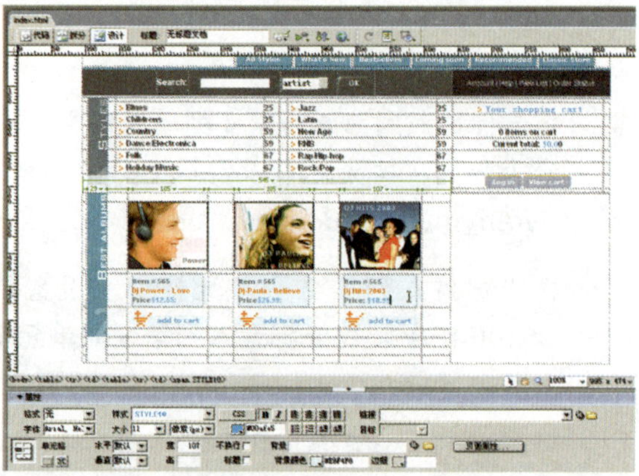

图 14-352　设置相关的属性

40 选中此表格第 7、8 行所有单元格，将其合并，单击"属性"面板中的"单元格背景URL"按钮，插入背景图像"wren_music6_72.jpg"，并设置单元格高度为"1"，如图14-353所示。

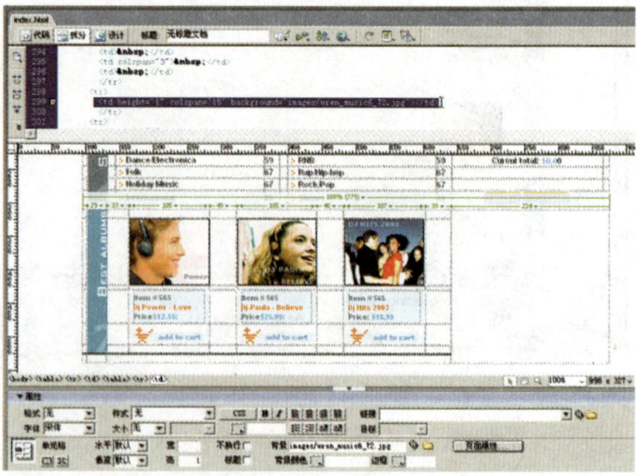

图 14-353　插入背景图像

>> 41 将光标置入到第 8 行第 2 列单元格中，单击“常用”插入栏中的“图像”按钮，插入图像“wren_music6_79.jpg”，如图 14-354 所示。

>> 42 将光标置入到第 8 行第 3 列单元格中，单击“常用”插入栏中的“表格”按钮，插入一个 10 行 3 列的表格，设置表格宽度为“100%”，如图 14-355 所示。

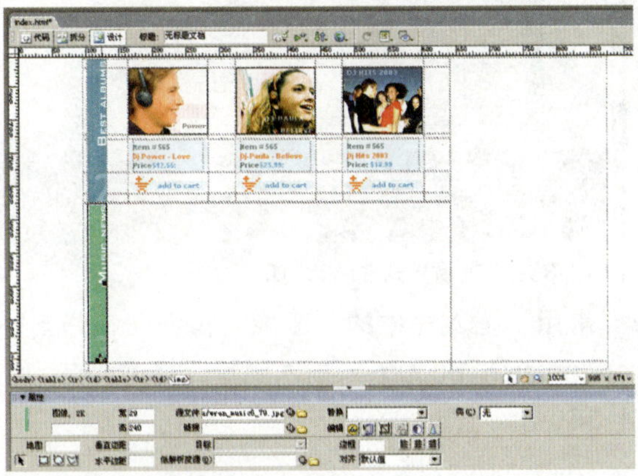
图 14-354　插入图像

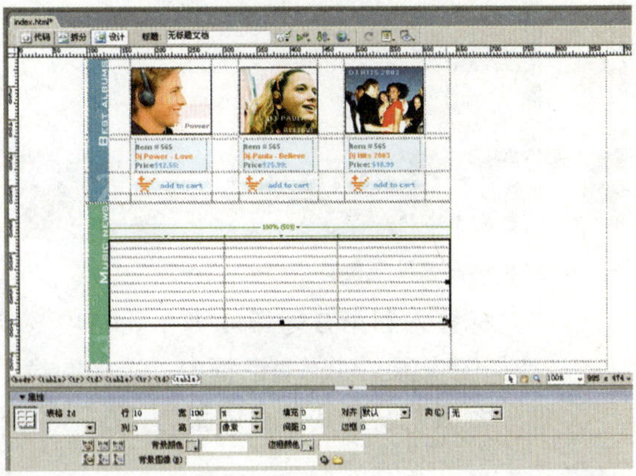
图 14-355　插入表格

>> 43 选中第 1 列所有单元格，设置表格宽度为“18”，将光标置入到第 2 行第 2 列单元格中，设置单元格宽度为“112”，高度为“13”，背景颜色为“#a1aabe”，如图 14-356 所示。

>> 44 将光标置入到此单元格中，输入文本“25.08.2003”，设置文本颜色为“#FFFFFF”，设置文本大小为“12 像素”，并将文本加粗，如图 14-357 所示。

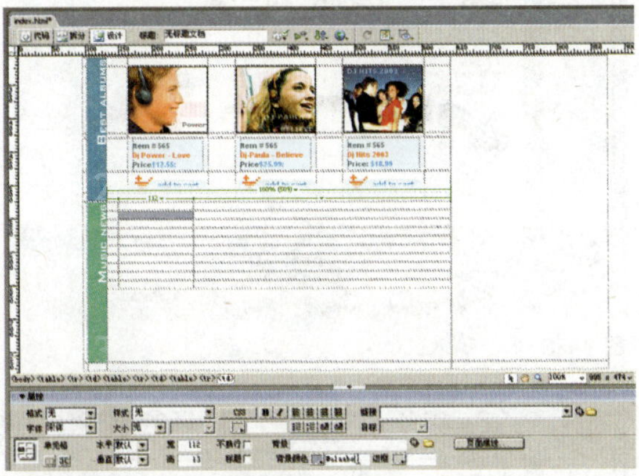
图 14-356　设置表格属性

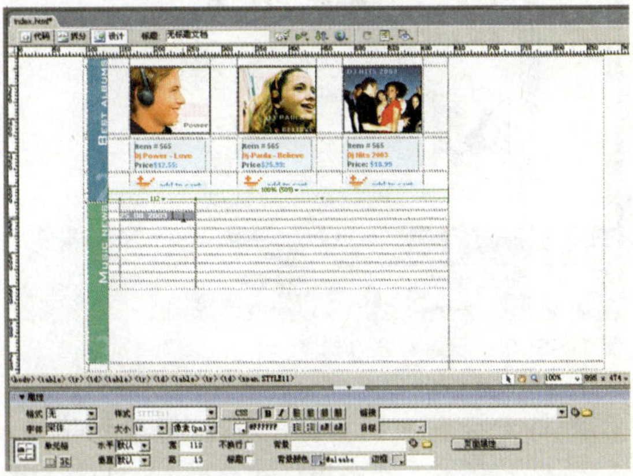
图 14-357　设置文本和颜色

>> 45 选中此表格，将“属性”面板中“列”文本中的“3”更改为“5”，将光标置入到第 2 行第 4 列单元格中，设置单元格背景颜色为“#eef1f4”，设置单元格宽度为“173”，如图 14-358 所示。

>> 46 在此单元格中输入文本“Lorem ipsum dolor sit amet”，应用样式 STYLE10，如图 14-359 所示。

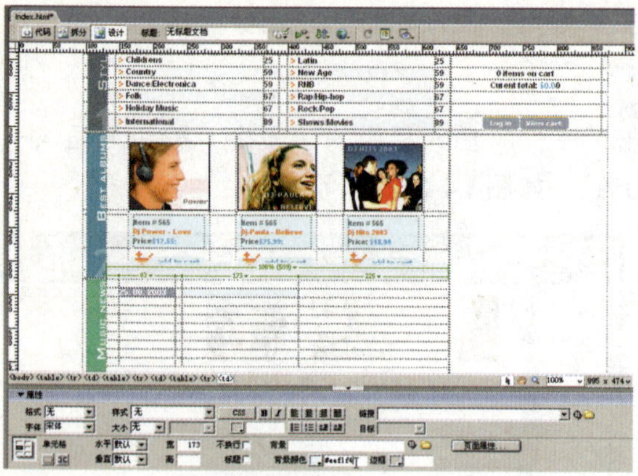

图 14-358　设置单元格背景颜色

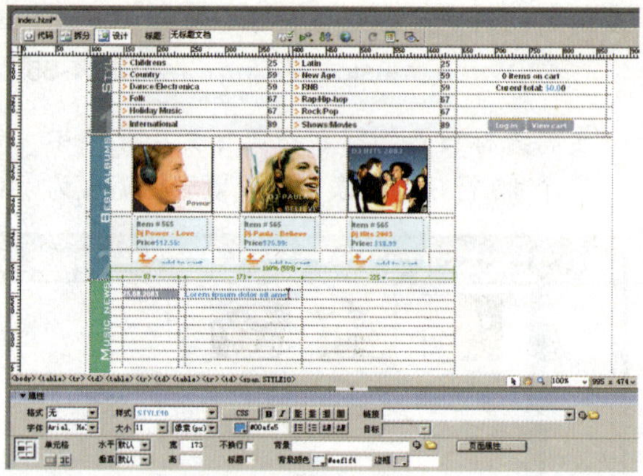

图 14-359　应用样式 STYLE10

47 将光标置入到第 3 行第 4 列单元格中，单击“常用”插入栏中的“图像”按钮，在弹出的“选择图像源文件”对话框中，选择图像“wren_music6_80.jpg”，插入到单元格中，在“属性”面板中设置其垂直边距为“5”，如图 14-360 所示。

48 选中第 3 行第 6、7 列单元格，将其合并，并单击“属性”面板中的“拆分为行或列”按钮，拆分为两行，将光标置入到第 1 行单元格中输入文本，设置文本的大小为 10，单元格高度为“40”，如图 14-361 所示。

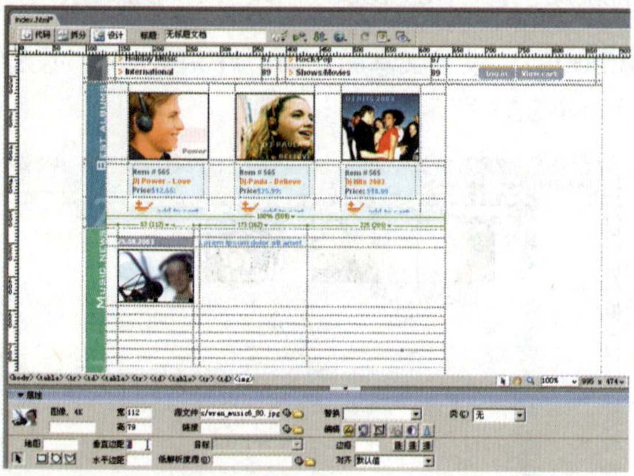

图 14-360　设置对齐方式

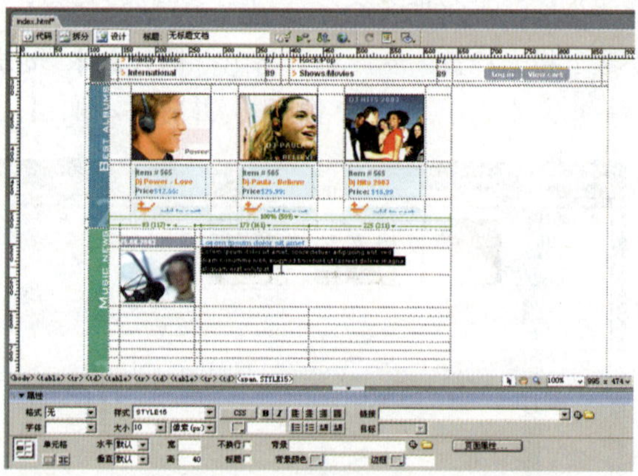

图 14-361　输入文本

49 将光标置入到拆分的第 2 行单元格中，输入文本，并应用样式 STYLE15，如图 14-362 所示。

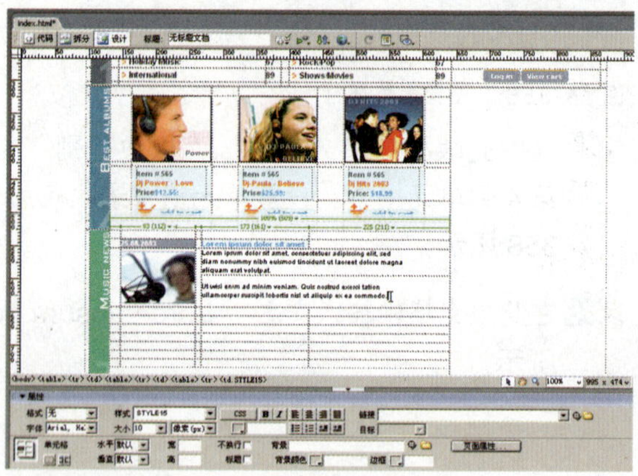

图 14-362　应用样式 STYLE15

50 将光标置入到第 5 行第 4 和 6 列单元格中，同步骤 49 操作，设置单元格背景颜色和高度，并输入文本，如图 14-363 所示。

51 将光标置入到第 6 行第 4 列单元格中，单击“常用”插入栏中的“图像”按钮，插入图像“wren_music6_84.jpg”，并设置“属性”面板中的垂直边距为“5”，如图 14-364 所示。

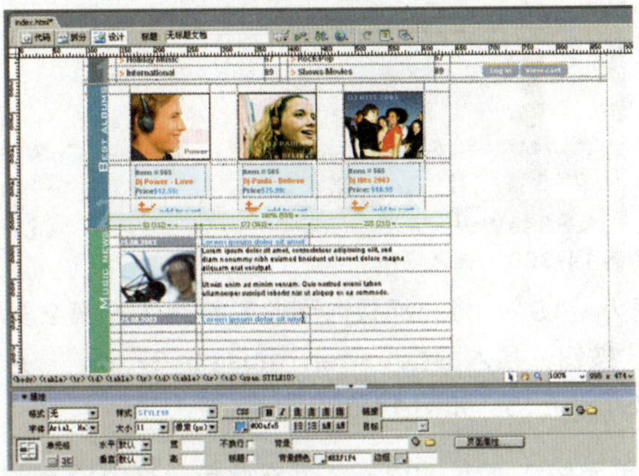

图 14-363 设置单元格背景颜色和高度

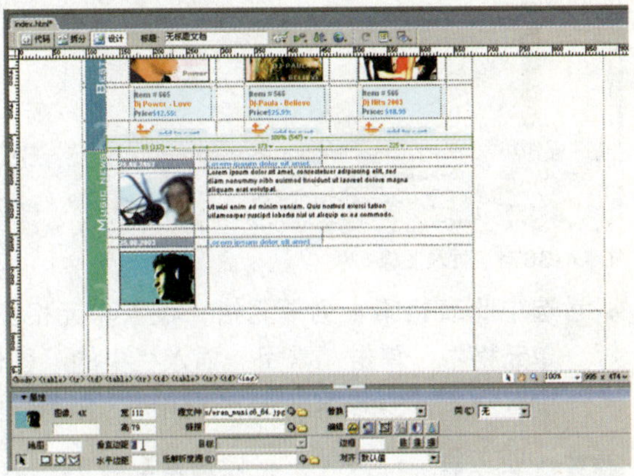

图 14-364 插入图像

52 将光标置入到 6 行第 6 列单元格中，选中第 6、7 列单元格，单击“属性”面板中的“合并所选单元格”按钮；将光标置入到此单元格中，输入文本，并应用样式 STYLE15，如图 14-365 所示。

53 选中此表格最后多余几行，将其合并。单击“属性”面板中的“单元格背景 URL”按钮，插入背景图像“wren_music6_72.jpg”，设置单元格高度为“1”，如图 14-366 所示。

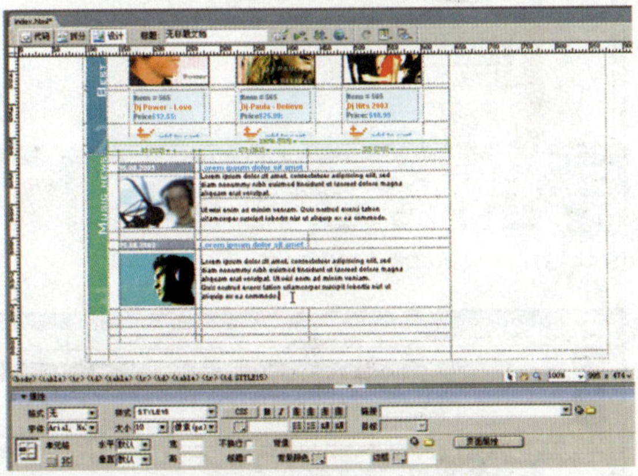

图 14-365 应用样式 STYLE15

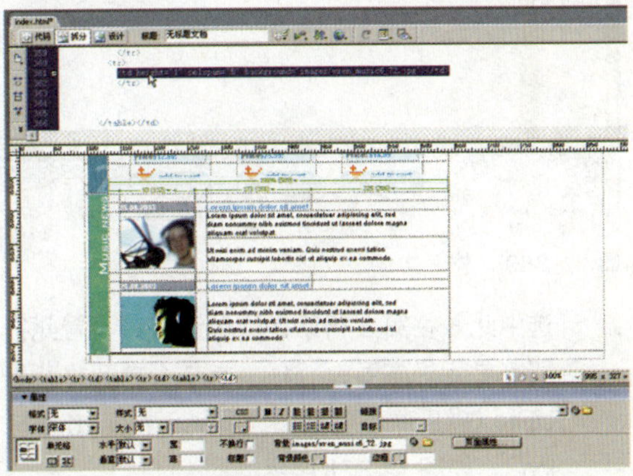

图 14-366 插入背景图像

54 将光标置入到大表格的最后一行第 2 列单元格中，单击“常用”插入栏中的“图像”按钮，插入图像“wren_music6_87.jpg”，如图 14-367 所示。

55 将光标置入到最后一行第 3 列单元格中，单击“常用”插入栏中的“表格”按钮，插入一个 5 行 2 列的表格，设置宽度为“100%”，并设置表格所在的单元格为“垂直顶端”对齐方式，如图 14-368 所示。

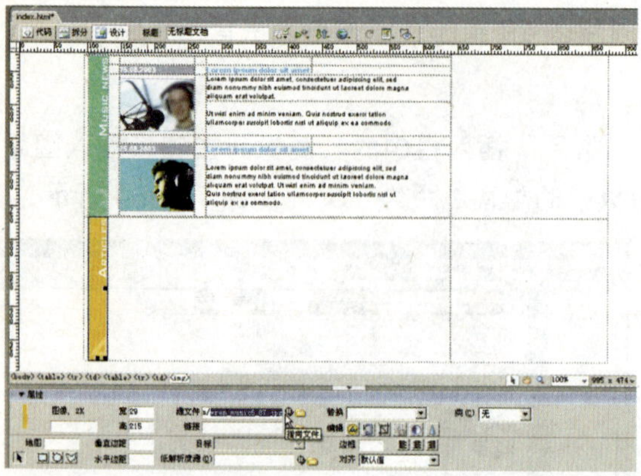

图 14-367 插入图像

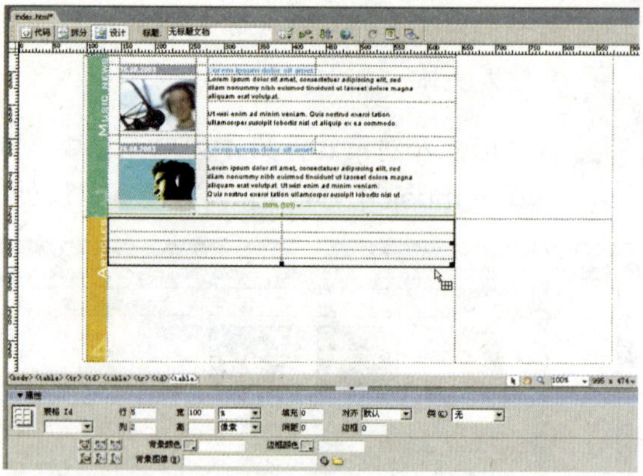

图 14-368 插入表格

56 选中此表格第 1 列单元格，设置单元格宽度为 “19”，将光标置入到此表格第 1 行第 2 列单元格中，单击 “常用” 插入栏中的 “图像” 按钮，插入图标 “wren_music6_37.jpg”，并输入文本 “Sed ut perspiciatis”，应用样式 STYLE15，如图 14-369 所示。

57 将光标置入到第 2 行第 2 列单元格中，设置单元格宽度为 “232”，并在此单元格中输入文本信息，并应用样式 STYLE15，如图 14-370 所示。

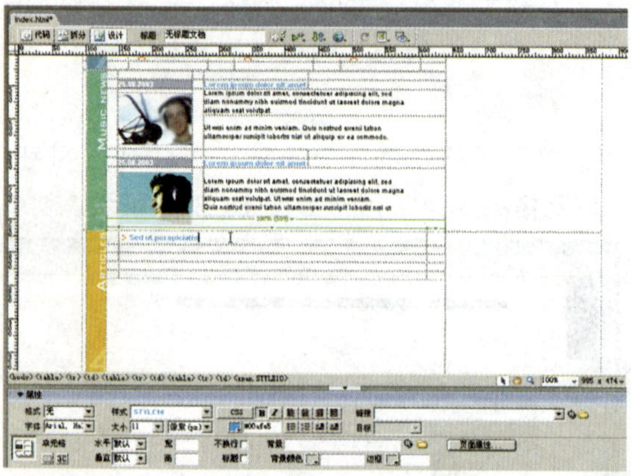

图 14-369 输入文本

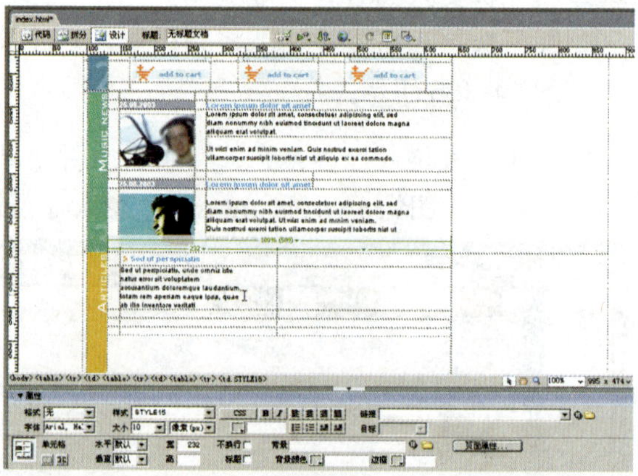

图 14-370 应用样式 STYLE15

58 选中此表格第 3 行第 2 列单元格，设置此行所有单元格高度为 “1”，单击 “单元格背景 URL” 按钮，插入背景图像 “wren_music6_195.jpg，” 如图 14-371 所示。

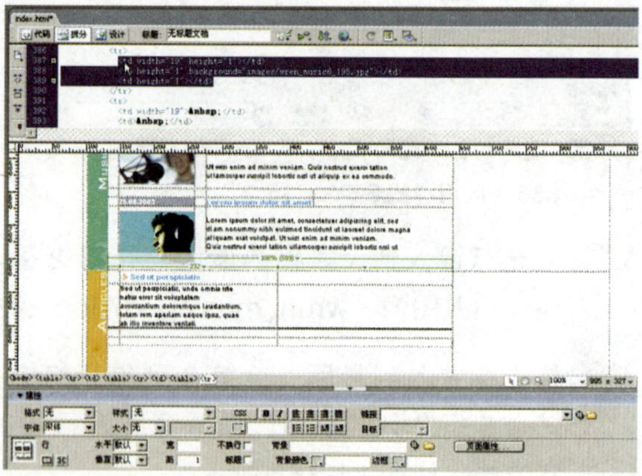

图 14-371 插入背景图像

59 将光标置入到第 4 行第 2 列单元格中，插入图标“wren_music6_37.jpg”，并输入文本“Sit voluptatem”，设置文本样式为 STYLE10，并设置单元格高度为“25”，如图 14-372 所示。

60 将光标置入到第 5 行第 2 列单元格中，输入文本信息，并应用样式 STYLE15，如图 14-373 所示。

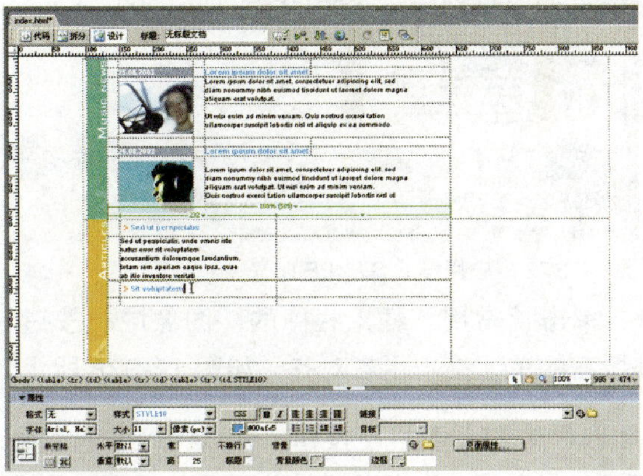

图 14-372 输入文本

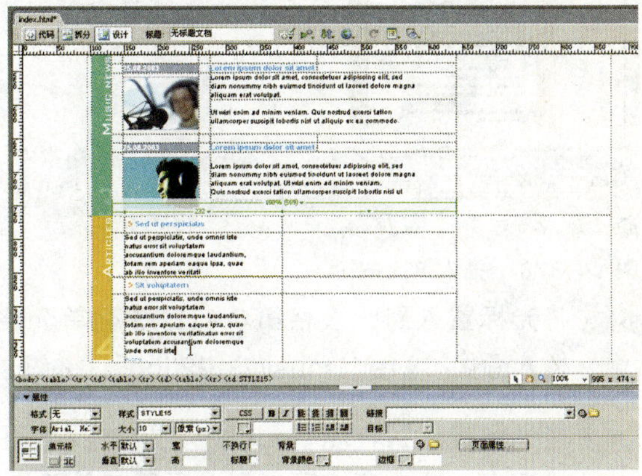

图 14-373 应用样式 STYLE15

61 选中第 3 列所有单元格，将其合并，将光标置入到此单元格中，单击“常用”插入栏中的“表格”按钮，插入一个 8 行 3 列的表格，选中此表格第 1 列，将其合并，并插入图像“wren_music6_89.jpg”，并设置单元格宽度为“29”，如图 14-374 所示。

62 将光标置入到第 2 行第 2 列单元格中，并在此单元格中输入文本，并应用样式 SYTLE15，如图 14-375 所示。

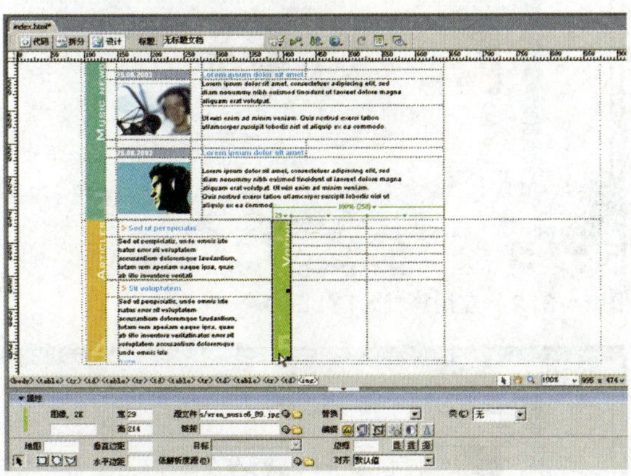

图 14-374 插入图像

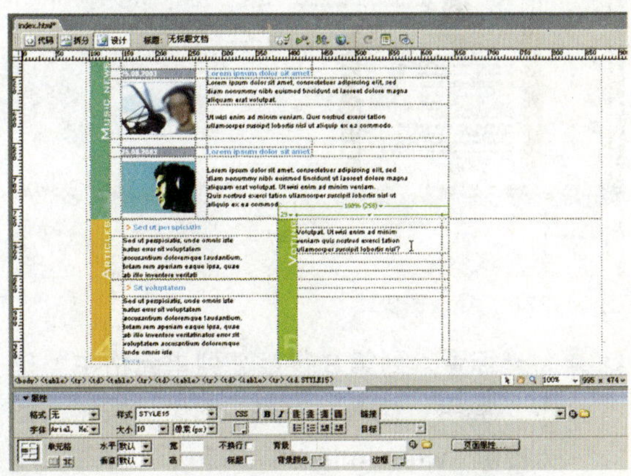

图 14-375 应用样式 SYTLE15

63 将光标置入到第 3 行第 2 列单元格中，单击“表单”插入栏中的“单选按钮”按钮，插入单选按钮，并在后方输入文本“NO”，并应用样式 STYLE15，如图 14-376 所示。

64 同步骤 63 操作，依次为第 4、5、6 行添加单选按钮，并输入相关文本，应用样式 STYLE15，如图 14-377 所示。

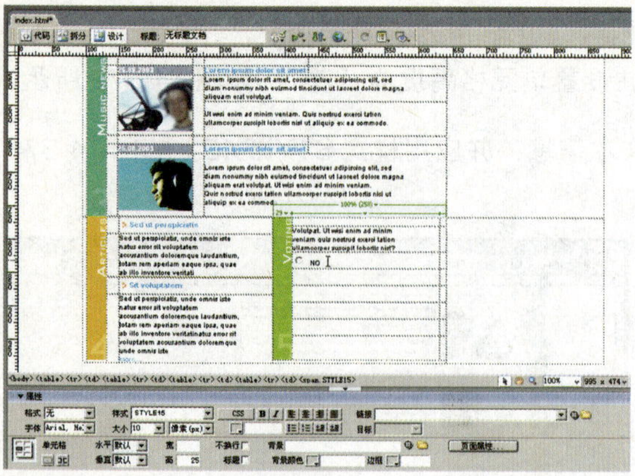

图 14-376　插入单选按钮

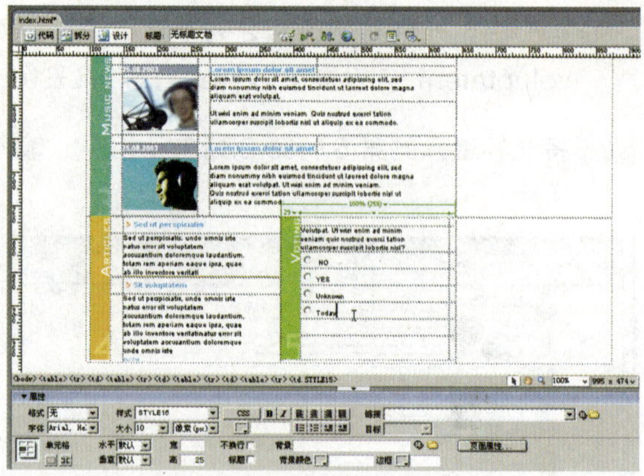

图 14-377　应用样式 STYLE15

65 将光标置入到此表格第 7 行第 3 列单元格中，单击“常用”插入栏中的“图像域”按钮，插入图像“wren_music6_92.jpg”，并设置其所在的单元格水平右对齐，如图 14-378 所示。

66 将光标置入到右侧单元格中，单击“常用”插入栏中的“表格”按钮，插入一个 9 行 3 列的表格，选中表格第 1 列，设置其单元格宽度为“18”，并将光标置入到第 2 行第 2 列单元格中，插入图标“wren_music6_37.jpg”，在图标后方输入文本“Sed ut perspiciatis”，应用样式 STYLE10，如图 14-379 所示。

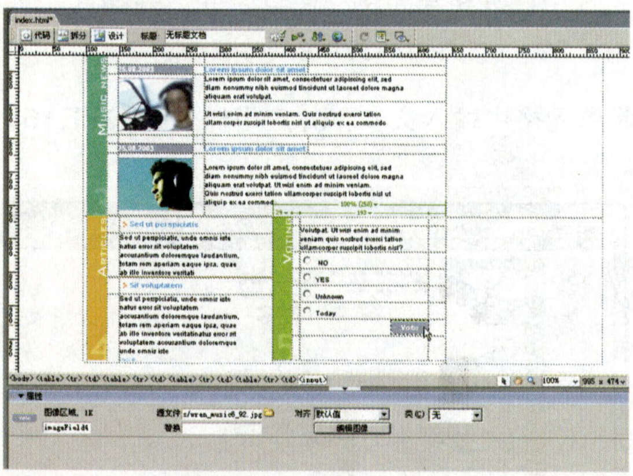

图 14-378　插入图像域

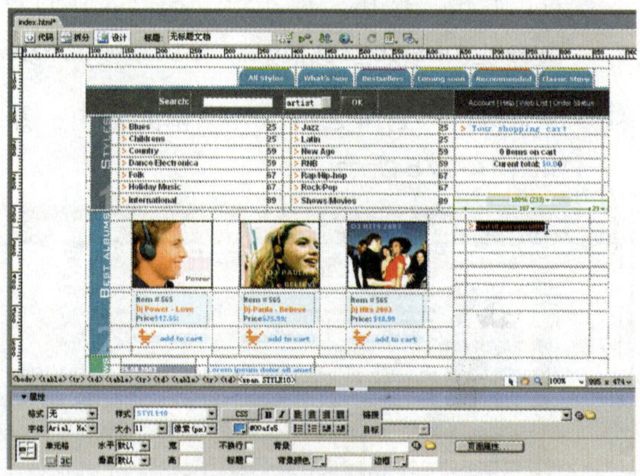

图 14-379　应用样式 STYLE10

67 将光标置入到第 3 行第 2 列单元格中，单击“常用”插入栏中的“图像”按钮，插入图像“wren_music6_59.jpg”，并在“属性”面板中设置垂直边距为“15”，如图 14-380 所示。

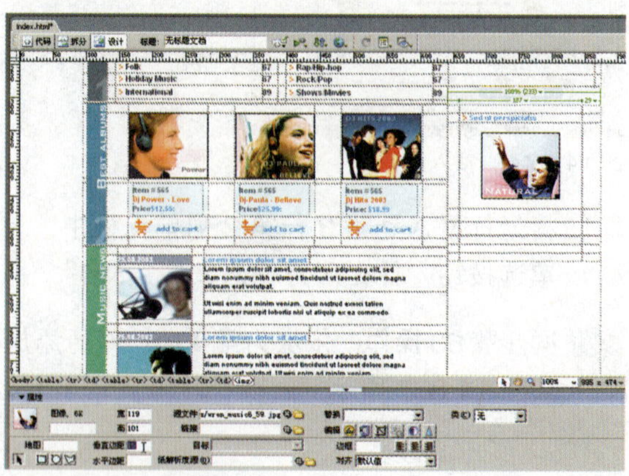

图 14-380　插入图像

68 将光标置入到第4行第2列单元格中，输入文本“Natural Music 2003”，设置文本大小为“12像素”，设置文本颜色为“#FF6905”，如图14-381所示。

69 将光标置入到第5行第2列单元格中，输入文本“Best Collection”，设置文本大小为12像素，设置文本颜色为#666666，并将文本加粗，设置单元格水平居中对齐方式，如图14-382所示。

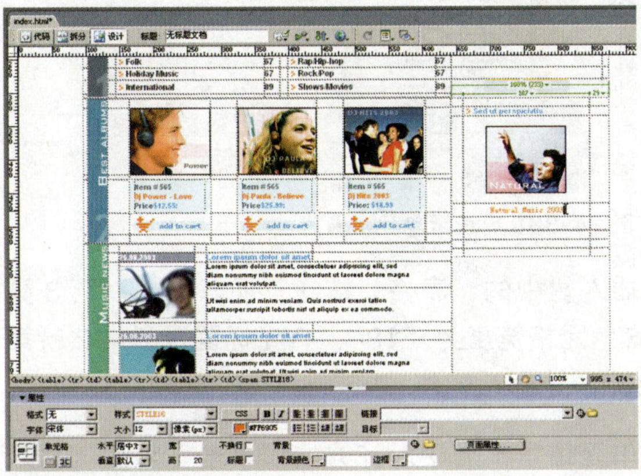

图14-381 设置文本颜色

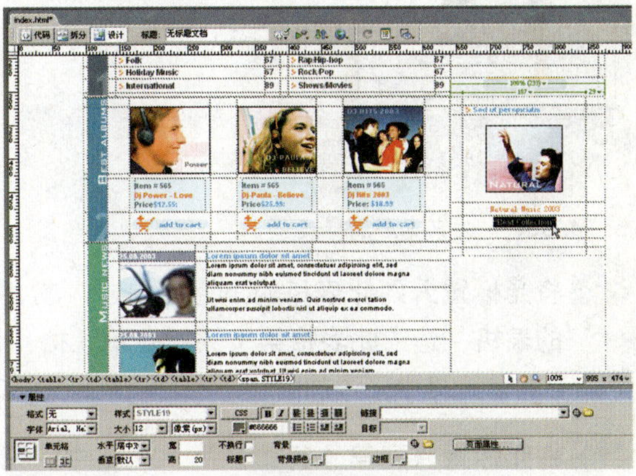

图14-382 设置单元格水平居中对齐

70 选中第6行所有单元格，设置所选单元格高度为“1”，将光标置入到第2列单元格中，单击“属性”面板中的“单元格背景URL”按钮，插入背景图像“wren_music6_72.jpg”，如图14-383所示。

71 同步骤70操作制作另一个，将光标置入到第8行第2列单元格中，单击“常用”插入栏中的“图像”按钮，插入图像“wren_music6_75.jpg”，设置图像垂直边距为“15”，如图14-384所示。

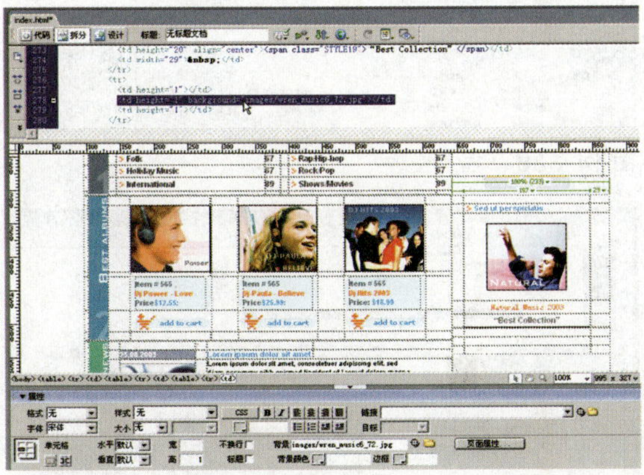

图14-383 插入背景图像

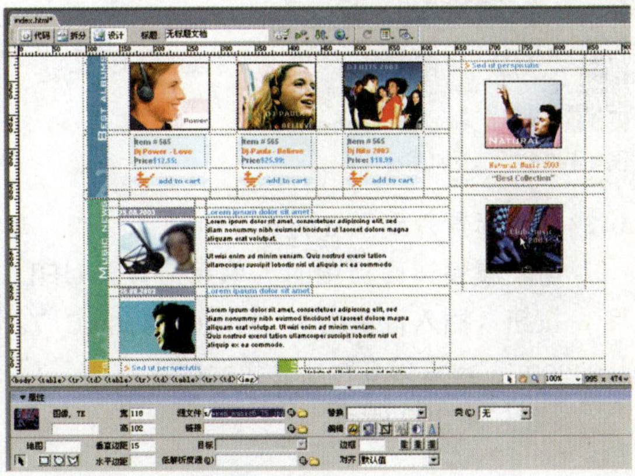

图14-384 设置图像垂直边距

72 选中此表格，在属性面板中将9行更改为13行，同前面制作步骤一致，在第9、10行输入文本，并为文本添加样式，如图14-385所示。

73 将光标置入到第12行第2列单元格中，输入文本信息，并应用样式STYLE15，选中13行所有单元格，将其合并，并设置单元格背景“wren_music6_72.jpg”，设置单元格高度为“1”，如图14-386所示。

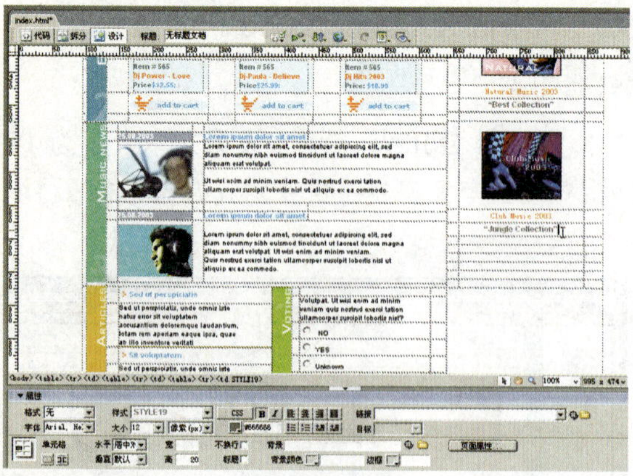

图 14-385　为文本添加样式

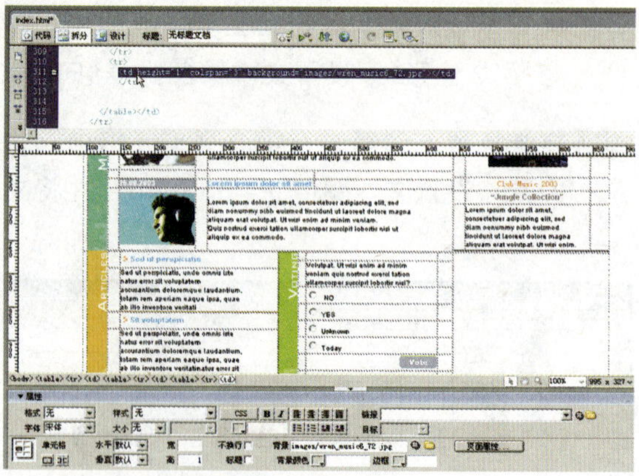

图 14-386　设置单元格背景

74 将光标置入到此表格的下方，单击“常用”插入栏中的“表格”按钮，插入一个 9 行 3 列的表格，选中此表格第 1 列所有单元格，设置单元格宽度为“18”，将光标置入到第 2 行第 2 列单元格中，添加图标“wren_music6_37.jpg”，并输入文本“Archive”，如图 14-387 所示。

75 将光标置入到第 4 行第 2 列单元格中，设置单元格水平居中对齐方式，单击“常用”插入栏中的“图像”按钮，插入图像“wren_music6_94.jpg”，如图 14-388 所示。

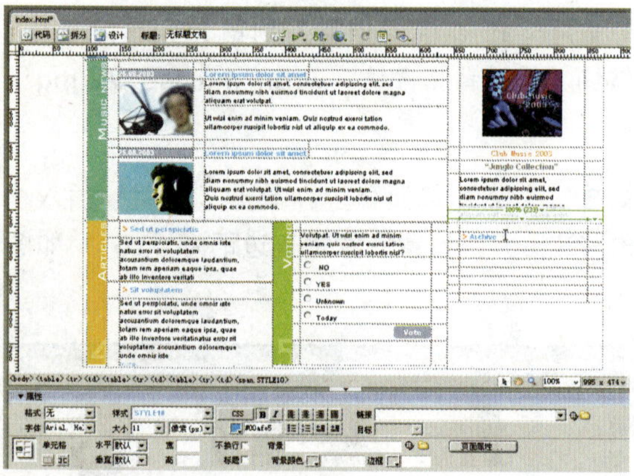

图 14-387　添加图标

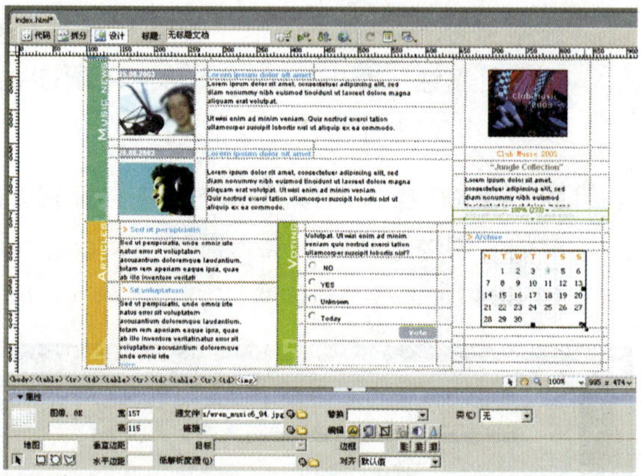

图 14-388　插入图像

76 将光标置入到第 6 行第 2 列单元格中，单击“属性”面板中的“单元格背景 URL”按钮，插入背景图像“wren_music6_72.jpg”，设置第 6 行所有单元格高度为“1”，如图 14-389 所示。

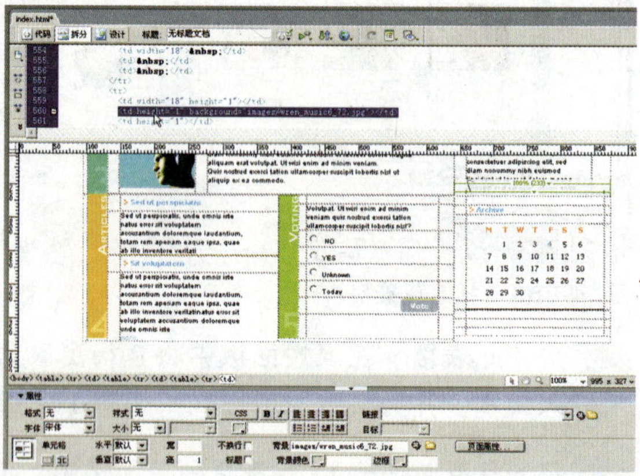

图 14-389　插入背景图像

>>77 将光标置入到第 7 行单元格中，设置单元格高度为"39"，再将光标置入到第 8 行第 2 列单元格中，单击"常用"插入栏中的"图像"按钮，插入图像"wren_music6_95.jpg"，并设置单元格水平居中对齐方式，如图 14-390 所示。

>>78 将光标置入到此表格最后一行中，设置单元格高度为"112"，再将光标置入到左侧的表格最后一行单元格中，设置单元格高度为 1，并单击"属性"面板中的"单元格背景 URL"按钮，插入图像"wren_music6_72.jpg"，如图 14-391 所示。

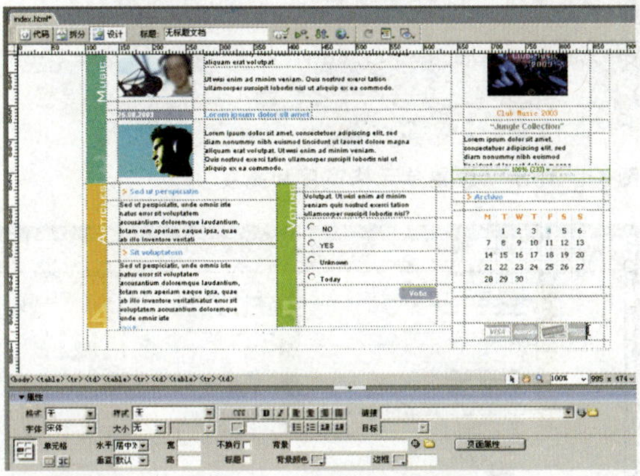

图 14-390　设置单元格水平居中对齐

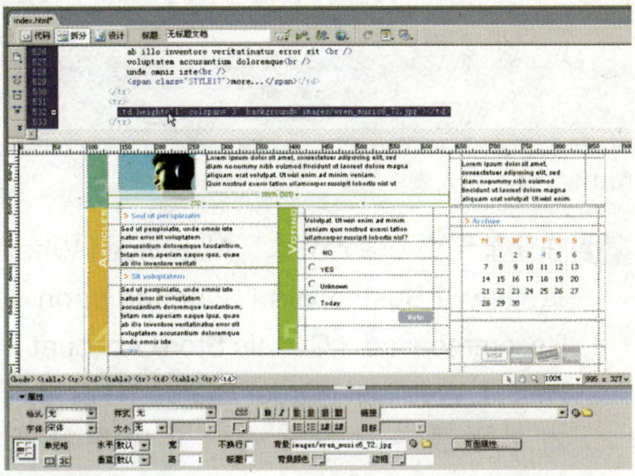

图 14-391　插入"wren_music6_72.jpg"图像

>>79 选中此表格，在"属性"面板中将 6 行更改为 9 行，将光标置入到第 7 行任意单元格中，设置单元格高度为"22"，再次将光标置入到第 8 行第 2 列单元格中，单击"常用"插入栏中的"图像"按钮，插入图像"wren_music6_04.jpg"，如图 14-392 所示。

>>80 将光标置入到第 9 行任意单元格中，设置单元格高度为"34"，选中最大的表格，将表格的 10 行更改为 12 行，将光标置入到第 11 行单元格中，单击"属性"面板中的"单元格背景 URL"按钮，插入背景图像"wren_music6_72.jpg"，设置行高为 2，如图 14-393 所示。

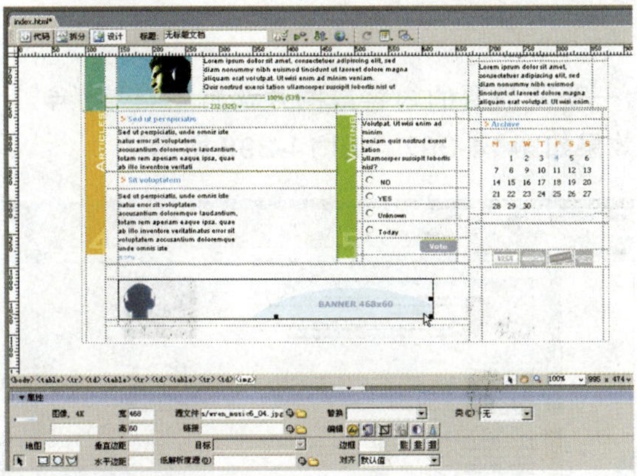

图 14-392　插入图像

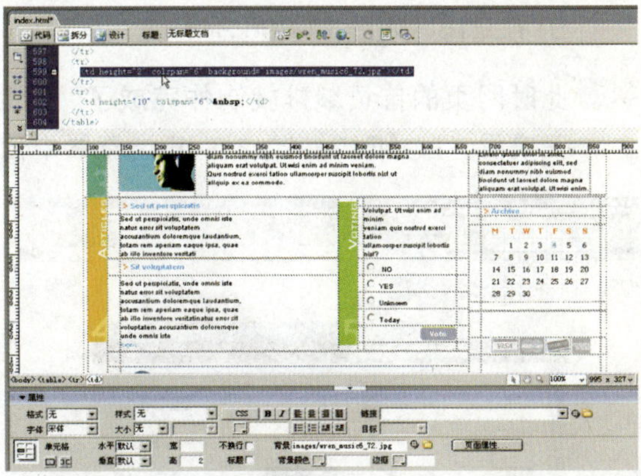

图 14-393　插入背景图像

>>81 将光标置入到第 12 行单元格中，单击"常用"插入栏中的"表格"按钮，插入一个 1 行 2 列的表格，将光标置入到第 1 列单元格中，设置单元格宽度为"546"，设置高度为"62"，如图 14-394 所示。

>>82 将光标置入到第 1 列单元格中，设置单元格宽度为"546"，设置高度为"62"，如图 14-395 所示。

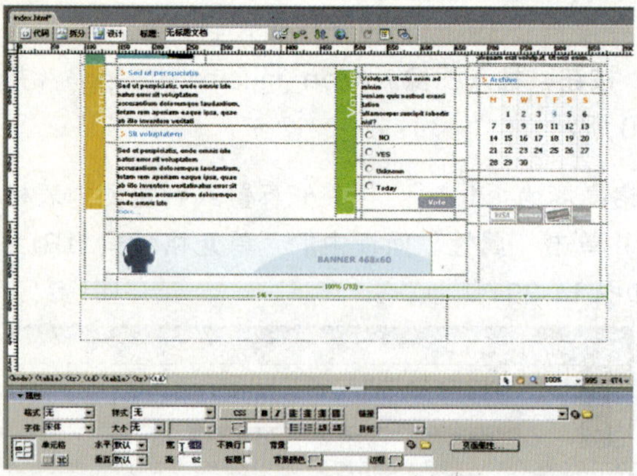

图 14-394　插入表格

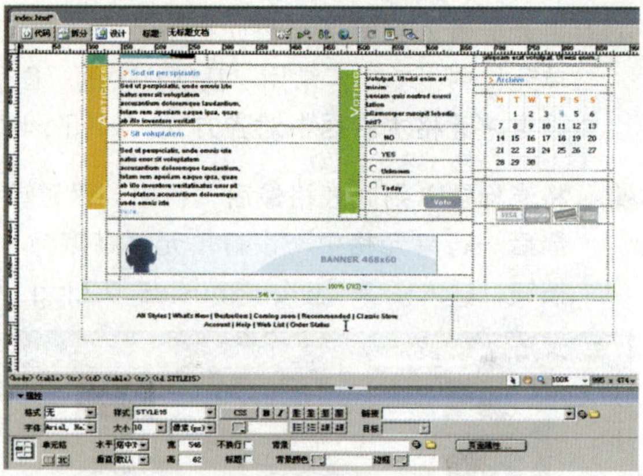

图 14-395　设置单元格宽度和高度

83 在此单元格中输入文本 "All Styles I What 扭 New I Bestsellers I Coming soon I Recommended I Classic Store Account I Help I Web List I Order Status" 并设置文本水平居中对齐方式，并应用样式 STYLE15，如图 14-396 所示。

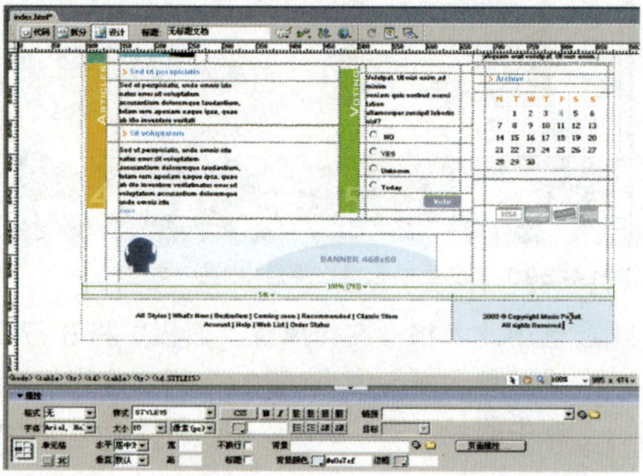

图 14-396　输入文本

84 将光标置入到第 2 列单元格中，设置单元格背景颜色为 "#e0e7ef"，并设置水平居中对齐，在单元格中输入文本 "2003 @Copyright Music Portal. All rights Reserved." 应用样式 STYLE15，如图 14-396 所示。

85 此时网页的首页编排就制作完成了，可以为一些所需要的内容或图片添加空链接 "#"。完成后，按【F12】键，在 IE 浏览器中预览效果如图 14-397 与图 14-398 所示。

图 14-397　预览效果 1

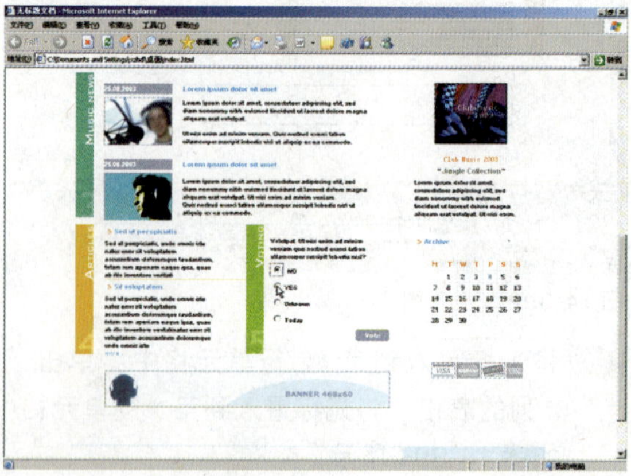

图 14-398　预览效果 2

14-8 使用 DIV 标签制作网页

01 运行 Dreamweaver 软件，新建一个 HTML 文档，按【Ctrl+J】组合键，打开“页面属性”对话框。在对话框中，设置“外观”选项卡中参数，页面字体选择“tahoma”，大小为“11 像素”，文本颜色为“#5E5E5E”，背景颜色为“#FFFFFF”，背景图像为“images/bg.gif”，重复为“横向重复”，所有边距选项为“0”，如图 14-399 所示。

02 单击“分类”列表框中的“链接”选项，设置选项卡参数，链接颜色设置为“#5E5E5E”，其他插入栏为默认，下画线样式选择“始终有下画线”选项，如图 14-400 所示。

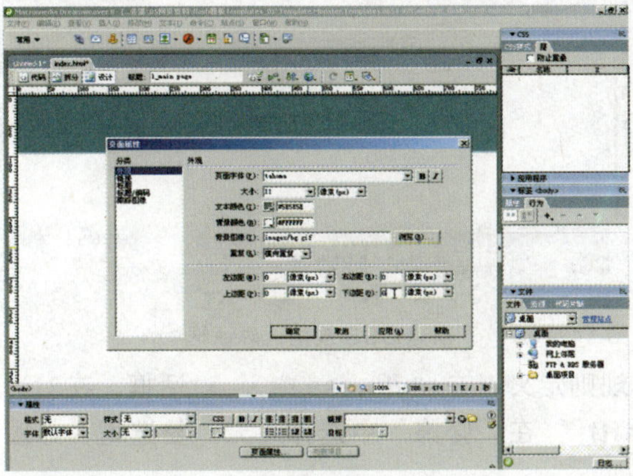

图 14-399　新建一个 HTML 文档

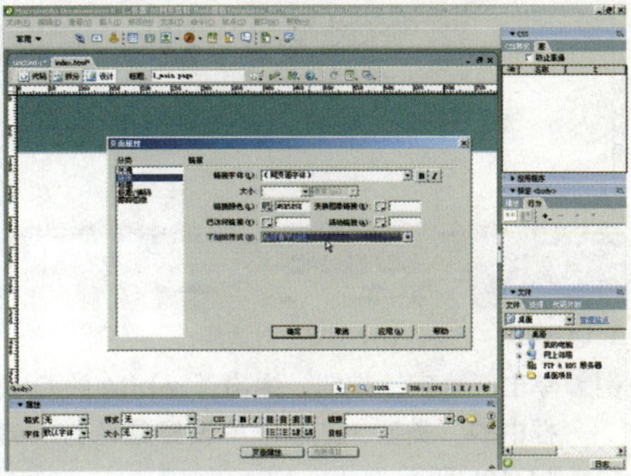

图 14-400　设置属性

03 单击“确定”按钮。此时所设置的参数即可应用到文档中，单击“常用”插入栏中的“表格”按钮，插入一个 4 行 3 列，表格宽度为 100%，并设置表格“对齐”方式为居中对齐，如图 14-401 所示。

04 将光标置入到的 1 行的 2 列单元格中，单击“常用”插入栏中的“表格”按钮，插入一个 3 行 17 列，表格宽度为“766”的表格，如图 14-402 所示。

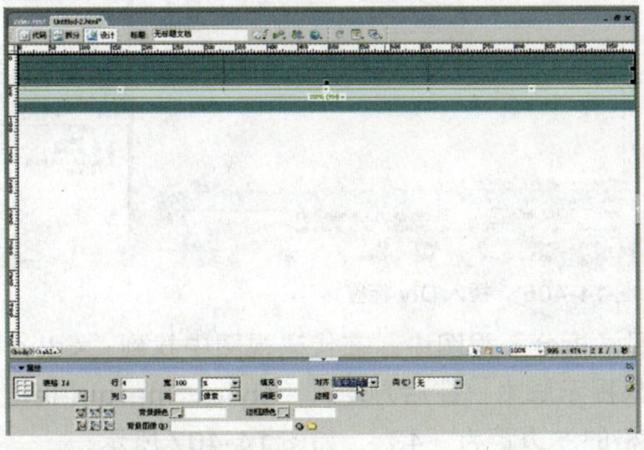

图 14-401　设置对齐方

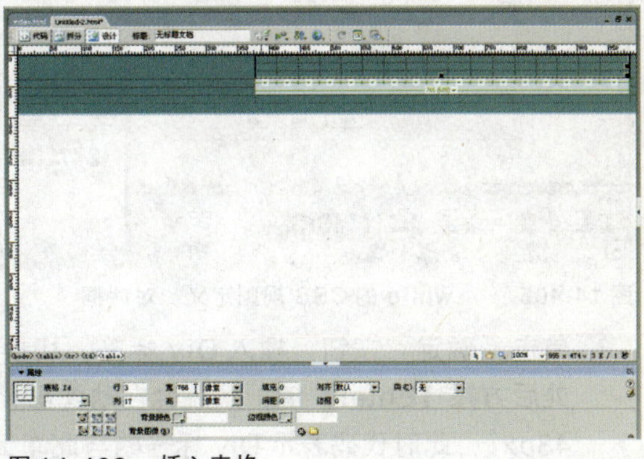

图 14-402　插入表格

05 选中此表格第一行中的所有单元格，单击“属性”面板中的“合并所选单元格，使用跨度”按钮，将其合并。将光标置入到此单元格中，设置单元格高度为97，单击“常用”插入栏中的“插入Div标签”按钮，弹出“插入Div标签”对话框，如图14-403所示。

06 单击对话框中的“新建CSS规则”按钮，弹出“新建CSS规则”对话框，在对话框中“选择器类型”选择“类”单选按钮，“名称”为“white”，“定义在”选择“style.css”单选按钮，如图14-404所示。

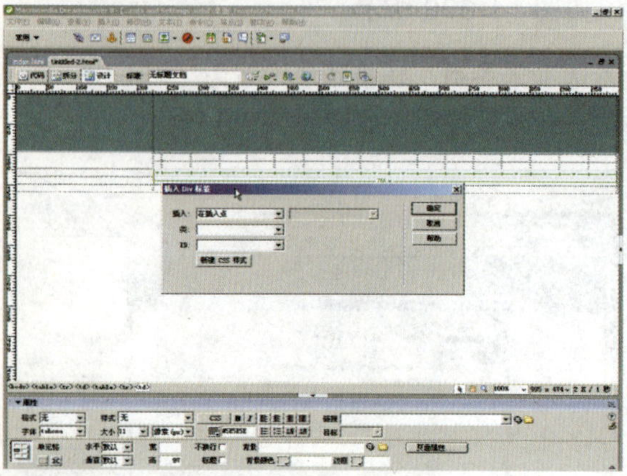

图14-403 “插入Div标签”对话框

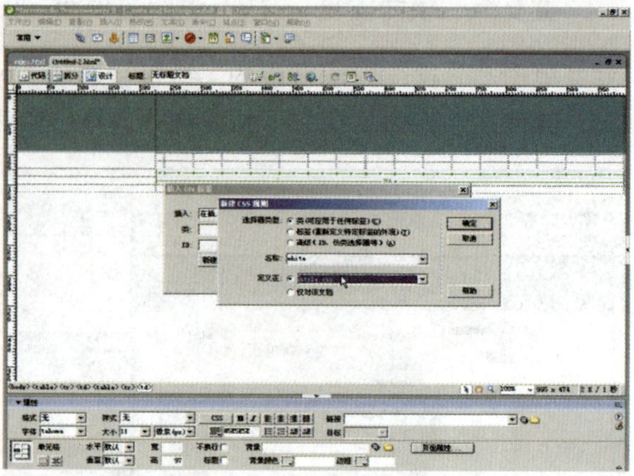

图14-404 “新建CSS规则”对话框

07 单击“确定”按钮，弹出“.white的CSS规则定义（在style.css中）”对话框，在对话框中的“类型”选项卡中设置颜色为“#ffffff”，在“修饰”中选择“无”复选框，如图14-405所示。

08 单击“确定”按钮，回到“插入Div标签”对话框中，设置对话框中的“类”下拉列表选项为white样式，如图14-406所示。

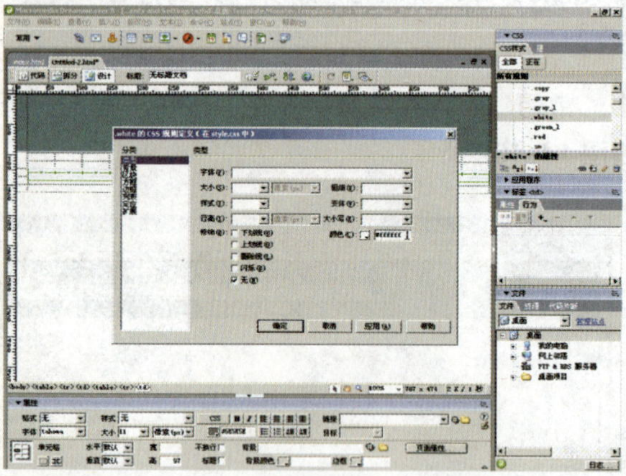

图14-405 “.white的CSS规则定义”对话框

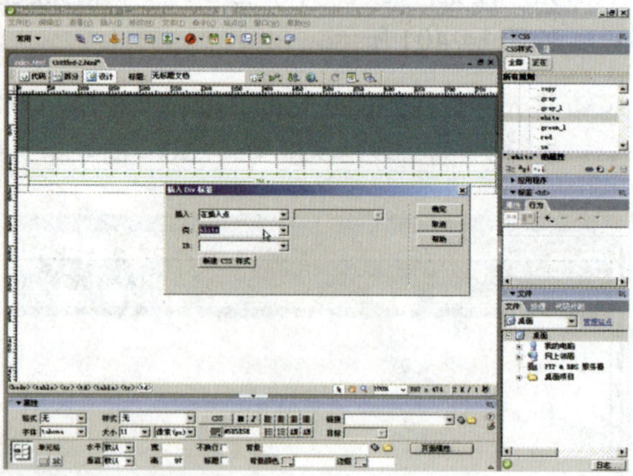

图14-406 插入Div标签

09 单击“确定”按钮，插入Div标签，切换到“拆分”视图中，在代码视图中找到“<div”处后方按【Enter】键，系统会自动弹出代码提示脚本，在后方输入“style="margin-left:43px”，此时代码表示Div标签的与此单元格的左边距为“43”，如图14-407所示。

10 将光标置入到Div标签中，单击“常用”插入栏中的“图像”按钮，插入图像logo.jpg，在属性面板中设置“对齐”下拉列表选项为“左对齐”。此时在代码中显示“<img src=”，如图14-408所示。

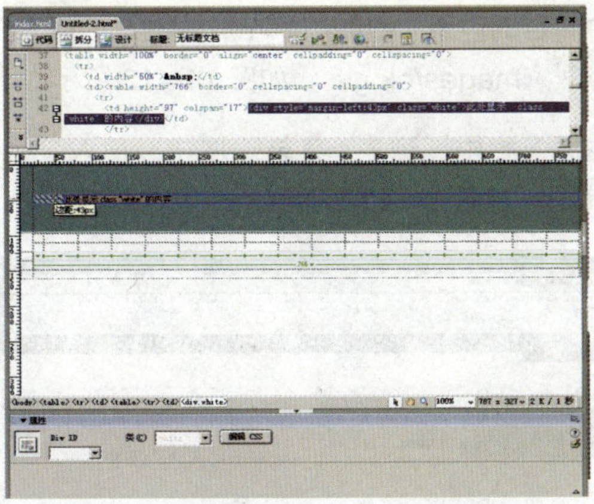

图 14-407　插入 Div 标签

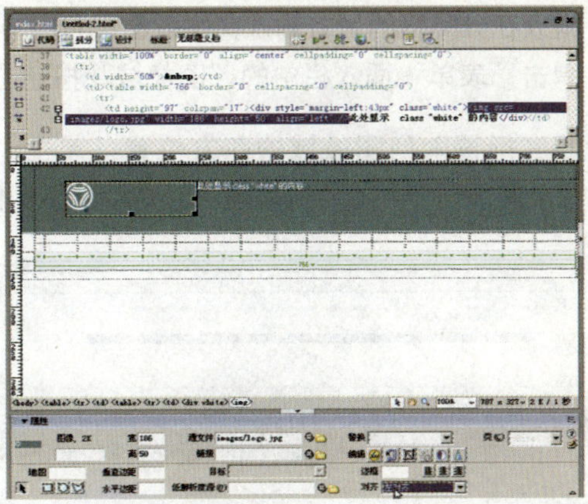

图 14-408　设置对齐方式

>> 11 在此图像的后方，继续单击“常用”插入栏中的“图像”按钮，插入图像“spacer.gif”，设置图像的宽度为“160”，高度为“1”，如图 14-409 所示。

>> 12 继续在此图像的后方输入文本和插入图标，并选中输入的文本，为文本添加空链接“#”，此时在代码中将显示，如图 14-410 所示。

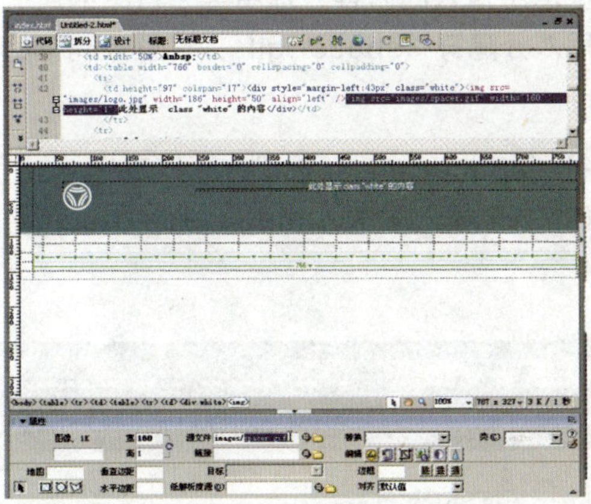

图 14-409　插入图像

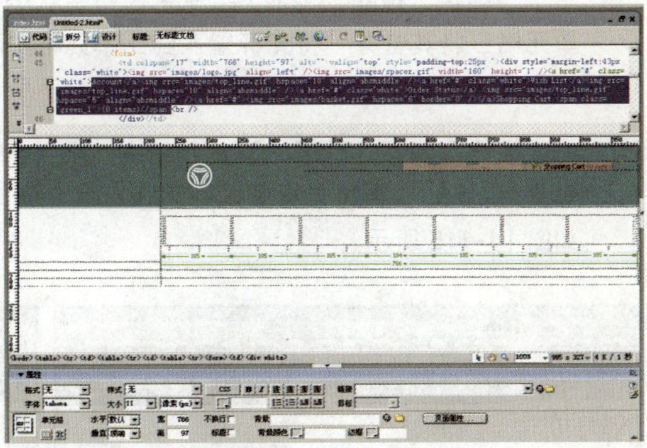

图 14-410　添加空链接“#”

>> 13 为了让文本在下一行中继续正常输入，在文本的后方插入一个分隔符图像“spacer.gif”，设置分隔符宽度为“311”，高为“1”，如图 14-411 所示。

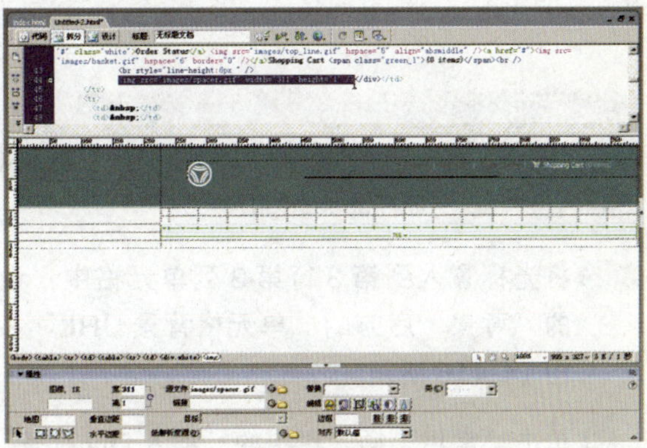

图 14-411　插入一个分隔符图像 spacer.gif，

14 继续在分隔符的后方输入文本“Search”，在 Div 中将自动应用“white”样式，在文本的后方，单击“表单”插入栏中的“图像域”按钮，插入图像“images/ok.gif”，如图 14-412 所示。

15 将光标置入到图像域的前方位置，单击“表单”插入栏中“列表 / 菜单”按钮，插入“列表 / 菜单”，并在“列表值”中输入“All Products”，如图 14-413 所示。

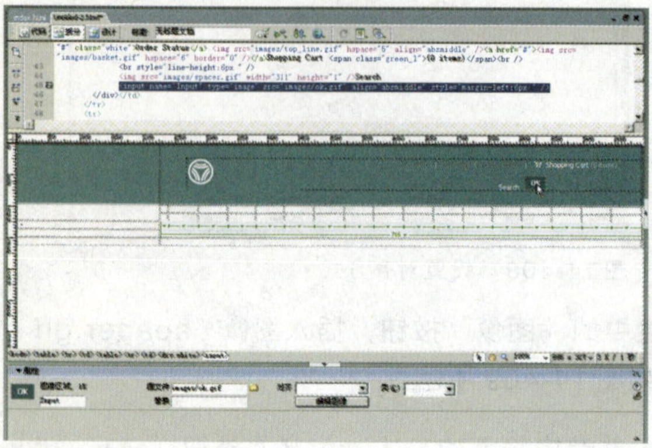

图 14-412　插入图像

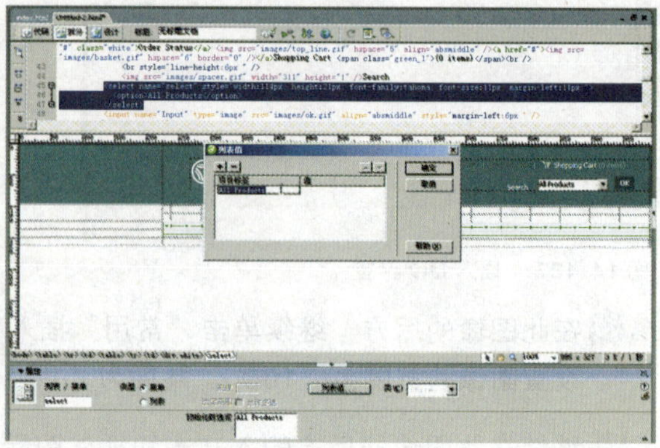

图 14-413　插入“列表 / 菜单”

16 单击“确定”按钮，列表 / 菜单将在初始状态时显示所输入的内容。选中第 2 行中的所有单元格，将其合并，将光标置入到此单元格中，插入分隔符“spacer.gif”，设置分隔符的宽度为“766”，高度为“2”，如图 14-414 所示。

17 将光标置入到第 3 行第 1 列单元格中，插入分隔符“spacer.gif”，设置分隔符宽度“3”，高度为“58”，再将光标置入到第 3 行第 2 列单元格中，插入图像“images/top_px.gif”，如图 14-415 所示。

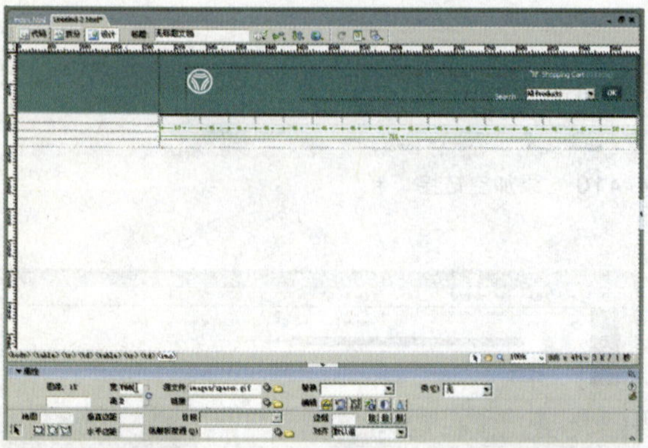

图 14-414　插入分隔符 spacer.gif

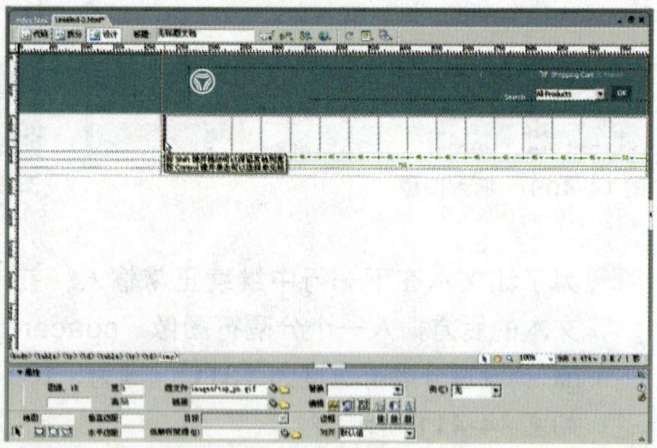

图 14-415　插入图像

18 将光标置入到第 3 行第 3 列单元格中，设置单元格宽度为“103”，单击“属性”面板中的“背景”后方的“单元格背景 URL”按钮，插入背景图像“images/top_px1.gif”，如图 14-416 所示。

19 单击“常用”插入栏中的“插入 Div 标签”按钮，插入 Div 标签并输入文本“Company”，Dreamweaver 将自动将文本的颜色为和大小字体按照在“页面属性”对话框中设置的参数为准，此处只须为文本加粗即可，如图 14-417 所示。

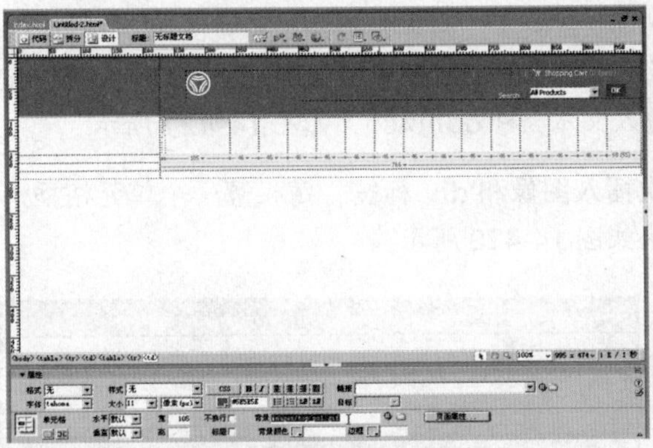

图 14-416　插入背景图像

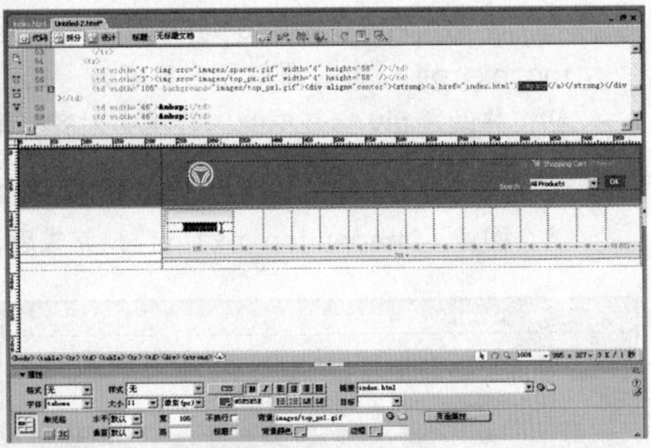

图 14-417　插入 Div 标签

>> 20 将光标置入到第 3 行第 4 列单元格中，单击“常用”插入栏中的“图像”按钮，插入图像“images/top_px.gif”，并将表格的宽度设置成和图像一样大，如图 14-418 所示。

>> 21 将光标置入到第 3 行第 5 列单元格中，为单元格添加背景图像 images/top_px1.gif，并设置单元格宽度为“105”，单击“常用”插入栏中的“插入 Div 标签”按钮，单击“拆分”按钮，在代码视图中找到“<div”在此后按【Enter】键，在弹出代码提示中输入“align="center"”此代码意思为设置 div 标签中的内容居中对齐，如图 14-419 所示。

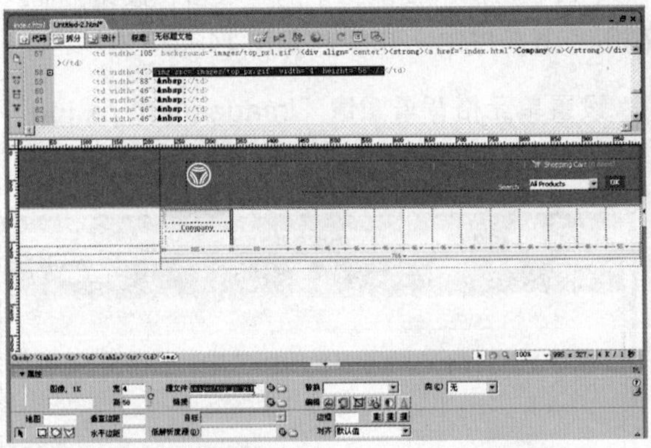

图 14-418　插入图像

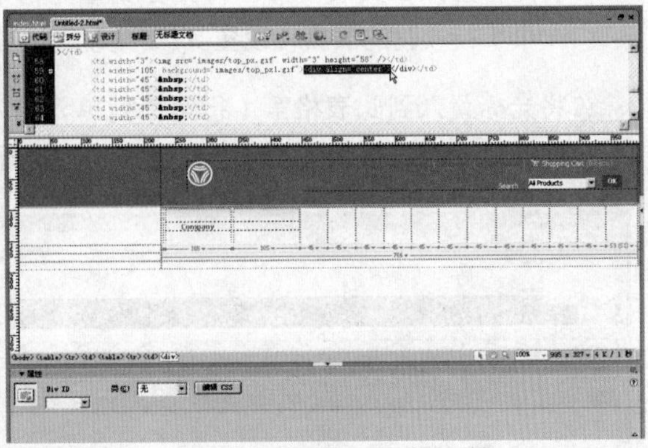

图 14-419　“插入 Div 标签”按钮

>> 22 在 div 标签中输入文本“Our Store”，并为文本加粗，将光标置入到第 3 行第 6 列单元格中，插入图像“images/top_px.gif”，并设置单元格宽度为“3”，如图 14-420 所示。

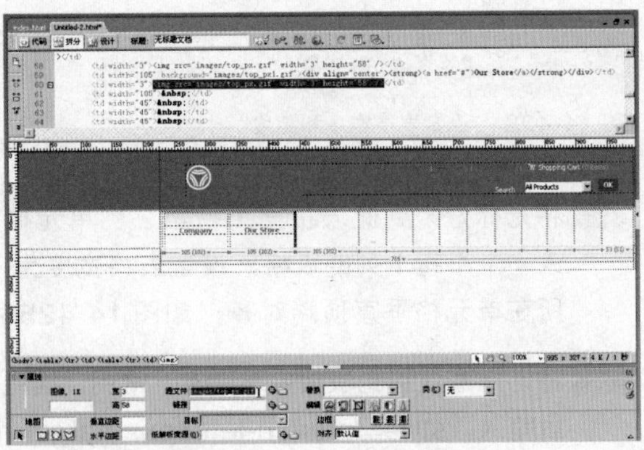

图 14-420　输入文本“Our Store”

>>23 将光标置入到第 3 行第 6 列单元格中，同步骤 22 操作，为单元格添加背景图像“images/top_px1.gif”，并设置单元格宽度为“105”，单击“常用”插入栏中的“插入 Div 标签”按钮，并设置 div 标签中的内容居中对齐，输入文本“Products”，如图 14-421 所示。

>>24 依次同步骤 23 操作，为后面的单元格依次插入图像和 div 标签，每相隔一个单元格插入一个图像“images/top_px1.gif”，完成后，如图 14-422 所示。

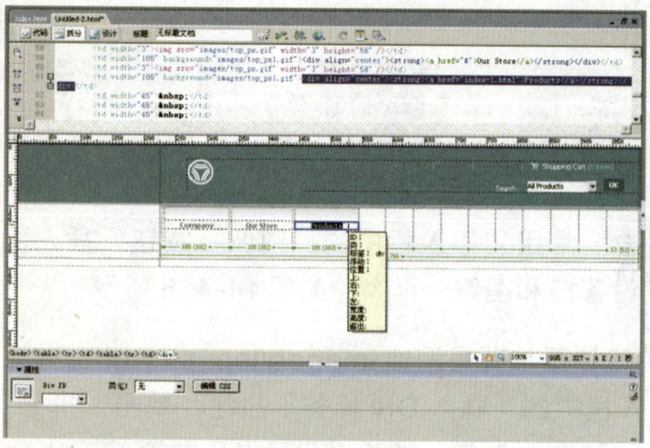

图 14-421 “插入 Div 标签”按钮

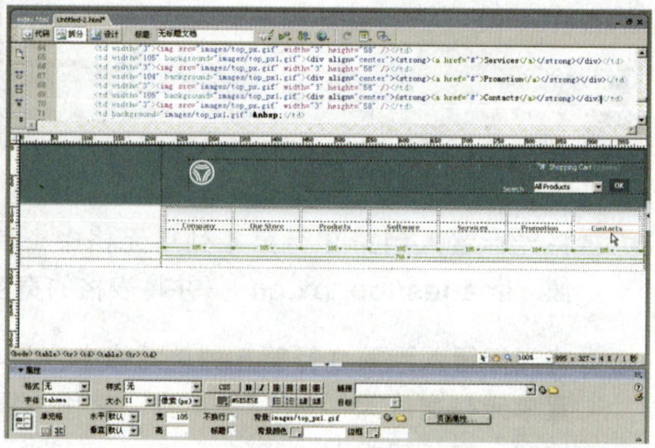

图 14-422 插入图像

>>25 将光标置入到大表格第 2 行第 2 列单元格中，单击“常用”插入栏中的“表格”按钮，插入一个 1 行 4 列的表格，设置其表格宽度为“766”，其高度为“498”，如图 14-423 所示。

>>26 将光标置入到此表格第 1 行第 1 列单元格中，设置单元格背景图像“images/left_px.jpg”，设置单元格宽度为“15”，如图 14-424 所示。

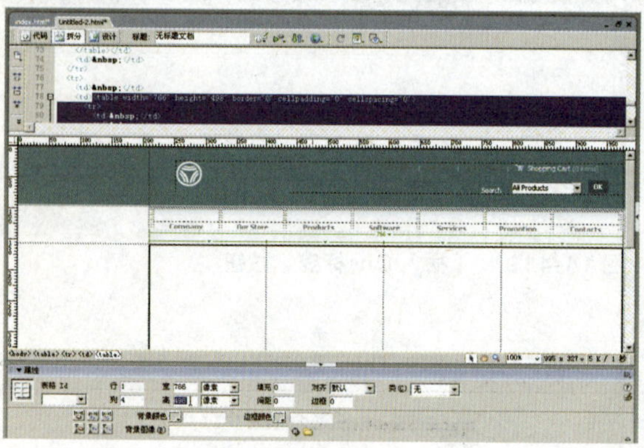

图 14-423 设置表格宽度和高度

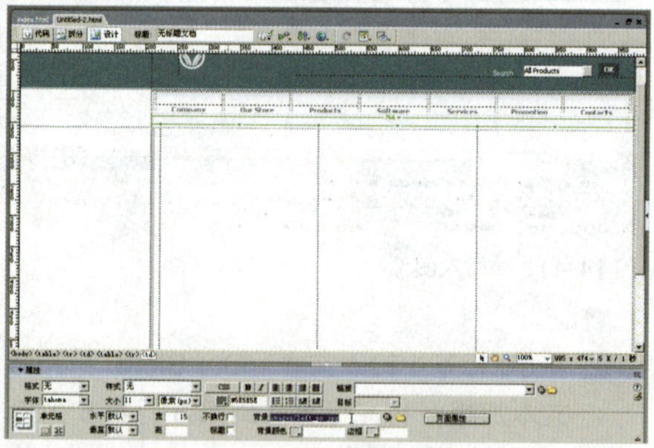

图 14-424 设置单元格背景图像

>>27 将光标置入到此表格第 1 行第 2 列单元格中，单击“常用”插入栏中的“表格”按钮，插入一个 1 行 1 列的表格，设置表格宽度为“195”，设置表格高度为“302”，并设置此表格所在单元格垂直顶端对齐，如图 14-425 所示。

>>28 将光标置入到此表格中，单击“常用”插入栏中的“插入 div 标签”按钮，代码视图中“<div”后输入“style="margin-left:4px; margin-right:5px">”表示 div 标签的左边距为“4”，右边距为“5”，如图 14-426 所示。

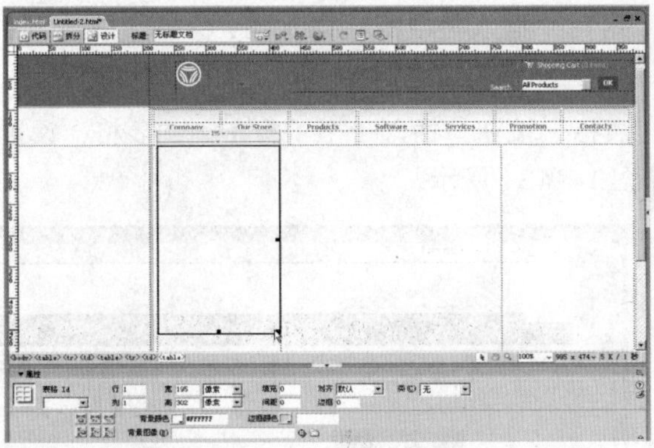

图 14-425　插入表格

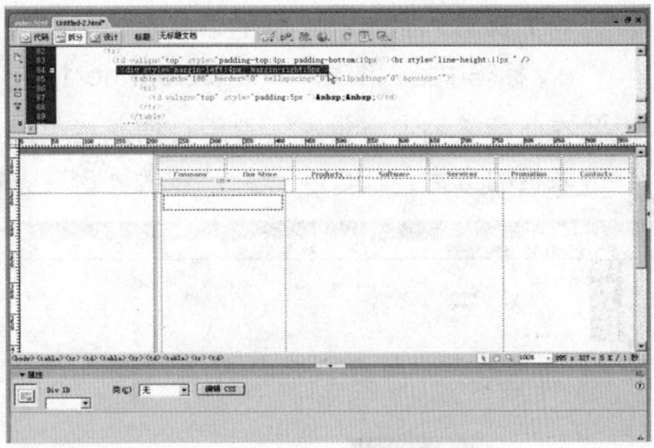

图 14-426　“插入 div 标签”按钮

>> 29 在 div 标签中插入一个 1 行 1 列的表格，在表格中输入文本“Product Categories”，并设置单元格的背景颜色为“#517A80”，并设置表格的宽度为“186”，如图 14-427 所示。

>> 30 继续在此 div 标签的下方插入一个新的 div 标签，在代码视图中，设置 div 标签的左边距为“15”，设置右边距为“17”，填写代码“<div style="margin-left:15px; margin-right:17px">”，如图 14-428 所示。

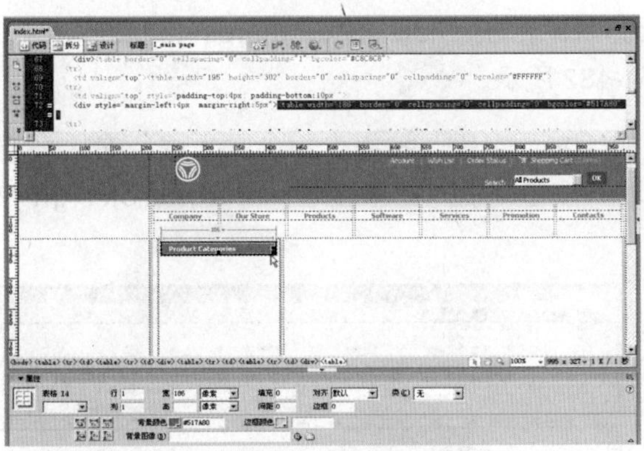

图 14-427　设置单元格的背景颜色

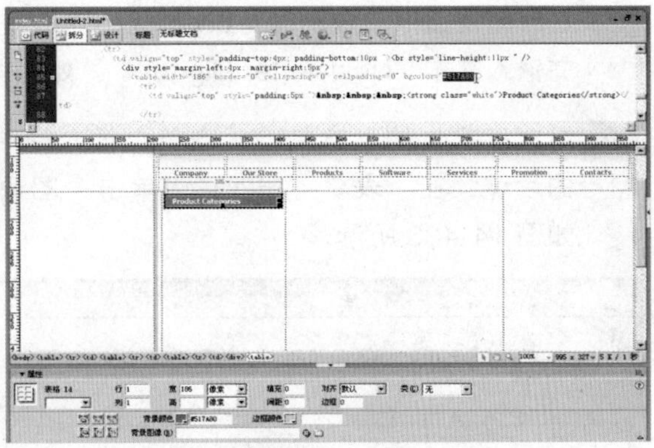

图 14-428　插入一个新的 div 标签

>> 31 在新插入的 div 标签中插入一个 11 行 1 列的表格，设置表格宽度为“160”，并在此表格每行中依次输入文本，如图 14-429 所示。

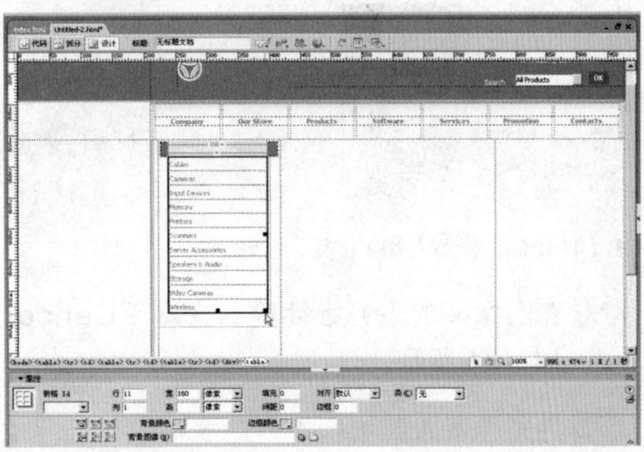

图 14-429　设置表格宽度

32 将光标置入到 1 行 1 列的表格后方，单击“常用”插入栏中的“插入 div 标签”按钮，在 div 标签中插入图像“images/banner1.jpg”，并为图像创建空链接“#”，如图 14-430 所示。

33 在此标签的下方单击“常用”插入栏中的“表格”按钮，插入一个 1 行 1 列的表格，设置表格的宽为“195”，设置高度为“85”，如图 14-431 所示。

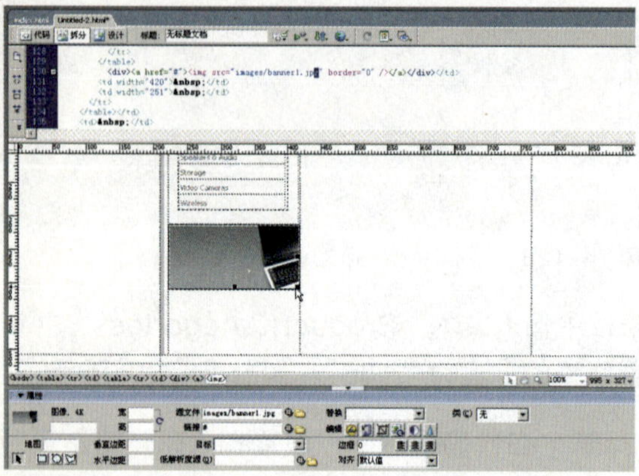

图 14-430 “插入 div 标签”按钮

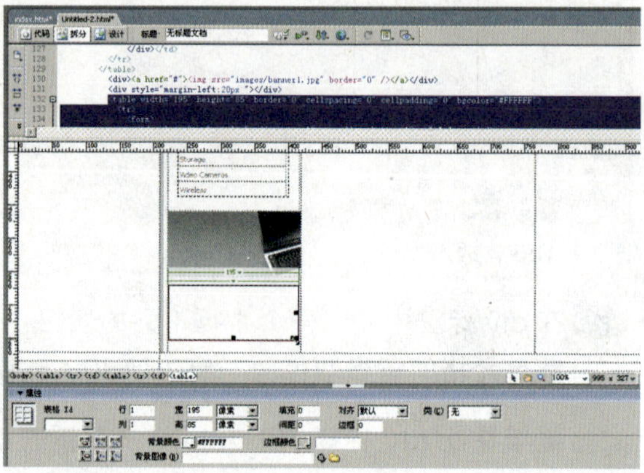

图 14-431 设置表格宽度和高度

34 将光标置入到此表格中，单击“常用”插入栏中的“插入 div 标签”按钮，插入一个标签，在代码视图中，修改代码 div 标签的左边距为“20”，在“<div style="margin-left:20px ">”，并输入文本“Newsletter Signup!”，如图 14-432 所示。

35 继续在文本的下方单击“表单”插入栏中的“文本字段”按钮，插入文本域，在文本域的后继续在“表单”插入栏中单击“图像域”按钮，插入图像区域“images/ok1.gif”，如图 14-433 所示。

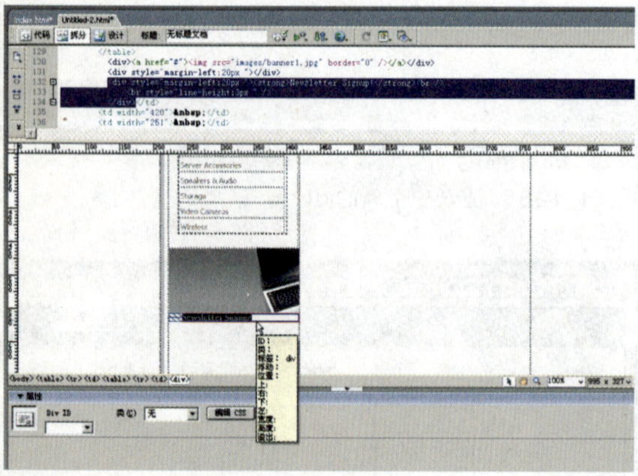

图 14-432 “插入 div 标签”按钮

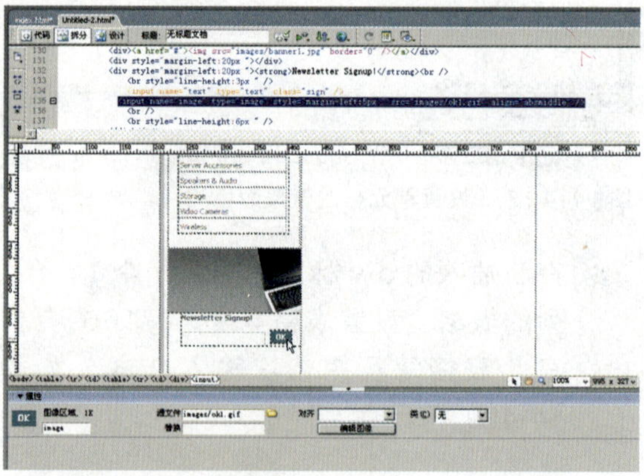

图 14-433 插入图像区域

36 在图像域的下方继续输入文本“Cancel Subscription”并为其创建空链接“#”，如图 14-434 所示。

37 将光标置入到 1 行 4 列的表格第 1 行第 2 列单元格中，设置单元格宽度为“5”；在将光标置入到第 1 行第 3 列单元格中，单击“常用”插入栏中的“插入 div 标签”按钮，插入 div 标签，在标签内插入图像“images/banner2.jpg”，并为图像创建空链接“#”，如图 14-435 所示。

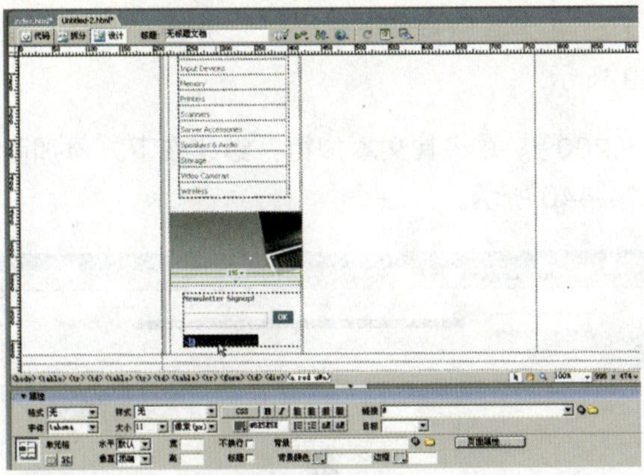

图 14-434　创建空链接“#”

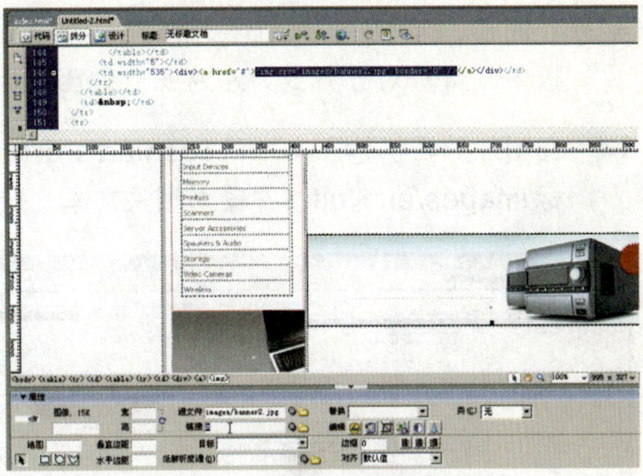

图 14-435　插入 div 标签”按钮

38 将光标置入到 div 标签的后方，单击“常用”插入栏中的“插入 div 标签”按钮，插入一个新的 div 标签，在 div 标签内插入一个 1 行 1 列的表格，设置其宽度和高度为“0”，设置背景颜色为“#C8C8C8”，填充为“1”像素，如图 14-436 所示。

39 将光标置入到此表格内，插入一个 div 标签，在标签内插入一个 1 行 2 列的表格，设置表格的宽度为“533”，设置其高度为“145”，并设置背景颜色为“#FFFFFF”，背景图像为“images/px.gif”，如图 14-437 所示。

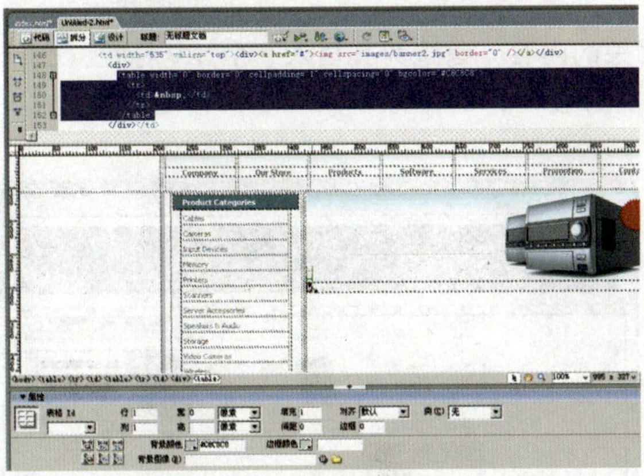

图 14-436　插入一个新的 div 标签，

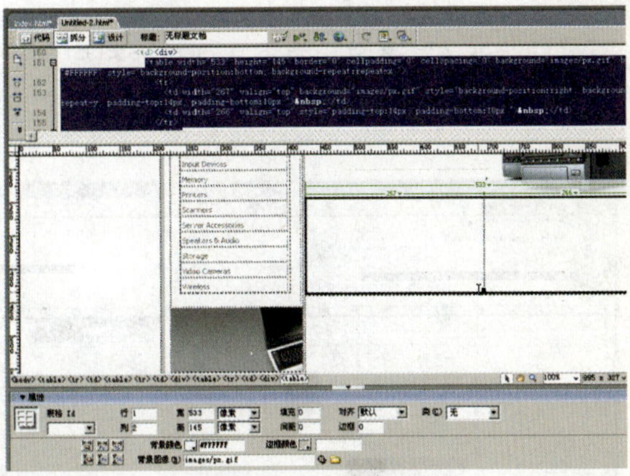

图 14-437　设置表格宽度和高度

40 将光标置入到此表格第 1 列单元格中，再次插入 div 标签，在代码视图中修改 div 标签代码，如：<div style="margin-left: 11px; margin-right:17px ">。设置其左边距为“11”，设置其右边距为“17”，如图 14-438 所示。

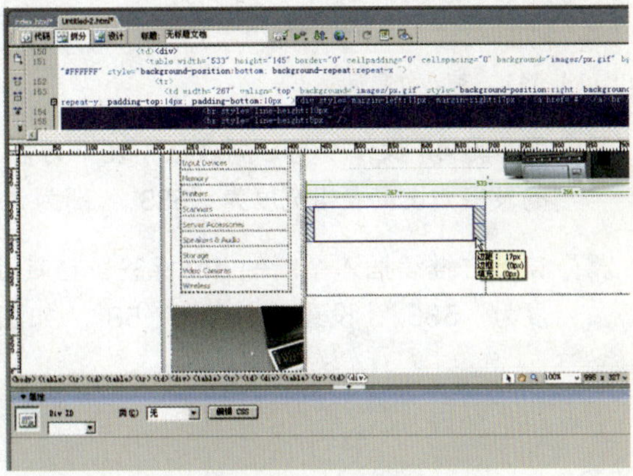

图 14-438　在代码视图中修改 div 标签代码

41 在此 div 标签中插入图像"images/1im1.jpg"，并为其创建空链接"#"，并在"属性"面板中设置其对齐方式为左对齐，如图 14-439 所示。

42 在图像的右侧输入文本"Toshiba Portege R200"，并将其文本加粗，继续在下方添加图标 images/arr1.gif，并输入相关文本，如图 14-440 所示。

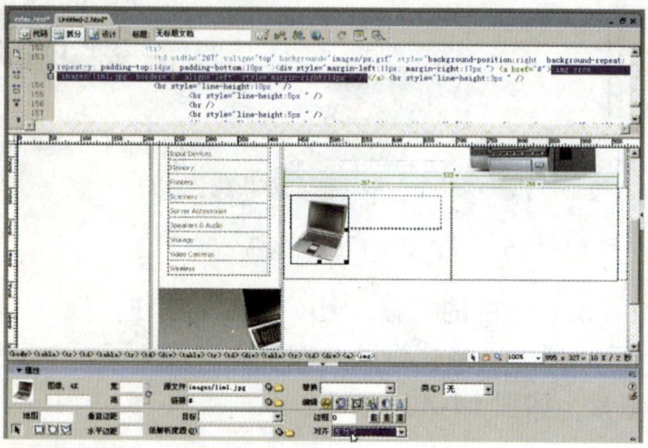

图 14-439　设计对齐方式

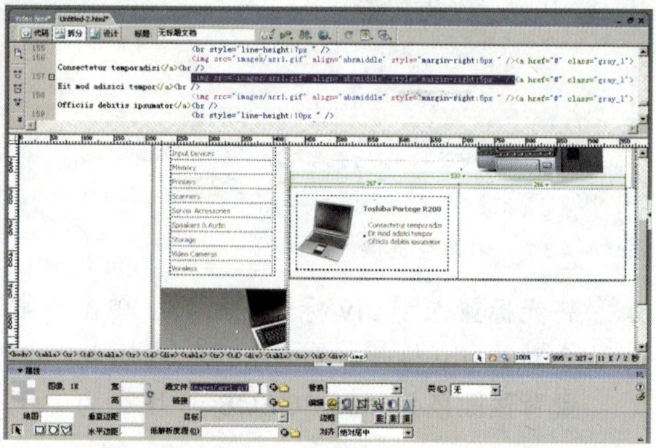

图 14-440　输入文本

43 继续在文本的下方插入分隔符"images/pr1.jpg"，并在其后方插入图标"images/add.jpg"，并为其创建空链接，如图 14-441 所示。

44 同步骤 43 操作，为第 2 列单元格中创建相关的内容，首选为其插入一个 div 标签，在依次在 div 标签中插入图像和输入相关文本，如图 14-442 所示。

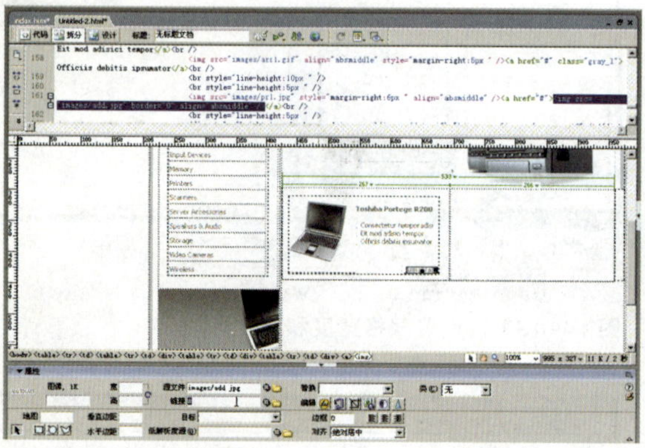

图 14-441　插入分隔符

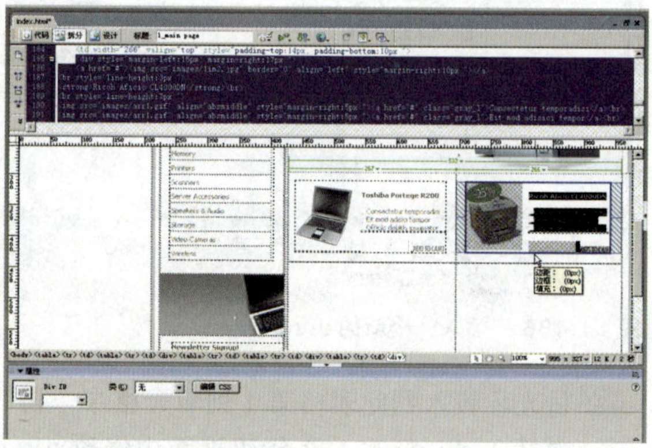

图 14-442　插入一个 div 标签

45 同步骤 44 操作 1 行 2 列表格，在下方插入一个新的 div 标签，在标签中插入一个 1 行 2 列的表格，设置表格宽度为"533"，高为"145"，并依次制作相关的内容，如图 14-443 所示。

46 在下方继续插入个新的 div 标签，在其 div 标签中插入一个 1 行 1 列的表格，设置表格宽度为"533"，设置其高度为"58"，如图 14-444 所示。

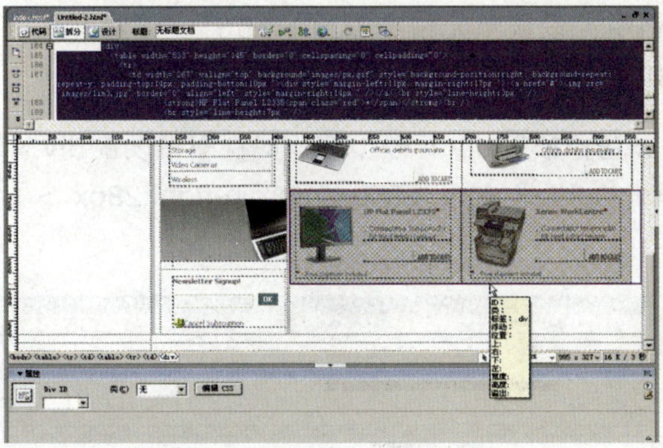

图 14-443　插入表格

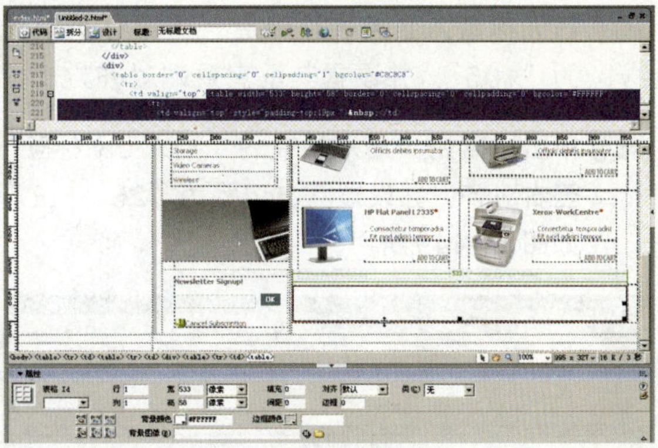

图 14-444　设置表格宽度和高度

47 将光标置入到此表格中，单击“常用”插入栏中的“插入 div 标签”按钮，插入一个新的 div 标签，并在代码视图中，设置居中对齐“<div align="center">”，如图 14-445 所示。

48 在标签中依次插入图标“images/s1.jpg-images/s5.jpg”并为每张图像都创建空链接“#”。在每两张图像之间插入一个图标“images/line.gif”，如图 14-446 所示。

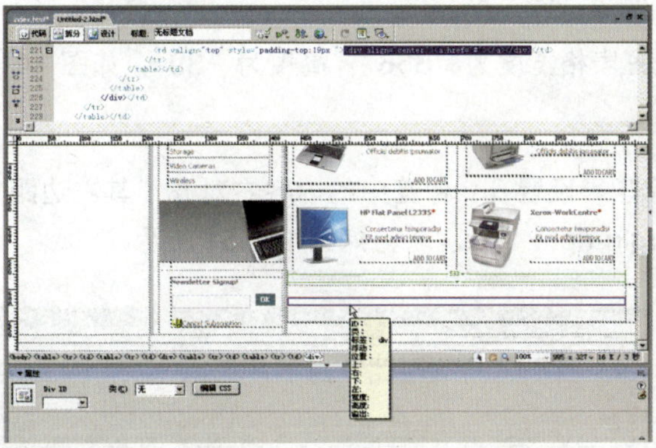

图 14-445　“插入 div 标签”按钮

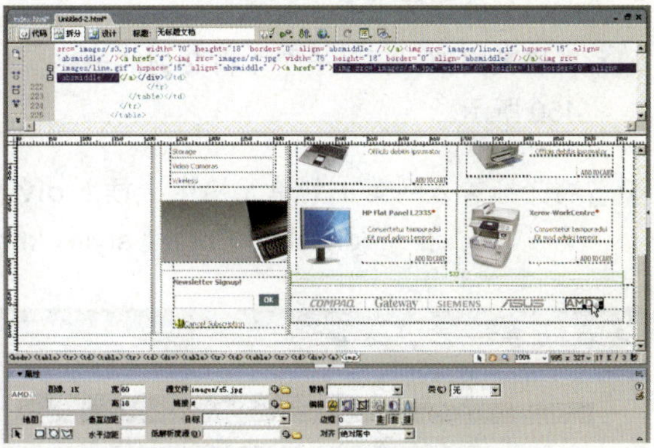

图 14-446　插入图标

49 将光标置入到大表格第 3 行第 2 列单元格中，单击“常用”插入栏中的“图像”按钮，插入图像“images/bot_px.gif”，如图 14-447 所示。

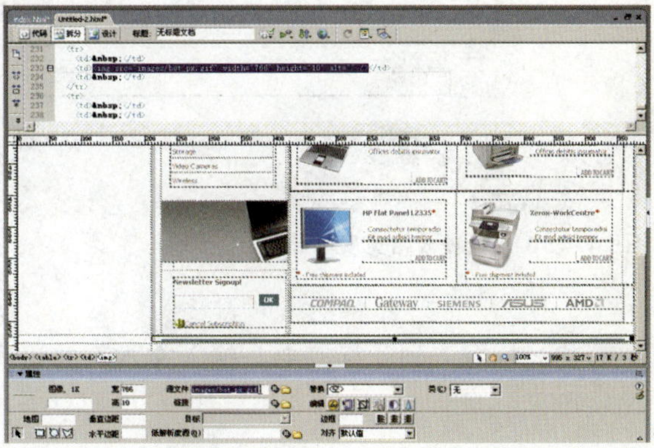

图 14-447　插入图像

50 将光标置入到大表格最后一行第 2 列单元格中，设置单元格宽度为“766”，设置其高度为“105”，并设置其垂直顶端对齐方式，如图 14-448 所示。

51 单击“常用”插入栏中的“插入 div 标签”按钮，插入 div 标签，在代码视图中设置 div 标签右对齐，并设置其右边距为“28”，在“<div align="right" style="margin-right:28px ">”，如图 14-449 所示。

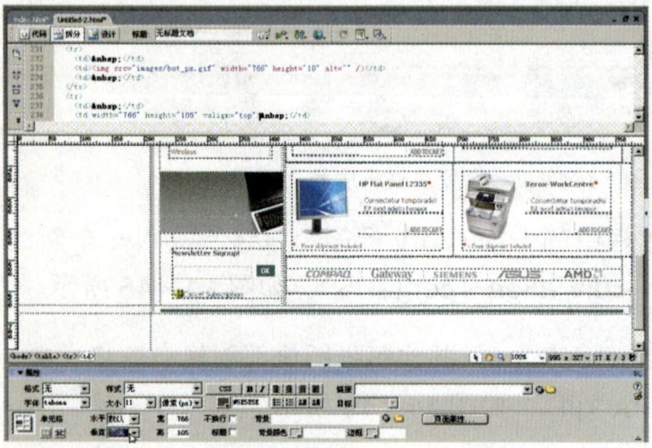

图 14-448　设置其垂直顶端对齐

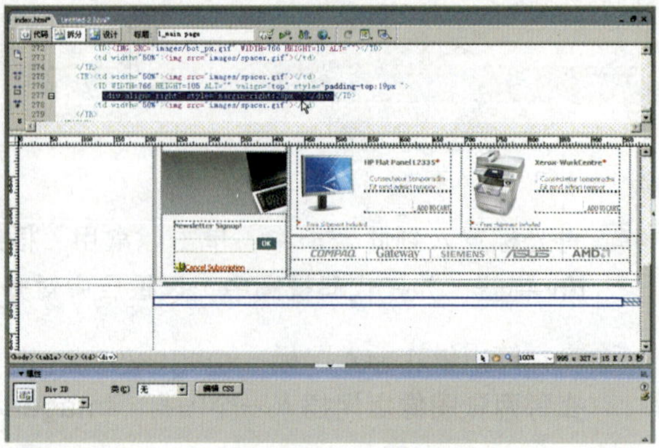

图 14-449　插入 div 标签

52 并在其内部，插入一个 1 行 2 列的表格，设置表格宽度为“656”，高度为“39”，如图 14-450 所示。

53 将光标置入到第 1 列单元格中，插入 div 标签，设置 div 标签中的内容右对齐，其右边距为“18”，在“<div align="right" style="margin-right:18px ">”，如图 14-451 所示。

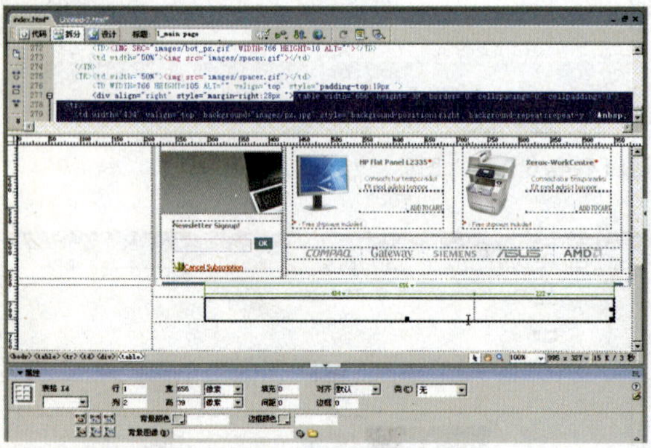

图 14-450　设置表格宽度和高度

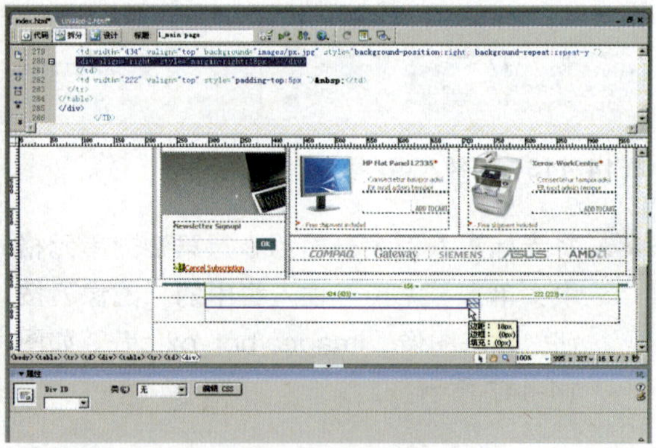

图 14-451　置 div 标签中的内容右对齐

54 将光标置入到此标签中，输入文本，并设置第一行中的文本创建空链接“#”，如图 14-452 所示。

55 将光标置入到第 2 列单元格中，插入 div 标签，设置标签左边距为“19”，在“<div style="margin-left:19px ">”，并在其标签内插入图标，如图 14-453 所示。

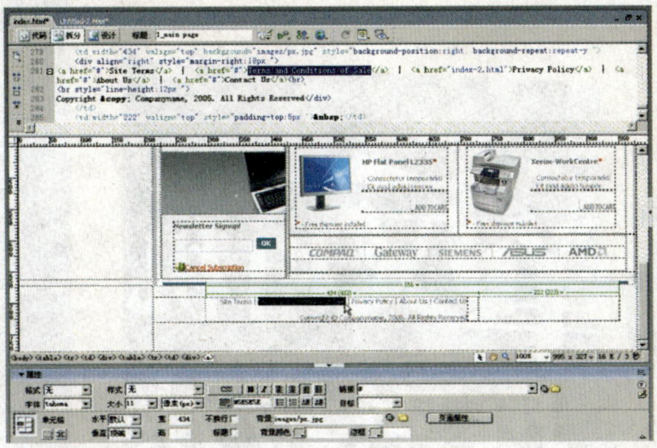

图 14-452　创建空链接“#”

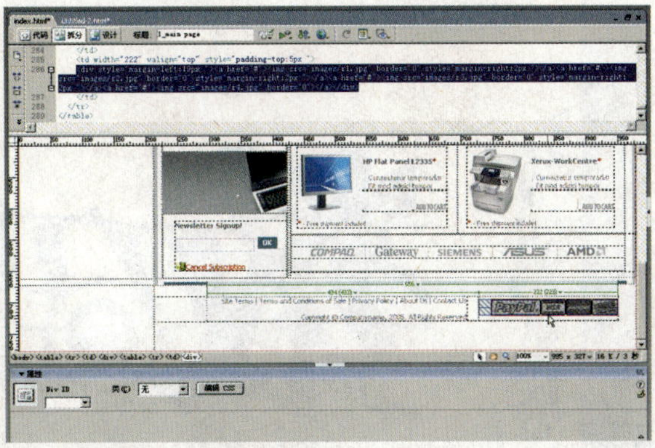

图 14-453　插入 div 标签

56 此时，使用插入 div+CSS 编排网页页面元素就完成了，按【F12】键，在 IE 浏览器中预览效果，如图 14-454 与图 14-455 所示。

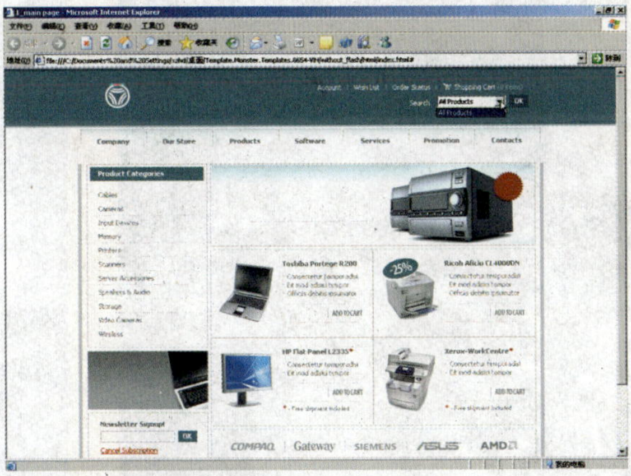

图 14-454　预览效果 1

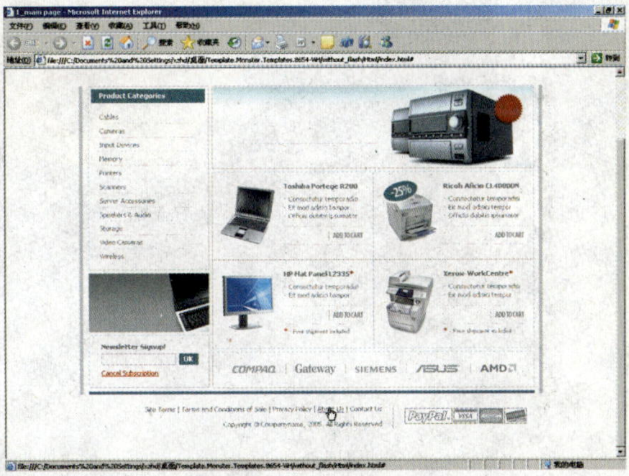

图 14-455　预览效果 2

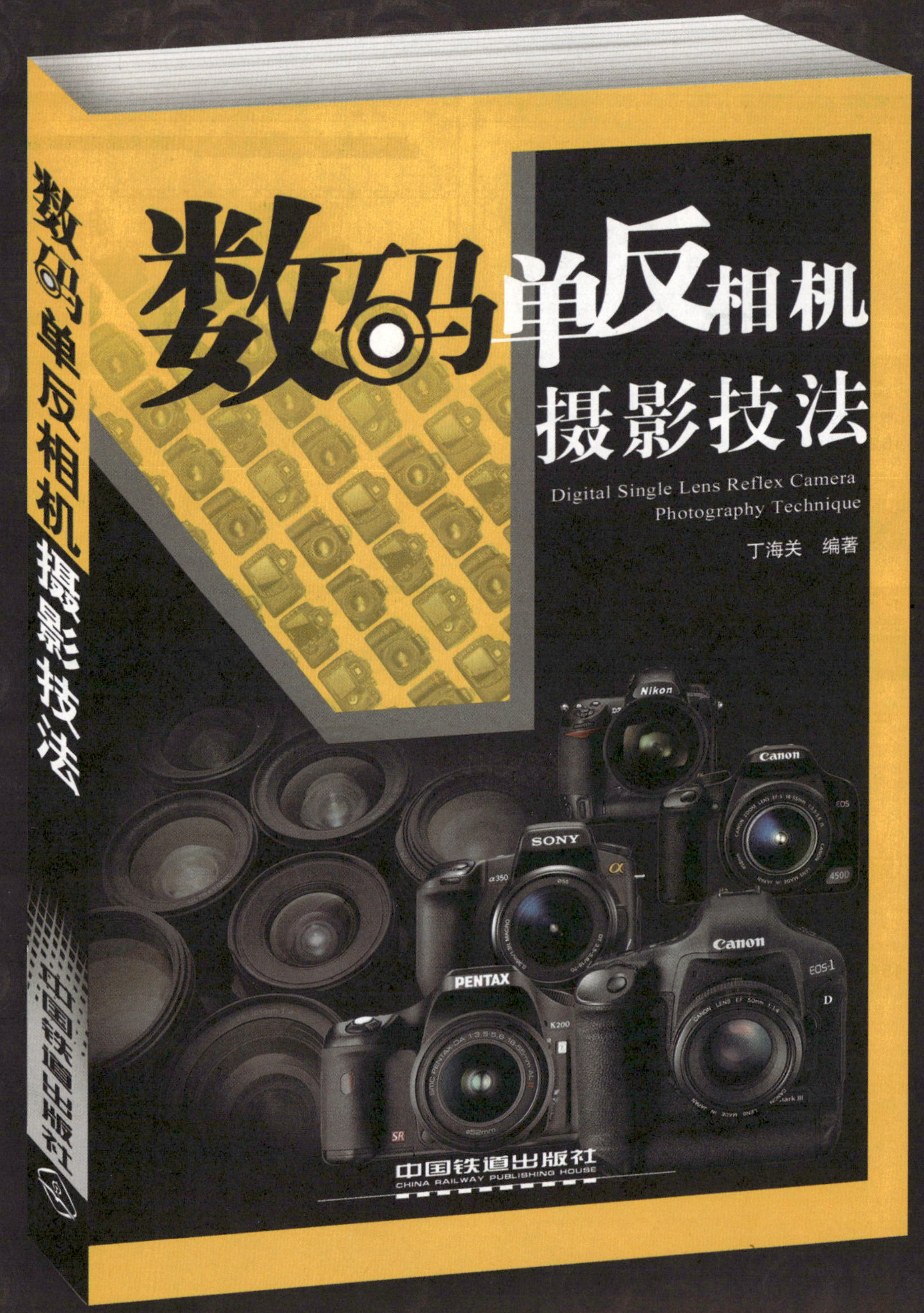

本书是一本关于数码单反相机摄影技巧的书，其中对数码单反相机的基本知识作了简要的介绍，并从风景、人像、花卉、宠物及静物等题材入手，将数码单反相机的使用及拍摄技巧融会贯通到每一个拍摄实例之中。这样不仅使本书更加实用，更具参考价值，也使讲解的过程更加生动丰富，令人在阅读的过程中不禁跃跃欲试。

ISBN 978-7-113-09018-0 / TP·2935　　定价：39.80 元